Günter Evers

Düngelexikon für den Gartenbau

Begriffe der Pflanzen-Ernährung und Düngung von A bis Z.

THALACKER MEDIEN

Günter Evers

Düngelexikon für den Gartenbau

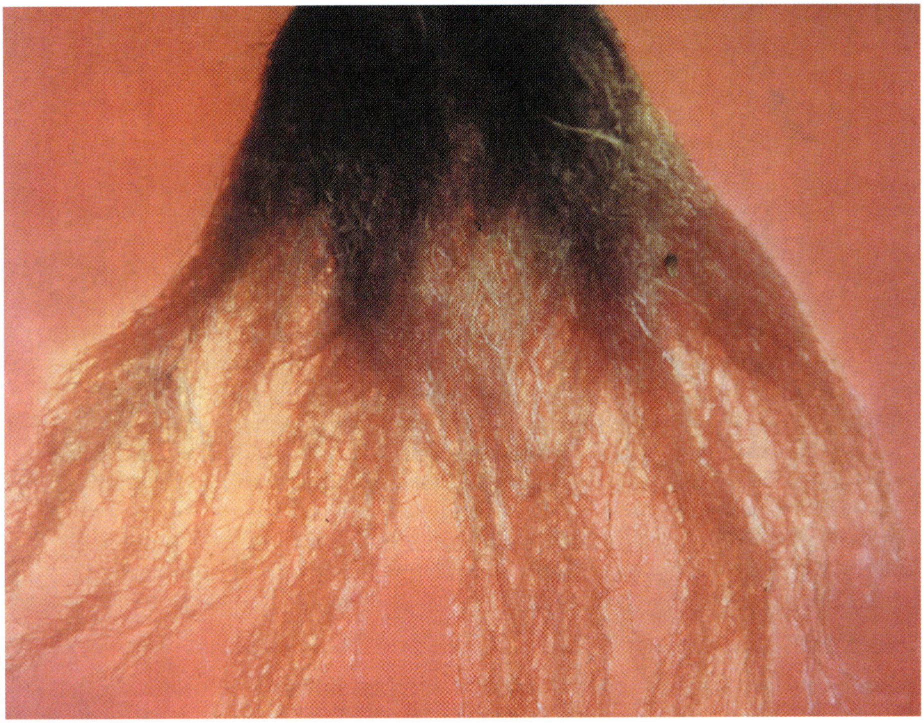

Begriffe der Pflanzen-Ernährung und Düngung von A bis Z.

THALACKER MEDIEN

Impressum

Die Deutsche Bibliothek – CIP-Einheitsaufnahme

Evers, Günter:
Düngelexikon für den Gartenbau : Begriffe der Pflanzenernährung und Düngung von A bis Z / Günter Evers. - 1. Aufl. - Braunschweig : Thalacker-Medien, 1998

ISBN 3-87815-110-1

1. Auflage 1998

Titelfoto: A. Bettin, Osnabrück
Umschlaggestaltung und Layout: Schroers Werbeagentur, Braunschweig
Lektorat: Dipl.-Ing. agr. Liebgard Jennerich
Herstellungskoordination: Dipl. oec. troph. Brigitte Mayr, Dipl.-Biol. Anja Weishaupt
Satz, Umbruch und Lithos: hw Satz & Bild GmbH, Wolfenbüttel
Druck: Limbach Druck- und Verlag GmbH, Braunschweig
Bindung: Buchbinderei S. R. Büge, Celle

Printed in Germany

ISBN 3-87815-110-1

Vorwort

Unsere Zeit ist schnellebig. Die Ansprüche an den einzelnen Menschen steigen. Das vorhandene Wissen verdoppelt sich in immer kürzerer Zeit. Fachliche und wissenschaftliche Publikationen mehren sich. Der Einzelne steht einer kaum noch zu bewältigenden Informationsflut gegenüber. In einer hochindustrialisierten Welt leben wir in einer Informationsgesellschaft. Erwünscht sind Information, Fortschritt und Anpassung an neue Gegebenheiten. Dazu gehört zunächst und vor allem aktuelles Fachwissen. Bei dem Umfang der Angebote wird es aus Zeitgründen immer schwieriger, sich dieses anzueignen. Gefragt ist darum konkretes, selektiertes, aufbereitetes und schnell auffindbares Fachwissen, wie es ein alphabetisch gegliedertes Nachschlagewerk bietet.

Das vorliegende Buch „Düngelexikon für den Gartenbau. Begriffe der Pflanzenernährung und Düngung von A bis Z" wendet sich in Gestalt eines Lexikons an alle Interessierten des Gartenbaus , die in irgendeiner Form mit der Düngung und Pflanzenernährung zu tun haben. Es will nicht alle Zusammenhänge wissenschaftlich und detailliert im Einzelnen darstellen, sondern schnell und dennoch ausführlich die wichtigen Begriffe der Pflanzenernährung erläutern.

Die Notwendigkeit der Qualitätsproduktion in Gartenbau und Landwirtschaft ist unbestritten. Richtige Pflanzenernährung ist ein ganz wichtiger Baustein für eine gute Pflanzenqualität. Auch das zunehmende Umweltbewußtsein macht das Wissen um Zusammenhänge bei der Düngung immer wichtiger.

Seit über 30 Jahren bin ich Wirtschaftsberater für Zierpflanzenbetriebe. In dieser Zeit habe ich mich in der Beratung, bei Meisterprüfungen und Vorträgen schwerpunktmäßig mit der Pflanzenernährung und Düngung beschäftigt. Aus dieser Erfahrung heraus weiß ich, was für den Schüler, Studenten und Praktiker in Anwendung und Lehre von Interesse ist. Diese Praxiserfahrung ist in das vorliegende Buch eingeflossen. So wenig Theorie wie nötig – so viel Praxis wie möglich war dabei mein Leitmotiv. Trotz der knappen Darstellung sollten die Zusammenhänge aber nicht verloren gehen. Wo nützlich und sinnvoll, wurden Fachbegriffe um eine deutsche Bezeichnung in Klammern ergänzt. Querverweise ermöglichen es, das gewünschte Wissen schnell an anderer Stelle zu erweitern. Es ist beabsichtigt und nicht vermeidbar, daß auch einige Begriffe der klassischen Bodenkunde und der Botanik aufgenommen werden, weil sie Einfluß auf die Pflanzenernährung nehmen.

Zusammengetragen wurde umfangreiches Literaturwissen ebenso wie Firmenempfehlungen und eigene Erfahrungen. Von den „Kali-Briefen" über Versuchsberichte bis zur Standardliteratur wurde fast alles verwendet. An dieser Stelle sei den Autoren für ihre Bücher und Artikel, den Herstellern von Düngern für ihr umfangreiches Schriftmaterial, den Versuchsanstellern für ihre Experimente und den Praktikern für ihre Hinweise gedankt. Ein ganz besonderer Dank gilt auch der Lektorin, Frau Liebgard Jennerich, für ihre Mühe und liebevolle Sorgfalt, mit der sie dieses Buch bearbeitet hat.

Von A wie A-B-Bak bis Z wie Zuschlagstoffe werden alle Begriffe prägnant und dennoch zusammenhängend und ausführlich erläutert. Dabei sind, wo es irgend möglich war, zahlreiche praktische Beispiele und Ratschläge zur Düngung aufgenommen worden.

Im Zeitalter der elektronischen Medien fragt man immer wieder nach dem Nutzen des geschriebenen Wortes. Jederzeit und überall griffbereit ist das Buch aber auch heute noch das schnellste und zuverlässigste Nachschlagewerk. Und so sollten Sie es auch nutzen: Bei jeder Frage, bei einem Zweifel, bei Unsicherheit und bei Neuerungen einfach mal schnell hineinschauen.

Ich wünsche Ihnen Freude beim Lesen und Lernen und viel Erfolg in Ihrem beruflichen Alltag.

GÜNTER EVERS
Bad Salzuflen, im Frühjahr 1998

Inhalt

Benutzerhinweise

Stichwörter und Querverweise

Die Hauptstichwörter sind in einer größeren Schrift und fett gedruckt sowie durch das vorangestellte Symbol AZ leicht zu erkennen. Durch Kommata abgetrennte, hinter den Hauptstichwörtern stehende Begriffe geben manchmal gleichbedeutend gebrauchte Wörter an, z. B. *CO_2, Kohlendioxid*. In Klammern hinter dem Stichwort werden oft chemische Formeln und Zeichen angegeben, z. B. *Calcium (Ca)*.

Bei sehr umfangreich bzw. auf mehreren Seiten behandelten Stichwörtern ist der dazugehörige Text oft durch Zwischenüberschriften untergliedert, die fett gedruckt und/oder unterstrichen sind.

Querverweise innerhalb des Textes oder an dessen Ende, kenntlich am Pfeil (→), geben an, unter welchem anderen Stichwort weitere Informationen zu diesem Thema zu finden sind. Wenn Querverweise ohne Texterläuterungen direkt hinter einem Hauptstichwort stehen, wird der Begriff unter einem anderen, teilweise synonym gebrauchten Stichwort beschrieben, z. B. *Fermente (→ Enzyme)*.

Schreibweisen

In diesem Lexikon richtet sich die Rechtschreibung nach der 20. Auflage des Duden (1991). Für die Schreibweise der verwendeten Pflanzennamen ist die 15. Auflage des Zander (1994) maßgeblich. Wissenschaftliche Namen von Pflanzen, Tieren und Mikroorganismen werden immer kursiv gedruckt.

Alphabetische Reihenfolge

Alle Hauptstichwörter des Lexikons sind alphabetisch sortiert. Die Umlaute ä, ö, ü und äu werden bei der Sortierung wie die einfachen Selbstlaute a, o, und u behandelt, z. B. *Äthylen* zwischen *arid* und *Augit*. Die als Doppelbuchstaben geschriebenen Umlaute ae, oe und ue werden der Buchstabenfolge entsprechend eingeordnet, z. B. *aerob* zwischen *Adsorptionswasser* und *Agar*. Der Buchstabe ß wird wie ss sortiert.

Stichworte aus mehreren Wörtern oder mit Bindestrichen und anderen Satzzeichen verbundene Wörter werden bei der Sortierung wie ungetrennt geschriebene Wörter behandelt, z. B. *C:N-Verhältnis* zwischen *Chrom* und *CO_2*, *EC-Messung* zwischen *Ebbe* und *Edaphon*. Ein unter K nicht gefundenes Stichwort suche man auch unter C (und umgekehrt).

Abkürzungen, Symbole, Maßeinheiten

Die hier verwendeten Abkürzungen entsprechen dem üblichen Sprachgebrauch. Für chemische Elemente und Verbindungen werden häufig die entsprechenden Formelzeichen und Symbole verwendet, die beim jeweiligen Stichwort genannt werden.

Eine Auflistung der wichtigsten chemischen Zeichen und Verbindungen existiert im Lexikon unter dem Stichwort *Chemische Zeichen von Nährelementen und Verbindungen*. Wichtige Maßeinheiten werden im Lexikon unter dem Stichwort *Maße und Gewichte* behandelt.

Such- und Orientierungshilfen, Allgemeines

Viele Stichwörter in diesem Lexikon ziehen die Behandlung umfangreicher Sachthemen und Themengruppen nach sich und erreichen dadurch kapitelartige Umfänge (z. B. *Ursachen der Algenbildung und Methoden der Algenbekämpfung* unter dem Stichwort *Algen*). Damit auch auf diese im Kontext erscheinenden Themen schnell zugegriffen werden kann, werden sie mit einem Verweis auf das Hauptstichwort im Begriffsregister aufgeführt.

Um die Lesbarkeit und Übersichtlichkeit des Lexikons nicht zu gefährden, ist innerhalb der Texte nicht jeder Fachbegriff, der an einer anderen Stelle erläutert wird, mit einem Verweispfeil gekennzeichnet. Deshalb sollte man unklare Begriffe immer nachschlagen. Zur Erleichterung der Suche sind die Anfangsbuchstaben der auf einer Doppelseite vorkommenden Stichwörter auf jeder rechten Seite rechts oben angegeben.

Praxisnahe Hilfestellung bei der Umrechnung von einer in die andere Einheit, von einer Düngerformulierung auf den Reinnährstoffgehalt und bei vielen anderen Fragestellungen bieten die zahlreich im Lexikon aufgeführten Tabellen, Formeln und Umrechnungsfaktoren. Insofern ist dieses Lexikon mehr als nur ein informatives Nachschlagewerk. Wer es einfach als Fachbuch ansieht und zu lesen beginnt, wird immer wieder etwas Neues und Interessantes finden, mit dem er vielleicht gar nicht gerechnet hat.

A-B-Bak

In größeren Betrieben mit Spezialkulturen, vornehmlich Steinwollkulturen, hat es sich durchgesetzt, mit Einzelnährstoffdüngern zu arbeiten. Dieses ermöglicht es, eine betriebsspezifisch an die Kulturverfahren und das Wachstum angepaßte Nährstoffkonzentration einzusetzen. Beim Ansetzen dieser Lösungen aus vielen Einzelkomponenten gibt es vielerlei zu beachten. Flüssige Lösungen können nicht unbegrenzt miteinander gemischt werden. Es gibt folgende Regel: In konzentrierter Form können Calciumverbindungen nicht mit Sulfaten und Phosphaten gemischt werden.

Bei zu hohen pH-Werten kommt es durch die Verbindung von Sulfaten und Calcium zu Niederschlägen von Calciumsulfat. Phosphat und Calcium führen zu Niederschlägen von Calciumphosphat. Darum arbeitet man in der Gartenbaupraxis mit zwei Lösungen in zwei Behältern, den A- und B-Bak, deutsch = A- und B-Behälter *(Abb. 1)*.

In die A-Behälter kommen: Calciumnitrat, Ammoniumnitrat, Magnesiumnitrat und Eisenchelate. Bei der Verwendung fester Dünger dürfen in die A-Behälter kein SO_4 und kein PO_4, aber Eisen.

Abb. 1: Düngung mit A-B-Bak in einem Schnittblumenbetrieb Werkfoto: Scotts

In die B-Behälter kommen: Kaliumhydroxid, Phosphor-, Schwefel- und Salpetersäure sowie die Spurenelemente Mangansulfat, Zinksulfat, Borax, Kupfersulfat und Natriummolybdat. Bei der Verwendung fester Dünger darf in den B-Behälter kein Ca, aber andere Spurenelemente.

abnehmender Ertragszuwachs

(→ Ertragsgesetze)

Abscisine

Im Gegensatz zu den Phytohormonen Auxin, Gibberellin und Cytokinin, die wachstumsfördernd sind, ist Abscisin ein wachstumshemmendes Phytohormon. Die im Entwicklungsprozeß mehrjähriger Pflanzen unbedingt notwendigen Ruhephasen werden durch Abscisinsäure („Ruhehormon") eingeleitet.

Abscisinsäure wird vornehmlich in älteren Blättern, aber auch in Früchten, Sprossen und Wurzeln synthetisiert. Zu Beginn der Vegetation ist die Produktion gering und steigt vor Fruchtreife und Laubfärbung stark an. Sie wird von der Jahreszeit (Tageslänge, Lichtintensität, Temperatur), aber auch von Umwelteinflüssen (Trockenheit) beeinflußt. Zwischen den anderen Phytohormonen und der Abscisinsäure bestehen zahlreiche Wechselbeziehungen. Häufig ist Abscisin ein Antagonist zu den anderen Phytohormonen. Dabei entscheidet das Konzentrationsverhältnis, ob Prozesse stattfinden oder unterbunden werden.

Eine der wichtigsten Wirkungen der Abscisinsäure ist die Wachstumshemmung, die gleichermaßen Zellteilung und Zellstreckung betrifft. Abscisine können bei höheren Pflanzen schon in geringen Konzentrationen das Abwerfen von Früchten und Blättern (Abcision) bewir-

ken. Streß (z.B. Wassermangel) führt häufig sehr schnell zum Anstieg der Abscisinsäure-Konzentration in der Pflanze und bewirkt z.B. die Schließung der Stomata (Spaltöffnungen). Dadurch kann der Wasserverlust gebremst werden.
(→ Phytohormone)

Absorption/Adsorption

Während man heute überwiegend von Sorption spricht, unterschied man früher in Adsorption, dem Anhaften oder der Anlagerung von Stoffen an andere, und Absorption, der Einlagerung in andere Stoffe (z.B. von Gasen in Wasser).
(→ Sorption, Festlegung)

Acidität

(→ Azidität)

Ackerzahl

(→ Bodenzahl)

Adsorptionswasser

(→ Bodenwasser)

Aerifizieren (Coring)

Nach den Aerobiern benannt, das sind Organismen, die für ihre normale Entwicklung, besonders zum Atmen, Sauerstoff benötigen (→ aerob). Aero... aus dem griechischen bedeutet Luft..., Gas...

Beim Aerifizieren wird den Pflanzenwurzeln im Boden Sauerstoff zugeführt. Dieses Verfahren wird besonders bei Rasenflächen angewendet, bei denen sich durch Verdichtungen leicht Sauerstoffmangel im Boden einstellt.

In der Praxis geschieht dieses mit Aerifiziergeräten (günstig sind Hohlstachelgeräte). Es gibt Vollstachel-Aerifizierer, Hohlstachel-/Löffelzinken-Aerifizierer und Aerifizierer mit Wasserstrahl (Hydro-Ject 3000).

Gerade während der Wachstumszeit von Mai bis September beeinflußt die Bodenbelüftung die Rasenentwicklung besonders günstig. Hierbei ist allerdings eine ausreichende Lochzahl von mindestens 400 Loch pro m^2 erforderlich. Die Bearbeitung soll mindestens den Hauptwurzelhorizont in einer Tiefe von 5 - 8 cm erfassen. Dies erreicht man nur bei feuchtem Bodenzustand.

Die Hohlstachelgeräte stanzen aus dem Rasen Bodenkerne aus *(Abb. 2)*. Häufig werden die ausgestanzten Löcher mit Sand (Topdress-Material) gefüllt. Das Aerifizieren bewirkt folgendes:

- Beseitigung von Bodenverdichtungen
- Erhöhung der Wasserinfiltration und -durchlässigkeit
- Belüftung der Wurzelzone und Entweichen von CO_2 (Gasaustausch)
- Anregung des Wurzelwachstums (vor allem in den Ausstichlöchern)
- Bodenaustausch durch Einbringen von Sandgemisch in die ausgestanzten Löcher

(→ Bodenatmung, Bodenluft)

aerob

Aus dem griechischen (Aerobiont = Lebewesen, das freien Sauerstoff atmet). In der Bodenkunde verwandt für die Beschreibung der Lebensweise von Mikroorganismen des Bodens, die zum Leben freien Sauerstoff benötigen. Die Zahl der aeroben Mikroorganismen überwiegt in einem garen, tätigen, humusreichen Boden gegenüber den anaeroben Mikroorganismen (die keinen freien Sauerstoff benötigen) bei weitem. Bodenlockerung, Zufuhr organischer Substanz und Einstellung des pH-Wertes auf eine schwachsaure bis neutrale Reaktion fördert das Leben der so wichtigen aeroben Mikroorganismen.

Aeroponik

Wurzelsprühkultur. Aeroponiksysteme bestehen aus einem geschlossenen Behälter. Die Pflanzen stecken dabei in einer Haltevorrichtung des Deckels und wurzeln in diesen abgeschlossenen Behälter hinein. Die Nährlösung wird in diesem Behälter direkt an die Pflanzenwurzeln gesprüht. Das Sprühen kann stetig oder periodisch erfolgen. Die Überschußlösung wird an der niedrigsten Stelle aufgefangen, in ein Auffangbecken zurückgeleitet und wiederverwendet *(Abb. 3)*.

Pflanzen mit kleinem Erd- oder Steinwollballen werden in gelochte Kunststoffplatten eingesetzt, die über einem geschlossenen Behälter angebracht werden. Die Höhe der Behälter kann nach Art der Kultur 15 - 50 cm betragen. In diesen Behältern liegen die Sprührohre, aus denen die Nährlösung an die Wurzeln gesprüht wird. Wichtig ist dabei die Wahl der Düsen.

Die Lösung muß ständig auf Leitfähigkeit (Salzgehalt) und pH-Wert kontrolliert werden. Eine Entkeimung der Nährlösung kann wichtig werden. Ein besonderer Vorteil ist die gute Sauerstoffversorgung der Wurzeln. Aeroponik wird in der gärtnerischen Praxis wenig angewendet. In der Versuchsanstellung bei Düngungs- und Nährstoffversuchen ist es eine gebräuchliche Methode.
(→ Nährlösungs-Desinfektion)

Agar Agar

Ein Pflanzenschleim, hauptsächlich Gelose, einem Polysaccharid (→ Kohlenhydrate), der vor allem in Japan aus verschiedenen Rotalgen gewonnen wird. Er dient als Nahrungs- und Geliermittel und vor allem als Substrat für Bakterien- und Pilzkulturen, neuerdings für in vitro-Vermehrungen.

Handelsware ist in kaltem Wasser unlöslich, quillt aber. Bei 90 - 100 °C verflüssigt er sich in Wasser, bei 40 °C und ausreichender Konzentration erstarrt er. 0,5 %iger Agar Agar ergibt einen noch festen Nährboden.
(→ in-vitro-Nährlösung)

Agrarbentonit

Bentonit ist ein Ton, dessen Name ein amerikanischer Geologe einführte, als er um 1890 im Staate Wyoming (USA) in der Nähe von Fort Benton ein Tonvorkommen entdeckte. Diesen Ton nannte er nach seiner Fundstätte Bentonit. Hauptbestandteil ist Montmorillonit. Bentonit ist ein natürlicher Ionen-Austauscher zum Bodenaufbau, bestehend aus 40 - 60 % Montmorillonit und den Begleitstoffen Illit, Kaolinit, Feldspat und Glimmer. Enthalten sind 56 % SiO_2, 16 % Al_2O_3, 4 % Fe_2O_3, 4 % CaO, 4 % MgO, 2 % K_2O, 0,4 % Na_2O, B, Mn, Zn, Ni, Co, Ti, Cu, Mo.

In Deutschland wird Bentonit in Schleswig-Holstein, im Westerwald und in Bayern gewonnen. Agrarbentonit wird von verschiedenen Firmen unter den Namen Bentonit und Edasil angeboten. Da es sich um Naturprodukte handelt, schwanken auch die Gehalte etwas.

Agrarbentonit verbessert die Wasserkapazität von Böden und Substraten, optimiert das Nährstoffhaltevermögen, verbessert die Ionen-Austauschkapazität, erhöht das Pufferungsvermögen, bindet Gerüche bei der Kompostierung und die in freiem Zustand nicht beständigen, wertvollen Huminsäuren und bildet stabile Ton-Humus-Komplexe.

Abb. 2: Mechanisches Aerifizieren

Werkfoto: Compo

Zum Einmischen in Pflanzerden und Torfsubstrate gelten als Faustregel 10 - 15 kg/m³ Erde. Dieses sind Herstellerangaben. In der Praxis sollten für Topfpflanzen nicht mehr als 7 - 8 kg/m³ beigemischt werden, weil die Nährstoffbindung sonst zu groß werden kann. Die meist saure Reaktion der Torfgemische (pH 5,0) wird durch die Bentonitbeimischung ziemlich stabil auf etwa pH 7,0 eingestellt.

Beim Kompostieren wird Agrarbentonit beigemischt, um die in freiem Zustand nicht beständigen Huminsäuren zu binden. Erst wenn neben Kalk auch Ton beim Prozeßverlauf vorhanden ist, verbinden sich die Huminsäuren zu stabilen Ton-Humus-Komplexen. Pro m³ Kompost rechnet man mit 8 - 10 kg Agrarbentonit, die auf jeweils 10 cm dicke Materialschichten aufgebracht werden.

Agrarbentonit kann auch als Zusatz zu anorganischen, mineralischen Düngern verwendet werden. Vorzugsweise Harnstoff, Ammoniumsalze, Ammoniumphosphate und Kalisalze können dann sehr schnell in die Montmorillonitlamellen eingelagert werden. Dadurch sind sie vor Auswaschung geschützt und beugen einer zu hohen Bodenversalzung vor. Agrarbentonit eignet sich auch als Grundstoff zum Pillieren von Saatgut.

Agroblen

(→ Dauerdünger – a) Umhüllung der Dünger)

Aktivitätsmesser/ Aktivitätsmessung

(→ Schnelltest-Methoden)

Alaun

Als Kalialaun (= $KAl(SO_4)2 \cdot 12\,H_2O$) und Ammoniakalaun (= $NH_4Al(SO_4)_2 \cdot 12\,H_2O$) zum Blaufärben der Hortensien benötigt. Alaune sind Doppelsalze aus Kaliumsulfat und Aluminiumsulfat (Kalialaun) und Ammoniumsulfat und Aluminiumsulfat (Ammoniakalaun) und alle Doppelsalze gleicher Kristallform. Das Aluminium der Alaune bewirkt im Zellsaft der Blüten von einigen rosa und roten Hortensien eine Umstimmung zu Blau.

(→ Aluminium, Blaufärbung)

Algen

Algen gehören zu den niederen Pflanzen. Sie haben weder Wurzeln noch Stengel, Blüten oder Blätter. In der Natur entsteht ein natürliches Gleichgewicht zwi-

Abb. 3: Wurzelsprühkultur bei Rosen

Foto: Braunsmann

schen Algen und den höheren Pflanzen. In Regenwassersammelbecken gibt es dieses Gleichgewicht nicht.

Algen besitzen Blattgrün. Bei Lichteinstahlung findet Photosynthese statt. Dabei wird Sauerstoff frei. Für Wachstum und Entwicklung benötigen Algen Nährstoffe. Dieses sind vor allem Stickstoff (Nitrat) und Phosphat. Die Algen-Entwicklung verläuft mit zunehmender Temperatur und zunehmendem Licht schneller. Das Algenwachstum beginnt bei uns im März/April. Die Vermehrung findet durch Zellteilung statt. Einzelne Zellen oder Sporen im Sammelbecken reichen zum Aufbau einer Algenpopulation aus.

Algen in Wassersammelbecken

Algen können sich in Gießwassersammelbecken sehr ungünstig auf die Bewässerung und Düngung auswirken. Am problematischsten ist die Verstopfung von Rohren, Düsen und Ventilen. Darum kommt ihrer Bekämpfung eine große Bedeutung zu.

Abb. 4: Belüftung der Wasserbecken
Werkfoto: Beutler GmbH

Abb. 5: Geschlossene Regenwasserbehälter verhindern die Algenbildung am besten
Werkfoto: Beutler GmbH

Die Bekämpfung von Algen in Regenwassersammelbecken

Alljährlich im Frühjahr ab März/April beginnt erneut das Problem der Algenbildung in offenen Regenwassersammelbecken. Sekundär führen vor allem die fädrigen Algen in den Bewässerungssystemen zu Verstopfungen der Düsen und Ventile und zur Veralgung der Stellflächen und Töpfe. Bei Bewässerung von oben machen sich die Algenrückstände auch sehr unangenehm auf den Blättern bemerkbar.

Die sogenannten Schwebalgen sind im Vergleich zu den Fadenalgen feiner. Sie geben dem Wasser die grüne Farbe, sorgen meistens aber nicht für Verstopfungen. Sie sind so fein, daß sie auch von Filtern nicht aufgehalten werden. An dunkleren Orten, vor allem in Behältern und Leitungen, kann es zur Bildung von Braun- und Kieselalgen kommen. Diese bereiten im allgemeinen aber keine Probleme.

In einem zweijährigen niederländischen Versuch wurde in Naaldwijk das Algenwachstum gemessen. Bestimmt wurde es durch die Messung von Chlorophyll-a in mg/m^3. Dabei zeigte sich, daß das Algenwachstum im April ganz langsam beginnt und mit steigender Temperatur und steigendem Lichtangebot zunimmt. Der Wachstumsverlauf war über die beiden Jahre sehr unterschiedlich, zeigte aber in beiden Jahren die stärkste Vermehrung von Juni bis August. Der niedrigste Gehalt zeigte sich im April mit 10 mg Chlorophyll-a/m^3, der höchste im Juli mit 215 mg/m^3.

In den Niederlanden kommen 2.000 Algenarten vor. In den Versuchsbecken wurden 30 Arten, vor allem Grünalgen, gefunden. In zwei Becken wurden giftige Blaualgen festgestellt. Ihre Anzahl war aber gering. Dabei war auffallend, daß in den einzelnen Bassins das erste Jahr andere Algen vorkamen als im Folgejahr. Offenbar treten ganz zufällig pro Bassin bestimmte Monokulturen einzelner Arten auf.

Ursache für die Algenbildung

Die Ursache für die Algenbildung ist in aller Regel der zu hohe pH-Wert des Wassers. Algen zeigen ihr optimales Wachstum bei einem pH-Wert zwischen 5 und 7. Unter pH 4 sterben sie ab. Bei starkem Algenwachstum kann der pH-Wert in Regenwasser sehr schnell auf bis zu pH 11 ansteigen, wie niederländische Messungen zeigen.

Auch Nährstoffgehalte, vor allem Phosphate und Stickstoff, fördern die Algenbildung. Dabei reichen schon sehr niedrige Gehalte aus, um Algenwachstum zu ermöglichen. In den Niederlanden wurden 30 µmol Nitrat und 10 µmol Phosphat pro Liter gemessen. Häufig reicht schon der ins Wasser einfallende Vogelkot zur Ernährung der Algen aus.

Verhinderung der Algenbildung

Es gibt verschiedene Möglichkeiten, um das Wasser algenfrei zu halten:

1. Dunkelhalten durch Abdeckung des Sammelbeckens
2. pH-Wert-Absenkung durch Säuren
3. Belüftung des Wassers *(Abb. 4)*
4. Einhängen von Weizenstroh oder Heu in das Sammelbecken
5. Biologische Maßnahmen
6. Einsatz von Zeolith
7. Enzyme und Bakterien („Aquaclear")
8. Einsatz von Anti-Algenmittel
9. Einbau von Filtern

1. Dunkelhalten durch Abdecken der Sammelbecken

Optimal ist der Bau geschlossener Regenwasserbehälter, zum Beispiel Betonbecken oder fertige Metall- bzw. Kunststoffbecken mit Abdeckung. Dies hat außerdem den Vorteil, daß das Wasser durch Laubfall, Vogelkot, Staub usw. nicht verschmutzt wird. Allerdings sind dieses auch die teuersten Becken *(Abb. 5)*.

Ohne Licht gibt es keine Photosynthese und folglich auch kein Algenwachstum. Eventuell vorhandene Algen sterben schon nach wenigen Tagen Dunkelheit ab. Darum kann man in offenen Regenwassersammelbecken die Algenbildung schon vor Entstehung durch das Abdecken mit schwarzer Noppenfolie verhindern. Dieses ist die billigste und eine sehr wirksame Methode.

Bei größeren Anlagen kann es aber zu Problemen kommen. Um etwas Stabilität in die Folienüberspannung zu bekommen, legt man zunächst einige Styroporpaletten, möglichst gleichmäßig über die Fläche verteilt, auf das Wasser. Auf diesen schwimmenden Styroporpaletten liegt dann die Folie auf. Auch verschließbare, leere Flüssigdüngerbehälter erfüllen diesen Zweck. Durch das Überspannen der Sammelbecken mit Seilen kann das Absinken der Folie ins Wasser ebenfalls verhindert werden. Luftpolsterfolie schwimmt auf dem Wasser, kann bei stärkerem Regen aber auch unter die Wasseroberfläche gedrückt werden.

Sehr gut geeignet ist eine spezielle Anti-Algen-Folie zum Abdecken von Wasserspeicherbecken der Firma Genap. Sie läßt zwar Wasser durch, aber kein Licht. Dadurch können sich bei Regen keine Wassersäcke auf der Folie bilden.

Neu ist Aquafloat, eine schwarze Noppenfolie von Genap, speziell zur schwimmenden Abdeckung von offenen Wasserspeicherbecken. Die Noppen der Plane sind zu 75 - 80 % mit Wasser gefüllt. Zwar schwimmt die Folie noch auf dem Wasser, ist aber durch die teilweise Wasserfüllung der Noppen so schwer, daß sie bei Wind und Sturm nicht mehr wegwehen kann. Mit jeweils 2,50 m Breite werden die Planen bis zur gewünschten Größe mittels eines patentierten Befestigungssystems verbunden und mit Gewichten sowohl im Becken als auch am Beckenrand gesichert. Die Kosten für das Abdecken mit Anti-Algen-Folie sind mit 8,00 - 9,00 DM/m^2 recht hoch.

Zu beachten sind bei der Folienabdeckung Nachteile bei Sturm. Auch Schnee führt im Winter zu Problemen. Da das Algenwachstum aber auch temperaturabhängig ist und Algen im Winter nicht wachsen, kann die Folie von Oktober bis März entfernt werden, so daß Schnee nicht zum Problem werden muß.

Weitere Nachteile sind, daß die Folie bei Wind und Regen unter die Wasseroberfläche gedrückt werden kann; wodurch sich u. U. Algen oberhalb der Folie bilden.

Deckt man mit luftundurchlässiger, schwarzer Folie ab, so kann es zu „totem Wasser" kommen, weil anaerobe (sauerstofffreie) Prozesse stattfinden, die zu giftigen Abbaustoffen führen. Darum läßt man bei Folienabdeckung mit luftundurchlässiger Folie die Ränder unbedeckt, damit ein Gas- und Luftaustausch stattfinden kann. An diesen Stellen wachsen dann aber auch die Algen.

Die Folie ist durch UV-Einstrahlung nach etwa 5 - 6 Jahren unbrauchbar und geht kaputt.

In einem niederländischen Versuch hatte das Abdecken mit schwarzer Folie eine sehr gute Wirkung. Der durchschnittliche Chlorophyll-a-Gehalt lag bei 25 mg/m^3. Nur die pH-Wertsenkung mittels Säure hatte eine noch bessere Wirkung.

2. pH-Wertabsenkung durch Zugabe von Säuren

Algen bilden sich bevorzugt bei höheren pH-Werten. Bei pH-Werten unter 4 unterbleibt dies beziehungsweise sterben bereits gebildete Algen ab. Ein Absenken des pH-Wertes auf 3,5 unterbindet also jegliches Algenwachstum. Zur Ansäuerung des Wassers gibt es verschiedene Möglichkeiten.

Bereits im März bei beginnendem Algenwachstum muß der pH-Wert abgesenkt werden. Angestrebt wird ein pH-Wert von 3,5. Das Becken sollte nicht ganz gefüllt sein, damit es nicht zum Überlaufen des angesäuerten Wassers kommt. Der Wasserspiegel sollte 0,50 bis 1,00 m unterhalb des Beckenrandes sein, sodaß auch bei nachfolgendem starken Regen ein Überlaufen verhindert wird.

Sehr wichtig ist die Auswahl der Säure. Sie darf weder Stickstoff noch Phosphat enthalten, denn diese beiden Nährstoffe fördern das Algenwachstum ganz erheblich. Also: Keine Phosphorsäure! Keine Salpetersäure! zur pH-Absenkung benutzen.

Angebracht sind Schwefelsäure oder Kalischwefelsäure. Die Säure muß so gut wie möglich entlang dem Bassinrand verteilt werden. Auf keinen Fall darf zu viel Säure an einer Stelle ins Wasser eingebracht werden. Die Vermischung ist dann sehr schlecht, der pH-Wert des Wassers sehr ungleich und die Absenkung an einigen Stellen viel zu stark.

Die Folienbahnen können einen niedrigen pH-Wert von 3,5 sehr gut vertragen. Anders sieht es bei den Klebern an den Nahtstellen aus. Fast alle größeren Wassersammelbecken haben verleimte Folienbahnen. Es ist heute nicht vorherzusagen, ob und nach welcher Zeit es zu Problemen kommen kann. Bei der Anschaffung neuer Sammelbecken sollte man die Bahnen verschweißen.

Der pH-Wert des Wassers ist sehr schnell zu verändern, weil Wasser keine puffernden Substanzen enthält. Darum sind relativ geringe Säuremengen zur Absenkung erforderlich. Das Absenken des pH-Wertes im Wasser mittels Säuren setzt vor Gebrauch als Gießwasser genaue pH-Messungen voraus. Wo gute Meßeinrichtungen fehlen, sollte man mit der Absäuerung sehr vorsichtig umgehen.

Welche Säuren sind brauchbar?

In vielen, vor allem niederländischen Schnittblumenbetrieben, die auf Steinwolle kultivieren, ist es üblich, mit Einzelnährstoffen zu düngen. Für diese Düngung über A-B-Bak gibt es heute ganz spezielle Dünger, unter anderem zur Beeinflussung des pH-Wertes auch Säuren bzw. bestimmte Nährstoffe (Kali, Sulfat) enthaltende Säuren. Wie schon erwähnt dürfen es keine Säuren mit Stickstoff- oder Phosphor-Gehalten sein, weil diese Elemente dann als direkte Algendünger wirken.

Geeignet sind folgende Dünger:

- Biofeed Sulfacid schwarz flüssig von Epenhuysen Chemie B.V., Zwinjdrecht: Schwefelsäure. Enthalten sind 48,8 Gew.-% SO_3. Biofeed Sulfacid hat die am stärksten säuernde Wirkung. Die Säurewirkung liegt bei + 12,04 mol/kg.
- Fertigro KZZ flüssig von Fertigro V.B.F., Rozenburg: Kali-Schwefelsäure. Enthalten sind 7,0 % Kali und 16,0 % SO_3. Die Säurewirkung liegt bei + 2,5 mol/kg.
- Schwefelsäure 44 % flüssig von Brinkmann B.V., s'-Gravenzande: Schwefelsäure. Enthalten sind 14,4 % SO_3. Die Säurewirkung liegt bei + 9 mol/kg.
- Substrafeed Zwakal flüssig von Hydro Agri, Vlaardingen: Kaliumschwefelsäure. Enthalten sind 2,8 % Kali (K_2O), 4,8 % Magnesium (MgO) und 24,0 % SO_3.

Welche Säuremengen sind erforderlich?

Bei 12 kg Substrafeed Zwakal (Kalischwefelsäure) pro 100 m^3 ungepuffertem Wasser senkte sich der pH-Wert des Wassers von 7,0 auf 3,5. Bei stärkerem Algenwuchs kann auch mehr Säure erforderlich werden. Wenn zu viele Schlammanteile im Wasser vorhanden sind, können HCO_3-Puffer die Säurewirkung mindern. Dann muß die Säuremenge ebenfalls erhöht werden.

Immer sollte der pH-Umschwung schlagartig erfolgen („Schockeffekt"). Eine pH-Absenkung über einen längeren Zeitraum mindert den Effekt der Algenabtötung erheblich.

Wie wird die Absäuerung durchgeführt?

Beim Ausbringen vom Beckenrand aus muß auch auf die persönliche Sicherheit geachtet werden. Vor allem bei großen Sammelbecken muß man bei der Verteilung der Säure sehr schnell arbeiten. Die Säure nicht auf die Folie gießen.

Nach einigen Tagen, bis zu einer Woche, hat sich die Säure gleichmäßig im

Sammelbecken verteilt. Dann ist unbedingt eine Messung des pH-Wertes und weiterhin ständige Kontrolle erforderlich. Das gilt vor allem nach längeren und stärkeren Regenfällen. Häufig wird dann ein Nachsäuern erforderlich.

In einem niederländischen Versuch, in dem vier verschiedene Verfahren zur Bekämpfung von Algen über zwei Jahre (1993 und 1994) erprobt und verglichen wurden, hatte die pH-Absenkung mittels Kalimagnesia-Schwefelsäure (Substrafeed Zwakal) die beste Wirkung. Selbst im Juli wurde der höchste Chlorophyll-a-Gehalt mit nur 10 mg/m^3 gemessen.

3. Belüftung des Wassers

Die Belüftung des Wassers ist eine umstrittene Maßnahme. Durch das Belüften gelangt Sauerstoff ins Wasser und CO_2 muß entweichen. Wenn nicht genügend CO_2 im Wasser ist, wird die Photosynthese der Algen gehemmt.

Skeptiker sehen diese Maßnahme als nutzlos an und behaupten: Wegen der geringen Menge organischen Materials in Regenwassersammelbecken ist der CO_2-Gehalt ohnehin gering. Eine Belüftung und Austreibung von CO_2 hat deswegen kaum eine hemmende Wirkung auf das Algenwachstum.

Wenn belüftet wird, muß das gesamte Wasservolumen belüftet werden. Dazu sind schon größere Pumpen oder Generatoren erforderlich. Belüftet wird nach dem Springbrunnenprinzip: Das hochgepumpte Wasser fällt ins Becken zurück. Hierbei gibt das Wasser CO_2 ab und reichert sich mit Sauerstoff an (vergleiche *Abb. 4*).

Es gibt aber auch ganz spezielle Belüfter für Regenwassersammelbecken, die zwischen 900,- und 1700,- DM kosten. Bei einem Belüfter von Sosef, Niederlande, wird die Belüftung durch Verdampfen von Wasser erreicht. Diese Belüfter werden von der niederländischen Praxis sehr unterschiedlich beurteilt. Vor allem bei großflächigen Sammelbecken sollen diese Belüfter weniger Wirkung zeigen als bei kleineren Behältern.

In einem niederländischen Exaktversuch über zwei Jahre, in dem vier verschiedene Verfahren der Algenbekämpfung erprobt und verglichen wurden, schnitt die Belüftung mit Sauerstoff sehr schlecht ab. Das Algenwachstum war höher als in der unbehandelten Kontrolle und erreichte im August einen Wert von 175 mg Chlorophyll-a/m^3 Wasser.

4. Einhängen von Weizenstroh oder Heu in die Becken

Die Zersetzungsprodukte (toxische Stoffe) von Weizenstroh und Heu sollen das Algenwachstum hemmen. Eine andere Erklärung der algenabtötenden Wirkung von Stroh ist, daß sich auf dem Stroh höhere Organismen, vornehmlich Pantoffeltierchen und Wasserflöhe, ansiedeln und vermehren, die dann die niederen Organismen (Algen) unterdrücken.

Wieder andere behaupten, daß das zersetzende Stroh den pH-Wert senkt und die Algen dadurch gehemmt werden. Auch diese Methode ist in ihrer Wirkung in der Praxis umstritten. Ein Schaden entsteht durch den Einsatz von Stroh keinesfalls. Es ist ein sehr preiswertes Verfahren.

Wichtig ist, das Stroh frühzeitig vor Beginn des Algenwachstums einzusetzen. Außerdem darf nur Stroh verwendet werden, das nicht mit wuchsstoffhaltigen Herbiziden behandelt wurde. Darum sollte Stroh von biologisch arbeitenden, landwirtschaftlichen Betrieben bezogen werden. Man kann auch Heu verwenden und das Herbizid-Problem auf diese Weise umgehen.

Pro 1.000 m^3 Wasserinhalt rechnet man mit 50 kg Stroh. Dabei ist auch eine größere Menge keinesfalls schädlich. In aller Regel reicht es, einen oder einige Strohballen ins Wasser zu hängen. Die Wirkung von Stroh hält nach Praxiserfahrungen etwa 3 - 5 Wochen an.

In einem zweijährigen niederländischen Versuch, bei dem vier verschiedene Verfahren der Algenbekämpfung erprobt und verglichen wurden, schnitt die Zuführung von Weizenstroh am schlechtesten ab. Das Algenwachstum stieg gegenüber der unbehandelten Kontrolle sogar noch stark an und erreichte im Juni und Juli einen Spitzenwert von 215 mg Chlorophyll-a je m^3 Wasser. Im Vergleich dazu lag dieser Wert bei unbehandeltem Wasser bei 98 mg/m^3.

Vergleich vorgenannter Methoden

In Naaldwijk wurden 1993 und 1994 vier verschiedene Methoden der Algenbekämpfung erprobt und miteinander verglichen. Als Maßstab für das Algenwachstum wurde der Chlorophyll-a-Gehalt in mg/m^3 Wasser gewählt.

Dabei zeigte sich nachfolgendes Ergebnis *(Tab. 1)*:

Tab. 1: Algenwachstum (Höchstwerte)

Behandlung	Chlorophyll-a je 3 m^3 Wasser
Unbehandelt	98 mg
Belüftet	175 mg
Stroh	220 mg
Säure (pH-Absenkung)	25 mg
Abdecken (Verdunkeln)	55 mg (nur kurzfristig)

5. Biologische Maßnahmen

Zu den biologischen Maßnahmen zählt das Aussetzen von Fischen, die die Algen fressen sollen. In den Niederlanden gibt es Firmen, die sogenannte „Fischpakete" mit verschiedenen Fischarten liefern. Diese fressen in unterschiedlichen Tiefen unterschiedliche Algen. So ein „Fischpaket" kostet für ein 1.000 m^3-Bassin 180 Gulden.

In einem Fall wurden in den Niederlanden diese Fische von Reihern und Möwen gefressen. In einem anderen Betrieb verstopften die Fische die Zuleitungen. Auch zeigte sich, daß es nach dem Einsetzen der Fische über ein Jahr dauert, ehe sich ein biologisches Gleichgewicht im Sammelbecken einstellt.

Eine weitere Möglichkeit ist der Einsatz von Graskarpfen. Diese fressen aber nur die festen und nicht die Schwebalgen. Allerdings bereiten die Schwebalgen meistens auch keine Verstopfungsprobleme. Probleme durch Aufwühlen des Bodens soll es mit Graskarpfen nicht geben, weil diese sich nur in mittleren Wasserschichten und nicht am Boden aufhalten. In der Praxis zeigt sich aber, daß sie an sehr warmen Tagen doch den Grund aufwühlen und der aufgewühlte Schlamm dann die Zuleitungen und Filter verstopft. Graskarpfen können sich in unseren Breiten aufgrund höherer Temperaturansprüche während der Paarungszeit nicht fortpflanzen. Dadurch wird ein Überbesatz in den Sammelbecken verhindert.

Die Kritiker des Fisch-Einsatzes führen die Verschmutzung des Wassers durch Kot an. Sie führen auch an, daß Reiher und andere Vögel bei ihrer Jagd nach den Fischen die Folie durchpicken können.

Eine weitere biologische Maßnahme ist das Aussetzen von Wasserflöhen. Diese fressen die Algen. Beim Einsetzen der Wasserflöhe darf das Wasser aber nicht zu kalt sein. Außerdem muß vor dem Ansaugstutzen ein entsprechender Filter angebracht werden.

6. Einsatz von Zeolith

Seit einiger Zeit wird das seit Jahren bekannte Zeolith im Garten- und Landschaftsbau zur Verhinderung der Wassereutrophierung (Algen- und Bakterienbildung) in Biotopen, Teichen und Seen eingesetzt. Zeolith bzw. Zeolith-plus dient der Wasserreinhaltung und der Aufrechterhaltung des biologischen Gleichgewichts.

Zeolithe sind kristalline, wasserhaltige Alkali- oder/und Erdalkali-Alumosilikate und enthalten in hohem Maße Silicium (69,32 % SiO_2) und Aluminium (12,36 % AlO_2). Außerdem sind neben Kalium, Magnesium und Calcium auch Eisen und viele Spurenelemente enthalten.

Zeolithe sind absolut ungiftig und umweltfreundlich. Sie wurden mit der homöopathischen Komponente Biplantol verbunden. Dabei stellt Zeolith den Trägerstoff für Biplantol dar. Zeolith-Biplantol ist als Pflanzenstärkungsmittel von der BBA anerkannt. Es wirkt auf Gewässer, indem es Phosphatverbindungen, die das Algenwachstum fördern, immobilisiert. Das Gleiche trifft auch auf den Stickstoff (Nitrat) zu. Kurz gefaßt kann man sagen, daß zu hohe Nährstoffgehalte des Wassers, die normalerweise das Algenwachstum fördern würden, unwirksam gemacht werden. Die Zeolith-plus-Wirkungen im Überblick:

- Sauerstoffeintrag in das Wasser
- Bindung toxischer Stoffe
- Positiver Einfluß auf das Bakterienleben
- Förderung des Nitratabbaus
- Bindung von Phosphat im Sediment
- Stabilisierung des pH-Wertes
- Entschlammung umgekippter Gewässer
- Herstellen des biologischen Gleichgewichts.

Zeolith wird als „Bombe" mit 1 kg/100 m^3 Wasser eingebracht. Vor Einsatz sollten die Algen abgefischt werden.

Wasserpflanzen werden durch Zeolith-plus nicht geschädigt. Ob es bei Verwendung Zeolith-behandelten Gießwassers zu Schäden an den Kulturen kommt, ist noch nicht erprobt. Eigene Versuche in kleinen Behältern und intensive Rücksprache mit dem Hersteller sind unbedingt anzuraten, bevor Zeolith in großem Umfang eingesetzt wird.
(→ Zeolith)

7. Enzyme und Bakterien

Neu ist ein niederländisches Mittel, das unter dem Namen „Aquaclear" in den Handel kommt. Es besteht aus einer Kombination von Enzymen und Bakterien. Sobald das Mittel im Wasser ist, schneiden die Enzyme die Algen in Stücke, berauben die Bakterien die Algen ihrer Nahrung und nehmen deren Platz ein.

Für eine ausreichende Wirkung muß aber zuerst der pH-Wert auf 5 - 9 stabilisiert werden. Pro 100 m^3 Wasser müssen 12 kg „Aquaclear" ausgebracht werden. Nach einigen Wochen, wenn sich ein biologisches Gleichgewicht eingestellt hat, sollen die Algen total verschwinden.

8. Einsatz von Anti-Algenmittel

Vor dem Einsatz von Anti-Algenmittel in Gießwasserbecken ist zu warnen. Häufig enthalten diese Mittel Substanzen (wie Simazin), die generell das Wachstum auch höherer Pflanzen schädigen. Diese Mittel sind in aller Regel für Schwimmbecken entwickelt, wo es kein Pflanzenwachstum gibt.

9. Einbau von Filtern

Es gibt unterschiedliche Filter und verschiedene Verfahren der Filterung. Hierzu bedarf es unbedingt der technischen Beratung. In *Übersicht 1* werden getestete Methoden der Algenbekämpfung zusammengefaßt.

Alginate/Alginsäure

Komplexer, organischer Stoff, der in Form von Salzen (Alginaten) in Braunalgen vorkommt. Alginate sind natürliche kolloidale Substanzen, Salze der Alginsäure, die wiederum nahe verwandt mit den Huminsäuren sind. Die Alginsäure selbst ist wasserunlöslich, während Alginate (z.B. Natriumalginat) wasserlöslich sind.
(→ Boden- und Pflanzenhilfsstoffe)

Übersicht 1: Getestete Behandlungen und deren Wirkungspartner (Testung für Eignung im Gartenteich)

Behandlung **Hersteller**	**Wirkstoff**	**Anwendung**	**Dosierung** (NB = Nachbehandlung)	**Bemerkung**
Gloria Teich-Klar Gloria-Werke	chemisch. Algen- und Nährstoffbindemittel in Reaktion mit Luftsauerstoffgemisch	akut in Verbindung mit Injektor	100 ml auf 1000 l Wasser, NB bei Bedarf	nur gegen Schwebalgen. Aufschwimmende Algen mit Netz abfischen
AlgoRem Tetra Werke	chemisch. Anorganische Aluminiumsalze	akut	50 ml auf 1000 l Wasser. NB bei Bedarf	Ausflockung von Schwebalgen und Phosphat ab 3° dH
AlgoFin Tetra Werke	chemisch. Breitbandherbizid als Fotosynthesehemmer	akut	50 ml/1000 l Wasser. NB alle 4 Wochen mit 25 ml/1000 l.	massives Algenbekämpfungsmittel
Algen-Stop T Vitakraft AG	chemisch. Kupfer-II-Sulfat	akut	50 ml/1000 l NB bei Bedarf	massives Algenbekämpfungsmittel auch gegen Wasserlinsen
Wasserklar Tetra Werke	chemisch. Breitbandherbizid und abbaubare Enzyme	vorbeugend	4 Kapseln/1000 l NB alle 2 Wochen	
Sauerstoff-Plus-T Vitakraft AG	chemisch. Sauerstoff-freisetzung über Salzverbindungen	vorbeugend	50 ml/1000 l NB alle 2 Wochen	
Torfin-Tabs-T Vitakraft AG	chemisch. Huminsäure. Vitamin B-Spender, pH-Absenkung	vorbeugend	4 Tabletten/1000 l NB alle 4 Wochen	Gegen Grün- und Blaualgen
Stroh	chemisch. Nährstoffbindung durch Mineralisation	vorbeugend	10 g Stroh im Netz auf 1000 l Wasser NB alle 6 Wochen	Einsatz von gehäckseltem *Miscanthus*-Stroh
Torfin compact Vitakraft AG	chemisch. Huminsäure. pH-Absenkung von 7,0 auf 6,5	vorbeugend	1 Netz (5 l) für bis zu 2200 l Wasser. NB alle 6 Wochen	gegen Grün- und Blaualgen
Aqua-Super Ton Raiffeisenbank Ainring eG	chemisch-mineralisch. Lavaton. Ionen-Austauscher	vorbeugend	4 kg Granulat/1000 l und 1 kg Granulat als Gebinde. NB bei Bedarf mit 100 g Pulver/1000 l	Einbau von 5 cm gewaschenem Sand. Algen vor und nach der Behandlung mit Netz abfischen.

(nach Jürgen Eppel und Angelika Hotz, Würzburg-Veitshochheim)

Übersicht 1 (Fortsetzung): Getestete Behandlungen und deren Wirkungspartner (Testung für Eignung im Gartenteich)

Behandlung Hersteller	**Wirkstoff**	**Anwendung**	**Dosierung** (NB = Nachbehandlung)	**Bemerkung**
Schwefelblüte	chemisch. Sublimierter Schwefel. pH-Absenkung	vorbeugend	1 kg im Netz/1000 l. NB bei Bedarf	
Pentac-W Oberflächenwasser Plocher Energie-Systeme	chemisch-mineralisch. Quarzmehl Energie- und Informationsträger	vorbeugend	30 g/1000 l. NB alle 4 Wochen mit 10 g/1000 l	Kein Bekämpfungsmittel, unterstützt die Selbstreinigungskraft des Wassers
Algo-Ex Garda GmbH	physikalisch. Farbstoff als Filter für photosynthetisch verwertbares Licht	vorbeugend	18 ml/1000 l NB alle 4 Wochen	
Pflanzenbesatz	biologisch. Nährstoffaufnahme	vorbeugend		1x *Juncus effusus* 1x *Iris pseudacorus* 1x *Typha laxmannii*
Muschelbesatz (Teichmuscheln)	biologisch. Nährstoffaufnahme	vorbeugend	10 Stck./1000 l	Einbau von 5 cm gewaschenem Sand
Schneckenbesatz (Schlammschnecken)	biologisch. Algenkonsum	vorbeugend	10 Stck./1000 l	
Fischbesatz (Rotfedern)	biologisch. Algenkonsum	vorbeugend	8 Stück/1000 l	Nahrungsbedarf zu 30 % aus pflanzlicher Herkunft
Grano-Sol Teichklar	biologisch. Biokatalysator-Abbau von toter organischer Substanz	akut	1 l/1000 l NB einmal	wirkt 16 - 20 Tage nach der Behandlung
Umwälzpumpe Jet Turbine SXT 500 Jet-Springbrunnentechnik	mechanisch. Wasserzirkulation und Sauerstoffanreicherung	vorbeugend in Verbindung mit Ansaugfilter und Schaumsprudler	Pumpenleistung 6 W, 1,7-17V. Umwälzung: 500 l/h Förderhöhe: max. 1,60 m	Stromversorgung über Solarmodul

(nach Jürgen Eppel und Angelika Hotz, Würzburg-Veitshochheim)

Algofer

(→ Eisendünger/Eisenchelate)

Algospeed

(→ Leitfähigkeit gebräuchlicher Dünger für die Flüssigdüngung, Nitrat-Nitrit-Ammonium-Problem)

alternativer Landbau

(→ biologisch/ökologischer Landbau)

Aluminium (Al)

Leichtmetall, Kation Al^{3+}, über 15 % der festen Erdrinde besteht aus Aluminiumoxid (AlO_3). Es stellt ein wesentliches Bauelement des Bodens dar. Besonders die für das Sorptionsvermögen so wichtigen Tone sind in ihrer Gitterstruktur neben Silicium hauptsächlich aus Aluminium aufgebaut.

Die Löslichkeit von Aluminium ist bei schwachsaurer bis neutraler Reaktion gering. Bei geordnetem Kalkzustand weist der Boden nur eine sehr geringe Al-Konzentration auf. Sie wirkt dann nicht toxisch (giftig).

Eine spezifische Funktion im Stoffwechsel der Pflanze hat Al nicht. Lediglich Tee benötigt Al für ein gesundes Wachstum. Die Notwendigkeit für Farne, Heidekrautgewächse und Lippenblütler wird vermutet, ist aber noch nicht nachgewiesen. Der pH-Wert beeinflußt den Gehalt an pflanzenverfügbarem Al im Boden. Ab einem pH < 4,7 steigt der Al-Gehalt in der Bodenlösung an. Ab pH < 3,7 geht Al stark in Lösung. Al wird dann vermehrt von der Pflanze aufgenommen und besonders in der Wurzel akkumuliert (angehäuft). Es kommt zu Schädigungen der Wurzel und der Nährstoffaufnahme. Besonders die Phosphat-, Calcium- und Magnesiumaufnahme wird empfindlich gestört. Auch bei einem pH-Wert über 7,5 (meist erst bei 8,5) enthält die Bodenlösung wieder erhöhte Al-Gehalte.

Aluminium-Überschußsymptome

Al-Überschußsymptome sind immer zuerst an den Wurzeln zu erkennen. Sie färben sich braun, sind kurz und struppig und zeigen schwarze, rissige Wurzelspitzen. Die Schädigung begrenzt sich dabei auf das aktiv wachsende Gewebe der Wurzelspitzen. Empfindlichster Parameter für Al-Überschuß - lange bevor sich Schäden an den oberirdischen Pflanzenteilen zeigen - sind die Längen der Seitenwurzeln. Durch die Schädigung der Wurzeln wird die Wasseraufnahme gehemmt, und es kommt zu einer starken Al-Anreicherung in der Wurzel. Die Schadsymptome am Sproß lassen häufig auf Mangelsymptome anderer Nährstoffe schließen. Vor allem wird bei Al-Überschuß P-Mangel induziert. Die für saure Böden geschilderten Schädigungen der Pflanzen wie P-, Mg- und Ca-Mangel sind häufig auf Al-Überschuß zurückzuführen.

Pflanzen mit Al-Schädigungen sind oft gedrungen und haben kleine und abnorm grüne Blätter mit einem Schimmer von Purpurfärbung. Auch Stengel, Blattstiele und -adern sind häufig purpurfarben getönt. Von unten beginnend fallen die abgestorbenen Blätter ab. Spitzenblätter behalten bis zum vollständigen Absterben der Pflanzen ihre purpurne Farbe.

Al-Überschuß läßt sich wirtschaftlich nur durch Kalkung und Erhöhung des pH-Wertes auf über 5,5 beseitigen.

Aluminium-Toxizität

Al-Toxizität tritt nur auf sauren Standorten (pH unter 5,0) auf und wird vielfach von einem hohen Mangan- und Eisengehalt und einem niedrigen Calcium- und Magnesiumgehalt der Pflanzen begleitet. Gehalte von 50 - 100 ppm sind für höhere Pflanzen toxisch. Bei mäßig erhöhtem Al-Gehalt in der Bodenlösung kann durch eine Mg-Düngung der negative Einfluß von Al überwunden werden. Auch steigende Gehalte organischer Substanz im Boden mindern die schädigende Wirkung des Al, da Huminsäuren u. a. organische Säuren Al als Chelat binden. Die Düngung mit Kaliumchlorid (KCl) dagegen kann durch Kationen-Austausch die Al-Konzentration der Bodenlösung stark anheben, wodurch dann erst Al-Toxizität entsteht.

Die oft vermeintlichen „Säureschäden" sind meistens auf eine zu hohe Al-Ionenkonzentration zurückzuführen. Durch eine vernünftige Kalkung kann die Al-Toxizität am wirkungsvollsten behoben werden.

Sehr empfindlich gegenüber Al-Schädigung sind: Bohnen, Salat, Sellerie und Möhren.

Al-Ionen spielen eine erhebliche Rolle bei der Blaufärbung von Hortensien.

Ein aluminiumhaltiger Dünger ist Aluminiumsulfat.
(→ Blaufärbung, Säureschäden)

Alzocote

(→ Dauerdünger - a) Umhüllung der Dünger)

Ameisensäure

Chemisch H-COOH, ist eine stark sauer riechende und brennend schmeckende Flüssigkeit, die sich in Ameisen, Brennesseln, Raupenhaaren, Ausscheidungen der Stechwerkzeuge von Insekten usw. befindet. Ihre Salze heißen Formiate. Zur Differenzierung der Löslichkeit von Rohphosphaten bedient man sich 2 %iger Ameisensäure. Sie hat sich hierfür als am besten geeignet erwiesen.

Amide (NH_2)

Wie die Aminosäuren sind auch die Amide Zwischenglieder auf dem Wege vom anorganischen N (NO_3, NH_4, N_2) zum organischen Protein-N. Aminostickstoff ist also eine organisch-chemische Stickstoffverbindung, die sich vom Ammoniak (NH_3) dadurch ableitet, daß ein oder mehrere Wasserstoffatome durch Säureradikale ersetzt werden. Amide sind im Harnstoff als Carbamid (Kohlensäure-Diamid) und im Kalkstickstoff als Calcium-Cyanamid enthalten.

Aus dem Harnstoff über das Blatt aufgenommen, ist Amid eine sehr schnell wirkende Stickstofform, da sie im Blatt nicht erst in NH2 umgewandelt werden muß. Über den Boden und die Wurzel aufgenommen, ist Amid eine langsam wirkende Stickstofform, da sie erst im Boden durch Mikroorganismen und mit Hilfe des Fermentes Urease in die aufnehmbare NH4-Form umgewandelt werden muß. Bei Harnstoff geht diese Umwandlung noch relativ schnell, unter günstigen Bedingungen in 2 bis 4 Tagen.

Beim Kalkstickstoff muß das Calcium-Cyanamid unter Hinzufügung von Wasser zu Cyanamid + Löschkalk umgebildet werden. Das Cyanamid wird zu Harnstoff umgebildet, der sich dann erst in NH_4 umsetzt. Dieser Vorgang ist nur bei Anwesenheit und Tätigkeit von Bakterien möglich. Während der Cyanphase ist der Dünger toxisch und schädigt Pflanzen. Deshalb kann er zur Unkrautbekämpfung eingesetzt werden. Kalkstickstoff benötigt Wartezeit bis zur Bestellung und ist ein langsam wirkender N-Dünger.

Überschüssige N-Mengen (bei Luxuskonsum) werden als Amide in den jungen, grünen Pflanzenteilen und in Wurzeln und Knollen gespeichert.

Amine

Amine sind vielfältige, niedermolekulare, organische, N-haltige Substanzen, die basisch reagieren und nur in geringen Konzentrationen vorkommen. Man kann sie auch als Derivate des Ammoniaks betrachten.

Häufig handelt es sich bei den Aminen um für verschiedene Pflanzenfamilien typische Geruchsstoffe. Einige Amine haben starke pharmakologische Wirkungen, sie sind Vorstufen von Hormonen und Alkaloiden.

Für die menschliche Ernährung haben Amine eine wichtige Funktion (z.B. Cholin), teils sind sie auch toxische Abbauprodukte (z.B. Putrescin). Für die Qualitätsbeurteilung von Pflanzen sind besonders die Nitrosamine von Bedeutung. Einige sind cancerogene (krebserregende) Stoffe und stellen ein erhebliches Gesundheitsrisiko dar. Sie entstehen aus Nitrit und sekundären Aminen.

Aminosäuren

Die organischen Aminosäuren sind unerläßliche Bausteine der Eiweißstoffe. In der Natur gibt es über 100 Aminosäuren, aber nur etwa 25 sind hauptsächlich am Eiweißaufbau beteiligt. Die Pflanze kann alle Aminosäuren selbst produzieren. Vorgang: Nitrat-N (NO_3) wird im Xylem (Holzgefäße) mit dem Wasserstrom zum Blatt gebracht. Da wird das NO_3-Ion unter Zuführung von Energie (Licht und Wärme) in die organische Aminoform (NH_2) reduziert und in organische Säuren (Aminosäuren) eingebaut. Diese transportiert die Pflanze im Phloem (Siebröhren) dorthin, wo Eiweißverbindungen erforderlich sind.

Bei der Nitratreduktase ist Molybdän als Katalysator unbedingt erforderlich. Aus den beweglichen Aminosäuren werden unbewegliche Eiweißstoffe aufgebaut. Die Eiweißverbindungen sind somit Endstation des Stickstoffs in der Pflanze. Die Pflanze kann aber auch Eiweiße in Aminosäuren zurückverwandeln und erneut transportieren. Dies macht sie im Herbst bei Laubfall, aber auch bei Stickstoffmangel. In diesem Fall wird das N aus älteren Blättern in jüngere transportiert.

„Siapton" ist ein Dünger, u. a. bestehend aus 30 Aminosäuren.
(→ Blattdüngung)

Es gibt etwa 10 für den Menschen lebensnotwendige Eiweißbausteine, die in der Nahrung enthalten sein müssen. Man spricht von den unentbehrlichen oder essentiellen Aminosäuren, deren Anteile den biotischen Wert der Nahrungsmittel bestimmen. In der Reihenfolge des Mengenbedarfs sind es: Leucin, Phenylalanin, Methionin, Valin, Lysin, Isoleucin, Threonin, Trytophan. Nur Kinder benötigen noch Histidin und Arginin. Ein Drittel der Eiweiße (Aminosäuren) muß der Mensch mit der Nahrung fertig aufnehmen, er kann sie nicht aus anderen Bestandteilen selbst bilden. Das Fehlen von Aminosäuren führt zu schweren Schäden ähnlich denen von Vitaminmangel.

Aminosol

(→ Blattdüngung)

Ammoniak (NH_3)

Dieses farblose Gas von stechendem Geruch entsteht bei der Zersetzung organischer Stickstoffverbindungen (Humusabbau). Ammoniak wirkt alkalisch, da bei seiner Lösung im Bodenwasser freie OH-Ionen entstehen. In höheren Konzentrationen ist Ammoniak toxisch. Schäden durch NH_3 können auch bei der Anwendung von Harnstoff als Flüssigdünger (über den Boden ausgebracht) unter Folienverdunkelung auftreten. Dieser Vorgang erklärt sich folgendermaßen:

Im Boden wird Harnstoff durch Mikroorganismen mit Hilfe des Enzyms Urease über Zwischenstufen (Ammoniakcarbamat, Ammoniumcarbonat) zu NH_4 bzw. NH_3 und CO_2 abgebaut. Bei einem pH-Wert unter 6,0 bleibt der Stickstoffanteil als Ammonium-Ion (NH_4) im Boden und wird je nach den äußeren Einflüssen mehr oder weniger schnell zu Nitrat (NO_3) umgewandelt. Bei höheren pH-Werten entweicht er als gasförmiges Ammoniak (NH_3) aus dem Substrat. Hohe Temperaturen, wie sie bei sonnigem Wetter unter der Verdunkelung auftreten, beschleunigen die Umsetzung des Harnstoffs im Boden und begünstigen den Austritt des Ammoniakgases. NH_3 ist ein Assimilationsgift und wirkt deshalb schädigend auf grüne Pflanzenteile. Ohne Folienabdeckung treten keine Schäden auf, weil sich das gasförmige Ammoniak durch Luftbewegung verteilt und verflüchtigt.

Eine Ammoniak-Düngung erfolgt mit wasserfreiem NH_3. Das Gas wird unter Druck verflüssigt und in Spezial-Drucktanks angeliefert. Flüssige Ammoniakdünger sind „Ensol", „Enpesol", „Engro-28-N-Lösung" und „Wasserfreies Ammoniak". Im Boden wird das NH_3 erst langsam zu NO_3 (Nitrat) umgewandelt und wirkt daher langsamer als eine direkte Nitratgabe.

Bei der Anwendung von Wirtschaftsdüngern mit hohem Ammoniakanteil - insbesondere Gülle - kann es zu erheblichen Ammoniak-Verlusten in die Atmosphäre kommen. Das flüchtige Ammoniak beeinflußt die Luft und die Ozonhülle negativ. Die Ammoniakverluste aus Düngern betragen in der BRD pro Jahr 300.000 t N, davon 80 % aus Gülle und Stallmist und 20 % aus Mineraldüngern.

Ammonifikation

Zahlreiche Mikroorganismen spalten mit Hilfe des Enzyms Urease den Harnstoff in CO_2 (Kohlendioxid) und Ammoniakgas. Das CO_2 hat sich im Bodenwasser zu Kohlensäure (H_2CO_3) und das Ammoniakgas zu Salmiakgeist (NH_4OH) umgewandelt. Kohlensäure und Salmiakgeist verbinden sich zu Ammoniumcarbonat $(NH_4)_2CO_3$. Diese Vorgänge sind aerob (benötigen Sauerstoff).

Die ammonifizierenden Bodenorganismen reagieren empfindlich auf Temperatur- und Feuchtigkeitsschwankungen. Mit 40 °C liegt die optimale Temperatur für die Ammonifikation sehr hoch, unterhalb von 15 °C kommt sie fast zum Erliegen.
(→ Ammoniak)

Ammonium (NH_4)

Eine mäßig schnell wirkende N-Form, die zwar leicht löslich und pflanzenaufnehmbar ist, die aber sehr leicht vom Boden adsorbiert wird. Ammonium-N ist damit weitgehend vor Auswaschung geschützt. Auf fruchtbaren Böden mit biotischer Aktivität wird Ammonium jedoch durch die Bakterien *Nitrosomonas* und *Nitrobacter* in Nitrat (NO_3) umgewandelt und ist dann frei beweglich und unterliegt der Auswaschung. Durch diese schnelle Umwandlung (→ Nitrifikation) nimmt die Pflanze immer mehr NO_3 als NH_4 auf. In pH-Bereichen von 5 - 7 ist Ammonium-N dem Nitrat-N gleichwertig. Über pH 7 ist NH_4 über- und unter pH 5 dem NO_3 in der Verfügbarkeit und Aufnahme unterlegen.

Ammonium ist ein Kation (NH_4^+) aus der Reaktion von Ammoniak mit Wasser. Hohe Gehalte an NH_4 können die Magnesium-Aufnahme stören. Auch die Aufnahme von Kali kann gehemmt werden. Ammonium-Dünger wirken physiologisch sauer.

anaerob

Gegenteil von aerob (→). Lebensweise von Mikroorganismen, die zum Leben keinen freien Sauerstoff im Boden benötigen. Sie sterben bei Luftzutritt ab.

Fakultativ anaerobe Mikroorganismen benötigen normalerweise den freien Sauerstoff, können jedoch auch bei Luftabschluß leben. Die anaeroben Mikroorganismen fühlen sich auch bei niedrigen pH-Werten noch wohl.

Anionen

Negativ(-)-geladene Ionen. z.B.: N^-, P^-, S^-, NO_3^-, Cl^-, B^-, Mo^-, Se^-, F^-.

Die Anionen-Sorption des Bodens ist mengenmäßig, außer bei sehr niedrigem pH-Wert, gering. Mit abnehmender Wertigkeit nimmt die Sorption ab.

Beispiele: PO_4^{3-} (stark), SO_4^{2-} (mittel), NO_3^- u. Cl^- (sehr schwach)

Anionen-Austausch

Im Gegensatz zum Kationen-Austausch ist der Anionen-Austausch gering, da die Austauscher im Boden pH-abhängig vorwiegend negativ geladen sind.

Positive Ladungsüberschüsse sind vor allem bei Metalloxiden (pH > 4,5 - 5,5) möglich. Die Anionen-Sorption steigt mit sinkendem pH und hat in sauren, metalloxidreichen Böden (Gleye und Marschen) eine Bedeutung. Sie ist also pH-abhängig und variabel.

Grundsätzlich gelten für den Anionen-Austausch die gleichen Regeln wie für den Kationen-Austausch; er erfolgt in äquivalenten Mengen und ist abhängig von der Wertigkeit, der Hydration und den Sorptionseigenschaften der Bodenbestandteile. Von bodenkundlicher Bedeutung ist nur die PO_4-Sorption.
(→ Adsorption, Ionen-Austausch, Kationen-Austausch)

Anorganische Dünger
(→ Dünger)

Anstaubewässerung/ -düngung

Die Anstaubewässerung und die Düngung im Anstauverfahren sind heute bei Topfpflanzen gängige Kulturverfahren. Dabei wird das Wasser/die Düngerlösung über geschlossene Anstautische, -wannen, Anstau- oder Fließrinnen usw. angestaut. Bei zeitweise stehendem und auch höherem Wasserstand spricht man auch vom Ebbe-Flut-System. Bei den Fließ-Systemen läuft das Wasser durch die Rinnen und wird im Vorbeifließen von den

Abb. 6: Nährlösungsbehälter zum Auffangen und Lagern der Nährlösung in geschlossenen Systemen
Foto: Evers

Töpfen aufgenommen. Die Fließrinnen werden mit 1 % Gefälle verlegt. Bei mehrmals täglichem Durchlauf des Wassers reichen Laufzeiten von 20 - 30 Sekunden je Pflanze aus, um sie ausreichend mit Wasser zu versorgen. Am Ende der Fließrinnen wird das Wasser/die Düngerlösung wieder aufgefangen und in Becken zurückgeführt. Man spricht von geschlossenen Systemen (*Abb. 6*).

Anstautische werden in Waage installiert. Bei der Bewässerungssteuerung über Tensiometer stellt man den Schaltpunkt auf eine Saugspannung von - 80 hPa (Hekto-Pascal) ein.

Alle Anstausysteme funktionieren nur, wenn sie sorgfältig und richtig installiert wurden. Folgende Probleme gibt es in der Praxis immer wieder:

Anstaubewässerung

- Die Anstauzeit ist zu lang, weil die Abflußventile zu klein sind und als Bremse wirken.
- Die Anstauhöhe ist zu hoch, weil der Tisch nicht genug in Waage liegt oder die Abflußsiebe verstopft sind.
- Die Anstauhöhe ist zu ungleich, weil die Tische nicht gleichmäßig genug

aufgestellt wurden, oder sich gesenkt haben. Auf einigen Tischabschnitten stehen die Pflanzen trocken, auf anderen sind sie zu naß.

Fließrinne

- Am Ende der Rinne kommt es zu trockenen Pflanzen, weil die Wasserzufuhr (l/min) pro Fließrinne zu gering ist.
- In der Rinne bilden sich Wasserlachen, weil das Gefälle zu gering ist oder die Rinne durchhängt.
- Die Nährlösung fließt an einzelnen Töpfen vorbei, weil Hindernisse (Erdreste, Blätter) auf der Rinne liegen.
- Die Nährlösung läuft am Ende der Rinne aus, weil das Rinnenende falsch konstruiert oder verlegt wurde.

Geschlossene Matte

- Die Durchfeuchtung der Matte ist ungleichmäßig, weil das Fabrikat ungeeignet ist oder die Wasserzufuhr über Tröpfe schlecht verteilt ist. Auch eine veraltete, veralgte und vererdete Matte kann Schuld an einer ungleichmäßigen Feuchte sein.

Fließmatte

- Pflanzen am Tischende bleiben trocken, weil am oberen Ende zu wenig Wasser aufgebracht wurde.
- Pflanzen an einer Tischseite bleiben trocken, weil das Quergefälle zum Abfluß hin zu stark ist.
- Pflanzen am unteren Tischende bleiben zu lange feucht, weil bei zu langer Strecke und durchlaufender Vliesmatte die Feuchtedrift zu lange wirkt.

Wichtig ist, daß nach der Installation der Tische und Anlagen eine Einregulierung erfolgt, um insbesondere die Durchflußraten richtig einzustellen. Berechnungen allein reichen nicht aus. Bei zu niedrigen Durchflußraten im Vorlauf füllen sich die Tische (Systeme) zu langsam. Bei zu hohen Durchflußraten oder auch bei falscher Einstellung des Auffüllschwimmschalters kommt es zu ungewollten Anstauhöhen auf den Tischen. Kommt dadurch zu wenig Wasser ins Rücklaufbecken zurück, saugt u. U. die Pumpe Luft statt Wasser/Nährlösung an.

Abb. 7: Durch Mangan-Überschuß induzierte Eisenmangel-Symptome Foto: Braunsmann

Ältere Anstaubewässerungen im Ebbe-Flut-Verfahren haben eine Bewässerungszeit von 15 bis 25 Minuten und eine Entwässerungszeit von 30 bis 60 Minuten. Beide Zeitspannen sind zu lang. Das Substrat wird zu naß und bleibt zu lange naß. Seit 1993 gibt es von GVI System A/S, Dänemark, das Quickventil, das die Entwässerungszeit eines Standardtisches (18,5 m^2) auf 10 bis 15 Minuten reduziert. Dieses Ventil kann in alle Ebbe-Flut-Tische nachträglich installiert werden.

Das Wesentliche der Anstaubewässerung und allen Systemen gemeinsam ist, daß der Wasser- und Nährstoffstrom im Topf immer nur von unten nach oben geführt wird. Durch Verdunstung an der Substratoberfläche und Zurückbleiben der Nährsalze kann es bei ausschließlicher Anstaubewässerung zur Salzanreicherung im oberen Topfviertel kommen. Es können Salzgehalte auftreten, die

weit über den optimalen und zulässigen Werten liegen. Bei Kulturen mit kurzer Kulturzeit kann dieses Problem aber vernachlässigt werden. In der Anstauzone (unterste 2-3 cm des Topfes) kann es zu Nitrat-Nitrit-Ammonium- und Luftmangelproblemen kommen.
(→ Bewässerungsdüngung, N : K-Verhältnis Nitrat-Nitrit-Ammonium-Problem)

AZ Antagonismus

Antagonisten sind Gegenspieler, Substanzen, die sich gegenseitig beeinträchtigen. Auch in der Pflanzenernährung gibt es Antagonismus. Wird mit einem bestimmten Nährstoff stark gedüngt bzw. ist dieser schon reichlich im Substrat/Boden vorhanden, kann er die Aufnahme anderer Nährstoffe beeinträchtigen bzw. verhindern.

Ein ganz typisches Beispiel ist der Antagonismus zwischen Kalk und Kalium bzw. Kalk und Magnesium. Hohe Kalkgehalte schränken die Kali- oder Magnesium-Aufnahme z. T. stark ein. Diese Elemente müssen dann in höherer Konzentration gedüngt werden als allgemein erforderlich.

Ein hoher Gehalt der im Überschuß vorkommenden Nährelemente im Substrat und Wurzelgewebe kann einen Mangel der in der rechten Spalte von *Tab. 2* aufgeführten Elemente induzieren, besonders, wenn deren Gehalte im Gewebe nahe den Grenzwerten oder darunter liegen. Durch Antagonismus ausgelöster Nährstoffmangel (induzierter Mangel) ist häufiger anzutreffen als ein absoluter Mangel *(Abb. 7).*

Antagonismen bestehen aber nicht nur hinsichtlich der Nährstoffaufnahme, sondern auch bei der Funktion der Nährelemente in der Pflanze.

Man unterscheidet zwischen:

Aufnahme-Antagonismus. Das ist die Konkurrenz der Ionen bei der Aufnahme (z.B. um die spezifischen Bindungsstellen am Träger). Beispiel: K - Mg - Ca.

Verlagerungs-Antagonismus. Dieser ist meistens bedingt durch die gegenseitige Ausfällung als schwerlösliche Verbindung oder die Inaktivierung als Komplex. Beispiel: P - Fe, Mn - Si, Fe - Mn, Fe - Mo.

Tab. 2: Typische Antagonisten

Im Überschuß im Substrat oder Pflanzengewebe:	ausgelöster Mangel von:
Stickstoff	Kalium
Kalium	Stickstoff, Calcium, Magnesium
Phosphor	Eisen, Zink, Kupfer
Calcium	Magnesium, Bor
Magnesium	Calcium, Kalium
Natrium	Kalium, Calcium, Magnesium
Mangan	Eisen, Molybdän
Eisen	Mangan
Zink	Mangan, Eisen
Kupfer	Mangan, Eisen, Zink
Molybdän	Kupfer

(nach David W. Reed, 1996: Water, Media and Nutrient for Greenhouse Crops, Bativia, USA, Ball Publishing)

Funktions-Antagonismus. Dieses ist Antagonismus im engsten Sinne. Möglich bei allgemeiner Ionenwirkung oder bei speziellen Funktionen. Beispiel: Fe/Mn-Einfluß auf Enzyme. Mg schwächt die B-Toxizität.

Das Gegenteil von Antagonismus ist der Synergismus, bei dem sich die Nährelemente gegenseitig positiv beeinflussen.
(→ Substratkomponenten und ihr Einfluß auf die Düngung - Rindenhumus)

Antibiotika

Spezifische Ausscheidungsprodukte (Naturstoffe) von Mikroorganismen, die andere Lebewesen in deren Entwicklung zu hindern oder sie zu zerstören vermögen. Man kennt sie aber auch von Tieren und höheren Pflanzen. Sehr viele Heilpflanzen enthalten Antibiotika.

Das erste Antibiotikum (Penicillin) wurde von Flemming bei Schimmelpilzen gefunden. Antibiotika dienen der Bekämpfung von Krankheitserregern, zur Haltbarmachung von Lebensmitteln und als Futterzusatz in der Tierhaltung.

Nicht alle organischen Dünger sind frei von Antibiotika.
(→ Wirkstoffe)

Apatit

Vom griech. apatao = „ich täusche". Calciumphosphate mit Chlor oder Fluor, die teils magmatischen, teils organogenen Ursprungs sind. Es sind Minerale mit prismatischen Kristallen.

Apatite sind schwerlöslich und unbearbeitet nicht pflanzenverfügbar. Darum müssen Apatite in Rohphosphaten chemisch aufgeschlossen werden. Dabei gibt es verschiedene Möglichkeiten:

Beim Säureaufschluß wird im Apatit ein Teil des Calciums durch Wasserstoff ersetzt. Dieses geschieht bei der Herstellung von Super- und Tripelphosphat.

Beim Glühaufschluß wird im Apatit ein Teil des Calciums durch Natrium ersetzt. Dieses geschah bis 1982 beim Rhenaniaphosphat.

Beim Schmelzaufschluß wird die chemische Struktur des Apatits weitgehend verändert. Das geschieht bei der Herstellung von Thomasphosphat.

Aragonite Dosatron

(→ Düngeautomaten/Düngerbeimischer/Düngermischer-ungeregelte Düngerdosiergeräte)

aride Verhältnisse

Von lat. aridus = trocken, dürr. Unter ariden Verhältnissen findet im Boden ein Wasserstrom von unten nach oben statt. Aride Verhältnisse findet man in warmen, trockenen Ländern vor, wo das Wasser an der Erdoberfläche schneller verdunstet als es nachgeführt wird (Niederschlagsmenge unter 20 mm/Jahr und damit geringer als Verdunstungsmenge). Bei ariden Verhältnissen können sich gelöste Salze sehr leicht in der Bodenoberschicht anreichern und zu einer Versalzung führen. Weite Teile der tropischen und subtropischen Gebiete der Erde haben auf ihren Trockenböden aride Verhältnisse.

Das Gegenteil arider Verhältnisse sind humide Verhältnisse, bei denen Nährstoffe aus der oberen Bodenschicht ins Grundwasser ausgewaschen werden. Dadurch kommt es zu einer Eutrophierung (→) des Grundwassers (Niederschlagsmenge höher als Verdunstungsmenge). Auch unter Gewächshausbedingungen geht man bei normaler

Kulturführung und herkömmlichen Bewässerungsmethoden von humiden Verhältnissen aus. 20 - 30 % der verabreichten Gießwassermengen gelangen ins Grundwasser. Aus Umweltgründen bemüht man sich heute auch in Gewächshäusern durch veränderte Bewässerungsmethoden und Messungen über Tensiometer (→) aride Verhältnisse zu schaffen.

Äthylen

Äthylen ist ein gasförmiges Phytohormon, das offenbar in allen Geweben der Pflanze synthetisiert werden kann. Es breitet sich über die Gasphase in den Interzellularen und über die Außenatmosphäre aus. Besondere Abbaumechanismen scheinen nicht erforderlich zu sein, denn die gasförmige Substanz kann einfach in die Atmosphäre abgegeben werden.

Die Äthylensynthese wird durch Umweltfaktoren beeinflußt. Extreme Temperaturen, Trockenheit, Infektion verstärken die Äthylenbildung der Pflanze.

Auxin und Abscisinsäure stimulieren die Äthylenbildung, und auch von außen zugeführtes Äthylen regt die Äthylen-Synthese im Gewebe an. Sie scheint für die normale Entwicklung der Pflanze notwendig zu sein. Ausgangssubstanz für die Äthylen-Synthese in der Pflanze ist die Aminosäure Methionin, die über Zwischenstufen zu Äthylen abgebaut wird.

Äthylen beeinflußt die Samenkeimung, das Austreiben der Knospen, die Blütenbildung (bei Bromelien), die Fruchtreife und Fruchtfärbung, die Wurzelbildung und andere Wachstumsvorgänge. Äthylen fördert den Blattfall und die Blütenreife, die als Äthylenschäden an Zierpflanzen bekannt sind. Zwischen Äthylen und den anderen Phytohormonen bestehen enge Wechselwirkungen.

In Gewächshäusern entsteht auch Äthylen bei der Verbrennung von z.B. Propan in Flüssiggas-Kanonen zur CO_2-Düngung. Dieses wirkt sich auf die Haltbarkeit von Topfpflanzen sehr schädlich aus.

Äthylenmessungen

In den Niederlanden wurden fast 2.400 Messungen an Schnittblumen in Kühlräumen durchgeführt. Die gefundenen Werte lagen zwischen 0,01 und 0,79 dpm (deel per million). Die Resultate sind in drei Gruppen aufgeteilt:

1. Messungen mit einem Wert zwischen 0 und 0,05 dpm. Dies ist die größte Gruppe, in die 80 % der Messungen fallen.
2. In die Gruppe 0,05 - 0,1 dpm fallen 15 % der Messungen.
3. Die kleinste Gruppe ist die mit dem höchsten Äthylen-Gehalt, die ungefähr 3 % der Messungen ausmachen und Werte von über 0,1 dpm aufweisen. Der höchste gefundene Wert war 0,79 dpm.

0,05 - 0,1 dpm ist noch nicht gefährlich hoch. Allein Werte über 0,1 dpm gefährden die Haltbarkeit.
(→ CO_2 - Meßgeräte für CO_2 und andere Gase)

Äthylen-Empfindlichkeit von Topfpflanzen:

Die Äthylen-Konzentration, bei der Pflanzen geschädigt werden, hängt vor allem von der Einwirkungsdauer und der Temperatur ab. Dabei ist die Einwirkungsdauer der kritischere Faktor. Gewöhnlich dauert es 12 Stunden, um einen Äthylen-Schaden zu induzieren. Erste Schäden können schon nach zwei Stunden auftreten. Schäden an Zierpflanzen sind: Abwerfen von Blättern, Knospen und Blüten und Welken der Blüten.

Übersicht 2: Empfindlichkeit gegenüber Äthylen

sehr empfindlich	empfindlich	wenig empfindlich	nicht empfindlich
Topfpflanzen			
Achimenes	Cyclamen persicum	Anthurium scherzerianum	Asplenium nidus
Aeschynanthus	Dendranthema x grandiflorum	Asparagus sprengeri	Codiaeum variegatum
Begonia elatior	Dizygotheca	Dieffenbachia	Chamaedorea elegans
Beloperone guttata	Ficus deltoidea	Dracaena marginata	Cordyline fruticosa
Bougainvillea	Pelargonium zonale	Dracaena sanderiana	Nephrolepis exaltata
Browallia	Petunia	Eucharis grandiflora	Scindapsus pictus
Calceolaria x herbehybr.	Philodendron scandens	Euphorbia pulcherrima	Senecio x cruentus
Campanula carpatica	Radermachera sinica	Exacum affine	
Campanula isophylla	Rhododendron simsii	Fatsia japonica	
Capsicum annuum	Schefflera	Ficus benjamini	
Catharanthus roseus		Ficus pumila	
Clerodendrum		Hedera helix	
Fuchsia		Yucca elephantipes	
Hibiscus rosa-sinensis			
Impatiens N-G-Hybriden			
Impatiens walleriana			
Kalanchoe blossfeldiana			
Kohleria			
Pachystachys lutea			
Primula vulgaris			
Saintpaulia ionantha			
Schlumbergera			
Sinningia cardinalis			
Solanum pseudocapsicum			
Stephanotis			
Streptocarpus floribunda			
Schnittblumen			
Aconitum napellus	Allium aeruleum	Anthurium	Achillea filipendula
Agapanthus africanus	Freesia	Asparagus plumosus	Alchemilla mollis
Alstroemeria (Sorten!!)	Gladiolus	Centaurea cyanus	Amaranthus
Anthirrhinum majus	Syringa	Dahlia	Aster novi-belgii
Asclepias tuberosa		Eremurus	Astilbe
Bouvardia		Forsythia intermedia	Aster chinensis
Campanula pyramidalis		Gerbera	Celosia argentea
Cattleya		Gloriosa rothschildiana	Chrysanthemum segetum
Cymbidium		Gomphrena globosa	Erigeron
Delphinium ajacis		Nerine	Godetia
Dendrobium		Silene	Helianthus
Dianthus barbatus			Hypericum
Dianthus caryophyllus			Chrysanthemum maxim.
Euphorbia fulgens			Limonium (Statice)
Gypsophila paniculata			Nigella damascena
Iris			Ornithogalum
Lilium			Rudbeckia
Matthiola incana			Zantedeschia (Calla)
Narcissus pseudonarcissus			
Paphiopedilum			
Phalaenopsis			
Phlox paniculata			
Prunus triloba			
Rosa (Sortenunterschiede)			
Trachelium caeruleum			
Tulipa (Sortenuntersch.)			

(nach Lars Hoyer und Erik Adriansen, Aarslev/Dänemark, DeGa 32/1994, Seite 1852 - 1853)

Besonders blühende Topfpflanzen erleiden schon sichtbare Schäden, wenn sie nur kurze Zeit einer Äthylen-Einwirkung ausgesetzt sind. Es bestehen große Unterschiede zwischen einzelnen Arten, aber auch zwischen Sorten derselben Art *(Übersicht 2)*.

Aufschließung von Nährstoffen durch die Pflanze

Die einzelnen Pflanzenarten unterscheiden sich erheblich in ihrem Vermögen, den Boden zu durchwurzeln und Nährstoffe aufzuschließen. Die Aufschließung von Nährionen durch die Pflanze erfolgt durch Wurzelausscheidungen auf verschiedene Weisen:

1. Aufschluß durch Säureangriff:

Die Wurzel scheidet H-Ionen ab (→ Ionen-Austausch), welche die benachbarten Bodenpartikel überschwemmen. Abgegebene H-Ionen senken den pH-Wert in Wurzelnähe auf 2,8 - 3, auch wenn das Nährmedium allgemein im Neutralbereich liegt.

2. Aufschluß durch Komplexbildung:

Neben H-Ionen scheiden die Wurzeln auch organische Anionen aus. Diese können z. T. als Chelatoren Metallionen der Kristallgitter angreifen und als Metallchelate lösen. In den Wurzelausscheidungen der Pflanzen fand man bis zu 18 verschiedene Aminosäuren, eine Anzahl organischer Säuren, Zucker und Phenolderivate. Jede Aminosäure kann als Chelator wirksam werden und Ionen benachbarter Bodenteilchen mobilisieren.

3. Aufschluß durch Reduktion:

Viele Pflanzen (Reis!!) sind in der Lage, Luft und damit Sauerstoff von der Bodenoberfläche durch die Wurzeln bis zu den stoffwechselaktiven Wurzelspitzen zu leiten. Je besser die Versorgung der Wurzel mit Sauerstoff ist, um so besser ist die Aufschließung und die Aufnahme von Nährionen.

4. Aufschluß durch Ausscheidung organischer Stoffe:

Die Ausscheidung organischer Stoffe durch die Wurzel fördert das Mikroorganismenleben in Wurzelnähe (Rhizosphäre). Dadurch wird der mikrobielle Aufschluß anorganischer Verbindungen und der Humusabbau gefördert. Auch Pilze, hauptsächlich Basidiomyceten, können an den Wurzeln höherer Pflanzen zur Mobilisation der Bodennährstoffe beitragen (→ Mykorrhiza).

Augit

Primäres Tonerde-Magnesia-Eisen-Metallsilikat. Augite sind verbreitete Bestandteile der Eruptivgesteine. Sie sind Ausgangsmaterial von Calcium, Magnesium und Eisen.

Ausscheidungen der Pflanzenwurzeln

Seit langem ist bekannt, daß Pflanzenwurzeln nicht nur Nährstoffe aufnehmen, sondern auch Stoffe ausscheiden. Diese nehmen einen gewissen Einfluß auf den Nährstoffaufschluß. Ausgeschieden werden organische Säure und organische Chelatoren. Man nennt dies Rhizosphäreneffekt. Es werden aber nicht nur organische Substanzen, sondern auch mineralische Nährstoffe wieder ausgeschieden. Diesen Vorgang bezeichnet man als Efflux.

In Schweden ist man der Frage nachgegangen, ob dieses bei geschlossenen

Bewässerungssystemen zu Pflanzenschäden führen kann. Die Pflanzen scheiden organische Säuren und Phenole aus, die sich im Rücklaufwasser ansammeln. Deren Menge und Zusammensetzung hängt ab von der Pflanzenart, dem Alter der Pflanzen, der Düngung, der Sauerstoffzufuhr an die Wurzeln, der Temperatur und den Streßfaktoren.

Unter normalen Umständen werden die Mikroorganismen des Bodens hiermit fertig. Es hat sich aber gezeigt, daß Schäden an den Pflanzen durch diese Ausscheidungen nicht auszuschließen sind. Weitere Untersuchungen werden hierüber Aufschluß bringen.
(→ Aufschließung von Nährstoffen)

Austauscher-Methode

(→ Boden-, Substratanalysen-Methoden)

Austauschkapazität

Die Fähigkeit, Nährstoffe sorptiv zu speichern, ist bei Böden und Substraten unterschiedlich stark ausgeprägt. Das Ausmaß dieser Fähigkeit wird durch die Austauschkapazität gekennzeichnet .

Bezeichnet wird damit die Summe der austauschbaren Ionen eines Sorptionskomplexes. Es gibt eine Kationen- und eine Anionen-Austauschkapazität. Angegeben wird sie in mval/100 g Boden.

Z. B. haben Tonnminerale eine Austauschkapazität bei Kaolinit von 5 - 15 mval/100 g, Illit von 20 - 50, Montmorillonit von 80 - 120, Humusstoffe von 150 - 300 mval/100 g. Die Austauschkapazität ist pH-abhängig und steigt mit dem pH-Wert an.

(→ Anionen-Austausch, Ionen-Austausch, Kationen-Austausch, Pufferung, Tonminerale)

Auswaschung von Nährstoffen aus dem Blatt

(→ Blattdüngung)

Auswaschung von Nährstoffen aus dem Boden

Der Gesamt-Nährstoffverlust eines Bodens ergibt sich aus dem Entzug durch die Pflanzen und durch Auswaschung der Nährstoffe in den Untergrund. Die Höhe der Auswaschung hängt von der Menge des Niederschlags- und Gießwassers (Sickerwassermenge), der Bodenart (Sorptionsvermögen), der Bodenstruktur (Kapillarität) und dem Pflanzenbewuchs ab. Bei dichten Beständen kommt es kaum zu einer Auswaschung, weil die verfügbaren, gelösten Nährstoffe sofort von den Pflanzenwurzeln aufgenommen werden.

Bei Kali hat die Auswaschung am Gesamtverlust einen Anteil von ungefähr 3 - 25 %, bei Stickstoff und Magnesium kann er 50 % und bei Kalk sogar 90 % betragen *(Tab. 3)*.

Stickstoff wird praktisch nur als Nitrat ausgewaschen, Phosphor so gut wie überhaupt nicht.

Die wichtigsten Basen (basisch wirksame Verbindungen und Ionen) werden ungefähr in nachstehender Reihenfolge abnehmend ausgewaschen:
Ca – Mg – Na – K – NH_4

Für Säurereste gilt folgende abnehmende Reihenfolge:
Chlorid – Nitrat – Sulfat – Karbonat – Phosphat

Tab. 3: Auswaschungsmengen verschiedener Nährstoffe

Nährelement	Nährstoffauswaschung in kg/ha	Nährelement	Nährstoffauswaschung in g/ha
Ca	40 - 430	Mn	10 - 80
Mg	10 - 70	Cu	10 - 94
Na	5 - 70	Zn	10 - 360
K	5 - 30	B	20 - 1040
N	9 - 225 (Niedermoor)		
P	0,3 - 15 (Hochmoor)		

(Tabelle aus Kuntze, Niemann, Roeschmann, Schwerdtfeger, „Bodenkunde" 3. Auflage 1983, Uni-Taschenbuch 1106, Eugen Ulmer Verlag, Stuttgart)

Unter **Auswaschung** versteht man in der gärtnerischen Praxis - vor allem im Unterglasanbau - aber auch die Möglichkeit, mittels hoher Wassergaben zu hohe Salzkonzentrationen aus der oberen Erdschicht auszuwaschen und in den Untergrund zu spülen. Man sollte dazu möglichst salzarmes Wasser verwenden. Zur Auswaschung sind je nach Bodenart (Sorptionsfähigkeit und Durchlässigkeit) 200 bis 400 l Wasser/m^2 erforderlich. Diese müssen innerhalb kürzester Zeit (max. 1 Woche) gegeben werden. Häufig müssen im Untergrund befindliche Ton- oder Ortsteinschichten durchstoßen werden, damit keine Staunässe auftritt. Nicht alle Böden sind für eine Auswaschung geeignet. Prüfen kann man dieses auf kleiner Fläche. Wenn das Wasser innerhalb eines Tages nicht versickert ist, muß von einer Auswaschung abgesehen werden.

AZ Auxine

Organische Phytohormone, die in den meristematischen (teilungsfähigen) Geweben der Trieb-, Sproß- und Wurzelspitzen gebildet werden. Sie stimulieren vor allem die Zellstreckung und fördern das Längenwachstum.

Bestandteil des Auxin ist die Indolylessigsäure, die Indolylbuttersäure und die Naphthylessigsäure. In hohen Konzentrationen wirkt Auxin wachstumshemmend.

Auxine sind Bestandteile von Bewurzelungshormonen, Wachstums- und Bioregulatoren. Anwendung finden diese bei der Förderung der Keimung, Keimhemmung, Stecklingsbewurzelung, Regulierung von Knospentreiben und Blühbeginn, Verhinderung vorzeitigen Blatt- und Fruchtfalls, Pflanzenabtötung (Herbizide), Zusammensetzung der in vitro-Nährlösung.
(→ Phytohormone)

AZ Azidität

Säuregrad oder Säuregehalt einer Lösung. Aus dem lateinischen Acidium = Säure.

Unter aktueller Azidität versteht man die H-Ionenkonzentration der Bodenlösung. Unter potentieller Azidität versteht man die Summe aus sorptiv an Bodenkolloide gebundenen H-Ionen und freien H-Ionen der Bodenlösung.

Eine hohe H-Ionenkonzentration bedeutet einen niedrigen pH-Wert. Die Neutralisation der potentiellen Azidität kann nur durch ein alkalisch wirkendes Agens erfolgen, z. B. CaO, MgO.

Azotobakter-Bakterien

Stickstoffbindende, freilebende Bakterien, die Luftstickstoff in organisch gebundenen Stickstoff überführen können. Ihre Aktivität hängt von den Umweltbedingungen und vom pH-Wert ab. *Azotobacter chrococcum* bildet keine Sporen und lebt aerob. *Azotobacter* findet sich in allen gut durchlüfteten, humushaltigen Böden. Neben Sauerstoff, Wasser und Humus benötigen diese Bakterien Calcium, Phosphor und Molybdän sowie einen relativ hohen pH-Wert von 6,8 - 7,8 (Minimum pH 5,8). Sehr saure Böden sind arm an *Azotobacter*. Der Stickstoffgewinn beträgt in natürlichen, gut durchlüfteten Böden jährlich 20 - 40 kg/ha. Unter ungünstigen Bedingungen, bei Luftmangel z.B., werden nur 1 - 2 kg N/ha gebunden. Der Wiederbelebungsprozeß azotobacterarmer Böden kann durch Impfung mit *Azotobacter chrococcum* sehr beschleunigt werden.

Weitere Stickstoffbinder sind *Clostridium pasteuranum* (= *Bacillus amylobacter*). Dieses kann Stickstoff nur unter anaeroben Bedingungen binden und hat daher gartenbaulich kaum eine praktische Bedeutung. Außerdem gibt es noch das in Symbiose mit Leguminosen lebende *Rhizobium leguminosarum* (= *Bacterium radicicola* (→)).

Bacterium radicicola (= Rhizobium leguminosarum)

Knöllchenbakterien (*Rhizobium leguminosarum*) leben in Symbiose mit Leguminosen und können der Atmosphäre beachtliche Stickstoffmengen entnehmen und den Leguminosen zuführen. Gute Klee- und Luzernefelder brachten Stickstoff-Bindungen von 200 - 400 kg N/ha. Davon blieben etwa 50 % mit den Wurzeln im Boden. Die Symbiose zwischen Leguminosen und Knöllchenbakterien besteht darin, daß die C-autotrophe (selbst Kohlenhydrate bildende) Wirtspflanze die C-heterotrophen Bakterien mit Kohlenhydraten versorgt, während das Bakterium an die Leguminose organische Stickstoff-Verbindungen (Aminosäuren und Amide) liefert. Die einzelnen Rassen von *Bacterium radicicola* leben jeweils nur mit ganz bestimmten Leguminosenarten in Symbiose. Man kennt heute 16 verschiedene Rassen, die sich in 8 Gruppen zusammenfassen lassen: Werden Leguminosen in 5-10-jährigem Abstand angebaut, dann liegen die Bakterien in infektionsfähigen Ruheformen vor, so daß keine Impfung erfolgen muß. Wurden jedoch überhaupt noch keine Leguminosen angebaut (keine infektionsfähigen Ruheformen vorhanden), dann muß mit Radicin geimpft werden. Beim Handelsprodukt Radicin, das zum Impfen bakterienarmer Böden verwandt wird, sind nachfolgende Gruppen zu haben:

Gruppe 1: Rot-, Weiß-, Schweden-, Alexandriner-, Persischer und Inkarnatklee

Gruppe 2: Luzerne, Gelb-, Stein- und Bokharaklee

Gruppe 3: Wund-, Sumpfschoten- und Hornschotenklee

Gruppe 4: Ackerbohnen, Erbsen, Wikken, Peluschken und Linsen

Gruppe 5: Busch-, Stangen- und Gartenbohnen

Gruppe 6: Alle Lupinen-Arten und Seradella

Gruppe 7: Alle Sojabohnen

Gruppe 8: Esparsette

Bakterien einer Gruppe gehen mit Leguminosen der anderen Gruppe keine Symbiose ein. Höhere Stickstoffgehalte des Bodens können die Fixierung von Luftstickstoff durch *Bacterium radicicola* behindern. Alle Knöllchenbakterien sind empfindlich gegen einen niedrigen pH-Wert. Optimal ist der Neutralbereich. Schwachsauer ist noch möglich. Das *Bacterium radicicola* dringt durch die Wurzelhaare jüngerer Pflanzen in die Rindenschicht der Wurzel ein und regt hier das Plasma zu einer verstärkten Teilung an. In diesem Stadium werden die Zellwände der Wirtspflanzenwurzeln enzymatisch aufgelöst. Es entstehen die äußerlich sichtbaren Wurzelverdickungen, die Knöllchen. In den ersten Tagen nach der Infektion werden die Bakterien vollkommen von der Wirtspflanze ernährt. In dieser Zeit vermehren sie sich sehr stark, und es kommt zu einer großen Knollenentwicklung. Danach setzt die N-Fixierung ein.

Molybdän und Cobalt haben einen sehr positiven Einfluß auf das Wachstum, die Vermehrung und die Tätigkeit von *Bacterium radicicola*.
(→ Cobalt, Molybdän - Funktion des Molybdäns)

Bakterieller Abbau

Die wichtigste Tätigkeit der Mikroorganismen des Bodens besteht in der Zersetzung abbaufähiger organischer Substanz. Diese wird nach dem Absterben angegriffen, zersetzt und entweder bis zu molekularen oder ionaren Endprodukten abgebaut (Verwesung der organischen Substanz) oder zu neuen „sekundären" Huminstoffen im Zuge der Humifizierung umgewandelt. Mikrobieller Abbau ist letztlich biotische Oxidation (Atmung). Über zahlreiche Zwischenstufen erfolgt eine Umwandlung der kohlenstoff-, sauerstoff- und wasserstoffhaltigen organischen Substanzen zu CO_2 und H_2O unter Freisetzung von Energie. Der Abbau organischer Substanz setzt viel CO_2 frei, welches beim Gasaustausch (Bodenatmung) der höheren Pflanze als bodenbürtige Kohlensäure zur Assimilation zur Verfügung steht. Beim Abbau wird gleichfalls Stickstoff als Ammonium-N (das zu Nitrat-N nitrifiziert werden kann) und die Mineralstoffe P (als Phosphat), S (als Sulfid und Sulfat), K, Ca, Mg u. a. sowie Spurenelemente (als freie oder gebundene Ionen) freigesetzt. Die Freisetzung der organisch gebundenen Elemente und Umwandlung in anorganische Verbindungen (Mineralisierung) ist ein Teilprozeß der Verwesung.

Die Abbauintensität ist abhängig von der Konstellation der Standortfaktoren (Belüftung, Temperatur, Feuchtigkeit, Bodenreaktion) sowie Art und Menge der zur Verfügung stehenden Nahrung. Es besteht folgende Reihenfolge für die Zersetzbarkeit organischer Verbindungen (von leicht bis schwer zersetzbar): Zucker - Stärke - Proteine - Proteide - Pektine - Hemizellulose - Zellulose - Lignin - Wachse, Harze und Gerbstoffe.

Ein Maß für die Zersetzung (Abbau) ist das Kohlenstoff : Stickstoff-Verhältnis (C : N-Verhältnis). Wenn nicht genügend Eiweißstickstoff für den Aufbau der Körpersubstanz von Mikroorganismen zur Verfügung steht, ist die Mikrobentätigkeit gehemmt. Bei einem C : N-Verhältnis über 25 : 1 erfolgt ein gehemmter Substanzabbau - falls nicht andere Stickstoff-Quellen des Bodens verfügbar sind oder zu Verfügung gestellt werden. Bei einem C : N-Verhältnis unter 20 : 1 erfolgt eine deutliche Freisetzung von organisch gebundenem Stickstoff. Mikroorganismen selbst sind nach dem Absterben leicht zersetzbar.
(→ C : N-Verhältnis, Kohlenhydrate, Lignin, organische Verbindungen)

Bakterien

Einzellige, winzige Organismen der Bodenflora, solitär, als Zellketten oder Zellkolonien in der Rhizosphäre (Wurzelraum) auftretend. Es gibt kugelförmige Kokken, stäbchenförmige Eubakterien oder schraubenförmige Spirillen mit und ohne Dauerformen (Sporen). Die Lebensweise ist vorwiegend heterotroph (organische Substanz als Energie- und Kohlenstoffquelle erforderlich), seltener autotroph (sich hauptsächlich von anorganischen Stoffen ernährend). Sie leben aerob oder anaerob (in Gegenwart oder Abwesenheit von Sauerstoff) und ernähren sich vorwiegend saprophytisch (von abgestorbener organischer Substanz). Die Mehrzahl der Bakterien kann alle leichter zersetzbaren Kohlenstoff-Quellen (Zucker, Stärke, Pektin, Hemizellulose, Zellulose) sowie Stickstoff-Quellen (Proteine, Peptide, Aminosäuren) verwerten und erschließen.
(→ aerob, anaerob, Saprophyten)

Pflanzenbaulich wichtige Bakterien mit spezieller Funktion sind:

Nitrifizierende Bakterien *(Nitrosomonas* = Nitritbildner, *Nitrobacter* = Nitratbildner), die Ammonium-Stickstoff (aus Eiweißabbau) zu Nitrit- und Nitrat-Stickstoff oxidieren.
(→ Nitrifikation)

Stickstoffbindende Bakterien, die entweder freileben (*Azotobacter, Amylo-*

bacter) oder in Symbiose mit Leguminosen (*Bacterium radicicola*). Sie können Luftstickstoff in organisch gebundenen Stickstoff überführen. (→ *Azotobakter*-Bakterien, Stickstoff - Stickstoff im Boden)

Schwefel-, Eisen- und Mangan-Bakterien, die S^{--}, Fe^{++} und Mn^{++} zu höherwertigen Verbindungen oxidieren.

Phosphat- und Kali-Bakterien, bei ihnen handelt es sich um eine Gruppe von Bakterien, die seit einiger Zeit gezielt zum Phosphat- bzw. Kaliaufschluß eingesetzt werden. In Rußland wurden z.B. Phosphobacterin (mit Bacillus megatericum var. phosphaticum) zum Phosphataufschluß natürlicher Phosphatvorräte eingesetzt. In Indien wurden Ertragssteigerungen von 10 - 35 % erreicht. In den USA dagegen blieben entsprechende Versuche ohne nennenswerte Ergebnisse.

Bakterien zur Förderung der Bewurzelung, der Einsatz von Indolylbuttersäure (IBS) und Indolylessigsäure (IES) sowie Naphthylessigsäure (NES) gehört heute zu den Standardmaßnahmen zur Förderung der Bewurzelung. An der Humboldt-Universität Berlin wurde nun *Bacillus subtilis* zur Bewurzelungsförderung eingesetzt, ein sporenbildender Mikroorganismus mit antifungaler Wirkung. Neben dieser pilzbeeinflussenden Wirkung zeigte sich in vielen Versuchen eine allgemeine Wachstums- und Ertragssteigerung bei den mit *Bacillus subtilis* behandelten Pflanzen. Es bestätigte sich die Vermutung, daß *Bacillus subtilis* neben Antibiotika außerdem phytohormonähnliche Substanzen produzieren und freisetzen kann.

In vierjährigen Versuchen mit Gehölzen zeigte sich nach der Behandlung mit Sporensuspensionen ein verbessertes Wurzelwachstum. Für eine generelle Nutzanwendung muß aber noch die artenspezifisch optimale Konzentration der Sporensuspension herausgefunden werden.
(→ Auxine, Indolylessigsäure (IES), Phytohormone)

Ballastsalze/ Ballaststoffe

Konventionelle Mineraldünger (z.B. Kalkammonsalpeter, Superphosphat, Kalimagnesia, Blaukorn usw.) enthalten in mehr oder minder großem Umfang unlösliche Ballast- oder Trägerstoffe, die von der Pflanze nicht aufgenommen werden. Sie können sich bei fortdauernder Anwendung gleicher Dünger im Boden anreichern und unerwünschte Wirkungen zeigen. Ballaststoffe sind oft Gips, Natrium, Chlor, Sulfate u.a.

Bei der Beurteilung der Gesamtsalzgehalte müssen diese Begleitsalze Berücksichtigung finden. Zur besseren Beurteilung sollten bei einer Analyse immer einzelne Elemente miterfaßt werden.
(→ Superphosphat)

Basacote

(→ Dauerdünger - a) Umhüllung der Dünger)

Basammon

(→ Dauerdünger - d) Stickstoffstabilisatoren)

Basen

Chemische Verbindungen, die unter Abspaltung von OH-Ionen mit Säuren Salze bilden können. Basen bilden zahlreiche Metalloxide und -hydroxide, vor allem die Alkali- und Erdalkalimetalle. Das Charakteristikum der Basen ist das OH-Ion. z.B.: Kaliumbase KOH; Natriumbase NaOH; Magnesiumbase $Mg(OH)_2$.

Basfoliar Combi Stipp

(→ Calcium - Calcium-Mangel)

basisch wirksam

= alkalisch wirksam. Die säure-neutralisierende Wirkung des Kalkanteils in Düngern. Nicht alle Kalkgehalte sind basisch wirksam. So erhöht z.B. der Kalkgehalt im Gips ($Ca\ SO_4 \cdot 2\ H_2O$) den pH-Wert nicht. Er ist nicht basisch wirksam. (→ Calciumsulfat)

Basisdünger

Neue Bewässerungs- und Düngungsmethoden stellen immer spezifischere Anforderungen an einen exakt einzuhaltenden pH-Wert während der Kultur. So ist der pH-Wert der Nährlösung ebenso zu optimieren wie der des Substrates.

Die geradlinigste Lösung ist die Kalkung (→). Sie stößt aber während der Kultur z.B. von Topfpflanzen auf technische Schwierigkeiten. Ein anderes Problem ist das Absenken des pH-Wertes mittels Säuren oder physiologisch sauer wirkender Dünger.

Sehr gut möglich ist die Regulierung des pH-Wertes durch Stickstoffdünger. So hebt Kalksalpeter, stabilisiert Kalkammonsalpeter und senkt Schwefelsaures Ammoniak den pH-Wert. Das setzt aber immer gleichzeitig auch einen Stickstoffbedarf der Kulturen voraus. Dieser ist bei der normalen Substrataufdüngung und nachfolgender Düngung mit Mehrnährstoffdüngern aber fast nie gegeben.

Neuerdings gibt es ganz spezielle Mehrnährstoffdünger, die ohne oder fast ohne Stickstoff konzipiert sind und die man als Basisdünger bezeichnet. Solche sind:

Flory Basisdünger 1	**0** + 14 + 38 + 5
Flory Basisdünger 2 u. a.	**2** + 15 + 30 + 5
Hakaphos basis	**3** + 12 + 36 + 5
Nutriflora T	**2** + 11 + 38 + 5
Peters Hydro Sol	**5** + 11 + 26 + 3
Plant-Prod	**0** + 15 + 40 + 3

Mit diesen Düngern ist es während der Kultur möglich, durch die Wahl des geeigneten Stickstoffdüngers den pH-Wert zu regulieren.

Man wendet z.B. Flory Basisdünger 2 wie in *Tab. 4* ausgeführt an.

Die anderen Basis-Dünger werden entsprechend eingesetzt. Auf diese Weise läßt sich der pH-Wert ziemlich exakt regulieren.

Mit Basisdüngern kann man auch dann regulierend eingreifen, wenn der pH-Wert durch die Verwendung von hartem oder weichem Gießwasser beeinflußt wird. So verwendet man bei unterschiedlichen Gießwässern Basisdünger und die in *Tabelle 5* genannten Stickstoffdünger.

Nährsalze für hartes bzw. weiches Wasser

Seit 1994 gibt es eine ganz neue Nährsalzgeneration, die für hartes bzw. weiches Gießwasser konzipiert wurde. Betriebe, die hartes Gießwasser verwenden, müssen andere Dünger verwenden, als solche, die beispielsweise mit weichem Regenwasser gießen. Hartes Wasser mit hoher Karbonathärte enthält Calcium und Magnesium und erhöht den pH-Wert des Substrates. Weiches Wasser, dem Calcium und Magnesium fehlen, senkt im Laufe der Kulturzeit den Substrat-pH-Wert.

Tab. 4: pH-Wert-abhängige Düngung

pH-Wert	Basisdünger Flory 2 in g/l Wasser	Stickstoffdünger in g/l Wasser
unter 6,0	0,7 g	0,85 g Kalksalpeter
um 6,0	0,7 g	0,40 g Ammoniumnitrat
über 7,0	0,7 g	0,65 g Schwefelsaures Ammoniak

Tab. 5: N-Düngerform in Abhängigkeit von der Gießwasserhärte

N-Dünger	bei Karbonathärte des Gießwassers	bei pH-Werten im Substrat
Ammoniumnitrat	6 - 10° dH	5,5 - max. 7,0
Ammoniumsulfat	> 10° dH	> 7,0
Schwefelsäure		> 7,0 und hoher Leitfähigkeit durch Ammoniumsulfat
Kalksalpeter	< 6° dH	< 5,5

Tab. 6: Dünger für weiches und hartes Gießwasser

	für hartes Gießwasser	für weiches Gießwasser
Peters Exel	13 + 10 + 23 + 3	13 + 5 + 20 + 2 + 7 (CaO)
Peters Exel	15 + 15 + 25 + 1	15 + 5 + 15 + 3 + 7 (CaO)
Peters Exel	18 + 10 + 18 + 2	20 + 5 + 8 + 2 + 7 (CaO)
Peters Exel	14 + 10 + 30 + 1	
Peters Exel	24 + 10 + 10 + 1	
Osmosol	23 + 9 + 12 + 2	19 + 4 + 13 + 6 (CaO)
Osmosol	12 + 7 + 31 + 4	13 + 4 + 26 + 3 (CaO)

Scotts Deutschland bringt jetzt mit Peters Exel acht und mit Osmosol vier neue Nährsalzdünger auf den Markt, die dieses berücksichtigen. *Tabelle 6* nennt einen Teil dieser Dünger.

Bei ihnen nimmt nicht nur der CaO-Gehalt Einfluß auf den pH-Wert des Substrates, sondern darüber hinaus auch noch die enthaltene Stickstofform.

(→ Ammonium, Calcium, Nitrat, pH)

BZ Baumdüngung

Der Baumdüngung kommt im innerstädtischen Bereich wegen der Versiegelung der Flächen und des eingeengten Wurzelraums eine immer größere Bedeutung zu. Baumdünger, von denen es über 20 verschiedene gibt, zeichnen sich vor allem durch eine lang anhaltende Dauerwirkung aus. Außerdem enthalten viele Baumdünger, ihrem besonderen Einsatz entsprechend, Nährstoffzusammensetzungen, die die Feinwurzelbildung fördern, der Überwindung von Streßsituationen bei Wurzelverlust (bei Umpflanzmaßnahmen) dienen, der Streusalzbelastung, evtl. Wassermangel und schädlichen Umwelteinflüssen entgegenwirken. Manchmal sind Vitamine, Fermente, Rohproteine zur Förderung von Heilungsprozessen und zur Regeneration geschädigter Bäume enthalten.

(→ Zuschlagstoffe zu Substraten - Bims und Lava)

Im allgemeinen erfolgt die Düngung älterer Bäume über sogenannte Kavernen, das sind durch Ausspülen, Bohren oder Stoßen in den Boden getriebene Hohlgänge. Das Spülen der Kavernen mittels Wasser und Bohrspüllanze hat den Vorteil, daß keine Beschädigungen der Baumwurzeln und von Versorgungskabeln entstehen können, wie dieses beim mechanischen Bohren möglich ist. Ein weiterer Vorteil des Spülverfahrens ist, daß der Baum bei dieser Maßnahme gleichzeitig auch im Untergrund bewässert wird.

Ringförmig um den Baum werden im erweiterten Kronenbereich (Krone + 3 m) Kavernen mit einem Durchmesser von 5 - 10 cm geschaffen, die bei flachwurzelnden Bäumen eine Tiefe von 40 cm und bei tiefwurzelnden eine Tiefe von 60 cm haben sollen.

Man beginnt in einem Abstand von 75 bis 100 cm vom Stamm und legt die Kavernen in Kreisbahnen im Abstand von 80 cm an, entsprechend den Standortbedingungen 1 - 2 Kavernen je m^2.

Als wesentliche Ergänzung zur Düngung ist die belüftende Wirkung der Kavernen im Wurzelbereich zu sehen. Sie führt zu einer Aktivierung des Bodenlebens und des Wurzelwachstums.

Im Straßenbereich, wo die offene Baumscheibe in der Regel klein ist, werden 8 bis 10 solcher Kavernen erstellt. Die zur Kavernenbildung zur Verfügung stehende Fläche sollte möglichst vollständig genutzt werden. Gegebenenfalls müssen Steine, Platten usw. angehoben oder der feste Straßenbelag durchstoßen werden.

In die Kavernen füllt man dann die Dünger in fester oder flüssiger Form ein. Dabei gibt es für die verschiedenen Dünger Hinweise über Zahl und Ausmaße der Kavernen und über Minimal- und Maximaldüngermengen je Kaverne.

Bei der Neupflanzung von Bäumen werden heute gleich feste Kavernen in Form durchlässiger Drainagerohre in den Wurzelbereich eingebaut, durch die gegossen und gedüngt werden kann.
(→ Blattanalysen)

Bentonit

(→ Agrarbentonit, Tonminerale)

Bewässerungsdüngung/Fertigation

Während die normal übliche, flüssige Nachdüngung in wechselnden Intervallen (wöchentlich, 14-tägig usw.) erfolgt, wenn der aus der Substratbevorratung fließende Nährstoffstrom nachläßt, beginnt die Bewässerungsdüngung sofort nach dem Topfen. Dem Substrat wird keine oder nur eine ganz geringe Grunddüngung mitgegeben. Die Bewässerungsdüngung erfolgt mit jedem Bewässerungsvorgang und zwar in einer niedrigeren Konzentration als bei der Intervalldüngung.

Mit verbesserter Technik, Ebbe-Flut-, Rinnen-, Tröpfchenbewässerung, Düngeautomatisation, Düngecomputern und der Verbesserung von Flüssigdüngern und wasserlöslichen Nährsalzen gewinnt die Bewässerungsdüngung zunehmend an Bedeutung. Aber auch ein gestiegenes Umweltbewußtsein und die Einführung geschlossener Bewässerungs- und Düngungssysteme führen zu einer schnellen Ausweitung der Bewässerungsdüngung. Im modernen Unterglasgartenbau ist Bewässerung und Düngung nicht mehr voneinander zu trennen *(Abb. 8 und 9)*.

Abb. 8: Bewässerungsgerät der Firma BE de Lier
Foto: BVZ Wolbeck

Die Bewässerungsdüngung weist gegenüber der Bevorratungsdüngung über das Substrat erhebliche Vorteile auf:

1. Es kommt zu keiner zu hohen Salzanreicherung im Substrat.
2. Die Nährstoffmengen und die Nährstoffverhältnisse können den sich ständig verändernden Kultur- und Klimaverhältnissen angepaßt werden.

Umstellung von Intervalldüngung auf Bewässerungsdüngung

Betriebe, die von Intervall- auf Bewässerungsdüngung umstellen, sollten sich über eine gravierende Änderung der Nährstoffzufuhr im Klaren sein und diese bei ihren Düngungsmaßnahmen berücksichtigen.

Bei der Intervalldüngung wird in regelmäßigen Intervallen (z.B. zweimal wöchentlich mit 0,2 %) gedüngt. Das heißt, unabhängig von der Witterung und dem Wachstum erhält die Pflanze immer die gleiche Nährstoffmenge, vorausgesetzt, die Düngungsintervalle, die Düngerart und seine Konzentration sind gleich.

Ganz anders ist es bei der Bewässerungsdüngung. Hier nehmen äußere Umstände wie Temperatur, Sonneneinstrahlung, Heizung, Luftfeuchte und Substratbeschaffenheit Einfluß auf die Menge des aufgenommenen Wassers und damit auch auf die aufgenommene Nährstoffmenge. Die Pflanze erhält also trotz gleicher Konzentration der Düngerlösung und trotz gleichen Düngers, Satz für Satz und Jahr für Jahr eine sich mit dem Gewächshausklima verändernde Nährstoffmenge.

Die Nährlösungskonzentration sollte aber in Abhängigkeit von der Einstrahlung (Sonne, Heizung) und damit von der Verdunstung (Transpiration durch die Pflanze) eingestellt werden *(Tab. 7)*.

Bei stärkerer Sonneneinstrahlung bzw. bei höherer Heizungseinstellung bzw. Heizung im Bestand (Vegetationsheizung) kommt es immer zu einer stärkeren Verdunstung durch die Pflanze. Dies führt aber fast immer gleichzeitig zu stärkerer Wasseraufnahme und folglich bei gleicher Nährlösungskonzentration auch zu erhöhter Nährstoffaufnahme. Das ist solange gut, wie Wasser- und Nährstoffaufnahme einerseits und Wachstumsleistung der Pflanze andererseits im Einklang stehen. Ist aber die Wachstumsleistung geringer als die Nährstoffaufnahme, kann das zu Problemen

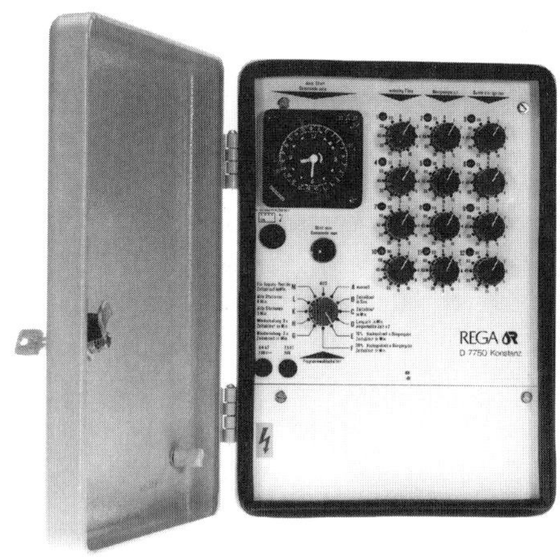

Abb. 9: RG-Beregnungsautomat für die Ebbe-Flut-Bewässerung Werkfoto: bahrs-Technik

Tab. 7: Beispiele für optimale Nährlösungskonzentrationen bei der Bewässerungsdüngung (Mit einem Mehrnährstoffdünger mit 15 % N (15+11+15))

Kultur	Konzentration in g/l
Paphiopedilum	0,2 - 0,4
Dendrobium, Phalaenopsis	0,4 - 0,6
Adiantum, Cyclamen, Saintpaulien, Sinningien, Fuchsien	0,6 - 0,8
Pelargonien, Elatior-Begonien, *Spathiphyllum, Ficus benjamini*, Poinsettien, Topfrosen	0,8 - 1,0
Topf-Chrysanthemen	1,0 - 1,2

führen. Es ist daher richtig, die Nährlösungskonzentration der aufgenommenen Wassermenge in einer Zeiteinheit (Woche, Tag) anzupassen.

Bei einer Einstrahlung von 60 W/m² (bedeckter Tag) verdunsten Chrysanthemen 1,5 l/m² und Tag, bei 120 W/m² 3 l/m² und Tag und an einem sonnigen Tag bei 180 W/m² 4,5 l/m² und Tag. Bei einer Nährstoffkonzentration von 150 mg/l N erhalten die Chrysanthemen bei den verschiedenen Einstrahlungen und Transpirationsraten 1,6 g, 3,2 g bzw. 4,7 g Stickstoff je m² und Woche. Der N-Bedarf liegt aber gleichmäßig bei 3 g N/m². Die Pflanzen erhalten also bei geringer Einstrahlung 4,2 g N/m² zu wenig und bei hoher Einstrahlung 5,1 g N/m² zu viel. Darum sollte die Nährlösungskonzentration der Einstrahlung bzw. der Gießhäufigkeit angepaßt werden.

Beispiel Topf-Chrysanthemen:

Bewässerg. pro Woche	0,04 % = MND* g/l
11 mal	0.4 g
8 mal	0,6 g
6 mal	0,8 g
5 mal	1,0 g

* MND = Mehrnährstoffdünger

Wird z.B. eine Cyclame sieben mal in der Woche gegossen, genügt eine Nährlösungskonzentration von 0,4 g Mehrnährstoffdünger/l. Verringert sich der Gießrhythmus auf fünf mal die Woche, so sollte sich die Konzentration auf 0,6 g/l erhöhen und noch weiter auf 1 g/l, wenn nur dreimal die Woche gegossen wird.

Beispiel Cyclamen:

Bewässerg. pro Woche	0,04 % = MND* g/l
8 mal	0.4 g
5 mal	0,6 g
4 mal	0,8 g
3 mal	1,0 g

* MND = Mehrnährstoffdünger

Beispiel Poinsettien (Mehrtrieber):

Bewässerg. pro Woche	0,04 % = MND* g/l
7 mal	0.4 g
5 mal	0,6 g
4 mal	0,8 g
3 mal	1,0 g

* MND = Mehrnährstoffdünger

Das Nährstoffverhältnis des Düngers wird nach dem N : K-Bedürfnis der Pflanzen ausgerichtet.

Dabei gelten die nachfolgenden Verhältnisse als optimal:

Ausgeglichenes Verhältnis 1 : 1
Poinsettien, *Cyclamen*, Elatior-Begonien, Pelargonien

Schwach kalibetont 1 : 1,2
Cyclamen im letzten Kulturdrittel, Chrysanthemen, Fuchsien, Petunien, *Spathiphyllum*

Kalibetont 1 : 1,5
Saintpaulien, Primeln, *Sinningia, Gerbera,* Nelken

Stickstoffbetont 1,5 bis 2,0 : 1
Azaleen, Eriken, Rosen

Besonderheiten der Bewässerungsdüngung

Es ist bei dieser Bewässerungs- und Düngungsart (Ebbe-Flut/Anstau, *Abb. 10*) zu beachten, daß der Wasser- und Nährstoffstrom nur von unten nach oben gerichtet ist. In einem Kunststofftopf findet Verdunstung auch nur noch an der Substratoberfläche statt. Dadurch kommt es zur Nährstoffanreicherung (Salze) im oberen Bereich des Topfes. Beim Gießen von oben finden Wasser- und Nährstoffströme sowohl von oben nach unten als auch umgekehrt statt. Das bedeutete einen ständigen Austausch von Nährstoffen innerhalb des Topfes.

Beim Gießen von **oben** verteilten sich die Nährstoffe 35 Tage nach Kulturbeginn wie folgt:

im oberen Topfbereich:
N = 107, P = 100, K = 72 mg/l

im unteren Topfbereich:
N = 51, P = 85, K = 64 mg/l

Das bedeutet ziemlich ausgewogene Verhältnisse im Topf zwischen oben und unten.

Ganz anders sieht es bei einer ausschließlichen Bewässerung (Anstau) von **unten** aus. 35 Tage nach Kulturbeginn zeigte sich folgendes Ergebnis:

im oberen Topfbereich:
N = 134, P = 100, K = 117 mg/l

im unteren Topfbereich:
N = 7, P = 21, K = 22 mg/l

Hier zeigen sich im oberen Viertel des Topfes viel höhere Gehalte als im unteren Topfbereich. Gelegentliches Gießen von oben kann nützlich sein und Abhilfe schaffen.

Wichtig ist, diese Verhältnisse auch bei der Entnahme von Substratanalysen aus stehenden Beständen zu beachten. Die Erde für die Analyse darf nicht nur oben oder unten, sondern muß aus der gesamten Höhe des Topfes entnommen werden („Tortenstück" herausschneiden).
(→ N : K-Verhältnis)

Wurzelschäden bei Ebbe-Flut-Bewässerung

Bei Ebbe-Flut-Bewässerung sind in den unteren 2 bis 3 cm des Topfes häufig Wurzelschäden zu beobachten. Zunächst wurden diese Schäden auf Sauerstoffmangel der Nährlösung zurückgeführt. Heute weiß man, daß dieses durch ein Zusammenwirken von Sauerstoffmangel, zu viel Ammonium und zu niedrigem pH-Wert ausgelöst wird.

Wichtig ist in diesem Zusammenhang auch die Anflut-, Stand- und Abflußzeit der Nährlösung oder des Gießwassers. Die Standzeit sollte 10 Minuten nicht überschreiten, die Abflußzeit nicht länger als 20 Minuten sein; der gesamte Bewässerungsvorgang sollte in höchstens 1 Stunde beendet sein. Als Regel gilt: Lieber kürzer und häufiger anfluten als länger und seltener. Je länger die Standzeit des Wassers und je höher die

Anflutung, desto größer ist die Gefahr von Sauerstoffmangel im Substrat.

Sauerstoffmangel der Nährlösung oder des Gießwassers

Sauerstoffmangel der Nährlösung ist durch Belüftung zu beheben. Die Belüftung der Nährlösung erfolgt am besten durch einfaches Verrieseln des vom Tisch rücklaufenden Wassers in das Auffangbecken. Diese Maßnahme reicht in der Regel aus, um die Nährlösung wieder ausreichend mit Sauerstoff zu versorgen. Darüber hinaus kann man die Nährlösung auch direkt mit Sauerstoff anreichern. (→ Anstaubewässerung; N : K-Verhältnis; Nitrat-Nitrit-Ammonium-Problem)

Vital-Aqua - Gerät zur Sauerstoffanreicherung von Gießwasser und Nährlösungen

Die niederländische Firma van Vlieth vertreibt ein neues Gerät, mit dem man Wasser und Nährlösungen mit Sauerstoff anreichern kann. Die Wirkung beruht auf dem Prinzip der Ionisation. Ein Verfahren, bei dem aktiver Sauerstoff dauerhaft an das Wasser gebunden wird, wodurch die Pflanzen mehr Nährstoffe aufnehmen und optimaler wachsen.

BZ Bims

(→ Zuschlagstoffe zu Substraten)

BZ biologischer/ ökologischer Landbau/ .... Anbau

Der alternative Landbau folgt dem Prinzip, daß die Pflanzen (in Anlehnung an das natürliche Vorbild) sich möglichst vollständig aus einem fruchtbaren Boden heraus ernähren sollen. Dabei vertraut man auf die natürliche Regelkraft der Böden und deren Steuerung der Nährstoffversorgung. Das Bodenleben spielt dabei eine sehr große Rolle. Falls die Bodenfruchtbarkeit zur Versorgung der Pflanzen nicht ausreicht, wird gedüngt. Dabei wird in aller Regel nicht gezielt gedüngt, sondern es werden zusammenhängende Komplexe verbessert. Der Boden soll seine „Fruchtbarkeits-Funktionen" dadurch stärker erhalten als im konventionellen Anbau.

Im allgemeinen werden organische Dünger eingesetzt, die die Nährstoffe entsprechend dem Bedürfnis der Pflanzen nur langsam freisetzen. Überversorgung soll so vermieden werden. Die Bodenfruchtbarkeit (mit ihrem Bodenleben) soll durch hohe Gaben organischer Substanz (Stallmist, Kompost) verbessert werden.

Ganz allgemein wird mit pH-Werten gearbeitet, die um 0,5 bis 1,0 Punkte niedriger liegen als im konventionellen Anbau. Die negativen Auswirkungen hoher Kalkgaben wie Festlegung von Spurenelementen soll dadurch vermieden werden, was durch die vermehrte Zufuhr organischer Substanz auch möglich ist.

Ernterückstände verbleiben auf den Feldern und werden wieder in den Boden eingearbeitet. Gründüngung und Mulchen verhindern Nährstoffaustrag in den Untergrund und das Grundwasser. Der Anbau von Leguminosen dient dem Stickstoffgewinn aus der Luft.

Neben mineralischem Dünger werden auch alle belastenden chemischen Pflanzenbehandlungsmittel wie Insektizide, Fungizide, Herbizide usw. abgelehnt. Ersetzt werden sie durch Nützlingseinsatz, biologische Mittel, optimale Fruchtfolge und vermehrte Bodenbearbeitung.

Der ökologische Landbau besteht heute aus mehreren Richtungen. 1988

Abb. 10: Poinsettienbestand auf Aluminium-Mobiltischen mit Ebbe-Flut-Bewässerung Foto: Evers

haben sich diese Richtungen zu einer Arbeitsgemeinschaft zusammengeschlossen. Die beiden Hauptrichtungen sind:

a) Organisch-biologischer Landbau

Er basiert u.a. auf den Vorstellungen des Arztes Dr. Rusch zur Bodenfruchtbarkeit. Betont wird die Bedeutung des Humus und des Bodenlebens sowie der Bodengare. „Künstliche“ Verbesserung dieser Verhältnisse wird abgelehnt. Gedüngt wird mit organischen Stoffen, ergänzt durch Rohphosphat und Urgesteinsmehl.

Der Warenname für Erzeugnisse aus dieser Art biologischem Landbau ist „Bioland-Produkte“.

b) Biologisch-dynamischer Landbau

Er beruht auf der Lehre des Anthroposophen Rudolf Steiner. Im wesentlichen hat diese Theorie geistige Inhalte, die in den Bereich des Glaubens gehen.

Aus Sicht der Naturphilosophie fordert Steiner die Natürlichkeit und Ganzheit der betrieblichen Produktion und betont die Rolle der Bodenfruchtbarkeit. Mineraldünger wurde von Steiner abgelehnt, zugelassen sind organische Wirtschaftsdünger.

Die Demeter-Gruppe änderte die naturphilosophische Lehre Steiners in eine mehr landwirtschaftlich naturwissenschaftliche. Mineraldünger werden neben den organischen Düngern in gemäßigter Form zugelassen. N-Dünger darf aber nur in organischer Form gegeben werden. Zum organisch-biologischen Anbau besteht kaum ein Unterschied. Der Warenname der Produkte ist „Demeter“, nach der griechischen Göttin des Ackerbaues.

Daneben gibt es mehrere kleinere Gruppen wie „Naturland“ (naturgemäßer Landbau), „ANOG“ (naturnaher Obst- und Gemüsebau), „BÖW“ (Biokreis ökologischer Weinbau)

Biolumineszenz-Test

(→ Toxizitätstest für Substrate)

Biotöpfe

Ausgangspunkt der Idee, Töpfe aus verrottbarem Material herzustellen, war die Verwertung von Altpapier. Die Töpfe wurden auch überwiegend als Recycling-Papiertöpfe bezeichnet. Da inzwischen aber wesentlich mehr Bestandteile wie

Abb. 11: Die Wände von Biotöpfen sind durchwurzelbar, hier sind die Pelargonien-Wurzeln bereits außerhalb der Humulus-Topfwand sichtbar Werkfoto: Hartmann

Papier, Holz, Flachs, Torf, Pflanzen- und Textilfasern, Stärke oder Zucker verwendet werden, ist es richtiger von Biotöpfen zu reden.

Nachdem die ersten Erfahrungen mit Papiertöpfen wegen der enormen Stickstoffbindung und des großen Wasserbedarfs eher negativ waren, sind diese Probleme durch Umgangskenntnisse pflanzenbaulich weitestgehend ausgeräumt *(Abb. 11)*. Die Akzeptanz beim Handel und bei den Endverbrauchern ist aber noch verhalten. Trotzdem dürfte dem Biotopf in der Zukunft eine größere Bedeutung zukommen.

Heute werden neben den hautsächlichen, verrottbaren Bestandteilen viele Zusätze verwendet, zum Beispiel Fungizide, Wirkstoffe gegen Algen, Harze und Schlacken als Bindemittel, Fette als abbaubare Imprägnierung, Stickstoff, Phosphat und Kali als Pflanzennährstoffe, Textilfasern, Bitumen, Zellulose, Paraffin u. a. Stoffe.

Der Hauptvorteil der Biotöpfe liegt in ihrer Umweltfreundlichkeit. Deren Verwendung hat also überwiegend ökologische Gründe.

Bittersalz

Das wasserlösliche Magnesiumsulfat wird durch Umkristallisation aus Kieserit gewonnen und enthält Kristallwasser. Die Formel lautet: $MgSO_4 \cdot H_2O$. Es ist ein weißes, kristallines Pulver, das sich wie Zucker schnell und rückstandsfrei auch in kaltem Wasser löst. Darum gibt es keine Düsenverstopfung, leichtes Umrühren reicht aus.

Form des Nährstoffs: 49 % $MgSO_4$ = 16 % MgO = 10 % Mg. Als Begleitstoffe sind 13 % Schwefel (S) enthalten. Bittersalz ist frei von Spurenelementen und Chlorid.

Bittersalzkristalle werden während der Lagerung bei Schwankungen von Temperatur und Luftfeuchte hygroskopisch oder „verwittern" unter Wasserabgabe. Bereits lokale Temperaturdifferenzen können zur Abscheidung von Kristallwasser führen, z.B. durch einseitige Sonnenbestrahlung auf der kühleren Seite des Sackes. Bei Temperaturausgleich erfolgt eine Rekristallisation, die Verbackung verursacht. Alter und Verpackung der Ware spielen hierbei keine Rolle. Diese für Bittersalz typische Eigenschaft steht keinesfalls im Zusammenhang mit Verunreinigungen oder Produktionsfehlern, sondern zeugt von der Reinheit des Produktes. Auf die Löslichkeit im Wasser haben diese Verhärtungen keinen Einfluß.

Beim Auflösen von 5 kg Bittersalz in 100 l Wasser (5 %ige Lösung) bleibt die Temperatur der Lösung nahezu konstant. Die Sättigungskonzentration bei 20 °C liegt bei 25,8 Gew. - %.

Die Anwendungskonzentration im Unterglasanbau in Verbindung mit Tröpfchenbewässerung liegt bei 2 - 3 %. Auch im Gemüsebau wird mit 2 - 3 %iger Lösung gespritzt. Spritzungen über das Blatt sollen nicht bei sonnigem, heißem Wetter durchgeführt werden, weil es dann zu Verbrennungen kommen kann. Im Freiland spritzt man mit etwa 600 l Lösung/ha. Bei Bekämpfung von Magnesium-Mangel soll innerhalb einer Woche mehrmals gespritzt werden, bis die Mangelerscheinung verschwunden ist. Blattdüngung allein kann den Dauer-Bedarf nicht decken und muß durch eine Bodendüngung ergänzt werden. Zur Behandlung von Bäumen streut man bei kleinen Exemplaren 50 g/m^2 und bei größeren Bäumen bis zu 200 g/m^2. Bei Neupflanzungen wird dem Aushub 2,5 g/l Substrat beigemischt. Bei Nadelbäumen, die leicht unter Magnesium-Mangel leiden, empfiehlt es sich, jährlich im Frühjahr 100 g Bittersalz pro Baum zu streuen.

Gestreut wird so weit, wie die Zweige reichen. Zur Bodendüngung mit Magnesium wird aber bevorzugt Kieserit eingesetzt. (→ Leitfähigkeit gebräuchlicher Dünger für die Flüssigdüngung)

Biuret

(→ Harnstoff)

Blähton

Der Jahrtausende alte Verwitterungsrückstand von Kieselsäuregestein (Ton) wird bei 1.200 °C gebrannt. Durch das Brennen geht die gute Pufferkapazität des Tons verloren. Blähton ist weitestgehend rund und geschlossenporig. Blähtonkugeln können anschließend gebrochen werden, was sie als Zuschlagstoff für Substrate geeignet macht *(Abb. 12)*. Als Trägersubstrat in der Hydrokultur bleiben sie rund und ungebrochen. Versuche zeigen aber, daß auch Mischungen aus gebrochenem und ungebrochenem Blähton in der Kultur von Hydropflanzen sinnvoll sein können. Außerdem findet Blähton als Tragschicht für Dachgärten Verwendung.

Es sollten nur gut geprüfte Qualitäten verwendet werden *(Abb. 13)*. Blähtone aus der Bauindustrie sollten gemieden

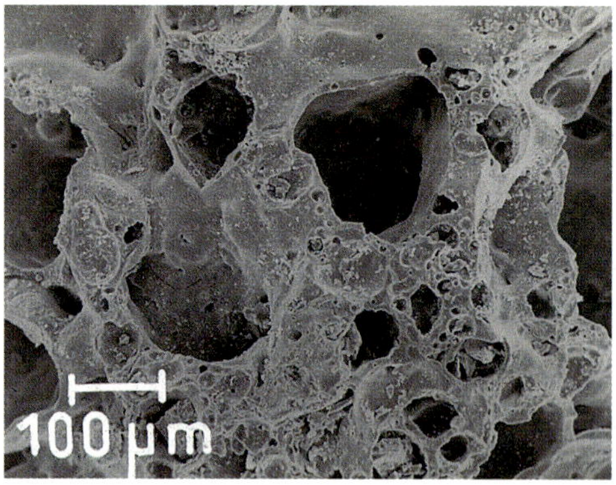

Abb. 12: Blähton mit deutlich sichtbarem Porenvolumen Werkfoto: Archut

Abb. 13: Hervorragendes Wurzelwachstum von Schnitt-Gerbera in Blähton Foto: Braunsmann

werden, weil sie Fluorit und Chlorit enthalten können. Gebrochene Blähtone können Substraten bis zu 35 Vol.-% zugesetzt werden. Einige Blähton-Herkünfte verfügen über eine zu geringe Kapillarität und können das Wasser nicht in den Wurzelraum transportieren.

<u>Blähton besteht aus:</u>

70 % SiO_2	3 % K_2O
1 % CaO	1 % Mn_3O_4
2 % MgO	1 % P_2O_5
8 % Fe_2O_3	

Der pH-Wert liegt um 7,0. Von Bedeutung für die Qualität des Blähtons ist vor allem der Salzgehalt. Je nach Herkunft wurden 2 - 920 mg Salz je 100 g Blähton gefunden. Der Salzgehalt muß für Hydrokulturen unter 250 mg Salz/l liegen. Ein Auswaschen der inneren Salze ist kaum möglich, weil der Blähton selbst bei stundenlanger Lagerung im Wasser nur in den äußeren Schichten Wasser aufnimmt. Bei Untersuchungen waren 26 m^3 Wasser erforderlich um 1 m^3 Blähton völlig salzfrei zu machen.

Vor der Verwendung sollte der Blähton trotzdem, besonders bei der Hydrokultur, gründlich mit 200 l Blähton auf 1.000 l Wasser gewässert werden, um evtl. anhaftende Schadstoffe und gelöste Salze in der äußeren Schicht abzuwaschen. Versuche und Praxiserfahrungen zeigten, daß für die Hydrokultur Lecaton am besten und sichersten ist. Blähton gibt es in unterschiedlichen Körnungen, gebrochen und ungebrochen.

Neuere Untersuchungen zeigen, daß der Blähton wahrscheinlich auch nach dem Brennen ein gewisses Sorptionsvermögen behalten hat. Selbst nach sehr hohen Düngergaben steigt die Nährlösungskonzentration kaum an. Wahrscheinlich ist dieses auf eine An- bzw. Einlagerung der Nährstoffe in den Blähton zurückzuführen.

Von Luwasa gibt es seit 1995 auch farbigen Blähton unter der Handelsbezeichnung Decoton und Perlton mit sehr dekorativer Wirkung.

Qualitätsmerkmale für Blähton-Granulate

1996 hat der Fachverband Deutscher Hydrokultur, Bonn, Mindeststandards für Blähtone festgelegt. Die Qualitätskriterien beziehen sich auf nicht gebrochenes Material und sind für alle Anwendungsbereiche (Pflanzenanzucht, Raumbegrünung, Kleinpackungen für den Handel) einzuhalten.

Die optischen Qualitätsmerkmale sind:

Staubanteile: Staub sind Partikelchen unter 0,5 mm Durchmesser. Der Staubanteil darf 0,3 % des Gewichtes bei Abfüllung nicht überschreiten. Der Transportabrieb ist abhängig von der Transportstrecke und muß gesondert bewertet werden.

Bruchanteile: Der Anteil gebrochener Tongranulate ist limitiert. Das Gewicht bezieht sich jeweils auf trockenes Granulat *(siehe Tab. 8, Zeile 1)*.

Körnungsverteilung: Innerhalb der einzelnen Korngrößen werden wiederum einzelne Siebfraktionen (Rundlochsieb) unterschieden. So müssen bei der Korngröße 2 - 4 mm 50 % der Granulate eine Größe von 2 - 3,15 und 50 % eine Größe von 3,15 - 4 mm aufweisen.

Blähtonform: Die Form des Blähtones ist für die Verkeilung des Granulates und damit auch für die Standfestigkeit der Pflanzen von großer Bedeutung. Bei einer Toleranz von ± 10 Gewichtsprozent sind folgende Werte einzuhalten: Der Anteil nicht kugelförmiger, nierenförmig offener Granulate darf 60 Gew.-%, die kugelförmigen 30 Gew.-% und Bruch 10 Gew.-% nicht überschreiten.

Farbe des Blähtongranulates: Das Standardmaterial hat eine rotbraune Farbe mit einer Tendenz zum rötlichen Farbton. Aus gestalterischer Sicht sind auch andere Farben zu vereinbaren.

Physikalische Qualitätsmerkmale:

Wassersteighöhe: Die Wassersteighöhe/Kapillarität wird definiert als

Tab. 8: Qualitätsmerkmale von Blähton

Zeile	Qualitätsmerkmale	2 - 4 mm	4 - 8 mm	8 - 16 mm
1	erlaubte Bruchanteile in % des Gewichtes	10 Prozent	10 Prozent	10 Pozent
2	Mindestwassersteighöhe	9 cm	8 cm	7 cm
3	Wasserspeicherkapazität	120 ml/l	90 ml/l	70 ml/l
4	Granulatgewichte (trocken gewogen)	>500 kg/m^3	>420 kg/m^3	>400 kg/m^3

optisch befeuchtete Zone ab Wasseroberfläche nach 24 Stunden bei konstanter Anstauhöhe von 5 cm *(siehe Tab. 8, Zeile 2)*.

Wasserspeichernde Kapazität: Der Blähton sollte eine Mindestwasserkapazität besitzen *(siehe Tab. 8, Zeile 3)*.

Granulatgewicht: Das Gewicht hat für die verschiedenen Einsatzbereiche eine unterschiedliche Bedeutung. Für die Anzucht von Hydrokulturpflanzen sind höhere Gewichte notwendig, um die Standfestigkeit zu gewährleisten. In der Raumbegrünung können zur Verfüllung leichtere Produkte zur Anwendung kommen. Die Gewichte in der *Tabelle 8, Zeile 4* beziehen sich auf trockene Granulate. Toleranzen von ± 10 % sind zulässig. Für die Raumbegrünung sind auch Produkte mit mindestens 200 kg/m^3 verwendbar.

Chemische Qualitätsmerkmale:

Die chemischen Eigenschaften stellen aufgrund ihrer geringen Pufferkapazität ein wesentliches Qualitätsmerkmal für die Blähtongranulate dar *(Tab. 9)*. Die Grenzwerte sind deshalb strikt einzuhalten.

Tab. 9: Chemische Grenzwerte von Blähton

pH	>5,5
Lösliche Salze (in KCl)	0,25 g *
CaO	120 mg *
Na_2O	15 mg *
Mg	15 mg *
Cl	10 mg *
F	1,2 mg **

* Angaben pro 100 g Granulat

** Bei fluoridempfindlichen Pflanzen sollte die Konzentration unter 0,6 mg/100 g liegen.

Blattanalyse/ Pflanzenanalyse

Die Blatt- oder Pflanzenanalyse dient der Bestimmung der in der Pflanze enthaltenen Nährelemente. Sie ist ein brauchbares Mittel, den Nährstoffbedarf der Pflanzen festzustellen, denn dieser ist von der Konzentration der Nährelemente im Gewebe (Blatt) abhängig.

Das Wachstum der Pflanzen hängt von der Konzentration an Nährelementen in der Pflanze ab. Diese Gehalte sind daher ein Maß für den Versorgungsgrad. Durch die Analyse von Blättern oder anderen Pflanzenteilen kann somit ermittelt werden, ob die Versorgung mit einem Nährstoff zu diesem Zeitpunkt optimal ist oder nicht.

Die Methodik der Pflanzenanalyse zur Diagnose des Düngerbedarfs und zur Feststellung von Mangel und Überschuß hat sich vielfach bewährt. Sie ist der Bodenanalyse an Präzision überlegen. Leider liegen für den Zierpflanzenbau noch nicht genügend zuverlässige Grenzwerte vor.

Da die Pflanzenanalyse den Gesamtgehalt eines Nährelementes in der Pflanze erfaßt, wird ihre Aussagekraft für stark immobile Elemente eingeschränkt, vor allem für Calcium und Eisen.

Ferner kann die Aussagekraft der Pflanzenanalyse durch extreme Klimabedingungen oder durch extrem unharmonische Ernährung beeinträchtigt werden.

Nachteile:

Absinken der Konzentration im Laufe der Zeit durch Verdünnungseffekt (→), daher eine begrenzte Zeitspanne für die Probeentnahme.

Übersicht 3: Pflanzenteile, -alter und Entnahmepunkt von der Pflanze für die Analyse

Pflanzenart	Pflanzenteil, Alter, Zeitpunkt
Anthurium andreanum	vollentwickelte Blätter
Azaleen	mittlere, voll entwickelte Blätter der Neutriebe ohne Stengel
Cyclamen u. a. blühende Topfpfl.	gerade voll entwickelte Blätter, 2-4 Wochen vor Blühbeginn
Dendranthemum (Chrysanthemen)	5. bis 6. Blatt von der Sproßspitze
Dianthus	Blätter von den Triebspitzen, etwa 15 cm unterhalb der Blüte
Eriken	gerade voll entwickelte Neutriebe
Euphorbia	junge, voll ausgebildete Blätter
Gerbera	Blätter mittleren Alters
Grünpflanzen und Farne	gerade voll entwickelte Blätter, ohne Stengel und Blattstiel
Hortensien	gerade voll entwickelte Blätter
Rosen	oberste, voll entwickelte Blätter knospentragender Triebe

(nach Dr. K. KELLING, KOV „Leipziger Blumen" aus GbGw 17/1990, Seite 810)

Konzentrationsbereiche von Nährelementen in Blättern der Kulturpflanzen in der Trockensubstanz:

Nährelemente insgesamt	50 - 100 ‰
N, K	10 - 50 ‰
Ca, Mg, P, S, Cl	1 - 20 ‰
Fe, Mn, Zn, Cu, B	5 - 200 ppm
Mo	0,2 - 5 ppm

Konzentrationsunterschiede innerhalb der Pflanzenarten:

Gräser:	rel. wenig Ca, Mg, B; viel Si
Leguminosen:	rel. viel Ca, Mg, B; wenig Si
Cruciferen:	rel. viel S
Säureverträgliche Pfl.:	rel. viel Fe, Mn, Al
Salzpflanzen:	rel. viel Na, Mg, Cl, S

Verteilung der Nährelemente innerhalb der Pflanze:

Blätter:	viel K, Ca, Mg, S, N, P
junge Blätter:	hohe Gehalte an den meisten Elementen
ältere Blätter:	oft höhere Gehalte an wenig beweglichen Elementen, z.B. Ca, Cu, B
Samenkörner:	rel. viel N, P, Mg (z. Zt. der Reife etwa die Hälfte des gesamten N und P)
Wurzeln:	niedrige Gehalte

Während die Analysentechnik sehr einfach und preiswert ist, stößt die Probeentnahme und der Transport des Probematerials von den Betrieben zu den Laboren noch auf Schwierigkeiten. Deshalb hat sich die Blatt- oder Pflanzenanalyse in der Praxis noch nicht voll durchgesetzt. Hier wird sie weniger zur Ermittlung des Düngerbedarfs, sondern mehr zur Aufdeckung von Pflanzenschäden (Vergleich gesunder mit geschädigten Pflanzen) eingesetzt.

Für die verschiedenen Pflanzenarten gibt es unterschiedliche Stadien für die Entnahme des Probematerials. Wichtig ist, daß immer im gleichen Stadium und vom gleichen Pflanzenorgan die Probe genommen wird *(Übersicht 3)*.

Probenentnahme:

1. Da die Nährelementgehalte im Laufe der Zeit selbst bei guter Ernährung absinken (Verdünnungseffekt), müssen die Pflanzenproben genau zu dem Zeitpunkt entnommen werden, der in den Grenzwert-Tabellen angegeben ist (z. T. besteht die Wahl zwischen mehreren Zeitpunkten).

2. Je nach Vorschrift in den Grenzwert-Tabellen werden entweder Blätter (ältere, mittlere, jüngere), Stengelteilchen oder im Jugendstadium auch die gesamten oberirdischen Pflanzenteile untersucht, jedoch praktisch nie die Wurzel. Es kommt also sehr stark darauf an, daß das richtige Pflanzenteil für die Probe entnommen wird.

3. Für eine Probe müssen an etwa 20 verschiedenen Stellen von 50 oder mehr Pflanzen 50 - 100 Blätter entnommen werden, so daß sich 300 - 500 g Frischsubstanz ergeben.

4. Es sollen generell nur Pflanzenteile untersucht werden, die noch nicht völlig nekrotisch (abgestorben) sind.

5. Die Probe muß für die zu untersuchende Gesamtheit der Parzelle typisch sein.

6. Damit sich das Ergebnis der Blattprobe nicht verändert, muß diese schnellstmöglich ins Labor gebracht werden. Eine kühle Zwischenlagerung ist nur bedingt möglich und nicht anzuraten.

Beispiele für ausreichende Nährstoffgehalte in der Trockenmasse von Zierpflanzen nennt *Tab. 10*.

Im **Obstbau** müssen mindestens 100 abgetrocknete Blätter von mehreren Bäumen der gleichen Sorte und Unterlage im selben Quartier aus der Mitte diesjähriger Langtriebe zu einer Mischprobe vereinigt werden. Sie kommen in einen Plastikbeutel und müssen kühl gehalten und so schnell wie möglich untersucht werden. Die Probeentnahme erfolgt zwischen Mitte Juli und Anfang August und sollte nicht unmittelbar nach Spritzungen und stärkeren Niederschlägen durchgeführt werden.

Gut versorgte Apfelanlagen („Cox Orange") weisen Nährstoffgehalte wie in *Tab. 11* genannt auf.

Auch die **Düngung** von Laubbäumen in Parks, Alleen usw. erfolgt zunehmend

Tab. 10: Beispiele für ausreichende Nährstoffgehalte in der Trockenmasse von Zierpflanzen

Pflanze	N in %	P in %	K in %	Ca in %	Mg in %	B in ppm	Mo in ppm	Cu in ppm	Mn in ppm	Zn in ppm
Anthurium	1,6-2,1	0,2-0,4	1,0-2,3	1,2-1,7	0,7-1,0	25-100		10-60	50-300	25-200
Begonia	3,4-4,6	0,4-0,8	2,0-3,5	0,7-2,4	0,3-0,8	35-130		5-10	35-190	20-30
Cyclamen	2,4-3,4	0,2-0,4	2,6-4,5	0,8-1,2	0,2-0,5	25-60	0,1-0,4	5-12	30-100	20-60
Dendranthem.	3,5-5,5	0,3-0,5	3,3-5,0	0,5-1,0	0,3-0,6	25-70	0,1-0,4	5-12	50-120	25-80
Dianthus	2,8-4,2	0,2-0,5	2,5-5,0	1,0-2,0	0,2-0,5	30-80	0,2-1,0	8-15	40-120	25-80
Euphorbia	4,0-6,0	0,3-0,7	1,5-3,5	0,7-2,0	0,3-0,8	30-80	0,2-1,0	5-12	40-120	30-80
Gerbera	2,2-3,6	0,2-0,4	3,2-5,2	0,8-2,0	0,2-0,4	20-50	0,2-0,6	5-12	30-100	25-80
Hortensie	2,9-4,0	0,3-0,6	2,2-3,2	0,6-1,5	0,2-0,5	30-50	0,2-0,5	6-12	30-100	20-70
Pelargonie	2,5-3,2	0,3-0,5	1,2-2,8	0,8-1,2	0,2-0,5	20-50	0,2-0,5	6-12	25-100	15-50
Rosen	2,8-4,5	0,2-0,5	1,8-3,0	1,0-1,5	0,3-0,6	30-70	0,2-1,0	7-15	35-120	25-80

nach den Ergebnissen von Blattanalysen. Dazu werden ausgewählte Bäume alle drei bis fünf Jahre untersucht, um Trends zu erhalten. Pro Baum sollen 30 - 40 gut belichtete Blätter mit Blattstielen von drei bis vier Astabschnitten aus dem mittleren Drittel des diesjährigen Triebes und aus mittleren Kronenpartien entnommen werden. Die Probeentnahme sollte Mitte Juli bis spätestens Mitte August erfolgen. In trockenen Jahren sind Blattanalysen weniger sinnvoll.

Tab. 11: Nährstoffgehalte von gut versorgten Apfelanlagen (in % der Trockensubstanz)

Stickstoff	2,20 - 2,40 % TS
Phosphor	0,14 - 0,22 % TS
Kalium	1,10 - 1,50 % TS
Magnesium	0,20 - 0,30 % TS
Calcium	1,80 - 2,20 % TS

Blattdüngung

Schon im Jahre 1802 erkannte Davy als erster, daß die Pflanzen auf die Blätter aufgebrachtes salpetersaures Ammoniak aufnehmen können. 1844 folgte durch den Franzosen Gris der Nachweis, daß Eisen-Mangel durch Blattspritzungen behoben werden kann. Es folgten viele weitere Forschungen in aller Welt, die die These untermauerten, daß Pflanzen Nährstoffe über das Blatt aufnehmen können. Aber erst in den 30er Jahren dieses Jahrhunderts begannen erste praktische Nutzanwendungen, die schließlich nach dem zweiten Weltkrieg praktikabel wurden. Den Durchbruch schaffte die Blattdüngung erst in den letzten zwei Jahrzehnten.

Pflanzen können Nährstoffe über die Wurzel und über die Ektodesmen des Blattes aufnehmen. Theoretisch ist eine Pflanze vollständig über das Blatt zu ernähren, praktisch aber nur begrenzt wegen der Gefahr von Verätzung (Verbrennung) bei zu hoher Salzkonzentration. Die Blattdüngung ist sehr effektiv, weil ein hoher Ausnutzungsgrad der Nährstoffe erzielt wird. Blattdüngungen können auch mit Pflanzenschutzmaßnahmen kombiniert werden und sind deshalb arbeitssparend. Sie belasten die Bodenlösung nicht und werden daher aus Gründen des Umweltschutzes immer bedeutungsvoller.

Möglichst feiner Nebel (Tröpfchen mit einem Durchmesser von weniger als 0,1 mm) oder der Zusatz von Benetzungsmitteln erhöhen die Wirksamkeit. Besonders bedeutsam ist die Blattdüngung zur schnellen Beseitigung von Spurennährstoff-Mangelerscheinungen, wenn diese im Boden festgelegt sind. Aber auch Harnstoff (als organisches Molekül) und neue Flüssigdünger werden zur Blattdüngung eingesetzt.

Die Blätter sind normalerweise Aufnahmeorgane für die gasförmigen Nährstoffe CO_2 und Sauerstoff. Diese gelangen über die Spaltöffnungen in das Interzellularsystem der Pflanzen.

Treffen Nährlösungen in wässriger Lösung auf das Blatt, so werden sie teilweise aufgenommen. Sie müssen zunächst die Cuticula durchdringen. Diese dehnt sich bei Benetzung aus und begünstigt so die Diffusion von Ionen zu den Zellwänden der Epidermis.

Einen weiteren Weg für den Eintritt von Nährstoffen in das Blatt bieten die Ektodesmen. Dieses sind Plasmabrücken von den Zellen durch die Epidermiswände nach draußen auf die Blattober- und -unterseite. Sie sind bei jungen Blättern zahlreicher zu finden als bei den alten. Ektodesmen ermöglichen es dem Zellplasma, direkt aus Wassertropfen Nährstoffe aufzunehmen, die auf der Blattfläche haften. Neben diesen Ektodesmen gibt es weitere Transportbahnen in der Zellwand, die man unter dem Oberbegriff „Teichoden" zusammenfaßt.

Die Nährstoffaufnahme über das Blatt funktioniert so lange, wie die Nährstoffe in Wasser gelöst sind. Auch organische Verbindungen (Harnstoff) werden so gut aufgenommen. Auf diese Weise zugeführt werden auch aminosäurehaltige Blattdünger (Aminosol, Siapton), die den Pflanzen fertige Baustoffe für den Eiweißaufbau liefern.

Die Beschaffenheit der Blattoberfläche spielt für die Aufnahme eine Rolle. So kann es erforderlich werden, bei der Blattdüngung Netzmittel zuzusetzen. Einigen Flüssigdüngern sind die Netzmittel bereits beigefügt (Aminosol, Siapton, Wuxal u. a.).

Dunkelheit und hohe Luftfeuchtigkeit begünstigen die Nährstoffaufnahme. Optimal ist eine Temperatur von 21 °C. Werte über 25 °C und unter 15 °C haben sich als nachteilig erwiesen. Eine Blattdüngung am Abend hat deswegen Vorteile.

Die Aufnahmefähigkeit für die einzelnen Nährelemente ist sehr unterschiedlich. Verwendet man für die Blattdüngung Mehrnährstoffdünger, so kann man nicht davon ausgehen, daß die Einzelelemente der Pflanze im gleichen Verhältnis zur Verfügung stehen, wie sie im Dünger vorliegen.

Für die einzelnen Nährstoffe gibt es für die Blattdüngung besonders geeignete Nährstofformen:

N = Harnstoff, Ammoniumnitrat, Kaliumnitrat, Calciumnitrat. Ammoniumsulfat ist zwar geeignet, kann aber leicht zu Verbrennungen führen.

P_2O_5 = Phosphate, müssen gut wasserlöslich sein (Dihydrogenphosphate).

K_2O = Kaliumnitrat, Kaliumsulfat.

MgO = Magnesium, ist über das Blatt sehr gut wirksam (Chlorophyll). Am besten Magnesiumnitrat und Magnesiumsulfat (Bittersalz).

CaO = Calciumnitrat.

Spuren = Spurenelemente, am besten als Chelate, Bor als Borax, Molybdän als Ammoniummolybdat.

Die Konzentrationsempfindlichkeit der oberirdischen Pflanzenteile wechselt nicht nur mit dem Alter und dem Entwicklungszustand der einzelnen Pflanzen, sondern auch von Art zu Art sehr stark. Zusätzlichen Einfluß haben die Klimafaktoren. Generelle Angaben sind deshalb schwierig. Darum immer auf die Empfehlungen der Düngerhersteller achten. Auch Probespritzungen an wenigen Pflanzen sind angebracht. Wichtig sind auch die Wassermengen je Flächeneinheit. Beim Spritzen geht man von 4 bis 5 l/100 m^2 und beim Sprühen von 1 bis 2 l/100 m^2 aus. Die Konzentration liegt bei 0,04 bis 0,2 % (0,4 bis 2 g/l).

Besondere Bedeutung hat die Blattdüngung dort, wo plötzlich ein Mangel an Magnesium, Eisen oder Spurenelementen festgestellt wird und schnell beseitigt werden muß. Auch bei der Stickstoffdüngung mit Harnstoff führt die Blattdüngung zu einem schnellen und guten Ergebnis.

Ein Vorteil der Blattdüngung ist, daß der Boden oder das Substrat nicht mit Salzen belastet wird. Darum ist die Blattdüngung immer bei Wurzelerkrankungen angebracht oder wenn bei einem hohen Salzgehalt des Substrates einzelne Nährstoffe gedüngt werden müssen. Häufig werden auch Stecklingsbestände im Sprühnebelverfahren ständig mit Blattdüngung (Kaliumnitrat) versorgt.

Tab. 12: Aufnahmegeschwindigkeit von Makro- und Mikronährstoffen über das Blatt (50 %ige Aufnahme der applizierten Nährlösung beim Bohnenblatt in Stunden)

Element	N	P	K	S	Ca	Mg	Na	Mn	Zn	Fe
Stunden	1-4	30-120	24-80	184	100	5	5	48	24	240

Die Temperaturen im Herbst und im Winter begrenzen häufig die Anwendung der Blattdüngung.

Die über die Blattdüngung verabreichten Nährstoffe reichen für die Gesamtversorgung der Pflanze nie aus und bedürfen der Unterstützung durch die Boden- bzw. Wurzeldüngung. Zu berücksichtigen ist auch, daß die Verwertung der aufgenommenen Nährstoffe im Blatt nur da erfolgt, wo sie auftreffen. Der Transport im Blatt oder gar zu anderen Pflanzenteilen ist minimal und nicht mit dem Nährstofftransport der Wurzel zu den Blättern zu vergleichen.

Die Aufnahme von z.B. Amid-N (Harnstoff) erfolgt förmlich gierig und regt schnell das Wachstum an, während die Phosphoraufnahme wesentlich langsamer vor sich geht. Die Aufnahmegeschwindigkeit ist bei den Kationen höher als bei den Anionen, sie variiert stark nach Art und Alter der Kultur *(Tab. 12)*.

Nährstoffauswaschung aus dem Blatt

Nährstoffe können aber nicht nur durch das Blatt aufgenommen, sondern bei Regen und Nebel auch aus den Blättern ausgewaschen werden. Dabei ist der Verlust jüngerer Blätter geringer als der von älteren Blättern. Natrium und Mangan werden leicht, Eisen, Zink, Phosphat und Chlorid schwer ausgewaschen.

Blaufärbung

Einige rosa und rot blühende Hortensien-Sorten können mit Hilfe von Aluminium-Ionen blau „gefärbt" werden. Dabei wird Delphinidin-Glykosid - ein bestimmter Anthozyan-Farbstoff - durch die Anwesenheit von Aluminium-Ionen blau. Nicht alle Hortensien-Sorten nehmen Al-Salze auf und transportieren sie im Zellsaft. Diese Sorten lassen sich nicht färben. Aluminium wird der Pflanze als Kali-Alaun, Ammoniak-Alaun oder Aluminiumsulfat zugeführt. Die Aufnahme erfolgt über die Wurzel. Im Boden muß genügend Aluminium vorhanden sein. Die Al-Salze lösen sich in feuchtem Boden. Dabei wird soviel Al gebunden wie Calcium in freier Lösung vorhanden ist. Bei hohen pH-Werten und hohen Ca-Gehalten des Bodens wird praktisch das gesamte Al gebunden. Eine Aufnahme durch die Pflanze ist dann ausgeschlossen, eine Blaufärbung kann nicht erfolgen. Bei einem sauren pH-Bereich von 4 - 5,5 wird Al nicht gebunden und steht der Pflanze zur Verfügung. Sind die pH-Werte zu hoch, entstehen Mischfarben zwischen Blau und Rot. Das kann auch auftreten, wenn mit dem Gießwasser laufend gelöster Kalk zugeführt wird. Anstelle von hartem Gießwasser mit hohen Karbonathärtegraden muß Regenwasser verwandt werden.

Al geht außerdem noch eine Bindung mit der Phosphorsäure ein und ist dann nicht mehr pflanzenverfügbar. Daher muß bei blau zu färbenden Hortensien der Phosphat-Gehalt des Substrates unter 350 mg/l liegen. Auch Stickstoffverbindungen können sich nachteilig und störend auf die Blaufärbung auswirken. Das trifft vor allem auf basisch wirksamen Kalksalpeter zu. Für „blaue" Sorten sollen physiologisch saure Stickstoffdünger (Schwefelsaures Ammoniak) verwandt werden. Al wird am besten bereits dem Substrat als Aluminium-Sulfat (6 - 8 kg/m^3) zugesetzt. Während der Treiberei mehrmals Kali-Alaun oder Ammoniak-Alaun (1 g/l Wasser) geben, 4 - 5 Wochen nach Treibbeginn anfangen, zweimal wöchentlich bis zur Blütenbildung oder bis die Lentizellen bläulich sind.

Bei Verwendung von Ammoniak-Alaun auf den Gehalt von 3 % Stickstoff achten. N-Überdüngung ist leicht möglich.

Blei (Pb)

Das Schwermetall ist kein lebensnotwendiges Element, sondern eher ein potentieller Schadstoff. In Böden ist Blei häufig mit 0,5 bis 20 mg/kg vorhanden. 100 mg/kg sind als Höchstwerte tolerierbar. Böden haben eine hohe Fixierungseigenschaft für Blei. Es wird von den Wurzeln nur schlecht aufgenommen und in der Pflanze nur teilweise weitergeleitet. In den Blättern treten Gehalte von nur 0,1 - 10 mg/kg (ppm) auf. Tolerierbar sind auch im gärtnerischen Unterglasanbau 100 mg/kg in lufttrockenem Boden. In kontaminierten Böden kommt es zu Gehalten von bis zu 4.000 mg/kg. Trotzdem gibt es kaum Schäden an Pflanzen. Eine Gesundheitsgefahr für Warmblüter (Mensch und Tier) entsteht durch bleihaltige Nahrung und durch radioaktive Beimengungen, z.B. Polonium.

Blei gelangt durch Autoabgase in die Böden. Beiderseits von Autostraßen (bis 50 m) findet man erhöhte Bleigehalte von 20 - 30 mg/kg Boden. In den Pflanzen finden sich aber auch hier wegen der schweren Aufnehmbarkeit von Blei und der überwiegenden Aufnahme über die Wurzel keine erhöhten Werte. Hohe Anteile organischer Substanzen im Boden mindern die Bleiaufnahme noch weiter.

Die Pflanzen haben eine hohe Verträglichkeit gegenüber Blei. Diese beruht nicht nur auf der geringen Aufnahme, sondern auch auf der intensiven Ablagerung von Blei in den Zellwänden.

Bei zu hohen Bleigehalten in der Pflanze (äußerst selten) kann es zu einer Störung des Ca-Stoffwechsels und zu einer Hemmung von Enzymsystemen sowie zur Minderung der CO_2-Aufnahme kommen. Außerdem kann das Wachstum der Pflanzen in untypischer Weise gehemmt werden.

Blutmehl (organisch)

Schnell wirkender Stickstoffdünger in Pulverform mit 12 - 14 % Stickstoff und hohem Reinheitsgrad. Auch unter den Namen Cornulan und Multiflora im Handel und für den biologischen Anbau geeignet.

Der Stickstoff liegt in organischer Bindung vor und ist restlos pflanzenverfügbar. Blutmehl ist wasserlöslich, schnell wirksam und gut verträglich (keine pflanzenschädigenden Nebenbestandteile). Spurenelemente sind in kaum nachweisbaren Mengen vorhanden.

Anwendung: Zur Vorratsdüngung mit 10 - 20 kg/100 m^2, zur Erhaltungs- und Nachdüngung mit 5 - 10 kg/100 m^2. Blutmehl kann mit 4 - 6 kg/m^3 auch in Substrate gemischt werden.

Bodenatmung/ Bodenluft

Unter Bodenatmung versteht man den Gasaustausch zwischen Bodenluft und atmosphärischer Luft. Im Boden findet eine CO_2-Produktion durch die Pflanzenwurzeln und die Mikroorganismen statt. Etwa ein Drittel der CO_2-Produktion geht auf die Atmung der Wurzeln und zwei Drittel auf die Tätigkeit der Mikroorganismen zurück. In einer Stunde produziert ein Ackerboden 1 - 25 kg CO_2/ ha. Darum ist die Bodenluft reicher an CO_2 als die atmosphärische Luft. Durchschnittlich sind im Boden ca. 0,5 % CO_2 enthalten. Diese CO_2-haltige Bodenluft tauscht sich mit der atmosphärischen, sauerstoffreicheren Luft aus. Das tagsüber „ausgeatmete" CO_2 der Bodenluft kann von den Pflanzen direkt genutzt werden. Die nachts ausgeschiedene CO_2-haltige Luft wird in den Morgenstunden durch Vertikalwinde hochgewirbelt und ist der direkten Nutzung weitestgehend entzogen, wenn nicht eine geschlossene Laubdecke vorhanden ist.

Wenn die Bodenporen durch Versiegelung, Staunässe oder Überfrieren von oben verschlossen sind, kann der CO_2-Gehalt der Bodenluft auf bis zu 5 % ansteigen. Der Sauerstoffanteil der Bodenluft liegt nicht höher als 20 % und kann während der Vegetationsperiode, zu Zeiten hoher Wurzelaktivität, bis auf 15 % absinken.
(→ Bakterien, CO_2, Kohlendioxid)

Bodenfeuchtemessung

Zu einer Optimierung der Bewässerung gehört die Bodenfeuchtemessung. Sie wird mit zunehmender Wasserknappheit, in Trockengebieten aber auch aus ökologischen Gründen immer bedeutungsvoller.

Die direkte Messung der Bodenfeuchtigkeit stößt aber auf eine Reihe von Schwierigkeiten. Diese liegen einmal in der Wirtschaftlichkeit (einige Methoden der Bodenfeuchtemessung für die praktische Landwirtschaft zu teuer), zum anderen läßt die Aussagefähigkeit der Messung zu wünschen übrig. Das liegt daran, daß das Aussageergebnis für zu geringe Bodenvolumina gilt. Da die Bodenfeuchte über kurze, horizontale Entfernungen sehr stark schwanken kann, wären sehr viele Messungen erforderlich, um eine ausreichende Meßsicherheit zu bekommen.

1996 haben in Wageningen/Niederlande am Instituut voor Milieu- en Agrietechniek (IMAG-DLO) Vertreter aus den Niederlanden, Deutschland, Italien, Israel und Großbritannien einen Vertrag unterzeichnet, in dem sie sich verpflichten, in den nächsten vier Jahren nach Methoden zu forschen, mit denen der Eintrag von Gießwasser und Dünger in Grund- und Oberflächenwasser unter Erhalt bestehender Kultursysteme zu minimieren ist.

Zur Bodenfeuchtemessung gibt es verschiedene Möglichkeiten.

Gravimetrische Feuchtemessung (Bohrstockmethode)

Hier wird die Bodenfeuchte durch Gewichtsverlust beim Trocknen einer

Abb. 14: Installation von Tensiometern in einer Gerbera-Kultur Foto: Braunsmann

Bodenprobe bei 105 °C über 24 Stunden bestimmt. Die Brauchbarkeit dieser Methode ist davon abhängig, wie gut und wie schnell die Wägungen durchgeführt werden können. Zur schnelleren Trocknung werden Mikrowellenöfen verwendet. Dabei ist allerdings die genaue Temperatureinhaltung nicht gegeben. Insgesamt taugt diese Methode wegen der zeitraubenden Wägungen und den Ungenauigkeiten nicht für die gärtnerische Praxis.

Tensiometer (→) *(Abb. 14)*

Die Beschreibung der im Gartenbau gebräuchlichen Tensiometer und deren Anwendung erfolgt sehr ausführlich unter dem Stichwort Tensiometer. Problematisch im flächenmäßigen Anbau ist die nur punktuelle Messung.

Gipsblock

Wie bei den Tensiometern stellt sich auch bei den Gipsblöcken, die wie die Saugkerzen der Tensiometer porös sind, ein Saugspannungsgleichgewicht zwischen Boden und Gipsblock ein. In der eindringenden Feuchtigkeit lösen sich kleine Mengen Gips auf. Die entstehende, gesättigte Lösung ist elektrisch leitfähig. Da ihre Menge im Gipsblock mit steigender Bodenfeuchte ansteigt, ist diese elektrische Leitfähigkeit ein Maß für die Bodenfeuchte. Auch die Gipsblöcke messen nur punktuell. Es ist zu beachten, daß die Leitfähigkeit vom Salzgehalt des Bodens beeinflußt wird. Deshalb kann ein salzhaltiger Boden das Meßergebnis verfälschen. Darüber hinaus ist die Leitfähigkeitsmessung temperaturabhängig. Gipsblocksensoren arbeiten erst bei geringeren Bodenfeuchtegehalten, also höheren Saugspannungen ab etwa 800 hPa ausreichend genau. Die Bewässerung im Gewächshaus findet jedoch bei hohen Bodenfeuchten und damit niedrigeren Saugspannungen (60 - 120 hPa) statt.

Peltier-Halbleiter-Element

An dieser Stelle soll auf eine neuere Entwicklung hingewiesen werden. Das Herzstück des Systems ist ein Peltier-Halbleiter-Element, das wasserdicht in Kunststoffharz eingegossen ist und von zwei Edelstahlplättchen umschlossen wird. Die Funktion basiert auf der unterschiedlichen Wärmeleitfähigkeit von Metall und Wasser, d. h. auf einer Umkehrung des Effekts eines Thermo-Elementes. Wechselweise wird Kälte oder Wärme in das Bodenreich eingeführt, aber keine zusätzliche Wärmebelastung des Wurzelraumes erzeugt. Aus der Polarisation von Wärme und Kälte resultieren die entsprechenden Feuchtewerte. Im Prinzip gleicht der Vorgang dem Lauschen nach einem thermischen Echo. Unterschiedliche Echo-Resonanzen zeigen unterschiedliche Feuchtigkeitsverhältnisse an. Besteht eine hohe Temperaturdifferenz („starkes Echo", muß gegossen werden. Signalisiert das Element eine geringe Differenz („totes Echo"), so ist das Substrat ausreichend durchfeuchtet. Mit dem Peltier-Doppel-Sensor können breite Bereiche der Bodenfeuchtemessungen abgedeckt werden. Er bedarf im Gegensatz zu den üblichen Sensoren keiner Wartung. Eine Reinigung, Wasserfüllung oder regelmäßige Sichtkontrolle kann entfallen. Er ist robust und leicht in unterschiedlichen Bodentiefen einzusetzen.

Multipoint-Sensor

Eine ebenfalls neue Entwicklung der internationalen Arbeitsgruppe IMAG-DLO, Wageningen, bei der es sich um einen Sensor handelt, der mit einem elektrischen Chip versehen ist. In einem Meßvorgang können Wassergehalt, Leitfähigkeit und Temperatur in unterschiedlichen Schichten gemessen werden. Dieser Meßstab ist mobil und muß, im Gegensatz zu den heutigen Tensiometern, nicht im Boden eingegraben werden. Ein Prototyp wird in Kürze verfügbar sein.

Time Domain Reflectometer/TDR-Methode/Frequency Domain-Methode

Diese Meßmethode beruht auf der indirekten Bestimmung des Bodenwassergehaltes über die Dielektrizitätszahl des Bodens. Die drei Stoffe, die den Boden bilden - Feststoffe, Wasser und Luft - haben sehr unterschiedliche Dielektrizitätszahlen. Dieses macht man sich bei der Messung zu Nutze. Eine TDR-Sonde besteht im Prinzip aus einem Stück Zweidrahtleitung.

Auch das TDR-System hat den Nachteil, daß eher nur punktuell gemessen wird. Die Mittelwerte werden aber über etwas größere Bodenvolumina gebildet als bei der Tensiometer-Messung. Auch ist die Meßgenauigkeit nicht ganz so stark von dem innigen Kontakt zwischen Boden und Sonde abhängig. Der gravierendste Nachteil ist der z. Zt. noch sehr hohe Preis, der sich in den kommenden Jahren aber auf ein Zehntel (von 10.000 auf unter 1.000,- DM) verringern soll. In den Niederlanden wurde diese Methode auch schon erfolgreich im Unterglasanbau eingesetzt.

Neutronensonde

Die Funktionsweise dieser Messung beruht darauf, daß schnelle Neutronen, die als Teil radioaktiver Strahlung auftreten, durch das im Boden enthaltene Wasser gebremst werden. Der Anteil der gebremsten Neutronen ist vom Wassergehalt abhängig und kann gemessen werden. Als wissenschaftliche Meßmethode hat sie sich bewährt.

Ein Vorteil ist das vergleichsweise große vermeßbare Bodenvolumen von etwa 30 cm Durchmesser und 70 cm Länge, bei trockeneren Böden auch noch mehr. Ein Nachteil ist die Handhabung der sehr teuren Geräte und die zu beachtenden Sicherheitsbestimmungen. Daher bleibt diese Methode noch auf den Wissenschaftsbereich beschränkt.

Feuchte-Controller

1996 wurde ein ganz neues Meßgerät vorgestellt, das eine exakte Steuerung von Bewässerungsanlagen ermöglichen soll. Es handelt sich dabei, vereinfacht ausgedrückt, um einen Mini-Computer, der unter der Bezeichnung „Feuchte-Controller" von der Firma J.F. Knauer GmbH, Frankfurt, vertrieben wird.

Es ist ein neuartiges, intelligentes Mikroprozessor-„Wärmedifferenz"-Meßverfahren mit Eigenkontolle des Sensor-Elements. Der Substrat-Feuchte-Sensor ist wartungsfrei und kann direkt an ein Magnetventil einer Bewässerungsanlage angeschlossen werden.

Dieses Gerät mißt nicht direkt die Feuchte im Substrat, sondern die auftretende Temperaturdifferenz, die jeweils vom Prozessor auf den jeweiligen Feuchtezustand des Substrates umgerechnet wird. Der Feuchte-Meßbereich kann an die spezifischen Substrat-Werte angepaßt werden.

Die Bedienung erfolgt über eine beleuchtete LED-Klartextanzeige zur Dialogeingabe. Auf dieser Anzeige werden auch evtl. Fehler des Feuchte-Controllers angezeigt. Die Stromversorgung erfolgt unfallsicher mit niedertransformiertem Strom.

BWK-Lanze (Boden-Wasser-Kontrolle)

Neueren Datums ist auch die BWK-Lanze aus Edelstahl, die man in die gewünschte Bodenschicht einsticht. Dann drückt man einen Testknopf und liest in Analoganzeige ab. Die Messung arbeitet mit einer 9-Volt-Batterie. Die Anzeige erfolgt in % Feuchtigkeit. Ein

Farbdiagramm der Anzeige ist abgestimmt auf die drei Bodenarten Sand, Lehm und Ton.

Die Messung basiert auf einer abgeschirmten Kapazitäts-Hochfrequenzmessung, wobei Wasser und Bodenvolumendichte gemeinsam den Feuchtegehalt des Bodens bestimmen. Die Temperatur, der pH-Wert und der Salzgehalt haben keinen Einfluß auf das Meßergebnis.

Wegen der unterschiedlichen Bodendichten innerhalb einer Schicht kann eine Einzelmessung nur als Tendenzanzeige gewertet werden. Mehrere Werte, gemessen in einer Bodenschicht und dann gemittelt, sind aber sehr zuverlässig.

Ein den landwirtschaftlich-gärtnerischen Bedürfnissen entsprechendes Verfahren der Bodenfeuchtemessung gibt es noch nicht. Der Tensiometer ist für den gärtnerischen Unterglasgartenbau und die TDR-Methode für landwirtschaftliche Flächen die zur Zeit gebräuchlichste Meßmethode.
(→ Tensiometer/Tensiostaten)

Bodengare

(→ Gare)

Bodenluft

Die Bodenluft korreliert sehr stark mit dem Bodenwasser. Sie erfüllt alle Teile des Porenvolumens, die nicht mit Wasser gefüllt sind. In stark belasteten oder verschlämmten Böden ist der Bodenluftgehalt sehr gering. Luft ist aber die Voraussetzung für das Wachstum und Leben der Wurzeln und für die Tätigkeit der Bodenlebewesen.
(→ Bodenorganismen)

Obwohl Sauerstoff (O_2) von der Pflanze selbst produziert wird und dieser mit 21 Vol.-% sehr reichlich in der atmosphärischen Luft vorkommt, kann es im Boden rasch an Sauerstoff mangeln. Die Pflanzen sind mit sehr wenigen Ausnahmen (z.B. Reis und einige Sumpfpflanzen, die die atmosphärische Luft mit Hilfe von Luftröhren zu den Wurzeln bringen) nicht in der Lage, den Sauerstoff zu den Wurzeln zu transportieren. Bei zu geringer Zufuhr entsteht also sehr leicht O_2-Mangel in der Wurzel. Bei völligem Fehlen von Sauerstoff findet keine Wurzelatmung und damit verbunden auch keine Nährstoffaufnahme mehr statt. Die bei der Atmung freiwerdende Energie wird zur Nährstoffaufnahme benötigt.

Sauerstoffmangel im Boden ist häufig mit einem CO_2-Überschuß in der Bodenluft verbunden (→ Bodenatmung). Die Bodenluft sollte für die Wurzeln der meisten Kulturpflanzen mehr als 10 % O_2 und höchstens 3 - 5 % CO_2 enthalten. Auch gärtnerische Substrate sollten reich an Bodenluft sein.

Den Sauerstoffgehalt der Bodenluft erhöht man durch:

- Mechanische Bodenlockerung
- Zufuhr bodenlockernder Bestandteile (Torf, Humus, synthetische und natürliche Zuschlagstoffe wie Reisspelzen, Styromull usw.)
- Optimalen pH-Wert und Kalkdüngung
- Verbesserung des Bodenlebens
- Drainagen und Gräben zur Entfeuchtung
- Aerifizierung von Rasenflächen

(→ Aerifizieren, Bodenatmung, Bodengare, Bodenorganismen, Kalkung, Zuschlagstoffe zu Substraten)

Bodenmüdigkeit

Bodenmüdigkeit entsteht überwiegend durch immer wiederkehrenden Nachbau von gleichen Pflanzenarten. Die Ursache dafür sind Wurzelausscheidungen (giftige Zerfallsprodukte), Ansammlungen von schädlichen tierischen und pflanzlichen Organismen wie Pilze oder Nematoden oder Verarmung des Bodens an Spurenelementen. Letzteres ist keine echte Bodenmüdigkeit.

Bodenmüdigkeit tritt besonders bei folgenden Pflanzenfamilien auf: Rosaceen, Oleaceen, Saxifragaceen, Berberidaceen. Bei Mykorrhiza-Bildnern wie *Quercus, Fagus* oder *Pinus* tritt keine Bodenmüdigkeit auf.

Man umgeht oder beseitigt Bodenmüdigkeit durch Standortwechsel (Kulturfolgen), Bodendämpfung oder chemische Bodenbehandlung.

Durch Nematoden (freilebende Älchen) ausgelöste Bodenmüdigkeit läßt sich auch durch breitwürfiges Aussäen von *Tagetes patula* beheben. Dabei haben sich die Sorten „Single Gold" und „French Rusty Red" besonders bewährt. Diese Aussaat wirkt gleichzeitig wie eine Gründüngung (→).

Bodenorganismen

Zu den Bodenorganismen, dem Edaphon, rechnet man alle lebenden Vertreter der Bodenfauna und Bodenflora mit Ausnahme der Wurzeln von höheren Pflanzen. Den größeren Teil macht die Bodenflora aus. Die Fruchtbarkeit und die Gesundheit eines Bodens ist abhängig von seiner Biozönose, das ist die unter wechselseitiger Anpassung entstandene Lebensgemeinschaft seiner Organismen. Zur Biozönose gehören die Bodenhafter, die Bodenschwimmer, die Bodenschliefer und die Bodenwühler. Alle nehmen wichtige Funktionen wahr.

Zur Boden<u>flora</u> gehören die Bakterien, Strahlenpilze oder Actinomyceten, Pilze und Algen. Zur Boden<u>fauna</u> gehören die einzelligen Protozoen oder Urtierchen, die vielzelligen Metazoen, Fadenwürmer, Nematoden, Älchen, Würmer, Asseln, Milben, Tausenfüßler. Eingeteilt werden sie nach ihrer Körperlänge. *Tab. 13* nennt die Zahl der Bodenorganismen.

In einem „Fingerhut voll" humusreichem Mutterboden befinden sich sechs bis sieben Milliarden tierische und pflanzliche Mikroorganismen. In fruchtbaren, humosen, gesunden Böden wandert die oberste Bodenschicht innerhalb von 35 Jahren einmal durch den Darm der Regenwürmer.

Die Bodenorganismen sind beteiligt an der Bodenatmung (→), der Humifizierung, dem Abbau des organischen Stickstoffs (→ Ammonifikation, Bakterien, Denitrifikation, Nitrifikation, Stickstoff), der Bindung von Luftstickstoff (→ Azotobacter-Bakterien, *Bacterium radicicola*, bakterieller Abbau, Gründüngung), Symbiosen (→ Mykorrhiza), der Verwitterung mineralischer Bodensubstanz, der Freisetzung und Umsetzung von Pflanzennährstoffen, der Zerkeinerung und Umsetzung organischer Substanz, der CO_2-Produktion im Boden, der Verbesserung der Krümelstruktur, der Gleichgewichtsstellung zwischen Krankheitserregern und Nützlingen.

Wegen dieser lebensnotwendigen, positiven Eigenschaften sollte der Gärtner alle auf das Edaphon einwirkenden, schädigenden Einflüsse mindern und fördernde Einflüsse verstärken. Fördernd sind eine gute und richtige Bodenbearbeitung, Bodenlockerung, Mulchen, organische Nährstoffzufuhr und das Einbringen organischer Substanzen.

Negative Einflüsse entstehen durch falsche Bodenbearbeitung (Verdichten, Vernässen, Zerschlagen der Struktur durch zu feines Fräsen usw.), den ständigen Anbau von Monokulturen, falsche und zu hohe Düngung, das falsche Ausbringen von Agrochemikalien wie Herbi-

Tab. 13: Bodenorganismen (in kg/ha) bis zu einer Bodentiefe von 30 cm

Mikroflora	Anzahl pro g Boden	Biomasse in kg/ha
Algen	100.000	139
Bakterien	600.000.000	10.080
Pilze	400.000	10.000
Summe	600.500.000	20.219
Mikrofauna	pro dm^3 Boden	in kg/ha
Amöben, Ciliaten usw.	1.551.000.000	379
Metazoenfauna	pro dm^3 Boden	in kg/ha
Mollusken	5	40
Nematoden	50.000	50
Enchytraeiden	20	15
Lumbriciden	3	4.000
Myriopoden	14	50
Proturen, Dipluren	4	0,1
Collembolen	220	6,5
Milben	150	4,4
Spinnen	5	5
Andere	2	3
Summe	50.423	4.184
Sonstige	190-260	695

zide, Insektizide, Fungizide, aber auch die Bodenentseuchung und Dämpfung sowie das Ausbringen schwermetallhaltiger Substanzen.

(→ Bakterien, Gründüngung, Mykorrhiza, Nitrifikation, Symbiose)

Bodenproben-Entnahme

Im **Freiland** werden Bodenproben am besten im Frühjahr mit einem Bohrstock entnommen *(Abb. 15)*. Die normale Entnahmetiefe liegt in der Schicht von 0 - 30 cm. Pro Grundstückseinheit mit einheitlicher Vorkultur und gleicher Bodenart werden mindestens 16 Einzelproben gezogen und gut miteinander vermischt. Senken, Rand- oder Schattenlagen, Feuchtstellen usw. werden bei der Probenentnahme ausgenommen. Von der Mischung werden etwa 500 g Boden für die Untersuchung eingeschickt.

Bei **Schnittblumenkulturen** in Gewächshäusern verfährt man ähnlich *(Abb. 16)*. Dabei muß man in Kulturen mit Bodenheizung vorsichtig sein, um die Heizrohre aus Kunststoff nicht mit dem Bohrstock zu beschädigen.

Für die Substratprobe in stehenden **Topfpflanzenkulturen** benötigt man etwa 20 Pflanzen. Sie werden ausgetopft und aus den freiliegenden Ballen wird ein tortenähnliches Stück herausgeschnitten. Wichtig ist, daß aus dem Topf von oben bis unten Substrat für die Probe entnommen wird. Diese Methode schädigt die Pflanze nur unwesentlich. Die Lücke im Topfballen wird wieder mit frischer Erde aufgefüllt. Benötigt wird etwa 1 Liter Substrat.

Abb. 15: Bodenprobenentnahme im Freiland Foto: Essig

Abb. 16: Bodenprobenentnahme im Gewächshaus (Schnittblumenkulturen) Foto: Essig

Für die **N-min-Untersuchung** wird der Boden auf eine Tiefe bis zu 90 cm in Schichten von 0 - 30, 30 - 60 und 60 - 90 cm untersucht. Für diese Probeentnahme ist ein besonderer Bohrstock erforderlich.

(→ Boden-, Substratanalysen-Methoden, Bodenuntersuchungsinstitute)

Bodenschutzgesetz

Das Bundeskabinett hat im September 1996 einen Entwurf für ein Bundes-Bodenschutzgesetz vorgelegt. Damit sollen die Voraussetzungen für einen wirksamen Bodenschutz und die Sanierung von Altlasten geschaffen werden. Der Entwurf sieht auch eine Vorsorgepflicht vor, um den Boden durch stoffliche und physikalische Einwirkungen in seiner ökologischen Leistungsfähigkeit nicht zu überfordern.

Es gibt in diesem Gesetz Vorschriften für das Auf- und Einbringen von Materialien ebenso wie Immisionsgrenzwerte, die sich ganz speziell an die Landwirtschaft richten. Erstmals werden Anforderungen an die gute fachliche Praxis der landwirtschaftlichen Bodenbearbeitung gestellt. Hierzu gehören die Vermeidung von Bodenverdichtungen und Bodenabträgen, der Erhalt von Feldgehölzen, Rainen und Ackerterrassen in der Feldflur sowie eine vielfältige Fruchtfolgegestaltung.

Mit dem Gesetz soll in erster Linie die Sanierung von Altlasten geregelt werden. Für Böden, von denen eine Gefahr für Mensch und Umwelt ausgeht, soll eine Sanierungspflicht erlassen werden. Das soll auch für vom Boden ausgehende Gewässerverunreinigungen gelten. Jeder, der Boden nutzt, muß sich so verhalten, daß durch ihn keine Gefahren für den Boden entstehen.

Neben der Sanierung von Böden soll in dem Gesetz auch die Sanierung von Gewässern geregelt werden, die durch Bodenbelastung verunreinigt wurden.

Mit dem Bodenschutzgesetz sollen darüber hinaus das Raumordnungsgesetz, das Baugesetzbuch und das Bundesnaturschutzgesetz angepaßt werden.

Bodenversiegelungen „sind auf das notwendige Maß zu begrenzen". Bei der Landschaftsplanung soll in einem früheren Stadium daran gedacht werden, Flächen zu entsiegeln und die natürliche Oberfläche mit dem Pflanzenbewuchs zu erhalten.

Der deutsche Bauernverband erhebt zahlreiche Einwände gegen die Gesetzesvorlage und macht Veränderungsvorschläge.

Boden-, Substratanalysen-Methoden

Durch die Bodenanalyse werden die vorhandenen Bodenparameter wie Salzgehalt (Leitfähigkeit), pH-Wert, Nährstoffgehalte, Humusgehalte usw. ermittelt. Die Ergebnisse werden mit den Optimalwerten verglichen und in Düngungsempfehlungen umgesetzt. Über die Zweckmäßigkeit von Bodenuntersuchungen hat es niemals Streit gegeben. Um so intensiver streitet man aber über die chemischen Untersuchungsmethoden.

Wegen der besseren Reproduzierbarkeit der Meßwerte ist man dazu übergegangen, Böden und Substrate mit Salzlösungen zu extrahieren. Aus den extrahierten Nährelementmengen können Rückschlüsse auf den Versorgungsgrad des Bodens oder Substrates gezogen werden. Je nach Art und Konzentration des Extraktionsmittels lassen sich unterschiedliche Fraktionen der Nährstoffe aus dem Boden oder Substrat gewinnen. Bis heute ist man sich über das am besten geeignete Extraktionsmittel nicht einig *(Abb. 17)*.

Austauscher-Methode (nach Tepe)

Diese Methode basiert auf dem Prinzip, daß in Lösung gebrachte Nährstoffe eines Bodens oder Substrates zu einem in die Lösung gehängten Ionen-Austauscher hinwandern, von diesem absorbiert werden und nach Desorption im Eluat gemessen werden können. Die analytische Genauigkeit der Austauschermethode läßt keine exakte Ermittlung der Nährstoffgehalte zu. Insgesamt ist diese Methode unter Wissenschaftlern und Praktikern sehr umstritten und wird nur von der Untersuchungsanstalt Koldingen angeboten.

Formiat-Methode (nach Jungk)

Sie war über Jahre hinweg die Methode der deutschen LUFAs (Landwirtschaftliche Untersuchungs- und Forschungsanstalten, → Bodenuntersuchungsinstitute). Sie war labortechnisch gut zu handhaben, hatte aber den großen Nachteil, daß in manchen Fällen Phosphat stark überbewertet wurde, weil die Extraktionslösung sehr sauer und stark gepuffert ist. In Substraten mit hohem pH-Wert wurde wesentlich mehr Phosphor extrahiert als pflanzenverfügbar war. Trotz hoher P-Gehalte der Analyse konnte im Substrat P-Mangel auftreten. Der Extrakt war darüber hinaus wenig haltbar.

CAL- bzw. $CaCl_2$-Methode (VDLUFA)

Wegen der Mängel der Formiat-Methode gingen die LUFAs dazu über, zur P- und K-Bestimmung die CAL-Methode einzuführen. Zusätzlich erfolgt eine zweite Extraktion für N und Mg mit einer verdünnten $CaCl_2$-Lösung. Spurenelemente müssen wiederum mit noch anderen Extraktionslösungen bestimmt werden. So wird Bor mit kochendem Wasser, Kupfer in verdünnter Salpetersäure und Mangan und Zink mit dem Chelatbildner EDTA untersucht. Durch die verschiede-

Übersicht 4: Grenzwerte für die $CaCl_2$/DTPA-Methode (CAT-Methode)

Nährstoff	Nährstoffansprüche der Pflanzen	Dimension	Mangel	normale Versorgung	Überschuß
N	gering mittel hoch	mg N/l		50 -150 80 -200 100 -250	
P		mg/P_2O/l	< 20	20 -150	
K	gering mittel hoch	mg K_2O/l		70 -200 80 -220 120 -300	
Ca		mg Ca/l	< 3	3 -600	
Mg		mg Mg/l	< 50	50 -100	500
Cu		mg Cu/l	< 0,36	0,5 - 40	400
Zn		mg Zn/l		1 - 70	> 75
Mn		mg Mn/l		2 -150	> 200
B		mg B/l	< 0,1	0,2 - 1	> 1,3
Cl		mg Cl/l			> 800
Salz		g KCL/l			> 0,4
pH				4,2 -5,2	

(nach Prof. Dr. ALT, Osnabrück)

nen Extraktionen ist diese Analyse zeitaufwendig und teuer. Außerdem führt auch die CAL-Methode zu einer Überbewertung von Phosphor.

<u>$CaCl_2$/DTPA-Methode oder CAT-Methode</u> (nach Prof. Dr. ALT)

Das Ziel einer Verbesserung von Boden- oder Substratanalysen-Methoden ist, die Verfügbarkeit des Phosphors besser zu erkennen und möglichst viele Elemente in einem Extrakt zu bestimmen. Mit $CaCl_2$/DTPA wurde ein „schwaches" Extraktionsmittel entwickelt, das die Überbewertung von Phosphor vermeidet.

$CaCl_2$ enthält ein austauschbares Kation, das es auch bei sehr tonhaltigen Substraten möglich macht, z.B. Kalium zu erfassen. DTPA ist ein Chelator, mit dem man Spurenelemente (z.B. Kupfer) auch im Mangelbereich erfassen kann. Mit diesem Extraktionsmittel durchgeführte Analysen geben die verfügbaren Nährstoffe gut wieder. Das trifft ganz besonders auf Phosphor zu. Die $CaCl_2$/DTPA-Methode soll allen anderen Methoden überlegen sein. Mit diesem Extrakt lassen sich außerdem zahlreiche Hauptnähr- und Spurenelemente bestimmen.

Viele bisher für eine Analyse notwendige Extraktionen können jetzt durch eine einzige ersetzt werden. Gemessen werden können mit diesem Extraktionsmittel auch der pH-Wert, sowie die Ca- und Cl-Gehalte. Nur für die Mangan-Bestimmung ist diese Methode weniger geeignet *(Übersicht 4)*.

Im Augenblick wird dieses Verfahren von den LUFAs getestet. Die LUFA Hameln bietet es als erste Untersuchungsanstalt seit dem 1. Januar 1995 als Standarduntersuchung an. Die LUFA Münster führte das Verfahren 1997 als Standardmethode ein und ab Herbst 1997 wird sie auch als VDLUFA-Verbandsmethode für die Untersuchung gärtnerischer Erden bundesweit eingeführt.

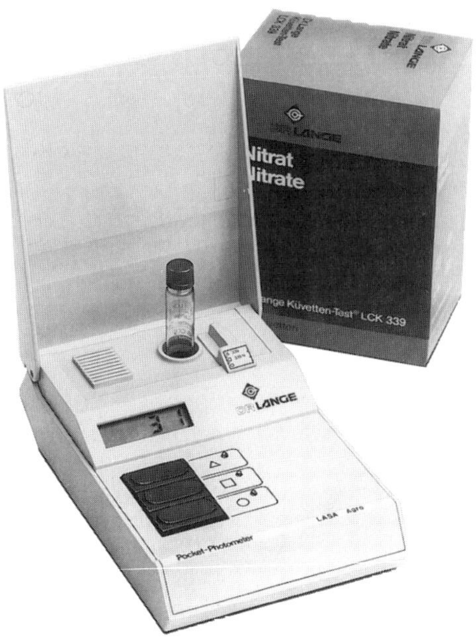

Abb. 17: LASA AGRO 20 Workstation für die Bodenanalyse Werkfoto: Stelzner

Boden- und Pflanzenhilfsstoffe

Boden- und Pflanzenhilfsstoffe sind keine Dünger, haben aber teilweise düngerähnliche und wachstumsfördernde Eigenschaften. Sie sind in der Lage, Bodenverhältnisse bzw. das Pflanzenwachstum durch jeweils eine oder mehrere der nachfolgend genannten Wirkungen zu verändern. Dazu gehört: die Erosion durch Wind und Regen zu mindern, die Wasserhaltekraft sowie die Sorptions- und Pufferfähigkeit zu steigern, Ton-Humuskomplexe zu fördern, die Bodenlockerung und -lüftung sowie die Bodenstruktur zu verbessern, das Bodenleben und den Nährstoffaufschluß zu fördern, Umsetzungsprozesse zu beschleunigen, Adhäsions- und Kohäsionskräfte zu verändern, die Widerstandsfähigkeit (Resistenz) zu verbessern, Salzschäden zu mindern, die Transpiration zu senken, Trockenschäden zu verhindern, das Wurzelwachstum und die Bewurzelung zu verbessern u.a.

Enthalten sind sehr häufig Alginate (→), Aminosäuren (→), Bakterien (→), DIDIN (→), Enzyme (→), Gesteinsmehle (→), Humin- und Fettsäuren (→), Kalke (→), Kieselsäuren (→), Kohlenhydrate (→), Mykorrhiza-Pilze (→), organische Substanzen (→), Phytohormone (→), Proteine (→), Spurenelemente (→), Tone (→), Vitamine (→), usw.
(→ Alginate/Alginsäure, Dauerdünger)

Bodenuntersuchungsinstitute/Labore

(Landwirtschaftliche Untersuchungs- und Forschungsanstalten = LUFA)

LUFA Augustenberg/Karlsruhe, Neßler Straße 23, 76227 Karlsruhe

LUFA Bonn, Weberstraße 61, 53113 Bonn

LUFA Darmstadt, Rheinstraße 91, 64295 Darmstadt

LUFA Hameln, Finkenborner Weg 1a, 31787 Hameln

LUFA Kassel, Am Versuchsfeld 13, 34128 Kassel-Herleshausen

LUFA Kiel, Gutenbergstraße 75-77, 24116 Kiel

LUFA Münster, Nevinghoff 40, 48147 Münster

LUFA Oldenburg, Mars-la-Tour-Straße 4, 26121 Oldenburg

LUFA Speyer, Obere Langgasse 40, 67346 Speyer

Institut für angewandte Botanik, Marseiller Straße 7, 20355 Hamburg

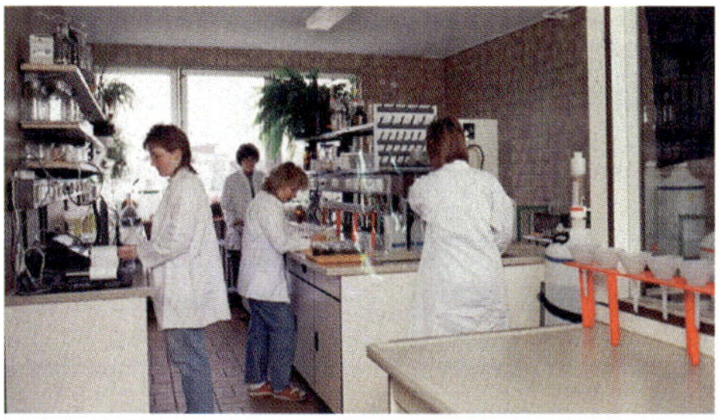

Abb. 18: Sowohl staatliche als auch private Bodenuntersuchungsinstitute werten die nach vorgeschriebenen Verfahren gesammelten und eingesandten Bodenproben aus Werkfoto: Archut

Bayerische Landesanstalt für Bodenkultur und Pflanzenbau, Menzinger Straße 54, 80638 München

Bayerische Landesanstalt für Bodenkultur und Pflanzenbau, Vöttinger Straße 38, 85354 Freising

Bayerische Landesanstalt für Bodenkultur und Pflanzenbau, Postfach, 97205 Veitshöchheim

Bayerische Hauptversuchsanstalt für Landwirtschaft der TU München, Weihenstephan, 85354 Freising

Bodenuntersuchungsinstitut Koldingen, Dr. Hans von Rohr GmbH & Co, Holländerei 22, 30982 Pattensen

Landesanstalt für landwirtschaftliche Chemie, Emil-Wolff-Straße 14, 70599 Stuttgart-Hohenheim

Einheitserde Werkverband e.V., Waldsiedlung 4, 36391 Sinntal-Jossa

Euflor GmbH für Gartenbedarf, Ridlerstraße 75 , 80339 München

Industrie-Erdenwerk Archut GmbH u. & KG, Postfach 50, 36331 Lauterbach

Klasmann-Deilmann-Werke GmbH, Georg-Klasmann-Straße 2-10, 49744 Geeste

Detorf, Deutsche Torfhandelsgesellschaft mbH, Keltenstraße 3, 82054 Sauerlach

Stelzner Bodenuntersuchungen, AGRAR-Fachberatungsgesellschaft mbH, Grolandstraße 51a, 90408 Nürnberg

Institute für biologisch-dynamische Bodenuntersuchung:

Dr. Fritz Balzer, Labor für Bodenuntersuchungen, Oberer Ellenberg 5, 35083 Wetter-Amönau

Dr. Klaus Becker, Oberwesselinger Straße 49, 50389 Wesseling

Institut für biologisch-dynamische Forschung e.V., Brandschneise 5, 64295 Darmstadt.

Abb. 19: Grundwasser unter einer Rosenkultur Foto: Braunsmann

Bodenwasser

Der Boden und auch andere Substrate halten Wasser. Das im Boden vorhandene Wasser kann man nach der Bindungsart in zwei Gruppen einteilen. 1. Sicker- oder Grund- und Stauwasser und 2. Adsorptions-, Kapillar- oder Haftwasser. *(Abb. 19).*

Adsorptionswasser

Das Adsorptionswasser ist das unter dem Einfluß von Adsorptions- und osmotischen Kräften stehende Wasser. Es ist an die Oberfläche der Bodenteilchen angelagert. Je weiter das Wasser von Bodenteilchen entfernt ist, desto mehr nimmt die Bindungskraft ab.

Für Adsorptionswasser gibt es auch die Bezeichnung osmotisches Wasser. Es steht der Pflanze nicht oder nur sehr schwer zur Verfügung. Um Adsorptionswasser wieder freizusetzen, muß Energie (z.B. Wärme) aufgewandt werden. Leicht verfügbar sind das Kapillar- und bedingt auch das Haftwasser.

Haftwasser

ist Bodenwasser, das gegen die Schwerkraft im Boden als Adsorptionswasser an Oberflächen fester Bodenpartikel oder als Kapillarwasser in Bodenkapillaren und -poren festgehalten wird. Es besteht aus Adsorptions- und Kapillarwasser. Dabei gibt es immer gleitende Übergänge. Ein Teil des Haftwassers ist pflanzenverfügbar.

Kapillarwasser

ist in den Kapillaren und Poren des Bodens locker gebundenes Bodenwasser, das zusammen mit dem Adsorptionswasser das Haftwasser bildet. Es ist sofort pflanzenverfügbar und wird auch als Porensaugwasser bezeichnet.

Sickerwasser

Sind die innerhalb eines kurzen Zeitraums zugeführten Wassermengen zu groß, so daß die maximale Wasserhaltekraft überschritten wird, kommt es zu Sicker- und Senkwasser, das durch die Schwerkraft in tiefere Zonen verlagert wird. Dort bildet es das Grund- oder Stauwasser. Die Sinkgeschwindigkeit ist abhängig von der Korngröße des Bodens. In schwerem Boden ist die Sinkgeschwindigkeit so gering, daß die schneller wachsenden Pflanzenwurzeln das Sickerwasser einholen können. Sickerwasser nimmt auch in Lösung genommene Nährstoffe mit (Auswaschung). Die Versickerung erfolgt bei Bodenporen mit > 10 µm Durchmesser.

Feldkapazität (FK)

Von Bedeutung im Zusammenhang mit dem Begriff „Bodenwasser" ist auch die Feldkapazität (FK) oder Wasserkapazität. Die FK ist die Menge Wasser, die maximal im natürlich gelagerten Boden festgehalten werden kann. Sie ist abhängig von der Körnung, dem Bodengefüge sowie dem Ton- und Humusgehalt. Wenn die FK überschritten wird, versickert das Wasser in den Untergrund.

Bodenzahl

Die Bodenzahl ist der Wertmaßstab für die Bodenfruchtbarkeit. Sie ermittelt sich aus der Bodenart, dem Bodenzustand, den Grundwasserverhältnissen, dem entsprechenden Klima und berücksichtigt die Lage und Neigung des Grundstückes.

Diese Bodenzahlen können noch Zu- oder Abschläge erfahren, wenn z.B. besonders günstige oder nachteilige Gelände-, Klima-, Wasser- oder Verkehrsverhältnisse vorliegen. Der so ermittelte Wert ist die Ackerzahl.

Bolikel

(→ Eisen - Die Analyse der Eisengehalte)

Bor (B)

Nichtmetall. Anion $H_2BO_3^-$, HBO_3^{2-}.

Bor im Boden

Bor kommt in der Natur nur in Verbindungen vor, im Boden hauptsächlich als Borsäure (H_3BO_3) bzw. als Borat. Es kann an Bodenteilchen sorbiert sein, als freies Ion in der Bodenlösung vorkommen oder auch als Baustein von Silikaten. Bor ist enthalten im Turmalin, Kalkstein und Dolomit. Die Bor-Verfügbarkeit ist bei pH-Werten von 5,5 - 6,5 am besten. Unter 5,5 und über 6,5 nimmt die Verfügbarkeit sehr stark ab. So kann durch eine hohe Kalkung Bor-Mangel herbeigeführt werden, weil sich der pH-Wert erhöht, außerdem kann es als Ca-Al-Silikat ausfällen. Eine Fixierung von Bor zwischen den Schichtpaketen der Tonmineralien ist nicht unwahrscheinlich, da gerade bei längeren Trockenperioden die Bor-Ernährung der Pflanzen gefährdet wird. Trockenheit mindert und Niederschläge fördern die Bor-Verfügbarkeit. So kann es durch wechselnde Bodenfeuchtigkeit mal zu Mangel und mal zu normalen Gehalten kommen. Je tonhaltiger ein Boden ist, desto schlechter ist die Bor-Verfügbarkeit. Auch hohe Fe- und Al-Hydroxidgehalte der Böden beeinträchtigen die Verfügbarkeit von Bor.

Bor muß täglich und ständig von der Pflanze aufgenommen werden, um eine ausreichende Versorgung zu gewährleisten. Reich an Bor sind Böden, die aus Meeresablagerungen entstanden sind. Feinkörnige Böden sind meist reicher an Bor als grobkörnige. Die organische Reserve an Bor ist gering, darum verfügen organischen Böden über niedrige Bor-Gehalte. Gesamtgehalte in Böden liegen häufig bei 5 - 30 mg/kg. 25 mg/kg sind tolerierbar. Mobiles, austauschbares Borat macht nur einen sehr kleinen Teil der vorhandenen anorganischen Reserve aus.

Bor in der Pflanze

Die Beweglichkeit des Bor in der Pflanze ist gering. Die Bor-Verteilung in der Pflanze und der Bor-Transport sind sehr stark transpirationsabhängig. Schwach transpirierende Pflanzen und Pflanzenteile (Früchte) enthalten weniger Bor als stark transpirierende. Bei hoher Luftfeuchtigkeit kann durch die gehemmte Transpiration sehr leicht ein Bor-Mangel auftreten. Vielfach nimmt der Bor-Gehalt ín der Pflanze von unten nach oben ab. Bei reichlicher Bor-Düngung reichert es sich in den Blattspitzen an. Diese Bor-Akkumulation kann toxisch wirken. Die Pflanze kann Bor mit den Guttationstropfen ausscheiden. Pflanzenorgane wie Antheren, Narbe, Griffel und Fruchtknoten enthalten doppelt soviel Bor wie die Stengel. Die Samen selbst sind arm an Bor.

Aufgenommen wird Bor vorwiegend passiv als $B(OH)_3$, zum Teil aber auch aktiv als $B(OH)_4$. In der Pflanze liegt es nur zum kleinen Teil in wasserlöslicher Form und sorbiert vor. Überwiegend ist es in Zellwänden und anderen Strukturen fest eingebaut. Bor ist ein wesentliches Bauelement pflanzlicher Strukturen. Bei Bor-Mangel verläuft die Ausbildung und Entwicklung verschiedener Gewebe nicht mehr normal.

Antagonismus - Synergismus

Kalk beeinflußt die Verfügbarkeit von Bor. Hohe Ca-Gehalte hemmen ebenso wie hohe pH-Werte die Bor-Verfügbarkeit. Trockenheit des Bodens kann Bor-Mangel erzeugen. Hohe Luftfeuchtigkeit hemmt die Transpsiration und kann dadurch zu Bor-Mangel führen.

Funktion des Bor

Bor ähnelt in seiner Wirkung mehr dem Phosphor als den Spurenelementen. Bor ist Baustein wichtiger Verbindungen, begünstigt den Kohlenhydratstoffwechsel. Bor-Verbindungen ermöglichen Gewebedifferenzierungen und die Feinstruktur der Zellwände. Bor ist sowohl Aktivator als auch Inaktivator von Wuchsstoffen. Es hat einen günstigen Einfluß auf das Keimen der Pollenkörner und das Wachsen der Pollenschläuche. Bor begünstigt außerdem die aktive Ionen-Aufnahme offenbar über einen verbesserten Kohlenhydrattransport zu den Wurzeln. Am augenscheinlichsten ist dieser bei Bor-Mangel gestört. Die in den Blättern gebildeten Assimilate werden dann schlecht zu den Wurzelspitzen und den meristematischen Geweben transportiert. Dadurch kommt es zu Zuckermangel, während sich in den fotosynthetisch aktiven Blättern Assimilate anreichern.

Bor hat wie kein anderes Spurenelement Bedeutung für die Qualität, den Ertrag und die Entwicklung von Nutzpflanzen. Blüte- und Fruchtbildung verlangen ausreichende Bor-Gehalte. Durch den Abtransport der Assimilate fördert Bor auch eine ungehinderte Assimilation.

Bor-Mangel und Mangelsymptome

Mangel an Bor führt zu erheblichen, charakteristischen Wachstums- und Entwicklungsstörungen der Pflanzen. Aber gerade die vielseitigen und komplexen Auswirkungen von Bor im pflanzlichen Stoffwechsel erschweren die Ermittlung der kausalen Zusammenhänge zwischen Stoffwechselanomalien und Wachstumsstörungen. Die folgenden Symptome von Bor-Mangel sind bekannt:

- Chlorotische, gelbe bis rötliche Verfärbungen der jüngsten Blätter, mit oder ohne nachfolgende Nekrosen;
- Rosettenförmig angeordnete jüngere Blätter;
- Kleine, deformierte, oft in der Blattform vereinfachte Blätter mit asymetrischer Nervatur *(Abb. 20)*;
- Riß- und Korkbildungen auf Blattstielen, Stengeln und oft auch auf Blattadern;
- Blatt- und Stengelverdickungen, besonders unterhalb des abgestorbenen Vegetationspunktes, sowie Brüchigkeit;
- Kotyledonen oft vergrößert;
- Gestauchtes Internodienwachstum;
- Absterben von Vegetationspunkten, „Spitzensterben" und „Knospenfall";
- Verlust der Apikaldominanz und verstärkter Seitenaustrieb;
- Reduzierte Knospen-, Blüten- und Samenbildung und keine oder mangelhafte Befruchtung;
- Gehemmtes Wurzelwachstum und anormale Vermehrung von Seitenwurzeln (struppiges Aussehen);
- Wurzeln sind kurz, keulenartig verdickt, braun, oft geplatzt und werden schleimig;
- Glasigkeit, Braunfleckigkeit, Trockenfäuleerscheinungen, lockeres Gewebe in Früchten und Wurzelkörpern;
- Bei Bormangel verarmen die jüngeren Gewebe rasch an Bor.

Bor-Bedarf

Pflanzen mit hohem Bor-Bedarf sind: Blumenkohl, Rosenkohl, Kopfkohl, Kohlrabi, Sellerie, Rosen und Nelken.

Abb. 20: Löffelblättrigkeit an Blumenkohl-Jungpflanzen durch Bor-Mangel Foto: Harms

Abb. 21: Starke Blattrandnekrosen der älteren Blätter durch B-Überschuß an Poinsettien Foto: Ueber

Bor-Überschußsymptome

Beim Bor ist der Grat zwischen ausreichender Versorgung und Überschuß sehr schmal, so daß Bor-Überschuß sehr leicht auftreten kann. Schäden durch Müllkompost sind oft auf Bor-Überdüngung zurückzuführen, da durch Braunkohlenaschen relativ viel Bor in den Kompost gelangt. Darum ist im Gartenbau besonders vor Winter-Müllkompost zu warnen. Bor-Überschuß kann auch auftreten, wenn Pflanzen in nicht ausreichend gebrannten Tontöpfen oder in emaillierten Gefäßen kultiviert werden.

Symptome von Bor-Überschuß treten überwiegend an älteren Blättern auf *(Abb. 21)*. Sie sind nicht so charakteristisch wie die Mangelsymptome und können eindeutig nur durch Blattanalysen festgestellt werden. Nur im Anfangsstadium zeigen sie sich im Einrollen der Blätter ähnlich dem Kali-Mangel, das gelblichgrüne Laub wird von unten her abgeworfen. Die jungen Blätter sind chlorotisch.

Anfang 1990 gab es Hinweise darauf, daß es zu Bor-Schäden durch Glasfasermatten, die für die Mattenbewässerung verwendet wurden, gekommen ist. Geschädigt wurden Elatior-Begonien, Saintpaulien, Impatiens Neu-Guinea-Hybriden und Hortensien. Heute scheinen die Probleme durch veränderte Glasfasermatten behoben.

1996 gab es einen Hinweis auf Schäden durch Bor-Überschuß bei Topfpflanzen, der von Bambus-Splitstäben herrühren soll. So zeigten sich bei Gloxinien Blattverhärtungen und -deformationen der Neuaustriebe sowie leichte Chlorosen. Der Schaden trat 10 - 14 Tage nach dem Stäben auf. Nicht gestäbte Gloxinien entwickelten sich normal. Bambusstäbe werden schon im Heimatland mit Borax gegen Pilzbefall behandelt. Untersuchungen ergaben bei den Stäben sehr hohe Bor-Gehalte, im Substrat gestäbter Pflanzen (2 - 4 Stäbe/Topf) war der Bor-Gehalt fünfmal höher als normal.

Überschüssiges Bor läßt sich bei niedrigen pH-Werten und nur geringem Überschuß durch eine Aufkalkung beseitigen. Auf anderen Böden läßt sich Bor nur durch Auswaschung beseitigen.

Sehr empfindlich auf Bor-Überversorgung reagieren: Bohnen, Apfel, Birne, Kirsche, Pfirsich, Erdbeere und die Zinnie.

Schäden treten auf bei 10 kg Borax/ha oder 1 ppm Bor.

Bor-Düngung

Eine Düngung mit Borax ist nur bei absolutem Mangel erforderlich (siehe *Tabelle 14*).

Im Spritzverfahren (0,25 bis 0,50 %) dürfen insgesamt nicht mehr als 4 kg Borax/ha ausgebracht werden. Auf leichten, sorptionsschwachen Böden können 2 kg/ha Bor bei verschiedenen Pflanzen schon zu Blattrandnekrosen führen.

Borsäure ist höher konzentriert und enthält 18 % Bor. Borsäure darf nicht über 0,2 % konzentriert werden (Probespritzung).

Bor-Gehalte und -Grenzwerte

0,3 - 1,5 mg/l Substrat sind in gärtnerischen Erden optimal. Bei Sandböden kann ein Bor-Gehalt über 12 mg/l schon stark schädlich sein.

Im Gießwasser gelten Werte über 0,5 mg/l Wasser als Grenzwert. Aus Waschmitteln gelangen zunehmend höhere Bor-Gehalte über das Grund- ins Gießwasser.

In der Trockensubstanz der Pflanzen führen Gehalte unter 0,15 ppm (= mg/kg) zu Mangelsymptomen, gelten 0,3 - 2,0 ppm als optimal und führen über 5,0 - 10,0 ppm zu Toxizität.

Bord-Computersysteme

(→ Düngerstreuer)

Branntkalk

Dieser chemisch aufbereitete Naturkalk wird hergestellt aus Kalksteinen, Dolomit oder Kreide durch Brennen und Mahlen oder Sieben. Das Brennen von Kalkstein erfolgt bei Temperaturen von etwa 1.000 °C in Schacht- oder Ringöfen. Gebrannter Kalkstein ist porös und weiß. Branntkalk wird ohne Körnungsvorschrift auch als Stückkalk gehandelt. Es gibt Branntkalk in verschiedener Körnung und Mahlfeinheit. Als Branntkalk körnig wird er bezeichnet, wenn beim Siebdurchgang 97 % bei 6,3 mm, davon höchstens 5 % bei 0,4 mm liegen.

Fügt man Branntkalk Wasser hinzu, so entsteht Löschkalk, der aus Calciumhydroxid besteht. Löschkalk ist voluminöser und etwas teurer als Branntkalk. Die gleiche Umsetzung geht auch im Boden vor sich. Branntkalk macht also den Löschvorgang statt in der Löschanlage des Kalkwerkes im feuchten Boden durch. Der Gehalt schwankt von mindestens 65 - 95 % CaO.

Branntkalk hat je nach Rohmaterial einen Reinheitsgrad von 85 - 90 % und ist der höchstkonzentrierte Kalkdünger überhaupt. 100 Teile CaO entsprechen 178 Teilen $CaCO_3$. Ab 5 % Magnesium-Anteil wird er mit der Bezeichnung Branntkalk mit Magnesium angeboten. Bei Anteilen von 15 - 22 % MgO heißt er Magnesium-Branntkalk.

Branntkalk enthält keine Spurenelemente, als Nebenbestandteil evtl. Magnesium (siehe oben).

Tab. 14: Düngeempfehlungen für Bor

Bodenart	Borax (Natriumtetraborat) kg/ha	entspricht Bor g/ha
Sandboden	2-4	480
Lehm- und Tonboden	25	3000

Branntkalk wirkt sehr schnell, kräftig und nachhaltig. Nach Wasserzusatz wird er heiß und ätzend (daher die früher verwendete Bezeichnung „Ätzkalk"). Darum sollte er bei empfindlichen gärtnerischen Kulturen nicht zur Kopfkalkung in wachsenden Beständen verwendet werden. Besonders geeignet ist er auf schweren Böden, zur Gesundung saurer Böden, zur Teichdüngung und für die rasche Umsetzung organischer Substanz bei der Kompostierung.

1 kg CaO bindet beim Ablöschen 0,32 l Wasser und gibt dabei innerhalb von Sekunden eine Energie von 1152 Kilojoule an den Boden ab. Diese Wärmemenge reicht aus, um z.B. 2,8 l Wasser von 0 °C bis zum Siedepunkt zu erhitzen. Der Boden erwärmt sich, der abtrocknende Effekt wird durch die zusätzliche Verdunstung verstärkt. Durch die Aufnahme von Bodenwasser lockert und erwärmt er schwere Böden. Auf trockenen und lockeren Böden wirken sich diese Eigenschaften aber auch nachteilig aus.

Branntkalk bindet im Boden Schadstoffe und Schwermetalle. Wegen seiner ätzenden Wirkung ist Branntkalk mit 20 dt/ha auch gut einsetzbar gegen Kohlhernie, mit 3 - 6 kg/100 m^2 gegen Schnecken.

Dank der hohen Reaktivität und guten Löslichkeit ist Branntkalk für das Kalken im Frühjahr besonders vor Saat oder Pflanzung gut geeignet. Er stabilisiert die Bodenstruktur. Die Höhe der Kalkgabe richtet sich immer nach dem Ausgangs-pH des Bodens und der angestrebten Bodenreaktion. Für die Vorratskalkung genügen 10 - 15 dt/ha. Auf sehr schweren, gut gepufferten Böden mit niedrigem pH-Wert können bis zu 30 dt/ha Branntkalk verabreicht werden. Zu hohe Gaben sind wegen des zu schnellen pH-Anstiegs zu vermeiden. In landwirtschaftlichen Kulturen werden bis zu 50 dt/ha gegeben. Als Kopfdüngung auf trockene Kulturen (im Gartenbau weitestgehend ausgeschlossen) dürfen 10 dt/ha keinesfalls überschritten werden.
(→ Calcium - Kalk und die Veränderung des pH-Wertes)

Brom (Br)

Nichtmetall. Anion Br^-. In geringen Mengen kann Brom das Pflanzenwachstum stimulieren. Es ist aber nur für wenige Pflanzen ein notwendiges Element. Höhere Brom-Gaben wirken nicht ganz so toxisch wie zu hohe Jod-Gaben. In gewissen Grenzen kann Bromid das Chlorid in den Pflanzen ersetzen. Typische Chlor-Mangelsymptome können durch Brom-Gaben geheilt werden. Häufig gefundene Gehalte liegen bei 1 - 10 mg/kg lufttrockenem Boden. 10 mg/kg sind tolerierbar.

BWK-Lanze (Boden-Wasser-Kontrolle)

(→ Bodenfeuchtemessung)

Cadmium (Cd)

Schwermetall. Kation Cd^{++}. Cadmium ist ein potentieller Schadstoff und gilt als „gefährlichstes Schwermetall". Es ist nicht nur für Mensch und Tier schädlich, sondern schon in geringsten Konzentrationen für Pflanzen toxisch. Das beruht darauf, daß es sehr gut von der Pflanze aufgenommen und auch schnell in die oberirdischen Pflanzenteile transportiert wird. Allerdings gibt es artspezifische Unterschiede. Wegen der sehr unterschiedlichen Reaktion verschiedener Pflanzenarten auf die Cadmium-Gehalte gibt es keine scharfen Grenzwerte wie bei anderen Elementen.

Während höhere Pflanzen kein Cadmium benötigen, wachsen z.B. Champignons erst bei Cd-Gehalten von über 0,5 mg/kg optimal. Sie enthalten auch von allen Pflanzen die höchsten Cd-Gehalte.

Neben vielen Ursachen technischer Art (Verbrennung fossiler Brennstoffe) gelangt Cadmium auch bei der Phosphatdüngung in den Boden. Mit 3 g/ha sind diese Mengen aber außerordentlich gering. Durch Immissionen (z.B. aus industriellen und kommunalen Emissionen) gelangen 27 g und durch Klärschlamm 150 g Cd/ha in den Boden. Entlang der Autobahnen finden sich erhöhte Cadmium-Werte im Boden.

Häufig gefundene Werte in lufttrockenen Böden liegen bei 0,01 - 1 mg/kg Boden. Bis zu 5 mg/kg sind tolerierbar. In der Trockenmasse der Pflanzen werden 0,05 bis 1 mg/kg gefunden (in Cadmiumverseuchten Gebieten über 5 mg/kg). Der zulässige Richtwert für die Gehalte in der Trockenmasse liegt bei 2 mg/kg.

Cadmium-Schäden

Cadium gelangt durch Dieselabgase, Abrieb von Autoreifen, Öl- und Kohleverbrennung, bei der Zinkherstellung usw. in die Atmosphäre und von dort auf Böden und Pflanzen. Auch Klärschlämme und Müllkomposte können größere Mengen an Cadmium enthalten. Besonders im Bereich von Industrie-Großstädten kommt es sehr leicht zu Cd-Anreicherungen.

Cadmium-Überschüsse machen sich durch gehemmtes Wachstum und z. T. durch chlorotische Flecken und Verfärbungen jüngerer oder älterer (oder auch aller Blätter) bemerkbar. Die Blätter fühlen sich schlaff und wenig turgeszent an. Bei höheren Cd-Gehalten treten auch Nekrosen auf.

Für Menschen ist Cadmium vor allem im Trinkwasser schädlich.
(→ Schadstoffe)

$CaCl_2$/DTPA-Methode

(→ Boden-, Substratanalysen-Methode)

CAL-Methode

(→ Boden-, Substratanalysen-Methode)

Calcium (Ca)

Leichtmetall. Kation Ca^{++}.

Calcium im Boden

Ca ist mit 3,25 % am Aufbau der Erdkruste beteiligt. Calcium kommt nicht frei vor, sondern immer nur in Verbindungen. Ein großer Teil des Calcium im Boden liegt in schwerlöslicher Form als Gitterbaustein besonders der basischen Gesteine oder als Salz vor. Von den im Boden vorhandenen schwerlöslichen Salzen sind es vornehmlich die Ca-Karbonate, Calcit ($CaCO_3$) und Dolomit ($CaMg(CO_3)_2$), die in kalkreichen Böden den größten Teil des vorhandenen Ca ausmachen. Kalksteinformen weisen hinsichtlich Entstehung, Zusammensetzung und Gefügeform große Unterschiede auf. Massenkalke aus dem Devon findet man vor allem in den Mittelgebirgen, in der Eifel, im Niederbergischen, im Sauerland, im Lahn-Dill-Gebiet, im Hunsrück sowie im Harz.

Erdgeschichtlich jüngere Lagerstätten aus dem Trias gibt es im Gebiet nördlich der Alpen und im Lippischen Raum, Lagerstätten aus der Jurazeit im schwäbisch-fränkischen Raum, im Schwarzwald, in der Umgebung von Regensburg, bei Sonthofen, im Wesergebirge und im Harz-Vorland. Die Kalkvorkommen aus dem Münsterschen Becken stammen aus der Kreidezeit.

Der Calcium-Karbonat-Gehalt kann sehr unterschiedlich sein. Von Kalkstein wird erst gesprochen, wenn das Material mindestens 70 % $CaCO_3$ enthält. Bei Gehalten von 30 - 70 % spricht man von Mergel. Von Dolomit spricht man, wenn der Magnesium-Gehalt ($MgCO_3$) mindestens 15 % ausmacht. Neben den Calcium-Karbonaten gibt es noch verschiedene Calcium-Phosphate (Apatit (→) und Phosphorit).

Für die Calcium-Düngung sind folgende Ca-Verbindungen wichtig:

$CaCO_3$ = Kohlensaurer Kalk (Mergel, Dolomit) (→)

CaO = Branntkalk (→)

$CaSO_4$ = Calciumsulfat (Gips) (s. unten und →)

Ca_3SiO_4 = Hüttenkalk (→)

Die Löslichkeit von Calcium ist im niedrigen pH-Bereich größer als im schwach sauren oder neutralen. Vor allem hat die CO_2-Produktion im Boden einen nachhaltigen Einfluß auf die Lösung von $CaCO_3$. Die nach dem Einfluß von CO_2 gebildeten

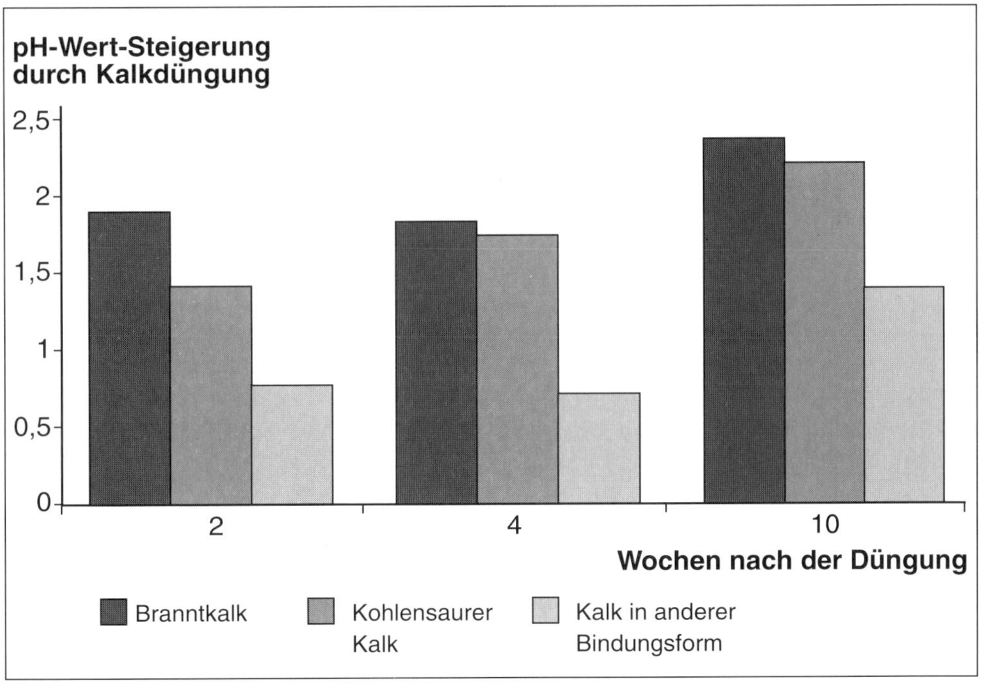

Abb. 22: pH-Wert-Veränderung im Boden nach Düngung mit verschiedenen Kalkformen (nach GUTSER und AMBERGER 1987) Grafik: Naturkalk

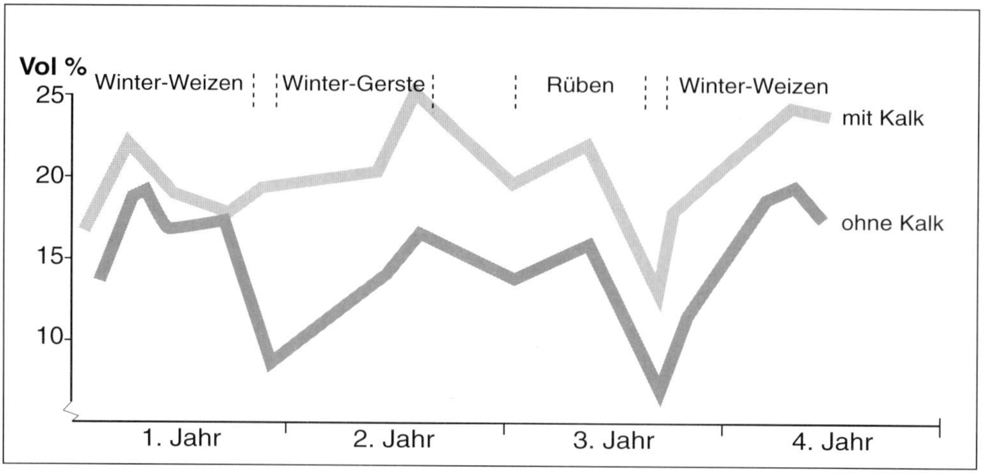

Abb. 23: Erhöhung des Luftporenvolumens durch Kalk auf einem sauren Lehmboden (physikalische Wirkung, nach SCHEFFER) Grafik: Naturkalk

Ca-Bikarbonate Ca $(HCO_3)_2$ sind im Boden leicht beweglich und werden leicht ausgewaschen. Darum verarmen besonders Böden mit viel organischer Substanz und hoher biotischer Aktivität (hohe CO_2-Produktion) an Kalk. Für die Bodenfruchtbarkeit ist es wichtig, daß die Sorptionskomplexe weitgehend mit Ca^{++} abgesättigt sind (50 - 80 %). Auf diese Weise wird eine stabile Krümelstruktur erhalten.

Kalk hat verschiedene Wirkungen auf den Boden:

Chemische Wirkung: Kalk nimmt Einfluß auf den pH-Wert des Bodens *(Abb. 22)*.

Physikalische Wirkung: Kalk fördert die Krümelstruktur und dadurch die Bodenlockerung, verbessert die Wasser- und Luftführung und Bodenerwärmung vor allem bei schweren, tonreichen Böden durch Vermehrung der Grobporen *(Abb. 23)*.

Biologische Wirkung: Optimaler pH-Wert fördert das so wichtige Mikroorganismenleben. Lockere Böden enthalten mehr Luft und machen auch den Makroorganismen (Regenwurm) usw. das Leben möglich *(Abb. 24)*. (→ Bakterien)

Calcium in der Pflanze

Die verschiedenen Pflanzenarten haben einen sehr unterschiedlichen Ca-Bedarf und auch ein unterschiedliches Ca-Aufnahme- und -Verlagerungsvermögen. Tomaten nehmen z.B. aus Standardlösungen 10 - 15 mal mehr Ca-Ionen auf als Weizen.

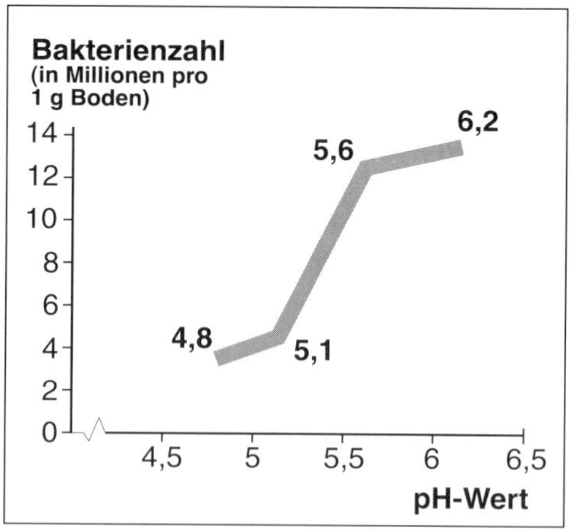

Abb. 24 a: Einfluß der Kalkversorgung auf die Bakterienzahl im Boden (biologische Wirkung, nach WAKSMANN) Grafik: Naturkalk

Der Ca-Gehalt der Pflanze ist meistens nicht so hoch wie ihr Kali-Gehalt, obwohl die Sorptionskomplexe und die Bodenlösung relativ viel Calcium enthalten. Das deutet auf eine geringere Bevorzugung des Ca^{++} gegenüber K^{+} bei der Aufnahme durch die Pflanze hin. Die Calcium-Aufnahme selbst kann durch konkurrierenden Einfluß anderer Ionen gehemmt werden. Auch die Ca-Verteilung in der Pflanze kann durch deren Versorgung mit anderen Kationen beeinflußt werden. Der Calcium-Gehalt in den Pflanzen liegt in der Regel bei 10 - 30 mg je kg Trockensubstanz.

Der Calcium-Transport in der Pflanze verläuft vorwiegend in Richtung des Transpirationsstromes, also von der Wurzel in die oberirdischen Wachstumsregionen. Die Ca-Verteilung und der Ca-Transport in der Pflanze sind sehr stark transpirationsabhängig. Schwach transpirierende Pflanzen und Pflanzenteile (Blüten) enthalten weniger Calcium als stark transpirierende. Bei hoher Luftfeuchtigkeit kann durch gehemmte Transpiration Ca-Mangel eintreten. Eine gute Wasserversorgung ist für einen günstigen Calcium-Gehalt unbedingt erforderlich. Ein Rücktransport, wie z.B. beim Kalium aus den oberirdischen Pflanzenteilen in den Wurzelbereich, findet praktisch nicht statt. Über das Blatt zugeführte Ca-Ionen dringen zwar in das Blattgewebe ein, werden aber hier nur spitzenwärts transportiert. Eine Blattdüngung mit Calcium ist daher nicht sehr effektiv. Nach der Aufnahme von Calcium durch die Wurzel werden Wurzel und Stengel sehr schnell durchdrungen, und es kommt zur Ablagerung in den Blattspitzen. Ein Rücktransport ist nicht möglich. Es kommt fast immer zu einer Ca-Akkumulation in den älteren Blättern, da diese dem Calcium-Strom am längsten ausgesetzt sind. Dabei kann gleichzeitig Ca-Mangel in anderen Pflanzenteilen auftreten. Calcium kann in der Pflanze frei oder sorptiv gebunden vorkommen, daneben kennt man auch verschiedene Ca-Salze in der Pflanze. Zu diesen gehören Ca-Phosphat, Ca-Karbonat und besonders Ca-Oxalat. Organische Ca-Verbindungen sind Calcium-Pektinate.

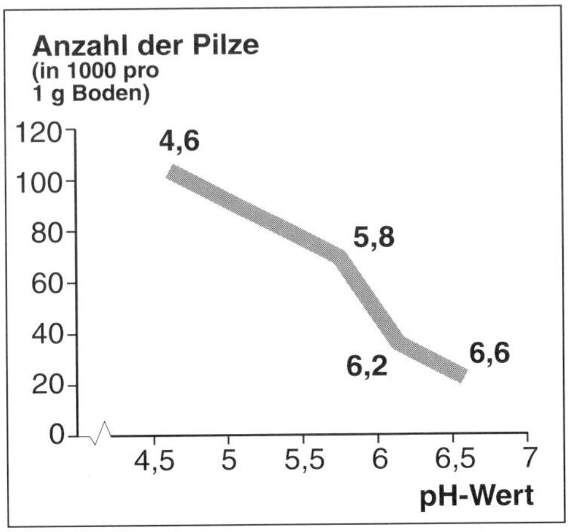

Abb. 24 b: Einfluß der Kalkversorung auf das Pilzwachstum im Boden (biologische Wirkung, nach WAKSMANN) Grafik: Naturkalk

Antagonismus - Synergismus

Es besteht Ionen-Antagonismus zwischen Ca und Kali sowie Magnesium. Ein hoher Calcium-Gehalt kann die K- und Mg-Versorgung der Pflanzen gefährden. Umgekehrt können auch die Kationen NH_4, K, Na, Mg die Calcium-Aufnahme gefährden. Calcium wirkt auf die Phosphat-Verfügbarkeit positiv *(Abb. 25)*. Durch die Veränderung des pH-Wertes der Bodenlösung aufgrund von Calcium-Gaben hat Ca einen sehr großen Einfluß auf die Verfügbarkeit der Nährelemente - vor allem der Spurennährstoffe.

Auch zwischen Calcium und Bor besteht eine enge Wechselbeziehung. Zu hohe Ca-Versorgung hindert die B-Aufnahme. Hohe Ca-Gehalte erfordern daher auch hohe Bor-Gehalte und umgekehrt. Beide zusammen nehmen Einfluß auf den Phytohormonstoffwechsel der Pflanzen. Auch die Mangelsymtome bei-

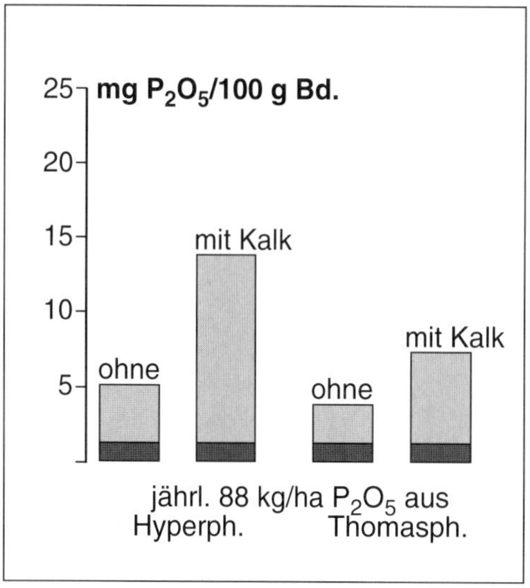

Abb. 25 a: Mobilisierung der Phosphate durch Kalk auf Acker (chemische Wirkung, nach Amberger), ohne Kalk pH 4,9, mit 48,4 dt/ha CaO pH 6,4
Grafik: Naturkalk

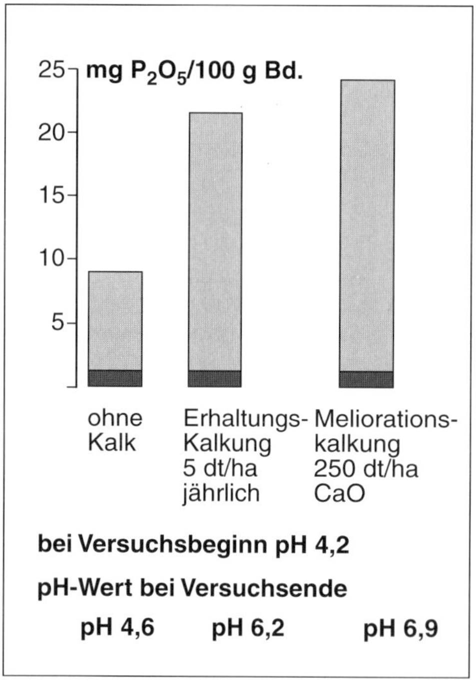

Abb. 25 b: Mobilisierung der Phosphate durch Kalk auf Grünland (chemische Wirkung, nach Rudert und Henze)
Grafik: Naturkalk

der Elemente haben teilweise große Ähnlichkeit. Das erschwert immer eine eindeutige Diagnose und macht Pflanzenanalysen notwendig.

Versuche an vielen Pflanzen zeigen, daß der Ca-Bedarf immer dann niedrig ist, wenn die Konzentration an Schwermetallen niedrig ist.

Funktion des Calcium

Calcium wird in der Pflanze vorwiegend als aufbauendes Element wirksam. Es kommt bei der Zellvermehrung zur Geltung und fördert das Längenwachstum in den meristematischen Geweben. Besonders auf die Zellstreckung hat Ca einen sehr spezifischen Einfluß. Sehr günstig ist auch der Einfluß von Ca auf das Wurzelwachstum. Auch für das Wachsen und Keimen der Pollenschläuche wird Ca benötigt. Beim Aufbau der Zellwand (Mittellamelle) ist Ca in Form des Ca-Pektinates ein wichtiger Baustein. Das Ca-Ion geht auch gern chelatartige Verbindungen ein. Hieraus erklärt sich die durch Ca gesteigerte Elastizität der Zellwände.

Auch für eine geregelte Phytohormonwirkung ist Ca notwendig. Im Wechselspiel mit Indolylessigsäure (IES)(→) beeinflußt Ca die Zellstreckung und -differenzierung. Bei Ca-Mangel kommt es wegen fehlender Strukturstabilität zu vergrößerten, nicht differenzierten Zellen. Calcium ist für die geordnete Zellteilung, Zellwandbildung und Zellstreckung der Vegetationspunkte in Sproß und Wurzel durch kein anderes Ion zu ersetzen.

Calcium wirkt entquellend, hemmt die Wasseraufnahme und fördert die Wasserausscheidung. Calcium Ca^{++} fördert die Aufnahme anderer Kationen, besonders der Alkalien (einwertige Metalle Li^+, Na^+, K^+, Ro^+, Cs^+). Für eine normale Aufnahme von Kationen, aber auch Anionen, muß in der Nährlösung eine gewisse

Konzentration an Ca^{++} vorliegen; andernfalls verläuft die Entwicklung der Pflanze nicht normal. Vielfach treten die Ionen bei Ca-Mangel sogar aus der Wurzel aus.

Calcium bietet einen „Schutzeffekt" gegenüber hohen Spurenelement-Konzentrationen und erhöht auch die Salztoleranz der Pflanzen.

Zusammenfassend kann man sagen, daß Calcium für die strukturelle und physiologische Stabilität der Pflanzengewebe verantwortlich ist. Calcium kommt aber nicht nur eine Funktion im pflanzlichen Organismus zu, sondern auch für den Boden.

Calcium-Mangel und Mangelsymptome

Ohne Calcium ist keine Pflanze lebensfähig und kommt nicht über das Keimstadium hinaus, vor allem ist kein Wurzelwachstum möglich. Ein absoluter Ca-Mangel kommt in der Praxis seltener vor. Meistens handelt es sich um Säureschäden durch zu hohe H-Ionenkonzentration der Bodenlösung oder aber toxische Schäden durch Al^{+++} und teils auch durch Mn^{+++}. Diese Elemente liegen bei niedrigen pH-Werten in relativ hohen Mengen in pflanzenverfügbarer Form vor und führen dann zu den Schäden.

Calcium-Mangel ist nicht in jedem Fall durch äußerlich sichtbare Symptome gekennzeichnet. Vielfach bleiben die Pflanzen nur in ihrem Wuchs zurück. Bei ungenügender Ca-Versorgung wird das Wurzelwachstum gehemmt. Treten äußerliche Symptome auf, so zeigen sie sich an den jüngeren Blättern, die chlorotisch aufhellen, deren Spitzen hakenförmig abgeknickt sind. Die Blattspreite beginnt an den Spitzen und Rändern einzutrocknen und aufzureißen, der Stengel der Terminalknospe stirbt ab. Im Gegensatz zu den jüngeren Blättern, die chlorotisch werden, zeigen die älteren häufig eine dunkelgrüne Farbe; ihre Blattspreite wird vergrößert. Zunächst sind die beschriebenen Sekundärschäden der jüngeren Blätter und Stengel bedingt durch ein Aufweichen und Verfärben der Zellwände, danach lösen sich die Zellwandbestandteile auf und bilden braune Stoffe, die sich in den Interzellularen anhäufen und die Gefäße verstopfen. Hierdurch wird der Stofftransport behindert und die Sekundärschäden werden sichtbar. Calcium-Mangelsymptome sind also auf einen gehemmten Kohlenhydrattransport zurückzuführen.

Bei Ca-Mangel zeigen die Wurzeln zuerst Schäden. Sie bleiben kurz, sehen struppig aus, sind schleimig und sterben von der Spitze ausgehend ab. Die Farbe der Wurzeln ist braun bis schwarz.

Pflanzenspezifisch gibt es neben Ca-Mangel des Bodens z.B. folgende Schäden durch Ca-Mangel an Pflanzen:

- Stippigkeit von Früchten („Lagerstippe")
- Fleischbräune von Früchten
- Blütenendfäule von Tomaten u.a. *(Abb. 26)*
- Schwarzherzigkeit von Sellerie

Abb. 26: Blütenendfäule an Cocktailtomaten, hervorgerufen durch Calcium-Mangel

Foto: Harms

- Innenblattnekrosen von Salat u. a.
- Hohlfleckigkeit bei Möhren u. a.
- Stengelweiche, Stengelknicken z.B. bei Zwiebelblumen
- Korkfleckigkeit, Rissigkeit

Calcium-Mangel ähnelt in vielen Symptomen dem Bor-Mangel. Ca-Mangel führt zu durchlässigen Zellmembranen. Es kommt dadurch zu Turgorverlusten mit einem Übertritt von Zellflüssigkeit in die Gewebe, die wasserfleckig werden, schließlich zusammenbrechen und austrocknen.

Bei Ca-Mangel kommt es zu einer Nitrit- (NO_2) Anreicherung in der Pflanze. Ca-Mangelpflanzen können dann das Nitrat (NO_3) nicht mehr effektiv nutzen.

Besonders für früchtetragende Pflanzen ist die Ca-Versorgung von großer Bedeutung. Dabei gilt folgendes:

- Notwendig ist eine geringe, aber kontinuierliche Ca-Versorgung.
- Die ausreichende Ca-Versorgung ist zur Zeit der Fruchtentwicklung wichtiger als vorher.
- Blatt-Ca-Gehalte sind kein ausreichendes Kriterium für die Beurteilung der Ca-Versorgung von Früchten.
- Fruchtanalysen sind besser als Blattanalysen.
- Der Gehalt an mobilem Ca ist wichtiger als der Gesamt-Ca-Gehalt.
- Hohe K-Gehalte mindern die Mobilität von Ca.

Besonders Ca-bedürftig sind im Zierpflanzenbau: *Cyclamen*, Hyazinthen, Tulpen, Nelken, Rosen, *Cattleya*.

Calcium-Mangel wird im Unterglasanbau unterschätzt!!

Es gibt vermehrt Hinweise darauf, daß Calcium-Mangel der zur Zeit am häufigsten auftretende Nährstoffmangel ist. Er tritt vor allem in der lichtarmen Jahreszeit, bei zu starker Schattierung, zu hoher Luftfeuchte (durch dicht schließende Schattierung bzw. Energieschirme), in Zeiten sehr starken Wachstums, bei Streßsituationen z.B. durch die Anwendung von Pflanzenbehandlungsmitteln und bei Kulturfehlern (Wurzelschäden) auf.

Dieser Calcium-Mangel tritt auch bei hohem pH-Wert des Substrates, hoher Substrataufkalkung und bei Verwendung von Gießwasser mit hoher Carbonathärte auf. Es handelt sich also nicht um einen absoluten Calcium-Mangel, sondern um einen, der durch unzureichende Calcium-Aufnahme in die Pflanze hervorgerufen wird. Calcium wird nur bei Transpiration der Pflanze mit dem Transpirationsstrom aufgenommen. Ist die Transpiration z.B. durch zu hohe Luftfeuchtigkeit bzw. zu geringe Einstrahlung gehemmt, so vermindert sich auch die Calcium-Aufnahme. Und dieses, obwohl genügend Calcium im Substrat vorhanden ist.

Ein typischer und aktueller Mangel dieser Art ist die Blaurandigkeit der Brakteen von Poinsettien.

Dieser Calcium-Mangel der Pflanze ist also nicht durch Substrataufkalkung zu beheben. Es gibt Empfehlungen für Spritzungen mit calciumhaltigen Blattdüngern wie dem flüssigen Blattdünger Basfoliar Combi-Stipp. Er enthält 10 % Stickstoff (davon 25 % als Nitrat und 75 % als Ammonium), 1,0 % Magnesium und 15 % CaO. Es handelt sich um einen Dünger, der im Obstbau gegen die Fruchtstippe eingesetzt wird. Stippe wird durch Calcium-Mangel hervorgerufen. Dieser Dünger wird im Spritzverfahren auf die Blätter aufgetragen und zwar mit 0,2 %; mehrmals in ein- bis zweitägigen Abständen und zwar vorbeugend bei trübem Wetter bzw. wenn mit reduzierter Transpiration der Pflanzen zu rechnen ist.

Bei Poinsettien empfiehlt man auch Calcium-Chlorid-Spritzungen in 0,1 - 0,15 %iger Konzentration.

Calcium-Überschußsymptome

Direkter Ca-Überschuß ist praktisch nicht bekannt. Bei hoher Ca-Düngung wirken die Begleitionen Cl oder S meistens schädlicher. Überschuß (bei $pH > 7$) führt aber zur Festlegung von Phosphor und von Spurenelementen und in der Folge zu Mangelsymptomen von Fe, Mn, B, Cu, Zn. Molybdän wird durch Kalkgaben besser verfügbar.

Nach stärkerer Kalkung kann ein Ca/Mg-Mißverhältnis entstehen. Dadurch kann es zu Magnesium-Mangel kommen, wenn nicht magnesiumhaltige Kalke verwendet wurden.

Calcium und Gießwasser

Die Calcium-Düngung unter Glas ist sehr stark abhängig vom Ca-Gehalt des Gießwassers. In Torfsubstraten (mit geringen Pufferungseigenschaften) werden bei Gesamthärtegraden des Gießwassers über 12 °dH die Kalkgehalte der Substrate und damit die pH-Werte erhöht. Der Kalkgehalt des Gießwassers sollte zwischen 50 und 100 mg CaO/l liegen.

Formel für die Berechnung der Calcium- und der Magnesiumhärte:

Ca x 0,14 = Calciumhärte

Mg x 0,23 = Magnesiumhärte

Ca-Härte + Mg-Härte = Gesamthärte

1 °dH entspricht umgerechnet 10 mg CaO/l Wasser. Eine Karbonathärte von 10 °dH enthält umgerechnet 178 mg $CaCO_3$/l Wasser. Eine Topfpflanze mit 1 l Substratinhalt (12-cm-Topf) erhält etwa 20 l Wasser pro Jahr. Daraus errechnet sich bei einer Karbonathärte von 10 °dH eine jährliche Kalkzufuhr von 3,5 g/Topf. Das bedeutet etwa eine Verdoppelung der durch Substratbeimischung zugeführten Kalkmenge. Wichtig für die Kalkzufuhr ist nur die Karbonathärte. Sie ist verantwortlich für den oft unerwünschten pH-Wert-Anstieg des Substrates in der laufenden Kultur. Mit dem Calciumhydrogenkarbonat-Anteil gelangt mit jedem Gießen gelöschter Kalk in das Substrat. Dort wird er wieder in die schwerlösliche Form $CaCO_3$ überführt. Dieser Prozeß ist abhängig vom pH-Wert. Im sauren Bereich bleibt es länger bei der löslichen Form und kann zu Calcium-Überdüngung führen. Die Folge ist Festlegung von Spurenelementen wie Eisen, Mangan, Bor, Kupfer, Aluminium.

Bei Karbonathärtegraden über 7 °dH gibt das Hydrogenkarbonat CO_2 an die Luft ab, und es entsteht das für die Kalkflecken verantwortliche Calciumkarbonat.

Empfehlungen für Kalkzugaben zu jungem Weißtorf bei unterschiedlich hartem Gießwasser:

unter 5 °dH = 6 - 7 kg $CaCO_3/m^3$ Weißtorf
5 - 10 °dH = 3 - 5 kg " "
über 10 °dH = 2 - 3 kg " "

Calcium-Gewinne und Calcium-Verluste durch Dünger

Bei richtiger Auswahl der Dünger kann man den pH-Wert steuern: Außer den reinen Kalk-Düngern sind noch **pH-erhöhend:**

Kalksalpeter, Thomasphosphat (→), Kalkstickstoff (→), Carolon-Phosphat,

Hyperphos, Novaphos, Rhenania-Phosphat.

pH-erniedrigend sind:

Schwefelsaures Ammoniak (→), Harnstoff (→), Ammoniumnitrat, Kalkammonsalpeter.

(→ Kalkbilanz verschiedener Dünger)

Anhebung des pH-Wertes in stehenden Topfpflanzenkulturen

1. Verwendung von Basisdüngern (Dünger ohne oder mit sehr niedrigen Stickstoffgehalten). Durch die zusätzliche Stickstoffdüngung mit pH-erhöhendem Kalksalpeter (Nitrat), stabilisierendem Kalkammonsalpeter (Ammoniumnitrat) oder pH-senkendem schwefelsaurem Ammoniak (Ammonium) wird der pH-Wert reguliert. Die Nitratdüngung führt zur sofortigen Anhebung des pH-Wertes. Durch die Nitratdüngung geben die Pflanzen über die Wurzeln HCO_3-Ionen (OH-Gruppe) ab. Höhere Ammoniumgehalte im Substrat können aber noch bremsend wirken, so lange sie nicht nitrifiziert sind.

2. Gießen mit Kalkwasser (Kalkmilch): Auf 1 m^3 Wasser 1 - 2 kg kohlensauren Kalk ($CaCO_3$) einen halben Tag vor Verwendung einmischen. Abstehen lassen und wiederholt damit gießen. Höhere Kalkzusätze haben keine weitere Erhöhung des pH-Wertes zur Folge. Mit dieser Maßnahme läßt sich der pH-Wert aber wegen der geringen Löslichkeit nur in der obersten Schicht der Substrate anheben. Besser wird die Wirkung, wenn CO_2-Gas in das mit Kalk angereicherte Wasser in den Vorratsbehälter geblasen wird. Dadurch wird der eingebrachte Kalk gelöst. Dieses macht sich durch ein Aufklaren der Kalklösung bemerkbar. So lassen sich 0,6 g $Ca(OH)_2$ = etwa 0,8 g $CaCO_3$ lösen. Da man in einen 11-/12-cm-Topf aber nur etwa 100 ml Lösung unterbringen kann, muß man häufiger gießen, um den pH-Wert nennenswert anzuheben.

3. Möglich ist auch die Verwendung von Löschkalk (Branntkalk nach Zusatz einer genau dosierten Wassermenge) in gleicher Konzentration. Hierbei kann es zu starken Kalkablagerungen auf den Blättern kommen, wenn nicht unmittelbar danach abgebraust wird. Flecken von kohlensaurem Kalk sind durch Überbrausen sehr leicht zu entfernen.

4. Löschkalk oder kohlensauren Kalk zwischen die Pflanzen auf die Stellfläche streuen. Bei dieser Methode sollte die Bewässerung über Anstau von unten erfolgen.

5. Kohlensauren Kalk als „Kopfdünger" über die Pflanzen streuen und überbrausen. Dieses ist die wirtschaftlichste Methode. Die Kalkmenge liegt zwischen 30 und 60 g/m^2 Stellfläche.

6. Das Gießen mit Kalilauge ist eine riskante Maßnahme. Kurzfristig steigt der pH-Wert der Lösung auf sehr hohe Werte (über 8,0). Der pH-Wert des Substrates wird aber nicht nennenswert angehoben. Außerdem führt jedes Gießen zu einer Erhöhung des Kaliumgehaltes um 100 mg/l Substrat.

Aufkalkung von Regenwasserbecken und Teichen

Zur Aufkalkung von Regenwasserbecken und Teichen empfiehlt es sich, kohlensauren Kalk im Winter auf das Eis zu streuen. Die Verteilung ist durch den langsamen Auftauprozeß gut. Die Kalkmenge richtet sich nach der Wassermenge. Die Wassermenge muß überschlägig berechnet werden, dann gibt man 1 - 2 kg/m^3 Wasser.

Kalk und die Veränderung des pH-Wertes

Der Einfluß des Kalkes auf die Veränderung des pH-Wertes ist abhängig von:

1. der Kalkart:

Branntkalk verändert den pH-Wert am schnellsten.

Kohlensaurer Kalk wirkt milder und weniger schnell.

Hüttenkalk kann erst basisch wirksam werden, wenn die Ca-Anteile aus den Kieselsäure- und Tonerdeverbindungen herausgelöst werden. Daraus ergibt sich eine langsamere Reaktionsweise und nur eine geringfügige Verschiebung des pH-Wertes.

Mischkalke vereinigen die langsamere und nachhaltige Wirkung des kohlensauren Kalks mit der schnellen Wirkung des Brannt- und Löschkalkes *(Abb. 27)*.

2. dem basisch wirksamen Kalkgehalt des Kalkes:

Branntkalk hat einen Reinheitsgrad von 85 - 90 % und ist der konzentrierteste Kalkdünger überhaupt. 100 Teile CaO entsprechen 178 Teilen $CaCO_3$. Branntkalk hat einen Mindestgehalt an CaO von 67 %.

Kohlensaurer Kalk enthält an wertbestimmenden Bestandteilen mindestens 77 % $CaCO_3$. Der Gehalt an $CaCO_3$ kann sogar bis zu 95 % betragen, meistens liegt er bei 80 - 90 %.

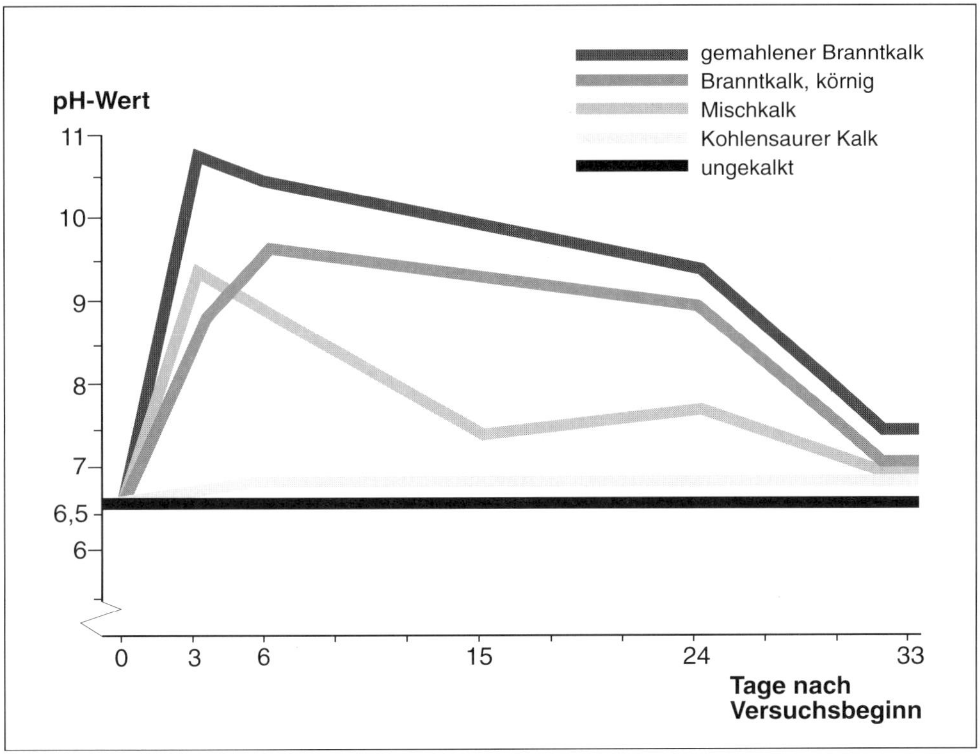

Abb. 27: Einfluß der verschiedenen Kalkformen auf die Bodenreaktion/den pH-Wert (nach LÜDERS)
Grafik: Naturkalk

Hüttenkalk enthält 44 - 47 % CaO + MgO, davon 6 - 10 % MgO.

Konverterkalk enthält 42 % CaO + MgO, davon 2 - 3 % MgO.

Thomaskalk enthält 42 % CaO + MgO, davon 2 - 5 % MgO.

3. der verabreichten Kalkmenge je m^3 Substrat oder je Flächeneinheit.

4. der Härte des Kalkgesteins:

Je härter der Kalk, desto langsamer und geringer die pH-Wert-Veränderung.

5. der Mahlfeinheit des Kalkes:

Je feiner der Kalk gemahlen ist, desto schneller verändert sich der pH-Wert.

Beispiel:

über 0,5 mm-Fraktion - in 4 Monaten keine pH-Wert-Anhebung

0,1 - 0,5 mm-Fraktion - nach einem Monat starker pH-Wert-Anstieg

unter 0,1 mm-Fraktion - starker Anstieg innerhalb von zwei Tagen.

Calciumsulfat Ca SO_4 • 2 H_2O = Gips

Mit Gips läßt sich die Kalkversorgung der Pflanzen sicherstellen, ohne daß der pH-Wert erhöht wird. Dieses kann dort wichtig sein, wo z.B. durch Natrium der pH-Wert hoch ist, obwohl Calcium-Mangel vorliegt. Gips fördert wie die anderen Calcium-Arten die Krümelstruktur des Bodens. Nebenbestandteil von Gips ist 18 % Sulfat.

Bei Moorbeetpflanzen gewährleisten 1 - 2 kg Gips/m^3 Substrat die Calcium-Versorgung ohne den pH-Wert zu erhöhen. Gips bildet in Wasser eine maximal 0,26 %ige Lösung. Infolge seiner geringen Wasserlöslichkeit wirkt er sehr langsam. (→ Gips)

Carbamat

Amid der Kohlensäure, ist als Ammoniumcarbonat ein Stickstoffdünger, außerdem Bestandteil von Herbiziden.

Carbonat

Ausgangsgestein der Kalkdünger: Kalkspat, Dolomit (= Calciumcarbonat), Magnesit oder Bittersalz (= Magnesiumcarbonat), Eisenspat (= Eisencarbonat), kohlensaurer Kalk (= Calciumcarbonat). Die meisten Carbonat-Kalkdünger sind wegen der geringen Wasserlöslichkeit langsam wirkend. Die Löslichkeit steigt mit zunehmendem CO_2-Gehalt des Bodenwassers und stärkerer Säureeinwirkung.

Die basische Wirksamkeit von Carbonat-Kalken wird als Reaktivität gemessen (%-Anteil des Kalkdüngers, der sich in 0,01 %iger Salzsäurelösung (1N HCl) nach 10 Minuten löst). Bei $CaCO_3$ (Calciumcarbonat) muß die Reaktivität (→) mindestens 30 % und bei mehr als einem Viertel Anteil an $MgCO_3$ (Magnesiumcarbonat) am Gesamtcarbonatgehalt mindestens 10 % betragen. Angegeben wird bei der Reaktivität der prozentuale Anteil der neutralisierten Kalkteilchen.

(→ Reaktivität von Kalken)

Carbonationskalk

Rückstandskalk aus der Zuckerfabrikation. Pro Tonne Rüben werden zum Raffinieren des Rohsaftes 20 kg CaO zugegeben. Dadurch fallen die Nicht-Zuckerstoffe aus bzw. werden filtrierbar gemacht. Dieses Calciumcarbonat fällt als Scheideschlamm an. Er enthält 53 -

55 % $CaCO_3$, umgerechnet entspricht das 30 % CaO.

Spurenelemente sind geringfügig enthalten. Nebenbestandteile sind N, P_2O_5, MgO, zusammen mit einem Anteil von 1 - 2 %. Außerdem sind 15 % organische Substanz enthalten.

Das Produkt hat einen hohen Feuchtigkeitsgehalt. Mahlfeinheit: 97 % < 4 mm. Durch seine fein-kristalline Form wirkt Carbonationskalk sehr rasch und gut, es besteht allerdings eine hohe Auswaschungsgefahr. Anwendung nach Firmenangaben.

Carborain-Verfahren

Ein Verfahren der CO_2-Düngung, bei dem das Kohlendioxid dem Gießwasser zugesetzt wird. (→ CO_2-Düngung)

Chelat, Chelatbildner, chelatisieren

Aus dem griech. von chele = Krebsschere oder Kralle. Eine Sonderform metallorganischer Komplexe, bei denen das Metall-Kation vom Chelatbildner (Ligand) scheren- oder klammerartig von mehreren Seiten ringförmig gebunden ist. Besonders Schwermetalle haben eine ausgesprochen starke Neigung, Metallchelatkomplexe zu bilden. Chelatisierte Nährstoffe (vor allem Spurennährstoffe, die Schwermetalle sind) sind pflanzenverfügbar (mobil) und nicht festgelegt oder an andere Elemente gebunden.

Beispiel:

Eisen-Phosphat (immobil) + Chelator = Eisen-Chelat + Phosphor (beides mobil)

Metallchelate sind sehr stabil. Sie sind über einen breiten pH-Bereich wasserlöslich und pflanzenverfügbar. Der Chelator (= Molekül, welches das Metall-Atom zangenartig bindet) ist immer ein größeres organisches Molekül. Viele im Boden vorkommende organische Verbindungen (Huminsäuren (→), Aminosäuren (→), Karbonsäuren) können Chelate bilden. Sie sind in der Lage, selbst Metalle aus den Gittern primärer und sekundärer Tonminerale herauszulösen.

Im Gegensatz zu den Alkali-Ionen werden die Schwermetalle sehr fest an die organische Substanz gebunden bzw. in sie eingebaut. Hierbei ist es jedoch immer noch möglich, daß ein stärker zur Chelatbildung neigendes Ion, z.B. Cu^{++}, ein anderes Ion, z.B. Mn^{++}, aus seiner Komplexbindung verdrängen kann.

(→ Eisen - Düngung mit Eisendünger; Eisendünger/Eisenchelate)

Chemische Zeichen von Nährelementen und Verbindungen

Von Dalton (1766 - 1844) wurden für die einzelnen Elemente bildliche Zeichen eingeführt. Diese ersetzte Berzelius (1779 bis 1848) durch Buchstaben. In späteren Jahren wurden diese international festgelegt. Durch die Benutzung chemischer Zeichen wird die Darstellung chemischer Vorgänge kurz und sehr übersichtlich.

Die chemischen Zeichen bestehen aus den Anfangsbuchstaben des sehr häufig lateinischen oder griechischen Namens des betreffenden Elementes oder aus diesem und dem zweiten oder dritten Buchstaben *(Übersicht 5)*.

Chilesalpeter

(→ Natriumhaltige Dünger)

Übersicht 5: Chemische Elemente und Verbindungen und ihre Zeichen

Al	Aluminium	H	Wasserstoff	NaCl	Natriumchlorid
As	Arsen	H_3BO_3	Borsäure	$NaHCO_3$	Natriumhydro-
B	Bor	HCl	Salzsäure		gencarbonat
Br	Brom	HCO_3	Bicarbonat-Ion	Na_2SO_4	Natriumsulfat
C	Kohlenstoff	Hg	Quecksilber	NH_2	Amide
Ca	Calcium	HNO_3	Salpetersäure	NH_3	Ammoniak
$CaCl_2$	Calciumchlorid	H_2O	Wasser	NH_4	Ammonium
$CaCO_3$	Calciumcarbonat	H_3PO_4	Phosphorsäure	Ni	Nickel
$Ca(HCO_3)_2$	Calciumbicarbonat	H_2SO_3	Schweflige Säure	NO_2	Nitrit
$Ca(HC_3)_2$	Calciumbicarbonat	H_2SO_4	Schwefelsäure	NO_3	Nitrat
CaL	Calcium-Acetat-Lactat	H_2SiO_4	Kieselsäure	O	Sauerstoff
$Ca(NO_3)_2$	Calciumnitrat	J	Jod	O_2	Sauerstoffgas
	Kalksalpeter	K	Kalium	O_3	Ozon
CaO	Kalk (Branntkalk)	KCl	Kaliumchlorid	OH	Hydroxid-Ion
$CaSO_4$	Calciumsulfat (Gips)	K_2SO_4	Kaliumsulfat	P	Phosphor
Cd	Cadmium	Mg	Magnesium	Pb	Blei
C_2H_4	Acetylen	$MgCl_2$	Magnesiumchlorid	P_2O_5	Phosphat
Cl	Chlor	$MgCO_3$	Magnesiumcarbonat	S	Schwefel
Cl_2	Chlorgas	$Mg(HCO_3)_2$	Magnesiumbicarbonat	Se	Selen
Co	Kobalt	MgO	Magnesiumoxid	Si	Silicium
CO	Kohlenmonoxid	$MgSO_4$	Magnesiumsulfat	SO_2	Schwefeldioxid
CO_2	Kohlendioxid	Mn	Mangan	SO_2	Schwefeldioxid
Cr	Chrom	Mo	Molybdän	SO_4	Sulfat-Ion
Cu	Kupfer	N	Stickstoff	Sr	Strontium
F	Fluor	N_2	Stickstoffgas	Ti	Titan
Fe	Eisen	Na	Natrium	Zn	Zink

Chlor (Cl)

Nützliches, für einige Pflanzenarten in sehr geringen Mengen sogar unentbehrliches Nährelement. Anion (Cl^-). Ein Nichtmetall, das im Boden und in der Pflanze nur als Chlorid-Anion vorkommt. Eine Düngung ist fast nie erforderlich. Indirekt erfolgt Zufuhr durch chloridhaltige Düngemittel. Im Freiland werden durch Niederschläge jährlich 5 - 20 kg Cl/ha zugeführt.

Chlor in der Pflanze

In der Pflanze kommt Chlor gelöst im Zellsaft vor. Es ist kein Baustein der organischen Substanz, sondern nur in Ionenform wirksam. Die Aufnahme erfolgt schneller als die von Sulfat- und Phosphat-Ionen. Wenn vorhanden, nimmt die Pflanze weit über ihren Bedarf hinaus Chlor auf. Es reichert sich bei fortgesetzter Aufnahme kontinuierlich in der Pflanze an. Pflanzen können sehr artspezifisch auch Chlor aus der Luft aufnehmen, z.B. Bohnen sehr gut, Salat sehr schlecht. Die Gehalte in den Pflanzen sind variabel und sehr stark von der Bodenlösung abhängig. Bei zu hohem Angebot gibt es leicht Konzentrationsschäden.

Chlor ist hoch wasserlöslich und leicht auswaschbar. Die Beweglichkeit in der Pflanze ist groß. Das Chlor-Ion ist sehr hydrophil (mit großer Hydrathülle), so daß der Wassergehalt bei reichlicher Cl-Düngung in der Pflanze erhöht wird. Während der Vegetation findet eine sehr starke Verlagerung von oben nach unten, vom Blatt in die Wurzel statt.

Der Ertragsgrenzwert im Blatt liegt bei 100 ppm Cl in der Trockensubstanz. Für Gießwasser liegt der Grenzwert bei sehr salzempfindlichen Pflanzen bei 50 mg/l, bei salzempfindlichen bei 70 mg/l, bei weniger salzempfindlichen bei 100 bis 150 mg/l und bei salzverträglichen bei 200 bis 250 mg/l Gießwasser.

Chloridliebende Pflanzen sind: Spinat, Sellerie, Kohl, Endivien. Chlorempfindliche sind: Kartoffeln, Tabak, Wein, Obst, Beerenobst, Erdbeere, Tomate, Gurke, Zwiebel, Radieschen, Lauch sowie fast alle Zierpflanzen.

Funktion des Chlor

Chlor-Ionen fördern die Plasmaquellung und beeinflussen bedingt enzymatische Vorgänge. Sie wirken auf die O_2-Freisetzung bei der Photosynthese. Dabei kann das Chlor-Ion das Nitrat-Ion ersetzen. Chlor beeinflußt die Stickstoffernährung der Pflanzen positiv. Man nimmt an, daß das Chlor besonders für das Sproßspitzen- und Wurzelwachstum notwendig ist.

Zu hohe Cl-Gehalte in den Pflanzen hemmen aber die Assimilationsleistung - besonders von Speicherorganen. Chlor stört dabei die Verlagerung von Stärke aus dem Blatt in die Speicherorgane der Pflanze. Auch mindert sich der Zucker- und Stärkegehalt von z.B. Kartoffeln und Rüben. Ebenso soll ein Befall durch Viren erleichtert werden.

Chlor-Mangel und Mangelsymptome

Mangel kommt so gut wie nicht vor, da mit vielen Düngern Chlor zugeführt wird, aber auch durch Niederschläge und dadurch, daß die Pflanzen Chlor auch über das Blatt aus der Atmosphäre aufnehmen können. Das trifft vor allem auf

Abb. 28: Wuchsdepressionen bei Impatiens-Neu-Guinea durch überhöhte Chlorid-Gaben

Foto: Kaminski

küstennahe Gebiete zu. Kürbis kann z.B. bis zu 95 % seines Chlorbedarfs aus der Luft decken.

Mangelerscheinungen machen sich - trotz guter Beweglichkeit in der Pflanze - zuerst an den jüngeren, noch aktiv wachsenden Blättern bemerkbar. Die Symptome treten zuerst an den Blattspitzen auf. Die Größe der Blattflächen verringert sich. Die Blätter können sich fortschreitend bronceartig verfärben, und es kann zu nekrotischen Erscheinungen in Fleckenform kommen. Die Interkostalfelder wirken im späten Stadium wie eingesunken. Fruchtende Pflanzen bilden keine Früchte mehr aus.

Chlor-Überschußsymptome

Chlor-Überschußschäden treten im Gegensatz zum -Mangel relativ häufig auf, insbesondere dort, wo im Winterdienst Salz (Natriumchlorid) zum Abtauen eingesetzt wird.

Überschüsse führen schnell zu Chlorosen und nachfolgend zu Nekrosen an den Blatträndern. Die Blätter rollen sich zum Teil auch auf. Häufig ist der Wechsel von der Chlorose zur Nekrose übergangslos.

Die Nekrosen weiten sich dann bis ins Blattzentrum aus, und die Blätter werden abgeworfen. Bäume treiben häufig wieder neu aus, doch die Blätter leiden schnell wieder unter dem Überschuß. Besonders Linden und Kastanien sind anfällig. Durch den Einsatz salzfreier Streumaterialien wie Splitt und Sand sind die Chlor-Schäden schon wieder stark zurückgegangen *(Abb. 28)*.

Chlorflurenol

(→ Rasendünger)

Chlorit

(→ Tonminerale)

Chrom (Cr)

Sehr hartes Metall. Potentieller Pflanzen-Schadstoff. Für Menschen und Tiere ist es ein essentielles (unbedingt lebensnotwendiges) Element. Für die Lebensnotwendigkeit bei Pflanzen gibt es bisher keine gesicherten Erkenntnisse.

Chrom ist für die Pflanzen allgemein nicht verfügbar, weil es überwiegend in unlöslichen Verbindungen vorkommt und stark an Ton und Humus gebunden ist. Verfügbar ist es nur auf leichten Sandböden. Mit steigenden pH-Werten nimmt auch dort die Verfügbarkeit ab. Aufgenommenes Chrom wird in den Wurzeln festgehalten.

Landwirtschaftliche Böden können durch Zufuhr von Klärschlamm und Müllkompost mit Chrom belastet werden. Auch durch Fungizide und organische Dünger (Ledermehle) kann Chrom in den Boden gelangen.

Chrom-Schäden

Während Cr-Mangel an Pflanzen nicht nachgewiesen werden konnte, kommt es sehr häufig zu toxischen Schäden durch Chrom. Schäden machen sich bei Pflanzen durch gehemmtes Wachstum, durch Chlorosen, kleine, braunrote oder purpurfarbene Blätter mit Nekroseflecken bemerkbar. Das Wurzelwachstum ist stark gehemmt.

Starke Ertragseinbußen gibt es bei Werten über 100 bis 250 mg Cr/kg Boden. In Kulturböden sind Gehalte von 2 - 50 mg/kg Boden häufig, 100 mg/kg sind tolerierbar.

C : N-Verhältnis

Das Verhältnis vom Anteil Kohlenstoff zu Stickstoff in einer organischen Substanz. Das C : N-Verhältnis ist ein brauchbares Maß für die Zersetzbarkeit organischer Substanz sowie für die biotische Aktivität. Günstig sind enge C : N-Verhältnisse, 10 : 1 gilt als optimal.

Stehen den Mikroorganismen höhere Mengen an Kohlenhydraten zur Verfügung, entfalten diese ein reges Leben. Mit einer Strohdüngung - beispielsweise - (auch Rinde, Laub usw.) werden den Mikroorganismen viele Kohlenhydrate, aber wenig Stickstoff zugeführt. Dadurch wird der im Boden vorhandene Stickstoff biotisch (durch Mikroorganismen) festgelegt. Erst nach dem Absterben und dem Abbau der Bakterienleiber wird dieser Stickstoff wieder frei und damit pflanzenverfügbar.

Bei C : N-Verhältnissen über 25 : 1 steht den Mikroorganismen nicht genügend Eiweißstickstoff zum Aufbau ihrer Körpersubstanz zur Verfügung. Dadurch wird der Abbau der organischen Substanz gehemmt und gleichzeitig der vorhandene Stickstoff biotisch gebunden. Bei C : N-Verhältnissen unter 10 : 1 (Schröder, Kiel = 20 : 1) kommt es zu deutlicher Freisetzung von organisch gebundenem Stickstoff.

Mikroorganismen sind nach ihrem Absterben leicht zersetzbar, da sie ein sehr enges C : N-Verhältnis aufweisen:

Bakterien und Actinomyceten	5 : 1
Pilze	10 : 1

C : N-Verhältnisse einiger organischer Substanzen:

Schwarzerde	10 : 1
Hochmoor	30 - 50 : 1
Getreidestroh	100 - 50 : 1
Stroharmer Frischmist	25 - 30 : 1
Reifer Stapelmist	15 - 18 : 1
Rindenkompost ohne N	120 - 50 : 1
Rindenhumus mit N	20 - 25 : 1

Böden oder Substrate, denen ein organisches Material mit weitem C : N-Verhältnis (über 80 : 1) zugeführt wird, müssen eine Stickstoffdüngung bekommen, um die zelluloseartigen, ligninhaltigen, organischen Substanzen zu zersetzen, da die vorhandenen, gelösten, bereits pflanzenverfügbaren Stickstoffreserven von den Mikroorganismen für den Aufbau ihrer Eiweißkörper aus dem Boden entnommen werden.

Rindensubstraten sollten aus diesem Grunde (wenn nicht schon bei der Kompostierung (Fermentierung) geschehen) NO_3-Stickstoff zugesetzt werden. Probleme gibt es durch das weite C : N-Verhältnis auch bei Papier-Recyclingtöpfen, bei Reisspelzen und Kokosfasern.
(→ Zuschlagstoffe zu Substraten)

CO_2, Kohlendioxid (Kohlensäure)

Kohlendioxid ist ein farbloses, reaktionsträges Gas, das sich gut in Wasser löst. Ca. 1 Liter CO_2 lösen sich in einem Liter Wasser, das entspricht etwa 0,2 Gew.-%. Größte CO_2-Speicher und -Regulatoren sind die Weltmeere. Die gesamte Vegetation der Erde verbraucht jährlich etwa 8 % der CO_2-Menge der Luft. Bei optimalem Wachstum der Kulturpflanzen beträgt der Tagesbedarf etwa 150 - 220 kg CO_2/ha.

CO_2 ist ein Abfallprodukt der menschlichen und tierischen Atmung und wird unter hohem Energieaufwand reduziert.

Ein nicht zu unterschätzender Teil der CO_2-Anlieferung stammt aus der sogenannten Bodenatmung. Durch mikrobiellen Abbau organischer Bodensubstanz wird CO_2 frei. Gute Acker- und Grünlandböden können bis zu 2 Vol.-% CO_2, also fast das 100-fache der atmosphärischen Luft, enthalten. In einem tätigen, garen Boden kann man mit einer Tagesleistung von etwa 100 kg CO_2/ha rechnen. Dabei werden etwa zwei Drittel durch die Tätigkeit der Mikroorganismen gebildet und ein Drittel von den Pflanzenwurzeln ausgeschieden.

Kohlendioxid ist doppelt so schwer wie Luft und reichert sich daher besonders in den bodennahen Schichten an.

Die natürliche CO_2-Konzentration der Luft liegt bei 0,034 Vol. % = 340 ppm (parts per million). Durch die Erhöhung der CO_2-Konzentration in der industrialisierten Welt ist der alte Wert von 300 ppm nicht mehr aktuell. In reinen Industriegebieten kann die CO_2-Konzentration auch noch über 340 ppm liegen.

Die Pflanze benötigt CO_2 bei der Photosynthese. Im Chlorophyll werden CO_2 und Wasser unter Einfluß von Sonnenlicht in Traubenzucker und Sauerstoff umgewandelt. Dabei steigt die Photosyntheseleistung mit steigendem Lichtangebot. Ein niedriger CO_2-Gehalt der Luft kann dann der begrenzende Faktor der Photosyntheseleistung sein. Darum wird in geschlossenen Gewächshausanlagen, wo der CO_2-Nachschub aus der freien Atmosphäre gehindert ist und der CO_2-Gehalt zeitweise stark absinken kann, mit CO_2 gedüngt. Besonders bei Hydrokulturen, bei denen keine CO_2-Entwicklung in den Substraten stattfindet, kann der CO_2-Gehalt sehr stark absinken. Im Freiland, wo durch Luftbewegung ständig neues CO_2 an die Pflanzen herangeführt wird, reicht der Gehalt von 340 ppm aus.

Der Gasaustausch der Pflanze findet durch die Spaltöffnungen (Stomata) statt. Durch diese gelangt auch das CO_2 in die Blätter. Auch hierbei spielt das Licht eine große Rolle. Je mehr Licht angeboten wird, desto mehr CO_2 nimmt die Pflanze auf. Wünschenswert ist eine möglichst gleichmäßige Verfügbarkeit des CO_2 im Pflanzenbereich und unter dem „Blätterdach". Bei voller Sonneneinstrahlung oder unter Assimilationslicht sind Konzentrationen von 800 - 1.000 ppm optimal. Bei diesen Werten liegt der Kompensationspunkt für CO_2, das heißt die Spaltöffnungen nehmen bei höheren Werten kein zusätzliches CO_2 mehr auf. Ein Absinken der CO_2-Konzentration unter 300 ppm führt zu einer relativ schnellen Abnahme der CO_2-Assimilation. Unter 50 ppm ist die Pflanze nicht mehr in der Lage, CO_2 aus der Luft aufzunehmen. Die grüne Pflanze benötigt zu ihrem Aufbau eine CO_2-Menge, die etwa das 1,6-fache ihrer Trockensubstanz ausmacht.

Begrenzt wird die CO_2-Aufnahme bei einer zu hohen Transpiration, wenn die Pflanzen ihre Spaltöffnungen schließen. Die Spaltöffnungsbewegungen werden gesteuert durch Licht, Luftfeuchte, Temperatur und CO_2-Gehalt. Hohe Licht- und Luftfeuchtewerte öffnen, Lufttrockenheit und hohe Temperatur schließen die Stomata. Bei Gurken z.B. mindert sich die CO_2-Aufnahme um 20 %, wenn die rel. Luftfeuchte von 70 auf 35 % gesenkt wird. Darüber hinaus werden die Spaltöffnungen hormonal (Abscisinsäure) bzw. osmotisch (Kali-Gehalt) gesteuert.

Auch bei CO_2-Zuführung schließen sich die Spaltöffnungen. Wird z.B. der CO_2-Gehalt der Luft um 100 ppm erhöht, dann schließen sich die Spaltöffnungen um 3 %. Dadurch nimmt die Transpiration und die Luftfeuchte ab, und die Blattemperatur steigt an.

Damit eine Pflanze gut wachsen kann, muß zeitweise mehr Zucker produziert werden, als bei der Atmung verbraucht wird. Der Überschuß dient dann dem

Wachstum der Pflanze. Man spricht hier von der Netto-Photosynthese. In lichtarmen Zeiten kann es vorkommen, daß die Pflanze mehr Zucker veratmet, als sie bei der Photosynthese produzierte. Dann zehrt die Pflanze von ihren Reserven. Bei einer Anzahl von Pflanzen führt schon ein CO_2-Gehalt unter 340 ppm zu Mindererträgen. Die größte Wirkung hat die CO_2-Düngung zwischen 340 und 750 ppm. Nach dem Gesetz vom abnehmenden Ertragszuwachs läßt die Wirkung darüber nach. Bei einigen Kulturen können zu hohe CO_2-Gehalte auch zu Nachteilen führen. So bekommen z.B. Saintpaulien bei zu hoher CO_2-Düngung spröde, brüchige Blätter.

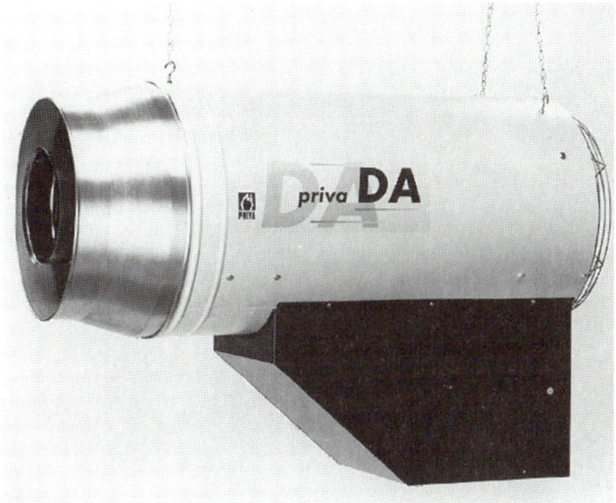

Abb. 29: CO_2-Kanone von Priva für die CO_2-Düngung in Gewächshäusern Werkfoto: Priva

Hinsichtlich ihrer Aufnahmefähigkeit für CO_2 unterscheidet man Pflanzen in drei Gruppen:

C_3-Pflanzen

Das sind die meisten unserer Kulturpflanzen. Sie nehmen unter normalen Witterungsverhältnissen CO_2 auf, beenden die Aufnahme aber bei hohen Temperaturen und zu hohen Beleuchtungsstärken.

C_4-Pflanzen

Dieses sind vorwiegend tropische Pflanzen. Sie sind auch bei höheren Temperaturen noch in der Lage CO_2 aufzunehmen.

CAM-Pflanzen

Zu ihnen gehören Crassulaceen, Cactaceen und Bromeliaceen. Sie sind in der Lage, nachts CO_2 aufzunehmen. Der Grund: Am heimatlichen Standort ist es tagsüber heiß und trocken, und die Spaltöffnungen sind geschlossen. Das nachts aufgenommene CO_2 kann von diesen Pflanzen gespeichert und am folgenden Tag bei Licht für die CO_2-Assimilation verarbeitet werden. In gemäßigtem Klima

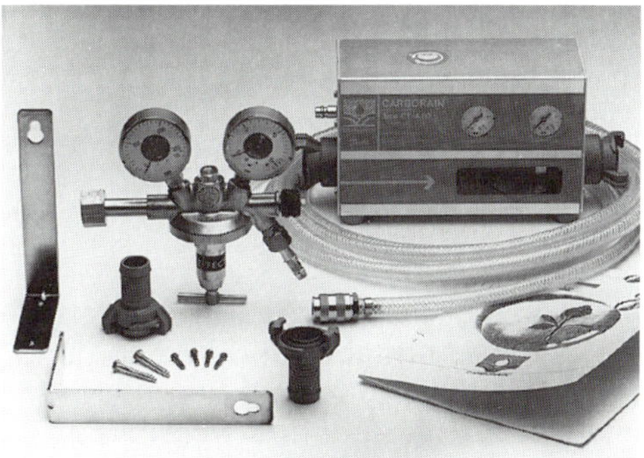

Abb. 30: Technische Ausrüstung für die CO_2-Düngung nach dem Carborain-Verfahren

Werkfoto: bahrs-Technik

Abb. 31: Tankbehälter für reine Kohlensäure, einsetzbar, wenn CO_2-Konzentrationen bis zu 600 ppm im Gewächshaus gewünscht sind

Foto: Braunsmann

Tab. 15: Optimalbereiche für CO_2-Gehalte bei einigen Schnitt- und Topfblumen

Schnittblumen	CO_2 in ppm		Topfpflanzen	CO_2 in ppm
Alstroemeria	900 - 1.200		Anthurium scherz.	600 - 900
Anthurium andraeanum	600 - 800		Begonia elatior	700 - 900
Bouvardia	1.000		Calathea	600 - 900
Cymibidium	600 - 700		Campanula	600 - 900
Dendranthemum	1.000		Dendranthemum	700 - 900
Eustoma	600 - 900		Cyclamen	600 - 900
Freesia	600		Dieffenbachia	700 - 1.000
Gerbera	600 - 800		Dracaena	600 - 700
Gypsophila	700 - 1.000		Epipremnum	600 - 800
Lilium	800 - 1.000		Ficus	750 - 1.000
Rosa	800 - 1.200		Fuchsia	600 - 800
			Guzmannia	700 - 900
Topfpflanzen	CO_2 in ppm		Hedera	700 - 1.000
			Hibiscus	700 - 900
Hydrangea	600 - 900		Kalanchoe	700 - 1.200
Nephrolepis	600 - 1.000		Phalaenopsis	600 - 700
Poinsettia	400 - 1.000		Rosa im Topf	700 - 1.000
Primula obconica	600 - 800		Rhododendron	700 - 1.000
Saintpaulia	800 - 1.200		Schefflera	700 - 800
Spathiphyllum	600 - 800		Yucca	600 - 700

und durch Züchtung hat sich das Verhalten der Pflanzen aber teilweise so geändert, daß die CO_2-Aufnahme der CAM-Pflanzen auch tagsüber erfolgt.

Welche CO_2-Gehalte die verschiedenen Topf- und Schnittblumen bevorzugen, ist *Tab. 15* zu entnehmen.

Die Zuführung von CO_2 in die Gewächshäuser kann auf sehr unterschiedliche Art erfolgen:

1. Verwendung von reinem CO_2 aus Tanks, das über Leitungen in die Gewächshäuser geführt wird.

2. Verbrennung von Propan oder ähnlichen CO_2-freisetzenden Substanzen im Gewächshaus mittels sogenannter CO_2-Kanonen *(Abb. 29)*. Vorsicht vor Schadgasen wie Äthylen und Schwefeldioxid. Bei Verbrennung von Propan oder Butan bzw. Petroleum direkt im Gewächshaus erhöht sich auch die Luftfeuchtigkeit sehr stark. Die Verbrennung von 1 kg führt zu 3 kg CO_2, 1,6 kg Wasserdampf und zu einer Wärmefreisetzung von 46.000 kj.

3. Zuführung CO_2-haltiger Abgase der Gasheizung, die über Leitungen in die Gewächshäuser gelangen. Bei der Verbrennung von 1 m^3 Erdgas entstehen 7,9 m^3 Abgas und es werden 0,9 m^3 CO_2 frei.

4. Durch das Carborain-Verfahren, bei dem CO_2-haltiges Bewässerungswasser bei geschlossenen Bewässerungssystemen eingeleitet wird *(Abb. 30)*.

Aus wirtschaftlichen Gründen kann man nach Bewertung aller vorliegenden Erfahrungen folgende Empfehlung für die Konzentration von CO_2 geben:

bis 600 ppm: bei Verwendung von reinem CO_2 aus Tanks (Kalt- oder Flüssig-CO_2) *(Abb. 31)*, bis 800 ppm: wenn Direktverbrennung im Gewächshaus nur zur CO_2-Düngung erfolgt,

bis 1000 ppm: wenn die CO_2-Zufuhr mit der Abgasnutzung zu Heizzwecken gekoppelt ist.

Meßwerte für CO_2 und andere Gase

Es gibt den Begriff vpm, der von Fachleuten der Gas- und Wasserwirtschaft für Vol.ppm verwendet wird. Dieser Wert ist auch gleichbedeutend mit ml/m³. Im Gartenbau verwenden wir die abgekürzte Bezeichnung ppm, in den Niederlanden auch dpm (deel per million). ppm und dpm sind aber nur richtig, wenn sie für Volumenanteile verwendet werden, für Gewichtsanteile sind sie falsch und können zu Mißverständnissen führen.

Cobalt (Co)

Schwermetall. Kation Co^{++}. Es ist noch nicht nachgewiesen, daß Cobalt für höhere Pflanzen notwendig ist. In geringen Konzentrationen wirkt es jedoch günstig auf das Wachstum der Pflanze. Unter normalen Verhältnissen kommt Co nur in Konzentrationen von 0,01 - 0,4 ppm in der Trockensubstanz der Pflanzen vor.

Die Pflanze kann auch Co^{2+} über das Blatt aufnehmen, jedoch ist das so aufgenommene Co praktisch unbeweglich. Das über die Wurzeln aufgenommene Co folgt vorwiegend dem Transpirationsstrom. So kommt es zu Anreicherungen in den Blattspitzen und den Blatträndern.

Die Böden können sehr unterschiedliche Mengen Cobalt enthalten. Hier kommen Schwankungen von 0,2 - 10 ppm vor. Gehalte über 30 mg/kg Boden führen zu vermindertem Wachstum und zu Ertragsdepressionen. In Kulturböden sind 50 mg/kg lufttrockener Boden tolerierbar. Hauptsächlich ist Cobalt in das Kristallgitter der einzelnen Mineralien eingebaut und nicht pflanzenverfügbar. Das pflanzenverfügbare Co ist hauptsächlich sorptiv gebunden. Co neigt wie andere Schwermetalle zur Chelatbildung. Es kann andere Ionen von ihren Bindungsstellen verdrängen. So läßt sich durch eine Co-Gabe ein Eisen-Mangel induzieren.

Toxische Cobalt-Schäden sind äußerst selten. Sie ähneln den Eisen- und Mangan-Mangelsymptomen. Toxische Co-Überschußsymptome äußern sich als Chlorosen und Nekrosen an den Blättern, die oft ganz absterben.

Co-Mangelerscheinungen sind nicht bekannt, wie überhaupt umstritten ist, ob Pflanzen überhaupt Co benötigen. Es ist noch nicht gelungen, Mangelsymptome an Pflanzen zu erzeugen. Cobalt ist für die Tierernährung wichtiger als für die Pflanzenernährung.

Für die Bindung molekularen Stickstoffs durch verschiedene Mikroorganismen (Stickstoffsammler) ist Cobalt unentbehrlich. Die Wurzelknöllchenbakterien der Leguminosen und der Erde benötigen Cobalt. Bei Luzerne kommt es durch Co-Düngung zu höherer N-Fixierung. Cobalt ist Bestandteil von Vitamin B_{12}.

Combilignat-Fe

(→ Eisen - Die Analyse der Eisengehalte)

Cornulan

(→ Blutmehl)

Crotodur - Crotonylidendiharnstoff

Kondensationsprodukt von Harnstoff und Crotonaldehyd (CD-Harnstoff). Die

Freisetzung im Boden wird durch bakterielle Tätigkeit gesteuert und ist abhängig von der Temperatur, der Feuchtigkeit und dem pH-Wert. Die Stickstoffausnutzung durch die Pflanze ist mit 50 - 70 % relativ hoch. CD-Harnstoff ist vor allem als langsam fließender Stickstoff in Triabon enthalten und nahezu vollständig heißwasserlöslich. Im Temperaturbereich von 25 - 75 °C ist die Wasserlöslichkeit sehr gering. Im Boden unterliegt CD-Harnstoff der chemischen Hydrolyse oder dem biologischen Abbau durch Mikroben zu Ammoniak.

Zunehmende Bodenfeuchtigkeit beschleunigt die Mineralisation, oberhalb 80 % Wasserkapazität verzögert sie sich jedoch wieder. Mit zunehmender Temperatur steigt die Mineralisationsrate bis ca. 35 °C an. Bei weiterer Erwärmung sinkt sie wieder ab. Unterhalb 10 °C findet kaum eine Mineralisation statt. Saure Böden beschleunigen, neutrale und alkalische bremsen die Mineralisation. Die Faktoren Feuchtigkeit und Temperatur überspielen allerdings die Wirkung der Azidität (→) (saurer pH-Bereich). Reiches Bakterienleben beschleunigt die Mineralisation. Die Mineralisation ist auch abhängig von der Korngröße. Große Körner bewirken eine langsamere Mineralisation.

CD-Harnstoff wird sehr schwer ausgewaschen und ist daher auch umweltfreundlich.
(→ Dauerdünger, Depotdünger c 2 Crotonylidendiharnstoff)

Cu

(→ Kupfer)

Cultan-Verfahren

Ein Düngungsverfahren im Gemüsebau, das auf der reihenweisen Ausbringung eines Ammonium-Depots für den gesamten Stickstoffbedarf einer Gemüsekultur beruht. Der Name leitet sich von den Anfangsbuchstaben des englischen **C**ontrolled **U**ptake **L**ong **T**erm **A**mmonium **N**utrition her, auf deutsch Kontrollierte Stickstoffversorgung über einen längeren Zeitraum mit Ammonium.

Bei der großflächigen Düngung kommen im Gemüsebau bisher überwiegend nitrathaltige Dünger zum Einsatz. Der Düngung mit Ammonium-Komponenten wird meist ein kurzfristiger Langzeitdüngungseffekt (durch Nitrifikation von Ammonium zu Nitrat) zugeschrieben. Dieses basiert auf der allgemeinen Vorstellung, daß Pflanzen Stickstoff über die Wurzeln nur als Nitrat aufnehmen können. Aus der Pflanzenphysiologie ist aber bekannt, daß Stickstoff auch als Ammonium (NH_4) in die Pflanze gelangt.

Beim Cultanverfahren wird eine Harnstoff-Ammoniumsulfat-Lösung mit 25 % N (HAS-Lösung = 17 % Harnstoff und 8 % Ammoniumsulfat) nicht breitflächig, sondern gezielt in einem Abstand von 5 cm neben dem Wurzelballen und in einer Tiefe von rund 8 cm in Form eines Depots in die Erde gebracht. Das hochkonzentrierte Ammonium-Depot wirkt auf die nitrifizierenden Bakterien toxisch und kann deshalb nicht in Nitrat umgewandelt werden. Außerdem wird Ammonium im Gegensatz zu Nitrat auch an den Bodenkolloiden gebunden und so vor Auswaschung geschützt.

Vorteile des Cultan-Verfahrens

- Reduzierter Stickstoffeinsatz, weil Auswaschungsverluste (Nitrat) vermindert sind.
- Durch einmalige Depotdüngung entfallen Zwischenanalysen und Nachdüngung.
- Blattschäden und Mehrarbeit durch Nachdüngung entfallen.

- Minderung des Reststickstoffs, weil die exakt berechnete Düngermenge bis Kulturende verbraucht wird.
- Verringerung der Nitratkonzentration im Gemüse.
- Sichere und kontrollierte N-Aufnahme durch Anpassung an den Sollwert.
- Reduzierter Unkrautwuchs.
- Verbesserte Kopfbildung bei Kohl und Salaten.
- Geringere bis fehlende Ausprägung von Innenbrand.

Nachteile des Cultan-Verfahrens

- In der Umstellungsphase muß der Nitratgehalt auf Null zurückgefahren werden. Jede Nitratdüngung muß vermieden werden.
- Die HAS-Lösung wird noch nicht als Fertiglösung angeboten, sondern muß noch selbst angesetzt werden
- Die Dosiertechnik muß weiterentwickelt werden.

Kritische Anmerkungen zum Cultan-Verfahren

- Nur in sehr niederschlagsreichen Jahren ist der Stickstoffbedarf geringer als bei breitflächiger Düngung.
- Nur ratsam bei häufigen, hohen Sommerniederschlägen, wenig speicherfähigen Böden und Kulturen mit weiten Reihenabständen.
- Gelegentliche Startschwierigkeiten, wenn die Pflanzen das Depot nicht schnell genug erreichen.
- Sehr aufwendiges Düngeverfahren.

(→ Ammonium, Nitrat, Punktdüngung)

Cultifibre

(→ Substratkomponenten und ihr Einfluß auf die Düngung)

Cyanamid (H_2NCN)

Pflanzengift. Cyanamid entsteht als Zwischenprodukt beim Abbau von Kalkstickstoff. Die Cyanamidphase des Kalkstickstoffs ist die toxische Phase der Umsetzung. Diese toxische Wirkung wird genutzt beim Einsatz von Kalkstickstoff (→) zur Unkrautbekämpfung.

Chemische Formel der Umsetzung (ohne Nennung der Nebenprodukte):

$CaNCN$ (= Kalkstickstoff) + H_2O

→ H_2NCN (= toxisches Cyanamid) + H_2O

→ $CO(NH_2)_2$ (= Harnstoff);

$CO(NH_2)_2$ + H_2O bei Anwesenheit von Bakterien

→ $(NH_4)_2CO_3$

→ NH_4

Wegen der toxischen Cyanamidphase muß Kalkstickstoff 14 Tage vor der Bestellung eingearbeitet werden. Voraussetzung für die Umsetzung sind eine ausreichende Bodenfeuchtigkeit und Temperatur und das Vorhandensein nitrifizierender Bakterien.
(→ Bakterien, Kalkstickstoff)

Cytokinine

(→ Phytohormone, Wachstumsregler)

Dachsubstrate

Bei der Dachbegrünung werden besondere Ansprüche an die Vegetationssubstrate gestellt. 1992 wurde die erste Richtlinie der FLL (Forschungsgesellschaft Landschaftsentwicklung Landschaftsbau) für Dachsubstrate erlassen und 1995 überarbeitet. Heute neigt man mehr zu „erdigen" oder „bodenähnlichen" Vegetationssubstraten, während man früher mehr die „kiesigen" Substrate bevorzugte. Heute ist bekannt, daß diese der Vegetation nicht dauerhaft genügen.

Eine besondere Bedeutung kommt der Korngrößenverteilung, dem Gehalt an organischer Substanz, der maximalen Wasserkapazität und Wasserdurchlässigkeit, dem pH-Wert, dem Carbonat- und dem Salzgehalt zu.

Die FLL-Richtlinie von 1995 legt die Kriterien für Vegetationssubstrate für Extensivbegrünung fest *(Übersicht 6)*.

Dämpfung - Einfluß auf die Düngung

Eine Dämpfung, bei der Substrat oder Boden über längere Zeit auf > 70 °C erhitzt wird, nimmt selbstverständlich auch Einfluß auf die Nährstofffreisetzung und -verfügbarkeit *(Abb. 32)*.

Die Temperatur, bei der verschiedene Krankheitserreger absterben, ist abhängig von der Einwirkungszeit. Das bedeutet, daß bei einer hohen Temperatur und kurzer Einwirkungsdauer das gleiche Abtötungsergebnis erzielt werden kann, wie bei einer niedrigen Temperatur und langer Einwirkungsdauer. Als Faustregel gilt: Der Boden wird auf 95 - 98 °C erhitzt und diese Temperatur über einen Zeitraum von 30 Minuten gehalten.

Abb. 32: Eine Dämpfung nimmt Einfluß auf die Nährstoffverfügbarkeit Foto: Braunsmann

Ein größeres Problem z.B. im Schnittblumenanbau ist die Freisetzung von verfügbarem Mangan (→). Die Umwandlung von nicht pflanzenverfügbarem in pflanzenverfügbares Mn wird durch reduzierende (sauerstoffarme) Bedingungen gefördert. Während der Dämpfung nimmt bei starker Erhitzung des Bodens automatisch der Sauerstoffgehalt der Bodenluft ab und fördert somit den Gehalt an pflanzenverfügbarem Mangan. Da ein Auswaschen zusätzlich den Sauerstoffgehalt der Bodenluft reduziert, ist dieses keine geeignete Maßnahme, den Mn-Gehalt zu reduzieren. Infrage kommt nur eine Wiederbelüftung mittels Bodenbearbeitung und -lockerung. Bei Rosen führt Mn-Überschuß (→) zu starken Blattvergilbungen, zu Blattfall und Flecken auf dem Holz. Auch Gerbera reagieren auf ein Zuviel an Mangan sehr empfindlich und bekommen Blattnekrosen.

Man kann dieses verhindern, indem man vor dem Dämpfen durch Kalkung den pH-Wert auf > 6,5 erhöht. Da die Mangan-Freisetzung auch von der Einwirkungszeit der Bodentemperatur abhängig ist, sollte nicht über die unbedingt notwendige Zeit hinaus gedämpft werden. Man kann generell davon ausgehen, daß 30 Minuten bei 70 °C zur Abtötung der meisten Schadorganismen ausreichen.

Übersicht 6: Kriterien für Vegetationssubstrate für Extensivbegrünungen gemäß der FFL-Richtlinie

Bestimmung	**FLL-Richtlinie 1995** **Intensivbegrünung**	**FLL-Richtlinie einschichtige Bauweise Extensivbegrünung**	**FLL-Richtlinie 1995 mehrschichtige Bauweise Extensivbegrünung**
Korngrößenverteilung			
- Anteil an abschlämmbaren Teilchen d (≤ 0,063 mm)	< 20m.-%*	< 5 m.-%*	< 15 m.-%*
- Anteil an Grobsand (d = 0,63 - 2mm)		< 15 m.-%	
- Anteil an Fein- und Mittelkies d (≤ 2 mm)	< 60 m.-%	-	30-60 m.-%
Volumengewicht (Rohdichte)			
- in trockenem Zustand		0,6-1,2 g/cm³	
von Bodengemischen	1,0-1,6 g/cm³		1,0-1,6 g/cm³
von Schüttstoffgemischen	0,6-1,3 g/cm³		0,6-1,3 g/cm³
- bei max. Wasserkapazität		0,8-1,4 g/cm³	
von Bodengemischen	1,4-2,2 g/cm³		1,4-2,2 g/cm³
von Schüttstoffgemischen	1,0-1,8 g/cm³		1,0-1,8 g/cm³
Wasser-/Lufthaushalt			
- Luftgehalt bei max. WK	> 10 Vol.%	> 10 Vol.%	> 10 Vol.%
- Luftgehalt bei pF 1,8		> 20 Vol.%	> 25 Vol.%
in Bodengemischen	> 15 Vol.%		
in Schüttstoffgemischen	> 20 Vol.%		
- max Wasserkapazität	> 45 Vol.%	> 60 Vol.%	> 35 Vol.%
- Wasserdurchlässigkeit	0,3 mm/min.	> 60 mm/min.	> 0,6 mm/min.
ph-Wert, Kalk- und Salzgehalt			
- pH-Wert	5,5-7,0	6,5-8,0	6,5-8,0
-Toleranzbereich	-	> 9,5	
- Carbonatgehalt			
- leicht löslich	< 25 g/l	< 25 g/l	< 25 g/l
- Salzgehalt	< 2,5 g/l	< 3,5 g/l	< 3,5 g/l
Organische Substanz			
- Gehalt org. Substanz			3,0-8,0 m.%
- C : N Verhältnis bei Verwendung			
von Rindenhumus			> 45
von Torf			> 60
Nährstoffe			
- Adsorptionskapazität			60 mval/l**
in Bodengemischen	> 120 mval/l*		
in Schüttstoffgemischen	> 100 mval/l*		
- Pflanzenverfügbare Nährstoffe			
N-leichtlöslich	< 80 mg/l		> 60 mg/l
P_2O_5	< 200 mg/l		< 150 mg/l
K_2O	> 150 mg/l		> 150 mg/l
Mg	< 120 mg/l		< 120 mg/l

* m.-% = Massenprozent ** früher mmol/z/l

Bei Mangan-Mangelböden kann sich eine Dämpfung positiv auswirken, während sie bei Mangan-Überschußböden zu Problemen führt. Auch der Nitrit-Anteil kann sich nach dem Dämpfen erhöhen und zu Problemen vor allem bei Nelken führen.

Substrate oder Böden, die eine Hygromull-, Hygropor- oder Styromullbeimischung erhalten sollen, sollten am besten vor der Beimischung gedämpft werden. Substrate mit Hygromullbeimischung, die einen pH-Wert über 6,0 haben, können bis zu eine Stunde lang mit Temperaturen bis zu 100 °C gedämpft werden, ohne daß sich dabei der Hygromullanteil zersetzt.

Auch Dünger sollten erst nach dem Dämpfen beigemischt werden. Das gilt insbesondere für kunststoffumhüllte Dauerdünger, deren Nährstofffreisetzung ausschließlich über die Temperatur beeinflußt wird.

Die Ausbringung organischer Wirtschaftsdünger wie Stallmist muß dagegen vor dem Dämpfen erfolgen, damit die darin enthaltenen Krankheitserreger und Unkrautsamen ebenfalls abgetötet werden.

Nach dem Dämpfen geht der Gehalt an aktiver organischer Masse (Humusgehalt) zurück. Der Boden wird dadurch feinkörniger und trocknet stärker ein. Dabei verringert sich auch das Pufferungsvermögen des Bodens. Eine gute und regelmäßige Wasserversorgung und auch Düngung ist nach dem Dämpfen erforderlich.

Beim Dämpfen werden nicht nur schädlich wirkende Bodenmikroorganismen abgetötet, sondern auch die nützlichen. Die Wiederbelebung gedämpfter Böden geht aber sehr schnell vor sich. Trotzdem regenerieren sich in den ersten Tage nach dem Dämpfen die ammonifizierenden Bakterien schneller als die nitrifizierenden. Dadurch kommt es zu einer stärkeren Anreicherung von NH_4 (Ammonium-N). Die Nitrifikation mit Bildung von NO_3 (Nitrat-N) kommt erst später wieder in Gang.

DZ Daphnien-Test

(→ Toxizitätstest für Substrate)

DZ Dauerdünger, Depotdünger, Langzeitdünger

Für den Gartenbau entwickelte Spezialdünger zur Dauer- und Langzeitbevorratung von Erden und Substraten.

Mechanismen der Depot- und Dauerwirkung

a) Umhüllung der Dünger

Zu Düngern mit dieser Dauerwirkung gehören u. a. alle Dünger mit den Namen „Cote" (= umhüllt). Neben Agroblen also Alzocote, Basacote, Manna-Cote, Multicote, Nutricote, Osmocote und Plantacote.

Voll wasserlösliche Nährsalze sind mit einer halbdurchlässigen, biologisch abbaubaren, organischen Kunstharzhülle (verharzte Pflanzenöle, wasserdurchlässige Polymere) umgeben. Diese verharzten Pflanzenöle werden beim Fertigungsprozeß in verschiedener Dicke auf granulierte Mineraldünger aufgebracht.

Je dicker die Hülle, desto langsamer ist die Durchlässigkeit für die enthaltenen Nährstoffe und desto länger ist die Wirkungsdauer *(Abb. 33)*.

Nach der Düngung oder Substratbeimischung dringt Feuchtigkeit als Wasserdampf durch diese Hülle in die Dauerdünger ein und löst dort die Nährsalze. Dadurch entsteht ein osmotischer Druck im Düngekorn. Gleichzeitig werden die Nährsalze nach außen gepreßt.

Dieser Prozeß wird durch das intelligente Temperaturverhalten der organischen Hülle gesteuert. Bei Wärme dehnt sie sich aus und vergrößert so das Porenvolumen - es werden mehr Nährstoffe freigesetzt, die Wirkungsdauer verkürzt sich. Bei niedriger Temperatur zieht sich die Hülle wieder zusammen. Die sich ebenfalls verkleinernden Poren reduzieren die Freisetzung der Nährstoffe, wodurch sich die Wirkungsdauer verlängert. Sind alle Nährstoffe in der Hülle aufgebraucht, wird sie von Mikroorganismen abgebaut.

Die Nährstofffreisetzung ist damit fast ausschließlich von der Temperatur abhängig. pH-Wert, Mikroorganismentätigkeit und Bodenfeuchte spielen keine oder eine sehr untergeordnete Rolle. Die bei den einzelnen Düngern beschriebene Wirkungsdauer ist jeweils auf eine bestimmte Temperatur bezogen. Bei Osmocote-Plus z.B. auf 21 °C.

Bei Einhaltung dieser Boden- bzw. Substrattemperatur werden Nährstoffe über die angegebene Zeit freigesetzt, z.B. 3 bis 4 oder 5 bis 6 Monate. Liegt die Temperatur über oder unter dem angegebenen Wert, so beschleunigt oder verzögert sich die Nährstofffreisetzung, und verkürzt oder verlängert sich die Wirkungsdauer des Düngers. Je 5 °C Temperaturdifferenz verkürzt oder verlängert die Wirkungsdauer um jeweils etwa 25 %. Die Freisetzung des Düngers beginnt stark verlangsamt schon bei knapp über 0 °C.

Ein herkömmlicher Aufschluß der Nährstoffe ist nicht erforderlich, da die enthaltenen Nährstoffe alle zu 100 % wasserlöslich und sofort pflanzenverfügbar sind. Daß sie dennoch langsam bereitgestellt werden, beruht auf der Art und Dicke der aufgebrachten Hüllen und dem physikalischen Prinzip der Osmose.

Auf die Menge und Geschwindigkeit der freigesetzten Nährstoffe haben nachfolgende Faktoren keinen Einfluß:

1. Bodenfeuchtigkeit im Bereich zwischen Welkepunkt und voller Wasserkapazität (Feuchtigkeit dringt als Wasserdampf in die Kapsel ein).

2. Gießwassermenge. Hohe Wassergaben fördern und beschleunigen die Nährstoffabgabe nicht.

3. pH-Wert des Bodens oder des Substrates.

4. Aktivität des Bodenlebens (bes. Bakterien). Die Notwendigkeit der Umsetzung von Nährstoffen durch Mikroorganismen besteht nicht.

Bei umhüllten Düngern werden nicht nur Stickstoff, sondern alle Nährstoffe einschließlich der Spurenelemente langsam und nachhaltig freigesetzt. Es kann jedoch sein, daß z.B. Stickstoff schneller als Kali freigesetzt wird.
(→ Osmose)

b) Schwefelumhüllung

Die Nährstofffreisetzung wird durch eine Umhüllung mit Schwefel verlangsamt. Harnstoffgranulate werden mit geschmolzenem Schwefel besprüht. Anschließend werden zur besseren Stabilität und zum verzögerten mikrobiellen Abbau der Schwefelhülle Wachse und Mikrobiozide aufgetragen. Die so behandelte Schwefelhülle bewirkt die langsame Freisetzung des enthaltenen Nährstoffes und damit die Dauerwirkung.

Die Freisetzung des Stickstoffs in die Bodenlösung erfolgt nach mikrobiellem

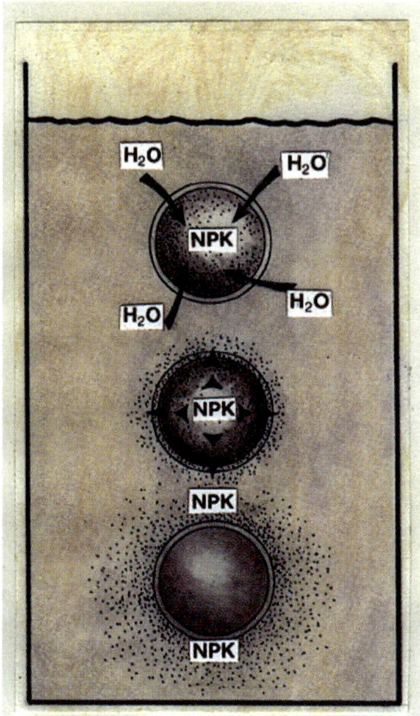

Abb. 33: Wirkungsprinzip eines umhüllten Düngers
Grafik: Scotts

und hydrolytischem Abbau der Schutzhülle. Diffusion spielt dabei nur eine untergeordnete Rolle. Alle Faktoren, die die Mikroorganismenaktivität fördern, nehmen Einfluß auf die Nährstofffreisetzung.

c) Langsam fließende Stickstofformen

c 1) Isobutylidendiharnstoff (IB-Harnstoff)

Isobutylidendiharnstoff (IB-Harnstoff) wird unter dem Handelsnamen Isodur vertrieben und ist in Floranid enthalten. Die Wirkungsdauer wird von der Granulatgröße bestimmt. Feinteiliges Isodur kann in seiner Sofortwirkung mit mineralischen Düngemitteln wie Ammoniumnitrat verglichen werden. Granulierung von Isodur verlangsamt die N-Freisetzung und verlängert damit die Wirkungsdauer.

Die Hauptbestandteile von Isodur werden im Boden während der Vegetationsperiode durch Hydrolyse zunächst in die Ausgangsstoffe Harnstoff und Isobutyraldehyd zerlegt. Der Harnstoff wird dann durch die Bodenlebewesen weiter zersetzt in Ammoniak und CO_2. Das Isobutyraldehyd wird durch Luftsauerstoff rasch zu Buttersäure oxidiert. Die Buttersäure wird von den Mikroorganismen des Bodens innerhalb weniger Tage abgebaut, wobei höhere Temperaturen diesen Vorgang beschleunigen.

Die Aufschließung und Freisetzung von N ist abhängig von den Faktoren, die das Mikroorganismenleben anregen, wie Feuchtigkeit, Temperatur und pH-Wert. Hierbei hat die Temperatur einen geringeren Einfluß auf die N-Freisetzung als bei N-Langzeitdüngern, die überwiegend mikrobiell abgebaut werden. Die Freisetzung von N ist überwiegend hydrolytisch bedingt.

Bedeutung hat der pH-Wert. Niedrige pH-Werte beschleunigen den Abbau. In pH-Bereichen unter 5,0 kann es zu einer zu starken Mineralisation zu pflanzenverfügbarem Stickstoff kommen. Entweder ist durch vorherige Aufkalkung Abhilfe zu schaffen oder ein Langzeitdünger mit Crotodur-Harnstoff zu verwenden. Bei Moorbeetpflanzen ist die Verwendung von IB-Harnstoff deshalb nicht sinnvoll.

c 2) Crotonylidendiharnstoff (CD-Harnstoff)

Crotonylidendiharnstoff wird als Crotodur bezeichnet und ist in Triabon enthalten. In aller Regel sind nicht 100 %, sondern nur der überwiegende Teil als Crotodur enthalten. Crotodur hat eine gute Langzeitwirkung. Langsamfließend ist aber nur der Stickstoff. Die anderen Nährstoffe, P, K und Mg, fließen normal.

Die Stickstofffreisetzung im Boden erfolgt durch chemische Hydrolyse und mikrobiellen Abbau. Dabei beschränkt sich der hydrolytische Abbau auf die Zersetzung des Harnstoffmoleküls. Der entstehende Oxy-Ring (OMPH) muß auf mikrobielle Weise zersetzt werden. Dabei überwiegt der biologische Abbau. Die Faktoren, die Einfluß auf die mikrobielle Tätigkeit nehmen, beeinflussen daher auch die N-Freisetzung. Dieses sind Temperatur, Feuchtigkeit und Durchlüftung des Bodens bzw. Substrates.

Zunehmende Bodenfeuchtigkeit beschleunigt die Mineralisation. Oberhalb von 80 % Wasserkapazität wird sie jedoch wieder verzögert. Mit zunehmender Temperatur steigt die Mineralisation bis ca. 35 °C an. Bei weiterer Erwärmung sinkt sie wieder ab. Unterhalb von 10 °C kommt sie fast ganz zum Erliegen. In tätigen Böden, mit angeregtem Mikroorganismenleben tritt eine raschere Pflanzenverfügbarkeit ein.
(→ Crotodur - Crotonylidendiharnstoff)

c 3) Harnstoff-Formaldehyd (Ureaform-N)

Harnstoff-Formaldehyd (Ureaform-N) ist in den Düngern Nitrozol, Nitroform und Plantosan enthalten. Die Wirkungsdauer des Formaldehydharnstoffs ist abhängig von der Löslichkeit. Ureaform ist ein Kondensationsprodukt zwischen Harnstoff und Formaldehyd. Eine Zunahme im Mol-Verhältnis zwischen diesen beiden erhöht den Anteil an kaltwasserlöslichen Komponenten, eine Abnahme führt zu einer Steigerung kaltwasserunlöslicher Komponenten. Kaltwasserlösliche Komponenten sind schneller pflanzenverfügbar. Das Verhältnis der verschiedenen Ureaform-Komponenten übt auf die Düngerwirkung einen entscheidenden Einfluß aus.

Entsprechend der Löslichkeit unterscheidet man drei Faktoren: Der kaltwasserlösliche Anteil (Fraktion I) löst bei 25 °C und ist rasch verfügbar. Der kaltwasserunlösliche Anteil (Fraktion II) ist heißwasserlöslich bei 100 °C und ist der langsam wirksame Teil. Der kalt- und heißwasserunlösliche Anteil (Fraktion III) ist sehr langsam pflanzenverfügbar.

Eine exakte Aussage über die Wirkungsdauer ist nur mit Hilfe des Aktivitätsindexes (AI) zu machen. Der AI ist eine geeignete Größe, um die Freisetzungsrate des Stickstoffs auszudrücken. Er errechnet sich aus den drei Fraktionen. Mit Zunahme des Anteils heißwasserlöslichen Stickstoffs (Fraktion II) steigt der Aktivitätsindex.

Die Freisetzung von Stickstoff aus Ureaform erfolgt durch mikrobielle Zersetzung, bei der Ammonifizierung und Nitrifikation kombiniert sind. Sie ist abhängig von den Faktoren, die den mikrobiellen Abbau beeinflussen. Der Einfluß des pH-Wertes ist relativ gering. Abbau erfolgt in einem pH-Bereich von 4,5 - 8,0. In niedrigeren pH-Bereichen erhöht sich die Mineralisationsrate leicht. Mit steigender Bodentemperatur, bis zu 32 °C nimmt die N-Mineralisierung zu und nimmt darüber wieder ab. Dieser Effekt ist auf die Mikrobentätigkeit im Boden bei diesen Temperaturen zurückzuführen.

Die Korngröße hat nur einen untergeordneten Einfluß auf die N-Freisetzung, die ganz wesentlich von der Entwicklung der Mikrobenpopulation bestimmt wird. Bodentemperatur, Bodenfeuchte und Bodenluft sowie in geringem Maße auch der pH-Wert sind von entscheidender Bedeutung für die N-Freisetzung.

d) Stickstoffstabilisatoren

d 1) DIDIN

Der Ammonium-Stickstoff des Düngers wird durch den N-Stabilisator DIDIN vor der vorzeitigen Umwandlung zu Nitrat geschützt. DIDIN ist ein Nitrifikationshemmer, der die Umwandlung von Ammonium in Nitrat stark verlangsamt. Gehemmt wird spezifisch das Bakterium

Nitrosomonas, nicht aber die Carbamid abbauenden Mikroorganismen. Auch humuszersetzende Bakterien werden nicht beeinträchtigt. Damit wird die Gefahr von Stickstoffüberschuß und Auswaschungsverlusten in den ersten Wochen nach der Düngung stark vermindert. Der Stickstoff verbleibt im Krumenbereich und wird, dem Bedarf der Pflanzen angepaßt, nach und nach verfügbar. Der meist enthaltene kleinere Anteil an sofort wirksamem Nitrat-N sorgt für eine ausreichende Anfangswirkung. So wirkt eine Gabe mit DIDIN-stabilisierten Düngern wie mehrere kleinere Teilgaben bei herkömmlichen Düngern. Der Aufschluß der Nährstoffe ist darüber hinaus abhängig von allen Faktoren, die das Mikroorganismenleben beeinflussen. Dieses sind Bodentemperatur und -feuchtigkeit, Bodenluft und in geringem Maße auch der pH-Wert.

d 2) Ensan (Dicyandiamid-N)

Ensan ist in den Düngern Basammon und Nitrophoska stabil enthalten. Ensan ist ein Ammonium-Stabilisator und hemmt über mehrere Wochen die nitrifizierende Wirkung der *Nitrosomonas*-Bakterien. D. h., die Umwandlung von Ammonium zu Nitrit und schließlich zu Nitrat wird während der Wirkungsphase von Ensan weitgehend unterbunden. Dabei werden die Bakterien nicht abgetötet, sondern nur in ihrer Aktivität behindert. Andere Bodenlebewesen werden nicht beeinträchtigt. Erst mit dem Abklingen der Wirkung ist eine zunehmende Umwandlung bis zum Nitrat möglich.

Ensan ist eine nicht-toxische Verbindung, die letztlich zu Kohlensäure, Ammoniak und Wasser ohne weitere Rückstände abgebaut wird. Ensan wirkt somit selbst als N-Dünger. Die Aufschließung der Nährstoffe ist darüber hinaus abhängig von allen Faktoren, die das Mikroorganismenleben beeinflussen. Dieses sind Bodentemperatur und -feuchtigkeit, Bodenluft und in geringem Maße auch der pH-Wert.
(→ Dicyandiamid)

e) Organisch gebundene Nährstoffe

Einige organische Dünger werden als Stickstoffdepot- oder Vorratsdünger auf organischer Basis angeboten. Es sind keine eigentlichen Dauerdünger. Die länger anhaltende Wirkung gegenüber herkömmlichen Stickstoffdüngern beruht auf der relativ langsamen Freisetzung des organisch gebundenen Stickstoffs aus den Ausgangsbestandteilen durch mikrobiellen Aufschluß.

Die N-Freisetzung aus organischen Düngemitteln verläuft ähnlich der Mineralisation organischer Bodensubstanz. Sie ist abhängig von der Menge und der Zusammensetzung des Ausgangsmaterials und der biologischen Aktivität des Bodens. Die wiederum wird stark beeinflußt von der Temperatur und der Feuchtigkeit.

Denitrifikation

Gegenläufige Entwicklung der Nitrifikation (→). Unter ungünstigen Bodenverhältnissen (anaerobe Bedingungen bei Nässe) können Nitrat- und Nitrit-N des Bodens wieder zu Ammoniak-N, molekularem N, Stickoxid oder Stickoxidul (Lachgas) (N_2O, NO, NO_2) reduziert werden. Es entstehen hierbei gasförmige N-Verbindungen, die dem Boden entweichen und so der Pflanze verlorengehen. Der Grad der Denitrifikation hängt vom O_2-Druck des Bodens ab. Unter vollkommen anaeroben Verhältnissen wird Nitrat in beachtlichen Mengen reduziert. Die Umsetzung (Reduktion) erfolgt durch die Tätigkeit anaerober Mikroorganismen in folgender Reihenfolge:

$$NO_3 \rightarrow NO_2 \rightarrow NO \rightarrow N_2$$

Im Gartenbau kommt die Denitrifikation wegen guter Durchlüftung des Bodens fast nie vor. Sie kann aber bei der Ebbe-Flut-Bewässerung im unteren Bereich des Topfballens in der Anstauzone durch Sauerstoffmangel eintreten und zu Wurzelschäden führen.
(→ Anstaubewässerung, Bakterien, Bewässerungsdüngung, Nitrifikation, Stickstoffverluste)

Depotdünger
(→ Dauerdünger)

Dicamba
(→ Rasendünger)

Dicyandiamid (DCD)

Ein Nitrifikationshemmer, der die Nitrifikation von NH_4 zu NO_3 hemmt, indem Dicyandiamid (DCD) das Bakterium *Nitrosomonas* angreift, das für die erste Umwandlungsstufe verantwortlich ist. Die biotischen Aktivitäten und die Biomasse-Produktion im Boden werden dabei nicht beeinträchtigt. DCD wird im Boden rückstandsfrei über Zwischenstufen zu Ammonium und Kohlendioxid abgebaut. Aufgabe des DCD ist es, die Nitrifikation um bis zu 60 Tage zu hemmen, um die Stickstoff-Auswaschungsverluste zu verhindern und Stickstoff-Überschuß der Pflanze zu vermeiden. Hauptsächlich verwendet als Zusatz zu Gülle und Jauche.
(→ Dauerdünger d1) DIDIN, Gülle, Nitrifikation)

DIDIN
(→ Dauerdünger - d) Stickstoffstabilisatoren)

Di-Phosphat

Dicalciumphosphat. Wie Monocalciumphosphat eine leicht aufnehmbare Form des Phosphors. Es wandelt sich in kalkreichen Böden nach und nach in das unlösliche Tricalciumphosphat um. In sauren Böden bilden sich Eisen- und Aluminiumphosphat, welche für die Pflanze bei saurer Bodenreaktion gleichfalls sehr schwer löslich sind.
(→ Phosphor)

Dolomit ($CaCO_3 \cdot MgCO_3$)

Verwitterungsstabiles Doppelsalz aus Ca- und Mg-Carbonat. Kalke aus Dolomitgestein sind schwerer zersetzbar als Kalk und Gips. In Dolomitkalken beträgt der $MgCO_3$-Gehalt mindestens 15 %.
(→ Calcium)

Düngeautomaten/ Düngerbeimischer/ Düngermischer

In der modernen, gartenbaulichen Düngung geht es nicht mehr ohne - auf die neuzeitlichen Bewässerungssysteme

Formel für die Nitrifikation:

$$\text{Organischer N} \xrightarrow[\textit{Nitrosomonas}]{\text{mineralisiert zu } NH_4} NO_2 \xrightarrow[\textit{Nitrobacter}]{\text{Nitrifizierung}} NO_3$$

Abb. 34: Moderne Düngerstation in einem Gartenbaubetrieb Foto: Braunsmann

Abb. 35: Fahrbares Düngerdosiergerät Dosatron Foto: Essig

abgestimmte - Düngermischer *(Abb. 34)*. Diese arbeiten nach unterschiedlichen Prinzipien. Mit ihnen können den Pflanzen wasserlösliche Nährsalze und Flüssigdünger in gewünschter Konzentration zugeführt werden. Dabei hat sich der Arbeitsaufwand für das Düngen stark verringert. Nur so war es möglich, von der selteneren Intervalldüngung mit höheren Düngerkonzentrationen auf Bewässerungsdüngung (mit jedem Gießen) mit niedriger Konzentration umzusteigen. Die Bewässerungsdüngung (→) erlaubt eine bessere Anpassung an veränderte Wachstums- und Kulturbedingungen und verringert die Gefahr zu hoher Bodenversalzung.

Flüssigdünger können mit vielen Düngerbeimischern dem Gießwasser unverdünnt zudosiert werden. Bei der Verwendung von Salzdüngern muß zunächst eine Stammlösung (→) angesetzt werden.

Ungeregelte Düngerdosiergeräte

Durchflußbetriebene Dosierpumpen (z.B. Aragonite Dosatron) bestehen aus einem Pumpengehäuse, durch das die gesamte Wassermenge hindurchfließt. Dabei bewegt der Wasserdurchfluß eine Membrane oder einen Hubkolben hin und her. Damit wird eine kleine Kolbenpumpe betätigt, die bei jedem Hub eine definierte (einstellbare) Düngermenge (Stammlösung) dem durchfließenden Gießwasser beimischt *(Abb. 35)*. Diese impulsartige Beimischung wirkt sich bei den Pflanzen nicht negativ aus, da in den nachgeschalteten Rohren und Schläuchen schon nach wenigen Metern eine gute Vermischung stattgefunden hat. Es kann aber auch eine Mischkammer nachgeschaltet werden.

Bei der Düngerdosierung durch Verdrängungswasser wird die Stammlösung (z.B. GEWA, Volmatic Typ Ö) über ein Dosierventil oder einen Dosierschlauch dem Bewässerungswasser zugemischt. Beim „GEWA" befindet sich die Stammlösung in einem Kunststoffsack, der durch das Zulaufwasser zusammenge-

Abb. 36: GEWA-Düngermischer Werkfoto: Wagner

drückt wird. Dieser leichte Überdruck gibt, einstellbar über das Dosierventil, den Dünger in das Gießwasser. Über dieses Dosierventil ist ein weiter Einstellbereich von 1 - 16, bzw. 0,5 - 8 ‰ abzudecken. Die Stammlösung wird meist 16 %ig angesetzt. Dann beträgt die Düngerkonzentration bei Teilstrich 1 der Skala des Dosierventils 0,5 ‰. Bei Nichtbenutzung soll das Dosierventil abgenommen und in Wasser aufbewahrt werden, damit es durch Salzverkrustung später nicht zu Fehldosierungen kommt. Das Ventil darf nur bei durchlaufendem Wasser bewegt werden *(Abb. 36)*.

Bei dem „Typ Ö" gibt es keine Trennung zwischen der Stammlösung und dem Verdrängungswasser. Für Trennung sollen die unterschiedlichen Konzentrationen sorgen. Um eine Vermischung zu vermeiden, darf dieses Dosiergerät während des Einsatzes nicht transportiert werden. Die Düngerdosierung erfolgt über austauschbare Dosierpatronen von 0,25 bis 2 ‰. Voraussetzung ist hier eine 10 %ige Stammlösung. Ein entsprechender Mischkopf ist auch auf den „GEWA-Düngerbeimischer" montierbar.

Bei der <u>strömungsabhängigen Steuerung der Dosierpumpe</u> ist ein Hubkolben in den Hauptstrom der Bewässerungsleitung eingebaut (z.B. Fert-O-Ject). Je größer die durchströmende Wassermenge ist, um so höher kann der Kolben angehoben werden. Dieses Anheben wird über ein Gestänge auf eine Kolbendosierpumpe übertragen. In Abhängigkeit von der Verstellstärke dosiert diese nun eine bestimmte Menge Stammlösung in die Leitung. Durch Auswechseln des Kolbens lassen sich bei einer 10 %igen Stammlösung Gießwasserkonzentrationen von 0,5 und 1 ‰ herstellen. Für andere Konzentrationen muß die Konzentration der Stammlösung verändert werden. Auch hier ist die Wartung des Düngerbeimischers von großer Bedeutung, um Fehldosierungen zu vermeiden.

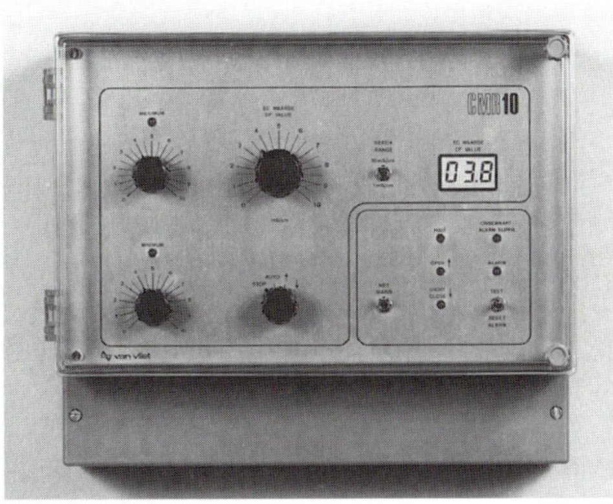

Abb. 37: Düngermeß- und Regelgerät von Vlieth
Werkfoto: bahrs-Technik

Abb. 38: Düngermischer AMI 1000 II von Volmatik
Werkfoto: Volmatik

Abb. 39: Nachdüngung eines Rhododendron-Containers mit Osmocote Plus Tablett Düngerkegel
Foto: Scotts

Das Beimischen über entsprechende Schlauchquerschnitte oder Widerstände der Saugleitungen für Wasser und Stammlösung (z.B. Volmatic Typ U75) gewährleistet ein sehr genaues Zudosieren. Dabei saugt eine Kreiselpumpe über 99 dünne Schläuche reines Wasser und z.B. nur durch einen Schlauch Stammlösung an. Bei einer 20 %igen Stammlösung erhält man bei diesem Beispiel eine Düngerkonzentration im Gießwasser von 2 ‰. Durch Zuschalten weiterer, im Durchmesser zum Teil unterschiedlicher Schläuche ist eine genaue Einstellung auf den gewünschten Wert möglich.

EC-geregelte Düngerdosierung

Zentrale Düngerdosieranlagen werden heute oft mit einer Leitfähigkeits-Düngerregelung (EC-Regelung) ausgerüstet. Hier vergleichen die Geräte über eine Meßsonde den Ist-Wert der Leitfähigkeit mit dem vom Kultivateur eingestellten Soll-Wert. Eine Abweichung wird automatisch ausgeregelt. Wenn der Soll-Wert nicht erreicht werden kann, wird Alarm ausgelöst. Wegen dieser automatischen Anpassung der Düngerdosiermechanik müssen die Stammlösungen nicht mehr so exakt angesetzt werden. Eine genaue Ausregelung ist noch im Bereich 10 - 20 %iger Stammlösung möglich. Bei einigen Geräten wird die Stammlösung über ein Motorventil zudosiert, das von einem Leitfähigkeitsmeßgerät angesteuert wird. Der technische Aufwand solcher Geräte ist sehr hoch.

(→ Leitfähigkeit, Leitfähigkeitsmessung)

Einstrahlungsgeregelte Düngerbeimischer

Bei der Bewässerungsdüngung (→) kann es notwendig werden, die Nährlösungskonzentration der Verdunstungsrate der Pflanzen anzupassen. In Zeiten hoher Sonneneinstrahlung erhöht sich die Transpiration und die Pflanze nimmt mehr Wasser und darin gelöste Nährstoffe auf. In trüben Phasen mit hoher Luftfeuchte ist es umgekehrt. Bei gleichbleibender Konzentration nimmt die Pflanze in Zeiten hoher Energieeinstrahlung durch die Sonne ein mehrfaches an Nährstoffen auf wie in trüben Zeiten.

Die neuen Generationen von Düngerbeimischern können dies berücksichtigen. Sie messen die Einstrahlung und berechnen danach die Höhe der Nährlösungskonzentration: Bei hoher Energieeinstrahlung eine niedrigere und bei niedriger Energieeinstrahlung eine höhere Nährlösungskonzentration.

Solche Düngerbeimischer sind z.B. ModiMix 430 und GPS 4100 von van Vlieth oder Volmatic Ami 2000 *(Abb. 37 und 38)*.

Steuerung der Rücklaufbecken

Neuere Geräte arbeiten wie die vorgenannten, können aber bis zu acht Rücklaufbecken steuern. Jedem Rücklaufbecken wird eine Rezeptur zugeordnet. Bei der Anwendung dieser Rezeptur wird das Gießwasser aus dem Becken entnommen.

DZ Düngemittelverordnung für die Hersteller von Düngemitteln

Die deutsche Düngemittelverordnung trat am 9. Juli 1991 in Kraft. Sie ersetzt das Düngemittelgesetz vom 19. Dezember 1977. Die Düngemittelverordnung regelt für die Produzenten die Zulassung und Kennzeichnung von Düngemitteln und Natur- und Hilfsstoffen. Es gibt Regelungen zur Art der Kennzeichnung, zu Toleranzen im Zusammenhang mit den Inhaltsstoffen, zur Verpackung und zu Ordnungswidrigkeiten.

Dünge- oder Nährstofftablette

Eine neuere Entwicklung ist die Dünge- oder Nährstofftablette bzw. die Nährstoffkugel oder der Nährstoffkegel. Zu 5 bzw 7,5 g ist der kunststoffumhüllte Dünger (**Osmocote Plus Tablett**) zu einer Tablette verklebt *(Abb. 39)*. Es gibt sie in zwei Formulierungen: 15+10+12+2 mit einer Wirkungsdauer von 5 - 6 Monaten und 16+8+12+2 mit 8 - 9 Monaten Wirkungsdauer. Beide enthalten Spurennährstoffe wie Osmocote Plus. Die Tabletten werden in Topf- und Containerbaumschulen zur Grunddüngung eingesetzt, aber auch bei Mutterpflanzen in Containern zur Nachdüngung. Die kegelförmige Tablette wird in das Substrat gesteckt. Das hat den Vorteil, daß einmal die Dosierung für alle Container immer gleich ist und zum anderen der Dünger nicht von der Substratoberfläche fallen oder abgeregnet werden kann.

Ganz neu ist **Plantosan Compact**. Das seit 30 Jahren bekannte Plantosan wird jetzt in Tablettenform zur Nachdüngung von Containern angeboten. Die Tablette ist ca. 8 g schwer, wird nur auf die Substratoberfläche aufgelegt und zerfällt durch ein spezielles Herstellungsverfahren bei Wasserzutritt sehr schnell in kleine Partikel, die langsam in das Substrat eindringen. Plantosan Compact wird in der Formulierung 15+8+15+2 mit Spurenelementen angeboten.

Dünger

Vom althochdeutschen (17. Jhd.) tunga = Dung. Ertragsfördernder Zusatz zum Erdboden, der die durch Pflanzenanbau und Ernte entzogenen Nährstoffe ersetzt. Dabei handelt es sich um Stoffe, die die Bodenfruchtbarkeit erhalten und erhöhen.

Dünger enthalten Stickstoff, Phosphor, Kalium, Calcium, Magnesium und Spurennährstoffe.

Es gibt organische Wirtschaftsdünger wie Stallmist, Gülle usw. und organische Handelsdünger (Horn-, Knochenmehldünger usw.) und anorganische, mineralische Dünger. Für den Gartenbau werden heute viele Spezialdünger angeboten.

(→ Baumdüngung, Boden- und Pflanzenhilfsstoffe, Branntkalk, Calcium, Dauerdünger, Gülle, Horndünger, Hüttenkalk, Ionen-Austauscherdünger, Kalkbilanz verschiedener Dünger, Knochenmehl, kohlensaurer Kalk, Metallegierungsdünger, organische Dünger, Rasendünger, Spurenelemente)

Dünger - Preisindizes

(→ Preisindizes für Düngemittel)

Düngerstreuer

Zur Ausbringung fester und granulierter Dünger werden im großflächigen Freilandanbau Düngerstreuer eingesetzt. Man unterscheidet dabei zwischen Walzenstreuern, Tellerstreuern, Zentrifugal- oder Schleuderstreuern, pneumatischen Streuern, Schnell- und Großflächenstreuern.

Darüber hinaus unterscheidet man grundsätzlich zwischen Ausleger-Streuern und Wurfstreuern. Darüber hinaus gibt es spezielle Reihenstreuer mit 4-, 6- und 8-reihiger Streuvorrichtung bzw. Anbaugeräte für die Reihendüngung.

Die Streubreite wird beim Auslegerstreuer von der Maschinenbreite sowie der Windstärke und -richtung und beim Wurfstreuer vom Fabrikat des Streuers, der Tourenzahl, dem Bodenabstand, der Stellung der Schleuderscheibe bzw. des Rohres, der Griffigkeit und Korngröße

Abb. 40: Kreiselstreuer Werkfoto: BASF

des Düngers, der Windstärke und -richtung , der Bodenbeschaffenheit und dem Pflanzenbestand bestimmt *(Abb. 40).*

Bord-Computersysteme

z.B. die Modelle AMATRON, AMADOS, Centronic, Centermatic, Multicron MC-1 ermöglichen die computergestützte Düngerausbringung. Bordcomputer können die Applikationsmengen exakt fahrgeschwindigkeitsabhängig regeln. Die elektronische Kontrolleinrichtung im Schlepper dient zur Steuerung und Überwachung des Düngerstreuers. Ermittelt werden die Fahrgeschwindigkeit, die bearbeitete Gesamt- und Teilfläche und die geschwindigkeitsabhängige Anpassung der Ausbringmenge. Centermatic z.B. mißt nicht nur die Fahrgeschwindigkeit, die Umdrehungszahl der Streuscheibe usw., sondern auch die Gewichtsveränderung. Vom Wiegeturm werden die Gewichtsveränderungen pro Zeiteinheit registriert und an den Bordcomputer weitergegeben. Hierbei wird eine Ausbringungsgenauigkeit bis ± 3 % erreicht. Nach der Ausbringung von jeweils 60 kg wird die Einstellung der Dosiervorrichtung automatisch kontrolliert und angepaßt.

Es gibt diese Bord-Computersysteme auch mit Chipkarte für den Datenaustausch mit der bürocomputergeführten Ackerschlagkartei.

DGPS-Technik (Differential Global Positioning Systems)

Moderne Düngersteuer können heute satellitengesteuert eingesetzt werden. Dazu werden per Computer standortspezifische Daten durch spezielle Software unter Berücksichtigung der maschinenspezifischen Ausbring- und Verteiltechnik in Applikationsempfehlungen umgesetzt. Mit Hilfe von DGPS kann der Satellit eine Ortung des Schleppers mit einer Genauigkeit von etwa 1 m vornehmen.

Mit einer auf dem Schlepper installierten Satellitenempfangsanlage (DGPS-Empfänger) werden Positions-Signale vom Satelliten verarbeitet und zum Bordcomputer (z.B. AMATRON) übertragen. Dieser errechnet anhand der gespeicherten Applikationsmenge, abhängig von der jeweiligen Position des Schleppers, die vorgesehene Ausbringmenge.

Ausbringmenge und Verteilung des Düngers lassen sich innerhalb der eingestellten Arbeitsbreite variieren.

(→ GPS - Global Positioning System)

Kastenstreuer

Hierbei handelt es sich in der Regel um einen länglichen Holzkasten mit maximal 2,50 m Arbeitsbreite und bis zu 4 dt Fassungsvermögen, der auf zwei Rädern läuft und quer zur Fahrtrichtung gezogen wird. Am Kastenboden befindet sich eine Streuvorrichtung, die für eine gleichmäßige Entleerung sorgt. Der Antrieb dieser querliegenden Rührwellen erfolgt über die Schlepperzapfwelle oder einen 12-V-Elektromotor.

Es gibt unterschiedliche Streuvorrichtungen bei Kastenstreuern:

- Schlitzstreuer mit verstellbarem Schlitz,
- Kettenstreuer mit Schlitzöffnung und am Kastenboden wandernden Ketten, die geschwindigkeitsgeregelt sind,
- Tellerstreuer, bei denen der Dünger durch Schlitze auf die Teller fällt und ausgestreut wird. Auch dieses System regelt die Düngermenge durch die gefahrene Geschwindigkeit.
- Bei Gitterstreuern wird der Gittervorschub verändert.

Der Streumengenbereich reicht von 25 bis 1.400 kg/ha. Die Ausbringgenauigkeit ist gut. Kastenstreuer können problemlos zu Reihenstreuern umfunktioniert werden. Der Dünger wird dann am Kastenboden über Schläuche ausgebracht. Der Preis liegt zwischen 2.500 und 3.500 DM.

Kastenstreuer stellen das einfachste und heute nur noch auf kleinen Flächen gebräuchliche System dar.

Zentrifugal- oder Schleuderstreuer

Der Zentrifugalstreuer arbeitet, von einem Schlepper gezogen, als Einscheiben-, Zweischeiben- oder als Pendelrohrstreuer. Es gibt unterschiedliche Streuscheiben für verschiedene Arbeitsbreiten von 10 - 18 m, 20 - 28 m und 30 - 36 m. An Ackerrändern (Grenzstreuen) werden besondere Grenz-Streuscheiben mit einer Arbeitsbreite von 5 - 9 m, 10 - 14 m und 15 - 18 m eingesetzt. Einige Firmen haben unterschiedliche Streuscheiben, andere gleiche Streuscheiben mit unterschiedlichen Wechselrädern zur Einstellung der Streu- oder Wurfscheiben. Es gibt spezielle Streuscheiben für granulierte und erdfeuchte Dünger. Alle Firmen haben unterschiedliche Systeme für die Grenzstreuung am Feldrand. Die Behälterinhalte für Dünger schwanken zwischen 250 und 1.800 Liter. Die Streumenge variiert zwischen 20 und 1.500 kg/ha. Die Verteilgenauigkeit moderner Streuer ist zufriedenstellend. Bei optimaler Ausbringung liegt die Abweichung bei etwa 5 %, kann unter ungünstigen Gegebenheiten aber bis zu 30 % betragen.

Der Dünger wird im Düngertank mittels eines Spiralrührwerkes gerührt, um ihn körnig und streufähig zu halten, und gleichmäßig zur Auslauföffnung befördert. Von dort rieselt er auf die Streuscheiben und wird ausgeschleudert. Mit diesen Streuern bringt man überwiegend gekörnte und erdfeuchte Dünger aus. Staubförmige Dünger werden bevorzugt mit Frontstreuschnecken ausgebracht.

Für die Arbeitsbreitenkontrolle gibt es ganz neu ein elektronisch arbeitendes, präzises Meßgerät mit Namen JUSTAX. Es besteht aus zwei Sensoren, die hinter der Streuscheibe angebracht sind, einem Elektronik-Schaltkasten und einer Fernbedienung zur Justierung des Zuführorgans.

Reihenstreuer

Von einigen Herstellern können die Schleuderstreuer durch Zusatzeinrichtungen zu Reihensteuern umfuktioniert werden. Dazu wird der Dünger entweder über eine vertikale Schnecke einzelnen Abgängen oder über eingebaute Leitbleche einer Reihenstreueinrichtung zugeführt. Die Reihenabstände sind stufenlos einstellbar.

Bei den ganz speziellen Reihenstreuern handelt es sich meist um Kombinationsgeräte, die für Aussaat und Düngung, Pflanzen und Düngen oder Hacken und Düngen einsetzbar sind. Die Dünger werden über Schläuche seitlich fünf bis acht cm neben der Pflanzenreihe abgelegt.

Die Vorratsbehälter fassen etwa 150 Liter Dünger je Vorratsbehälter. Es können je Vorratsbehälter 2 bis 3 Pflanzenreihen gedüngt werden. Je nach Reihenabstand sind Streumengen von 120 bis 1.700 kg/ha einstellbar.

Die Verteilgenauigkeit des Reihenstreuers ist mit weniger als ± 5 % Abweichung vom Sollwert gut.

Punktapplikator

Der Punktapplikator wird an Pflanzmaschinen angebaut. Er dient ganz speziell der Ausbringung von Langzeitdüngern (→ Dauerdünger, Depotdünger). Aus einem 12 Liter fassenden Vorratsbehälter wird der Dünger zu einem Dosierschieber an der Pflanzvorrichtung geführt. Dieser dosiert synchron zum Pflanzvorgang je nach Einstellung 2 bis 40 g Dünger je Pflanze. Der Geräteantrieb erfolgt über die Pflanzmaschine selbst.

Pneumatic-Streuer

Der Pneumatic-Streuer wird auf oder an eine Zugmaschine (Schlepper, Unimog ab 50 KW) montiert. Er besteht je nach Typ aus einem Düngertank für feste Dünger von 1.000 bis 1.400 l. Zum System gehören ein Gebläse, zwei Rührwellen und ein luftdurchströmtes Leitungssystem. Dieses Leitungssystem ist für den Straßentransport einklappbar und wird auf dem Feld auf Arbeitsbreiten von 12 bis 20 m ausgeklappt. Auf diesem Leitungssystem befinden sich in Abständen von 70 bis 90 cm spezielle Verteilerdüsen als Flachstromdüsen oder neuerdings als Schaufelverteiler zur Ausbringung des Düngers. Rührsterne bewirken einen konstanten Düngerstrom durch zwei Dosieröffnungen in das Zentralrohr. Ein kräftiger Luftstrom fördert und verteilt den Dünger gleichmäßig zu den Verteilerdüsen oder Schaufelverteilern. Die Streumenge beträgt bei einer Geschwindigkeit von 8 km/h je nach Typ 70 bis 750 kg/ha.

Pneumatic-Streuer werden durch den Schlepperfahrer geregelt. Mit der elektronischen Verstellung und Anzeige (EVA) kann die Streumenge während der Fahrt ständig verändert werden. Eine Digitalanzeige gibt dabei jederzeit Auskunft über die momentane Getriebeeinstellung. Durch Antippen eines Korrekturschalters wird die Streumenge elektronisch in 10er Schritten erhöht oder reduziert.

Die elektronische Mengenregelung (EMR) steuert und überwacht die Düngerausbringung. Sie stellt die vorgegebene Streumenge in Abhängigkeit von der Fahrgeschwindigkeit vollautomatisch ein. Eine digitale Anzeige informiert jederzeit über Fahrgeschwindigkeit, gestreute Fläche in ha, ausgebrachte Düngermenge in t und über die im Tank vorhandene Rest-Düngermenge.

Tab. 16: Düngerverbrauch von 1989/90 bis 1994/95

	Stickstoff		Phosphat		Kali	
Düngejahr	**1000 t**	**Prozent**	**1000 t**	**Prozent**	**1000 t**	**Prozent**
1989/90	2.255	100	950	100	1.388	100
1990/91	1.788	79	609	64	954	69
1991/92	1.720	76	519	55	729	53
1992/93	1.680	75	490	52	671	48
1993/94	1.612	72	415	44	645	46
1994/95	1.787	79	450	47	668	48

(nach IVA, Industrieverband Agrar)

Tab. 17: Düngemittelverbrauch je ha Landwirtschaftlicher Nutzfläche (LF) in kg/ha

Jahr	Rein-N in kg/ha	Rein-P_2O_5 in kg/ha	Rein-K_2O in kg/ha
1987/88	131	55	79
1988/89	133	55	81
1989/90	125	53	77
1990/91	99	34	53
1991/92	100	30	43
1992/93	99	29	40
1993/94	94	24	38
1994/95	103*	26*	39*

* vorläufige Angaben (Stand Mai ´97)

Der Multicron MC-1 ist ein Universal-Agrarcomputer, der unterschiedliche Maschinen wie Düngerstreuer, Spritzen, Sämaschinen regelt und überwacht. Alle Daten können programmiert werden. Der MC-1 führt eine eigene Schlagkartei mit automatischer Erfassung aller relevanten Daten. Diese Schlagkartei kann mit einem Modul in die PC-Schlagkartei aller gängigen Marken übertragen werden. Pneumatic-Streuer sind für Betriebe ab 25 ha rentabel.

Großflächenstreuer und Schnellstreuer

Für die Düngung sehr großer Flächen gibt es Schnellstreuer, die von 25 km/h über 40 bis zu 80 km/h schnell fahren. Außerdem haben sie ein sehr großes Fassungsvermögen von 600 bis zu 5.200 l bzw. eine Tragkraft von 8 t. Es gibt Modelle von 2 - 16 t mit einfacher oder mit Tandemachse. Sie sind mit Zweischeiben-Streuwerk für granulierte und erdfeuchte und mit Frontstreuschnecke mit 9 und 12 m für staubförmige Dünger ausgestattet.

Düngerverbrauch

Der Absatz deutscher Düngemittelhersteller an die deutsche Landwirtschaft ist rückläufig. Das bedeutet auch einen geringeren Verbrauch an Düngern *(Tab. 16 - 18)*.

Ursache dafür ist einerseits sicher ein Flächenrückgang, aber andererseits auch ein gezielterer Einsatz der Düngemittel nach Bodenanalysen und eine verbesserte Ausbringetechnik.

Düngeverordnung für die Anwender von Düngemitteln

Am 6. Februar 1996 wurde die neue Düngeverordnung im Bundesgesetzblatt verkündet. Damit sind Teile davon am 7. Februar 1996 in Kraft getreten, der Rest gilt seit dem 1. Juli 1996. Mit der neuen Düngeverordnung wird die 1990 abgeschlossene EG-Nitratrichtlinie in nationales Recht umgesetzt.

Die Düngeverordnung gilt für die Anwendung von Düngemitteln auf landwirtschaftlich und gärtnerisch genutzten Grundstücken. Ausgenommen sind Haus- und Nutzgärten sowie bodenunabhängige Kulturen in Gewächshäusern. Die Düngeverordnung gliedert sich in folgende acht Paragraphen:

§ 1 Sachlicher Geltungsbereich

Tab. 18: Düngemittelverbrauch in europäischen Ländern 1993/94 in kg Reinnährstoff/ha LF

Land	Rein-N in kg/ha	Rein-P_2O_5 in kg/ha	Rein-K_2O in-kg/ha
Belgien/ Luxemburg	114	34	67
Dänemark	117	19	38
Deutschland	94	24	38
Finnland	64	31	33
Frankreich	74	34	46
Griechenland	39	15	5
Großbritan. inkl. N.-Irland	74	21	25
Irland	71	24	31
Italien	54	33	21
Niederlande	188	34	41
Österreich	36	18	22
Portugal	33	18	9
Schweden	67	16	16
Spanien	31	17	13
Mittel v. Europa	63	24	27

§ 2 Grundsätze der Düngemittelanwendung

§ 3 Besondere Grundsätze für die Anwendung von Wirtschaftsdüngern tierischer Herkunft

§ 4 Grundsätze der Düngerbedarfsermittlung

§ 5 Nährstoffvergleiche

§ 6 Aufzeichnungs- und Aufbewahrungsfristen

§ 7 Ordnungswidrigkeiten

§ 8 Übergangsvorschriften.

Vorgeschrieben ist die sachgerechte Anwendung von Düngemitteln. Düngemittel sind danach im Rahmen der guten fachlichen Praxis zeitlich und mengenmäßig so auszubringen, daß:

- Nährstoffe von den Pflanzen weitestgehend ausgenutzt werden können.
- Nährstoffverluste bei der Bewirtschaftung sowie damit einhergehende Einträge in Gewässer weitestgehend vermieden werden.
- Stickstoffhaltige Düngemittel dürfen nur so ausgebracht werden, daß die darin enthaltenen Nährstoffe bedarfsorientiert und im wesentlichen während der Zeit des Pflanzenwachstums verfügbar werden.
- Der Boden muß für Düngemittel aufnahmefähig sein.
- Die Geräte zur Düngerausbringung müssen technisch einwandfrei funktionieren.
- Düngemittel dürfen nicht direkt in Gewässer eingetragen oder auf benachbarte Flächen abgeschwemmt werden.
- Die Düngemittelmenge ist schlagweise zu ermitteln und zwar nach Bedarf und im Boden verfügbarer Nährstoffe

unter Berücksichtigung des Kalk- und Humusgehaltes.

- Die im Boden vorhandenen Nährstoffmengen müssen vom Betrieb durch Bodenanalysen ermittelt werden, und zwar Stickstoff einmal pro Jahr und Phosphat, Kali und Kalk (pH) mindestens alle sechs Jahre.
- Für flüssige Wirtschaftsdünger gibt es spezielle Verordnungen.
- Betriebe mit mehr als 10 ha landwirtschaftlicher Nutzfläche oder mehr als 1 ha gärtnerisch genutzter Fläche müssen einen Vergleich der Nährstoffzu- und -abfuhren, spätestens bis 6 Monate nach Ablauf des letzten Wirtschaftsjahres erstellen, und zwar für Stickstoff jährlich und für Phosphor und Kali alle drei Jahre.
- Die Nährstoffberechnungen sind mindestens 9 Jahre aufzubewahren.

DZ Düngung

Unter Düngung versteht man die Zufuhr von Pflanzennährstoffen zur Erzielung von Pflanzenwachstum und Pflanzenqualität. Es gibt nicht nur viele verschiedene Dünger (→), sondern auch zahlreiche Möglichkeiten der Düngung.

Topfpflanzen

Grundsätzlich ist zu unterscheiden zwischen den Düngern, die als Bevorratungsdünger in das Substrat gemischt werden, und der flüssigen Nachdüngung. Die Bevorratungsdüngung kann in Form schnell wirkender Nährsalze, langsamer wirkender, organischer Dünger oder sehr lange wirksamer Dauerdünger (→) erfolgen. Dabei ist eine Untermischung unter das Substrat und bei Dauerdüngern auch eine Punktdüngung (→) möglich. Die Flüssigdüngung kann über Substrat und Wurzel oder über das Blatt (→ Blattdüngung) erfolgen, in Intervallen (→ Intervalldüngung) oder mit jedem Wässern (→ Bewässerungsdüngung).

Technisch wird die Flüssigdüngung als Anstau-, Ebbe-Flut-, Fließrinnen-, Matten-, Einzeltropfdüngung und gespritzt als Blattdüngung ausgebracht.

Für die Topfpflanzendüngung problematisch ist es, wenn durch jahrzehntelanges organisches Wachstum der Gewächshausflächen in einem Betrieb die unterschiedlichsten Düngungssysteme nebeneinander gefahren werden müssen. Anzustreben ist immer ein einheitliches Bewässerungs- und Düngungssystem je Betrieb.

Problematisch kann auch die Düngung zugekaufter Rohware sein, wenn nicht bekannt ist, ob diese mit Depotdüngern versehen ist bzw. intervall- oder bewässerungsgedüngt wurde.

(→ Basisdünger, Düngung nach Bodenanalyse, Nitrat-Nitrit-Ammonium-Problem, Substratkomponenten, Zuschlagstoffe)

Hydrokultur

Die Düngung von Hydrokulturpflanzen erfolgt über das angestaute Wasser mit ganz speziellen Hydrokultur- und Ionen-Austauschdüngern (→). Besondere Aufmerksamkeit ist dem pH-Wert (→), der Wasserqualität (→), der Blähtonqualität, der Zusammensetzung der Nährlösung, dem Sauerstoffgehalt des Wassers und der Wasserstandshöhe zu widmen. (→ Blähton, Hydrokultur)

Schnittblumen

Bei Schnittblumen ist zwischen normaler Erd- oder Bodenkultur und Substratkultur (Dünnschicht-, Grower-Bag-, Torfsack- oder Steinwollkultur) und erdeloser Kultur zu unterscheiden.

Unterschieden werden muß weiter zwischen Grund- und Nach- (Kopf-)düngung. Die Grunddüngung erfolgt meist in Form von gekörnten Mehrnährstoffdüngern, die in den Boden eingearbeitet werden. Die Nachdüngung wird ebenfalls mit gekörnten Mehrnährstoffdüngern, Einzelnährstoffdüngern oder Flüssigdüngern durchgeführt.

Die Substratkultur erfolgt überwiegend in geschlossenen Systemen mit Düngung in flüssiger Form mittels Tropfern. Eine große Bedeutung kommt hier der Behandlung des Rücklaufwassers durch Desinfektion (→ Nährlösungsdesinfektion) zu.

Die erdelosen Verfahren wie Nährfilmtechnik (NFT) (→), Aeroponik (→) sind in der gärtnerischen Praxis wenig verbreitet.
(→ Dämpfung - Einfluß auf die Düngung)

Gemüsebau

Unter Glas erfolgt die Düngung wie bei Schnittblumen. Geschlossene Systeme und Substratkulturen nehmen stark zu.

Gleiches gilt für die Düngung in Freilandböden. In Spezialbetrieben mit bestimmten Kulturen werden auch die Pflanzlochdüngung (→ Punktdüngung), eine Reihendüngung oder das Cultan-Verfahren (→) angewendet.

Obstbau

Hier ist zwischen der Düngung von Neuanlagen und der Düngung älterer, tiefwurzelnder Bäume zu unterscheiden. Neuanlagen erhalten die Grunddüngung wie alle Freilandböden mit festen, gekörnten oder Salzdüngern im Streuverfahren.

Darüberhinaus kann auch das Pflanzloch jedes einzelnen Baumes mit einer Düngergabe versehen werden, entweder durch Punktdüngung mit einem kunststoffumhüllten Dünger oder durch Vermischen eines Mehrnährstoffdüngers mit dem Boden des Pflanzlochaushubs.

Im Obstbau spielt auch die Blattdüngung eine sehr große Rolle. Nachgedüngt werden kann auch durch eine Lanzendüngung unter der Baumkrone jedes einzelnen Baumes, bei der die Dünger mittels Nährstofflanze in den tieferen Wurzelbereich gebracht werden.

Baumschule

Container werden größtenteils mit Dauerdüngern ausgestattet. Das erfolgt sehr häufig in Form von Punktdüngung oder mit Nährstofftabletten (→ Düngeoder Nährstofftablette). Nachgedüngt wird ebenfalls mit Dauerdüngern durch Aufstreuen bzw. aufgelegten oder eingesteckten Nährstofftabletten. Aber auch organische und mineralische Mehrnährstoffdünger finden Anwendung. Freilandflächen werden wie bei Schnittblumen beschrieben gedüngt.

Baumdüngung
(→ Baumdüngung)

Düngung mit EDV-Programmen

(→ EDV-Programme zur Düngung)

Düngung nach Bodenanalyse

Während es bei Fertigsubstraten nicht unbedingt erforderlich ist, vor dem Topfen eine Bodenanalyse machen zu lassen, ist dieses vor der Aufdüngung von selbst hergestellten Substraten aus verschiedenen, unbekannten Komponenten eine unbedingte Notwendigkeit. Nie sollte man eine teure Jungpflanze in ein unbekanntes Substrat pflanzen!!!

Bei dieser Bodenanalyse werden nicht die einzelnen Komponenten (z.B. Torf, Kompost, Ton, Landerde, Rindenhumus usw.) analysiert, sondern eine kleine Probe aus einer „Mustermischung". Dazu werden etwa 10 l im gewünschten Verhältnis, z.B. ein Drittel Rindenhumus und zwei Drittel Torf, sorgfältig gemischt und hiervon die Bodenprobe entnommen.

Das Ergebnis zeigt dann den eventuellen Fehlbedarf oder auch vorhandene Überschüsse an Nährstoffen an. Der gefundene pH-Wert gibt Aufschluß über die benötigte Kalkmenge.

Unter normalen Gegebenheiten lautet der Analysenauftrag:

- pH-Wert
- Volumengewicht
- Salzgehalt (Leitfähigkeit)
- N, P_2O_5, K_2O und MgO

Auf eine Untersuchung auf Spurenelemente kann in der Regel verzichtet werden. Sie ist nur bei begründetem Verdacht auf Mangel oder Überschuß sinnvoll. *Tab. 19* nennt Richtwerte für die Nährstoffversorgung von Topfpflanzen im Endtopf. Bei Jungpflanzen sind diese Werte zu halbieren. In Zeiten verminderten Wachstums, bei Lichtarmut im Winter, sollten die jeweils niedrigeren Werte bevorzugt werden; in Zeiten starken Wachstums (Frühjahr/Sommer) sind die jeweils höheren Werte maßgebend.

Ist nachfolgend eine Bewässerungsdüngung (Düngen bei jedem Gießen) geplant, gelten andere, viel niedrigere Werte, die teilweise nur ein Viertel bis ein Drittel der oben genannten Werte erreichen sollten.

Die Angaben in Klammern sind Werte, die über dem Optimum liegen, aber noch nicht zu Beeinträchtigungen führen, wenn alle anderen Wachstumsbedingungen optimal sind.

Nährstoff-Bedarfsgruppen

Die Höhe der Substrataufdüngung richtet sich nach der Pflanzenart und der Art des Düngers (Salz- oder Depotdünger) und dem jeweiligen Nährstoffgehalt des Düngers. Nährsalze enthalten in der

Tab. 19: Richtwerte für die Nährstoffversorgung von Topfpflanzen im Endtopf (Bodenanalysenwerte für Topfsubstrate bei Kulturbeginn)

Bedarfsgruppe	N in mg/l	P_2O_5 in mg/l	K_2O in mg/l	MgO in mg/l	Salzgehalt in g/l
1. gering (empfindlich)	30-80	30-100 (150)	30-150 (200)	20-50	0,7
2. mittel	50-100	80-200 (300)	100-300 (500)	40-100	1,0
3. hoch	100-200	150-300 (600)	300-500 (800)	80-200	2,0
4. sehr hoch (unempfindlich)	200-400	200-500	500-700	150-300	3,0

Regel hohe Nährstoffgehalte, organische Dünger nur niedrige.

Sowohl im Zierpflanzen- und Gemüsebau als auch bei Gehölzen unterscheiden sich die Pflanzenarten nach ihrem Nährstoffbedarf. Im Gemüsebau spricht man von

- Schwachzehrern (Bedarfsgruppe 1: Bohnen, Erbsen, Kräuter),
- Mittelzehrern (Bedarfsgruppe 2 und 3: Zwiebel, Möhren, Rote Bete, Fenchel, Salate, Spinat, Schwarzwurzeln, Radieschen, Kohlrabi, Paprika, Melonen) und
- Starkzehrern (Bedarfsgruppe 4: Kohlarten, Gurken, Sellerie, Tomaten, Kartoffeln).

Die Kenntnis des Nährstoffbedarfs spielt eine Rolle bei der Fruchtfolge im privaten Gemüsegarten. Auf frisch gedüngten Beeten werden zuerst die Starkzehrer angebaut, die von den hohen Nährstoffgaben profitieren. Es folgen die Mittel- und Schwachzehrer, bevor im vierten Jahr wieder gedüngt wird.

(→ Horndünger)

Die folgenden Ausführungen beziehen sich auf den Zierpflanzenbau.

Bedarfsgruppe 1 (niedriger Nährstoffbedarf)

Adiantum, Erica gracilis, Farne, *Paphiopedilum, Phalaenopsis.*

Bedarfsgruppe 2 (mittlerer Nährstoffbedarf)

Achimenes, Asparagus plumosus, Begonia-Rex-Hybriden, Calceolaria-Hybriden, *Campanula isophylla, Gardenia jasminoides, Marantha*-Arten, *Nephrolepis, Primula malacoides, Primula vulgaris, Rhododendron simsii, Salvia splendens, Streptocarpus, Vriesea splendens.*

Bedarfsgruppe 3 (hoher Nährstoffbedarf)

Ageratum, Alamanda, Begonia-Elatior-Hybriden, Begonia-Lorraine-Hybriden, *Beloperone guttata, Bougainvillea glabra, Cissus antarctica, Clerodendron, Codiaeum*, Sinningia-Hybriden, *Crossandra, Cyclamen, Dieffenbachia, Ficus*-Arten, *Fuchsia*-Arten, *Hedera*-Arten, *Hibiscus rosa sinensis*, Kalanchoe-Hybriden, Pelargonien.

Bedarfsgruppe 4 (sehr hoher Nährstoffbedarf)

Chrysanthemum indicum, Euphorbia pulcherrima, Pelargonium peltatum und *P. zonale, Hydrangea macrophylla.*

Für die Bedarfsgruppen gelten folgende Höchstmengen bei der Substrataufdüngung im Endtopf:

Bedarfsgruppe 1

0,5 - 1,0 kg Mehrnährstoffdünger je m^3 Substrat („Salzdünger")
0,5 - 2,0 kg umhüllte Depotdünger (Multicote, Osmocote, Plantacote)

Bedarfsgruppe 2

1,5 - 2,0 kg Mehrnährstoffdünger je m^3 Substrat („Salzdünger")
2,5 - 4,0 kg umhüllte Depotdünger (Multicote, Osmocote, Plantacote)

Bedarfsgruppe 3 und 4

2,5 - 3,5 kg Mehrnährstoffdünger je m^3 Substrat („Salzdünger")
4,0 - 7,0 kg umhüllter Depotdünger (Multicote, Osmocote, Plantacote)

In *Tabelle 20* ist beispielhaft die Substrataufdüngung für eine Cyclamenkul-

Tab. 20: Berechnungsbeispiel für eine Substratdüngung nach Bodenanalyse *(Cyclamen)*

	pH-Wert	N im mg/l	P_2O_5 in mg/l	K_2O in mg/l	MgO in mg/l	Salzgehalt in mg/l
Ergebnis der Analyse	4,6	99,2	81,0	116	104	1,62
Richtwert für Cyclamen	5,7	150	200	300	100	1,0-2,0
Fehlende Nährstoffe		-50,8	-119	-184	+4	

Tab. 21: Beispiel für die Wahl eines Mehrnährstoffdüngers

	N in mg/l	P_2O_5 in mg/l	K_2O in mg/l
Fehlender Nährstoff in mg/l (laut obiger Analyse)	50,8	119	184
Entspricht einem Verhältnis von	1 :	2,3 :	3,6
NPK-Dünger 6+12+18 hat ein Verhältnis von	1 :	2 :	3

tur nach Bodenanalyse berechnet. Die Wahl des Düngers richtet sich nach den fehlenden Nährstoffmengen. Daraus ergibt sich die Verwendung von Einzel- oder Mehrnährstoffdüngern.

Einzeldünger ermöglichen eine exakt dosierte Gabe des fehlenden Nährstoffs.

Bei Mehrnährstoffdüngern wird die Menge immer nach dem N-Bedarf errechnet. Es muß dann ein Mehrnährstoffdünger mit einem entsprechenden Verhältnis gewählt werden *(Tab. 21)*. Der ausgewählte Mehrnährstoffdünger kommt dem gewünschten Verhältnis sehr nahe und ist daher zu gebrauchen. Bei %-Gehalten des Düngers von 6 % Stickstoff, 13,8 % Phosphat und 21,6 % Kali würde er dem gewünschten Verhältnis exakt entsprechen.

Die Düngermenge berechnet man wie folgt:

Der gewählte Dünger enthält 6 % Stickstoff (N).

Laut Bodenanalyse fehlen 50,8 mg N/l. Der Fehlbedarf wird in Düngermenge umgerechnet:

50,8 : 6 x 100 = 846 mg NPK-Dünger/l
bzw. 846 g/m^3 Substrat.

Beispiel für die Wahl von Einzelnährstoffdüngern :

Zur Auswahl stehen:

Kalksalpeter	=	16 % N
Superphosphat	=	18 % P
Kalisulfat	=	50 % K

Der Fehlbedarf wird in Düngermengen umgerechnet:

N 50,8 : 16 x 100 = 317 mg/l
bzw. 317 g Kalksalpeter/m^3

P 119 : 18 x 100 = 661 mg/l
bzw. 661 g Superphosphat/m^3

K 184 : 50 x 100 = 368 mg/l
bzw. 368 g Kalisulfat/m^3

Bei Verwendung von Einzelnährstoffdüngern wird der Fehlbedarf exakt gegeben.

Bei dieser Art von Teilbevorratung setzt die flüssige Nachdüngung etwa vier Wochen nach dem Topfen, nach erfolgter Durchwurzelung, mit 0,15 bis 0,2 % (= 1,5 bis 2 g/l) ein.
(→ Boden-, Substratanalysen-Methoden)

DZ Dünnschichtkultur

Im Schnittblumenanbau ersetzt die Dünnschichtkultur als geschlossenes System zunehmend den Anbau in gewachsenem Boden. Auch stellt sie eine interessante Alternative zur Steinwollkultur dar. Die Dünnschichtkultur wird in einer dünnen, 3 - 10 cm starken Substratschicht aus Torf, Einheitserde oder ähnlichen Erdsubstraten durchgeführt. Diese liegt auf etwa 2 cm Sanduntergrund bzw. Styropor. Die Erdsubstrate sind, anders als das Steinwollsubstrat, gepuffert und erhöhen somit die Kultursicherheit.

Wie bei Topfpflanzen in Ebbe-Flut-Verfahren steht den Pflanzen in Dünnschichtkultur ein wesentlich geringeres Substratvolumen als bei der Bodenkultur zur Verfügung. Damit ist auch die Wasser- und Nährstoffspeicherfähigkeit deutlich herabgesetzt.

Das Substrat muß das Wasser auch gut in horizontaler Richtung von den relativ wenigen Tropfstellen über die gesamte Fläche verteilen. Zur Verbesserung der Sorptions- und Puffereigenschaften kommen eigentlich nur torf- und tonhaltige, grobe Substrate in Frage *(Abb. 41)*.

In aller Regel wird die Dünnschichtkultur nicht auf dem Boden, sondern auf Tischen oder Aufständerungen durchgeführt. Das bringt auch arbeitswirtschaftliche Vorteile, weil man sich bei Kultur- und Erntearbeiten nicht mehr zu bücken

Abb. 41: Dünnschicht in Einheitserde GS 90, hochgehobene Substratschicht Foto: EEWerk Balster

braucht. Schnittblumen mit hohem Heizenergiebedarf können zur besseren Flächennutzung auch auf Rolltischen und sogar auf Mobiltischen kultiviert werden.

Das Institut für Gemüse- und Zierpflanzenbau Großbeeren/Erfurt hat in einem wissenschaftlichen Exaktversuch 1995 nachgewiesen, daß in geschlossenen Systemen wie Dünnschichtkultur, Plant-Plane-Hydroponik, NFT-Technik usw. sehr viel Stickstoff gasförmig über die Luft entweicht.

Gemessen wurde der Stickstoff-Input und -Output. Erfaßt wurden die Verluste durch N-Aufnahme der Pflanzen, Undichtigkeiten des Systems und der gasförmige Verlust.

Unterschiedliche Pflanztermine, z.B. Januar gegenüber Juli, mit sehr unterschiedlicher kumulativer Globalstrahlung (Januar = 81 kWh/m^2, Juli = 161 kWh/m^2) führten durch unterschiedliche Wasseraufnahme auch zu veränderter Nährstoffaufnahme. Die Nährlösungszufuhr erhöhte sich im Juli gegenüber Januar von 180 l/m^2 auf 269 l/m^2.

Der gasförmige Verlust stickstoffhaltiger Moleküle aus geschlossenen Systemen wird als Resultat mikrobiotischer und physikalisch-chemischer Prozesse

(→ Nitrifikation, Denitrifikation) gesehen. Der Prozentanteil der N-Bilanzdefizite bei Plant-Plane-Hydroponik, der auf Gasverluste zurückzuführen war, betrug 18 und 35 % des N-Inputs. Bei der Dünnschichtkultur lagen die gasförmigen Verluste sogar bei 42 % vom N-Input.

(→ Stickstoffverluste (gasförmige) in geschlossenen Bewässerungssystemen)

Ebbe-Flut-Bewässerung

(→ Anstaubewässerung, Bewässerungsdüngung)

EC-Meßgeräte/ EC-Messung

(→ Schnelltest-Methoden)

EC-Wert/ Gesamtsalzgehalt/ Leitfähigkeit

Der Salzgehalt (die Menge an gelösten Ionen) einer Lösung (Elektrolyt) läßt sich über die elektrische Leitfähigkeit bestimmen. Je höher der Salzgehalt einer Flüssigkeit ist, desto besser leitet diese den Strom, das heißt desto kleiner ist ihr Widerstand und desto höher die Leitfähigkeit. Die Leitfähigkeit ist der Kehrwert des Widerstandes und wird in Siemens, Mho, 1/Ohm oder einfach in EC angegeben.

Der gemessene Wert wird in ms/cm oder EC angezeigt (1 ms/cm = 1 EC). Auf den Meßgeräten findet man auch noch nachfolgende Bezeichnungen:

1	mS/cm	=	1000 µS/cm
0,001	mS/cm	=	1 µS/cm

Für die Umrechnung von EC-Wasser in mg Gesamtsalzgehalt/Liter gilt:

EC x 570 (Umrechnungsfaktor)
= Gesamtsalzgehalt in mg/l

Übersicht 7: Salzverträglichkeit verschiedener Kulturen

Salzverträglichkeit	Kulturen	EC-Werte*)	max. Gesamtsalzgehalt des Gießwassers in EC mit möglicher Zudüngung	tolerierbare Karbonathärte
sehr niedrig = sehr salzempfindlich	Orchideen, Farne Bromelien, Aussaaten Vermehrungen von Azaleen, Eriken Callunen	0,2 - 0,3	bis 0,63 EC 0,25 Promille bis 0,47 EC 0,50 Promille bis 0,31 EC 0,75 Promille bis 0,16 EC 1,00 Promille	5
niedrig = salzempflindlich	Azaleen, Eriken, Araceen, Jungpflanzen	0,4 - 0,6	bis 0,78 EC 0,25 Promille bis 0,63 EC 0,50 Promille bis 0,47 EC 0,75 Promille bis 0,31 EC 1,00 Promille bis 0,16 EC 1,50 Promille	10
mittel = weniger salzempfindlich	Begonien, Cyclamen Freesien, Gerbera, Anwuchsphase Rosen	0,8 - 1,0	bis 1,00 EC 0,25 Promille bis 0,78 EC 0,50 Promille bis 0,63 EC 0,75 Promille bis 0,47 EC 1,00 Promille bis 0,31 EC 1,50 Promille	10 bis max. 15
hoch = salzverträglich	Chrysanthemen	1,5 - 2,0	bis 1,56 EC 0,25 Promille bis 1,25 EC 0,50 Promille bis 0,94 EC 0,75 Promille bis 0,63 EC 1,50 Promille bis 0,47 EC 1,50 Promille	15

*) in Substrat bzw. in Erde gemessenen

Die unterschiedlichen EC-Werte, die von den Düngemittelherstellern angegeben werden, sollten bei der Düngung berücksichtigt werden (→ Leitfähigkeit gebräuchlicher Dünger).

Die EC-Werte sind stark temperaturabhängig (Erhöhung um etwa 2,2 % pro Grad Temperaturanstieg). Die gemessenen EC-Werte werden auf einen Normwert umgerechnet. In den meisten Meßgeräten erfolgt dieses automatisch auf 25 °C.

Die Düngerkonzentration kann mit Hilfe des EC-Wertes (EC von 1 g/l bei 25 °C) kontrolliert werden. An den EC-Regelgeräten der Düngeautomaten wird der gewünschte EC-Dünger- + EC-Wassergrundwert eingestellt. Danach wird der Dünger dosiert. Auf diese Weise können Fehler in falsch angesetzten Stammlösungen automatisch ausgeglichen werden.

Mit einem EC-Handmeßgerät können EC-Untersuchungen in Lösungen und Böden während der Kultur vorgenommen werden. Beispiele für die Salzverträglichkeit verschiedener Kulturen, den maximalen Gesamtsalzgehalt des Gießwassers und die mögliche Bedüngung gibt die *Übersicht 7.* Gerbera *(Abb. 42)* gehört zu den weniger salzempfindlichen Kulturen.

Der Salzgehalt (die Leitfähigkeit = LF) von Torf wird nach dem Gewichtsverfahren (DIN 11 540) bestimmt. Dazu wird das Torfprodukt (Trockenmasse) mit entmineralisiertem Wasser im Verhältnis 1 : 25 extrahiert.

Der Salzgehalt wird nach folgender Gleichung errechnet und als KCl angegeben:

$$\text{Salzgehalt (mg/l)} = \frac{\text{elektr. LF } (\mu\text{S/cm}) \times \text{Rohdichte (g/l)} \times 1{,}458}{100}$$

Der Begriff Rohdichte steht für das trockene Volumengewicht. Der Wert 1,458 ist ein feststehender Faktor, der für Messungen der elektrischen Leitfähigkeit bezogen auf 20 °C ermittelt ist. Bei 25 °C liegt der Faktor bei 1,319.

Beispiel: Eine Torf-Ton-Mischung hat eine elektrische Leitfähigkeit von 400 µS/cm (bei 20 °C) und eine Rohdichte (Volumengewicht trocken) von 250 g/l.

Salzgehalt =

$$\frac{400 \times 250 \times 1{,}458}{100} = 1458 \text{ mg/l KCl} = 1{,}458 \text{ g/l}$$

(→ Salze)

Edaphon

(→ Bodenorganismen)

EDV-Programme zur Düngung

Zunehmend existieren EDV-Programme, mit denen die Düngung besser gestaltet werden kann.

Kaliprog.

Ein EDV-Programm der Kali und Salz-AG zur Optimierung der Kalidüngung. Eingeflossen sind in dieses Programm die Ergebnisse aus über 150 langjährigen Feldversuchen auf unterschiedlichen Standorten in der Bundesrepublik. Die Ergebnisse der Feldversuche wurden ausgewertet und durch Klimadaten ergänzt. Kaliprog. stärkt die Aussagekraft der Bodenuntersuchung.

Abb. 42: Erhöhte EC-Werte vermindern das Streckungswachstum, hier bei *Gerbera* Foto: BVZ Wolbeck

ODIN (= Optimale Düngung im Nutzgartenbau)

ist ein Düngerplanungsprogramm für Gärtner, Landwirte, Versuchsansteller und Berater, das in Hannover entwickelt wurde. Es kann in allen Sparten des Gartenbaues eingesetzt werden. Eingeflossen sind in das Programm die Erfahrungen aus der gärtnerischen Praxis. Nach dem Start fragt das Programm die entsprechenden Vorgaben zu Fläche, Kultur, Ernterückständen und Bodenanalysenwerten ab. Es kann zwischen organischen und mineralischen Düngern gewählt werden.

OSGAR

ist ein **Os**nabrücker **Gar**tendüngungsprogramm für Hobbygärtner von der Fachhochschule Osnabrück. Es ist sehr einfach zu bedienen, so daß es grundsätzlich auch für den einzelnen Kleingärtner geeignet ist. Darüber hinaus bietet es aber für Gartencenter und Endverkaufsbaumschulen gute Hilfestellung bei der Beratung in Düngungsfragen. Die Anforderungen an die Hardware sind gering, da jeder beliebige PC (ab 384 KB RAM, Betriebssystem DOS) genutzt werden kann.

1996 hat die Fachhochschule Osnabrück das EDV-Programm **OSGAR Pro 2,0** für Gemüseanbauer und Berater erweitert. Berücksichtigt werden Ernterückstände, der Nährstoffbedarf der einzelnen Kulturen, neueste gesetzliche Grundlagen des Umweltschutzes und die organische Düngung. Sehr flexibel ist das Programm auch hinsichtlich vorhandener Bodenuntersuchungen. OSGAR Pro 2,0 setzt die Analysenergebnisse sehr praxisnah in richtige Düngeempfehlung um. Dabei werden auch Gründüngungspflanzen berücksichtigt. Selbst die organische Düngung aus Kompost oder Stallmist wird erfaßt. Der Düngebedarf wird dann exakt errechnet.

Rasendüngeprogramm für Sportrasen

Die Abteilung Landespflege der Bayerischen Landesanstalt für Wein- und Gartenbau in Veitshöchheim hat ein EDV-gestütztes Programm zur Erarbeitung von Düngeempfehlungen für Rasensport- und Golfplätze erarbeitet. Benötigt wird für dieses Programm eine Bodenanalyse über pH-Wert und Hauptnährstoffe. Berücksichtigt werden weiterhin die Nutzungsintensität und Bauweise der Rasenflächen, Winterspielbetrieb und Spätherbstdüngung, Vorjahresdüngung, Wasserschutzzonen und Düngerarten.

Programme zur Berechnung von Nährlösungen für die Einzelnährstoffdüngung

Es gibt zahlreiche Angebote von Düngemittelherstellern wie Brinkmann BV, Epenhuisen Chemie b.v., Fertigro V.B.F., Haifa Chemicals Ltd., W. van Iperen b.v. und anderen Herstellern, mit denen sich die Nährlösungen aus Einzelnährstoffdüngern sehr gut berechnen lassen. Dabei werden auch die Gießwasserwerte berücksichtigt.
(→ A-B-Bak)

Turf Pro

ist ein neues Softwareprogramm der Firma Compo GmbH zur Unterstützung sachgerechter Düngung von Sportrasen und Golfplätzen. Auf der Basis von Bodenanalysen werden geeignete Düngekombinationen über die Vegetationsperiode vorgeschlagen.

Efflux

(→ Ausscheidungen der Pflanzen)

Einheitserde/ Fruhstorfer Erde/ Floraton

Bei der Einheitserde oder Fruhstorfer Erde handelt es sich um ein Torf-Ton-Gemisch, in der Regel aus Weißtorf und kalkfreien, unbelebten Untergrundtonen. Konzipiert wurde die Einheitserde 1948/49 von Prof. Fruhstorfer. Er nannte sie Einheitserde, weil er in einer universell einsetzbaren, standardisierten Erde alle Pflanzenarten kultivieren wollte. Aufgeteilt wurde sie lediglich in eine schwach aufgedüngte Pikier-(P-)Erde und eine stärker aufgedüngte Topf-(T-)Erde.

Heute gehen die Hersteller von Einheitserden und Fruhstorfer Erden wieder verstärkt den Weg zu kulturspezifischen Substraten. So gibt es Einheitserden für fast jede Kultur und für die unterschiedlichsten Ansprüche. Auch handelt es sich häufig nicht mehr um reine Torf-Ton-Gemische, sondern um Substrate, denen auch andere Zuschlagstoffe wie Rindenhumus, Reisspelzen, Kokosfasern, Styromull, Perlite usw. beigegeben wurden.

Einheitserden zeichnen sich durch sterile Ausgangsmaterialien, gutes Sorptions- und Pufferungsvermögen, kulturspezifische Nährstoffgehalte, ausgeglichenen Wasser- und Lufthaushalt, Homogenität und Strukturstabilität aus.

Bei dem Ton handelt es sich um relativ grobe Untergrundtone. Zu feiner Ton würde sehr schnell die Grobporen des Torfes verstopfen. Nur mit grobem Ton kann ein Tonanteil von etwa 30 % erreicht werden.

Die beigefügten Dünger (ENS = Einheitserde Nährsalz) wurden z. T. speziell für den Einheitserdewerkverband entwickelt. ENS ist ein vollwasserlöslicher, sofort wirksamer Mehrnährstoffdünger. Er ist praktisch ballastfrei und erhöht die Salzkonzentration des Substrates nur unwesentlich. Die Zusammensetzung ist folgendermaßen: 14 % N, 16 % P_2O_5, 18 % K_2O, 2 % MgO, dazu die Spurennährstoffe Fe, Mn, B, Cu, Co, Mo, Zn (z. T. in Chelatform) und andere, außerdem Vitamine und Phytohormone.

In der Einheitserde Typ ED 73 ist der Dauerdünger Plantosan 4 D enthalten. Die *Tabelle 22* nennt einige Einheiterdetypen und ihre Merkmale.

Floraton ist ein Torf-Ton-Gemisch, bei dem der Ton in flüssiger Form beigemischt wird und sich um die Torfpartikel legt. Es gibt Floraton in 4 verschiedenen Formulierungen *(Tab. 23)*.

Tab. 22: Einheitserde-Typen, ihr pH-Wert und Salzgehalt

Einheitserde-Typ	pH-Wert	Salzgehalt/Dünger
Einheitserde Typ 0	5,5 - 6,5	-
Einheitserde Typ VM	5,5 - 6,5	1,0 - 1,5 g/l ENS
Einheitserde Typ P	5,5 - 6,5	1,5 - 2,0 g/l ENS
Einheitserde Typ T	5,5 - 6,5	2,5 - 3,0 g/l ENS
Einheitserde Typ ED 73	5,5 - 6,5	2,0 - 2,5 g/l ENS + Plantosan 4 D
Hortensienerde „blau"	3,5 - 4,5	2,5 - 3,5 g/l ENS + Spuren + Aluminiumsulfat
Hortensienerde „rot, rosa, weiß"	6,0 - 6,5	2,5 - 3,0 g/l ENS + Kalk + Phosphat + Eisen
Poinsettienerde	6,0 - 7,0	1,5 - 2,5 g/l ENS + Plantosan 4 D + Molybdän
Primelerde	6,0 - 7,0	1,5 - 2,0 g/l ENS + Eisen
Cyclamenerde	5,5 - 6,5	1,5 - 2,5 g/l ENS + Plantosan 4 D
Spezialsubstrat GS 90 für geschlossene Systeme	5,5 - 6,5	1,5 - 2,0 g/l ENS (N verstärkt als Nitrat), wahlweise mit bis zu 15 % Styropor
Container-Erden in Typen		mit Plantosan 4 D + Plantocote 8 M

Fruhstorfer Erden (→) werden z. Zt. in 18 verschiedenen Variationen angeboten.

Tab. 23: Formulierungen von Floraton

Typ	N	P_2O_5	K_2O	MgO	Salz in g/l
Anzuchterde	100 - 200	100 - 200	100 - 200	80 - 120	0,8 - 1,3
Topferde	200 - 300 langsamfließend	150 - 250	250 - 350	100 - 150	1,5 - 2,3
Vermehrung	50 - 100	50 - 100	50 - 100	80 - 120	0,5 - 1,0
Ebbe-Flut und Dünnschicht	150 - 250	100 - 200	200 - 300	100 - 150	1,1 - 1,6

Einnährstoffdünger

Einnährstoffdünger sind Dünger, die im wesentlichen nur einen Nährstoff, z.B. Stickstoff, Phosphor, Kali oder Magnesium als Hauptnährelement enthalten. Daneben können aber noch Begleitstoffe wie Calcium in Stickstoff- und Phosphordüngern oder Magnesium in Kali- und Kalkdüngern enthalten sein. Auch können z.B. Sulfate, Chlor, Natrium oder Silicium als Nebenbestandteile in Einnährstoffdüngern vorkommen.

Die Düngemittelverordnung (→) zählt die typischen Stickstoff-, Kali-, Phosphat, Magnesium- und Schwefeldünger zu den Einnährstoffdüngern. Sie spielen eine größere Rolle bei der Düngung nach Bodenanalyse, wenn nur bestimmte Nährstoffe fehlen. Eine sehr große Bedeutung haben sie aber auch bei Substratkulturen, die mit Einzelnährstoffen über sogenannte A-B-Bak-Verfahren (→) gedüngt werden.

Einnährstoffdünger können mineralische oder organische Dünger (Hornspäne (→), Knochenmehl (→)) sein. Die organischen Einnährstoffdünger werden nach der Düngemittelverordnung von 1991 (→) aber den „organischen Düngern" und nicht den Einnährstoffdüngern zugerechnet.

Eisen (Fe)

Schwermetall. Kation Fe^{++} und Fe^{+++}. Eisen ist mit 4,2 % am Aufbau der festen Erdrinde beteiligt.

Eisen im Boden

Der größte Teil des Eisens kommt eingebaut im Kristallgitter zahlreicher Mineralien wie Hornblenden, Augiten, Oliven und Biotit vor. Außer in diesen primären Mineralien kommt es auch in verschiedenen sekundären Mineralien wie Goethit, Hämatit, Fe-Phosphaten, Fe-Karbonaten und Fe-Sulfiden vor. Die Sorptionskomplexe vermögen das Eisen sehr stark zu binden.

Der Gehalt an löslichem Eisen im Boden ist gering. Außer in stark sauren Böden wird freies Fe meist schnell wieder als sekundäres Eisenmineral ausgefällt, zunächst noch mit guter Mobilisierbarkeit. Die mobilen Fraktionen (austauschbares und wasserlösliches Eisen) sind in gut durchlüfteten Böden mengenmäßig belanglos. Fe^{3+} ist in größeren Mengen nur in sehr sauren Böden existent. Dort wird es durch mikrobielle Tätigkeit wesentlich stärker mobilisiert als in alkalischen.

Die Pflanze greift aber auch Reserven an. Die Komplexverbindungen, meistens Chelate, die das Eisen mit organischen Molekülen eingehen kann, schützen es vielfach vor Ausfällung. Eisen ist am besten im sauren Bereich bis pH 4,5 pflanzenverfügbar. Im alkalischen Bereich und bei hohen Phosphatgehalten wird es festgelegt. Für die Eisenversorgung der Pflanzen ist nicht der Eisengehalt des Bodens an sich wichtig, sondern die Mobilitätsverhältnisse des Eisens.

Eisen in der Pflanze

Von der Pflanze wird Eisen als Fe^{++} und Fe^{+++}, aber auch als Chelatmolekül aufgenommen. Die Eisenkonzentration der Bodenlösung ist sehr gering (abgesehen von sehr sauren Böden). Es liegt vorwiegend in gebundener Form (Oxide, Hydroxide, Phosphate, Carbonate) vor. Man nimmt darum an, daß die Pflanzenwurzeln selbst Chelate ausscheiden, um die Eisenaufnahme zu ermöglichen bzw. zu verbessern. Nur etwa 10 % des aufgenommenen Eisens bleiben in der Pflanze wasserlöslich oder sorbiert, etwa 80 % sind als Fe^{3+} in den Chloroplasten an Eiweiß gebunden.

Die Eisenaufnahme und der Eisentransport in der Pflanze können durch die konkurrierende Wirkung anderer Schwermetalle sehr stark gehemmt werden. Dies geschieht umso mehr, je stärker diese Elemente zur Chelatbildung neigen. So wird der Eisen-Mangel, der zur Eisenchlorose führt, durch die verschiedenen Schwermetalle in der nachfolgenden Reihenfolge verstärkt: Cu > Ni > Co > Zn > Cr > Mn. Besonders Kupfer hemmt also die Fe-Aufnahme und Fe-Verfügbarkeit.

Für die Verhältnisse in der Praxis sind aber weniger Ionenkonkurrenzen als Ausfällungs- und damit Festlegungsprozesse des Fe im Boden von Bedeutung. In der Pflanze ist Eisen nicht besonders beweglich, weshalb es kontinuierlich aufgenommen werden muß. Es wird aus den älteren Blättern nicht in die jüngeren verlagert, darum zeigt sich Eisen-Mangel zunächst auch immer in den jüngeren Blättern. Aufgenommenes Eisen wird bevorzugt in die wachsenden Organe transportiert. Ausgewachsene, chlorotische Blätter erholen sich deshalb auch bei Eisenzufuhr nur sehr schwer, wenn überhaupt, weil dort kein Wachstum mehr stattfindet.

Die Ausfällung von Eisensalzen und damit die Festlegung erfolgt nicht nur im Nährmedium, sondern kann auch noch in den Leitbahnen der Pflanze erfolgen. Daher kann es trotz hoher Gesamtgehalte an Eisen in der Pflanze zu Eisen-Mangel kommen. Der Gehalt an Eisen in den Pflanzen liegt bei 50 - 1.000 ppm (Spinat über 3.000 ppm). Blätter haben einen höheren Gehalt als die Wurzeln.

Antagonismus - Synergismus

Eisen-Mangel kann durch hohe pH-Werte, Calcium-, Phosphor-, Mangan-, Kupfer- und Zink-Überdüngung hervorgerufen werden *(Abb. 43)*. Nitrat-Düngung behindert und Ammonium-Ernährung begünstigt die Eisenaufnahme durch die Pflanze. Ursache ist die physiologische Reaktion der beiden N-Formen, d. h. die Veränderung des pH-Wertes an der Pflanzenwurzel.

Die Festlegung und Verwertbarkeit von Eisen durch die erwähnten Elemente findet nicht nur im Boden, sondern auch noch innerhalb der Pflanze statt.

Funktion des Eisens

Eisen selbst kommt nicht im Blattgrün vor, ist aber zu 80 - 90 % in den Chloroplasten festgelegt und als Katalysator für die Blattgrünbildung verantwortlich. Bei Eisen-Mangel geht die Zellteilung zurück.

Eisen hat auch eine wichtige Funktion für die Atmung und ist an der Nitrat-Reduktion beteiligt. Viele Funktionen beruhen auf seiner Fähigkeit zum Valenzwechsel (Wechsel der Wertigkeit) Fe^{2+} zu Fe^{3+}. Es hat dadurch Bedeutung für die Elektronenabgabe und -aufnahme.

Eisen-Mangel und Mangelsymptome

Eisen-Mangel tritt bei pH-Werten über 6,5 auf und äußert sich in Form von Chlorosen an jungen Blättern, wobei die Blattadern zunächst grün bleiben *(Abb. 44)*. Bei starkem Mangel werden die Blätter weißlich, später treten Nekrosen auf. Der Wuchs ist geschwächt, die Blüten sind klein und blaß. Die Wurzel ist kurz, braungefärbt und hat viele kurze Seitenwurzeln.

Eisen-Mangel wird ausgelöst durch

- zu hohen pH-Wert auf alkalischen Böden und bei zu stark aufgedüngten Substraten. Auch die Verwendung von zu hartem Wasser kann durch Anheben des pH-Wertes Eisen-Mangel induzieren;

- Überschuß von Schwermetallionen im Boden bzw. im Substrat, so z.B. von B, Co, Cr, Cu, Mn, Ni, Zn, wodurch die Eisenaufnahme, der Fe-Transport in der Pflanze und die Verwertung gehemmt wird. Dieses kann im Freiland bei Verwendung von Müllkompost mit zu hohen Schwermetallgehalten und bei Substraten bei der Verwendung von Rindenhumus mit sehr hohen Mangan-Gehalten ausgelöst werden. Auch Zink spielt in diesem

Abb. 43: Induzierter Eisenmangel (Chlorosen) und Nekrosen durch überhöhte Zink-Gehalte

Foto: Gossow

Abb. 44: Eisenmangel an Rhododendronblättern

Werkfoto: Jost

Zusammenhang eine bedeutende Rolle. Zink-Überschuß (häufig vorkommend) kann zu induziertem Eisen-Mangel führen;

- Kationen-Ungleichgewichte ganz allgemein, wenn sie mit absolut oder relativ niedrigen Eisen-Gehalten einhergehen;
- zu hohe Phosphat-Gehalte. Es bildet sich Fe^{3+}-Phosphat, wodurch das Eisen nicht mehr pflanzenverfügbar ist;
- zu hohe Nitratgehalte in den Pflanzen. Im Boden blockieren Nitrate durch Erhöhung der pH-Werte die Eisenaufnahme;
- niedrige Temperaturen, kühles, regnerisches Wetter in Verbindung mit mangelnder Lichtintensität („Schlechtwetterchlorose"). Besonders gefährdet sind Pflanzen, die während des Kulturverlaufs zeitweilig niedrigen Temperaturen ausgesetzt sind (Hortensien, Primeln, Azaleen, Eriken, Brunfelsien, Gerbera usw.) und alle Pflanzen, die zur Induktion eine Kühlphase benötigen);
- Staunässe, bei Bodenverdichtung und Bodenverschlämmung infolge von O_2-Mangel und CO_2-Anreicherung im Boden bzw. Substrat.;
- Trockenheit. Dann tritt Eisen-Mangel besonders in Erscheinung;
- hohe Luftfeuchtigkeit im Gewächshaus und dadurch verminderte Transpiration;
- zu rasches Wachstum der Pflanzen - häufig bei hoher Lichtintensität ohne genügende Eisenaufnahme;
- Hemmung des Wurzelwachstums und damit verminderter „Kontaktaufnahme" (→ Eisen im Boden).

Eisen-Überschußsymptome

Wenig spezifische toxische Schäden bei sehr hoher Konzentration auf sehr sauren Böden. Durch Eisen-Überschuß kann Mangan-Mangel auftreten. Bei Eisen-Überschuß sind die Blätter dunkel- bis blaugrün gefärbt, das Sproß-, Blatt- und Wurzelwachstum ist stark gehemmt. Die Wurzeln verfärben bräunlich. In schweren Fällen vertrocknen die Blätter, noch bevor eine Verfärbung eintritt. Manchmal lassen die Symptome auf Phosphat-Mangel schließen. Zu viel Eisen führt zu einer Phosphatblockierung. (→ Mangan-Mangelsymptome)

Gehalte und Grenzwerte

In Substraten gelten Werte von 5-50 mg Eisen/l Substrat als optimal. Bei Blatt- und Pflanzenteilanalysen gelten Fe-Gehalte zwischen 50 und 700 ppm in der Trockensubstanz als optimal. *Tab. 24* nennt für einige Hauptkulturen Optimalbereiche.

Eisen im Gießwasser

Im Gießwasser sollten Gehalte von 1 - 2 mg/l Wasser nicht überschritten werden. 3 mg/l sind bereits zu hoch. Enthält das Wasser gleichzeitig Mangan, liegt der obere Grenzwert bei 5 mg/l für die Summe der Eisen- und Mangan-Gehalte. Werden Blüten und Blätter benetzt, so sollte weniger als 1 mg/l Eisen enthalten sein, da sich ansonsten braune Flecken bilden können, die das Aussehen der Pflanzen beeinträchtigen. Bei mehr als 5 mg Eisen/l kann zuviel Eisen in die dreiwertige, unlösliche Form übergehen und Leitungen und Düsen verstopft sowie Scheiben durch Spritzwasser verschmutzt werden.

Die Düngung mit Eisendüngern

Es ist hervorzuheben, daß die verschiedenen Eisendünger ganz unter-

Tab. 24: Optimalbereiche für den Eisengehalt in Substraten (in ppm in der Trockensubstanz) für einige Hauptkulturen

Kultur	ppm Fe	Kultur	ppm Fe
Saintpaulien	70 - 320	Azaleen	50 - 150
Elatior-Begonien	80 - 390	Chrysanthemen	20 - 750
Cyclamen	150 - 550	Fuchsien	95 - 335
F_1-Pelargonien	120 - 340	Gerbera	80 - 130
Sinningia	70 - 150	Pelargonium zonale	110 - 580
Pelargonium peltatum	120 - 225	Petunia	40 - 700
Hibiscus	60 - 75	Hortensien	85 - 115
Impatiens Neu-Guinea	160 - 890	Kalanchoe	75 - 200
Poinsettien	100 - 300	Primula	75 - 155

schiedliche Wirkungen haben, die sehr stark vom pH-Wert abhängen. In verschiedenen Versuchen am Institut für Bodenkunde und Pflanzenernährung der Fachhochschule Weihenstephan wurde dies bei Gloxinien, Calceolarien und *Scaevola* nachgewiesen.

Gloxinien:

Hier hatte Fe-EDDHA die beste Wirkung gegen die Chlorose, führte aber gleichzeitig schon bei niedrigster Konzentration zu Nekrosen und ist deshalb für Gloxinien nicht geeignet. Fe-EDTA erzielte wegen des pH-Wertes über 6,0 (6,6) eine absolut unzureichende Wirkung. Nach fünfmaliger Anwendung zeigte Fe-DTPA und Fe-Flavonoid eine zufriedenstellende Wirkung.

Calceolarien:

Hier wirkte Fe-EDDHA schon in niedriger Konzentration sehr gut. Keine ausreichende Wirkung zeigten dagegen Fe-EDTA und Fe-DTPA. Mit Fe-Flavonoid kam es bei Spritzbehandlungen zu Nekrosen.

Scaevola:

Bei *Scaevola* hatte Fe-EDDHA die beste Wirkung und führte bei Gießbehandlung schon in niedriger Konzentration zu schnellem und vollständigem Wiederergrünen. Etwas langsamer, aber auch gut wirkte Spritzen mit Fe-EDDHA und Gießen mit Fe-Flavonoid. Spritzen mit Fe-Flavonoid hatte überhaupt keine, alle anderen Eisen-Chelate keine befriedigende Wirkung.

Generell wurde keine bessere Aufnahme von Chelaten über das Blatt beobachtet. Man darf also bei Eisen-Mangel nicht irgendeinen Eisendünger nehmen, sondern muß sich nach dem pH-Wert und der Pflanzenart richten.

Eisen kann über die Wurzel und über das Blatt aufgenommen werden. Die Aufnahme über die Wurzel und die Düngung über den Boden ist die gebräuchlichste Form der Eisendüngung. Hier sind aber all die Punkte zu beachten, die als Gründe für Eisen-Mangel aufgeführt wurden. Dabei kann man davon ausgehen, daß chelatisierte Eisendünger teilweise vor Festlegung im Boden geschützt sind. Die Ausbringung über das Blatt dürfte, wenn überhaupt, nur zur Behebung absoluter und schnell zu korrigierender, akuter Eisen-Mangelsymptome angewendet werden. Die Blattapplikation ist fast immer mit der Gefahr von Verbrennungen verbunden. Blattspritzungen nie bei direkter Sonneneinstrahlung durchführen. Sicherer ist die Gießbehandlung, wobei auf die Blätter gelangte Lösung sofort mit klarem Wasser abgebraust werden muß.

Auch die vorbeugende Beimischung von Eisendünger in die Substrate ist eine immer zu empfehlende Maßnahme. Besondere Aufmerksamkeit ist auch bei der Hydrokultur der Eisendüngung zu widmen.

Die Analyse der Eisengehalte

Bei auftretendem Eisen-Mangel wird die Suche nach der Ursache des Eisen-Mangels durch die Vielfalt der Ursachen von Eisen-Mangel erschwert. Fast nie ist bei Eisen-Mangelchlorosen absoluter Eisen-Mangel die Ursache. Das macht auch den Einsatz von Substrat- und Bodenanalysen so schwierig. Trotz sehr hoher Eisengehalte im Substrat kann es zu Eisen-Mangel in den Pflanzen kommen.

Aber auch die Untersuchungsmethoden sind sehr unvollkommen. Bisher ging man davon aus, daß die im EDTA-Extrakt bestimmten Eisenmengen auch pflanzenverfügbar seien. Heute weiß man, daß dieses nicht der Fall ist. Bestimmt man den Eisengehalt in Wasser und nicht im EDTA-Extrakt, so gibt der gefundene Wert, der um das 100fache niedriger liegt, den pflanzenverfügbaren Fe-Gehalt an. Aber auch hier bildet Eisen-Flavonoid (Optifer) eine Ausnahme und wird nur ungenügend erfaßt. Blattanalysen führen ebenfalls je nach Analysenmethoden zu sehr unterschiedlichen, wenig aussagekräftigen Werten.
(→ Boden-/Substratanalysen-Methoden)

Eisendünger/ Eisenchelate

Wichtig ist es zu wissen, daß die verschiedenen Eisenchelat-Dünger je nach pH-Wert eine sehr unterschiedliche Wirkung haben. *Tab. 25* nennt Chelatbildner, die bei verschiedenen pH-Werten eingesetzt werden können.

Das Fe-EDDHA scheint gegenüber Zink sehr stabil zu sein. Die Stabilität von Fe-EDDHA ist größer als die von Zn-EDDHA. Das heißt, Zn kann das Fe nicht aus der Chelatbindung verdrängen, Eisen bleibt also pflanzenverfügbar. Zink-Chelate auf Basis von DTPA und EDTA sind dagegen stabiler als Eisenchelate in dieser Form. Daher verdrängen sie Eisen aus der Chelatbindung, und dieses ist nicht mehr absolut pflanzenverfügbar.

Es ist zu beachten, daß die EDDHA-Chelate UV-lichtempfindlich sind. Die UV-Strahlung führt zu beschleunigtem Zerfall der Chelatbindung. Darum müssen die Chelate sofort eingearbeitet werden. Stammlösungen mit EDDHA dürfen nur in lichtundurchlässigen Behältern angesetzt und müssen mit schwarzer Folie abgedeckt werden.

Nährlösungen für Hydrokulturen, die EDDHA-Dünger enthalten, wegen möglicher Oxidation nicht öfter als 2 - 3 mal täglich umwälzen.

Zu den EDDHA-Eisen-Düngern gehören Basafer, Ferroaktiv 6 % Fe, Flory 72 Fe, Folicin DD, Librel Eisen Spezial und Sequestren 138 Fe.

DTPA-Fe-Chelate sind Natriumsalze. Natrium ist nicht sehr pflanzenverträglich und kann in Nährlösungen von Hydro- und Steinwollkulturen zu Problemen führen. Zu den DTPA-Düngern gehören Fe-Biotrissol, Ferrogan 330 Fe, Fervent, Flory 73 Fe, Gabi Mikro Fe und Nutralite.

In den Niederlanden ist jetzt unter dem Namen Multi-Fer mit 6 % Fe ein natriumfreies Fe-DTPA-Chelat auf den Markt gekommen. Durch neue Fabrikationsmethoden ist es gelungen, Natrium

Tab. 25: Chelatbildner für den Einsatz bei unterschiedlichen pH-Werten

Chelatbildner	Bezeichnung	Formel	für pH-Bereich
DTPA	Diäthylentriaminpentaessigsäure	$C_{14}H_{23}O_{10}N_3$	bis 7,5
EDDHA	Äthylendiamin-di(o-hydroxyphenyl)essigsäure	$C_{16}H_2OO_6N_2$	bis 10,0
EDDHMA	Äthylendiamin-di-(o-hydroxy-p-methylphenyl)essigsäure	$C_{20}H_{24}O_6N_2$	4 - 10
EDTA	Äthylendiamintetraessigsäure	$C_{10}H_{16}O_8N_2$	bis 6,0
HEEDTA	Hydroxy-2-äthylendiamintriessigsäure	$C_{21}H_{26}O_6N_2$	bis 7,0
Flavonoid			bis 8,0

durch Ammonium zu ersetzen. Dieses wird durch die Pflanze aufgenommen und häuft sich nicht im Gießwasser an.

Zu den HEEDTA-Düngern gehören Algofer, Ferroaktiv 9 % Fe, Flory 7 Fe und Terraflor Fe 9.

Zu den EDTA-Düngern gehören Fetrilon 13 %, Flory 71 Fe, Hamofer, Librel Eisen, Terraflor Fe 9 flüssig und Terraflor Fe 13.

Zu den EDDHMA-Düngern gehören Bolikel, Fe-Biotrissol Boden.

Zu den organischen Eisendüngern gehören Combilignat-Fe.

Zu den Flavonoid-Düngern gehört Optifer.
(→ Chelate)

Eiweißstoffe

Eiweiß ist die Grundsubstanz der lebenden Zelle (Plasmaeiweiß) und auch Reservestoff. Es ist ein Gemisch organischer Verbindungen, deren einfache Formen (Proteine) aus zahlreichen Aminosäuremolekülen aufgebaut sind (→ Aminosäuren). Das Eiweißmolekül besteht aus:

50 %	Kohlenstoff	C
25 %	Sauerstoff	O
7 %	Wasserstoff	H
16 %	Stickstoff	N
1 - 2 %	Schwefel	S

Einige Eiweiße enthalten auch noch Phosphor sowie Stickstoff in Form von NH_4. Gegenüber Kohlenhydraten und Fetten zeichnet der Stickstoffgehalt die Eiweiße aus.

Da Roheiweiß 16 % N enthält, ist die Bestimmung der Gehalte leicht möglich:

N-Gehalt x 6,25 = Roheiweißgehalt.

Mensch und Tier sind auf Nahrungseiweiß angewiesen, die Pflanze bildet sich ihr Eiweiß selbst.
(→ Aminosäuren, Stickstoff)

Ektodesmen
(→ Blattdüngung)

Emissionen

Die aus Haushalten und Industrieanlagen ausgestoßenen, festen und gasförmigen Bestandteile bezeichnet man als Emissionen. Sie breiten sich in der Luft aus und können an anderer Stelle als Immission auf die Umwelt niedergehen. Damit nehmen sie auch Einfluß auf das Pflanzenwachstum. Da in der Luft eine Verdünnung eintritt, ist die Emission immer stärker als die Immission. Für beide, Emission und Immission, existieren gesetzlich festgelegte Grenzwerte, die als MEK- bzw. MIK-Werte bezeichnet werden. Für jede schädliche chemische Verbindung wurde ein Grenzwert festgelegt. (→ Grenzwerte, Immissionen, Schadstoffe, Schwefel)

Ensan

(→ Dauerdünger - d) Stickstoffstabilisatoren)

Entkeimen von Nährlösungen

(→ Nährlösungs-Desinfektion)

Enzyme

Enzyme oder Fermente sind Biokatalysatoren aus Protein. Ein Katalysator ermöglicht den Ablauf einer chemischen Reaktion, ohne daß er bei der Reaktion verbraucht wird. Das gilt auch für die Enzyme. Sie ermöglichen die vielen chemischen Prozesse unter vergleichsweise milden Bedingungen, d. h., es müssen keine extremen Temperaturen, Drucke oder H-Ionenaktivitäten vorliegen. Die Enzyme steuern den Zellstoffwechsel nicht nur quantitativ, sondern auch qualitativ. Die Pflanzenzelle unterscheidet sich in dieser Hinsicht wesentlich von der chemischen Technik.

In der Zelle laufen zahlreiche - bis zu 1.000 - verschiedene chemische Reaktionen ab. Meistens benötigt jede dieser Reaktionen ihr eigenes spezifisches Enzym. Die Anzahl der verschiedenen Enzyme ist noch nicht zu überblicken. Es sind schätzungsweise 1.000, von denen man heute etwa 800 (z.B. Proteinase für Protein-, Amylase für Stärke-, Lipase für Fett-spaltende Enzyme; Pepsin, Katalase u. a.) kennt. Die International Enzyme Commission hat jedem Enzym eine Klassifizierungsnummer zugeteilt, durch die es eindeutig identifiziert werden kann.

Enzyme beschleunigen durch katalytische Aktivierung des Substrates (Stoff, der von den Enzymen angegriffen wird) den sonst unter Normalbedingungen langsamen Reaktionsablauf erheblich. Vitamine sind häufige Bestandteile der Enzyme. Enzyme sind optimal wirksam für Abbau und Aufbau in unterschiedlichen pH-Bereichen, bei Anwesenheit von bestimmten organischen Ionen und Abwesenheit von Hemmstoffen (z.B. Blausäure, Schwermetalle).
(→ Fermente, Katalysator, Vitamine)

Erden

(→ Einheitserde, Substrate für Topfpflanzen, Torfkultursubstrate, Zuschlagstoffe zu Substraten)

Erhaltungskalkung

(→ Kalkung)

Erhitzung

(→ Nährlösungs-Desinfektion)

Ertragsgesetze

Die Pflanzen wachsen nach bestimmten Gesetzmäßigkeiten, die als Ertragsgesetze formuliert worden sind. Sie kennzeichnen den Zusammenhang zwischen Düngung und Ertrag.

Minimumgesetz

Das **„Minimumgesetz"** ist weithin bekannt. Es bestimmt wesentlich die Betrachtungsweise der Pflanzenernährung in der Praxis. Nach ihm ist die Ertragshöhe von dem im Minimum vorhandenen Nährstoff abhängig. Bildlich dargestellt wird dieses durch die bekannte „Minimumtonne" mit unterschiedlich langen Dauben. Der Wasserstand in der Tonne kann nie höher sein, als dieses die kürzeste Daube zuläßt. Dieses Minimumgesetz wurde 1855 von Justus von Liebig für Nährstoffe aufgestellt und von Mitscherlich auch auf andere Wachstumsfaktoren ausgeweitet. Das heißt, nicht nur der in niedrigster Konzentration vorhandene Nährstoff, sondern auch einer der im Minimum vorhandenen Wachstumsfaktoren wie Licht, Temperatur, Feuchtigkeit, CO_2 usw. bestimmt die Ertragshöhe *(Abb. 45)*.

1895 modifizierte Liebscher das „Minimumgesetz" zum **„Optimumgesetz"**. Das heißt der Minimumfaktor ist um so stärker ertragswirksam, je mehr die anderen Faktoren im Optimum sind.

Aber auch der Überschuß eines Nährstoffes nimmt Einfluß auf den Ertrag durch Ertragsminderung. Das veranlaßte A. Voisin zur Verkündigung des **„Maximumgesetzes"**.

Abnehmender Ertragszuwachs/ Mitscherlich-Gesetz

Erträge können nicht beliebig durch Düngung gesteigert werden. Dieses erkannte Eilhard Mitscherlich und formulierte das „Wirkungsgesetz der Wachstumsfaktoren", das man auch „Gesetz vom abnehmenden Ertragszuwachs" nennt. Danach erhöht sich unter gegebenen Bedingungen (Bodenart, Klima, Wasserversorgung, Humusgehalt)

Abb. 45: Gesetz vom Minimum (Justus von Liebig), „Minimumtonne" Grafik: Kali und Salz GmbH

der Ertrag durch beliebig steigende Düngermengen nicht linear und proportional zur Düngermenge, sondern der Zuwachs verringert sich langsam. Das heißt, bei gleichmäßig steigender Düngung wird der Ertragszuwachs immer geringer. Es ergibt sich graphisch dargestellt eine immer flacher werdende Kurve („Mitscherlich-Kurve") für den Ertragszuwachs. Die erste Düngereinheit (DE) bringt beispielsweise 50 % des möglichen Ertrages, die zweite DE 25 %, die dritte DE 12,5 %, die vierte DE 6,25 % usw. Die Ausnutzung der Bodendüngung ist demnach bei niedrigen Düngermengen gut. Sie nimmt mit steigender Nährstoffzufuhr ab und bringt im flacher werdenden Kurvenauslauf unrentable Werte.

Ab einem bestimmten Punkt (z.B. durch Bodenversalzung) nimmt der Ertrag sogar wieder ab. Dies gilt unter gleichbleibenden Bedingungen. Verbesserungen in der Produktionstechnik z.B. verändern nicht den typischen Kurvenverlauf, heben diesen jedoch auf ein etwas höheres Niveau.

Ökonomisches Optimum der Düngung

Düngung ist nur innerhalb gewisser Grenzen rentabel. Je preiswerter der Dünger ist, desto weiter dehnt sich die Grenze für rentable Düngung nach oben hin aus.

Es gibt auch eine Untergrenze rentabler Düngung. Schon die Ausbringung geringer Düngermengen lohnt den Aufwand nicht mehr, wenn z.B. auf sehr schlechten Böden, die von Natur aus nur einen Minimalertrag erwarten lassen, angebaut werden würde. Höhere Düngung würde zu einem weiteren Verlust durch die entstehenden Kosten für den Dünger führen.

Die maximale Verzinsung des finanziellen Aufwandes für die Düngung ergibt sich häufig im niedrigen Bereich, also bei mäßiger Düngung. Der maximale Reingewinn pro Fläche ist die wichtigste Rentabilitätsgröße. Hier führt eine Steigerung des Düngeraufwandes zu fast proportionaler Ertragssteigerung.

Die Obergrenze der rentablen Düngung liegt dort, wo trotz Ertragszuwachs die steigenden Düngerkosten nicht mehr dem steigenden finanziellen Ertrag entsprechen. Höhere Düngung führt dann trotz steigender Erträge zu einem finanziellen Verlust.

Eutrophierung

Eutroph kommt aus dem griechischen und bedeutet „nährstoffreich". Unter Eutrophierung versteht man in der Ökologie die Nährstoffanreicherung von Grund- und Oberflächenwasser. Vor allem stehende Oberflächengewässer tendieren zu einer natürlichen Eutrophierung. Zwischen Produzenten (Plankton, Algen, Wasserpflanzen) und Verbrauchern (Fische) muß ein Gleichgewicht bestehen.

Wird Phosphat oder Stickstoff ins Wasser eingetragen, kommt es zu einer Überproduktion organischer Substanz durch die Massenvermehrung der Produzenten. Das System gerät ins Ungleichgewicht und das Wasser eutrophiert. Der Sauerstoffverbrauch steigt, es kommt dadurch zu einer O_2-Verarmung des Gewässers, das Wasser „kippt" und fault. (→ Auswaschung, Phosphor und Umwelt)

FZ Fachliteratur

Hier wird nur Fachliteratur für den erwerbsmäßigen Anbauer aufgeführt:

ALEXANDER, DR. A., Düsseldorf, u. a., Bundesarbeitskreis Düngung, Frankfurt/Main: Spuren- und Sekundärnährstoffe im Pflanzenbau, Verlag Schaab & Co GmbH, Düsseldorf

ALT, DIETER: Düngen in der Baumschule, TASPO-Praxis Nr. 17, Thalacker Verlag, Braunschweig, 136 Seiten, 19,- DM

AMBERGER, ANTON: Pflanzenernährung, Uni-Taschenbücher 846, Eugen Ulmer Verlag, Stuttgart, 4. Auflage 1996, 300 Seiten, 34,80 DM

BERGMANN, PROF. DR. AGR. HABIL. WERNER, Jena: Ernährungsstörungen bei Kulturpflanzen - Entstehung und Diagnose, Gustav Fischer Verlag, Stuttgart, 3. Auflage 1993, 835 Seiten, 198,- DM

BERGMANN, WERNER: Farbatlas Ernährungsstörungen bei Kulturpflanzen, 2. Auflage 1986, 306 Seiten, 72,- DM

BLUME, HANSPETER: Handbuch des Bodenschutzes, 2. Auflage 1992, 794 Seiten, 148,- DM

BUCHNER, ANTON und STURM, HELLMUT: Gezielter düngen, DLG-Verlags GmbH Frankfurt/Main, 1979

DUNST, GERALD: Kompostierung, 2. Auflage 1992, 160 Seiten, 29,80 DM

EHLERS, WILFRIED: Wasser in Boden und Pflanze, 280 Seiten, 78,- DM

EISENHUT, M.: Bodenfibel, 1. Auflage 1989, 96 Seiten, 29,80 DM

EVERS, GÜNTER, Bad Salzuflen, Düngemittel für den Gartenbau - Gehalte - Eigenschaften - Anwendung, Balster Einheitserdewerk GmbH Fröndenberg, 1995, 278 Seiten

FINK, ARNOLD: Dünger und Düngung, VCH Verlagsgesellschaft mbH, Weinheim, 2. Auflage 1992, 488 Seiten, 95,- DM

FINK, ARNOLD: Pflanzenernährung in Stichworten, Verlag Ferdinand Hirt, Kiel, 5. Auflage 1991, 200 Seiten, 32,- DM

GEBHARD, SABINE; DOMKE, OTTO; HACK, GABRIELE; Straelen, Landwirtschaftskammer Rheinland, Fachinformation „Optimale Bewässerungssteuerung - Tensiometereinsatz in der Praxis"

Gütegemeinschaft Rinde und TASPO-Redaktion: Rindenprodukte für den Gartenbau, TASPO-Praxis Nr. 1, 2. Auflage 1988, Thalacker Verlag, Braunschweig, 136 Seiten, 15,- DM

HAIDER, KONRAD: Biochemie des Bodens, Enke Verlag, Stuttgart, 1. Auflage 1996, 174 Seiten, 58,- DM

HAMPL, ULRICH: Gründüngung, 120 Seiten, 34,- DM

HEMPLER, DR. K.: BAD Frankfurt, Bundesarbeitskreis Düngung, Schaab & Co GmbH, Düsseldorf

HEYDER, GERHARD: Boden und Düngung im Garten, 1. Auflage 1996, 112 Seiten, 24,80 DM

HOHENBERGER, E.: Boden, Kompost und Düngung, 1. Auflage 1994, 80 Seiten, 24,80 DM

KRETSCHMANN, KURT u. a.: Mulch total, 160 Seiten, 26,- DM

KUNTZE, NIEMANN, ROESCHMANN, SCHWERDTFEGER: Bodenkunde, 5. Auflage 1994, Uni-Taschenbücher, Verlag Eugen Ulmer, Stuttgart, 424 Seiten, 58,- DM

Lehr- und Versuchsanstalt für Gartenbau Hannover-Ahlem, Düngen im Zierpflanzenbau, TASPO-Praxis Nr. 16, 2. Auflage 1992, Thalacker Verlag, Braunschweig, 152 Seiten, 18,- DM

MENGEL, PROF. DR. KONRAD, Gießen: Ernährung und Stoffwechsel der Pflanze, 5. Auflage 1978, Gustav Fischer Verlag, Stuttgart - New York

MÜLLER, RENATE: Hydrokultur, 188 Seiten, 19,80 DM

OPITZ, KARL-HEINZ: Hydrokultur, 63 Seiten, 14,80 DM

PENNINGSFELD, F.: Die Ernährung im Blumen- und Zierpflanzenbau, Paul Parey Verlag, Berlin - Hamburg, 1982

QUAST, PETER: Düngung, Bewässerung und Bodenpflege im Obstbau, 1. Auflage 1986, 231 Seiten, 68,- DM

REEKER, K. und SPRINGER, L.: Die Torffibel, Verlag Paul Parey, Berlin - Hamburg, 1972

RÖBER/SCHALLER: Pflanzenernährung im Gartenbau, Verlag Eugen Ulmer, Stuttgart, 3. Auflage 1985, 352 Seiten, 98,- DM

SCHARPF, PROF. DR. H. CH., LVG Hannover-Ahlem, und WEHRMANN, PROF. EM. DR. JÜRGEN, TU Hannover: Fachgerechte Stickstoffdüngung, AID-Heft 1017/1991

SCHEFFER/SCHACHTSCHABEL: Lehrbuch der Bodenkunde, 13. Auflage 1992, Verlag Ferdinand Enke, Stuttgart, 491 Seiten, 76,- DM

SCHLICHTING, E.; BLUME, H.P.; STAHR, K.: Bodenkundliches Praktikum, 2. Auflage 1995, 295 Seiten, 58,- DM

Schriften zur Förderung des Gartenbaues: Im Detail: Düngung und Substrate, 96 Seiten, 24,- DM

SCHROEDER, D. und BLUM, W.: Bodenkunde in Stichworten, 2. Auflage 1992, 176 Seiten, 37,- DM

SEITZ, H. U.; SEITZ, U.; ALFERMANN, W.; Tübingen: Pflanzliche Gewebekultur, Gustav Fischer Verlag, Stuttgart - New York, 1985

SEITZ; PAUL: Kompost und Boden, 1. Auflage 1994, Franckh-Kosmos, 156 Seiten, 19,80 DM

STADELMANN: Bodenökologie, 1. Auflage 1990, 317 Seiten, 36,- DM

VIEHAUSEN, DR. ERNST: Erfolgreiche Grunddüngung und Kalkung, 5. Auflage 1990, Landwirtschaftliche Beratungsstelle Thomasdünger, Düsseldorf

WEIER, ULRIKE, LVG Hannover-Ahlem: Tagungsband Komposttag 29. August 1996

WEINHOLD, SCHARPF, HAUKE, BIEKER, PEITMEIER, STÖPPLER-ZIMMER, GOTTSCHALL, BUCHER, SCHENK: „Substratentwicklung auf Kompostbasis", Abschlußbericht August 1996.

FZ Fe

(→ Eisen)

FZ Fe-EDDHA, Fe-EDTA, Fe-DTPA

(→ Eisen - Die Düngung mit Eisendünger; Eisendünger/Eisenchelate)

FZ Feldkapazität

(→ Bodenwasser)

FZ Fermentation

(→ Substratkomponenten und ihr Einfluß auf die Düngung - Rindenhumus)

Fermente
(→ Enzyme)

Ferroaktiv
(→ Eisen - Die Analyse der Eisengehalte)

Fertigation

Unter Fertigation versteht man die gemeinsame Zuführung von Wasser und Dünger über Tropfsysteme zur Einzelpflanze, also eine Tropfbewässerung mit Düngung.
(→ Bewässerungsdüngung, Tröpfchenbewässerung)

Fertisal
(→ Leitfähigkeit gebräuchlicher Dünger für die Flüssigdüngung, Nitrat - Nitrit - Ammonium - Problem)

Fert-O-Ject
(→ Düngeautomaten/Düngerbeimischer/Düngermischer - ungeregelte Düngerdosiergeräte)

Festlegung, Fixierung, Immobilisierung von Nährstoffen

Unter Festlegung versteht man die Umwandlung mobiler oder leicht mobilisierbarer Nährstoffe in schwermobilisierbare, nicht pflanzenverfügbare Ionen. Vor allem Kalium und NH_4 werden sehr leicht in den Schichtpaketen des Tons fixiert (eingeklemmt, festgelegt). Man unterscheidet zwischen Trocken- und Naßfixierung.

Bei der Trockenfixierung trocknen die Tonminerale sehr stark ein und klemmen die in den Zwischenschichten eingelagerten K-Ionen so stark ein, daß sie nicht mehr pflanzenverfügbar sind. Bei Durchfeuchtung weiten sich die Schichtpakete wieder und geben die K-Ionen teilweise wieder frei. Dieses trifft vor allem für Böden mit Montmorillonit-Anteilen zu. Eine Trockenfixierung kommt im Freiland kaum vor.

Bei der Naßfixierung dagegen werden die in den Zwischenschichten eingelagerten K-Ionen auch bei reichlicher Durchfeuchtung nicht wieder freigegeben. Diese Fixierungsart findet vornehmlich bei Illit und Kaolinit, die bei Durchfeuchtung nicht quellen, statt. Trockene Böden können doppelt so viel Kali fixieren wie feuchte.

Bei der Festlegung unterscheidet man zwischen einer kurzfristigen und einer langfristigen Nährstoffestlegung. Bei der kurzfristigen Nährstoffsperre werden verfügbare, mineralische Nährstoffe vorübergehend von Mikroorganismen des Bodens in ihren Zellen gespeichert und für die Aufnahme durch die Pflanzenwurzeln blockiert. Dies trifft vor allem auf Stickstoff zu. Es gibt aber auch Phosphat-, Sulfat- und Sauerstoff-Sperren. Bei der langfristigen Festlegung werden Nährstoffe in Huminstoffe eingebaut und dadurch unbeweglich, sie sind auf Dauer gesperrt.

Fixierung kann sich positiv auswirken, weil sie die Nährstoffe vor Auswaschung schützt, aber auch negativ, sobald durch Fixierung Nährstoffmangel eintritt. Phosphate können festgelegt werden, wenn sie als schwerlösliche Fe-, Al- oder Ca-Salze ausgefällt werden. Stickstoff, Phosphor und Schwefel können durch biologischen Einbau in die Körpersubstanz der Mikroorganismen festgelegt werden. Unter N-Fixierung oder Stickstoff-Fixierung versteht man die Überführung des molekularen Stickstoffs der Atmosphäre durch die Tätigkeit der Mikroorganismen in eine organische Bindung. (→ Absorption, Anionen-Austausch, Auswaschung, Bakterien, Humus, Immobilisierung, Kali, pH-Wert, Sorption, Ton)

Fetrilon
(→ Eisen - Die Analyse der Eisengehalte, Substratkomponenten und ihr Einfluß auf die Düngung - fermentierter Rindenhumus)

Fette

Echte Fette sind organische Bestandteile des Pflanzenkörpers, die in Zeiten hoher photosynthetischer Leistung gebildet und als Reservestoffe in den verschiedensten Organen, in größeren Mengen jedoch nur in Samen und Früchten einiger Pflanzenfamilien gespeichert werden.

Besonders fettreiche Pflanzen (bzw. fettreiche Früchte) sind: Sojabohnen, Erdnüsse, Oliven, Kokosnüsse u.a. Dort können die Fette 70 % der Trockensubstanz ausmachen.

Die Zusammensetzung des Ausgangsstoffes Fett hängt von der jeweiligen Pflanzenart ab. Im Durchschnitt enthalten die Fette 76 % Kohlenstoff, 12 % Wasserstoff und 12 % Sauerstoff. Fette sind in Wasser unlöslich, dagegen löslich in Schwefelkohlenstoff, Äther, Alkohol, Benzin und Tetrachlorkohlenstoff.

Feuchte-Controller
(→ Bodenfeuchtmessung, Tensiometer)

Feuchtefühler
(→ Tensiometer)

Feuchtemessung
(→ Bodenfeuchtemessung)

Flachsschäben
(→ Zuschlagstoffe zu Substraten)

Flavonoid
(→ Eisen - Die Analyse der Eisengehalte)

Fließmatte
(→ Anstaubewässerung/-düngung)

Fließrinnen
(→ Anstaubewässerung/-düngung)

Floranid
(→ Dauerdünger - c) langsamfließende Stickstofform, Isobutylidendiharnstoff)

Floraton
(→ Einheitserde)

Flory
(→ Eisen - Die Analyse der Eisengehalte, Leitfähigkeit gebräuchlicher Dünger für die Flüssigdüngung, Nitrat-Nitrit-Ammonium-Problem)

Fluor (F)

Schwach gelbgrünes Gas mit stechendem Geruch. Fluor ist das reaktionsfähigste aller chemischen Elemente. Außer mit Gold, Silber und Platin verbindet es sich mit allen Elementen. In der Natur kommt Fluor nur gebunden vor. Seine wichtigsten Verbindungen sind Flußspat und Kryolith. Für das Pflanzenwachstum ist es kein unbedingt notwendiges Element. In der pflanzlichen Trockensubstanz kommt es mit 2 ppm (0,1 - 30 ppm) vor. In Teeblättern wurden bis zu 400 ppm in der Trockensubstanz gefunden. Fichtennadeln werden schon bei einem Gehalt von 20 ppm geschädigt.

Von der Pflanze kann der gasförmige Fluorwasserstoff (HF) über die Blätter aufgenommen werden und zu erheblichen Schädigungen führen. In Industriegebieten ist oft mit relativ hohen atmosphärischen Fluorwasserstoffgehalten zu rechnen. Da sich Fluor-Verbindungen in der Luft wesentlich langsamer verteilen als andere Gase, werden sie oft über größere Entfernungen transportiert und schädigen Pflanzen noch weit vom Entstehungsort entfernt. Die Aufnahme von Fluor über den Boden ist sehr gering und erreicht selten toxische Werte.

Fluor-Schäden

Fluor kann Chlorosen, Nekrosen und Wuchshemmungen verursachen. Bei Aufnahme von Fluor durch die Wurzeln zerfallen die Chloroplasten und ihre Neubildung wird gehemmt durch Beeinflussung der Enzyme, es kommt zu Wuchshemmungen und verstärkter Atmung. Hohe Fluorgehalte hemmen die Wasseraufnahme und führen zu Welke. Schnittblumen, vor allem Zwiebelblumen (Gladiolen, Iris), sind besonders empfindlich. Schäden zeigten sich auch bei Nelken, Rosen und Chrysanthemen (Sortenunterschiede!). Bei hohen pH-Werten wird Fluor festgelegt. Hoher Phosphat-Gehalt fördert die Fluor-Aufnahme.

Fluor im Gießwasser (Fluorierung des Trinkwassers) hat auch schon zu Schäden an Pflanzen geführt. Schadbild: Die Blätter von Bäumen wölben sich löffelförmig, die jungen Blätter haben ein zerknittertes Aussehen. Charakteristisch sind scharf abgegrenzte, braune Ränder gegenüber der noch grünen Blattspreite. Pflanzen hellen auf und die Endknospen sterben ab. Bei längerer Einwirkung gehen die Pflanzen ganz ein. Bei Gemüse und Blumen bilden sich auf den Blättern Spitzen- und Randchlorosen, die unter Ausweitung auf die Blattmitte nekrotisch werden.

Fluor-Schäden gleichen häufig Trokkenschäden und werden darum in Trockenjahren häufig übersehen. Da die Schadsymptome sehr unterschiedlich sind, kann letztlich nur eine Blattanalyse Aufschluß über F-Überschüsse geben. Durch Aufkalkung auf einen pH-Wert über 6,5 kann der Schaden gemindert bzw. aufgehoben werden.

Fluor kann durch Hochmoortorf (bis zu 4 ppm), Perlite (bis zu 17 ppm) und Superphosphat (bis zu 1000 ppm) auch in gärtnerische Unterglaskulturen gelangen.

Schäden sind auch zu erwarten, wenn fluoridiertes Stadtwasser (in Deutschland noch nicht zugelassen) als Gießwasser verwendet wird. Die Fluorierung (Anreicherung des Trinkwassers mit Fluor) beugt dem Kariesbefall von Kindern bis zum 15. Lebensjahr vor. Fluor kommt in Spuren im Zahnschmelz vor. 1mg F pro Tag fördert die Zahnhärte, Mangel verstärkt Karies.

FZ Flüssigdünger

(→ Dünger, Leitfähigkeit gebräuchlicher Dünger für die Flüssigdüngung)

FZ Formaldehyd-Harnstoff

Ureaform-N. Ureaform ist die älteste der synthetisch-organischen Stickstoff-Verbindungen. Die Ureaformen haben einen kaltwasserunlöslichen Anteil von 33 % (langsamwirkend), ein weiteres Drittel ist kaltwasserlöslich (schnellwirkend), der Rest ist heißwasserunlöslich (sehr langsam bis überhaupt nicht wirksam). Die Stickstoff-Anfangswirkung (kaltwasserlöslicher Anteil) erfolgt verhältnismäßig schnell. Die gesamte N-Ausnutzung ist mit etwa 30 % aber sehr niedrig. In Versuchen waren Ureaformen anderen N-Formen immer unterlegen.

(→ Dauerdünger - c) langsamfließende Stickstofform - c3) Harnstoff-Formaldehyd)

Formiat-Methode

(→ Boden-, Substratanalysen-Methoden)

Frequency Domain-Methode

(→ Bodenfeuchtemessung)

Fruchtstippe

(→ Calcium - Calcium-Mangel)

Fruhstorfer Erde

Es gibt verschiedenen Typen von Fruhstorfer Erden. Ihre wichtigsten Merkmale sind in *Übersicht 8* genannt.
(→ Einheitserde)

Fulvosäuren

(→ Huminsäuren, Humusstoffe)

Übersicht 8: Typen von Fruhstorfer Erde

Typ	Ton in %	Torf in %	Sonstiges in %	N mg/l	P_2O_5 mg/l	K_2O mg/l	pH-Wert
Typ P	35	50	15 Rindenhumus	100 - 200	100 - 200	200 - 300	5,5 - 6,5
Typ T	35	50	15 Rindenhumus	250 - 350	250 - 350	300 - 500	5,5 - 6,5
Typ Null	40	60		20 - 40	20 - 40	40 - 60	5,0 - 6,0
Typ LD 80	35	50	15 Rindenhumus	3 kg Langzeitdünger	ja	ja	
Typ L	25	30	25 Rindenhumus 20 Styromull	100 - 200	100 - 200	200 - 300	5,5 - 6,5
Typ N	25	30	25 Rindenhumus 20 Perlite	250 - 350	250 - 350	300 - 500	5,5 - 6,5
Typ P 25	25	75		100 - 200	100 - 200	200 - 300	6,0 - 6,5
Aussaat	20	60	20 Perlite	80 - 120	80 - 120	100 - 150	5,0 - 6,0
Stecklinge	15	50	35 Styromull	80 - 120	80 - 120	100 - 200	5,0 - 5,5
Typ P Plus	35	50	15 Rindenhumus	150 - 250	150 - 250	250 - 350	5,5 - 6,5
Typ EP	15	55	15 Perlite 15 Kokosfaser	100 - 200	80 - 150	150 - 250	6,0 - 6,5
Container	15	55	15 Reisspelzen 15 Kokosfaser	150 - 250	150 - 250	250 - 350	5,5 - 6,5
Typ Puri	25	40	25 Rindenhumus 10 Reisspelzen	150 - 250	150 - 250	300 - 450	5,5 - 6,5
Primel	35	50	15 Rindenhumus	100 - 200	100 - 200	200 - 300	6,0 - 6,5
Poinsettien	15	65	20 Perlite	100 - 200	100 - 200	200 - 300	6,0 - 6,5
Hortensien rot	35	50	15 Rindenhumus	200 - 300	200 - 300	300 - 500	6,0 - 6,5
Hortensien blau	40	60		200 - 300	150 - 250	300 - 500	3,5 - 4,5
Cyclamen	20	50	15 Rindenhumus 15 Kokosfaser	100 - 200	100 - 200	250 - 350	5,5 - 6,5

Gabi Plus

(→ Leitfähigkeit gebräuchlicher Dünger für die Flüssigdüngung)

Gare

Ein „garer" Boden besitzt die richtige Krümelstruktur, die den Austausch von verbrauchter, kohlensäurehaltiger Bodenluft gegen sauerstoffreiche, atmosphärische Luft erleichtert *(Abb. 46)*. Ein garer Boden ist gekennzeichnet durch ein reges Bakterienleben, er ist federnd, locker, dunkel, mit guter Krümelung und hat einen typischen Erdgeruch. Die Struktur ist stabil und wird bei Sonne und starken Niederschlägen nicht zerstört. In Laubwäldern und unter Grasbewuchs stellt sich eine natürliche Gare ein.

Ein ungarer Boden ist verdichtet und verschlämmt *(Abb. 47)*. Die Atmungstätigkeiten der Pflanzenwurzeln und der Mikroorganismen des Bodens sind herabgesetzt. Die kohlensäureangereicherte Bodenluft führt zu Schäden des Bodenlebens. Auch Staunässe verhindert einen guten Gare-Zustand.

Die entsprechenden Maßnahmen, einen guten Zustand der Krümelstruktur herbeizuführen, gaben den verschiedenen Garen auch ihren Namen:

Humusgare:

Durch die Zufuhr von Humus (Kompost) wird die Voraussetzung für eine gute Gare (Krümelstruktur) geschaffen. Gefördert wird das Mikroorganismenleben, der Regenwurmbesatz, der Luft- und Wasserhaushalt, das Sorptions- und Pufferungsvermögen, die Bodenerwärmung und -atmung.

Frostgare:

Durch grobscholliges Bearbeiten und Durchfrierenlassen des Bodens im Winter.

Schattengare:

Durch Mulchen oder Pflanzenbewuchs (Gründüngung) wird ein Verdichten und Verschlämmen vermieden.

Bearbeitungsgare:

Durch richtige Bodenbearbeitung (Hakken statt feinem Fräsen), Tiefenlockerung, richtiges Gießen usw. wird die Krümelstruktur gefördert.

Kalkgare:

Durch richtiges Kalken wird die Krümelstruktur gefördert. Eine schwache Branntkalkgabe, im Frühjahr in die obere

Abb. 46: „Garer" Boden mit guter Krümelstruktur Werkfoto: Düngekalk

Abb. 47: Gareloser Boden verschlämmt. Bei Austrocknung bilden sich Schrumpfrisse Werkfoto: Düngekalk

Bodenschicht eingearbeitet, fördert für einige Monate die Krümelbildung.

In garen Böden sind die Nährstoffverfügbarkeit und die Nährstoffaufnahme durch optimale Bodenverhältnisse und die Bildung von bodenbürtigem CO_2 immer besser als in nicht garen Böden.

Garezerstörend wirken: Verdichtung, Verschlämmung, Staunässe und Übernässung, Bodenversauerung, falsche Bodenbearbeitung, falsche Fruchtfolge, Düngung mit stark natriumhaltigen Düngern wie Natronsalpeter oder Kalirohsalzen (Peptisation).

Geschichte der Düngung und Pflanzenernährung

(→ Personen)

Geschlossene Matte

(→ Anstaubewässerung/-düngung)

Gesteinsmehl/ Urgesteinsmehl

Bodenhilfsstoff. Das Quarzporphyrmehl aus vortertiären Gesteinen mit hohem Kaligehalt in leicht löslicher Form leistet einen wichtigen Beitrag zur Kaliversorgung im biologischen Anbau.

Inhaltsstoffe sind

70	- 73	%	SiO_2
13	- 17	%	Al_2O_3
7	- 8	%	K_2O
0,05	- 3	%	CaO
0,4	- 0,7	%	MgO
0,3	- 0,33	%	Na_2O
0,05	- 0,1	%	P_2O_5
0,25	- 1,3	%	FeO_3

außerdem die Elemente B, Co, Cu, Mn, Mo, Ni, Zn u. a.

Gesteinsmehl wirkt als natürliche Erneuerungssubstanz für stark beanspruchte Böden sowie anregend und regulierend auf normal beanspruchte Böden. Es stabilisiert die Krümelstruktur, verbessert den Wasserhaushalt und die Verfügbarkeit der Nährstoffe, aktiviert das Bodenleben und fördert die Humusbildung. Durch seine basische Reaktion wirkt es der Bodenübersäuerung entgegen.

Anwendung: In die oberen Bodenschichten einbringen oder während der Kultur auf taunasse Pflanzen streuen. In Gewächshäusern bei Erstanwendung 15 - 45 kg/100 m^2, im Gemüsebau 25 - 50 kg/100 m^2, im Obstbau pro Baum 5 - 25 kg. Gesteinsmehl ist auch zur Kompostbereitung gut geeignet.

Gesteinswolle

(→ Steinwolle, Zuschlagstoffe zu Substraten)

Gesundungskalkung

(→ Kalkung)

Getreide

(→ Gründüngung)

GEWA

(→ Düngeautomaten / Düngerbeimischer/Düngermischer - ungeregelte Düngerdosiergeräte)

Gewebevermehrung, Nährlösungen für Gewebevermehrung

(→ in vitro-Nährlösungen)

Gewichte im Zusammenhang mit der Düngung

(→ Maße und Gewichte)

Gibberelline

Phytohormone, die in allen höheren Pflanzen zu finden sind und das Zellstreckungswachstum fördern. Sie werden in jungen Blättern, in unreifen Früchten und in den Wurzeln gebildet. Sie nehmen allein und im Zusammenwirken mit den anderen Phytohormonen einen vielfältigen Einfluß auf Wachstumsprozesse wie das Längenwachstum, die Zellstreckung, -teilung und -differenzierung, Induktion, Keimung, Samenruhe, Apikaldominanz, Winterruhe u. a.
(→ Phytohormone)

Gießwassermengen in Gartenbaukulturen

Die benötigten Gießwassermengen für optimales Wachstum in Gartenbaukulturen sind sehr unterschiedlich und abhängig vom Freiland- oder Unterglasanbau, von Jahreszeit und Klima, Bodenart und Substratbeschaffenheit, Bewässerungssystemen, Art der Schattierung, Pflanzenart und -größe, Topf- oder Containerart und anderen Faktoren. Darum können alle in *Tab. 26* genannten Werte nur als grobe Richtwerte dienen.

Wasserbedarf (Freiland)

Grundsätzlich ist bei der Berechnung der benötigten Wassermengen zwischen Recycling-Anlagen (Überschußwasser wird zurückgeführt) und nicht recycelten Anlagen zu unterscheiden. Das Speichervolumen in Recycling-Anlagen muß wesentlich geringer sein als für eine Kultur ohne Recycling.

Es genügt in der Regel ein Wasserspeicher von 1.000 m^3/ha oder ein Flächenanteil von 4 % an der Kulturfläche für die Erstellung eines Teiches oder Folienbeckens.

Recycling-Anlagen stellen geschlossene Systeme dar. Sie bestehen grundsätzlich aus der Stellfläche für die Kultur, dem Wasserspeicher und der Pumpstation. Zusätzlich können noch Filteranlagen, Auffang- und Absetzbecken sowie Kläranlagen hinzukommen.

In recycelten Anlagen liefern Niederschlagswasser und rückgeführtes Dränwasser 93 und 97 % des gesamten Wasserbedarfs.

Berechnung des Wasserbedarfs für das Freiland

Ohne Recycling:

m^3/Jahr =
Kulturfläche in m^2 x Faktor 2,5
in Gebieten mit Sommerregen
(mit maritimem Klima),
sonst Faktor 2

Tab. 26: Durchschnittlicher Wasserbedarf je ha Grundfläche

Sparte	Wasserbedarf in m^3/ha Grundfläche
Zierpflanzenbaubetriebe	5.000 m^3
Einzelhandelsgärtnereien	3.800 m^3
Mehrspartenbetriebe	3.000 m^3
Gemüsebaubetriebe	2.500 m^3
Baumschulbetriebe	2.500 m^3

Mit Recycling:

m^3/Jahr =
Kulturfläche in m^2 x Faktor 6
in Gebieten mit Winterregen (mit kontinentalem Klima), sonst Faktor 10

Wasserbedarf in Unterglaskulturen

Topfpflanzen

Der Wasserverbrauch ist je nach Bewässerungssystem sehr unterschiedlich. Ganz allgemein rechnet man unter Glas mit einem Wasserverbrauch von 1,5 bis 2 m^3/m^2/Jahr. Wassersparende Systeme wie Rinnenbewässerung, Ebbe-Flut-Bewässerung oder Steinwollkulturen kommen mit einer um 40 % reduzierten Wassermenge gegenüber Sandanstau aus.

Der Papierrecyclingtopf hat beispielsweise einen um 40 % höheren Wasserbedarf als der Kunststofftopf. Das liegt an der größeren Verdunstung durch die Topfwandung, die es beim Kunststofftopf nicht gibt.

Der Jahres-Wasserverbrauch bei Topfpflanzen hängt ab von:

- der natürlichen Einstrahlung (Sonnenscheindauer)
- der Höhe der Gewächshaustemperatur
- der Art und Dichte der Schattierung
- der Art der Kultur
- der Art der Töpfe (Kunststoff-, Ton-, Papierrecyclingtopf)
- der Art der Bewässerung (Sand, Matte, Glasfaser, Ebbe-Flut, Rinne, Tropf usw.), offenem oder geschlossenem Bewässerungssystem
- der Einstellung und Regelung der Bewässerung
- der Nutzungsdauer der Kulturfläche (Leerflächenzeiten)

1994 machte Dr. Molitor, Geisenheim, Angaben zum Wasserverbrauch in Topfpflanzenbetrieben *(Tab. 27)*.

In den Niederlanden gibt es sehr exakte Daten über den Wasserverbrauch für Topfpflanzen. Da in den meisten Betrieben verschiedene Bewässerungssysteme gleichzeitig betrieben werden, wurde der Verbrauch für verschiedene Systeme gemittelt *(Tab. 28)*.

Für die reine Bewässerung im Topfpflanzenbau werden im Mittel verschiedener Bewässerungssysteme etwa 0,5 m^3 Gießwasser pro m^2 und Jahr benötigt.

Dr. Mackroth, Geisenheim, hat Messungen zu verschiedenen Kulturen und Bedingungen gemacht und kommt zu Verbrauchswerten wie sie in *Tab. 29* wiedergegeben sind.

Auf Grund dieser Messungen geht Dr. Mackroth im Winterhalbjahr (Okt. - März) von Durchschnittswerten für alle Kulturen von 1 l/m^2/Tag aus. Im Som-

Tab. 27: Wasserverbrauch in Topfpflanzenbetrieben (nach Molitor, Geisenheim, 1994)

Bewässerungssysteme	Liter/m^2 Kulturfläche
Offene Bewässserungssysteme	1000 - 2400
Sensorgesteuerte Impulsgießwagen	800 - 2000
Tropfbewässerung	700 - 1600
Geschlossene Systeme	400 - 800

Tab. 28: Jahreszeitlich unterschiedlicher Wasserverbrauch in niederländischen Betrieben

Monate	**l/m²**	**x**	**Tage**	**=**	**l**
Januar, Februar/November, Dezember	0,5	x	130	=	65 l
März/Oktober	1,0	x	60	=	60 l
April/September	1,5	x	60	=	90 l
Mai/August	1,8	x	60	=	108 l
Juni, Juli	2,2	x	60	=	132 l
	Gesamt			=	455 l

Tab. 29: Wasserumsatz (Verbrauch) von unschattierten Topfpflanzen

	Kultur	**Zeit**	**Wasserumsatz ($l/m^2/Tag$)**
Maximalumsatz	alle unschattierten Topfpflanzen	Mai/Juni	5
bei schlechter Einstellung und enger Kultur	Pelargonien	Mai 1988	6
Minimalwert	Cyclamen Mutterpflanzen (Samenträger)	November 86	0,35
Mittagspause	Topf-Chrysanthemen	Februar 12 - 13 Uhr	0,36 l/m^2/Std.
	Topf-Chrysanthemen	August 1982	1,33
	Elatiorbegonien	August 1982	1,25
	Poinsettien	August 1982	1,25
	Kalanchoe	August 1982	1,05
	Ficus benjamini	August 1982	1,05
Winterdurchschnitt			
unbedeckte Matte	Topf-Chrysanthemen	Dez. - März	1,13
Einzeltopf-Tropfer	Topf-Chrysanthemen	Dez. - März	0,76

merhalbjahr (April - September) sind es im Durchschnitt 2 - 3 l/m^2/Tag.

Der Jahresverbrauch pro m^2 Tischfläche liegt für alle unschattierten Kulturen bei 700 l/m^2/Jahr. Bei schattierten Kulturen ist der Verbrauch geringer!

Es gibt aber auch Unterschiede in der Wasseraufnahme innerhalb eines Bestandes. So lag der maximale Verbrauch im November/Dezember bei 1 l/m^2/Tag, der geringste Verbrauch bei 0,575 l/m^2/Tag und der Durchschnitt bei 0,793 l/m^2/Tag.

Dr. Witt, Bad Zwischenahn, gibt den Wasserbedarf bei Anstaubewässerung mit 1,7 bis 2,2 $m^3/100\ m^2$ Vorrat pro Bewässerungseinheit und bei Ebbe-Flut-System mit 0,8 bis 1,0 m^3 Vorrat pro Bewässerungseinheit an.

Der Wasserverbrauch bei Gießwagen üblicher Bauart beträgt 200 bis 400 l/ Stunde. Der Wasserverbrauch von Wasserhähnen beträgt bei einem Durchmesser von 1/2 Zoll etwa 3 m^3/Stunde, bei einem Durchmesser von 3/4 Zoll etwa 5 m^3/ Stunde.

Schnittblumen

Dr. Molitor, Geisenheim, gab 1994 für Schnittblumen einen Bedarf von 800 -

1.500 l/m² und Jahr an. Bei geschlossenen Systemen sinkt die Wassermenge auf 500 - 1.000 l/m², wobei in einem Wintermonat nur etwa 10 % der in einem Sommermonat benötigten Wassermenge verabreicht wird.

Erfahrungen für Rosen aus den Niederlanden:

Der Wasserverbrauch der Rosen ist direkt abhängig von der Gesamtenergieeinstrahlung des Tages (Licht, Heizung usw.) und sogar von der Sorte. Er beträgt bei einer Lichtsumme von 1 Kj/m² bei:

'Europa' = 2,7 l Wasser/m²

'Sonia' = 1,6 l Wasser/m²

Werden Rosen beheizt, so erhöht sich der Wasserbedarf pro m³ Erdgas und m² Hochglas um 2 - 3 l.

Für Gerbera macht Hans-Jörg Braunsmann, Herford, folgende Angaben:

„Der maximale Wasserbedarf der Gerberakultur beträgt je nach Bodenart 4 - 6 l/m²/Tag. Der Jahresverbrauch schwankt je nach Bodenart, Bewässerungssystem und Standdauer der Kultur zwischen 600 und 1.200 l Wasser/m²/Jahr."

Die Wassermenge pro Bewässerungsgang ist betriebs- und systemabhängig:

Tropfschlauch/
Tröpfchenbewässerung 1 - 2 l/m²

Düsenbewässerung 4 - 8 l/m²

Gemüsebau

Im Unterglasgemüsebau rechnet man mit einem Wasserbedarf wie in *Tab. 30* angegeben:

Tab. 30: Wasserbedarf verschiedener Unterglas-Gemüsekulturen

Kultur	l/m²/Tag	l/m²/Monat
Tomaten	1,5 - 3,5	45 - 105
Gurken	1,2 - 3,7	35 - 111
Bohnen	0,8 - 3,5	24 - 105
Paprika	2,0 - 3,9	60 - 117
Salat	0,5 - 2,5	15 - 75

Im Freilandgemüsebau rechnet man mit 300 m³/ha in 10 Tagen.

Der Regenwasserbedarf unterliegt starken Schwankungen entsprechend der Pflanzengröße, Bodenfeuchte, den Bewässerungssystemen sowie den klimatischen Bedingungen und der Bodenart *(Tab. 31)*.

Für die Frostschutzberegnung im Obstbau rechnet man mit 400 m³/ha in 10 Stunden.

Leichte Böden haben eine schlechtere Bewässserungseffizienz als schwere, weil aufgrund der schnelleren Versickerung das Wasser verloren geht. Unter Bewässerungseffizienz versteht man das Verhältnis zwischen dem zugeführten Wasser und dem Anteil der hiervon zur Auffüllung der pflanzenverfügbaren Bodenwassermengen genutzt wird. Wie *Tab. 32* zeigt, ist die pflanzenverfügbare Bodenwassermenge schwerer Böden deutlich

Tab. 31: Wasserbedarf gärtnerischer Kulturpflanzen

Kulturen	leichter Boden	mittlerer Boden	schwerer Boden
Feldgemüsebau	2000 m³/Jahr	1500 m³/Jahr	1200 m³/Jahr
Obst- und Weinbau	4000 m³/Jahr	3500 m³/Jahr	3000 m³/Jahr
Baumschulen	5000 m³/Jahr	4500 m³/Jahr	4000 m³/Jahr

höher als die leichter Böden. Darum müssen leichte Böden öfter bewässert werden als schwere.

Tab. 32: Pflanzenverfügbare Bodenwassermengen verschiedener Bodenarten

Bodenart	pflanzenverfügbare Bodenwassermenge (mm)
Grobsand	30
Mittelsand	55
Feinsand	80
lehmiger Sand	115
schluffiger Sand	140
sandiger Lehm	220
schluffiger Lehm	155
toniger Lehm	190
lehmiger Ton	165
lehmiger und schluffiger Ton	140

Tab. 33 nennt die monatlichen Niederschlagsmengen in Köln/Aachen und den monatlichen Verbrauch einer Unterglaskultur.

GZ Gießwasserqualität

Wasser macht 70 bis 95 % der Frischmasse einer Pflanze aus. Es wird, wie die in ihm enthaltenen Nährstoffe, über die Wurzel aufgenommen. Aufgenommen werden somit aber auch alle pflanzenschädigenden Stoffe bzw. zu hohe Gehalte an Nährelementen. Die Karbonathärte, die Leitfähigkeit, der pH-Wert und die enthaltenen Elemente nehmen Einfluß auf die Qualität des Wassers.

Ganz besonders kritisch ist die Wasserqualität seit Einführung hydroponischer Bewässerungsverfahren (→ Hydrokultur, NFT, Plant-Plane-Hydroponik) im Gartenbau zu bewerten. Bei Hydrokulturen, in Steinwoll-, Erdsack- und Dünnschichtkulturen und bei geschlossenen Bewässerungssystemen nimmt die Bedeutung der Gießwasserqualität zu.

Während bei der Erdkultur die Wirkung von Dünger und Wasser gepuffert wird, ist dieses bei erdelosen Kulturen in Wasser/Blähton oder Wasser/Steinwolle nicht mehr der Fall. Für erdelose Kulturverfahren werden bestimmte Mindest-

Tab. 33: Beispiel für die monatliche Niederschlagsverteilung und den monatlichen Verbrauch im Raum Köln-Aachener Bucht (Mittelwert 1951 - 1985)

Monate und Niederschläge in mm												
Jan.	Febr.	März	April	Mai	Juni	Juli	Aug.	Sept.	Okt.	Nov.	Dez.	Summe
52	43	53	48	66	67	76	87	56	49	61	60	718

Unterstellter Unterglasverbrauch in mm												
Jan.	Febr.	März	April	Mai	Juni	Juli	Aug.	Sept.	Okt.	Nov.	Dez.	Summe
20	40	50	90	100	110	130	130	90	75	40	25	900

Differenz: Niederschlag zu Verbrauch in mm												
Jan.	Febr.	März	April	Mai	Juni	Juli	Aug.	Sept.	Okt.	Nov.	Dez.	Summe
+ 32	+ 3	+ 3	- 42	- 34	- 43	- 54	- 43	- 34	- 26	- 21	+ 35	- 182

anforderungen an die Gießwasserqualität gestellt *(Tab. 34)*.

Werte zur Beurteilung der Gießwasserqualität

1 °dH = 10 mg CaO/l = 0,179 mmol CaO/l = 0,357 Säurekapazität

1 mmol/l Säurekapazität bis pH 4,3 = 2,8 °dKH (Karbonathärte)

1 mmol/l Summe Erdalkalien = 5,6 °dGH (Gesamthärte)

µS/cm (Leitfähigkeit) multipliziert mit 0,64 = mg Salz/l (berechnet als KCl)

°dGH multipliziert mit 30 = Leitfähigkeit (µS/cm), bedingt durch Härte.

Umrechnungsfaktoren für Gießwasseranalysen nennt *Tab. 35*.

Tab. 34: Grenzwerte für die Wasserqualität in unterschiedlichen Anwendungsgebieten

	Hydroponik nach Schröder	Azaleen nach Azerca Nord	Geschlossene Systeme	Topfpflanzen Erfahrungswerte
pH-Wert	5,0 -6,0	5,0 - 8,0	5,0 - 6,0	5,0 - 7,5
Gesamthärte		8 - 12 °dH		5 - 15 °dH
Karbonathärte	< 5 °dH	1 - 4 °dH	5 °dH	5 -10 °dH
EC-Wert	< 0,4 mS/cm * < 250 µS		< 720 µS < 250 µS**	
Gesamtsalze	< 250 mg/l	< 300 mg/l	< 450 mg/l	150 - 600 je nach Art und Salzverträglichkeit
Chloride	< 35 mg/l	< 40 mg/l	< 35 mg/l	20 - 60 mg/l
Sulfate	< 50 mg/l	< 300 mg/l	< 80 mg/l	40 - 100 mg/l
Nitrate	< 50 mg/l	< 5 mg/l	< 50 mg/l	> 40 mg/l muß bei der Düngung berücksichtigt werden
Ammonium		2 mg/l		> 2 mg/l auf die Düngung anrechnen
Eisen	< 0,5 mg/l	< 5 mg/l	< 1 mg/l	< 5 mg/l
Natrium	< 30 mg/l	< 30 mg/l	< 30 mg/l	< 40 mg/l
Kalium		< 5 mg/l		
Calcium		50 - 100 mg/l		< 150 mg/l
Magnesium		10 -15 mg/l		< 20 mg/l
Zink	< 0,35 mg/	0,2 mg/l	< 0,5 mg/l	< 0,25 mg/l
Bor	< 0,25 mg/l	0,2 mg/l		
Aluminium		0,03 mg/l		
Kupfer		0,3 mg/l		
Mangan	< 0,35 mg/l	0,3 mg/l		< 0,2 mg/l
Molybdän		0,1 mg/l		
Sulfat				< 120 mg/l
Sauerstoff	< 7 mg/l		< 7 mg/l	
Bromid	< 0,4mg/l			
Fluorid	< 1,5mg/l		< 1,5 mg/l	

* = 1 µS/cm = 0,64 mg Salz/l; 1 mS/m = 6,4 mg Salz/l.

** = bei Wasser für NFT-Kulturen, Aeroponik und Steinwollkulturen

Tab. 35: Umrechnungsfaktoren für Gießwasseranalysen

1 mmol/l	entspricht mg/l	1 µmol/l	entspricht mg/l	1 mmol/l	entspricht °dH
N	14,0	Fe	0,056	HCO_3	2,8°dKH
P	31,0	Mn	0,055	Ca + Mg	5,6°dGH
K	39,1	Zn	0,065		
Ca	40,1	B	0,010		
Mg	24,3	Cu	0,064		
Na	23,0				
Cl	35,5				

(→ Magnesium - Gehalte und Grenzwerte, Wasserenthärtung)

Gips

Calciumsulfatdünger mit 23 % Ca, $CaSO_4 \cdot 2\ H_2O$. Gips ist kein eigentlicher Kalk-Dünger. Er enthält keine Spurenelemente, an Nebenbestandteilen sind 18 % Sulfat enthalten.

Gips verbessert den Kalk-Zustand des Bodens, ohne den pH-Wert zu erhöhen. Dadurch wird die Zusammenlagerung der Tonteilchen (Flockung) und damit die Verbindung der Kolloidteilchen durch Ca-Belegung erreicht. Gips-Düngung kann besonders auf schweren Böden angebracht sein.

Eine besondere Rolle spielt die Gips-Düngung zur Melioration von Alkaliböden, weil das Natrium von den Austauschern verdrängt wird. Mit Gips wird teilweise auch bei Moorbeetpflanzen die Calcium-Versorgung sichergestellt, ohne daß sich der pH-Wert erhöht. Gips bildet in Wasser eine maximal 0,26 %ige Lösung. Infolge seiner geringen Wasserlöslichkeit ist er nur sehr langsam wirksam. Aufwandmenge:
20 - 100 kg/100 m^2
(→ Calciumsulfat)

Gipsblock
(→ Bodenfeuchtemessung)

GPS (Global Positioning System)

Ein satellitengestütztes System zur Ortsbestimmung. GPS wurde vom amerikanischen Verteidigungsministerium zur Steuerung von Lenkwaffen und zur Positionsbestimmung militärischer Fahrzeuge entwickelt. Nach Beendigung der politischen Spannungen zwischen Ost und West wurde es 1993 für die zivile und private Nutzung freigegeben. Seither hat es eine Vielzahl ziviler Anwendungsgebiete erobert. In der Landwirtschaft wird mit Hilfe von GPS die Düngung optimiert und die Reifegrade landwirtschaftlicher Kulturen überwacht.

Das Global Positioning System besteht aus 24 Satelliten, die, gleichmäßig auf sechs Bahnebenen verteilt, in 20.000 km Höhe in jeweils 12 Stunden einmal die Erde umkreisen. Diese mit Atomuhren ausgerüsteten GPS-Kunstmonde senden Mikrowellen aus. Überall auf der Erde können die Signale von mindestens vier, meist aber sieben Satelliten gleichzeitig empfangen werden. Aus dem Schnittpunkt der vier (bis sieben) Sichtlinien wird dann die Position im Koordinatensystem unseres Globus errechnet. Der Düngerstreuer z.B. kann auf einen Meter genau lokalisiert werden und gelangt dann computergesteuert zum Einsatz.

Mit Hilfe von GPS erfolgt die Feldgeographie. Mobile GPS-Einheiten, die zum

GPS-System gehören, umfahren die Feldstücke. Feldstücke und Feldformen werden dabei schnell und problemlos erfaßt. Der Bord-Computer projiziert den Schlagumriß auf den Monitor und unterteilt das Feld sekundenschnell in vorgesehene Teilflächen für die standortspezifische Bewirtschaftung. Die Teilstücke werden dokumentiert und bilden die Grundlage für die bedarfsgerechte Düngung der Teilflächen eines Ackerschlages. Von jeder Teilfläche wird eine Bodenanalyse gemacht, deren Ergebnisse in das Computersystem übertragen werden.

Das Global Positioning System erkennt exakt den Standort des Düngerstreuers und sorgt über ein elektronisches Dosiersystem für eine exakte und spezifische Düngung jeder Teilfläche.

1995 wurden bereits 300.000 t Klärschlamm satellitengesteuert teilflächenspezifisch auf Deutschlands Äckern ausgebracht.
(→ Düngerstreuer)

Granulat

Gekörnte Dünger und Pflanzenbehandlungsmittel (lat. granulum = Körnchen). Bei einigen Düngern bestimmt die Granulatgröße die Freisetzung der Nährstoffe. Je größer das Korn, desto langsamer fließt der Nährstoff. Granulate sind rund oder unregelmäßig geformt. Die runde Form ist am stabilsten gegen Druck, ergibt das höchste Raumgewicht und hat die geringsten Berührungsflächen, was gegen das Verhärten wirkt. Zu große Rollfähigkeit kann aber zu einer ungleichmäßigen Verteilung des Düngers führen.

Für Granulate ist zu fordern: In jedem Granulat die gleiche Nährstoffmenge, gleiche Granulatgröße je Produkt, auf die Verwendung abgestimmte Granulatgröße.

Gravimetrische Feuchtemessung

(→ Bodenfeuchtemessung)

Grenzwerte

Grenzwerte geben in der Pflanzenernährung die unteren, optimalen und oberen Grenzen der Nährstoffgehalte an. Grenzwerte teilt man ein in Werten zu:

A. Akutem Mangel

Deutlich sichtbare, typische Mangelsymptome, schlechtes Wachstum. Starke Ertragssteigerung durch Düngung.

B. Latentem Mangel

Nur latente (verborgene, äußerlich nicht sichtbare) Mangelsymptome. Scheinbar gutes Wachstum. Ertragssteigerung und Qualitätsverbesserung durch Düngung.

C. Optimaler Versorgung

Keine Mangelsymptome, bestes Wachstum und meist beste Qualität. Keine Ertragssteigerung durch Düngung.

D. Luxuskonsum

Keine Mangel- oder Überschußsymptome, aber unnötig starke Luxusaufnahme von Nährstoffen. Gutes Wachstum, aber innere Qualität z. T. verringert. Gefahr von zu hoher Salzkonzentration in Boden und Substrat.

E. Latenter Toxizität

Verringertes Wachstum durch störende, schwache Überschüsse.

F. Akuter Toxizität

Schadsymptome durch starke Überschüsse, schlechtes Wachstum und geringe Qualität. Starke Ertragsminderung. Gegenmaßnahmen sind erforderlich.

Darüber hinaus gibt es aus Umweltgründen auch Grenzwerte für Schwermetalle im Boden und Nitratgehalte in Boden und Grundwasser. Die ZEBS-Richtwerte (**Z**entrale **E**rfassungs- und **B**ewertungs**s**telle des Bundesgesundheitsamtes) schreiben zulässige Höchstmengen für Schwermetalle im Boden vor.

Grenzwerte gibt es auch bei den gesetzlich vorgeschriebenen MAK-Werten (**M**aximale **A**rbeitsplatz **K**onzentration).

Die MEK-Werte (**M**aximale **E**missions **K**onzentration) für Luftschadstoffe geben die Menge einer Substanz an, die noch an die Luft abgegeben werden darf.

Die MIK-Werte (**M**aximale **I**mmissions **K**onzentration) geben die maximale Schadstoffkonzentration der Luft an, die für Mensch, Tier und Pflanze unbedenklich ist.

In letzteren Fällen ist der Grenzwert ein gesetzlich festgelegter Höchstwert, dessen Überschreitung rechtliche Folgen hat.

(→ Emission, Immission, Wasser und Umwelt - Grenzwerte)

Grodanwolle

(→ Zuschlagstoffe zu Substraten)

Grunddüngung

(→ Düngung - Schnittblumen, Obstbau)

Gründüngung und Gründüngungspflanzen

Unter Gründüngung versteht man den gezielten Anbau von Pflanzen zur Einbringung in den Boden, um diesem leicht verrottbare, organische Substanzen und Stickstoff (Leguminosen) zuzuführen. Die Einbringung von Pflanzen in den Boden fördert das Bodenleben und verbessert die Bodenstruktur. Darüber hinaus mindert Bewuchs mit Pflanzen die Auswaschung von Nährstoffen und die Erosionsgefahr.

Die Gründüngung weist insgesamt folgende Vorteile auf:

- Verhinderung bzw. Verminderung der Nährstoffauswaschung (vor allem von Nitrat-Stickstoff);
- Mobilisierung der Nährstoffe des Untergrundes und Verlagerung in die Krume durch tiefwurzelnde Gründüngungspflanzen;
- Zufuhr von organischer Substanz (nicht immer);
- Zufuhr von Stickstoff bei Anbau von Leguminosen (Symbiotischer N-Gewinn von 30 - 200 kg N/ha und Jahr);
- Belebung der biotischen Aktivität des Bodens;
- Vermehrung des Porenvolumens und dadurch Erhöhung des Luftgehaltes des Bodens;
- Erhaltung und Verbesserung von günstigen physikalischen Eigenschaften des Bodens (Krümelbildung, Gare (→), Kapillarität, Sorptionsvermögen (→) und Pufferungsvermögen (→));

- Schutz des Oberbodens vor Erosion und Verschlämmung.

Während früher der Nährstoffgewinn (durch Anbau von Leguminosen) im Vordergrund des Interesses stand, ist es heute mehr die Verhinderung der Auswaschung, die Strukturverbesserung und die Verbesserung der biologischen Aktivität des Bodens. Gründüngung hat z.B. eine besondere Bedeutung bei der Belebung von sterilem Untergrund und Aushub.

Bei sehr stark strukturgestörten Böden ist eine Gründüngung als Vor- und Zwischenkultur über mehrere Jahre sinnvoll. Gründüngungspflanzen sollen kurz nach der Blüte flach eingearbeitet werden. Einigen Gründüngungspflanzen kommt auch eine erhebliche Bedeutung als Bienenfutter zu. Vor allem *Phacelia tanacetifolia* und Kleearten sind eine gute Bienenweide.

Gründünger benötigen zum optimalen Wachstum selbst eine mineralische Düngung. Dabei sind Leguminosen nicht unbedingt auf eine Stickstoffdüngung angewiesen *(Tab. 36)*. Zweckmäßig ist allerdings für die erste Wachstumsphase eine Startgabe von 10 - 20 kg Rein-N/ha zur Saat. Nichtleguminosen benötigen 60 - 120 kg Rein-N/ha. Des weiteren benötigen die Gründüngungspflanzen 40 - 80 kg P_2O_5/ha und 100 - 150 kg K_2O/ha.

Es sollte auch nicht übersehen werden, daß einige Gründüngungspflanzen einen erheblichen Kalkbedarf haben. So liegt der Kalkentzug bei *Phacelia* bei 350 kg CaO/ha. Die Ca-Versorgung der Leguminosen ist wichtiger als der pH-Wert. Bei hohen pH-Werten kann die Calcium-Versorgung mit Gips sichergestellt werden.

Leguminosen haben außerdem einen hohen Bedarf an Schwefel (dieser entspricht fast dem Phosphat-Bedarf). Da sehr viele Dünger Schwefel enthalten (→ Schwefel), ist eine direkte Düngung meist nicht erforderlich. Bei hohem pH-Wert ist bei Leguminosen auch der Bedarf an Bor hoch.

Bei Erstanbau von Leguminosen sollte die Saat eine Impfung mit Knöllchenbakterien erhalten. Hierzu geeignet ist Radicin von Jost, Iserlohn. Es gibt 8 verschiedene Bakteriengruppen, darum muß bei der Bestellung von Radicin unbedingt die Leguminosenart angegeben werden (→ *Bacterium radicicola*). Das Radicin wird in der Drillmaschine mit dem Saatgut vermischt und mit ausgesät.

Bei den Wurzeltiefgängen der *Tab. 37* handelt es sich um Annäherungswerte, die in Abhängigkeit von der Bodenstruk-

Tab. 36: Durchschnittliche Stickstoff-Mengen in einigen Leguminosen

	Stickstoff in kg Rein-N/ha		
	oberirdische Masse	**Ernterückstände**	**Gesamtmasse**
Im Zwischenfruchtanbau			
Gelbe Lupine	75	25	100
Erbse, Wicke, Bohne	50	30	80
Rotklee	65	70	135
Im Hauptfruchtanbau			
Rotklee	115	70	185
Steinklee	150	50	200
Luzerne	225	75	300

Tab. 37: Wurzeltiefgang einiger Gründüngungspflanzen

150 - 300 cm und mehr	80 - 150 cm	bis 80 cm
Lupine Steinklee Rotklee Sonnenblume	*Serradella* Ackerbohne Erbse Gelbklee Saatwicke *Phacelia* Stoppelrübe Senf, Raps Rübsen Ölrettich	Weißklee Inkarnatklee Zottelwicke Peluschke

Abb. 48: Gündüngung mit Ölrettich, der 80 bis 150 cm Wurzeltiefgang bringt Foto: Essig

tur und Bodenbearbeitung erheblich abweichen können *(Abb. 48)*.

Tab. 38 nennt bewährte Gründüngungspflanzen. Zur Verhinderung der Nitrat-Auswaschung ist vor allem Winterroggen eine sehr geeignete und preiswerte Gründüngungspflanze, da sie den ganzen Winter bis in den April hinein den Boden bedeckt und für eine gute Schattengare sorgt.

Auch in Schnittblumenbetrieben unter Glas ist eine Gründüngung im Winter angebracht, wenn die Flächen sonst leer stehen würden. Unter Glas verschiebt sich die Wachstums- und Aussaatzeit. Es müssen eigene Erfahrungen gesammelt werden.

Grundsätzliches zur Gründüngung

Da meist nur 2 - 3 Monate für den Gründüngungsanbau zur Verfügung stehen, sind die meisten Leguminosen weniger geeignet. Kreuzblütler, Gräser, *Phacelia* und Sonnenblumen sind dann vorteilhafter. Die gewählte Gründüngungspflanze sollte möglichst nicht aus der gleichen Pflanzenfamilie kommen wie die nachfolgenden Hauptkulturen. Ebenfalls sollte die Gründüngungspflanze nicht zum Wirtsspektrum einer aktuellen bodenbürtigen Krankheit oder eines Schädlings gehören.

Gründüngungspflanzen können bei guter Bestandsdichte das auflaufende Unkraut unterdrücken. Langsamwach-

Tab. 38: Bewährte Gründüngungspflanzen

Pflanzenart	Bodenart	Aussaatzeit	Wachstumszeit in Wochen	Saatgutmenge in kg/ha	Grünmasse in dt/ha
Süßlupine weiß	mittl.	IV - VIII	12 - 22	200 - 250	300 - 400
Süßlupine blau	mittl.	IV - VIII	12 - 22	180 - 190	300 - 400
Süßlupine gelb	mittl. pH 5,5 - 6,5	IV - VIII	12 - 22	160 - 190	300 - 400
Serradella	leicht.	III - VIII	12 - 22	30 - 50	200 - 400
Spörgel	leicht - mittl.	VII u. VIII	6 - 12	20 - 25	200 - 300
Senf	mittl. - schwer	III - VIII	6 - 12	15 - 20	300 - 400
Phacelia	alle Böden	III - VIII	10	12 - 18	300 - 500
Felderbse	mittl. feucht	V - VIII	10 - 12	160 - 200	200 - 350
LiHo-Raps	mittl. feucht	IV - VIII	10 - 13	15 - 30	200 - 300
Winterroggen	mittl.	bis IX	bis April	180 - 200	200 - 250

sende, z.B. Leguminosenarten, haben hier jedoch erhebliche Schwierigkeiten. Sie sind auch deshalb weniger empfehlenswert.

Normalerweise entstehen beim Gründüngungsanbau Saatgutkosten von bis zu 200,- DM/ha. Bei Leguminosen müssen jedoch 400,- bis 600,- DM angesetzt werden.

In regenarmen Gebieten ist eine trockenresistente Pflanzenart wie die Sonnenblume problemloser und sicherer im Anbau als andere Arten. Soll die Gründüngung über Winter stehen, so sind frostharte Arten wie Weidelgras, Roggen, Winterraps und einige Schmetterlingsblütler geeignet. Dieser Anbau ist vorteilhaft bei leichten Böden und kann insbesondere die oft beachtliche Nitratauswaschung weitgehend verhindern.

Gründüngungsbestände sollten einen Mindestaufwuchs von etwa 20 bis 30 cm haben. Saattermine und Bestandsdichte sind deshalb von großer Bedeutung. Ein Gründüngungsanbau erfordert im Durchschnitt einen Gesamtaufwand von rund 800,- DM/ha. Dem Aussaattermin kommt eine erhebliche Bedeutung zu *(Tab. 39)*.

Bei den relativ hohen Gesamtkosten von 800,- DM/ha (incl. Bodenvorbereitung und Ausbringung) sollten alle Faktoren stimmen.

Ende August ist generell der letzte Saattermin. Je früher ausgesät wird, desto besser, nur Roggen kann auch noch später gesät werden.

Getreide

Roggen oder auch Weizen sind als Gründüngungspflanzen geeignet. Getreide ergibt eine sehr gute Durchwurzelung und verbessert damit die Krümelstruktur. Bei Verunkrautung kann kostengünstig ein Bodenherbizid eingesetzt werden. An Saatgut wird bei Roggen etwa 150 kg/ha benötigt. Als Überwinterungsdüngung mit Hauptvegetationszeit im Frühjahr kann noch bis Anfang November mit erhöhter Saatgutmenge gesät werden. Eine flache Saat, nicht tiefer als 2 cm, auf ein abgesetztes Saatbeet ist vorteilhaft. Drillsaat ist zu bevorzugen, es kann aber auch breitwürfig gesät werden, wobei anschließend eingeeggt wird. Die Saatgutmenge wird dann um 15 - 20 % erhöht.

Weidelgräser

Zur Auswahl stehen Deutsches Weidelgras (Englisches Raygras), Einjähriges Weidelgras und Welsches Weidelgras (Italienisches Raygras). Weidelgräser sind auf allen guten Böden geeignet, bringen aber nur bei ausreichender Wasserversorgung die erwünschten hohen Wuchsleistungen. Deutsches und Welsches Weidelgras sind gut winterhart, so daß auch die Winterzeit genutzt werden kann. Aktuelle Saatzeiten gehen von April bis September. Das Saatbeet muß feinkrümelig sein. Gesät wird mit der Drillmaschine auf möglichst engen Reihenabständen (etwa 15 cm). Flache Saat ist Voraussetzung für das Gelingen. Aussaaten von Weidelgras benötigen eine kleine Stickstoffdüngung mit 40 - 60 kg N/ha. Bei der Sortenwahl sind die leistungsstar-

Tab. 39: Trockensubstanzbildung in dt/ha in Abhängigkeit vom Saattermin

Pflanzenart	Saattermin Mitte Juli	Saattermin Mitte August	Saattermin Ende August
Einjähr. Weidelgras	80	51	27
Ölrettich	80	55	31
Phacelia	68	43	36
Sonnenblumen	90	39	–

ken, tetraploiden Züchtungen zu beachten. Die Saatgutkosten liegen bei 150,- bis 200,- DM/ha. Der Vorteil des Gräseranbaues liegt vor allem in der starken Durchwurzelung des Bodens und dem positiven Einfluß auf die Krümelbildung und -stabilisierung. Zum Kulturende sind die Pflanzenreste sorgfältig einzuarbeiten. Lästiger Durchwuchs muß sonst notfalls mit einem Gräsermittel abgespritzt werden.

Sonnenblumen

Die Sonnenblume gehört zur Familie der Korbblütler und erlangt bei der Gründüngung eine zunehmende Bedeutung. Als Aussaattermin kommt die Zeit von Mitte April bis zum 20. August in Frage. Bei Frösten von - 4 °C erfrieren junge, ab 0 °C alte Pflanzen. Die Sonnenblume kann auf allen gartenbaulich genutzten Flächen angebaut werden. Auch Sandböden mit niedrigen pH-Werten sind noch geeignet. Von besonderem Vorteil für den Anbau in trockenen Regionen ist die beachtliche Trockenresistenz. Die meist empfohlene Bestandsdichte von 5 - 18 Pflanzen je m^2 ist für den Gründüngungsanbau zu gering. Bei dieser Bestandsdichte kommt das Kreuzkraut z.B. noch zur Samenbildung.

Folgende Bestandsdichten sind sinnvoll:

Maisaat:	40 Pflanzen/m^2
Junisaat:	40 Pflanzen/m^2
1. bis 14. Juli:	45 Pflanzen/m^2
15. bis 30. Juli:	50 Pflanzen/m^2
1. bis 14. August:	60 Pflanzen/m^2
15. bis 25. August:	80 Pflanzen/m^2

Die Pflanzenzahlen je m^2 entsprechen in etwa dem Saatgutbedarf in kg/ha. Sicherheitshalber sollte man jedoch das Tausendkorngewicht und die Keimfähigkeit berücksichtigen. Nimmt man gut keimfähige Vogelfutter-Sonnenblumen, so ist bei 50 kg/ha mit Saatgutkosten von 80,- bis 100,- DM zu rechnen. Wegen der erwünschten Unkrautunterdrückung sind die Reihenabstände möglichst eng zu wählen. Bei 60 bis 80 Pflanzen je m^2 ist ein Reihenabstand von 15 cm richtig. Die Keimfähigkeit (besonders bei Billigsaatgut) ist oft sehr unterschiedlich. Darum Keimfähigkeit auf dem Lieferschein bestätigen lassen. Um einen guten Pflanzenbestand zu gewährleisten, muß gedüngt werden.

Bei einem Trockenmassenertrag von rund 100 dt/ha werden etwa folgende Nährstoffmengen je ha entzogen: 160 kg N, 60 kg P_2O_5, 300 - 350 kg K_2O, 150 kg Ca und 35 kg MgO.

Spätestens in der Vollblüte sollte die Kultur beendet werden. Aufgrund der starken Verholzung ist vor allem bei frühen Saaten der Einsatz von Schlegelmulchgeräten vorteilhaft.

Phacelia

Phacelia gehört zur Familie der Wasserblattgewächse und ist mit keiner unserer Nutzpflanzen und Unkräuter verwandt. Sie gilt gegenüber den verschiedenen Schädlingen und Krankheiten als neutral. Als Saattermin kommt die Zeit vom 15. April bis zum 1. September in Frage. *Phacelia* erfriert bei - 6 bis - 7 °C. Der Nährstoffbedarf ähnelt dem gängiger Gemüsearten.

Der Samen ist sehr kleinkörnig, darum sollte das Saatbeet ähnlich wie bei Möhren und Zwiebeln hergerichtet werden. Die Saattiefe beträgt 1 - 2 cm. Druckrollen sorgen für gleichmäßigen Aufgang. Die Saatgutmenge liegt bei guter Keimfähigkeit bei etwa 14 kg/ha. Die Saatgutkosten betragen etwa 130,- bis 150,- DM/ha. Reihenabstände von

10 - 20 cm erlauben schnellen Bestandsschluß. Zur Keimung und im Jugendstadium muß eine ausreichende Wasserversorgung gesichert sein. Als Sorten sind 'Lisette' von der Deutschen Saatveredlung sowie 'Angelia' und 'Gipha' von den Züchtern Saaten Union und Pflanzenzucht Oberlimburg bekannt. Herbizideinsatz ist bisher nicht möglich und meist auch nicht nötig. Krankheiten und Schädlinge wurden bisher nicht zum Problem. Das Kulturende ergibt sich durch die Blüte oder durch Erfrieren.

Grundwasserschutz

(→ Wasser und Umwelt)

Guano

Organischer NPK-Dünger, bestehend aus abgelagertem Kot von Seevögeln, der durch Säureaufschluß aufbereitet wird. Der Anteil organischer Substanz beträgt ca. 20 %.

An Nährelementen sind 6 % Stickstoff, 12 % Phosphat, 2 % Kali und 3 % Magnesium enthalten sowie die natürlicherweise im Kot von Seevögeln vorkommenden Spurenelemente. Begleitstoffe sind bis zu 20 % Calcium (CaO). Durch den Aufschluß sind außerdem Ammoniumoxalat und -phosphat sowie Calciumphosphat enthalten.

Die natürlichen Lagerstätten an den Küsten Perus und Chiles haben eine Mächtigkeit von bis zu 60 m. Nur die mittlere Schicht weist einen hohen Stickstoffanteil auf. Gelegentlich gibt es Guano auch als Höhlendünger von Fledermäusen.

Dosierung: Schnittblumen unter Glas 4 - 8 kg/100 m^2, Gehölze und Sommerblumen 4 - 6 kg/100 m^2, Gemüse unter Glas 6 - 10 kg/100 m^2 und im Freiland 8 - 14 kg/100 m^2, Beerenobst 8 - 12 kg/100 m^2. Diese Mengen je nach Art unterteilt oder auch mehrmals geben. Dünger ausbringen und flach einarbeiten.

Gülle

Flüssigmist. Harn-Kot-Gemisch von Haustieren, das in der Landwirtschaft als Flüssigdünger ausgebracht wird. Je nach Wasserzusatz unterscheidet man in Harn- oder Dünngülle mit 5-fachem Wasserzusatz oder Dickgülle als Treibmist mit nur geringem Wasserzusatz.

Gülle enthält sehr viel Stickstoff (4 - 10 kg/m^3). Davon liegen etwa 50 % mineralisch und sofort pflanzenverfügbar als relativ leicht flüchtiger Ammonium-N (NH_4) vor, der Rest ist organisch gebunden. Je nach Fütterung und vor allem wegen verschiedener Trockensubstanzgehalte können die Nährstoffgehalte außerordentlich stark schwanken. So war bei Untersuchungen das Verhältnis des höchsten zum niedrigsten Phosphatgehalt wie 190 : 1. Bei P_2O_5 lagen die Gehalte der Rindergülle zwischen 0,1 und 5 kg/m^3, die der Schweinegülle zwischen 0,3 und 13,5 kg und die der Hühnergülle zwischen 4 und 19 kg/m^3. Schweine- und Hühnergülle sind stickstoff- und phosphatreicher als Rindergülle. Der pH-Wert der Gülle ist neutral bis schwach alkalisch.

Gülle muß wegen einer notwendigen Vergärung mindestens einige Monate gelagert werden. Dabei wird Harnstoff weitgehend zu Ammonium abgebaut und Krankheitskeime und Parasiten werden abgetötet. Mit Nitrifikationshemmern (→ DIDIN) versucht man die schnelle Umsetzung zu Nitrat zu verhindern und Gülle dadurch umweltfreundlicher zu machen. Auch gibt es Hilfsstoffe zur Geruchsminderung.

Um die Auswaschung von Nitrat im Winter zu unterbinden, haben viele Bundesländer durch eine Gülleverordnung das Ausbringen von Gülle im Herbst und Winter untersagt. Gülle muß unmittelbar nach der Ausbringung in den Boden eingearbeitet werden, andernfalls kann es zu erheblichen Ammoniakverlusten in die Luft und damit zu Umweltschädigungen kommen.

Im Gartenbau spielt die Gülle direkt keine Rolle. Wegen ihres hohen Wassergehaltes ist sie nicht über weite Entfernungen zu transportieren. Es werden aber immer mehr Dünger angeboten, die aus Gülle hergestellt werden. Versuche beweisen, daß ein größerer Teil des organisch gebundenen Stickstoffs über Monate hinweg festgelegt werden kann und für die Pflanzen nicht verfügbar ist. Bei der Berechnung der Stickstoffmenge darf man von den etwa 50 % organisch gebundenem Stickstoff nur wiederum die Hälfte als pflanzenverfügbar einbeziehen.

Bei starkem Sonnenschein ausgebrachte Gülle muß sofort eingearbeitet werden, weil sonst Ammoniakgase entweichen können. Gülle, die erst einige Stunden nach dem Ausbringen bei Sonnenschein eingearbeitet wurde, führte zwei Tage danach in einem benachbarten Gewächshaus zu Blattrandnekrosen an Rosen.
(→ Ammoniak, Organische Dünger, Stickstoffverluste - gasförmige)

Gütesiegel für Komposte und Substrate/Gütezeichen

Seit 1982 gibt es das RAL-Gütezeichen für Frisch- und Fertigkompost. Verliehen wird es von der Bundesgütegemeinschaft Kompost e.V. Qualitätskomposte müssen einem definierten Standard entsprechen. Der RAL entwickelte klar definierte und objektiv nachprüfbare Güte- und Prüfbestimmungen. Damit wird gewährleistet, daß Kompostprodukte in allen Anwendungsbereichen in optimalen Aufwandmengen eingesetzt werden können.

Der RAL (Reichsausschuß für Lieferbedingungen und Gütesicherung, seit 1927) vertritt die Interessen der gut 130 Gütegemeinschaften und schützt die Gütezeichen vor unberechtigter Verwendung. Er verfolgt Beschwerde und Mißbrauch. Alle Gütezeichen in Deutschland stehen als Teil dieses Systems unter der Obhut des RAL. Der RAL Deutsches Institut für Gütesicherung und Kennzeichnung e.V. hat seinen Sitz in Bonn.

Frischkompost ist hygienisiertes Rottegut mit höheren Gehalten an leicht abbaubarer, organischer Substanz, das zu intensiver Rotte fähig ist oder sich in intensiver Rotte befindet.

Fertigkompost ist das Endprodukt der Kompostierung; es ist hygienisiertes und biologisch stabilisiertes Rottegut nach weitgehend abgeschlossener, aerober Rotte.

Die RAL-GZ 250 ist eine spezielle Gütesicherung für Rindenprodukte. Sie unterteilt sich in die Nummern 250/1 für den Geltungsbereich Rindenmulch, 250/2 für Rindenhumus, 250/3 für Rindenkultursubstrate und 250/4 für Rindenerde.

Für Dachsubstrate (→) gibt es eine Richtlinie der Forschungsgesellschaft Landschaftsentwicklung Landschaftsbau (FLL) von 1992, die 1995 überarbeitet und auf Prüfbedingungen ausgeweitet wurde.

Seit Anfang 1996 gibt es eine erweiterte, internationale Gütegemeinschaft für Substrate mit den Fachbereichen Rinde, Kultursubstrate und Substratausgangsstoffe. Gütesicherungssysteme bestehen bisher in den Niederlanden, Belgien, Frankreich und Deutschland. Da international bisher unterschiedliche Prüfverfahren angewandt wurden, ist damit zu rechnen, daß auch die deutschen Prüfverfahren geändert und international abgestimmt werden müssen, um eine gemeinsame Grundlage zu schaffen.

Haftwasser

(→ Bodenwasser)

Hakaphos

(→ Leitfähigkeit gebräuchlicher Dünger für die Flüssigdüngung, Nitrat-Nitrit-Ammonium-Problem)

Hanofer

(→ Eisen - Die Analyse der Eisengehalte)

Harnstoff

Harnstoff ist die historische Bezeichnung für Carbamid, das Diamid der Kohlensäure. International wird heute meistens die Bezeichnung Urea verwendet. Harnstoff ist eine weiße, organische Verbindung, die spezifisch sehr leicht und gut löslich ist. Das Schüttgewicht beträgt nur 0,7 kg/l. In 1 l Wasser von 20 °C löst sich 1 kg Harnstoff. Harnstoff ist ein fester Dünger mit einem N-Gehalt von 46 %. Über den Boden gegeben wirkt Harnstoff wegen der erforderlichen Umsetzung langsam, über das Blatt appliziert unmittelbar. Das für die Umwandlung des Harnstoffes im Boden verantwortliche mikrobielle Enzym ist die Urease (→ Ammoniak).

Harnstoff kann toxisch wirkendes Biuret enthalten, dessen Gehalt aber in der Bundesrepublik gesetzlich auf 1,2 % begrenzt ist. In der Praxis liegt er häufig unter 0,03 %. Bei Blattdüngung sollte der Biuret-Anteil unter 0,25 % liegen.

Harnstoff wird in der Düngung als reiner, konzentrierter Dünger angewandt, ist aber häufiger nur Bestandteil anderer Stickstoff- und Mehrnährstoffdünger.
(→ Dauerdünger, Depotdünger - c) langsamfließende Stickstofformen - c3) Harnstoff-Formaldehyd (Ureaform-N), Stickstoff)

Härte des Wassers

(→ Calcium, Wasserenthärtung)

Hellige Pehameter

(→ Schnelltestmethoden zur Analyse von Lösungen und Substraten)

Hemmstoffe

Stoffe, die bereits in kleinsten Mengen hemmend auf das pflanzliche Wachstum wirken, es handelt sich vornehmlich um Phenolderivate bzw. Phenylpropenverbindungen. Zu ihnen gehören beispielsweise die Abscisine als Alterungshormone. Keimhemmende Stoffe haben eine regulierende Wirkung auf den richtigen Keimzeitpunkt. So hemmen Blastocoline des Fruchtfleisches die Keimung und müssen erst biochemisch abgebaut werden.

Ein weiterer wichtiger und natürlicher Hemmstoff ist das Äthylen, ebenfalls ein Reife- und Alterungshormon. Es wird bei reifendem Obst frei und entsteht häufig auch aus Pflanzenrückständen (z.B. in Vasenwasser) oder wird von Mikroben aus diesen gebildet. Gelegentlich sind Hemmstoffe für totale Ertragsausfälle verantwortlich. Bei der Keimung von Rosaceen ist Blausäure der Hemmstoff. Hemmend auf das Längenwachstum wirken sich auch die als Wachstumsregulatoren bekannten Mittel wie Cycocel, Alar, Alden, Reducymol, Phosphon, Flurprimidol usw. aus. Diese synthetischen Stoffe hemmen eine Vorstufe der Gibberellinproduktion in der Pflanze. Sie werden in der Landwirtschaft und im Gartenbau mit dem Ziel eingesetzt, das Verhalten und Wachstum der Pflanzen zu verändern.

Alkohole, organische Säuren und phenolische Verbindungen können Hemmstoffe sein ebenso wie pflanzenschädigende Schwermetalle. Außer den Schwermetallen werden sie alle nach verschieden langer Zeit durch Bodenmikroben abgebaut. (→ Abscisine, Äthylen, Antibiotika, Huminsäuren, Phytohormone, Schwermetalle, Wirkstoffe)

Herbizidschäden

Vom lateinischen herba = Kraut. Pflanzenschäden durch Unkrautbekämpfungsmittel. Herbizidrückstände können sich auch in Substraten befinden und zu Pflanzenschäden führen. Mit Testpflanzen kann man Herbizide in Substraten nachweisen. (→ Kressetest, Testpflanzen, Toxizitätstest)

Holzfasersubstrate

(→ Substratkomponenten und ihr Einfluß auf die Düngung - Holzfasersubstrate)

Hormone

(→ Phytohormone)

Horndünger

Organische Stickstoffdünger aus tierischen Abfallstoffen (Kopf- und Fußhorn) mit 10 - 14 % Stickstoff. Je nach Zerkleinerungsgrad entstehen Hornmehl, Horngrieß oder Hornspäne *(Abb. 49).*

Der organische Stickstoff (stickstoffhaltige Eiweißverbindung) wirkt sehr langsam. Er wird im ersten Kulturjahr nur zu gut 50 % genutzt.

Weil ein mikrobieller Aufschluß erforderlich ist, ist die Wirkung zwar sehr langsam, aber nachhaltig. Der Aufschluß ist von der Bodentemperatur, der Bodenfeuchtigkeit, dem pH-Wert, dem Sauerstoffgehalt und der mikrobiellen Aktivität abhängig. In der Regel verläuft die Freisetzung ziemlich parallel zum Pflanzenbedarf. Außerdem ist sie vom Vermahlungsgrad abhängig.

Hornmehl wirkt im Vergleich am schnellsten (6 - 8 Wochen), Hornspäne am langsamsten (6 - 8 Monate); Horngrieß wirkt je nach Zerkleinerungsgrad 2- 4 bzw. 4 - 6 Monate.

Horndünger enthält zahlreiche Spurenelemente, außerdem Aminosäuren wie Leucin und Tyosin. Enthalten sind 80 % organische Substanz und tierisches Eiweiß. Horndünger haben eine milde und nachhaltige Düngewirkung, es gibt keine Auswaschungsverluste.

Abb. 49: Horndünger in verschiedenen Fraktionen
Werkfoto: Günther

Anwendung:

- Im Topfpflanzenbau zur Substratdüngung bei Hornmehl 4 - 5 kg/m³ und bei Grieß und Spänen 3 - 4 kg/m³.

- Im Schnittblumenanbau bei Hornmehl 7 - 10 kg/100 m² und bei Grieß und Spänen 6 - 8 kg/100 m².

- Im Gemüsebau bei Schwachzehrern 4 - 8, bei Mittelzehrern 8 - 12 und bei Starkzehrern 11 - 14 kg/100 m², bei Spargel 8 kg/100 m².
  (→ Düngung nach Bodenanalyse - Nährstoff-Bedarfsgruppen)

- In der Baumschule 4 - 6 kg/100 m² und im Landschaftsbau 2 - 3 kg/100 m².
  (→ Dünger, Organische Dünger)

Hortifibre

(→ Substratkomponenten und ihr Einfluß auf die Düngung)

Hortivero

(→ Substratkomponenten und ihr Einfluß auf die Düngung)

humide Verhältnisse

(→ aride Verhältnisse)

Huminsäuren

Zusammen mit Fulvosäuren und Huminen sind Huminsäuren Untergruppen der Humusstoffe. Die Salze der Huminsäuren sind Humate. Im neutralen Boden sind die Huminsäuren größtenteils mit Ca-Ionen abgesättigt und liegen im Boden als unlösliche Humate vor. In sauren Böden sind die Huminsäuren nur zum geringen Teil an Basen gebunden und daher löslich. Freie, lösliche Huminsäuren wirken zerstörend auf das Bodengefüge, weil sie die Tonbildung verhindern. Darum muß saurer Boden gekalkt werden. Bei der Zusammensetzung der Huminsäuren ist vor allem der Kohlenstoffgehalt wichtig, der zwar in weiten Grenzen schwankt, aber durchschnittlich bei 58 % angenommen wird. Der Gehalt an Stickstoff schwankt zwischen 3 und 8 %. Der N-Gehalt bestimmt die Farbe der Huminsäuren. Die Grau-Huminsäuren sind N-reich und die Braun-Huminsäuren N-arm. Ihr Wasserhalte- und Sorptionsvermögen ist sehr hoch. Sie haben wachstumsfördernde und hemmende Wirkung. Auf die Wurzelbildung von Stecklingen haben die Huminsäuren eine fördernde Wirkung. Sie kommen hauptsächlich in sauren bis neutralen, nährstoffreichen Böden mit hoher biotischer Aktivität vor.

Humus

(lat. = „Boden"). Durch Verwesung pflanzlicher oder tierischer Stoffe entstandene, braune oder schwarze Masse in der obersten Bodenschicht *(Abb. 50)*. Der Gehalt an Dauerhumus kennzeichnet der Grad der Bodenfruchtbarkeit. Im Dauerhumus eingelagert sind die mineralischen Nährstoffe aus der Bodenlösung und der Düngung. Die Einlagerung (→ Sorption) ist reversibel (→), d.h. die Nährstoffe können jederzeit auch wieder freigesetzt werden.

Im einzelnen hat Humus nachfolgende Wirkung auf Boden und Pflanze:

- Erhöhung der Pufferkapazität von Böden,

- Erhöhung des Sorptionsvermögens von Böden/Hohe Austauschkapazität,

- Verbesserung des Luft- und Wasserhaushaltes von Böden,

- Verbesserung der Spurenelementversorgung,

- Langsame Freisetzung von N und P,
- Erhöhung der biotischen Aktivität,
- Schnelle Erwärmbarkeit von Böden,
- Verbesserung der Bodenstruktur,
- Minderung der Toxizität von schädlichen Stoffen im Boden.

Im Hinblick auf die biologischen Vorgänge im Boden unterscheidet man zwischen Nähr- und Dauerhumus. Nährhumus entsteht aus den noch unzersetzten, organischen Massen. Diese verrotten und stellen die Nährsubstanz für die Mikroorganismen dar, die ihrerseits die Humifizierung herbeiführen und dabei Pflanzennährstoffe freisetzen (→ Mineralisation).

Der Dauerhumus ist die nur noch wenig zersetzbare Anreicherungsform (Dauerform). Dauerhumus entsteht z.B. bei der Kompostierung organischer Substanzen.

(→ Kompost, Substratkomponenten)

Humusstoffe

Dunkle, organische Kolloide mit großer spezifischer Oberfläche und ausgeprägter Fähigkeit, H_2O-Moleküle und Ionen reversibel anzulagern. Das Wasserhalte- und Adsorptionsvermögen übertrifft erheblich das der Tonminerale. Plastizität und Kohäsion sind schwächer als bei Ton. Humusstoffe sind wesentlich an der Wasserbindung, der Gefügebildung, der Nährstoffadsorption und dem Wärmehaushalt des Bodens beteiligt.

Humusstoffe bestehen aus drei Gruppen mit unterschiedlichen Eigenschaften und fließenden Übergängen: den Fulvosäuren, den Huminsäuren (→) und den Huminen.

Hüttenkalk

Rückstandskalk der Eisenverhüttung. Es handelt sich um feingemahlene Hochofenschlacke, ein Kalk-Tonerde-Silikat. Enthalten sind 47 % CaO + MgO; davon 7 % MgO.

Alle für das Pflanzenwachstum unentbehrlichen Spurenelemente wie Mn, Cu, Zn, B, Cr, Va, Mo, Co u.a. sind enthalten. Dabei hängt der Gehalt an Spurenelementen sehr stark von der Art und Herkunft der Erze und der Zuschläge beim Verhüttungsprozeß ab. Gehaltsangaben können deshalb nicht garantiert werden. Ziemlich konstant ist der Mangan-Gehalt mit ca. 1,5 - 3 %. Als Anhaltspunkte können dienen: 50 - 750 mg/kg Cu, 30 - 120 mg/kg Zn, 40 - 160 mg/kg B, 1 - 90 mg/kg Co und 8 - 70 mg/kg Mo. Wegen dieser sehr unterschiedlichen Gehalte sollten Substrate nicht ausschließlich mit Hüttenkalk aufgekalkt werden. Vorteilhaft ist eine Unterteilung der Aufkalkung in 3 kg kohlensauren Kalk und 1 kg Hüttenkalk/m^3 Substrat.

Eisenerze enthalten Verunreinigungen von Schwefel, Kohlensäure, Kieselsäure, Tonerde u. a. Nebenbestandteile des Hüttenkalks sind daher 32 % reaktionsfähige Kieselsäure (SiO_2), 12 % Tonerde (Al_2O_3) und 0,5 - 2 % P_2O_5. Außerdem sind Kalium und Stickstoff mit 0,3 - 0,9 % enthalten.

Unter Zusatz von 200 - 1.500 kg Kalkstein je Tonne Erz und Kohle wird das Rohmaterial erhitzt. Aus dem verflüssigten Material bindet Kalk den Schwefel und verwandelt die Fremdstoffe in leicht schmelzbare Schlacken, die sich vom Eisen trennen. Diese Schlacke schwimmt auf dem flüssigen, schwereren Roheisen. Sie wird abgegossen, auf Halden gekippt und später gemahlen. Die basischen Bestandteile des Hüttenkalkes sind erst wirksam, wenn sie im Boden aus den kie-

Abb. 50: Deutlich sichtbarer Humushorizont in einer Rosenkultur Foto: Braunsmann

selsauren und Tonerdeverbindungen herausgelöst werden. Daraus ergibt sich eine langsamere, milde wirkende Reaktionsweise und eine geringfügige Verschiebung des pH-Wertes. Die Aufwendungen müssen 2 - 4 mal so hoch sein wie bei einem normalen kohlensauren Kalk, um die gleiche pH-Wert-Erhöhung zu erreichen.

Besonders wegen seines hohen Silikatgehaltes muß Hüttenkalk in seiner Zusammensetzung als vorzüglich bezeichnet werden. Die Kieselsäure wirkt sich auf die Resistenz der Pflanzen gegenüber Krankheitsbefall sowie die Nährstofffreisetzung und -verfügbarkeit sehr positiv aus. Hüttenkalk eignet sich für eine schonende Aufkalkung leichter Böden. Günstig bei Überkalkungsschäden (die häufig Mangan-Mangel bedeuten) ist auch der Mangangehalt des Hüttenkalkes von 1,5 - 3 %. Wegen der schwankenden und teilweise viel zu hohen Spurenelementgehalte kann es bei Verwendung in gärtnerischen Erden bei normaler Versorgung zu Vergiftungserscheinungen an den Pflanzen kommen.

Die Anwendung von Hüttenkalk ist immer möglich, wenn der Boden befahrbar ist. Ein sofortiges Einarbeiten ist nicht erforderlich; die volle Wirkung bleibt auch dann erhalten, wenn der Dünger erst später eingearbeitet oder eingewaschen wird. Als Faustregel gilt: Alle 2 - 3 Jahre 25 kg/100 m^2. Damit wird die volle Kalk- und Magnesium-Versorgung für 3 Jahre sichergestellt.
(→ Calcium - Kalk und die Veränderung des ph-Wertes, Spurenelemente)

Hydration, Hydrationshülle

Hydration ist die Fähigkeit eines Ions, sich mit einer Wasserhülle (Hydrationshülle) zu umgeben. Die Größe der Wasserhülle ist abhängig sowohl vom Durchmesser der Ionen als auch von ihrer Ladung. Beides wiederum hat Einfluß auf die Festlegung, die Sorption und den Austausch der Ionen.

Kleine Ionen haben eine größere Hydrationshülle als große Ionen. Je größer die Wasserhülle ist, um so schwächer ist die sorptive Bindung, weil die Hydrationshülle wie ein „Polster" zwischen der aufgeladenen Oberfläche und dem Ion liegt. Solche kleinen Ionen, insbesondere die einwertigen Kationen Natrium und Kalium, können aufgrund dieser lockeren Bindung sehr leicht ausgetauscht werden.

Bei Ionen mit gleichem Durchmesser zeigen diejenigen, die die höhere Ladung haben, die größere Wasserhülle *(Tab. 40)*. Wegen ihrer höheren Ladung werden sie trotzdem stärker festgelegt und viel schwerer ausgetauscht.

Tab. 40: Zusammenhang von Ionendurchmesser und Hydration

	H	Na	K	NH_4	Mg	Ca
Ionendurchmesser (10^{-8} cm)	0,70	1,96	2,66	2,86	1,56	2,12
Hydrationszahl (Mol H_2O/Ion)	3,9	1,6	1,0	0,7	7,0	5,2

Die Reihenfolge für abnehmende Hydration und steigende Haftfestigkeit der bodenkundlich wichtigen Kationen:

Li > Na > H_3O > K > NH_4 > Rb > Cs > Mg > Ca > Sr > Ba

(→ Adsorption, Ionen-Austausch, Festlegung)

Hydrogele

Hydrophile, polymere Granulate (Hydrogele) können ein Vielfaches ihres Eigengewichtes an Wasser und der darin gelösten Nährstoffe aufnehmen und langsam wieder abgeben. Diese Eigenschaft versucht man zu nutzen mit der Zumischung von Hydrogelen in gärtnerische Substrate. Es stellt eine Möglichkeit dar, die Bewässerungshäufigkeit zu reduzieren. Bei Einmischung in ein Substrat entstehen bei Wasserzugabe kleine Gelpartikel, die von den Haarwurzeln der Pflanzen durchdrungen werden. Diese können dann nach Bedarf Wasser und Nährstoffe aufnehmen. Hydrogele kommen zum Beispiel auch in Einwegwindeln vor, wo sie die Feuchtigkeit als festeres Gel speichern. Bei einigen Produkten hält die Wasserspeicherfähigkeit reversibel über zwei Jahre im Boden oder Substrat an. Im Unterglasanbau wirkt sich neben der Reduzierung der Bewässerungshäufigkeit auch noch die niedrigere Verdunstungsrate aus dem Substrat heraus positiv aus, die Luft bleibt trockener. Auch die Auswaschungsverluste an Nährstoffen werden verringert. Im Garten- und Landschaftsbau (Sportplätze, Kübelbepflanzung, Dachgärten) und im Friedhofsgartenbau werden Hydrogele zunehmend eingesetzt. Es gibt sie unter verschiedenen Handelsbezeichnungen wie Gefa-Arbovit, Nomia-Wasserspeicher, Stockosorb, Supersorb, TerraCottem u.a. Da Hydrogele einerseits sehr teuer sind und andererseits nach ihrer Zumischung auch Schäden an Blatträndern und Wurzeln beobachtet wurden, haben sie bei der Herstellung von Substraten keine große Bedeutung.

Hydrokultur

Wasserkultur. Die Anfänge der Hydrokultur reichen bis ins 17. Jahrhundert zurück. Grundlegende Verbreitung erfuhr die Hydrokultur aber erst durch die Erkenntnisse von C. Sprengel und Justus von Liebig. Mitte des vergangenen Jahrhunderts machte von Liebig Schluß mit dem falschen Glauben an die Humustheorie. Weder der Erde noch dem Humus verdanken die Pflanzen ursächlich ihr Wachstum. Vielmehr sind Mineralstoffe und andere Wachstumsfaktoren entscheidend. So benötigt die Pflanze

Abb. 51: Ficus-Topfpflanzen in Hydrokultur. Das Bewässerungsverfahren beeinflußt die Pflanzenentwicklung: links immer im Umlaufverfahren, rechts Ebbe-Flut-Verfahren mit 4 Stunden Trockenheit zwischen den Bewässerungsvorgängen tagsüber. Nachts immer trocken Foto: BVZ Wolbeck

zum Wachstum Nährstoffe, Wärme, Licht, Wasser, CO_2 und Sauerstoff. Der Boden bietet nur den Halt für die Pflanzen. Darüber hinaus reguliert er den pH-Wert, verfügt über Sorptions- und Pufferungseigenschaften, ist Wasserspeicher und stellt den Lebensraum für Mikroorganismen und Symbiosen mit Mykorrhiza. Auf alle diese Bodeneigenschaften kann aber verzichtet werden. Diese Erkenntnisse machte man sich für die Hydrokultur zunutze *(Abb. 51)*.

Als eigentliche Begründer der Wasserkultur gelten die deutschen Agrikulturchemiker Sachs und Knop. Ihnen fällt das Verdienst zu, um 1857 die zweite und entscheidende Phase der Wasserbautechnik vorangetrieben zu haben. In Deutschland wurden diese neuen Kulturverfahren unter dem Oberbegriff Hydrokultur zusammengefaßt. Dieses Verfahren wurden von den amerikanischen Wissenschaftlern Pember und Adams aufgegriffen, technisch verbessert und für die Praxis nutzbar gemacht. In Deutschland wurde die Hydrokultur erst wieder nach 1945 mit dem Bekanntwerden der amerikanischen Erfahrungen aufgenommen. Einer der deutschen Gartenbaupioniere, die die Hydrokultur für Schnitt-Anthurien praxisreif machten, war Franz Hörning aus dem westfälischen Steinheim.
(→ Blähton, Ionen-Austauschdünger, Steinwolle, Wasserqualität)

Hygromull

Bodenhilfsstoff. Geflockter, offenzelliger Harzschaum zur Verbesserung der Wasserspeicherung bei leichten bis mittleren Böden und Substraten. Inhaltsstoff ist synthetisch-organisches Schaumharz auf Basis von Harnstoff. Es enthält ca. 30 % Stickstoff und ca. 30 % Kohlenstoff. Das C:N-Verhältnis ist mit 1 : 1 sehr eng und damit außerordentlich günstig für ein Bodenverbesserungsmittel.

Hygromull kann Wasser und darin gelöste Nährstoffe bis zu 70 % seines Volumens speichern und bedarfsgerecht wieder an die Pflanze abgeben. Die Erstbefeuchtung erfolgt schrittweise. Die Wiederbefeuchtung erfolgt auch nach vollständiger Austrocknung sehr rasch. Das ist ein besonderer Vorteil bei Böden und Substraten, die bei Trockenheit hydrophob (wasserabweisend) reagieren. Ein Teil der Zellen bleibt mit Luft gefüllt und verbessert damit die Luftführung im Boden auch bei Wassersättigung. Durch den Verdünnungseffekt setzt Hygromull bei salzbelasteten Böden und Substraten die Schadstoffkonzentration herab. Die biologische Abbaurate von Hygromull beträgt 3 - 5 % pro Jahr. Erst bei einem pH-Wert unter 4 verläuft der Abbau schneller. Eine Entseuchung von Substraten oder Böden, die mit Hygromull angereichert sind, ist auf chemischem Wege möglich. Dämpfen erfolgt am besten vor der Beimischung. Gebrauchte Substrate, die Hygromull enthalten und deren pH-Werte über 6,0 liegen, können bis zu eine Stunde lang mit 100 °C gedämpft werden, ohne daß sich der Hygromull-Anteil zersetzt.

Zur Bodenverbesserung gleichmäßig flächig ausbringen und anschließend mit einer langsam laufenden Fräse (120 U/min), einer Spatenmaschine oder einem Grubber einarbeiten. Dieses sollte wegen des geringen Gewichtes der Flocken bei Windstille erfolgen. Bewährt hat sich ein vorheriges Anfeuchten im Sack mit ca. 20 l Wasser, womit auch die Erstbefeuchtung beschleunigt wird. Aufwandmenge bei der Flächenanwendung 15 - 20 l/m^2, bei schlecht strukturierten Böden bis zu 25 l/m^2. Substrate werden mit 15 bis max. 40 Vol. % versehen. Nach der Pflanzung ist durchdringend zu bewässern, um die volle Wasserkapazität zu erreichen.

(→ Zuschlagstoffe zu Substraten - Hygromull)

Hygropor

Bodenhilfsstoff. Flockengemisch aus 70 % offenzelligem Hygromull und 30 % geschlossenzelligem Styromull zur Verbesserung der Luftführung und Wasserspeicherung.

Die Wasserkapazität liegt bei 35 - 50 Vol.-%. Die biologische Abbaurate bei ca. 3 % pro Jahr. Hygropor vereinigt die Eigenschaften von Hygromull und Styromull miteinander und verbessert vor allem die physikalischen Eigenschaften der Substrate oder Böden wie Strukturstabilität, Porenvolumen, Luft- und Wärmehaushalt sowie Wasserführung und -kapazität. Die Anwendung ist deshalb auf mittleren bis schweren Böden sowie für Substrate zur Verbesserung der Vergießfestigkeit gedacht. Bei Dämpfung schrumpft der Styromull-Anteil, zersetzt sich aber nicht. Anwendung wie bei Hygromull beschrieben.
(→ Zuschlagstoffe zu Substraten)

hygroskopisch, Hygroskopizität

Fähigkeit von Stoffen, Wasser an sich zu ziehen und zu binden. Dünger (vor allem Salzdünger) ziehen Feuchtigkeit aus der Luft an, werden feucht bis naß und sind nicht mehr streufähig. Die Hygroskopizität nimmt mit steigender Temperatur zu. Um die Anziehung von Luftfeuchtigkeit zu verhindern, ist luftdichte Lagerung der Dünger erforderlich.

Stark hygroskopisch sind Kalksalpeter und Ammoniumnitrat, Natriumnitrat, Harnstoff (stärker hygroskopisch nur bei höherer Temperatur), Ammoniumsulfat und Kaliumchlorid. Große und gut gerundete Granulate neigen weniger zur Hygroskopizität. Nach der Wasseraufnahme verhärten die Dünger, weil sich nach der Befeuchtung und späteren Trocknung zwischen den Düngerpartikeln Kristallbrücken bilden.

Illite

Glimmerartige Tonminerale. Der Name kommt von dem amerikanischen Bundesstaat Illinois, wo Illit das erste Mal beschrieben wurde. Illite haben einen negativen Ladungsüberschuß, der durch K^+-Kationen in den Zwischenschichträumen und durch in austauschbarer Form adsorbierte Kationen Ca, Mg, Na, Al, H und andere kompensiert ist. Das Adsorptions- und Wasserhaltevermögen der Illite ist mittelstark ausgeprägt und liegt zwischen dem von Kaolinit und Montmorillonit. Illit enthält 0,2 - 3 % Kalium als K^+-Ion.
(→ Tonminerale)

Immissionen

Feste, flüssige und gasförmige Verunreinigungen der Luft, gemessen in 1,50 m Höhe über dem Erdboden oder an der oberen Begrenzung der Vegetation. Emissionen heißen luftverunreinigende Stoffe beim Verlassen der Schadstoffquelle (Industriewerke) in die Atmosphäre am Ort ihres Austrittes.

Immissionen werden in mg/m^3 Luft gemessen, Emissionen in mg/m^3 Rauchgas oder in mg/m^2 in einer bestimmten Zeiteinheit. Immissionen können als toxische Gase, Rauch und Nebel sowie Staub auftreten. Von Bedeutung sind SO_2 (Schwefeldioxid), H_2S (Schwefelwasserstoff), HCl (Chlorwasserstoff), HF (Fluorwasserstoff) bzw. SiF_4 (Siliciumtetrafluorid). Genaue Grenzwerte für toxische Wirkung sind bisher weder für Einzelgase noch für Gasgemische ermittelt. Es bestehen aber vorläufige Werte:

MIK-Werte = Maximale Immissions-Konzentrationswerte *(Tab. 41)*

MAK-Werte = Maximale Arbeitsplatz-Konzentrationswerte

Tab. 41: MIK-Werte für Pflanzen

Rauchgas	MIK in mg/m^3 Luft	
Cl_2	Langzeitwert	0,3
	Kurzzeitwert	0,6
CO	noch nicht erarbeitet	
HCl		10,0
F_2		0,1
HF		0,1
SO_2	Langzeitwert	0,5
	Kurzzeitwert	0,75
H_2S	Langzeitwert	0,5
	Kurzzeitwert	0,75
NO_2	Langzeitwert	1,0
	Kurzzeitwert	2,0

Pflanzen zeigen schon bei 2,5 - 5 mg SO_2/m^3 Luft nach wenigen Stunden akute Schäden an den Blättern. Bei dikotylen (zweikeimblättrigen) Pflanzen zeigen sich folgende Schadbilder durch SO_2-Immissionen: Auf den Blättern interkostale, scharf umgrenzte Nekrosen, die zunächst rot, dann gelblichbraun werden und schließlich eintrocknen. Die Blätter rollen sich oft ein und fallen je nach Schädigungsgrad ab. Für monokotyle (einkeimblättrige) Pflanzen ist eine Schädigung vor allem der Blattspitze kennzeichnend, ebenfalls für die Nadeln unserer Gymnospermen (Nacktsamer - Saurer Regen bei den Fichten). Für Fluor-Schädigungen sind demgegenüber Blattrand- und Blattspitzennekrosen allgemein typisch, die zunächst hell gelbbraun erscheinen, sich bald jedoch rötlich färben.

Bei Cl- und HCl-Schäden fällt auf, daß die hier auftretenden Blattrandnekrosen - ähnlich den SO_2-Schädigungen - heller bleiben. Sehr häufig sind mehrere Schadstoffe gleichzeitig für Schäden verantwortlich, so daß sich die Symptome vermischen können.
(→ Emissionen, Grenzwerte)

Immobilisierung von Nährelementen

(→ Festlegung, Fixierung, Immobilisierung von Nährstoffen)

Impulsgießwagen

Während bewegliche Gießwagen schon seit längerem in der gärtnerischen Praxis eingesetzt werden, sind Impulsgießwagen eine Entwicklung der letzten Jahre. Bewässert werden mit ihnen überwiegend umfangreiche Freilandflächen mit Topfpflanzenkulturen (Azaleen, Eriken, Hebe, Hortensien, Baumschulcontainer u.a.). Impulsgießwagen helfen Wasser und Dünger zu sparen und sind deshalb besonders umweltfreundlich.

Der Einsatz des Impulsgießwagens macht exakte, gleichbleibende Abstände der Pflanzen und jährlich gleiche Standorte zur Voraussetzung. Zum stabilen und exakten Aufstellen der Pflanzen verwendet man Betonformsteine („Erika-Stein" von Weitz), die in exakten Abständen und in Waage ausgelegt werden. Mit einer extra hierfür entwickelten Spezialverlegemaschine (von Optimas) können die Steine preßeng verlegt werden. Durch ein 2-Loch-System sind verschiedene Pflanzenabstände möglich.

Möglich ist ein stabiles und exaktes Aufstellen von Pflanzen auch mit Gittertöpfen, die auf Baustahlmatten befestigt werden und die standortfest verlegt werden. Unter der Gittermatte kann der Boden mit einem Bändchengewebe (My-Pex-Matte) gegen Verunkrautung abgedeckt werden. In die Gittertöpfe werden dann die Kulturtöpfe gestellt.

Jedes Jahr stehen die Pflanzen auf dem gleichen Standort in exakt dem gleichen Pflanzenabstand. Über diesen festen Standquartieren bewegt sich der motorgetriebene Gießwagen auf fest verlegten Schienen. Der Gießimpuls wird über einen Kontakt neben der Schiene oder direkt an der Baustahlmatte mit Hilfe eines Magnetschalters ausgelöst. Wurden die Installations- und Vorbereitungsarbeiten genau durchgeführt (gerade stehende Steine und Töpfe) läuft das System relativ störungsfrei.

Heute ist es auch möglich, verschiedene Gieß- und Sprühvorgänge mit Hilfe eines Gießcomputers zu regeln, der auf dem Gießwagen angebracht ist. Eine weitere Möglichkeit, den Gießimpuls auszulösen, besteht in einer Fotozelle, die auch den eigentlichen Ursprung des Impulsgießwagens bildete.

Bei diesem System „erkennt" die Fotozelle durch Unterbrechung des Lichtstrahls den Topf und löst genau über diesem den Bwässerungsvorgang aus. Jeder Topf erhält eine genau festgesetzte Wassermenge. Neuentwickelte Fotozellen, die auf Infrarot-Basis arbeiten, erkennen den Unterschied zwischen Topf und z.B. Steinen oder Unkraut.

Der zukünftige Trend geht mehr zur freien Programmierbarkeit. Hier wird der Gießabstand von einem in einem Schaltschrank befindlichen Computer berechnet. Er enthält auch die Geschwindigkeitsregelung für den Gießwagen, die zwischen 1 und 12 Meter pro Minute betragen kann. Über eine Schalttafel lassen sich der Abstand der Töpfe, die Topfgröße und die Wassermenge eingeben, den Rest berechnet der Computer.

Noch neuere Computer ermöglichen den Gießabstand eigenständig zu erkennen. Das macht einen noch flexibleren Einsatz ohne Steine und Gittertöpfe und das wesentlich billigere Einsenken der Töpfe in den Boden möglich. Dabei wird die Fläche wie bisher gelocht und der Gießwagen über das Feld gefahren. Der Computer speichert die von ihm erkannten Lochabstände.

Die Wegstreckenberechnung erfolgt bei allen Systemen über ein zusätzliches Meßrad, das den Impuls an den Rechner weitergibt. Das Rad läuft auf einer Schiene oder einem Seil mit.

Über die Eingabe der Gießwassermenge und der Feldgröße kann man mit dem Impulsgießwagen auch Sprühen. Der Computer berechnet dann Fahrtgeschwindigkeit und Wasserdruck selbständig. Man kann also auch Pflanzenschutzspritzungen mit dem Impulsgießwagen ausführen.

Ein ganz neues Verfahren regelt jetzt die Wasserausbringung mittels Radarsteuerung. Das besondere hieran ist, daß nicht alle Pflanzen die gleiche Wassermenge bekommen. Mit dem Radar wird der Feuchtigkeitszustand jeder einzelnen Pflanze abgefragt und diese dann individuell bewässert. Zu diesem Zweck werden an dem Gießwagen und seinen Bewässerungselementen zwischen den einzelnen Topfreihen Meßantennen geführt, die einen Radarstrahl aussenden. Dieser kann den jeweiligen Feuchtezustand des Topfes erfassen und dem Computer zuleiten. In Bruchteilen von Sekunden berechnet dieser die erforderliche Wassermenge für jede Pflanze bzw. jeden Topf, die dann von der jeweiligen Düse ausgebracht wird. Während der normale Impulsgießwagen zu einer Wassereinsparung von etwa 50 % führt, erziehlt der radargesteuerte Impulsgießwagen eine Wassereinsparung von etwa 70 %.

Indikator-Papiere/ Indikatorlösungen

(→ Schnelltest-Methoden)

Indikatorpflanzen

(→ Leitpflanzen/Indikatorpflanzen/Zeigerpflanzen)

Indolylbuttersäure (IBS)

(→ Hormone, Wachstumsregler)

Indolylessigsäure (IES)

Bestandteil des Auxins, früher als „Heteroauxin" bezeichnet. IES kommt in den Wachstumszonen der Pflanzen vor. Es wirkt auf die Zellstreckung und Zellteilung. In starken Konzentrationen wirkt es wachstumshemmend auf die Pflanzen.

IES ist Bestandteil von industriell hergestellten Wachstums- und Bioregulatoren, besonders von Bewurzelungshormonen. Eingesetzt wird es zur Förderung der Keimung und der Stecklingsbewurzelung, Regulierung von Knospentreiben und Blühbeginn, Verhinderung vorzeitigen Fruchtfalls, Vernichtung von Pflanzen (in Wuchsstoff-Herbiziden), zur Förderung vorzeitigen Laubabwurfs.
(→ Auxine, Calcium - Funktion des Calciums, Hormone, Wachstumsregler, Wirkstoffe)

inerte Substrate

Als inerte Substrate bezeichnet man rein anorganische, mineralische Substrate wie Blähton (→), Steinwolle (→), Perlite (→), Hygropor (→), Grodan (→) u. a. Eingesetzt werden sie als Zusatzstoffe von Substraten, aber auch pur in geschlossenen Bewässerungssystemen. Sie dienen dort nicht als Nährmedium, sondern nur als Träger für die Pflanzen, indem sie diesen Halt geben.

Veraltet steht inert (lat.) für untätig, träge, unbeteiligt. Man bezeichnet so auch reaktionsträge Stoffe, die sich an gewissen chemischen Vorgängen nicht beteiligen.

Intervall-Düngung

Im Gegensatz zur Bewässerungsdüngung (→), bei der bei jedem Wässern in schwacher Konzentration gedüngt wird,

ist die Intervalldüngung eine meist flüssige Nachdüngung, die etwa 3 - 4 Wochen nach dem Topfen einsetzt und in Intervallen (1 x wöchentlich, 2 x wöchentlich, 14-tägig usw.) stattfindet. Bei der Intervall-Düngung muß das Substrat etwas stärker aufgedüngt werden als bei nachfolgender Bewässerungsdüngung. Wenn geeignete technische Einrichtungen zur Düngung und Bewässerung (Anstau-, Ebbe-Flut-Verfahren) vorhanden sind, ist der niedrigeren Substrataufdüngung und bald nach dem Topfen einsetzender Bewässerungsdüngung der Vorzug zu geben.
(→ Bewässerungsdüngung)

in vitro-Nährlösungen

Meristem- oder Gewebevermehrungen werden unter Laborbedingungen in Glasgefäßen auf Nährlösungen durchgeführt. Häufig bestehen diese aus einer gelatineartigen Masse von Agar Agar, der Nährstoffe, Phytohormone, Aminosäuren, Vitamine, Saccharose, Chelate usw. beigegeben werden. Auch fungizide oder bakterielle Wirkstoffe können zugesetzt sein *(Abb. 52 und Übersicht 9)*.

Agar Agar, eine Bezeichnung aus dem Malaischen, ist ein aus Rot- und Braunalgen des Indischen Ozeans gewonnener Stoff. Mit Wasser gekocht bildet er eine steife Gelatine. Gebraucht wird er als Nährboden bei in vitro-Kulturen, zur Aussaat von Orchideen und als Nährboden für Kleinlebewesen (Bakterien, Pilze) in der phytosanitären Analytik.
(→ Agar Agar)

Ionen

(griech. = wandernde Masseteilchen). Elektrisch geladene Teilchen von Atom- oder Molekülgröße, die nach außen hin nicht elektrisch neutral sind. Vielmehr besitzen sie bei Elektronenüberschuß eine negative und bei Elektronenmangel eine positive elektrische Ladung.

Übersicht 9: Zusammensetzung verschiedener in vitro-Nährlösungen

Elemente	**Nitsch + Nitsch 1956**	**Murashige + Skoog 1962**	**Linsmaier + Skoog 1965**	**Gamborg et. al. 1968**	**Nagate + Tabeke 1971**	**Schenk + Hildebrandt 1972**
	mg/l	mg/l	mg/l	mg/l	mg/l	mg/l
KNO_3	2000	1900	1900	3000	950	2500
NH_4NO_3	-	1650	1650	-	825	–
KH_2PO_4	-	170	170	-	680	-
$NH_4H_2PO_4$	-	-	-	-	-	300
$MgSO_4 \cdot 7H_2O$	250	370	370	500	1233	400
$NaH_2PO_4 \cdot H_2O$	250	-	-	150	-	-
$CaCl_2 \cdot H_2O$	-	440	440	150	220	200
KCl	1500	-	-	-	-	-
$CaCl_2$	25	-	-	-	-	-
$(NH_4)_2 SO_4$	-	-	-	134	-	-
$FeSO_4 \cdot 7H_2O$	-	27,8	27,8	-	27,8	15
$MnSO_4 \cdot 4H_2O$	3	22,3	22,3	10	22,3	10
$CoCl_2 \cdot 6H_2O$	-	0,025	0,025	0,025	0,03	0,1
$ZnSO_4 \cdot 7H_2O$	0,5	8,6	8,6	2	8,6	1
$CuSO_4 \cdot 5H_2O$	0,025	0,025	0,025	0,025	0,025	0,2
H_3BO_3	0,5	6,2	6,2	3	6,2	5
Na_2MoO_4	0,025	0,25	0,25	0,25	0,25	0,1
Na_2-EDTA	-	-	-	-	37,5	20
KJ	-	0,83	-	0,75	-	1
Fe-Tartrat	-	-	-	28	-	-
Fe-Citrat	-	-	37,3	-	-	-

Abb. 52: Gewebevermehrungen in Gefäßen mit Nährboden Foto: Braunsmann

Darum werden Ionen unterteilt in:

Positiv (+)-geladene Ionen = Kationen

Negativ (-)-geladene Ionen = Anionen

Je nach Anzahl der überschüssigen oder fehlenden Elektronen spricht man von einfach, zweifach, dreifach usw. geladenen Ionen. In der Chemie werden sie als einwertige (z.B. Na, Cl) zweiwertige (z.B. Ca^{2+}, CO_3^{2+}), dreiwertige (z.B. Al^{3+}) usw. Ionen bezeichnet.

Mineralische Nährstoffe werden von der Pflanze fast nur als Ionen aufgenommen.
(→ Adsorption, Anionen, Chelat, Hydration, Kationen, Wertigkeiten)

Ionen-Aktivität

Für die Aufnahme der Nährionen ist nach Prof. Dr. Tepe deren Aktivität von Bedeutung. Die Nährstoffaufnahme durch die Pflanze entspricht einem Bergauftransport. Jeder Bergauftransport erfordert Energie. Es besteht nach Tepe nicht der geringste Zweifel, daß die Energie für die Nährstoffaufnahme der Ionen nur aus deren elektrischer Eigenenergie stammen kann. Die von der Botanik hierfür genannte Atmungsenergie reicht bei weitem nicht aus. Heute ist bekannt, wie diese Energie bei der Nährstoffaufnahme wirksam wird. Die Anziehungskraft der Ionen wird umso größer, je kleiner die Dielektrizitätskonstante ausfällt. Je höher die Aktivität der Ionen im Boden ist, umso größer ist die Nährstoffaufnahme.
(→ Nährstoffaufnahme)

Ionen-Austausch

Mineralische und organische Bodenpartikel mit großer spezifischer Oberfläche (vor allem Huminstoffe und Tonminerale (→)) vermögen Moleküle (H_2O, O, N_2, O_2, CO_2, NH_3, SO_2) und Ionen an ihren Grenzflächen zu adsorbieren. Die Adsorption gasförmiger Moleküle im Boden ist zumeist unbedeutend. Von sehr großer Bedeutung ist sie für die Bodenreaktion, den Nährstoffhaushalt, das Bodengefüge und für Prozesse der Bodenentwicklung. Ionen-Adsorption ist reversibel (umkehrbar), d.h., adsorbierte Ionen sind vom Bodenkomplex in die Nährlösung des Bodens austauschbar. Der Austausch erfolgt in äquivalenten Mengen (d.h. unter Berücksichtigung der Wertigkeiten), z.B.

6 K^+ gegen 3 Ca^{++} oder 2 Al^{+++}

2 NO_3^- gegen 1 SO_4^{--}

Ionen-Austausch erfolgt nur zwischen fester und flüssiger Phase, d. h. die Gegenwart von Wasser ist notwendig. Man unterscheidet zwischen Anionen- und Kationen-Austausch. Die Austauschkapazität (AK) ist die Summe der austauschbaren Ionen, unterteilt in Kationen-Austauschkapazität (KAK) und Anionen-Austauschkapazität (AAK). Ausgedrückt wird sie in Milliäquivalent je 100 g Substanz (mval/100 g Substanz). Die Austauschkapazität ist abhängig vom Ton- oder Humusgehalt des Bodens. Die KAK ist pH-abhängig. Bei steigendem pH-Wert erhöht sie sich.

Die KAK der Tonfraktionen von Ackerböden liegt durchschnittlich bei 40 - 60 mval/100 g, bei organischen Substraten bei 150 - 300 mval/100 g. Humus hat eine stärkere KAK als Ton.

Kationen-Austauschkapazität einzelner Tonminerale:

Kaolinit	5 - 15 mval/100 g Substanz
Chlorite	10 - 40 mval/100 g Substanz
Illite	20 - 50 mval/100 g Substanz
Montmorillonit	80 - 120 mval/100 g Substanz
Vermiculite	100 - 150 mval/100 g Substanz

Kationen-Austauschkapazität der Huminstoffe:

Humate	200 - 500 mval/100 g Substanz
Humine	
Fulvate	

Kationen-Austauschkapazität verschiedener Substrate und Zuschlagstoffe:

Sand	10 - 40 mval/l
humoser Sand	40 - 80 mval/l
Lehm	80 - 150 mval/l
Tonboden	200 - 450 mval/l
Kunststoffschaum	0 - 5 mval/l
Weißtorf	80 - 160 mval/l
Schwarztorf	200 - 500 mval/l
Sand/Torf 1 : 1	50 - 100 mval/l
Ton/Torf 4 : 6	300 - 500 mval/l

Der Anionen-Austausch erfolgt in wesentlich geringerem Maßstab als der Kationen-Austausch, da die Sorptionskomplexe vorwiegend negativ geladen sind. (→ Kationen)

IZ Ionen-Austauschdünger

Ionen-Austauschdünger werden als Langzeitdünger im Topfpflanzenbau, aber vor allem bei der Hydrokultur verwendet. Es sind mit Nährsalzen beladene Harze. Einer der bekanntesten, ein nur für die Hydrokultur konzipierter Ionen-Austauschdünger ist Lewatit HD5.

Der Dünger ist eine Mischung aus einem nährstoffbeladenen Kunstharz-Kationen-Austauscher und einem nährstoffbeladenen Kunstharz-Anionen-Austauscher. Beide Ionen-Austauscher bestehen aus einem festen Kunstharz (Polysterolharz), Wasser und eingelagerten Nährstoffen. Sie unterscheiden sich dadurch, daß der Kationen-Austauscher im Kunstharz fixierte, negativ geladene Gruppen und in Wasser gelöste, positiv geladene Nährstoffionen enthält. Der Anionen-Austauscher dagegen enthält im Kunstharz fixierte, positiv geladene Gruppen und im Wasser gelöste, negativ geladene Nährstoffionen.

Die Nährstoffversorgung der Pflanzen erfolgt nach den Prinzipien des Ionen-Austausches. Die in den Ionen-Austauschern eingelagerten Nährstoffe werden durch Austauschreaktion freigesetzt, in die Nährlösung abgegeben und dadurch für die Pflanzenwurzel aufnehmbar. Die Freisetzung wird durch die Salze des Gießwassers und durch die Ausscheidungen der Pflanzenwurzeln (vor allem Wasserstoff und Bicarbonationen) bewirkt.

Für jedes einzelne Nährstoffion, das in die Nährlösung abgegeben wird, wird ein anders Ion gleicher Ladung (Kation oder Anion) durch die Ionen-Austauscher aufgenommen. Der Dünger liefert also nicht nur Nährstoffionen, sondern entzieht der Nährlösung gleichzeitig andere Ionen und vermindert so die Konzentration der nicht benötigten Salze des Gießwassers. Hierin liegt ein besonderer Vorteil des Ionen-Austauschdüngers. Die Gesamtsalzgehalte der Nährlösung bleiben dadurch unverändert. Selbst sehr hohe Düngergaben können den Gesamtsalzgehalt der Nährlösung nicht erhöhen. Eine Überdüngung ist nicht möglich. Die von der Pflanze aufgenommenen Nährstoffe werden ständig durch den Ionen-Austauschdünger nachgeliefert. Die Wirkungsweise des Ionen-Austauschdüngers ist mit der einer elektrischen Batterie vergleichbar.

Calcium und Magnesium, die meist ausreichend im Gießwasser vorkommen, sind in Lewatit HD5 nicht enthalten. Aus diesem Grunde ist es wichtig, daß das Gießwasser eine Karbonathärte von mindestens 5 °dKH hat. Bei weichem Wasser ohne Ca und MgO ist die Wirkung unbefriedigend. Für weiches Gießwasser verwendet man Lewatit HD5 plus mit 7 g Mg und 12 g Ca pro l Lewatit.

Ein weiterer Ionen-Austauschdünger ist Tewalin.

irreversibel

Ein nicht umkehrbarer (rückgängig zu machender), chemischer oder physikalischer Vorgang. Beispiel: Ein einmal trocken gewordener Stoff wird nicht wieder feucht (physikalisch), oder ein festgelegtes Ion wird nicht wieder frei (chemisch).

Isobutylidendiharnstoff

Das Kondensationsprodukt aus Harnstoff und Isobutyraldehyd wurde in Japan entwickelt, es ist mit 80 % ein wesentlicher Bestandteil des BASF-Produktes Isodur. Der Ausnutzungsgrad des Stickstoffs durch die Pflanze liegt bei 50 - 70 %. Isobutylidendiharnstoff hat einen kaltwasserunlöslichen Anteil von rund 90 - 94 % (langsamwirkend), 5- 7 % sind kaltwasserlöslich (schnellwirkend).

Die Mineralisation (Aufschluß) hängt wesentlich von der Härte und der Größe der Granulate ab. Mit abnehmender Korngröße, sinkendem pH-Wert, zunehmender Temperatur, Bioaktivität und Bodenfeuchte steigt die Mineralisationsrate im Boden stark an. Unter pH 5 steigt der Abbau rapide. Mikrobielle Tätigkeit ist für die Aufschließung unbedingt erforderlich. Im Boden wird Isobutylidendiharnstoff zunächst in seine Ausgangsprodukte Harnstoff und Isobutyraldehyd zerlegt. Der Harnstoff wird dann durch die von Bodenlebewesen gebildete Urease weiter zersetzt in Ammoniak und Kohlendioxid. Der Isobutyraldehyd entweicht in die Luft oder wird, ebenfalls unter dem Einfluß von Mikroorganismen, zu Isobuttersäure oxidiert. Diese zerfällt in wenigen Tagen. Handelsnamen von Düngern mit Isobutylidendiharnstoff sind „Floranid" und „Nitrophoska permanent".
(→ Dauerdünger, Depotdünger - c) langsam fließende Stickstofform)

Isodur

(→ Dauerdünger, Depotdünger - c1) Isobutylidendiharnstoff)

Jod (J)

Zu den Halogenen gehörendes Element, das in geringen Mengen überall in der Natur vorkommt. Vor allem ist es in Meerwasser, Salzquellen und Gesteinen enthalten. In Chilesalpeter kommt es in größeren Mengen als Natriumjodat vor. Es findet sich in fast allen Pflanzen zu 0,1 bis 0,2 ppm in der Trockensubstanz. In Meeresalgen und Tang ist es angereichert.

Niedrige Jod-Gehalte im Boden (weniger als 0,1 ppm) können das Pflanzenwachstum stimulieren, hohe Gehalte (mehr als 6 ppm) wirken wachstumshemmend. Jod vermag einige pflanzenphysiologische Vorgänge zu beeinflussen. So steigert es die Tätigkeit abbauender Fermente und bewirkt eine erhöhte Atmung. Für Warmblüter ist Jod notwendig, nicht aber für die Pflanze. Für sie kann es aber nützlich sein. Toxische Schäden durch zu hohe Jod-Gaben beginnen an älteren Blättern. Sie werden chlorotisch und nekrotisch, rollen sich ein und sterben ab. Höhere Cl-Gaben vermeiden bzw. verhindern sogar den toxischen Einfluß des Jods. Es liegt Ionenkonkurrenz bzw. Antagonismus von Jod und Chlor vor.

Jodierung

(→ Nährlösungs - Desinfektion)

Kaliprog.

(→ EDV-Programme zur Düngung)

Kalium (K)

Kali im Boden

Kali ist ein sehr weiches Alkalimetall. Kation K^+. Die feste Erdrinde enthält ungefähr 3 % Kali. Abgesehen von den großen Kalilagerstätten findet man es vornehmlich in den Tonmineralen, in Glimmer, glimmerartigen Mineralien und Feldspäten. Salzlager entstanden vor etwa 200 Millionen Jahren, als weite Teile Nord- und Mitteleuropas mit Meerwasser überschwemmt waren. In diesen Binnenmeeren lagerten sich die Salze ab. Die Kalilager haben heute eine Mächtigkeit von mehreren Metern.

Tonböden sind reich an Kali, gefolgt von Schwarzerdeböden. Das Kali kommt in Mineralböden in der Hauptsache in vier verschiedenen Bindungszuständen vor:

1. Kali der Bodenlösung
2. austauschbares Kali
3. fixiertes Kali (in den Schichtpaketen des Tons)
4. als Baustein im Kristallgitter verschiedener Mineralien

Das Kali der Bodenlösung (pflanzenaufnehmbares Kali) stellt bei Mineralböden nur etwa 1 - 2 % des austauschbaren Kalis (pflanzenverfügbar nach Ionen-Austausch) dar, und dieses wiederum macht nur 1 - 2 % des Gesamtkalis aus. Das verdeutlicht, wie hoch der Anteil an schwerlöslichem, fixiertem Kali und Gitter-Kali ist. Bei den Bodenkolloiden sind nur etwa 2 - 5 % der gesamten Sorptionskapazität mit Kali abgesättigt. Die Beweglichkeit von Kali im Boden und die Kali-Auswaschung ist gering.

Kali in der Pflanze

In der Pflanze findet man Kali mehr als alle anderen Ionen, obwohl in der Bodenlösung meistens die Ca- und Mg-Konzentrationen höher sind. Kali wird bei der Aufnahme durch die Pflanze vor allen anderen Kationen bevorzugt. Magnesium und Calcium können aber so stark antagonieren, daß die Kali-Aufnahme sehr stark gehemmt wird. Bei ungenügender Sauerstoffversorgung der Wurzel wird am stärksten die Kaliaufnahme - vor allen anderen Nährstoffen - eingeschränkt. Eine schlechte Durchlüftung des Bodens kann also zu Kali-Mangel führen. Auch längere Trockenheit kann zu einer Beeinträchtigung der Kaliaufnahme führen. Die Beweglichkeit des Kali in der Pflanze ist gut. Daher findet man Kali-Mangelsymptome immer zuerst an älteren Blättern. Wenn die Gesamtpflanze genügend Kali enthält, gelangt es wegen seiner guten Beweglichkeit immer zu den Orten, an denen es gebraucht wird. Kali wandert zwar auch von oben nach unten, transportiert wird es aber vor allem zu den stoffwechselaktiven Blättern und zu den meristematischen Geweben. Der maximale Bedarf besteht während des vegetativen Wachstums (Hauptblattwachstum). Jüngere Blätter sind immer reicher an Kali als ältere und auch jüngere Pflanzen sind kalireicher als ältere. Pflanzen in der Jugendentwicklung bis zur Blütenbildung nehmen Kali stärker auf als ältere Pflanzen. Im Jugendstadium verpaßte Kaliaufnahme kann später nicht wieder ausgeglichen werden. Dem sichtbaren Kalimangel gehen immer Ertragsdepressionen voraus.

Funktion des Kali

Kali ist kein „Pflanzenbaustein", es wird nicht in die organische Substanz eingebaut. Zu über 50 % liegt das aufgenommene Kali als freies Ion im Zellsaft vor. Etwa 40 % sind sorptiv gebunden. Kali bewirkt zusammen mit anderen gelösten Stoffen des Zellsaftes den osmotischen Wert, d.h. es sorgt dafür, daß das Wasser aus den Xylem-Gefäßen aufgrund des osmotischen Gefälles in die Zelle eindringt und hier den notwendigen Turgor hervorruft. Kali-Ionen wirken quellungserhöhend auf die Plasmaproteine und -proteide sowie Enzyme und damit strukturstabilisierend sowie -aktivierend. In dieser Funktion kommt dem Kali eine sehr wichtige Rolle zu. Bei ungenügender Kali-Versorgung ist der Turgor der Pflanzenteile zu niedrig, es kommt zum „Schlappen". Eine gute Kali-Versorgung wirkt sich vorteilhaft auf den Wasserhaushalt der Pflanze aus. Das Bodenwasser kann besser ausgenutzt und die Transpiration in Trockenzeiten stärker herabgesetzt werden (→ Hydration). Eine gute Kali-Versorgung hilft Wasser zu sparen. Eine hohe Kali-Konzentration in der Vakuole erhöht außerdem die Frostresistenz, weil sich der Gefrierpunkt des Zellsaftes erniedrigt.

Man kennt heute über 40 verschiedene Enzyme (→), die mehr oder weniger spezifisch durch Kali aktiviert werden. Kali spielt also eine erhebliche Rolle als Aktivator, bestimmte Stoffwechselprozesse können nur bei Anwesenheit von Kali ablaufen.

Kali nimmt auch Einfluß auf die NO_3-Reduktion und damit auf die Eiweißsynthese. Es greift in den N-Haushalt der Pflanzen ein. Kali-Mangelpflanzen haben immer geringere Gesamt-N- und Proteingehalte. Aus diesem Grund kommt der Einhaltung optimaler N : K-Verhältnisse eine große Bedeutung zu.

Starker Kali-Mangel führt endlich zu einer Zerstörung der Atmungszentren der Mitochondrien (= Chondriosomen, das sind Organellen, die in erster Linie der Energiegewinnung durch Abbau energiereicher Kohlenstoffverbindungen dienen).

Kali sorgt für eine gesteigerte Photosyntheseaktivität, indem es den Abtransport der Photosyntheseprodukte fördert. Schon leichter Kali-Mangel vermindert die Translokation (Verlagerung) der Photosyntheseprodukte. Kali erhöht die pflanzliche Widerstandskraft gegenüber Infektionskrankheiten.

Antagonismus - Synergismus

Antagonisten sind die Kationen, vorwiegend Ammonium, Calcium, Magnesium und Natrium. Ein Überschuß dieser Kationen hemmt die Kali-Aufnahme. Umgekehrt hemmen hohe Kali-Gehalte die Aufnahme der anderen Ionen. In seiner Funktion, den osmotischen Druck und den Quellungszustand zu erhöhen, kann Kali zum Teil durch Na^+, NH_4^+, Li^+ und Rb^+ ersetzt werden. Hohe Anteile an ungesättigten Tonmineralien können durch Kali-Fixierung zu Kali-Mangel führen. Die Kali-Fixierung wird durch Trockenheit (Schrumpfen der Schichtpakete und Einklemmen des Kali) noch gefördert.

Niedrige pH-Werte hemmen die Kali-Aufnahme. Unterhalb von pH 4 geben Wurzeln sogar wieder Kali ab. Bei gleichen pH-Werten wird bei hoher NH_4-Versorgung weniger Kali aufgenommen als bei hoher NO_3-Versorgung. Eine schlechte Durchlüftung des Bodens kann zu Kali-Mangel führen. Bei ungenügender Sauerstoffversorgung der Wurzeln wird die Kali-Aufnahme von allen anderen wichtigen Pflanzennährstoffen am stärksten eingeschränkt.

Kali-Mangel und Mangelsymptome

Kali-Mangel tritt vor allem auf leichten, meist sauren Böden mit geringer Kationen-Austauschkapazität (KAK) und hohen Gehalten an Dreischicht-Tonmineralien (Vermiculite) auf. Leichtere Zeichen von Kali-Mangel beobachtet man auch auf organischen Böden mit geringer K-Sorptionsfähigkeit. Auch länger anhaltende Trockenheit führt sehr leicht zu Kali-Mangel, selbst bei hohen Kali-Gehalten im Boden.

Bei starkem Kali-Mangel wird das Kali von den älteren Blättern in die jüngeren transportiert. Kali ist in der Pflanze gut beweglich. Daher kommt es zu Mangelerscheinungen fast immer zuerst in den älteren Blättern. In seltenen Fällen, wenn Kali aus ausgereiften Blättern nicht mehr in junge verlagert werden kann, kann es zu ersten Mangelsymptomen auch an jüngeren Blättern kommen. Erst länger anhaltender Mangel führt zu Schäden, auch an den jüngeren Blättern. Schon vor dem Eintritt typischer Mangelsymptome äußert sich K-Mangel durch Welkeerscheinungen („Flaggentypus", „Trauerformen", *Abb. 53*). Ebenfalls im Vorfeld typischer Symptome zeigt sich nachlassendes Wachstum. Die Internodienstreckung ist vermindert und die Pflanze ist gedrungener. Dikotyle (zweikeimblättrige) Pflanzen entwickeln rosettenartige Wuchsformen oder auch ein buschiges Aussehen.

Jüngere Blätter von Mangelpflanzen sind kleiner als bei normalversorgten Pflanzen. Häufig haben sie schmale Blattspreiten. Gewöhnlich sind die Blätter normal grün, gelegentlich auch dunkel- bis blaugrün gefärbt. Manchmal haben sie einen bronzefarbenen Anflug. Die Blattspreiten sind tassenförmig oder schöpfkellenartig nach unten gebogen, weil die Blattspreite noch wächst, am Blattrand aber das Wachstum bereits stillsteht. Gelegentlich sind die Interkostalfelder aufgewölbt. Später zeigen sich Nekrosen *(Abb. 54 u. 55)*. Im letzten Stadium beginnt von unten her der Blattfall.

Das Zusammenbrechen des Pallisadenparenchyms und der Epidermiszellen kommt bei Kali-Mangel oft sehr schlagar-

Abb. 53: Berg-Ahorne mit N-, P- und K-Mangel (Trauerform der Blätter) Werkfoto: Jost

Abb. 54: Blattrauchnekrosen der älteren Blätter bei Primeln, hervorgerufen durch Kalium-Mangel
Foto: LVG Ahlem

tig. Die Kutikula ist meistens noch intakt. Das führt zur raschen Ausbildung hell- bis dunkelbrauner Nekrosen entlang der Blattränder und -spitzen. Man spricht dann von „Blattrand" oder in fortgeschrittenem Stadium von „Blattrandverbrennungen". Anthozyanreiche Pflanzen verfärben sich violett-rotbraun. Die Wurzeln haben ein gelblich-schleimiges Aussehen und sind lang. Kali-Mangel setzt oft plötzlich während des Blütenansatzes ein. Schon latenter (verdeckter) Mangel kann zu „Welketracht" führen. Die Pflanze schlappt (vor allem in der Mittagszeit), obwohl ausreichend Wasser vorhanden ist.

Latenter (noch nicht sichtbarer) Kali-Mangel kann rechtzeitig durch Blattanalysen festgestellt werden. Dabei wird der Kaligehalt des gesamten Blattes und der des Blattrandes untersucht und die beiden Werte ins Verhältnis zueinander gesetzt. Werte um „1" oder weniger zeigen dabei eine gute Kaliversorgung an.

Kali-Überschußsymptome

Direkte Kali-Überschußschäden kommen kaum vor. Wenn überhaupt, handelt es sich um induzierte „Salzschäden" auf sorptionsschwachen Böden und Wirkungen der Begleitionen wie Chlor. Die Pflanzen selbst tolerieren relativ hohe Kali-Gehalte ohne Schadwirkung. Aufgrund der leichten Fixierung (Festlegung) von K-Ionen im Boden wird Kali nur selten in solchen Mengen aufgenommen, daß Schäden entstehen.

Die Pflanze betreibt einen „Luxuskonsum", die Aufnahme ist höher als der Bedarf. Die Wasseraufnahme wird durch überhöhte Salzkonzentration gestört. Es kommt zu blaßgrüner Laubfärbung, geschwächtem Wuchs oder brüchigen Stengeln (bei Nelken). Im Extremfall treten Wurzelschäden und Blattverbrennungen durch zu hohe Salzkonzentrationen ein.

Zu hohe Kali-Düngung kann durch Ionenkonkurrenz die NH_4-, Ca- und Mg-Versorgung stören und entsprechende Mangelsymptome bei diesen Elementen hervorrufen. Auch die Aufnahme von B, Zn und Mn kann beeinträchtigt werden. Über Eisen gibt es diesbezüglich widersprüchliche Aussagen.

Gehalte und Grenzwerte

In Substraten liegt der Optimalbereich bei 200 - 600 mg/l. In gewachsenen

Abb. 55: Kalium- und Magnesium-Mangel bei Tomaten Werkfoto: Kali und Salz GmbH

Böden sind Werte von 20 - 40 mg/100 g Boden optimal. Im Gießwasser gelten Werte über 60 mg/l als zu hoch, wenn sie bei der Düngung nicht berücksichtigt werden. In der Trockensubstanz der Pflanzen führen Werte unter 12 ‰ zu Mangelsymptomen, gelten 20 - 40 ‰ als optimal und wirken über 60 ‰ toxisch.

In Düngern ist das K^+ an die Ionen Chlorid und Sulfat gebunden. Die Kali-Wirkung ist bei allen Kali-Düngern gleich. Unterschiedliche Wirkungen haben nur die Anionen Cl^- und S^- sowie die Begleitstoffe Na und Mg.

Kalk

(→ Calcium (Ca))

Kalkbedürftigkeit - Prüfung der K./ Salzsäuretest

Normalerweise prüft man die Kalkbedürftigkeit eines Bodens oder Substrates durch Messung des pH-Wertes innerhalb einer Bodenanalyse. Zur Messung der Kalkbedürftigkeit von Böden kann man sich aber auch des wesentlich schnelleren, einfacheren und billigeren „Salzsäuretests" bedienen. Nachgewiesen wird tendentiell der im Boden vorhandene Gehalt an kohlensaurem Kalk.

Man nimmt die handelsübliche 8 - 10 %ige Salzsäure, hebt mit dem Spaten einen Einstich bis zur vollen Bearbeitungstiefe (25 cm) aus und setzt diesen beiseite. Dann sticht man sich an der so entstandenen Wand nochmals einen ca. 5 cm starken Erdziegel heraus und legt ihn vorsichtig mit dem Spaten ab. Dann übergießt man den Ziegel von der Oberfläche her bis nach unten mit etwas Salzsäure und beobachtet diese Spur.

Ihr Verhalten ist wie folgt zu deuten:

Kein Aufbrausen oder Blasenbildung
Kalkgehalt unter 0,1 %

Schwaches, nicht anhaltendes Brausen
Kalkgehalt 0,1 - 0,2 %

Deutliches, nicht anhaltendes Brausen
Kalkgehalt 0,3 - 0,4 %

Starkes, langanhaltendes Brausen
Kalkgehalt unter 0,5 %

Ein lehmiger Boden soll mindestens 0,2 %, ein toniger weit über 0,5 % haben.

Kalkbilanz verschiedener Dünger

(Siehe *Tab. 42*)

Kalkstickstoff

Amid-Stickstoffdünger mit herbizider und fungizider Nebenwirkung für Freilandkulturen. Je nach Herkunft mit 20 - 22 % Stickstoff-Anteil.

Der Stickstoff liegt zu 100 % als Amid-N (Calciumcyanamid) vor. Je nach Herkunft ist er fein gemahlen, ungeölt, geölt, gekörnt bzw. geperlt (z.B. Kornkalkstickstoff Perlka mit Zusatz von 1 - 3 % N als Calciumnitrat).

Der Stickstoff wird im Boden durch chemische und mikrobielle Prozesse über Cyanamid (→ Pflanzengift) zu Carbamid (→ Harnstoff), zu Ammoniumcarbonat und zu Nitrat (pflanzenaufnehmbar) umgebaut. Dadurch hat Kalkstickstoff eine sehr langsame Düngewirkung. Bei Perlka führt die Zugabe von Nitrat-N zu einer schnelleren Anfangswirkung. In der Cyanamidphase werden Unkräuter sowie pflanzliche und tierische Schädlinge vernichtet. Allerdings werden auch Kultur-

Tab. 42: Kalkwerte verschiedener Düngemittel

Düngemittel	**Kalkwerte des Düngers (kg CaO/100 kg)**
Stickstoffdünger	
schwefelsaures Ammoniak	- 63
Kalkstickstoff	+ 39
Kalkammonsalpeter	- 13
Kalksalpeter	+ 13
Ammonsulfatsalpeter	- 51
AH-Lösung	- 28
Harnstoff	- 46
NPK und NP-Dünger	
NPK 6+12+18	- 6
NPK 15+10+20	- 15
NPK 13+13+21	- 13
NPK 15+15+15	- 15
NPK 24+8+8	- 24
NP 20+20+0	- 18
Diammonphosphat 16+46+0	- 38
Monoammoniumphosphat	- 37
Phosphat- und Phosphat-Kali-Dünger	
Thomasphosphat	+ 45
Superphosphat	0
Triplephosphat	- 3
Carolonphosphat	+ 9
Novaphos	+ 11
Thomaskali	+ 23
Thomaskaliphosphat	+ 30
Hyperphosphat	+ 18
Hyperphoskali	+ 12
Cederan P	+ 11
Cederan PK	+ 6 bis + 8
Kalkdünger	
kohlensaurer Kalk	+ 42 bis + 58
Mischkalk	+ 60 bis + 65
Branntkalk	+ 65 bis + 100
Konverterkalk	+ 45 bis + 50
Hüttenkalk	+ 44 bis + 47
Thomaskalk	+ 45 bis + 50
Kalidünger	
alle Kalidünger	± 0

pflanzen geschädigt, wenn sie zu früh nach der Düngung, vor Ende der Umsetzungsphase, in den Boden gelangen. Die fungizide Wirkung von Kalkstickstoff beruht vor allem auf Umsetzungsnebenprodukten, z.B. Guanylharnstoff.

Zur Umsetzung sind Bodenfeuchtigkeit und Wärme erforderlich. Bei hohen Temperaturen und ausreichender Feuchte kann die Umsetzung in wenigen Tagen beendet sein. Sie kann unter ungünstigen Bedingungen bei Kälte und/oder Trockenheit auch mehrere Wochen dauern.

Das Cyanamid, wie auch das Zwischenprodukt Dicyanamid, hemmt die durch Mikroorganismen (*Nitrosomonas* und *Nitrobacter*) hervorgerufene Nitrifikation (→) von Ammonium zu Nitrat. Allerdings wird nur die Aktivität von *Nitrosomonas* und nicht die von *Nitrobacter* gehemmt. Dadurch wird die unerwünschte Anreicherung von Nitrit (NO_2) vermieden. Die Nitrifikationshemmung hat den Vorteil, daß Stickstoff länger in der Form von Ammonium erhalten bleibt und damit nicht so leicht ausgewaschen wird wie das Nitrat. Wegen der nicht immer abzusehenden Zeitspanne für die Umsetzung sollte Kalkstickstoff grundsätzlich 10 - 14 Tage vor der Bestellung ausgebracht werden. Man rechnet bei ausreichender Wärme und Feuchtigkeit mit einer Reaktionszeit von 3 Tagen je 100 kg Kalkstickstoff/ha. Vor dem Pflanzen hochwertiger Kulturen empfiehlt sich auch der Kressetest (→).

Spurenelemente sind in Kalkstickstoff nicht enthalten. Begleitstoffe sind 50 - 55 % Calcium (CaO), ferner 12 % Kohlenstoff (C), 2 - 7 % diverse Oxide und 0,1 - 0,3 % Carbid.

Kalkstickstoff ist als Ausgangsstoff durch den schwarzen Kohlenstoffanteil grau-schwarz. Er besitzt einen typischen „Carbid"-Geruch. Bei Feuchtigkeitsaufnahme erhitzt er sich, weil er Branntkalk enthält. Er wirkt ätzend und schwellend auf die Haut des Menschen. Im Zusammenhang mit Alkohol ist die Staubaufnahme sehr gesundheitsschädlich. Darum kein Alkoholgenuß bei Ausbringung!!

Kalkstickstoff wird in mehreren Formen angeboten, wovon die feingemahlenen kaum noch eine Rolle spielen.

- Ungeölter Kalkstickstoff ist feingemahlen mit guter Ätzwirkung und wird zur direkten Unkrautbekämpfung eingesetzt. Er wirkt auch gut gegen Schnecken.

- Geölter Kalkstickstoff ist ebenfalls fein, aber durch Zusatz von 1 % Öl weniger stäubend.

- Kornkalkstickstoff ist gekörnt und sehr gut streufähig.

- Perlkalkstickstoff ist gekörnt und hat zur schnelleren Anfangswirkung einen Stickstoffanteil von 1 - 3 % Calciumnitrat. Perlka wird aus gemahlenem Kalkstickstoff durch Hydratisierung, Granulation und Siebung auf die gewünschte Korngröße (0,2 - 2,2 mm) hergestellt. Er ist für die Lose-Dünger-Kette geeignet, greift weder Holz, Beton noch Kunststoffe an und ist nicht hygroskopisch (→).

- Kalkstickstoff spezial ist geperlt, staubfrei zum Handstreuen und besonders auch für den Hausgarten entwickelt.

Kalkstickstoff wirkt physiologisch alkalisch und erhöht den pH-Wert des Bodens. Anwendungsvorschriften beachten und Wartezeiten unbedingt einhalten! Für die entsprechende Anwendung die passendste Kalkstickstofform verwenden. Abdrift von Staub auf Nachbarkulturen verhindern. Bei Kopfdüngung nie auf feuchte Pflanzen ausbringen und nur in ganz bestimmten Einzelfällen, die besondere Erfahrung und Kenntnis voraussetzen. Bei 2 dt/ha beträgt die Wartezeit 4 - 6; bei 4 dt/ha 8 - 14 und bei 6 dt/ha 14 - 20 Tage, wenn ausreichende Feuchte und Wärme herrscht.

Aufwandmengen je nach Kultur:

Im Gemüsebau allgemein je nach Art 2,5 - 5 dt/ha

bei Kohlarten (zur Kohlherniebekämpfung) auch 10 dt/ha

bei Spargel 3 - 5 dt/ha

in Obstanlagen 3 - 6 dt/ha

im Rhabarber 5 - 8 dt/ha

im Freilandzierpflanzenbau 3 - 5 dt/ha

Zeitpunkt und Art der Ausbringung können hier nicht ausreichend beschrieben werden, da sie kultur- und anwendungsspezifisch erfolgen müssen.

Auch zur Kompostierung läßt sich Kalkstickstoff einsetzen. Dazu wird das Material 20 - 30 cm hoch aufgesetzt, mit Wasser gut angefeuchtet und mit ca. 150 g/m^2 Kalkstickstoff bestreut. Das wird wiederholt, bis der Stapel 120 cm Höhe hat, und ggf. mit Erde abgedeckt. Zur Herstellung von Kunstmist aus Stroh bzw. Kartoffelkraut gibt man auf 30 cm hohe Strohschichten 1 kg/m^2 (etwa 3,5 - 4 kg je dt/Ausgangsmaterial) und wässert ein. Der Stapel kann eine Höhe bis zu 2 m erreichen. Nach etwa 4 Monaten ist die Rotte beendet und der entstandene Kunstmist verwendbar.

Kalkung

Eine Kalkung dient der pH-Erhöhung von Böden und Substraten, der Kalkversorgung der Böden und Pflanzen und der Strukturverbesserung von Böden. Jeder Kalkung sollte eine Überprüfung der Kalkbedürftigkeit durch Bodenanalyse vorausgehen. Möglich ist auch ein schneller, billiger und an Ort und Stelle durchzuführender Salzsäuretest (→ Kalkbedürftigkeit - Prüfung der K.). Wichtig ist neben der Wahl der richtigen Kalkart (→ Branntkalk, → Hüttenkalk , → kohlensaurer Kalk) auch die Härte und Mahlfeinheit des Kalkgesteins (→ Calcium).

Man unterscheidet zwischen der Erhaltungskalkung, der Gesundungskalkung und der Meliorationskalkung.

Erhaltungskalkung

Hierunter versteht man die regelmäßige Kalk-Zufuhr zur Erhaltung eines Bodenzustandes mit optimalem pH-Wert. Es werden die Ca-Verluste ausgeglichen. Häufig bietet sich aus Gründen der Arbeitswirtschaft und der Fruchtfolge eine „Vorauskalkung" für drei Jahre an. Hierzu wählt man milder und langsamer wirkende Kalke wie Hüttenkalk, Konverterkalk oder kohlensauren Kalk.

Gesundungskalkung

Bei der Gesundungskalkung ist eine erhöhte Kalk-Zufuhr zur pH-Wertanhebung versauerter Böden in den optimalen Bereich notwendig. Hierfür wählt man allgemein schnell wirkende Kalkdünger. Auf mittleren und schweren Böden wird Branntkalk bevorzugt.

Dabei spielt die Frage eine Rolle, wieviel Kalk in einer Gabe gegeben werden darf. Dies ist unterschiedlich. Bestimmt wird die maximal zu gebende Kalkmenge von der Bodenart. Sie beträgt auf:

Sandböden 15 dt Reinkalk (CaO) je ha

Lehmböden, schluffarm 25 dt

Lehmböden, schluffreich 50 dt

Lehmböden, tonig 100 dt und mehr

Wichtig ist, die Menge der verschiedenen Kalkarten immer auf CaO umzurechnen (→ Umrechnungsfaktoren - Kalkumrechner)

Meliorationskalkung

Einmalige Zufuhr hoher Kalkmengen zur grundlegenden Verbesserung degradierter Böden über den Krumenbereich hinaus. Meistens wird dies in Verbindung mit anderen kulturtechnischen Maßnahmen durchgeführt.

Anwendung

Zweckmäßig ist die Kalkung unbewachsenen Bodens. Es ist aber auch eine Kalkung in stehenden Kulturen möglich. Im Gartenbau hat man dabei allerdings auf eventuelle Kalkrückstände auf den Pflanzen zu achten. Bei der Kopfkalkung darf zur Vermeidung von Ätzschäden kein Branntkalk verwendet werden. Die Kalkung wird bei trockenem Wetter durchgeführt. Der ausgebrachte Kalk sollte immer baldmöglichst in die Krume eingearbeitet werden.

Kalkdünger können, wenn es die Witterung zuläßt, während des ganzen Jahres ausgebracht werden. Da die beste Kalkwirkung aber erreicht wird, wenn der Kalk intensiv mit dem Boden vermischt wird, sollte also auf solche Zeiten zurückgegriffen werden, wo dieses möglich ist. Das zügige Einarbeiten von Kalk in den Boden ist nur bei Gaben über 20 dt/ha erforderlich und wenn die Kalkform zur Vermörtelung neigt.

Eine rasche und gleichmäßige Verteilung ist vor allem bei Branntkalk (→) und Löschkalk notwendig, da diese bei längerer Lagerung an der Bodenoberfläche mit Kohlendioxid (CO_2) zu kohlensaurem Kalk reagieren.

Eine Kopfkalkung auf trockene Pflanzen fördert die oberflächennahe Krümelstruktur, die Höchstmenge sollte aber auf 6 - 10 dt/ha begrenzt werden.

Eine Kalkung darf nicht zusammen mit einer Stickstoffdüngung in Form von Ammonium erfolgen. Das gilt auch für Stallmist und Gülle. Bei höherem pH-Wert und guter Wasserversorgung können sonst beachtliche Stickstoff-Verluste eintreten. Als günstig hat sich eine Wartezeit von 14 Tagen zwischen Kalkung und Stickstoffgabe erwiesen, falls nicht zwischenzeitlich der Kalk in den Boden eingearbeitet wurde. Ist dies der Fall, kann unmittelbar nach der Kalkung mit Stickstoff gedüngt werden.

Für Nitrat- oder Amid-Stickstoff gilt diese Einschränkung ebensowenig wie bei der Verwendung von kohlensauren oder kieselsauren Kalken.

Substrataufkalkung

Für Substrate wird fast ausschließlich kohlensaurer Kalk (→) verwendet. Bei der Substrataufkalkung kommt es auf sehr schnelle Wirkung, d.h. schnelle pH-Wert-Anhebung an. Darum sollte nur sehr feiner Kalk (unter 0,1 mm ∅) aus weichem Kalkgestein mit Mindestkalkgehalten von 80 - 90 % $CaCO_3$ verwendet werden. Je härter das Kalkgestein und je grober die Mahlung, desto langsamer geht die pH-Wert-Anhebung vor sich. Da Weißtorfe und häufig auch das Gießwasser schon höhere Magnesiumgehalte aufweisen, sollten zur Substrataufkalkung verwendete kohlensaure Kalke magnesiumarm sein. Magnesiumreiche Kalke setzen sich darüber hinaus langsamer um.

Die Bestimmung der benötigten Kalkmenge zur Erzielung eines bestimmten pH-Wertes ist bei torfhaltigen Substraten nicht im Labor berechenbar. Die pH-Anhebung ist von den o.g. Kalkqualitäten ebenso abhängig wie vom Sorptions- und Pufferungsvermögen der Substratbestandteile und dem verwendeten Gießwasser und verläuft nie linear mit der verabreichten Kalkmenge. Darum macht man entweder eine Probekalkung in kleiner Mustermischung bzw. läßt sich

von betriebseigenen Erfahrungswerten leiten.
(→ Calcium - Anhebung des pH-Wertes, pH-Wert, Reaktivität von Kalken)

Kamasol

(→ Leitfähigkeit gebräuchlicher Dünger für die Flüssigdüngung)

Kaolinit ($Al_2Si_2O_5(OH)_4$)

Zweischicht-Tonmineral, das durch Verwitterung von silikatischen Gesteinen entsteht. Eine Schicht besteht aus SiO_4-Tetraedern und die andere aus AlO_6-Oktaedern. Die Schichtenpakete liegen mit kleinen, unveränderlichen Abständen zu vielen in paralleler Lagerung aneinander. Charakteristisch ist die mangelnde Quellbarkeit, d.h. die Tetra- und Oktaeder können in den Schichtpaketen kein Wasser aufnehmen. Daher ist auch die Plastizität und das Austauschvermögen gering. Von allen Tonmineralen hat Kaolinit das geringste Sorptionsvermögen.

Beispiel:

Kaolinit = 3 - 15 mval/100 g Substanz

Glimmerartige = 20 - 30 mval/100 g Substanz

Montmorillonit = 80 - 120 mval/100 g Substanz

Zum Vergleich: Humus hat ein Sorptionsvermögen von 200 - 500 mval/100 g Substanz.
(→ Festlegung, Ionen-Austausch, Montmorillonit, Tonminerale)

Kapillarwasser

(→ Bodenwasser)

Katalysator/Katalyse

Die Katalyse ist die Einleitung, Beschleunigung und Lenkung chemischer Reaktionen durch besondere Stoffe. Diese Stoffe sind die Katalysatoren, die sich durch die Reaktion selbst nicht verändern. Man unterscheidet zwischen homogener Katalyse, bei der der Katalysator im Reaktionsmittel gelöst ist, und heterogener Katalyse, bei der der meist feste Katalysator durch Kontakt oder Berührung die Reaktion auslöst. Katalysatoren können chemische Reaktionen beschleunigen oder verlangsamen, sie beeinflussen nicht die Lage von Reaktionsabläufen. Da die Katalysatoren nur vorübergehend Bindungen mit den reagierenden Molekülen eingehen und nach Ablauf wieder in ihre Ausgangsform zurückgehen, können sie für ihre Aufgabe immer wieder neu aktiv werden. Deshalb brauchen sie nur in geringsten Konzentrationen vorzuliegen.

Auch der Zellstoffwechsel wird durch Katalysatoren gesteuert. Die Biokatalysatoren bezeichnet man auch als Enzyme und Fermente. Sie bestehen aus Protein.
(→ Enzyme, Fermente)

Kationen

Positiv (+)-geladene Ionen:

z.B.: K, Na, NH_4, H, Ca, Mg, Al, Fe, Mn, Cu, Zn, Pb, Cd, Hg, Cr, Sr, Ni, Co u.a.

(→ Hydration, Ionen, Ionen-Austausch, Tonminerale, Wertigkeit)

Kavernen

(→ Baumdüngung)

Keimpflanzentest

(→ Testpflanzen)

Kerafim

(→ Knochenmehl)

Kieselsäure (H_2SiO_2)

Siliciumverbindung. SiO_2 (= Siliciumoxid) fördert die Verfügbarkeit von Nährstoffen im Boden und vermag die bereits festliegenden Nährstoffe zum Teil wieder zu lösen und pflanzenverfügbar zu machen. Kieselsäure schützt die durch Düngung verabreichten Nährstoffe vor unerwünschter, schneller Festlegung, so vor allem Phosphorsäure und Mangan. Enthalten ist Kieselsäure in kieselsauren Kalken wie Hüttenkalk, Thomaskalk, Konverterkalk, Thomasphosphat und verschiedenen Düngern, die Si enthalten.

Außerdem erhöht Kieselsäure die Widerstandskraft der Pflanzen gegen Pilzkrankheiten, hat also phytosanitäre Eigenschaften, was sehr ausgeprägt ist gegen Mehltau an Getreide.
(→ Silicium)

Kieserit

Hochprozentiger Magnesium-Dünger mit Sulfat für stark unterversorgte Böden zur vorbeugenden und Gesunddüngung.

Es gibt die Korngröße „fein" (0,09 - 0,8 mm) und „gran." mit 2- 4 mm ∅. Die Formulierung „fein" enthält 27 % wasserlösliches Magnesium (MgO) in Sulfatform als 81,5 % $MgSO_4$, außerdem 22 % Schwefel (S). Die Formulierung „gran." enthält 25 % MgO (= 75 % $MgSO_4$) und 20 % S. Beide Formulierungen enthalten keine Spurenelemente und weniger als 3 % Chlorid (Cl). Die Nährstoffe sind sofort pflanzenverfügbar. Kieserit ist nicht kalkzehrend und daher auf allen Böden unabhängig vom pH-Wert einsetzbar. Kieserit ist nicht schwelend und nicht wassergefährdend. Lagerung: Trocken und vor Feuchtigkeit geschützt. Bei loser Lagerung ist ein Bitumenanstrich von Böden und Wänden der Lagerstätte nützlich. Holzwände und -böden sind am beständigsten. Gegen Luftfeuchtigkeit den Kieserit mit einer Kunststoffplane abdecken.

Kieserit löst sich langsamer als Bittersalz (→) und ist darum besser zur Bodendüngung geeignet: Auf leichten, mäßig versorgten Böden mit 5 dt/ha und auf schlecht versorgten Böden mit 10 dt/ha, auf schweren, mäßig versorgten Böden mit 10 dt/ha und auf schlecht versorgten Böden mit 20 dt/ha anwenden. Stark unterversorgte Böden erhalten im Herbst 10 - 20 dt/ha. Bei einer Frühjahrsdüngung muß auf 5 dt/ha reduziert und der Rest im Herbst ausgebracht werden.

Kinetine

(→ Phytohormone, Wachstumsregler)

Klärschlamm

Klärschlamm fällt bei der mechanischen und biologischen Aufbereitung der Abwässer von Siedlungen an. Etwa ein Fünftel der anfallenden Menge wird in der Landwirtschaft verwertet.

Klärschlamm enthält etwa 5 % Trockensubstanz. Diese besteht zur Hälfte aus organischer Substanz und enthält etwa 4 % N, 6 % P_2O_5 und knapp 1 % K_2O. 60 - 70 % sind Wasser.

Unaufbereitet besitzt Klärschlamm ungünstige Eigenschaften wie Zähklebrigkeit, Wasserreichtum, hygienische Bedenklichkeit und Samenbesatz (Tomaten). Darum soll Klärschlamm immer erst in flachen Haufen gelagert und gelegentlich umgesetzt werden. Dadurch kommt es zu einer Oxidation der Sulfide zu Sulfaten.

Problematisch ist die mögliche Belastung mit Schwermetallen (Cadmium, Chrom) und toxischen, organischen Stoffen. Im Gartenbau spielt die Klärschlammverwertung keine Rolle. Auf Gemüseflächen, auf Grünlandflächen und bei Feldfutter ist die Ausbringung von Klärschlamm verboten.

Brauchbare Klärschlammprodukte lassen sich nur durch Kompostierung aufbereiten. Aber auch beim Klärschlammkompost bestehen wegen der hohen Schwermetallgehalte und hoher Salzkonzentrationen Bedenken gegen eine Anwendung im Gartenbau.

Klärschlammverordnung

Für die Ausbringung von Klärschlamm auf landwirtschaftlichen Flächen gilt seit dem 15. April 1992 eine EG-Klärschlammverordnung. Sie stellt die Umsetzungsakte der Richtlinie des Rates vom 12. Juni 1986 über den Schutz der Umwelt und insbesondere der Böden bei der Verwendung von Klärschlamm in der Landwirtschaft dar. Sie regelt die Aufbringung von Klärschlamm auf landwirtschaftlich genutzte Flächen. Danach darf nur so aufgebracht werden, daß das Wohl der Allgemeinheit nicht beeinträchtigt wird. Die Ausbringungsmenge ist auf maximal 5 t Trockensubstanz/ha innerhalb von drei Jahren begrenzt. Bei der Aufbringung müssen die im Boden verfügbaren Nährstoffe, der Gehalt organischer Substanz sowie die Standort- und Anbaubedingungen nach Art, Menge und Zeit, der Nährstoffbedarf der Pflanzen sowie die Schadstoffbelastung des Bodens berücksichtigt werden.

In Analogie zur Klärschlammverordnung ist die Kompostanwendung des Wasserhaushaltgesetzes (WHG) zu berücksichtigen.

In Nordrhein-Westfalen z.B. wurde die Verwaltungsvorschrift zum Vollzug der Klärschlammverordnung am 12. Juni 1995 veröffentlicht und damit wirksam. Danach müssen die Klärschlammabgeber den zuständigen Kreisstellen der Landwirtschaftskammern 14 Tage vor der geplanten Aufbringung Lieferscheine vorlegen. Dazu gehört auch ein Phosphor-Düngeplan (P-Bilanz) sowie ein Nachweis über die eventuell durchzuführende Bodenkalkung. Angestrebt wird aber ein kompletter Düngeplan. Die zuständige Kreisstelle hat zu prüfen, ob die pH-Werte vor der Beschlammung oberhalb von pH 4,5 liegen. Ist das nicht der Fall, so muß eine Kalkung erfolgen. Bei Nichteinhaltung dieser Vorschriften kann die Klärschlammausbringung untersagt werden. Klärschlammabgeber ist im allgemeinen die Kommune, die auch die Kosten der Untersuchungen und Prüfbefunde zu tragen hat.

Knochenmehl

Zu 100 % organischer Phosphatdünger, der unter den Handelsnamen Kerafim und Multiflora vertrieben wird. Ausgangsmaterial sind Knochen aus Schlachthöfen. Diese werden zerkleinert, entfettet und gereinigt. Das ergibt Knochenschrot, feingemahlen ist dieses ein NP-Dünger. Es gibt auch ausländische, nicht entleimte Knochenmehle mit 5 % Stickstoffanteil (z.B. Osmo Beendermeel). Dem Knochenschrot wird durch Entleimen das Eiweiß und damit der Stickstoffanteil entzogen. Das Endprodukt ist voll aufgeschlossenes, entleimtes Knochenmehl - ein organischer Phosphatdünger mit einem Nährstoffgehalt von 30 % voll aufgeschlossenem Calciumphosphat und einem Restanteil von höchstens 1 % Stickstoff. Spurenelemente und Begleitstoffe sind nicht enthalten.

Die voll aufgeschlossenen Knochenmehle haben eine Sofortwirkung des

Phosphors. Sie eignen sich daher nicht zur Vorratsdüngung, sondern nur als Kopfdünger zur Beschleunigung der Blüten- und Fruchtbildung.

Aufwandmengen: Für Anzuchterden und Erdmischungen 3 - 4 kg/m^3, bei Düngung über den Boden 4 - 5 kg/100 m^2.
(→ Dünger, organischer Dünger)

Knöllchenbakterien

(→ *Bacterium radicicola*)

Kobalt (Co)

(→ Cobalt)

Kohlendioxid

(→ CO_2)

Kohlenhydrate

Kohlenhydrate werden von der Pflanze aufgebaut. Es sind stickstofffreie, organische Verbindungen, bestehend aus Kohlenstoff, Wasserstoff und Sauerstoff. Zusammen mit Eiweißen und Fetten bilden sie die organischen Nährstoffe für Mensch und Tier. Zu den Kohlenhydraten zählt man die Zucker und alle Verbindungen, die sich in Zucker aufspalten lassen. Einteilung der Kohlenhydrate:

1. Monosaccharide (Einfachzucker)
   z.B. Traubenzucker, Fruchtzucker

2. Disaccharide (Zweifachzucker)
   z.B. Rüben-, Malz- und Milchzucker

3. Trisaccharide (Dreifachzucker)
   z.B. Raffinose

4. Polysaccharide (Vielfachzucker)
   z.B. Stärke, Dextrin, Inulin, Zellulose

Das erste Produkt der Photosynthese ist der Traubenzucker, der Grundstoff, aus dem die Pflanzen alle übrigen Verbindungen synthetisieren. Ein Teil der Kohlenhydrate dient der Pflanze als Reservestoff. Die Zellulose ist Stützsubstanz für die Pflanze. Die Kohlenhydrate Zucker und Stärke sind von der Pflanze aufgebaute Zellinhaltsstoffe; Pektin, Hemizellulose und Zellulose sind Zellwandbestandteile. Die Kohlenhydrate sind der Masse nach die bedeutendsten Pflanzenstoffe. Sie machen fast immer mehr als 50 % der organischen Trockensubstanz aus.

Kohlensäure

(→ CO_2)

kohlensaurer Kalk

Kalkmergel. Unterschieden wird kohlensaurer Kalk nach seiner Herkunft aus hartem oder weichem Gestein oder aus Kreide. Der Kalkanteil wird als $CaCO_3$ bewertet, der durch gleiche Anteile an $MgCO_3$ ersetzt werden kann. Je härter ein Gestein ist, um so feiner muß es vermahlen werden. z.B.

Hartkalke
97 % = 1 mm ∅, 70 % = 0,315 mm ∅.

Weichkalke
97 % = 4 mm ∅, 50 % = 1 mm ∅.

Das Düngemittelgesetz unterscheidet heute nicht mehr nach hartem und feinem Kalkgestein, sondern schreibt die Mahlfeinheit und Reaktivität (→) kohlensaurer Kalke vor. Die einheitliche Mindest-Mahlfeinheit für kohlensaure Kalke beträgt 97 % bei 3 mm ∅ und 70 % bei 1 mm ∅.

Die Reaktivität ist ein Maß für die zu erwartende Umsetzung der Kalkdünger im Boden. Sie beträgt beim kohlensauren Kalk, bewertet nach Umsetzung in verdünnter Salzsäure, mindestens 30 %. Ab einem Gehalt von 25 % $MgCO_3$ mindestens 10 %. Dünger mit hohem reaktiven Anteil (über 80 %) dürfen als „leicht umsetzbar" bezeichnet werden. Kohlensaure Kalke aus Kreide (Kreide-Kalke) sind besonders weicherdig und haben wegen ihrer geringen Partikelgröße eine hohe Reaktivität.

Je nach Herkunft gibt es Schwankungen zwischen 75 und 95 % $CaCO_3$ und 5 bis 14 % $MgCO_3$. Häufig sind Mengenverhältnisse von 80 % $CaCO_3$ und 5 % $MgCO_3$.

Spurenelemente spielen eine untergeordnete Rolle. Lediglich Mangan kann in höheren Mengen vorkommen. Bei kohlensaurem Algenkalk z. B. „Algomin", der aus Rotalgen in 30 - 50 m Meerestiefe gewonnen wird, kann der Bor-Gehalt hoch sein (etwa 50 ppm). Der Gehalt an NaCl (Kochsalz) sollte unter 3 % liegen.

Kohlensaurer Kalk ist ein Gesteinsmehl von weißer bis brauner Färbung. Mengenmäßig können auch die carbonatfreien Rückstände mit 1 - 15 % bedeutsam sein. Sie können aus Sand, Ton oder organischer Substanz bestehen. Meistens sind diese Nebenbestandteile positiv zu sehen (z.B. Tonminerale in Sandböden). Durch höhere Gehalte an organischer Substanz oder durch dunklere Minerale färben sich die eigentlich weißen Kalke z.T. dunkel. Dieses mindert aber die Kalkwirkung nur wenig. Kohlensaurer Kalk löst sich langsam im Boden, je feiner die Körnung und je weicher das Kalkgestein, um so schneller erfolgt dies und führt zur pH-Wert-Anhebung. Kohlensaurer Kalk ist nicht wasserlöslich, wird aber gelöst, wenn das Wasser Kohlensäure oder Huminsäure (Torf) enthält. Kohlensaure Kalke (Ca-Carbonate) liefern bei ihrer Umsetzung Kohlendioxid und sind somit auch CO_2-Dünger. Kalkverluste betragen je nach Bodenart, Bewuchs und Niederschlag 60 - 600 kg/ha CaO. Ca. 100 kg/ha CaO werden zur Neutralisation von Säuren, die durch Schwefeldioxid-Immission aus der Industrie entstehen, benötigt. Durch Ernteentzug gehen weitere 25 - 100 kg/ha CaO pro Jahr verloren.

Wegen seiner langsamen Wirkung ist rechtzeitige Anwendung erforderlich. Die Gefahr vorübergehender Überkalkung (zu stark ansteigender pH-Werte) ist dadurch aber gering. Zur Erhaltungskalkung allgemein auf schweren Böden reichen 40 - 50 kg/100 m^2, auf leichten Böden 20 - 30 kg/100 m^2. Zur Gesundungskalkung sind wesentlich höhere Mengen erforderlich. Zur Substrataufkalkung sollte der kohlensaure Kalk höchstens 3 % Magnesium enthalten. Die norddeutschen Weißtorfe können sehr hohe Magnesiumgehalte aufweisen, weshalb es andernfalls sehr leicht zu einem Überangebot kommen kann. Bei kohlensaurem Magnesiumkalk mit 15 % $MgCO_3$ liefert eine Gabe von 3 kg/m^3 bereits 450 mg MgO/l Substrat. 100 - 150 mg MgO/l gelten aber als Optimum. Zur Substrataufkalkung sollte nur feinvermahlener, weicherdiger, hochprozentiger kohlensaurer Kalk ($CaCO_3$) verwendet werden.
(→ Kalkung)

Kokosfaser

(→ Zuschlagstoffe zu Substraten - Kokosfasern)

Kolloide

Unter Kolloiden versteht man nicht bestimmte, chemische Körper (Stoffe), sondern einen besonderen Zustand der Körper. Dieser kolloide Zustand zeigt sich in einer besonderen physikalischen Zerteilungsform (disperse Phase) eines beliebigen Stoffes in irgendeinem Zerteilungsmittel (Dispersionsmittel). Disperse Gebilde haben Teilchengrößen zwischen tausendstel und millionstel Millimeter. Jedes kolloide System kann in zwei Formen vorkommen, als Sol und als Gel. Ist die disperse Phase gleichmäßig im Dispersionsmittel (Wasser) verteilt und der Zerteilungsgrad sehr groß, so spricht man von einer kolloiden Lösung oder einem Sol. Kommt es zu einer Zusammenlagerung dispergierter Teilchen und verringert sich der Dispersitätsgrad eines Sols sehr stark, so entsteht ein Gel (ausgeflockter oder koagulierter Zustand).

Kolloide teilt man nach dem Aggregatzustand ein *(Tab. 43)*.

Tab. 43: Einteilung der Kolloide nach dem Aggregatzustand

Dispersionsmittel	disperse Phase	Kolloidsystem
gasförmig	flüssig	Aerosol (Nebel)
gasförmig	fest	Aerosol (Rauch)
flüssig	gasförmig	Schaum
flüssig	flüssig	Emulsion
flüssig	fest	Suspensoid
fest	gasförmig	fester Schaum
fest	flüssig	fester Schaum
fest	fest	festes Sol

Der Boden wird allgemein als ein disperses System betrachtet, bei dem auch gröbere disperse Teilchen bis zu etwa 2 µm ∅ eine Rolle spielen. Zu diesen reaktionsfähigsten kolloiden Teilchen des Bodens gehören vor allem der Ton und der Humus. Ton ist alles anorganische Bodenmaterial, das eine Körnung von kleiner als 0,002 mm (2 µm) besitzt. Als Humus bezeichnet man die aus Resten von Organismen hervorgegangene, meist dunkel gefärbte organische Substanz des Bodens. Diese Bodenkolloide besitzen ein großes Sorptions- und Pufferungsvermögen.
(→ Humus, Ton)

KZ Kompaktierter Dünger

Ein neues Herstellungsverfahren für bisher granulierte Dünger. Beim Kompaktieren werden die homogen gemischten Einsatzstoffe unter hohem Druck ohne Einwirkung von Temperatur (Hitze) zu einem festen Band gepreßt. Durch nachfolgendes Brechen und Absieben entstehen die gewünschten Korngrößen. Die Körner sind nicht mehr rund, sondern unregelmäßig gebrochen.

Bei den isodurhaltigen, kompaktierten Dünger ist die Kornhärte größer als bei den Granulaten, dadurch zerfällt das Korn langsamer und gibt verzögert N frei.

KZ Kompost

Heute unterscheidet man verschiedene Komposte, meist nach ihrem Ausgangsmaterial, aber auch nach ihrem Verwendungszweck:

- Betriebseigene Komposte aus innerbetrieblich anfallenden Pflanzen-, Erd- und Substratresten,
- Grünkompost aus organischen, pflanzlichen Abfällen aus Parks, Landschaft und Garten wie Laub, Rasen- oder Strauchschnitt,
- Biokompost aus organischen Abfällen der privaten Haushalte aus der „Grünen Tonne",
- Substratkompost ist Fertigkompost mit begrenzten Gehalten an löslichen Pflanzennährstoffen und Salzen als Mischkomponente (Zuschlagstoff) für Kultursubstrate.

Kompost entsteht durch Rotte der Materialien in Mieten oder gut gelüfteten Kompostern. Das organische Material wird durch Mikroorganismen zersetzt. Diese benötigen dafür Feuchtigkeit, Wärme und vor allem eine ausreichende Luftzufuhr und Stickstoffmenge zum Aufbau ihrer Körpermasse. Ein optimales C : N-Verhältnis ist 20 - 30 : 1.

Die Einleitung der Rotte wird gefördert und beschleunigt durch die Besiedlung mit Mikroorganismen, indem „reifer" Kompost (mit vielen Bodenlebewesen) oder handelsübliche Kompostbeschleuniger, die Mikroorganismen enthalten, beigemischt bzw. zugefügt werden. Übliche Handelspräparate unter den Kompostbeschleunigern sind z.B.: Aktiv-Komposter, Orga-rott, Oscorna-Kompostbeschleuniger.

Bei richtiger Durchlüftung erwärmt sich der Kompost während des Rotteprozesses auf 50 - 80 °C. Diese Temperatur kann unter Optimalbedingungen etwa 14 Tage lang gehalten werden. Danach fällt sie auf etwa 30 °C ab. Nach dem für Kompostproduzenten maßgeblichen Merkblatt M-10 der LAGA muß der Rotteprozeß zwei Wochen lang bei über 55 °C erfolgen.

Nach unvollständiger Rotte kann es zu Problemen bei gärtnerischen Kulturen in Kompostsubstraten kommen. Bei richtiger Kompostierung (Temperatur über 55 °C) sterben dagegen die meisten pflanzenpathogenen (schädlichen) Organismen ab.

Tab. 44 von Hentschel, Humboldt-Universität Berlin, gibt für verschiedene Schadorganismen notwendige Temperaturen und Einwirkungszeiten zur Abtötung an.

Um eine permanente, optimale Belüftung zu gewährleisten, ist das Umsetzen des Komposthaufens von allergrößter Bedeutung.

Durch das richtige Hinzufügen mineralischer Zusätze wie kohlensaurer Kalk, Tonminerale (Bentonit, zur Verbesserung des Ton-Humus-Komplexes), Gesteinsmehl und Stickstoff (zur Verbesserung des C : N-Verhältnisses) kann die Kompostqualität erheblich verbessert werden.

Tab. 44: Notwendige Temperaturen und Einwirkzeiten zur Abtötung von Schadorganismen bei der Kompostierung (nach HENTSCHEL)

Erreger/Schädlinge	°C	Minuten
Virosen	70 - 90	30
Cladosporium fulvum	70	1
Fusarium oxysporum f. lycopersici	65	10
Phoma apiicola	49	10
Plasmodiophora brassicae	50 - 55	30
Pythium debaryanum und *Pythium ultimum*	60 - 65	10
Rhizoctonia solani und *Phytophthora cactorum*	55 - 60	60
Meloidogyne spp.	48	10
Ditylenchus dipsaci	52	11
Agrotis spp.	55	10

Kompost findet im Gartenbau überwiegend Verwendung als Bestandteil gärtnerischer Substrate und zur Verbesserung der Böden. Er hat wegen seines hohen Humusgehaltes eine hervorragende Sorptions- und Pufferungsfähigkeit.

Komposte - Eigenschaften, Inhaltsstoffe und Gehalte

Wie *Tab. 45* ausweist, können in Biokompost, Grün- und Gärtnerkompost sehr hohe Gesamtsalzgehalte, Phosphat- und Kaliumgehalte und hohe pH-Werte gefunden werden. Darum ist vor Verwertung eigener oder zugekaufter Komposte immer (!!) eine Bodenanalyse durchzuführen. Sehr hohe Gehalte z.B. an Kali von 3.000 mg K_2O/l Substrat begrenzen den Beimischungsanteil in Topfpflanzensubstrate. Schon eine Zumischung von 20 % dieses Kompostes zu Weißtorf führt zu einem Kali-Gehalt der Mischung von 600 mg/l. Dabei gelten schon 200 - 400 mg/l K_2O als ausreichend für ein optimales Pflanzenwachstum.

Der Schwermetallgehalt in Komposten darf bei Verwendung im Gartenbau bestimmte Grenzwerte nicht überschreiten *(Tab. 46)*. (→ Gütesiegel für Kompost und Substrate, Substratkomponenten und ihr Einfluß auf die Düngung)

Tab. 45: Wertgebende Eigenschaften und Inhaltsstoffe von Kompost

Parameter	Dimension*	Mittelwertbereich	bei 75 % aller Proben
Glühverlust (org. Substanz)	% TS	35	25 - 45
Glührückstand	% TS	65	55 - 75
Wassergehalt	%	36	35 - 50
Volumengewicht	g/l	680	550 - 850
löslicher Salzgehalt	g/l	4	2 - 8
pH-Wert		7,6	7,0 - 8,3
Stickstoff (N-gesamt)	% TS	1,1	0,8 - 1,5
Stickstoff (N-min)	mg/l FM	150	100 - 400
Phosphor (P_2O_5 - gesamt)	% TS	0,7	0,4 - 1,0
Phosphor (P_2O_5 - löslich)	mg/l FM	1.200	500 - 2000
Kalium (K_2O - gesamt)	% TS	1,2	0,6 - 1,5
Kalium (K_2O - löslich)	mg/l FM	2.500	1000 - 5000
Magnesium (MgO - gesamt)	% TS	0,4	0,2 - 0,7
Magnesium (MgO - löslich)	mg/l FM	250	150 - 500
Calcium (CaO - gesamt)	% TS	3	2 - 6

* FM = Frischmasse, TS = Trockensubstanz

Tab. 46: Gefundene Mittel- und Richtwerte für maximal zulässige Konzentrationen an Schwermetallen für Komposte in Kategorie I (Gartenbau) (normiert auf 30 % organische Substanz)

Schwermetall		gefundener Mittelwert	Richtwert* g/kg TS
Blei	Pb	53	< 150
Cadmium	Cd	0,74	< 1,5
Chrom	Cr	22	< 100
Kupfer	Cu	51	< 100
Nickel	Ni	15	< 50
Quecksilber	Hg	0,21	< 1
Zink	Zn	212	< 400

* in Königswasseraufschluß

KZ Konverterkalk 50

Kieselsaurer Kalk. Mehlfeines Gemisch von Branntkalk und silikatischem Kalk oder Silico-Phosphaten, entsteht bei der Stahlherstellung im Konverter. Ab 3 % MgO auch unter der Bezeichnung Konverterkalk mit Magnesium im Handel, ab 3 % P_2O_5 auch unter der Bezeichnung Konverterkalk mit Phosphat. Der Konverterkalk ist dem Hüttenkalk vergleichbar. Der CaO + MgO-Gehalt beträgt 45 - 50 %.

An Spurenelementen sind enthalten:

2 - 4 % Mn, 10 - 140 mg/kg Zn, 10 - 30 mg/kg B, 5 - 40 mg/kg Cu, 8 - 10 mg/kg Mo, 2 - 5 mg/kg Co.

Nebenbestandteile sind 12 % reaktionsfähige Kieselsäure (SiO_2) und bis zu 3 % P_2O_5. Phosphat ist nur zitronensäurelöslich.

Das im Konverter erschmolzene Produkt ähnelt dem Thomaskalk, enthält aber keine nennenswerten Mengen an Phosphat. Konverterkalk hat eine schonende und nachhaltige Wirkung, ist für alle Böden geeignet und ein preiswerter Kalkdünger. Die Mahlfeinheit gleicht der von Thomasphosphat. 97 % kleiner 1 mm ∅ und 80 % kleiner 0,315 mm.

Konverterkalk ist immer anwendbar, wenn der Boden zu befahren ist. Sofortiges Einarbeiten ist nicht erforderlich. Die volle Wirkung bleibt auch dann erhalten, wenn der Dünger erst später eingearbeitet oder eingewaschen wird. Zur Erhaltungskalkung beträgt die Aufwandmenge alle 3 Jahre 20 - 25 kg/100 m^2.

Konverterkalk feucht-körnig: Wie Konverterkalk, aber neu in feucht-körniger Form, dadurch werden Staubprobleme gelöst und die Handhabung einfacher. Diese feucht-körnige Version ist nur für großflächigen Einsatz mit Großflächenstreuer und Streuscheibe geeignet. Der CaO + MgO-Gehalt ist mit 43 % etwas geringer als beim Konverterkalk 50. Spurenelemente und Nebenbestandteile entsprechen dem Konverterkalk.

Konverterkalk ist auch in Lose-Dünger-Kette lieferbar. Mahlfeinheit: 97 % kleiner 2 mm ∅, 75 % kleiner 1 mm. Lagerung im Flachlager, am Feldrand.
(→ Calcium - Kalk und die Veränderung des pH-Wertes)

Kosten für Dünger und Pflanzenschutzmittel

Der Kostenanteil für Dünger und Pflanzenschutzmittel ist mit 2,1 % vom Betriebsertrag im Durchschnitt aller Zierpflanzenbaubetriebe sehr niedrig. Außerdem entfällt hiervon noch der weitaus größere Anteil auf Pflanzenschutzmittel. Darum sollte man sich bei der Wahl des Düngers im Zierpflanzenbau nicht vom Preis, sondern von seiner Güte und Zweckmäßigkeit leiten lassen.

Tab. 47 nennt einige Beispiele für verschiedene Sparten des Gartenbaues.

Kreislaufwirtschaftsgesetz

Seit dem 7. Oktober 1996 ist das Kreislaufwirtschaftsgesetz in Kraft. Nach diesem Gesetz dürfen Siedlungsabfälle wie Klärschlamm und Kompost nur noch in der Landwirtschaft verwendet werden, wenn sie als „Sekundärrohstoffdünger" in der Düngemittelverordnung zugelassen sind. Eine solche Zulassung ist aber bisher nicht erfolgt, weil die Bundesregierung noch keine Kompostverordnung erlassen hat, in der Schadstoffgrenzwer-

Tab. 47: Kosten für den Düngeraufwand in verschiedenen Gartenbausparten (Quelle: Kennzahlen für den Betriebsvergleich – Heft 38 – Hauptauswertung Oktober 1995 des Arbeitskreises Betriebswirtschaft im Gartenbau e. V. – Hannover –)

Sparte	in % des Betriebsertrages	in % des Spezialaufwandes	in DM/Em^2	in DM je m^2 Glas	in DM/ha
Zierpflanzenbau	2,1	6,4	0,13	3,01	
Topfpflanzen	2,6	6,8	0,13	3,19	
Schnittblumen	2,7	8,0	0,09	2,03	
Baumschule	2,0	9,3	0,20		2,039
Gemüsebau	4,9	17,1	0,20		
davon Freiland	5,5	20,5	0,21		2,077
davon Glas	4,0	11,6	0,21	2,33	
Obstbau	6,7	31,6	0,12		1,270

Em^2 = Einheitsquadratmeter

te festgelegt sind. Weil die Zulassung von Kompost und Klärschlamm gemeinsam erfolgen soll, existiert z. Zt. ein rechtsfreier Raum. Wer jetzt noch Kompost oder Klärschlamm ausbringt, handelt nach heutigem Stand rechtswidrig. Darum empfiehlt der Deutsche Bauernverband den Landwirten, sich die Rechtmäßigkeit der Ausbringung von der jeweilig zuständigen Behörde bestätigen zu lassen.

Kressetest

Wenn man sich von der Zuverlässigkeit und Schadstofffreiheit eines Substrates überzeugen möchte, empfiehlt sich der einfach zu handhabende und billige Wachstumstest mit Kresse. Dazu füllt man zuerst in ein Weckglas 2 - 3 cm des zu untersuchenden Substrates, befeuchtet es und belegt es mit Kressesamen *(Abb. 56)*. Gasförmige Substanzen im Substrat stellt man mit einem frei im Weckglas hängenden feuchten Wattebausch fest, der in Kressesamen getupft wurde, die dann anhaften. Dabei sollten zwei Proben, einmal in einem geschlossenen und einmal in einem offenen Glas durchgeführt werden.

Sinnvoll ist, ein drittes Glas mit einwandfreiem Substrat als „Null-Parzelle" anzulegen, um ganz sicher zu gehen, daß

Abb. 56: Kressetest für Substrate

Foto: Essig

es keine unterschiedlichen Ergebnisse in Keimung und Wachstum gibt. (→ Testpflanzen)

Kupfer (Cu)

Schwermetall. Kation Cu^{++}, aber auch Cu^{+} und Cu^{+++}.

Kupfer im Boden

Kupfer kommt im Boden fast ausschließlich in zweiwertiger Form vor. Der größte Teil ist an organische oder anorganische Sorptionskomplexe sehr fest gebunden oder in die Gitter der Mineralien eingebaut. Ein kleinerer Teil liegt auch in komplexer Verbindung mit organischen Substanzen vor. Diesen Kupferverbindungen kommt Bedeutung zu, weil sie das bewegliche Kupfer bieten. Das sorptiv gebundene Kupfer liegt sehr fest und ist meist nicht pflanzenverfügbar. Gesamtgehalte im Boden: 5 - 100 ppm. Der Cu-Gehalt steigt mit dem Ton-Gehalt. Das austauschbare Kupfer liegt als Cu^{++} und $CuOH^{+}$ vor. Es ist am stärksten von allen Nährstoffen sorbiert und macht 0,2 - 2 ppm aus. Vom Austausch-Kupfer sind nur 1 - 10 %, also 0,002 bis 0,02 ppm wasserlöslich und pflanzenverfügbar. Die Mobilisierung von Kupfer ist auf sauren Böden stärker als auf alkalischen, d.h., es ist im niederen pH-Bereich besser verfügbar. Wegen der geringen Beweglichkeit im Boden bleibt Kupfer, das durch Düngungen zugeführt wird, in den oberen Bodenschichten. Nur durch starke Säuren können Cu-Verlagerungen erzielt werden. Die Pflanze mobilisiert das Kupfer vornehmlich durch Komplexbildner.

Kupfer in der Pflanze

Die Pflanze nimmt Kupfer nur in geringen Mengen über die Wurzeln und Blätter auf. Die Aufnahmerate über das Blatt hängt dabei stark von der Pflanzenart ab. Die Kupfer-Gehalte in der pflanzlichen Trockensubstanz liegen im allgemeinen bei 2 - 20 ppm. Sie hängen sehr stark vom Alter der Pflanze (im jugendlichen Stadium nehmen sie am meisten Kupfer auf) und vom jeweiligen Pflanzenorgan ab. Die Cu-Aufnahme selbst wird in erster Linie von der Menge an pflanzenverfügbaren Cu-Ionen im Boden beeinflußt. Eine Behinderung der Cu-Aufnahme durch Ionenkonkurrenz anderer Kationen bleibt für die Praxis bedeutungslos. Kupfer wirkt auf die meisten anderen Kationen verdrängend und ist sehr fest an die Pflanzenwurzel gebunden. Deshalb ist die Wurzel das Pflanzenorgan, das fast immer die höchsten Kupfer-Gehalte aufweist (geringe Beweglichkeit). Das aufgenommene Kupfer ist in der Pflanze nur zum kleinen Teil wasserlöslich oder sorbiert. Etwa 70 % sind in den Chloroplasten an Eiweiß gebunden.

Antagonismus - Synergismus

Ionenkonkurrenz hat keine praktische Bedeutung (s.o.). Zu hohe pH-Werte können zu Kupfer-Festlegung führen. Auch ist eine Cu-Fixierung durch Humusstoffe möglich.

Bei Cu-Mangelpflanzen reichern sich andere Elemente wie N, P und K (um das 3-fache), Mg, Ca und Mo an, wobei nicht die Aufnahme beeinflußt wird, sondern die Ausnutzung der genannten Elemente beim Aufbau der pflanzlichen Substanz. Bei Mn ist sogar die Aufnahme erhöht, was bis zur Mn-Toxizität führen kann.

Im Stoffwechsel der Pflanzen bestehen enge Wechselwirkungen zwischen Kupfer und Molybdän, Cu und Mangan, Cu und Eisen.

Funktion des Kupfer

Kupfer ist Bestandteil von Enzymen, es ist an der Photosynthese und am Chlorophyllaufbau beteiligt, ferner zusammen mit Eisen am zweiten Schritt der Nitratreduktion. Kupfer begünstigt die Kohlenhydratsynthese und schützt das Chlorophyll vor frühzeitigem Abbau, die Pflanze verweilt länger in einem jugendlichen Habitus und hat so eine höhere Assimilationsleistung. Da Cu auch an der Biosynthese des Lignins beteiligt ist, trägt es zur Stabilisierung und Verholzung der Zellwände bei. Kupfer ist praktisch an allen wichtigen Stoffwechselreaktionen direkt oder indirekt beteiligt und damit für die Pflanze ein absolut notwendiges Nährelement.

Kupfer-Mangel und Mangelsymptome

Hohe Anteile organischer Substanz im Boden oder hohe Phosphatgehalte können ebenso wie eine plötzliche Anhebung des pH-Wertes zu Cu-Mangel

Abb. 57: Deformationen und Schmalblättrigkeit durch Kupfer-Mangel an *Gerbera* Foto: Kaminski

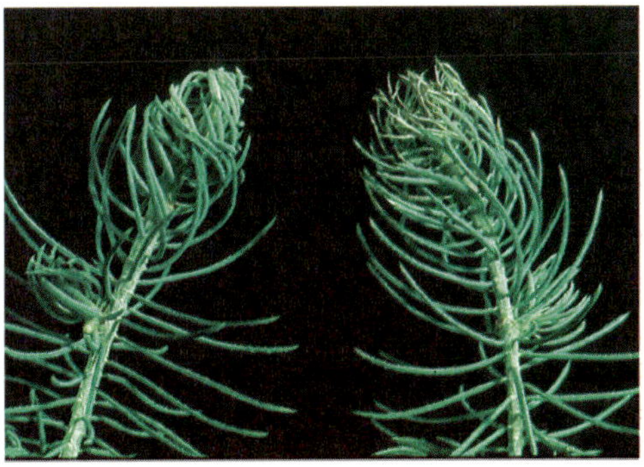

Abb. 58: Kupfer-Mangel an Fichten

Werkfoto: Jost

führen. Zur Anhebung des pH-Wertes und der damit verbundenen Festlegung von Kupfer gibt es aber widersprüchliche Aussagen. Bei niedrigen Kupfer-Gehalten im Boden können auch erhöhte Kali- und Stickstoffgaben Cu-Mangel induzieren. Auch Trockenheit löst Kupfer-Mangel aus.

Junge Blätter zeigen gelbliche bis weißliche Randaufhellungen und vertrocknen an der Spitze (Weißspitzigkeit, vor allem bei Hafer und Gerste.) Die Blattadern sind oft noch grün. Teilweise rollen auch die Blattränder ein *(Abb. 57 u. 58)*. Die Vegetationspunkte sterben ab, es bilden sich viele schwache Seitentriebe mit kleinen Blättern, die ebenfalls Mangelsymptome tragen. Der Laubfall beginnt von oben her.

Die Schäden treten besonders nach Streß-Situationen auf (Wuchsstoffanwendung, nach Schlechtwetterperioden, wenn plötzlich heißes, sonniges Wetter einsetzt). Das Wurzelwachstum ist nur mäßig gehemmt. Eine ungenügende Kupfer-Versorgung und Kupfer-Mangel findet man hauptsächlich auf humosen, podsoligen Sandböden. Diese sind von Haus aus arm an Kupfer.

Nach Rahimi wurden die Cu-Mangelsymptome wie in *Tab. 48* angegeben eingeteilt.

Kupfer-Überschußsymptome

Cu-Überschuß verursacht an den jüngeren Blättern Symptome, die dem Eisen-Mangel ähneln. Schäden sind meist nicht spezifisch. Empfindliche Pflanzen reagieren schon bei 0,2 - 0,5 %igen Kupfersulfatspritzungen mit „Verbrennungsschäden", dies vor allem, wenn es zur Tröpfchenbildung kommt. Dabei beruhen die Schäden aber nicht nur auf dem Kupferüberschuß, sondern auch auf den niedrigen pH-Werten der Spritzlösungen.

Durch Kalkung und Anhebung des pH-Wertes auf 6,0 - 6,5 sowie durch hohe Humus- und Phosphatgaben lassen sich Schäden durch Kupfer-Überschuß mindern.

Im Wein- und Hopfenanbau kann es durch die zahlreichen Kupfer-Spritzungen zu einem Cu-Überschuß der Böden kommen. „Kupfer-Böden" sind fast immer mit der Zeigerpflanze für Kupfer, *Silene vulgaris* (Syn. *S. cucubalus*) (→ Leitpflanzen), einer Leimkrautart, bestanden. Ansonsten ist in der Praxis kaum mit Kupfer-Überschuß zu rechnen.

Gehalte und Grenzwerte

In Torfsubstraten gelten Werte von 0,5 - 4 mg/l als optimal. In der Trockensubstanz der Pflanzen führen Werte unter-

Tab. 48: Einteilung von Cu-Mangelsymptomen nach Rahimi

Typische Symptome	Sekundärsymptome	Folgesymptome
Einrollen der Blätter Welken der Blätter Absterben der jüngeren Blätter Herabhängen der Blätter (Trauerformen)	gehemmte Entwicklung aller Organe Kurze Internodien Kleine Blätter Chlorosen frühzeitige Achseltriebentwicklung und Triebverzweigung bei Dicotylen Nachschosser bei Monocotylen Gehemmte Wurzelentwicklung	Schädigung durch Überschuß anderer Nährstoffe (z.B. Mn) Pilzbefall

(Tabelle aus: Bergmann, Prof. Dr. agr. Werner, Jena, Ernährungsstörungen bei Kulturpflanzen, Gustav Fischer Verlag, Stuttgart)

halb 4 ppm Kupfer zu Mangelsymptomen. 5 - 15 ppm Kupfer gelten als optimal, mehr als 50 ppm Kupfer wirken toxisch. Bei einigen Pflanzenarten treten toxische Schäden bereits bei 30 ppm auf. Kulturböden enthalten häufig zwischen 1 und 20 mg/kg in lufttrockenem Boden. 100 mg/kg sind tolerierbar.

Lackmus-Papier
(→ Schnelltest-Methoden

Landerde
(→ Substratkomponenten und ihr Einfluß auf die Düngung)

Langsamsandfiltration
(→ Nährlösungs-Desinfektion)

Langzeitdünger
(→ Dauerdünger)

Lava
(→ Zuschlagstoffe zu Substraten - Bims und Lava).

Lava-Filter
(→ Nährlösungs-Desinfektion)

Leguminosen
(→ *Bacterium radicicola*, Gründüngung)

Leitfähigkeit gebräuchlicher Dünger für die Flüssigdüngung
(siehe *Tab. 49*)

Tab. 49: Leitfähigkeit gebräuchlicher Flüssigdünger (gemessen in Mikro-Siemens (µs) bei 25 °C in entsalztem Wasser in verschiedenen Anwendungskonzentrationen)

	Konzentrationen der Anwendungslösung in ‰				
Dünger	0,5	1,0	1,5	2,0	3,0
Wasserlösliche Nährsalze					
Algospeed 7+11+28		1200	1800	2400	
Algospeed 9+8+36		1250	1850	2400	
Algospeed 11+8+33		1350	2000	2600	
Algospeed 17+7+22		1400	2100	2900	
Akril	880	1640	2280	3100	4510
Alkrisal	770	1460	2140	2830	4080
Bittersalz	474	670	1088	1156	
Fertisal Extra	430	880	1270	1720	2410
Fertisal K plus	680	1250	1760	2260	4970
Flory 1	800	1546	2270	2970	
Flory 1 Spezial	807	1556	2270	2970	
Flory 2	726	1407	2070	2710	
Flory 2 Spezial	696	1350	1980	2600	
Flory 3	793	1518	2210	2890	
Flory 4	693	1330	1920	2510	
Flory 5	461	887	1292	1695	
Flory 6 PK	398	749	1041	1432	
Flory 8 NK	836	1624	2380	3110	
Flory Basisdünger 1	634	1200	1750	2270	

Tab. 49 (Fortsetzung): Leitfähigkeit gebräuchlicher Flüssigdünger (gemessen in Mikro-Siemens (μs) bei 25 °C in entsalztem Wasser in verschiedenen Anwendungskonzentrationen)

	Konzentrationen der Anwendungslösung in ‰				
Dünger	0,5	1,0	1,5	2,0	3,0
Wasserlösliche Nährsalze					
Flory Basisdünger 2	616	1181	1718	2240	
Florymonid	860	1680	2490	3280	
Hakaphos spezial	649	1360	1951	2610	2920
Hakaphos plus	750	1440	2100	2750	4000
Hakaphos rot	720	1360	2000	2550	3730
Hakaphos grün	820	1580	2350	3010	4390
Hakaphos blau	790	1510	2220	2820	4110
Harnstoff*	-	-	-	-	-
Hydrokalksalpeter	581	1120	1640	2140	
Kalisalpeter	881	1451	2226	2935	
Manna LIN A	640	1220	1770	2310	3330
Manna LIN B	640	1220	1770	2310	3330
Manna LIN K	750	1490	2280	2940	4290
Manna LIN NK	800	1530	2220	2920	4230
Peters Foliar Feed	340	630	930	1240	1800
Peters Plant Starter	410	820	1200	1600	2330
Plantaaktiv rot	747	1466	2180	2853	
Plantaaktiv „NK" gelb	554	1060	1518	1910	
Plantaaktiv „25K" blau	695	1350	2000	2626	
Plantaaktiv grün	714	1390	2025	2660	
Plantaaktiv weiß	682	1306	1919	2505	
Plantaaktiv Spezial blau	815	1524	2287	2975	
Plantaaktiv NP 72	414	788			
Plantaaktiv PK 86	353				
Pokon PG 1		1100			
Pokon PG 2		700			
Pokon PG 3		1100			
Pokon PG 4		800			
Pokon PG 5		900			
Pokon PG 6		1000			
Pokon PG 7		800			
Poly Crescal	880	1420	2100	2740	4000
Poly Fertisal	770	1370	2040	2610	3820
Schwefelsaures Ammoniak	1015	1940	2820	3660	
Flüssigdünger					
De Weerdt Formel 1	510	958	1392	1814	
De Weerdt Formel 2	187	382	561	749	
De Weerdt Formel 3	156	293	420	578	

* bei dem organischen Harnstoff kann keine Leitfähigkeit gemessen werden.

Tab. 49 (Fortsetzung): Leitfähigkeit gebräuchlicher Flüssigdünger (gemessen in Mikro-Siemens (µs) bei 25 °C in entsalztem Wasser in verschiedenen Anwendungskonzentrationen)

	Konzentrationen der Anwendungslösung in ‰				
Dünger	0,5	1,0	1,5	2,0	3,0
Flüssigdünger					
De Weerdt Formel 5	314	645	922	1201	
De Weerdt Formel 6	160	318	4845	631	
Gabi Plus N				135	
Gabi Plus N Super				140	
Gabi Plus P				801	
Gabi Plus NK				733	
Gabi Plus 12+8+11				792	
Gabi Plus 6+12+6				970	
Gabi Plus D				607	
Gabi Plus Super				622	
Gabi Plus „5"				657	
Gabi Plus „Z"				622	
Gabi Plus Standard				748	
Hökan grün	165	340	540	680	980
Kamasol grün	165	340	540	680	980
Kamasol rot	195	390	580	710	1080
Kamasol blau	243	520	660	930	1320
Manna LIN F	243	520	660	930	1320
Spezial- und Spurennährstoffdünger					
Chelat Mix		130			
Ferroaktiv	245	447	635	820	
Flory 7 Fe	364				
Flory 71 Fe	91				
Flory 72 Fe	224				
Flory 73 Fe	218				
Flory 10	532				
Folicin Ca		390			
Gabi Mikro Fe				849	
Gabi Mikro T				153	
Terraflor AZ		660			
Terraflor Fe		550			
Hydrodünger					
Flory 9 Hydro	701	1341	1960	2580	
Gabi Hydro				607	
Peters Hydro Sol	570	1080	1510	1990	2810

Leitfähigkeitsmessung/ Leitfähigkeitsmeßgeräte

(→ Schnelltest-Methoden)

Leitpflanzen/ Indikatorpflanzen/ Zeigerpflanzen

Leitpflanzen sind Wildkräuter und kommen auf bestimmten Böden in großer Häufigkeit vor. Sie setzen sich aufgrund des Vorfindens idealer Bedingungen für ihre individuellen Bedürfnisse besonders durch. Durch das Vorhandensein und gute Gedeihen solcher Leitpflanzen kann man Rückschlüsse auf die Bodenreaktion (pH-Wert), auf Bodenverdichtung, Bodenarten, Nährstoffmangel oder hohes Nährstoffangebot ziehen.

Dabei besteht aber die Schwierigkeit, den eigentlichen Standortfaktor der Leitpflanze richtig zuzuordnen. Steht sie an dem Standort wegen des dort herrschenden Schattens, der Bodenfeuchtigkeit oder des pH-Wertes? So kann durchaus ein Faktor den anderen ersetzen. Nicht immer ist das Vorhandensein von Leitpflanzen auf einen idealen Standort zurückzuführen. U. U. läßt dieser Standort das Wachstum gerade noch zu und ein anderer ist nicht vorhanden. Die Beurteilung von Pflanzengesellschaften führt darum zu einer sichereren Aussage als die von nur einer Leitpflanze.

Zu beachten ist ferner, daß diese sehr alte Methode der Beurteilung von Böden und deren Eigenschaften heute nur noch sehr bedingt aussagefähig ist und nur auf weitestgehend naturbelassenen Flächen noch Gültigkeit hat. Durch Herbizid-Einsatz z.B. kann der Wildkrautbewuchs sich sehr stark verändern. Auch die Ausbringung von Klärschlamm und ähnlichen Substanzen hat große Auswirkung auf die Zusammensetzung der Wildkräuter.

Für bestimmte Bodenmerkmale haben die folgenden Leitpflanzen heute immer noch eine relativ zuverlässige Aussagekraft, allerdings mit regionalen Einschränkungen.

Hoher Stickstoffgehalt
Klebkraut, Weiße Taubnessel, Vogelmiere, Kleine Brennessel und Große Brennessel

Niedriger Stickstoffgehalt
Feldampfer, Ackerschachtelhalm, Saatwucherblume

Hoher Kalkgehalt/Kalkanzeiger
Adonisröschen, Anemone, Rote Taubnessel, Echte Kamille, Breitwegerich, Huflattich

Niedriger Kalkgehalt
Ackerkamille, Hirtentäschelkraut, Ackerknöterich, Spitzwegerich

Saurer Boden/Säureanzeiger
Sandstiefmütterchen, Hederich, Sauerklee, Kleiner Sauerampfer, Einjähriges Knäuelkraut

Neutraler Boden
Giersch, Ackerwinde

Stauende Nässe/Feuchtigkeitsanzeiger
Kriechender Hahnenfuß, Ackerminze, Huflattich, Sumpfdotterblume, Wiesenschaumkraut, Wiesenknöterich

Gut durchlüfteter, feuchter Boden
Ehrenpreis, Ackervergißmeinnicht

Schlechter Garezustand
Knäuelkraut, Frauenmantel, Echte Kamille, Hederich

Sehr garer Gartenboden
Wolfsmilch, Brennessel

Tonboden, Lehmboden oder verdichteter Boden
Acker-Gauchheil, Acker-Winde, Gewöhnlicher Erdrauch, Kriechender Hahnenfuß, Huflattich

Trockener Sandboden
Windhalm, Strandhafer, Katzenpfötchen, Langblättrige Grasnelke, Silbergras, Einjähriges Knäuelgras

Rohhumusanzeiger
Heidekraut, Heidel-, Moos-, Moor- und Preiselbeere

Lewatit

Lewatit HD5 (18 g + 7 g + 15 g)

Ionen-Austauschdünger (→). Ein NPK-Langzeitdünger ohne Calcium und Magnesium, geeignet nur für hartes Gießwasser mit einer Karbonathärte nicht unter 8 °dKH. Dieser Dünger wird hauptsächlich im Projektgrün in Hydrogefäßen und beim Endverbraucher verwendet.

Der Dünger besteht aus harten, bräunlichen Körnern. Die Kunstharzhülle ist völlig unlöslich. Der Wassergehalt im Lieferzustand beträgt 40 - 50 %. Darum werden die Nährstoffgehalte in g pro l Lewatit angegeben. 18 g Stickstoff, davon 78 % Nitrat- und 22 % Ammonium-N, 7 g Phosphat, 15 g Kali und die Spurenelemente Fe, Cu, Mn, B, Mo und Zn. Wird der Dünger an der Luft gelagert, so nimmt der Wassergehalt langsam ab, die Kunstharzkörner schrumpfen. Die Düngewirkung geht durch Austrocknung aber nicht verloren.

Der pH-Wert des Gießwassers wird durch Lewatit abgesenkt, außerdem abgepuffert und bleibt über lange Zeit mit pH 6,0 - 7,0 in einem günstigen Bereich. Sehr stark vermindert wird der Bicarbonatgehalt des Gießwassers bis zu einer Karbonathärte unter 3 bei einem Ausgangswert von 8 °dKH. Calcium wird gegen Kalium und Ammonium ausgetauscht. Es erfolgt praktisch eine Teilenthärtung des Gießwassers. Auf diese Weise wird bei Anwendung von Lewatit HD5 die Verwendung von relativ salzreichem sowie hartem Gießwasser möglich. Das bei der Verwendung von Nährsalzlösungen notwendige Abpumpen der verbrauchten Lösung entfällt.

Je nach Größe der Pflanze werden 25 - 35 ml Lewatit je Pflanze gerechnet. Diese Menge reicht für eine Versorgung von ca. 3 - 4 Monaten aus. Bei stark wachsenden Pflanzen gibt man bis zu 50 ml in kürzeren Abständen von etwa 3 Monaten. Bei größeren Bepflanzungen reichen 0,5 l Lewatit pro m², um die Versorgung über 6 Monate sicherzustellen. Innerhalb dieser Zeit muß nur das verbrauchte und verdunstete Wasser wieder aufgefüllt werden. Dazu sollte nur temperiertes Leitungswasser (kein Regenwasser) verwendet werden. Die Wassermenge sollte so bemessen sein, daß sie nach spätestens 14 Tagen verbraucht ist. Der Dünger wird in den Bereich des angestauten Wassers eingebracht. Er kann auch lose auf das Tongranulat (Blähton) aufgestreut und eingewässert werden.

Lewatit HD5 plus (18 g + 7 g + 15 g + 7 g)

Nährstoffgehalte wie Lewatit HD5, aber mit Calcium- und Magnesium-Anteilen (7 g Mg und 12 g Ca), daher auch für weiches Gießwasser mit Karbonathärte unter 8 °dKH geeignet.
(→ Ionen-Austauschdünger)

Librel Eisen
(→ Eisen - Die Analyse der Eisengehalte)

Lignin

Wörtlich = Holzstoff. Bestandteil von Holz und verholzten Pflanzenteilen. Nach der Zellulose ist das Lignin die mengenmäßig wichtigste organische Gerüstsubstanz im Pflanzenreich und vom Moos an aufwärts nahezu universell verbreitet. Als Zellwandbestandteil macht Lignin etwa 10 - 40 % der organischen Trockensubstanz aus.

Lignin ist nach dem Absterben der Pflanzen Ausgangsstoff für die Humusbildung. In der Reihe der organischen Verbindungen ist es eines der am schwersten zersetzbaren. Nachfolgende Stoffe geordnet von leicht zersetzbar bis schwer zersetzbar: Zucker - Stärke - Proteine - Proteide - Pektine - Hemizellulose - Zellulose - Lignin - Wachse - Harze - Gerbstoffe.

Beim Lignin-Abbau werden vor allem Huminstoffe, aber auch CO_2, H_2O, NH_3, NO_3, P, S, Ca, K, Mg, Fe u.a. frei. Einige organisch-mineralische Dünger entstehen durch Aufbereiten von Lignin und Zugabe von Stickstoffdüngern. Der Anteil von Lignin-N in den Düngern muß angegeben werden.

Löslichkeit von Düngern

Mineraldünger haben eine sehr unterschiedliche Löslichkeit in Wasser. Chemisch unterscheidet man in leicht- und schwerlösliche Stoffe. Unter Löslichkeit versteht man die Gewichtsmenge eines Stoffes, die sich in einer Gewichtseinheit des Lösungsmittels bei einer bestimmten Temperatur löst. Der Grad der Löslichkeit wird bei Löslichkeit von mehr als 10 % des Stoffes als leichtlöslich und bei weniger als 1 % als schwerlöslich bezeichnet.

Nur wenige Dünger sind voll löslich. Bei den meisten verbleiben Rückstände. Diese ungelösten Reste treten verstärkt bei höher konzentrierten Stammlösungen (→) in Erscheinung und haben bei Volldüngern ein anderes Nährstoffverhältnis als der Anteil der gelösten Salze. Diese Rückstände führen häufig zu Störungen der Regeleinrichtungen der Düngerbeimischer (→), wenn sie in diese gelangen. Die Löslichkeit nimmt mit steigender Wassertemperatur zu. Bei Verwendung von kaltem Wasser kristallisieren Salze aus, die sich ebenfalls störend auf die Funktion der Düngerbeimischer auswirken. Aus diesen Gründen sollte die Stammlösungskonzentration nach Möglichkeit bei 10 % und nie über 20 % liegen.

Ein weiteres physikalisches/chemisches Verhalten beim Lösen von Stoffen wie Mineraldüngern (Salzdüngern) ist das Entstehen von Lösungskälte. Bei der Lösung z.B. von Kalksalpeter kühlt sich die Düngerlösung spürbar ab. Darum sollte grundsätzlich erwärmtes Wasser zum Auflösen von Düngern verwendet oder die Düngerlösung nicht gleich nach dem Lösen ausgebracht werden.

Luftfeuchte

Sehr viele Wachstumsvorgänge sind von der Luftfeuchte abhängig. Prof. von Zabeltitz, Hannover, sieht sie als eigenen Wachstumsfaktor an. Der Wasserdampfgehalt der Luft beeinflußt die Transpiration, die CO_2- und die Nährstoffaufnah-

Abb. 59: Optimale Luftfeuchtigkeit fördert das Streckungs- und Blattflächenwachstum (rechts), hier bei Topfgerbera, links ohne Fog, rechts mit Fog
Foto: BVZ Wolbeck

me sowie den Nährstofftransport. Besonders die CO_2-Assimilation wird maßgeblich vom Wasserdampf-Sättigungsdefizit der Luft beeinflußt. Durch Schließung der Stomata kann die Netto-CO_2-Assimilation stark gehemmt werden.

Das Streckungs- und das Blattflächenwachstum werden ebenso beeinflußt wie die Anfälligkeit gegenüber Schadorganismen. Aber auch die optimale Wirksamkeit von Pflanzenbehandlungsmitteln und Hemmstoffen sind von der Luftfeuchte abhängig *(Abb. 59)*.

Alle Nährstoffe, deren Aufnahme sehr stark von der Transpiration der Pflanzen und dem Transpirationsstrom abhängig sind wie Calcium, Stickstoff, Phosphor, Kalium u. v. a. werden bei niedrigerer Luftfeuchte vermehrt aufgenommen. Hohe Luftfeuchtigkeit mindert die Transpiration, verlangsamt den Transpirationsstrom in der Pflanze und führt zu einer Verarmung an den Nährstoffen, die ausschließlich mit dem Transpirationsstrom weitergeleitet werden. Die durch Calcium-Mangel an Poinsettien ausgelösten Blattrandschäden sind ein aktuelles Beispiel.

Für die meisten physiologischen Vorgänge liegt das Optimum bei einer relativen Feuchte (rF) von 75 %. Für Gewächshauskulturen ist auch der Taupunkt von Bedeutung. Bei hoher Luftfeuchte und absinkender Raumtemperatur kann es zur Taubildung auf den Pflanzen kommen.

Luftschadstoffe

(→ Ammoniak, Cadmium, Emissionen, Immissionen, Ozon, Schadstoffe, Schwefel)

Lysimeter

Mit einem Lysimeter mißt man den Nährstoffaustrag - die Auswaschung von Düngern - in tiefere Bodenschichten. Besondere Bedeutung kommt dabei dem Stickstoff und hier besonders dem Nitrat zu. 1927 wurde bei der BASF in Limburgerhof das erste Lysimeter installiert. Mit dem Lysimeter ist es möglich, die Bewegung des Bodenwassers von der Bodenoberfläche durch die verschiedenen Bodenschichten nach unten zu verfolgen und zu messen. In den letzten 60 Jahren wurden nahezu zwei Millionen Analysen und Messungen durchgeführt.

Ein Lysimeter besteht aus im Boden eingelassenen Betonkästen, die mit ca. 2 m^3 Boden gefüllt sind. Dabei wird der Boden seiner natürlichen Schichtung entsprechend eingefüllt. Im unteren Bereich läuft das Sickerwasser in spezielle Gefäße, wird gemessen und analysiert.
(→ Adsorption, Auswaschung von Nährstoffen, Festlegung von Nährstoffen, Nitrat und Umwelt)

Magnesium (Mg)

Erdalkalimetall. Kation Mg^{2+}.

Magnesium im Boden

Am Aufbau der Erdrinde ist Magnesium mit 2,5 Gew.-% beteiligt. Es kommt im Boden frei oder in Verbindung, hauptsächlich mit Kieselsäure und Kohlensäure, vor. Enthalten ist es in zahlreichen Mineralien wie Biotit, Serpentin und Oliven. Daneben sind die Karbonate Magnesit ($MgCO_3$) und Dolomit ($CaCO_3 : MgCO_3$) weitere wichtige Mg-haltige Bodenbestandteile. Als Dolomit bildet es ganze Gebirgszüge. Magnesium-Verbindungen sind:

Magnesiumoxid	MgO
Magnesiumchlorid	$MgCl_2 \cdot 6\ H_2O$
Magnesiumsulfat	$MgSO_4$
Kieserit	$MgSO_4 \cdot H_2O$
Bittersalz	$MgSO_4 \cdot 7\ H_2O$
Magnesiumkarbonat	$MgCO_3$

Lösliche Magnesium-Salze - vor allem Magnesiumchlorid und -sulfat - kommen im Meerwasser vor, angereichert finden sie sich in den Abbausalzen Karnalit, Kainit und Kieserit. Dieses sind die wichtigsten magnesiumhaltigen Salzmineralien. Die Wasserlöslichkeit der Mg-Karbonate ist höher als die der Ca-Karbonate, so daß ein Boden infolge Auswaschung immer zuerst an Mg und dann an Ca verarmt.

Das im Kristallgitter der Mineralien eingebaute Mg wird dagegen nicht so leicht durch Verwitterungsprozesse freigelegt wie das Ca. Die Mineralien enthalten deshalb meistens mehr Mg als Ca. Der größte Anteil des Gesamt-Magnesiums europäischer Böden ist weder in Wasser noch in verdünnten Säuren löslich und auch nicht austauschbar. Daher hat dieses Magnesium für die Nachlieferung geringe Bedeutung. Die Pflanze ist auf die im Sorptionskomplex und in der Bodenlösung vorhandenen Mg-Ionen angewiesen.

Die Nachlieferung aus der Reserve macht etwa 5 - 20 kg Mg/ha und Jahr aus. Die Nachlieferung von Magnesium hängt auch vom Bodentyp ab. In Löß- und Marschböden ist sie hoch, in humosen Sanden und auf tonhaltigen Lehmböden gering. Unter normalen Bedingungen ist der Anteil der Mg^{++}-Ionen am Sorptionsbelag und in der Bodenlösung zwar wesentlich niedriger als der des Ca^{++}, aber höher als der des K^{+}.

Von den Kationen liegen die folgenden Anteile jeweils sorptiv gebunden vor:

CaO	76 - 79 %
MgO	13 %
Na_2O	6 - 8 %
K_2O	2 - 3 %

Der Anteil des austauschbaren Magnesiums am Gesamt-Magnesiumgehalt beträgt meist weniger als 5 %. Mit steigendem pH-Wert nimmt die Verfügbarkeit für die Pflanze zu und erreicht bei pH 6 ihr Optimum. Bei pH-Werten kleiner als 4,5 ist die Magnesium-Aufnahme stark gehemmt.

Magnesium in der Pflanze

Wie im Boden kommt Magnesium auch in der Pflanze nur als Kation Mg^{++} vor und kann auch nur so aufgenommen werden. In der Pflanze sind die Mg-Ionen zu 50 % frei in Lösung (Zellsaft), 30 % sind sorbiert, der Rest ist in Verbindungen (etwa 15 - 20 % im Chlorophyll) festgelegt. Magnesium ist in der Pflanze gut beweglich und wird bei Bedarf von den älteren Blättern zu den Zonen des Wachstums transportiert. Die Magnesium-Verteilung und Mg-Versorgung in der Pflanze ist sehr stark transpirationsabhängig. Schwach transpirierende Pflanzen und Pflanzenteile enthalten weniger Magnesium als stark transpirierende. Bei hoher Luftfeuchtigkeit kann durch die gehemmte Transpiration Mg-Mangel auftreten. Der innerpflanzliche Transport des Magnesiums ähnelt dem des Calciums. Es wird fast ausschließlich in akropetaler Richtung (von unten nach oben) und von innen nach außen transportiert. Mg-Ionen, die auf das Blatt gebracht werden, dringen zwar in das Innere des Blattes ein, werden dann aber nur noch spitzenwärts transportiert.

Funktion des Magnesiums

Die größte Bedeutung kommt dem Magnesium als Baustein (Zentralatom) des Chlorophylls zu. Ohne Magnesium gäbe es keine Photosynthese. Das in Verbindungen enthaltene Mg ist mengenmäßig gering, hat aber wichtige Funktionen im Stoffwechsel zu erfüllen. Es aktiviert Enzyme, welche die Phosphorylierungsprozesse katalysieren, steuert die Atmung, den Aufbau verschiedener pflanzlicher Inhaltsstoffe und den N-Stoffwechsel. Ferner wirkt Magnesium aktivierend auf eine Reihe von anderen Enzymsynthesen für die Bildung von Kohlenhydraten, für die Fettsäuresynthese und den Eiweißaufbau.

Im Zusammenspiel mit anderen Kationen (K^+, Ca^+) beeinflußt Mg auf Grund seiner hydratisierenden Eigenschaften die Quellung der Plasmakolloide und nimmt so Einfluß auf die Wirksamkeit der Enzyme und den Wasserhaushalt. Hervorzuheben ist auch die Fähigkeit des Mg zur Chelatbildung mit organischen Molekülen. Magnesium stabilisiert die Zellmembranen.

Antagonismus - Synergismus

Dem Magnesium kommt eine wichtige Rolle im Phosphat-Haushalt zu. Magnesium fördert die Aufnahme von Phosphat durch die Pflanze und den Phosphattransport in der Pflanze. Es gibt Fälle, in denen eine Mg-Düngung die Phosphataufnahme besser beeinflussen kann als eine Phosphat-Düngung. Dem Magnesium kommt eine Rolle als Phosphat-Träger zu. Dabei steht noch nicht eindeutig fest, ob Magnesium die P-Aufnahme fördert oder ob die Phosphorsäure für die Mg-Aufnahme notwendig ist. Jedenfalls ist ein enger Zusammenhang in der Aufnahme beider Elemente durch die Pflanze vorhanden.

Die Ionen-Konkurrenz zwischen verschiedenen Kationen hat für die Magnesium-Aufnahme auch eine entscheidende Bedeutung. Hohe Kali-Gehalte können zu Mg-Mangel führen. Bei hohem Kali-Angebot tritt Magnesium-Mangel selbst dann auf, wenn die Nährlösung reichlich Mg enthält. Auch NH_4-Ionen (Ammonium-N) hemmen die Magnesium-Aufnahme, während NO_3^--Ionen (Nitrat-N) die Mg-Aufnahme fördern. Hohe Magnesium-Gaben hemmen die Mangan-Aufnahme und können daher toxisch wirkende Mn-Gehalte in der Pflanze verhindern. Ein hoher Gehalt an H-Ionen (niedriger pH-Wert) wirkt sich besonders negativ auf die Magnesium-Aufnahme aus.

Magnesium-Mangel und Mangelsymptome

Magnesium-Mangel tritt vor allem auf sandigen und sauren Böden mit geringer Kationen-Austauschkapazität auf. Aber nicht nur niedrige pH-Werte führen zu Mg-Mangel, sondern auch zu hohe Gehalte an H^+, K^+, NH_4^+, Ca^+ und Mn^+-Ionen. In sauren Böden hemmen darüber hinaus Al^+-Ionen die Mg-Aufnahme sehr stark. Ebenso kann starke Kalkung zu

Abb. 60: Magnesium-Mangel an Eiche
Werkfoto: Jost

Magnesium-Mangel führen (Ca-Ionenkonkurrenz).

Aber nicht nur im Boden, sondern auch in der Pflanze kann ein gestörtes K/Mg- oder Ca/Mg-Verhältnis zu Magnesium-Mangel führen. Magnesium-Mangel wirkt sich aus in verringerter Kohlenhydrat-Produktion und in einer Anhäufung von Amiden.

Daraus entwickeln sich folgende Symptome:

Die Mangelsymptome äußern sich zwar bei einzelnen Pflanzenarten unterschiedlich, zeigen aber im allgemeinen einige gemeinsame, charakteristische Merkmale. So zeigt sich der Mangel immer zuerst an den älteren Blättern. Meistens beginnt er hier nicht am Rande, sondern in der Mitte der Blatthälfte zwischen den Blattadern. Hier entstehen Aufhellungen, die sich immer mehr ausweiten und von der Mitte her nekrotisch werden. Schließlich sind nur noch die den Hauptadern des Blattes benachbarten Gewebe grün *(Abb. 60 u. 61)*. Dieses Erscheinungsbild tritt bei zweikeimblättrigen Pflanzen auf, bei einkeimblättrigen zeigt sich eine Streifenchlorose. Nekrosen auf der Blattspreite entwickeln sich oft sehr plötzlich, innerhalb von 24 Stunden.

Weiterhin ist für Mg-Mangel noch charakterisch, daß bei starker Sonneneinstrahlung die gesamte Pflanze einen welken, schlaffen Eindruck macht, der an die Welketracht bei Kali-Mangel erinnert und auf einen gestörten Wasserhaushalt zurückzuführen ist. Das einzelne, vom Mangel befallene Blatt wirkt dagegen steif und spröde, die Interkostalfelder sind aufgewölbt, vermutlich infolge von Assimilatstauungen. Die Mg-Mangelblätter werden häufig vorzeitig von unten beginnend abgeworfen.

Bei einkeimblättrigen Pflanzen beginnen die Mangelsymptome ebenfalls an den älteren Blättern mit Blattaufhellungen. Hierbei entstehen jedoch, vom basalen Teil des Blattes ausgehend, kleine, dunkelgrün gefärbte Flecke (Chlorophyllanhäufungen), die sich vom übrigen aufgehellten Blatt deutlich abheben. Sie sind in Richtung des Blattes angeordnet

Abb. 61: Magnesium-Mangel an Gurke
Werkfoto: BASF

und sehen wie eine Perlenschnur („Perlschnurchlorose") aus. Die Blattmitte weist meistens noch einen dunkelgrünen Streifen auf (typisch bei Getreide).

Magnesium-Mangelsymptome können auch durch Kali-Überdüngung und bei alleiniger Verwendung von Ammonium als N-Form auftreten. Die Wurzeln sind kurz, weißlich bis hellbraun mit schleimigen Spitzen.

Magnesium-Überschußsymptome

Überschußsymptome sind sehr selten. Wenn, zeigen sie sich in Wuchsdepressionen und geringerem Blütenertrag. Hohe Mg-Gaben können durch Ionen-Antagonismus die Kali- und Calcium-Versorgung stören. Dadurch können Kali- und Calcium-Mangelsymptome ausgelöst werden. Besonders werden dadurch die für Ca-Mangel anfälligen Wurzeln geschädigt.

Gehalte und Grenzwerte

In Substraten liegt der Optimalbereich bei 100 - 200 mg/l. Bedeutungsvoll ist das Verhältnis zum Kali, dieses sollte 1 : 2 (Mg : K) bzw. 1 : 3 nicht überschreiten.

In gewachsenen Böden sind Werte von 10 bis 15 mg/100 g Boden optimal. In der Trockensubstanz der Pflanze führen Werte unter 1 ‰ zu Mangelsymptomen, gelten 3 - 10 ‰ als optimal und sind mehr als 20 ‰ toxisch.

Die Magnesiumoxidgehalte des Wassers beeinflussen die Wasserhärte:

7,19 mg MgO/l Wasser = 1 °dH oder
10 mg MgO je Liter = 1,4 °dH

In Zukunft soll die Wasserhärte international einheitlich in mval (Millival) gemessen werden. Dem Äquivalentgewicht von MgO (Magnesiumoxid) entsprechend beträgt 1 °dH = 0,36 mval = 7,19 mg MgO/l Wasser.

Für Gießwasser ist eine Gesamthärte von 6 - 10 °dH erwünscht. Der kritische Wert, der nicht überschritten werden soll, liegt bei 25 °dH.

10 mg CaO (Calciumoxid)/l Wasser ergibt 1 °dH.

Im Gießwasser kommt es also auf den Gesamtgehalt von Calcium und Magnesium an. Im allgemeinen gelten Werte über 60 mg MgO/l Wasser als zu hoch.

MAK-Werte

(→ Grenzwerte, Immissionen)

Mangan (Mn)

Schwermetall. Kation mit verschiedener Wertigkeit. (→ Wertigkeit von Ionen)

Mangan im Boden

Mangan kommt im Boden und in der Pflanze überwiegend als 2- und 3-wertiges Kation vor. Es kann auch als 4-wertiges Oxid und in sehr alkalischen Böden auch als 6-wertiges Manganat vorkommen. Das pflanzenverfügbare Mn^{++} ist hauptsächlich an den Sorptionskomplex gebunden (austauschbares Mn) oder liegt als freies Ion in der Bodenlösung vor. Die höherwertigen Mn-Verbindungen sind überwiegend schwerlöslich. Daneben enthalten auch verschiedene Mineralien Mn^{++} in ihrem Gitteraufbau. Am Aufbau der Erdkruste ist Mangan mit 0,10 % beteiligt. Die Mobilisierbarkeit ist relativ gut. Z. T. wird Mangan im Humus fixiert. Das Mikroorganismenleben hat einen außerordentlich hohen Einfluß auf die Mn-Verfügbarkeit. Bakterien oxidieren die pflanzenverfügbaren Mn^{++}-Ionen zu nicht verfügbaren Mn^{4+}-Ionen. Da die Lebenstätigkeit dieser Bakterien im neutralen Bereich am größten ist, liegt auch hier der Bereich der stärksten Mangan-Festlegung in Form höherwertiger Oxide.

Mangan-Mangel tritt daher vornehmlich auf neutralen, humosen, kalkreichen Böden mit regem Mikroorganismenleben auf. Das Abtöten der Mikroorganismen beim Dämpfen der Böden führt zu beachtlich höherer Mn-Aufnahme durch die Pflanze (bis hin zur Toxizität). Niedriger pH-Wert fördert die Verfügbarkeit von Mangan. Daneben wird die Verfügbarkeit auch durch die Wasserversorgung beeinflußt. Bei nassem Boden ist die Mn-Verfügbarkeit höher als bei trockenem.

Der Mangan-Gesamtgehalt (200 - 5.000 ppm = meist als organische Reserve) steigt mit dem Tongehalt der Böden. In organischen Böden sind die Gehalte meist sehr niedrig. Der Anteil austauschbaren Mn^{++} beträgt 2 - 10 ppm (3 ppm aber schon ausreichend). Im neutralen und alkalischen Bereich ist der Gehalt an austauschbaren Mn^{++}-Ionen sehr gering. Das wasserlösliche Mn^{++} hat einen Anteil von 1 - 10 % des austauschbaren Mangans und ist sehr variabel. Auf tonhaltigen Böden tritt trotz hoher pH-Werte kein Mangel auf. Auf Humusböden ist eine Festlegung möglich.

Mangan in der Pflanze

Die Pflanze nimmt Mangan über die Wurzel als freies Mn^{++} oder z.B. als Mn^{++}-Chelat auf. Über das Blatt wird Mangan als $MnSO_4$ oder Mn-Chelat aufgenommen, wobei es nur in sehr geringen Mengen in andere Pflanzenteile verlagert wird. Es kommt in der Pflanze zum kleinen Teil wasserlöslich oder sorbiert, zum größten Teil in organischer Substanz gebunden vor. In der Pflanze ist Mangan schlecht beweglich, darum treten Mangelsymptome vorwiegend an jüngeren bis mittleren (nicht an den jüngsten) Blättern auf. Mn ist aber beweglicher als Ca, B, Cu oder Fe.

Im Vergleich zu anderen Nährstoffen schwankt der Mn-Gehalt in der Pflanze von Art zu Art je nach deren Aneignungsvermögen, aber auch innerhalb einer Art bei unterschiedlichen Standortbedingungen sehr weit. Dieses ist unter anderem auf die sehr starke Abhängigkeit der Mn-Verfügbarkeit vom pH-Wert zurückzuführen. Auch die unterschiedlichen Wurzelausscheidungen (Redoxpotentiale) nehmen über die Veränderung des wurzelnahen pH-Wertes Einfluß auf die Mn-Verfügbarkeit und -Aufnahme. Manganreiche Pflanzen können 50 - 60 mal mehr Mangan enthalten als Manganarme.

Der Mn-Gehalt von Mangelpflanzen liegt im allgemeinen unter dem von gesunden Pflanzen. Allerdings kann der Mn-Gehalt gesunder Pflanzen außerordentlich schwanken. In Heu hat man Gehalte von 8 - 1.119 ppm Mn in der Trockensubstanz gefunden. Die einzelnen Pflanzenarten sind gegen Mn-Toxizität sehr unterschiedlich empfindlich. Pflanzen, die saure Standorte bevorzugen, sind gegen Mn-Toxizität ziemlich unempfindlich. Der Mn-Gehalt in der Trockensubstanz hängt auch vom physiologischen Alter der untersuchten Pflanze oder des Pflanzenteils ab.

Funktion des Mangan

Ähnlich dem Magnesium vermag auch Mangan zahlreiche Enzyme zu aktivieren. Mangan ist darüber hinaus für die Photosynthese notwendig. Es beeinflußt die pflanzlichen Inhaltsstoffe. So hat es einen günstigen Einfluß auf die Zucker- und Eiweißbildung und die Kohlenhydratsynthese. Mangan erhöht den Vitamin-C-Gehalt, während der Zucker- und Stärkegehalt durch Mangan erniedrigt werden kann. Bei Zuckerrüben erhöht Mn aber den Zuckergehalt.

Bei ausreichender Mn-Versorgung der Pflanzen soll deren Wasserverbrauch geringer sein. Dem Mn wird also eine Rolle bei der Regulierung des Wasserhaushaltes zugeschrieben. Bei einigen

Pflanzenarten mindert Mn-Mangel die Kälteresistenz.

Antagonismus - Synergismus

Kalk wirkt auf die Mn-Aufnahme hemmend und zwar nicht nur durch den höheren pH-Wert, sondern auch, weil das Ca-Ion die Aufnahme und den Transport des Mangan zu hemmen vermag. Eine Ionen-Konkurrenz besteht zwischen Eisen, Magnesium und Mangan. Auch andere Schwermetalle können die Mn-Aufnahme hemmen. Umgekehrt kann ein Mn-Überschuß zu Eisen-Mangel führen. Fast immer haben Mn-Mangelpflanzen hohe Eisengehalte und umgekehrt.
(→ Mangan im Boden)

Mangan-Mangel und Mangelsymptome

Die Aufnahme und Verfügbarkeit von Mn ist sehr stark abhängig vom Mn-Gesamtgehalt des Bodens, der Kationen-Austauschkapazität, der Temperatur, dem Gehalt an organischer Substanz, der mikrobiellen Aktivität (Bodenstruktur, Wasser- und Lufthaushalt, CO_2-Stau) und

Abb. 62: Mangan-Mangel an Sandbirke
Werkfoto: Jost

Abb. 63: Mangan-Magel an *Gerbera*
Foto: Braunsmann

ganz entscheidend vom pH-Wert des Bodens. Auf feuchten Böden ist Mn besser verfügbar, in Trockenjahren kann Mangel auftreten.

In tonreichen Böden kann Mn sehr leicht festgelegt werden. Am häufigsten ist auf kalkhaltigen, anmoorigen, humosen Sandböden mit pH-Werten über 6,5 mit Mn-Mangel zu rechnen. In dunklen, humusreichen Gartenböden, die ständig hohe Gaben an organischer Substanz und Kalk erhalten, kann Mn-Mangel ebenfalls leicht auftreten. Schon geringe Änderungen dieser Einflußfaktoren können die Mangan-Verfügbarkeit stark beeinflussen.

Bei Mn-Mangel kommt es zu einer erheblichen Nitrat- und Nitritanreicherung und damit zu einer gestörten Eiweißsynthese der Pflanzen.

Mangan-Mangel führt zu verringerter Stoffproduktion. Daraus ergeben sich die folgenden Mangelsymptome: Fast immer werden zuerst die jüngeren - manchmal auch die älteren - Blätter zwischen den Blattadern chlorotisch. Im Unterschied zu Eisen-Mangel, bei dem immer das ganze Feld zwischen den Adern aufhellt, sind bei Mn-Mangel nur Flecken chlorotisch. Alle, selbst die feinsten Blattnerven, bleiben grün und sind von einem schmalen, grünen Saum umgeben. Das chlorotische Gewebe stirbt schließlich fleckenweise ab *(Abb. 62 u. 63)*.

Mangan-Überschußsymptome

Überschuß an Mangan kann eigentlich nur in Verbindung mit einem niedrigen pH-Wert auftreten. Hier ist Mn-Überschuß aber häufiger anzutreffen als bisher vermutet wurde.

Auf sauren Böden ist Mn-Überschuß ein wesentlicher, wachstumshemmender und ertragsbegrenzender Faktor. Das trifft besonders für staunasse oder zeitweise überflutete Böden zu. Aber auch Bodenverdichtungen und -verschlämmungen können durch Ausbildung anaerober Verhältnisse zu Mn-Toxizität führen. Dieses wird bei hohen Temperaturen noch begünstigt.

Direkte Überschußsymptome sind selten. Bei Verwendung von Rindensubstraten kann es infolge von sehr hohen Mangan-Gehalten zu Schäden kommen. Durch Ionen-Konkurrenz tritt Eisen-Mangel auf. Mangan-Überschuß führt also zu Eisen-Mangel und damit zu Eisen-Mangelsymptomen *(Abb. 64)*.

Ein Boden enthält normalerweise Bakterien, die Mn^{2+}-Ionen zu höherwertigen Mn^{4+}-Ionen oxidieren. Diese sind als Mangan-Oxide nicht pflanzenverfügbar. Nach der Dämpfung von Böden und Substraten können wegen der Abtötung der Bakterien zu hohe Gehalte an freien Mn^{2+}-Ionen zu Überschußsymptomen führen.

Auch in diesem Falle tritt Eisen-Mangel auf. Das Gleiche tritt auch bei Bodendesinfektion mit Formalin auf. Auch hohe Düngergaben mit Chloriden, Nitraten und Sulfaten auf sauren Böden wirken in diese Richtung.

Besonders Chrysanthemen gelten als sehr empfindlich gegenüber Mn-Überschuß. Nelken, Poinsettien und Rosen gelten dagegen als Mn-tolerant.

Erste Überschußsymptome sind Rand- und Spitzenchlorosen. Blätter können sich verformen und kräuseln. In schweren Fällen von Überschuß werden die Wurzeln braun, aber meist erst nach Schädigung des Sprosses.

Gehalte und Grenzwerte

In Substraten liegt der Optimalbereich bei 3 - 5 mg/l, bis 150 mg/l sind tolerierbar. Im Gießwasser gelten Werte über 3 mg/l als zu hoch.

In der Trockensubstanz der Pflanze führen Werte unter 20 ppm zu Mangelsymptomen, gelten 30 - 200 ppm als optimal und sind über 400 - 1000 ppm toxisch (je nach Pflanzenart).

Abb. 64: Chlorosen und Schwarzfärbung (Braunsteinablagerung) einzelner Blattpartien bei Tomaten -Jungpflanzen durch Mangan-Überschuß

Foto: Gossow

Mangel- und Überschußsymptome von Nährstoffen

Ein Mangel oder Überschuß von Nährelementen im Substrat oder der Nährlösung kann zu ganz spezifischen Pflanzenschäden führen *(Tab. 50)*.

In der Praxis werden die Pflanzenschäden aber häufig überlagert und sind nicht so deutlich identifizierbar. Dann helfen nur Blatt- bzw. Bodenanalysen.

Manna

(→ Leitfähigkeit gebräuchlicher Dünger für die Flüssigdüngung, Nitrat - Nitrit-Ammonium - Problem)

Manna Cote

(→ Dauerdünger - a) Umhüllung der Dünger)

Maße und Gewichte im Zusammenhang mit der Düngung

Flächenmaße

1 ha	=	100 a	=	10.000 m^2
1 a	=	100 m^2		
1 m^2	=	10.000 cm^2		

Volumeneinheiten

1 m^3	=	1.000 dm^3		
1 dm^3	=	1.000 cm^3		
1 cm^3	=	1.000 mm^3		
1 hl	=	100 l	=	100 dm^3
1 l	=	1.000 cm^3	=	10 dl
1 dl	=	1/10 l	=	100 cm^3
1 cl	=	1/100 l	=	10 cm^3
1 ml	=	1/1000 l	=	1 cm^3

Dezimale

0,1	= Dezi	d	= Zehntel
0,01	= Zenti	c	= Hunderstel
0,001	= Milli	m	= Tausendstel

Tab. 50: Typische Symptome an verschiedenen Pflanzenteilen und ihre mögliche Ursache

	Verfärbung von Pflanzenteilen	Chlorose Nerven bleiben grün	Mißbildungen, Verformungen	Nekrose Absterben	Welkeerscheinung	Übermäßige Größe	Hemmung des Wachstums
Vegetationspunkt	Fe ***Zn***		Ca ***B***			***N***	*B*
Junges Blatt	S, Cu, Fe ***Zn, EC***	Fe, Mn, Zn Mo	Zn, Mo, Cu	Ca	B, Cu	***N***	
Altes Blatt	P, N ***Fe-Chelat***	Mg		K ***Fe-Chelat Mn, B***		***N***	
Blüte	K		B, Cu N=Notblüte				
Wurzel			B, ***Cu***			N	Mo ***EC, Cu***
Nerven	P=violett ***Mn=violett Fe-Chelat =rot***						

Normale Schrift = Mangel des jeweiligen Nährstoffs
Fett und Kursiv = Überschuß des jeweiligen Nährstoffs

0,000 001	= Mikro	μ	= Millionstel
0,000 000 001	= Nano	n	= Milliardstel
0,000 000 000 0001	= Piko	p	= Billionstel

Sonstige Maße

1 Glas Flüssigkeit	= 100 - 200 cm^3
1 Eßlöffel	= etwa 15 cm^3
1 Kinderlöffel	= etwa 10 cm^3
1 Teelöffel	= etwa 5 cm^3

Gewichte

1 t	=	1.000 kg
1 dt	=	1/10 t = 100 kg
1 kg	=	1.000 g
1 g	=	1/1000 kg
1 dg	=	1/10 g
1 cg	=	1/100 g
1 mg	=	1/1000 g
1 μg	=	1/1.000.000 g

Anteile

1 ppm	=	1mg/kg = 1 Anteil per Million
1 dpm	=	holländische Bezeichn. für ppm
1 ppb	=	1 mg/t
1 ppt	=	1 mg/1.000 t

MCPA

(→ Rasendüngung)

Mehrnährstoffdünger

(→ Düngung, Einheitserde / Fruhstorfer Erde / Floraton)

MEK-Werte

(→ Grenzwerte)

Meliorationskalkung

(→ Kalkung)

Merckoquant-Nitracheck

(→ Schnelltestmethode zur Analyse von Lösungen und Substraten)

Mergel

Ein Sedimentgestein, geologische Ablagerung ab 1 m Tiefe. Dieses Gemenge aus Kalk und Ton findet sich in tieferen Bodenschichten. In der Luft zerfällt Mergel. Mergel wurde schon vor mehr als 2000 Jahren zur Bodenverbesserung eingesetzt. Bereits 116 - 27 vor Chr. Geburt berichtet Varro in seinen Büchern über den Landbau, daß die Kelten (lebten im heutigen Frankreich und in Teilen der Bundesrepublik) ihre Felder mit Kalk gedüngt haben. Plinius (23 - 79) schrieb eine aus 37 Büchern bestehende Naturgeschichte. Dabei nennt er den Mergel „Fett der Erde". Das Mergeln wurde sowohl bei den Römern als auch bei den Kelten und Germanen betrieben. Später lehrten die Bewohner der Klöster die Bauern das Mergeln. In feuchten und kühlen Gebieten konnte man besonders auf sauren Böden mit Mergel beachtliche Wachstumssteigerungen erzielen. Die Mergelung gelangte ab 1700 nach Mitteleuropa. Mergel ist ein Gemisch aus Sand, Schluff, Ton und 10 - 30 % Kalk. Noch heute zeugen vor allem im norddeutschen Raum viele Mergelgruben (heute wassergefüllte Teiche) von der Bedeutung der Mergelung im vorigen und Anfang dieses Jahrhunderts.
(→ Calcium, Carbonate, Kalk)

Metallegierungsdünger

Die Schwermetalle und Spurenelemente Kupfer, Zink, Mangan, Molybdän und Cobalt werden dem Boden als Legierungen zugeführt. Im Schmelzbad werden z.B. Kupfer und Zink zu Messing legiert. Das Mischprodukt (Produkt einer Legierung) kann ganz andere Eigenschaften haben als die Ausgangsmetalle. Der Pflanze stehen zur Aufnahme aber wieder die Ausgangsmetalle zur Verfügung.

Vorteile der Legierungsdünger sind:

- Keine Festlegung der Spurenelemente, selbst bei hohen pH-Werten
- Keine Überdüngung, selbst bei Höchstmengen
- Absolute Dauerversorgung möglich
- Überlegenheit gegenüber reinen Metallpulvern
- Beinhalten zahlreicher weiterer, wichtiger Metalle

In jedem Metallegierungsdünger liegen die Schwermetalle in fünffacher Bindungsform vor, die nacheinander langsam und ständig fließen:

1. leichtlösliche Metallsalze
2. basische Metallsalze
3. oxidische Metalle
4. feines Metallmehl
5. verschlackte Metalle

Ein typischer und sehr bekannter Metallegierungsdünger ist Radigen.

Mikrobieller Abbau

(→ Bakterieller Abbau)

Mikrofiltration

(→ Nährlösungs-Desinfektion)

Mikronährstoffe

(→ Spurenelemente)

Mikroorganismen

(→ Bodenorganismen)

MIK-Werte

(→ Grenzwerte, Immissionen)

Minerale/Mineralien

Chemisch und physikalisch einheitliche, nicht an Lebewesen gebundene oder von Menschenhand erzeugte Bestandteile der Erdkruste. Atome bilden ihre kleinste, mit chemischen Mitteln nicht weiter zerlegbare Einheiten. Die Minerale sind entweder fest und kristallisiert oder amorph, wie besonders die wasserhaltigen Mineralgele und ihre Eintrocknungsprodukte; flüssig sind Quecksilber und Wasser. Man zählt rd. 2.000 Mineralarten.

Die Anzahl der gesteinsbildenden Minerale ist klein. Sie umfaßt im wesentlichen Quarz, Feldspat, Glimmer, Hornblenden, Augite, Granate, Olivin, Serpentin, Kaolin und andere Tonerde-Minerale, Kalkspat, Dolomit, Anhydrit, Gips, Steinsalz und die Erze Magneteisenstein, Eisenglanz, Brauneisen, Pyrit, Bleiglanz usw.

Viele Minerale können heute im Laboratorium künstlich hergestellt werden (Mineralsynthese).

Mineralisation

Mineralisation ist ein Teilprozeß der Verwesung. Mineralisation ist Freisetzung von Nährelementen aus organischer und anorganischer Bindung durch physikalische und chemische Verwitterung und durch biotische Aktivität. Der Aufschluß erfolgt durch Mikroorganismen. (→ Aufschließung von Nährstoffen, Bakterieller Abbau, Dauerdünger, N-Mineralisation)

Mineralstoffe in der Pflanze

In der grünen Pflanze hat Wasser mit 80 - 90 % des gesamten Gewichtes den größten Anteil an der Pflanzensubstanz. Der Gewichtsanteil der Mineralstoffe liegt in einer Größenordnung von 5 - 10 % der Trockensubstanz. Die Gehalte der einzelnen Mineralstoffe werden von der betreffenden Pflanzenart, vom Alter der Pflanze, von der Düngung und vom Standort erheblich beeinflußt.

In groben Umrissen betragen die Gehalte je g Trockensubstanz: 20 - 60 mg N, 20 - 60 mg K, 3 - 15 mg Calcium, Phosphor und Schwefel. Die Mg- und Na-Anteile liegen noch niedriger. Die Gehalte der Mikronährstoffe bewegen sich unter 1 mg/g Trockensubstanz. Eisen, Mangan und Zink weisen Gehalte von 20 - 200 ppm je g Trockengewicht aus, wobei die Zn-Gehalte am niedrigsten liegen. Eisen und Mangan können in Extremfällen in erheblich größeren Mengen vorkommen. Kupfer liegt bei 5 ppm, Mo unter 1 ppm.

Zweikeimblättrige Pflanzen enthalten meist mehr Calcium, Magnesium und Bor als einkeimblättrige. Die jüngere Pflanze hat höhere Mineralstoffgehalte als die ältere. Besonders Kalium und Stickstoff liegen im Jugendstadium in relativ hohen Konzentrationen vor, während Calcium und Silicium in älteren Pflanzen in größeren Mengen vorkommen.

Minimumgesetz

(→ Ertragsgesetze)

Mischung von Mineraldüngern

Tab. 51 gibt an, welche Dünger miteinander mischbar sind.

Düngermischungen mit Komponenten unterschiedlicher Korngrößen können sich beim Transport, vor allem aber beim Streuen entmischen.

Tab. 51: Mischung von Mineraldüngern (nach Dr. J. QUADE, Bochum)

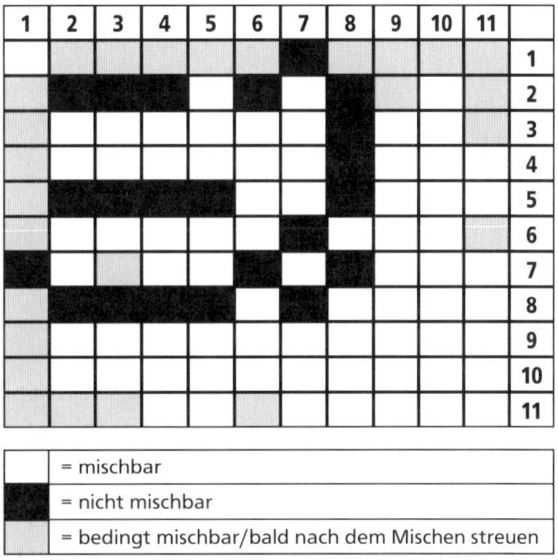

Dabei stehen die Zahlen 1 - 11 für die folgenden Dünger:

1	Kalksalpeter
2	Ammonsulfatsalpeter, Stickstoffmagnesia
3	Kalkammonsalpeter
4	Ammonphosphat, Stickstoffphosphat
5	Schwefelsaures Ammoniak
6	Kalkstickstoff
7	Superphosphat, Novaphos, Enpeka-Phosphatkali, PKR
8	Thomasphosphat und Th-Mischdünger
9	Hyperphos, Hyperphos-Kali
10	Kalimagnesia grob, Kaliumsulfat, Kieserit
11	Korn-Kali mit MgO, 40er Kali Standard, 50er Kali grob und Standard, Magnesia-Kainit grob

Mitscherlich-Gesetz

(→ Ertragsgesetze)

Mittelzehrer

(→ Düngung nach Bodenanalyse - Nährstoffbedarfsgruppe, Horndünger)

Mobilisierung von Nährstoffen

Umwandlung von immobilen (nicht pflanzenverfügbaren) in mobile (pflanzenverfügbare) Nährstoffe. Die Pflanzennährstoffe kommen im Boden in drei verschiedenen Bindungszuständen vor:

1. Sorptive Bindung =
   Bindung als Ion an einen Sorptionskomplex

2. Ionogene Bindung =
   Bindung in Salzen und Mineralien

3. Biologische (organische) Bindung =
   Bindung in Pflanzenresten und in Mikroorganismen

Die sorptive Bindung hat vornehmlich für die Kationen eine Bedeutung. Die ionogene Bindung ist meistens so fest, daß die Pflanze derart gebundene Nährstoffe nicht direkt aufnehmen kann. Verwitterungs- und Umsetzungsprozesse, besonders aber der Angriff von H-Ionen, können diese im Kristallgitter eingebauten Nähr-Ionen in Freiheit setzen (mobilisieren) und so der Pflanze verfügbar machen.

Die biologische Bindung der Nährstoffe hat hauptsächlich für Stickstoff und in geringerem Maße für Phosphor eine Bedeutung. Mikrobiologische Oxidation erfolgt schon bei niedrigen Bodentemperaturen über 4 °C.

Die Mobilisierung ist abhängig von:

- Mikroorganismenleben und biotischer Aktivität
- pH-Wert
- C : N-Verhältnis
- Bindungsform der Elemente
- Feuchtigkeit und Temperatur

(→ Adsorption, Aufschließung von Nährstoffen, Festlegung von Nährstoffen, Nährstoffaufnahme)

Molekulargewichte der Nährelemente

Molekulargewichte sind die Summe der Gewichte aller in einem Molekül vereinigten Atome. Die Molekulargewichte werden benötigt, um Angaben für Nährelemente, die beispielsweise in niederländischen Analysen bei den Hauptelementen in mmol und bei den Spurenelementen in µmol angegeben sind, in die in Deutschland üblichen Einheiten mg oder µg umzurechnen. Die Werte werden mit dem Molekulargewicht des jeweiligen Elementes multipliziert *(Tab. 52)*.

Beispiel:

Gießwasser enthält nur 0,3 mmol/l K.

Soll-Nährlösung braucht 8,0 mmol/l K.

Fehlbetrag liegt also bei 7,7 mmol/l K.

Mit dem Molekulargewicht von Kalium, nämlich 39 g/mol, läßt sich dieser Fehlbetrag in mg umrechnen:

7,7 mmol/Kalium x 39 mg/mmol
= 303,3 mg/l Kalium

Tab. 52: Molekulargewichte von Nährelementen

Nährelement		Molekulargewicht	Nährelement		Molekulargewicht
Stickstoff	N	14,0067	Natrium	Na	22,9808
Ammonium	NH_4	18,0385	Schwefel	S	32,0640
Nitrat	NO_3	62,0049	Sulfat	SO_4	96,0616
Phosphor	P	30,9738	Chlor	Cl	35,4530
Diphosphorpentoxid	P_2O_5	141,9446	Hydrogencarbonat	HCO_3	61,0173
Kalium	K	39,1020	Eisen	Fe	55,8470
Dikaliumoxid	K_2O	94,2034	Mangan	Mn	54,9380
Magnesium	Mg	24,3050	Zink	Zn	65,3700
Magnesiumoxid	MgO	40,3044	Bor	B	10,8110
Calcium	Ca	40,0800	Kupfer	Cu	63,5460
Calciumoxid	CaO	56,0794	Molybdän	Mo	95,9400
Calciumkarbonat	$CaCO_2$	100,0893	Sauerstoff	O	15,9994
Wasserstoff	H	1,0079	Kohlenstoff	C	12,0111

Molybdän (Mo)

Schwermetall. Anion$^-$.

Molybdän im Boden

Im Unterschied zu den anderen Schwermetallen Fe, Mn, Cu und Zn wird Molybdän im niederen pH-Bereich festgelegt. Mo wird als Molybdat - ähnlich wie Phosphor - von den Sorptionskomplexen des Bodens sorbiert. Diese Sorption ist umso stärker, je niedriger der pH-Wert ist. Daß das Molybdän im höheren pH-Bereich besser verfügbar ist, hängt wahrscheinlich mit einem vermehrten Austausch von Mo-Ionen des Sorptionskomplexes gegen OH-Ionen der Bodenlösung zusammen. Grundsätzlich dürften auch andere Anionen befähigt sein, das Molybdat vom Sorptionskomplex zu verdrängen, falls ihre Sorptionsmenge hoch genug ist. Praktisch kommt in dieser Hinsicht dem Phosphat eine gewisse Bedeutung zu, das OH-Ion ist aber das wirkungsvollste Ion.

Der Anteil des in der Bodenlösung befindlichen Mo am Gesamt-Molybdän-Gehalt ist sehr unterschiedlich. Er schwankt zwischen 1 und 10 %. Ein Teil des im Boden vorhandenen Mo liegt in organischer Bindung vor. Beim Abbau organischer Substanz wird es häufig pflanzenverfügbar. Selbst auf sauren Böden kann durch ausreichenden Abbau organischer Substanz Mo ausreichend verfügbar sein. Mineralisch gebunden kommt es in primären Silikaten (Olivin) und Fe-Oxiden sowie sekundären Mo-Mineralen (Mo-Sulfid, Mo-Oxide, Fe-Molybdat, Ca-Molybdat) vor. Diese Mo-Reserven des Bodens können durch Verwitterung und Mineralisierung allmählich mobilisiert (pflanzenverfügbar gemacht) werden.

Molybdän in der Pflanze

Mo wird als Molybdat (Mo^{4+} O_4^{2-}) aufgenommen. In der Pflanze ist es weitgehend an organische Substanz gebunden und vornehmlich im Phloem und im vaskulären Parenchym anzutreffen. Molybdän ist in der Pflanze sehr schwer zu verlagern. Die Wurzeln sind darum reicher an Molybdän als der Sproß und der Gehalt der Stengel ist höher als der der Blätter. Auf Blätter aufgebrachtes Mo wird vorwiegend in die Stengel und Wurzeln verlagert. Samen können sehr reich an Mo sein. Bemerkenswert ist, daß die Mo-Gehalte der Pflanzen um das 100- bis 1000-fache schwanken können, ohne daß Mangel oder toxische Schäden auftreten. Selbst sehr hohe Molybdän-Gehalte in der Pflanze schädigen diese selten.

Funktion des Molybdän

Die Unentbehrlichkeit von Mo für die Pflanzen wurde erst relativ spät entdeckt. 1930 wurde die Notwendigkeit für die N-Bindung durch *Azotobacter* nachgewiesen, 1937 die Bedeutung für die Nitrat-Reduktase.

Mo spielt eine Rolle beim Phosphat-Stoffwechsel, wichtiger jedoch ist Molybdän als Bestandteil von Enzymen. Besonders hervorzuheben ist die Wirkung auf die Nitrat-Reduktase, wobei Molybdän als Katalysator bei der Umwandlung von Nitrat zu Nitrit in der Pflanze wirkt. Ohne diese Umwandlung von Nitrat-N bis hin zu Amino-N (→ Aminosäuren) ist die Bildung von pflanzlichem Eiweiß nicht möglich. Werden die Pflanzen mit Nitrat-N ernährt, ist der Molybdän-Bedarf also höher als bei Ammonium-N oder Amid-N-Gaben. Molybdän-Mangel führt zu Nitrat-Überschuß im Blatt. Mo-Mangelschaden ist indirekt ein NO_3-Überschußschaden an der Pflanze. Molybdän wirkt auf die verschiedensten pflanzlichen Stoffwechselprozesse ein. So sinken bei Mo-Mangel die Zuckergehalte, erniedrigt sich der Chlorophyll-Gehalt und verringert sich die Photosynthesetätigkeit, während sich die Atmung verstärkt.

Bedeutungsvoll ist das Mo auch durch seine günstige Wirkung auf freilebende und stickstoffsammelnde sowie knöllchenbildende Bakterien der Leguminosen.

Antagonismus - Synergismus

SO_4-Ionen hemmen durch Ionen-Konkurrenz die Aufnahme von Molybdän. Phosphat-Ionen beeinflussen dagegen die Aufnahme von Mo positiv. Kalk fördert durch pH-Wert-Erhöhung (Vermehrung von OH-Ionen) die Molybdän-Aufnahme. Auf sauren Böden mit mobilem Eisen kommt es zu Mo-Mangel durch Ausfällung. NO_3-Düngung erhöht den Molybdän-Bedarf. Die Düngung mit Superphosphat kann zu einer Hemmung der Mo-Aufnahme führen.

Molybdän-Mangel und Mangelsymptome

Die Löslichkeit von Molybdän im Boden ist sehr vom pH-Wert abhängig. Es wird im sauren Bereich sehr stark sorbiert und ist nur im höheren pH-Bereich

Abb. 65: Molybdän-Mangel an Blättern von *Anthurium andraeanum* Foto: Braunsmann

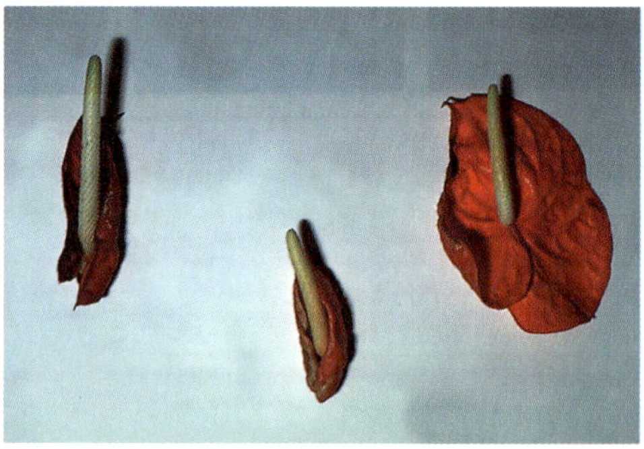

Abb. 66: Molybdän-Mangel an Blüten von *Anthurium andraeanum* Foto: Braunsmann

verfügbar. Zur Behebung akuten Mo-Mangels ist darum eine Kalkung oft wirkungsvoller als eine Mo-Düngung. Dikotyle (zweikeimblättrige) Pflanzen sind gegen Mo-Mangel anfälliger als monokotyle (einkeimblättrige). Besonders empfindlich reagieren aus dem Spektrum der Gemüsepflanzen Blumenkohl und andere Kohlarten, Salat, Spinat und Tomaten. Bei den Zierpflanzen sind es *Euphorbia pulcherrima* (Poinsettien), Gerbera, Nelken, Levkojen und Rosen.

Bis auf die wenigen, sehr bekannten Mo-Mangelsymptome einiger Pflanzenarten ist die Diagnose von Mo-Mangel sehr schwierig. Die Symptome können sehr unterschiedlich sein und reichen von Chlorosen, Nekrosen, morphologischen Veränderungen an jüngeren oder älteren Blättern bzw. Organteilen bis hin zu totalen Blattdeformationen.

Bei Mo-Mangel werden der Wuchs und die Photosynthese gehemmt. Es kommt zur Nitrat-Anreicherung im Blatt. Die Mittellamelle wird nicht normal entwickelt. Dadurch kommt es zu folgenden Mangelsymptomen, von denen sowohl jüngere als auch ältere Blätter betroffen sind:

Ältere Blätter bekommen beigefarbene Ränder, werden grau, drehen sich ein und verdorren unter Ausbildung von Nekrosen an Spitzen und Rändern *(Abb. 65 u. 66)*. Oft wächst nur die Mittelrippe weiter, die Blattspreite nur einseitig (Peitschenblättrigkeit bei Blumenkohl). Jüngere Blätter vergilben, der Vegetationspunkt stirbt unter Eindrehen der Herzblätter ab (Klemmherzigkeit bei Blumenkohl). Gerbera haben löffelförmige, Poinsettien deformierte Blätter mit späteren, sehr starken Randnekrosen. Leguminosen sehen nach Stickstoffmangel aus.

Mangel tritt vor allem auf sehr sauren Bö-den und bei zu starker NO_3-Düngung auf. (→ Natriummolybdat $Na_2MoO_4 \cdot 2\,H_2O$)

Molybdän-Überschußsymptome

An Pflanzen sind Überschußsymptome selten. Lediglich in der Nähe von Hüttenwerken kann es dazu kommen. Das auffallendste Merkmal sind dann gold- bis orangegelbe Chlorosen. Diese Merkmale sind bereits bei Tomaten, Sonnenblumen, Bohnen und in Hydrokulturen vorgekommen.

Hohe Mo-Gehalte in der Nahrung und dem Futter können aber zu Durchfallerkrankungen bei Mensch und Tier führen.

Gehalte und Grenzwerte

In Substraten liegt der Optimalbereich bei 0,5 - 5 mg/l.

In der Trockensubstanz der Pflanzen führen Werte unter 0,05 - 0,1 ppm Molybdän zu Mangel, gelten 0,3 - 5,0 ppm Molybdän als optimal und sind Werte über 5,0 - 10,0 ppm Molybdän als zu hoch zu betrachten.

Wegen der starken Abhängigkeit der Mo-Verfügbarkeit vom pH-Wert wird für die Zukunft die kombinierte Berücksichtigung von verfügbarem Molybdän und pH-Wert vorgeschlagen, was als Mo-Bodenzahl ausgedrückt werden soll.

Berechnung:

Mo-Bodenzahl = pH + (ppm Mo · 10)

Beispiel für einen Boden von pH 6,5 und einem Mo-Gehalt von 0,3 ppm:

Mo-Bodenzahl = 6,5 + (0,3 . 10) = 9,5.

Bodenzahlen von 6 - 8 kennzeichnen etwa eine mittlere, Werte von über 8,2 eine gute Versorgung.

Molybdändünger

(→ Natriummolybdat $Na_2MoO_4 \cdot 2\,H_2O$)

Montmorillonit ($Al_2O_3 \cdot 4\ SiO_2 \cdot H_2O$)

Dreischichttonmineral. Quellton mit sehr starkem Wasserhaltevermögen und sehr großer, zugänglicher, innerer Oberfläche, großer Aufweitbarkeit, großem Adsorptionsvermögen und großer Plastizität und Kohäsion. Neben Vermiculit der beste Ton, der haupsächlich in der Einheitserde-Industrie verwendet wird. (→ Adsorption, Festlegung, Kaolinit, Illit, Ionen-Austausch, Tonminerale)

Multicote

(→ Dauerdünger - a) Umhüllung der Dünger)

Multiflora

(→ Blutmehl, Knochenmehl)

Multipoint-Sensor

(→ Bodenfeuchtemessung)

Mykorrhiza

Mykorrhiza kommt aus dem griechischen und bedeutet „Pilzwurzel". Die Mykorrhiza stellt eine Symbiose der pilzlichen Saugwürzelchen mit vielen höheren Pflanzen dar. Besonders bekannt ist dieses bei Farnen und Orchideen. Dabei kann die Mykorrhiza in die Pflanzenwurzeln eindringen oder diese mit einem strumpfähnlichen Filz von Pilzfäden („Hartigsches Netz") umgeben. Dieses kommt vor allem bei vielen Bäumen vor. Nach Infektion der Pflanzenwurzeln besiedeln die Pilzfäden (Hyphen) weite Bereiche des Rindengewebes und bilden an Seitenästen bäumchenartige Gebilde innerhalb der Zellen. Diese Gebilde bezeichnet man als Arbuskeln. Sie dienen dem intensiven Stoffaustausch zwischen Pilz und Pflanze. Die Mykorrhiza (Pilzhyphen) übernehmen dabei zum Teil die Aufgaben der Wurzelhaare. So ist bekannt, daß das Pilzmycel die Aufnahme von Wasser und einigen schwer verfügbaren Elementen wie P und Ca fördert.

Zu unterscheiden ist zwischen Ektomykorrhizen und Endomykorrhizen. Ektomykorrhizen zählen zu den höheren Pilzen und kommen an 3 % aller Samenpflanzen vor und auch an den Feinwurzeln verschiedener Baumarten. Endomykorrhizen dagegen sind niedere Pilze, die in Symbiose mit den Wurzeln von weltweit mindestens 70 % aller Pflanzenarten leben. An wichtigen Baumarten unserer Breiten sind beide Mykorrhizaformen etwa gleich stark vertreten, sehr häufig nebeneinander.

Bei vielen Baumarten, zum Beispiel Eichen, sind Wurzelhaare die Ausnahme, Mykorrhizabesatz dagegen die Regel. Die Hyphen von Ektomykorrhizen vergrößern die resorbierende Oberfläche der Wurzeln ihrer Partnerpflanzen um das 100- bis 1000-fache. Auf einen Meter eines Feinwurzelsystems können bis zu 300 m Pilzhyphensystem kommen. Ausscheidungen des Pilzes wie Enzyme und organische Säuren helfen der Pflanze, sonst nicht verfügbare Nährstoffe aufzuschließen. Darüber hinaus haben sie weitere Filter- und Schutzfunktionen gegenüber toxischen Elementen und Infektionen aus dem Boden. Sie schützen gegenüber Bakterien, Nematoden und Pilzen. Als „Gegenleistung" erhalten die Ektomykorrhizen etwa 20 bis 30 % der Assimilate ihrer Partnerpflanze.

Früher war man der Auffassung, daß Mykorrhiza-Pilze nicht unter Bedingungen hoher Nährstoffgehalte in Böden oder Substraten lebensfähig seien. Inzwischen wurden Pilzstämme selektiert, die in der Lage sind, auch in gärtnerischen Substraten zu mykorrhizieren. Normalerweise werden in Freilandböden nahezu alle Wirtspflanzen natürlich mykorrhiziert, gärtnerische Substrate dagegen sind frei von Mykorrhizapilzen.

Als Nutzeffekte von VAM-Pilzen (vesikulär-arbuskuläre Mykorrhiza) in gärtnerischen Substraten konnten nachgewiesen werden:

- Verkürzung der Kulturzeit bei blühenden Topfpflanzen durch die frühere Blüte
- Verbesserung der Bewurzelung von Stecklingen
- Verminderung der Ausfälle bei Akklimatisierung von in vitro-Pflanzen
- Erhöhung der Kultursicherheit bei Streß wie Trockenheit, falscher pH-Wert, zu hohe Salzkonzentration.
- Bessere Widerstandsfähigkeit gegenüber bodenbürtigen Krankheiten

Dazu müssen die Mykorrhizapilze aber künstlich in die Substrate gebracht werden. Das Problem ist, daß Mykorrhizapilze nicht auf Nährmedien, sondern immer nur in Verbindung mit Wirtspflanzen vermehrt werden können. Im Ausland wurden Verfahren zur Produktion großer Mengen des Pilzmaterials entwickelt. Trägerstoffe für die Pilze sind Sand, Torf, Vermiculit, Blähton und Steinwolle, die große Mengen an Sporen oder Mycel beinhalten. Diese Trägermaterialien werden unter die gärtnerischen Substrate gemischt. Möglich ist auch eine Saatgutpellierung. In Deutschland ist jetzt ein Produkt unter der Bezeichnung „Symbionta" auf dem Markt. Da nur wenig praktische Erfahrungen vorliegen und bei der Anwendung nicht die gleiche Wirkungssicherheit wie bei Düngern und Pflanzenbehandlungsmitteln eintritt, sollten nur kleinere eigene Versuche gewagt werden. Auch in der Baumpflege und in Baumschulen werden Mykorrhiza-Pilze erfolgreich eingesetzt.

Nährlösung für Gewebevermehrungen

(→ in vitro-Nährlösungen)

Nährlösungs-Desinfektion

Durch die geschlossenen Bewässerungssysteme, bei denen das Gießwasser und die Düngerlösung immer wieder aufgefangen werden und ständig zirkulieren, kommt der Desinfektion (Entkeimung) des Rücklaufwassers gegen Pflanzenkrankheiten eine immer größere Bedeutung zu. Denn es besteht immer die Möglichkeit, daß sich im geschlossenen System die phytopathogenen Keime kranker Pflanzen mit dem Bewässerungswasser ausbreiten und gesunde Pflanzen infizieren. Zur Desinfektion gibt es verschiedene Verfahren:

Erhitzung

Grundsätzlich ist bei der Erhitzung zwischen Anlagen mit indirekter Wärmezufuhr (Plattenerhitzer) und solchen mit direkter Wärmezufuhr (Flammenerhitzer) zu unterscheiden *(Abb. 67)*.

Abb. 67: Anlage zur Nährlösungsdesinfektion durch Erhitzung Foto: Braunsmann

Anlagen mit indirekter Wärmezufuhr

In einem Wärmetauscher wird das unbehandelte Rücklaufwasser auf 25 °C vorgewärmt und anschließend in einem zweiten Wärmetauscher für 30 - 60 Sekunden auf 95 °C aufgeheizt. Danach wird es auf 25 - 27 °C abgekühlt und in das geschlossene System zurückgepumpt. Dabei wird die freigesetzte Wärme wieder für die Vorerwärmung des Wassers genutzt. Pro Stunde können 2,5 - 15 m^3 Wasser gegen Pilze, Viren, Bakterien und Nematoden desinfiziert werden. Temperaturfühler im System gewährleisten, daß der Durchfluß erst freigegeben wird, wenn die Temperatur und Reaktionszeit erreicht ist.

Bei zu hoher Temperatur kann es zu Verstopfungen durch Kalkablagerungen kommen. Um dies zu verhindern, kann das Drainagewasser vorher chemisch auf einen pH-Wert von 4 eingestellt werden. Nach der Entkeimung muß dann im Düngermischer wieder eine pH-Wert-Erhöhung herbeigeführt werden. Bei stark chlorhaltigem Wasser müssen die Anlagen titanbeschichtet sein, weil Chlor bei Temperaturen zwischen 80 und 120 °C die rostfreien Stahlanlagen angreift.

In einer Modellrechnung ergaben sich in einem Betrieb von 20.000 m^2 Hochglas mit 6.500 m^3 Rücklaufwasser Kosten von 2,35 - 2,50 DM/m^3. Die Wirkung gegen *Fusarium* ist gut.

Die Erhitzung ist heute die am weitesten verbreitete Desinfektionsmethode. Sie kommt vor allem dort in Betracht, wo es auf eine Virenbekämpfung ankommt.

Anlagen mit direkter Wärmezufuhr

Gefiltertes Wasser (150 Mikron (µm)-Filter) wird in einen Wärmetauscher geleitet und aufgewärmt. Dann wird es in einer Brennkammer außen um den Flammzylinder versprüht. Im Gegenstromprinzip erhitzen die Rauchgase das Wasser bis auf über 60 °C. Die Erhitzungsanlage ist mit einem modulierten Gasbrenner ausgestattet. Die Nährlösung verbleibt etwa 16 Sekunden in der Brennkammer. Hier wirkt die Wärme, die ultraviolette Strahlung und das Infrarotlicht der Flamme auf die feinversprühten Wassertropfen ein. Anschließend wird das entkeimte Wasser durch einen Wärmetauscher auf 22 - 30 °C abgekühlt. Mit der frei werdenden Wärme wird das zu entkeimende Wasser vorgewärmt. Vorteilhaft bei dieser Anlage ist, daß der pH-Wert des Wassers nicht reguliert werden muß.

Die Abtötung von Pilzsporen ist ausreichend. Viren werden bei den vorgenannten Temperaturen und Einwirkungszeiten nur unvollkommen abgetötet.

Ozonisierung

Bei diesem System wird Raumluft aufgenommen, getrocknet und durch einen Röhrenkondensator (Ozongenerator) geleitet *(Abb. 68)*. Dabei wird durch ein elektrisches Hochspannungsfeld Sauerstoff (O_2) aus der Luft in Ozon (O_3) umgewandelt. Dieses Ozon wird dem Wasser/der Nährlösung zugeführt und oxidiert während der etwa einstündigen Einwirkzeit organische Stoffe (z.B. Sporen) in der Nährlösung, bricht sie auf und zerstört sie, während es wieder in Sauerstoff umgesetzt wird. Die Dauer hängt von der Verschmutzung des Wassers, dem Grad der Verseuchung und vom Gehalt an Düngern und Pflanzenschutzmitteln ab, die auch aufgebrochen werden. Um die in der Nährlösung vorhandenen Eisenchelate nicht zu zerstören, sollte der pH-Wert vor und während der Behandlungszeit auf pH 4,0 eingestellt werden.

Bei 10 g Ozon je m^3 Wasser für eine Stunde wurden gute Ergebnisse erzielt. Für Bassinwasser ist weniger Ozon nötig. Die Leistung schwankt zwischen 2 und 6 m^3 je Stunde. Die Wirksamkeit soll bei 99,9 % liegen.

Niederdruck-UV-Lampen

Mit UV-C-Strahlen im Bereich von 200 bis 300 nm (Nanometer) wird die Nukleinsäure der im Wasser befindlichen Mikroorganismen zerstört. Das Wirkungsoptimum liegt bei 254 nm. Die Strahlen werden von Lampen erzeugt *(Abb. 69)*. In der Praxis sind verschiedene Systeme im Einsatz. Bei der axialen Bestrahlung sitzen die Lampen im Inneren des Bestrahlungszylinders und strahlen nach außen. Das zu entkeimende Wasser bzw. die Nährlösung umströmt die UV-Lampen. Bei der konzentrischen Bestrahlung strömt das Wasser durch

Abb. 68: Anlage zur Nährlösungsdesinfektion durch Ozonisierung Foto: Braunsmann

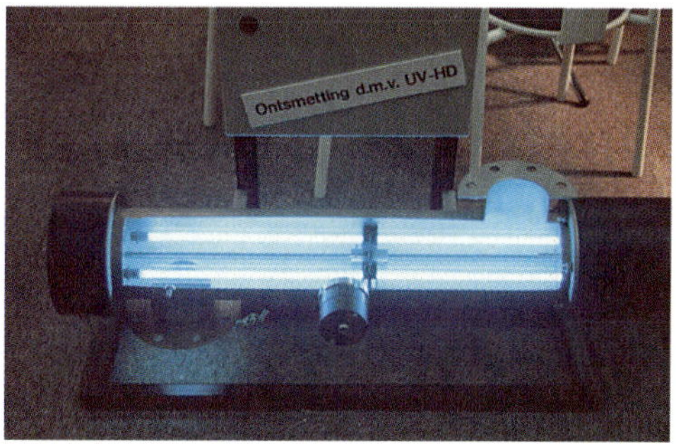

Abb. 69: Desinfektion der Nährlösung durch UV-Bestrahlung Foto: Braunsmann

einen Quarzzylinder, der UV-Strahlen passieren läßt, und wird von außen bestrahlt. Darüber hinaus gibt es die flache Film-Bestrahlung, bei der das Wasser in einem dünnen Film über eine profilierte Platte fließt. Die UV-Lampen sind dabei waagerecht flächig darüber angebracht. Außerdem gibt es Anlagen mit Niederdruck- und mit Hochdruck-UV-Lampen.

Weil die Keime unterschiedlich empfindlich sind, ist auch eine unterschiedliche Strahlendosis erforderlich. Unbedingt notwendig ist, daß das zu desinfizierende Wasser vollkommen von der Strahlung erfaßt wird. Für eine selektive Entkeimung genügen 100 mJ/cm^2, für die totale Entkeimung werden 250 mJ/cm^2 benötigt.

Eine wichtige Voraussetzung für eine erfolgreiche Desinfektion ist auch die Verwendung von möglichst sauberem Wasser. Darum ist eine Vorfilterung im Kiesfilter unerläßlich. Viele Hersteller empfehlen ein Verschneiden des zu desinfizierenden Drainwassers mit Bassin- oder Brunnenwasser im Verhältnis 50 : 50 bis 30 : 70, je nach Trübungsgrad, sonst ist das Wasser nicht durchlässig genug für die Strahlung. Erschwerend kommt hinzu, daß das Wasser bei der Bestrahlung ruhen und nicht in Bewegung sein sollte.

Schon bei 70 mJ/cm^2 stellte sich eine 100 %ige Wirkung gegen *Fusarium* ein. Auch *Pythium, Phytophthora* und *Verticillium* sollen mit dieser Dosis abgetötet werden. Tomatenmosaikvirus wurde mit 200 mJ/cm^2 unschädlich gemacht.

Ein Problem der Anwendung ist, daß Eisenchelate (EDDHA) in der Düngerlösung in nicht pflanzenverfügbare Eisenoxide umgewandelt werden. Die Umwandlungsrate der Eisenchelate steigt mit der Strahlendosis. In den Niederlanden werden allgemein 100 mJ/cm^2 als ausreichend empfohlen. Zur vollständigen Abtötung pilzlicher und bakterieller Keime sowie von Viren ist eine UV-Dosis von 250 mJ/cm^2 erforderlich.

Ultra- oder Mikro-Filtration

Bei diesem Prinzip der Entkeimung wird die Nährlösung gefiltert. Das Filtermodul besteht aus einem keramischen Block, der von mehreren Durchgängen durchzogen ist. Die Porenweite von < 0,1 µm soll Pilzmyzel und -sporen quantitativ zurückhalten. Bei der Durchleitung der Nährlösung entsteht ein Staudruck gegen die Oberflächen der Durchgänge, so daß Nährlösung durch die Poren gedrückt und dabei gereinigt wird. Mit Säuren und Laugen und 80 °C heißem Wasser muß die Anlage immer wieder intensiv gereinigt werden. Die Technik der Ultrafiltration ist noch nicht ganz praxisreif und muß verbessert werden.

Langsamsandfiltration

Die preiswerteste und einfachste Form der Entkeimung von Nährlösungen. Dabei wird die Nährlösung langsam mit ca. 100 - 300 l je Stunde durch einen Filter aus Quarzsand mit einer Körnung von 0,2 - 2 mm ∅ geleitet, der die Keime ausfiltriert. Als Filterbehälter können improvisierte, nicht standardisierte Behältnisse dienen, die nur genügend große Sandmengen fassen müssen *(Abb. 70)*. Die effektive Filteroberfläche muß der Kulturfläche und dem Wasserbedarf angepaßt werden. Sie ist fast immer größer als 10 m^2. Wegen der niedrigen Durchlaufgeschwindigkeit werden bei großem Rücklaufwasseranfall große Filterquerschnitte benötigt. Die reinigende Wirkung wird durch ein Zusammenspiel mechanischer, biologischer und chemischer Abläufe erreicht.

In den ersten Wochen bildet sich auf der Sandoberfläche eine „Filterhaut“, die aus organischen und anorganischen Substanzen besteht. Sie ist durch hohen Mikroorganismenbesatz biologisch sehr

Abb. 70: Anlage zur Langsamsandfiltration
Foto: Braunsmann

aktiv. Diese Mikoroorganismen bauen die im Rücklaufwasser mitgeführten organischen Substanzen (Keime) ab. Die aktive Zone beträgt etwa 40 cm. Mit zunehmender Tiefe nimmt die Intensität der biologischen Aktivität ab. Durch diese Ablagerungen auf der Sandoberfläche wächst mit der Zeit der Filterwiderstand. Wird er zu groß, muß eine dünne Sandschicht von wenigen cm entfernt und ersetzt werden.

Die Schadpilze werden nach einer Anlaufzeit durch Bakterien abgetötet, die sich von selbst im Filtersand ansiedeln. Nicht alle phytopatogenen Keime in der Nährlösung werden vernichtet, die Keimreduzierung reicht in der Praxis aber bei vielen Kulturen aus. Bis auf *Fusarium oxysporum* werden alle gängigen Schadpilze gut abgetötet. Auch die Wirkung gegen Bakterien scheint ausreichend zu sein. Viren dagegen lassen sich nicht entfernen. Eine Schwierigkeit besteht darin, daß man in der Praxis nicht feststellen kann, wann der Sandfilter regeneriert werden muß. Ein weiteres Problem ist, daß man z. Zt. noch nicht weiß, in welchem Maße Pflanzenschutzmittel die Entkeimung per Sandfiltration stören können.

Die Filteranlage soll immer im Gewächshaus installiert werden, damit sie auch bei Frost funktionsfähig bleibt. Bei der erstmaligen Inbetriebnahme sollten die Sandfilter von unten her mit sauberem Wasser befüllt werden, um die Luft aus dem Filterkörper auszutreiben. Luftblasen im Sandfilter könnten sonst das System stören. Die Nährlösung wird nach bisherigen Erkenntnissen im Sandfilter nicht verändert, was auch auf den pH-Wert und den EC-Wert zutrifft.

Grundsätzlich konnte festgestellt werden, daß Pilze in Nährlösungen und im reinen Wasser intensiv und schnell weiterwachsen und sich vermehren. Desinfizierte, keimfrei gemachte Nährlösung kann aus der Luft sehr schnell wieder mit Pilzen besiedelt werden. Darum kommt der Konstruktion der Wassersammelbehälter eine große Bedeutung zu.

Neuere Versuche zeigen, das man statt Sand auch sehr gut Steinwoll-Granulat zur Filtration nach dem Prinzip der Langsamfiltration verwenden kann. So zeigte das Steinwollgranulat Grodania - wassersaugend, mittlere Körnung - eine bessere Wirkung gegen *Fusarium oxysporum f.sp. cyclaminis* als Sand der Körnung 0,2 - 2 mm ∅.

Lava-Filter

Lava-Filter arbeiten im Prinzip wie Sandfilter. Die Durchströmgeschwindigkeit beträgt 0,35 m/Stunde. Dabei wird auf 25 Mikron (µm) gefiltert. Wichtig ist, daß regelmäßig, in nicht zu langen Abständen mit gefiltertem Wasser zurückgespült wird. Genauere Erfahrungen stehen noch aus.

Neuere Filter zur Vorfiltration von Oberflächenwasser

Neben den vorgenannten Nährlösungsfiltern gibt es seit 1995 auch einige neuere Fillter, die aber noch nicht genügend getestet sind. Zu ihnen gehören: Multimedia-Filter, Ring-Filter, Depot-Vorfilter (in Kombination mit Sand- und Multimedia-Filter mit einer Vorfiltration bis 3 Mikron), das Tread-Filter mit einer sehr großen Kapazität von 20 m^3/Stunde sowie das drucklos arbeitende Trommel-Filter.

Wasserstoffperoxid + Aktivoren

Versuche in Naaldwijk/Niederlande mit Wasserstoffperoxid sind sehr vielversprechend. Wenn Wasserstoffperoxid (H_2O_2) dem Drainwasser zugeführt wird, zerfallen die Reste in Wasser (H_2O) und Sauerstoff (O_2). Die Wirkung kann durch Aktivatoren noch erhöht werden.

Wasserstoffperoxid reduziert den pH-Wert der Nährlösung, darum muß der pH-Wert nach der Desinfektion wieder neu eingestellt werden. Bei einer Dosierung von 100 ppm fällt der pH-Wert um 1 - 2 Werte, bei 400 ppm um ca. 3 Werte. Das Drainagewasser muß vor der Desinfektion einen Sandfilter durchlaufen.

Für die Bekämpfung von Pilzen wird eine Dosierung von 100 ppm und eine Einwirkungszeit von 5 Minuten empfohlen. Viren werden nicht genügend abgetötet. Ansonsten reicht das Verfahren im Zierpflanzenbau aus.

Jodierung

Auch dieses Verfahren wurde in Naaldwijk getestet. Harzkugeln, die in einer Patrone eingelagert sind, werden mit Jod geladen. Das Drainagewasser muß zuerst durch einen Sandfilter und dann durch einen Feinfilter von grober Verschmutzung gereinigt werden. Danach passiert es die Jod-Patrone, wobei das Jod abgegeben wird und die enthaltenen Keime abtötet.

Die Einwirkungszeit beträgt bei 1 m^3/h ca. 30 Minuten und bei 2,5 m^3/h ca. 12 Minuten. Anschließend wird das Wasser durch einen Aktivkohlefilter geleitet, um enthaltene Jod-Restmengen zu binden.

In der Nährlösung müssen anschließend die Spurenelemente Eisen und Kupfer wieder zugeführt werden, weil diese Elemente im Kohlefilter gebunden werden. Das gilt auch für Pflanzenbehandlungsmittel, die die Jodpatrone unbeschadet passieren, aber im Kohlefilter absorbiert werden.

NZ Nährlösungsfilmtechnik (NFT = Nutrient Film Technic)

Bei diesem Bewässerungssystem läuft eine ständig zirkulierende Nährlösung als dünner Film durch ein abgedecktes Rinnen- oder Wannensystem. Die Pflanzen stehen mit sehr kleinen Ballen in inerten (→) Substraten wie Steinwolle oder Blähton in den Rinnen mit Nährlösung oder hängen ganz ohne Ballen in den Abdeck- oder speziellen Haltevorrichtungen, so daß die nackten Wurzeln in die zirkulierende Nährlösung wachsen. Vorteil dieses Systems ist die geringe Störanfälligkeit und der geringe Substrateinsatz. Nachteilig wirkt sich der relativ hohe Energiebedarf für das Umwälzen der Nährlösung aus. Probleme treten im Sommer auch durch die Erhitzung der Nährlösung auf, was zu Sauerstoffmangel führen kann. Auch die Entkeimung der Nährlösung ist notwendig. Die Investitionskosten sind hoch.
(→ Dünnschichtkultur, Stickstoffbilanzen in geschlossenen Systemen, Stickstoffverluste)

NZ Nährstoffaufnahme durch die Pflanze

Die Pflanzenwurzel nimmt anorganische und organische Stoffe in Ionenform und auch in ungeladener Form auf. Die eigentlichen Pflanzennährstoffe werden hauptsächlich als Ionen aufgenommen. Über die Wurzel wird Stickstoff als NO_3^- oder NH_4^+, Phosphor als HPO_4^{2-} oder $H_2PO_4^-$, Schwefel als Sulfat, Molybdän als Molybdat, Kohlenstoff als HCO_3^-, teils auch als CO_2 aufgenommen. K, Na, Ca, Mg und Schwermetalle werden als Metall-Ionen aufgenommen oder dringen als Chelatkomplexe in die Wurzel ein. Bor wird wahrscheinlich als Borsäure aufgenommen.

Die Nährstoffaufnahme über die Wurzel erfordert Energie, die durch die „Wurzelatmung" bereitgestellt wird. Dafür ist eine gute Sauerstoffversorgung im Boden/Substrat wichtig.

Über die Blätter nimmt die Pflanze Kohlendioxid, Sauerstoff, Wasser und darin gelöste Stoffe auf. Dabei gelangen gasförmige Stoffe über die Spaltöffnungen (Stomata) in die Pflanze. Wasser und darin gelöste Stoffe werden durch die beiderseits der Blätter sitzenden „Mikroporen" aufgenommen. Die frühere „Ektodesmen"-Hypothese (Aufnahme durch Plasma-Ausstülpungen) ist nicht bewiesen.

Der Begriff „Nährstoffaufnahme" ist physiologisch gesehen ziemlich ungenau. Man bezeichnet alle die Nährstoffe als aufgenommen, die sich in der Pflanze befinden. Es bleibt dabei aber unberücksichtigt, welchen Weg der Nährstoff von der Bodenlösung in das Innere der Pflanze zurücklegen mußte, welche Barrieren er überwunden hat und an welchen Stellen der pflanzlichen Zelle er sich augenblicklich befindet (Zellwand, Gefäße, Vakuole, Cytoplasma).

Die Nährstoffaufnahme ist abhängig von der Temperatur, der Tageslänge und der Beleuchtungsstärke. Selbst die Anwendung von Wuchs- und Hemmstoffen oder Krankheitsbefall der Pflanzen können die Nährstoffaufnahme beeinflussen.

Aufnahme durch die Wurzel

Am wichtigsten für die Nährstoffaufnahme ist zum einen die stoffwechselaktive Wachstumszone der Wurzel und zum anderen die zahlreichen Wurzelhaare (Rhizodermis-Ausstülpungen). Deren gibt es viele, viele Millionen pro Pflanze. Aneinandergereiht würden sich Längen von 10 - 50 km ergeben. Dabei hat das einzelne Wurzelhaar nur einige Millimeter Länge und einen Durchmesser bis 0,02 mm. Die Wurzelhaare vergrößern stark, um das 10- bis 20-fache, die Oberfläche der Wurzel. Ihre Lebensdauer beträgt 2 - 3 Tage, aber sie bilden sich ständig neu.

Die Nähr-Ionen können wegen ihrer geringen Größe mit dem Wasser durch die weiten Maschen im Geflecht der Faserstränge in die Zellwände passiv eindringen („scheinbar freier Raum"). Die eigentliche Nährstoffaufnahme findet erst an der äußeren Grenzfläche des Cytoplasmas (Plasmalemma) statt.

Der Bau der Wurzel bedingt zwei mögliche Wege der Nährstoffaufnahme:

a) Aktive Aufnahme in das Plasma der Außenzelle und Weiterleitung von Zelle zu Zelle über Plasmodesmen bis zur Endodermis und Überführung in die Leitgefäße (Xylem).

b) Passives Eindringen innerhalb der Zellwände und Interzellularen im „scheinbar freien Raum" bis zur Endodermis, wo wegen einer Sperre durch CASPARY-Streifen die endgültige Aufnahme in das Plasma und Überführung in die Leitgefäße stattfindet.

zu a) Der aktive Transport

- kann im Gegensatz zum passiven unter Verbrauch von Stoffwechselenergie Substanzen auch gegen ein Gefälle („Bergauftransport") transportieren, also Konzentrationsarbeit leisten;

- kann Substanzen durch Membranbarrieren transportieren, die für die anderen Wege nicht oder nicht in ausreichender Geschwindigkeit permeabel (durchlässig) sind;

- ist spezifisch auf bestimmte, für den Stoffwechsel der einzelnen Zelle wichtige Verbindungen eingestellt.

Der Mechanismus des aktiven Transportes ist noch nicht befriedigend geklärt.

zu b) Das passive Eindringen

- Die Ionen gelangen aus der Bodenlösung durch Diffusion oder mit dem strömenden Wasser in die Zellwände der Wurzelhaare und die Wurzelrindenzellen. Die Aufnahme nimmt keine Stoffwechselenergie in Anspruch. Der auf diese Weise frei zugängliche Teil des Organs wird „Freier Raum" genannt. Er macht zwischen 8 und 25 % des gesamten Gewebes aus. Die Aufnahme in den „Freien Raum" kann durch niedrige Temperaturen und Stoffwechselgifte nicht wesentlich beeinträchtigt werden. Sie ist nichtselektiv und reversibel, d.h., Substanzen im „Freien Raum" können leicht wieder ausgewaschen werden.

Nach Überführung der Nährstoffe in die Leitgefäße endet die Nährstoffaufnahme und beginnt der Nährstofftransport.

Mineralische Nährstoffe werden fast nur als Ionen aufgenommen. Hierzu ist Energie erforderlich. Die Wurzel produziert durch Atmung pflanzeneigene Ionen (H^+ und HCO_3^-), die mittels der Atmungsenergie gegen Kationen und Anionen der Außenlösung in äquivalenten Mengen ausgetauscht werden. Dadurch kommt es gegenüber dem Substrat in der Pflanze zur Anreicherung von Salzen.

Pflanzen produzieren relativ mehr H^+ als HCO_3^--Ionen im Atmungszyklus.

Für die aktive Ionen-Aufnahme benötigt die Zelle Kohlenhydrate (Energielieferant für die Atmung) und Sauerstoff. Dementsprechend nehmen gut belüftete Wurzeln mehr Nähr-Ionen auf als schlecht mit Sauerstoff versorgte Wurzeln.

Die Aufnahme einzelner Nährstoffe erfolgt in sehr unterschiedlicher Geschwindigkeit. *Tab. 53* gibt an, nach welcher Zeitspanne 50 % des jeweiligen Nährstoffes aufgenommen sind.

Tab. 53: Aufnahmegeschwindigkeit verschiedener Nährelemente durch die Pflanze

Nährstoff	50 %ige Aufnahme in:	
Stickstoff	1 - 6	Stunden
Phosphat	2,5 - 6	Tage
Kali	1 - 4	Tage
Magnesium	20 %	in einer Stunde
Eisen	8 %	in 24 Stunden
Mangan	1 - 2	Tage
Zink	1	Tag

(nach WITTWER und TEUBER, 1959)

Die Nährelemente werden um so langsamer aufgenommen, je größer deren Hydrationsgrad und Ladung sind. Kationen werden im Vergleich zu Anionen verstärkt aufgenommen.

Wahlvermögen für die Aufnahme von Nährstoffen

Pflanzen nehmen bevorzugt die Elemente auf, die sie benötigen. Sie besitzen also ein Wahlvermögen, wobei die Wurzel als wichtiges Filter dient. Z.B. werden die wichtigen Ionen K und P bei der Aufnahme bevorzugt und die weniger wichtigen Si- oder Na-Ionen benachteiligt. Dieses Wahlvermögen kann zu physiologisch bedeutsamen pH-Verschiebungen führen.

Schädliche Stoffe können von der Aufnahme ausgeschlossen werden. Dieses jedoch nicht 100 %ig und nur bis zu einer bestimmten Belastungsgrenze. Das liegt u. a. daran, daß ähnlich gebaute Moleküle verwechselt werden können.
(→ Blattdüngung, Hydration/Hydrationshülle, Ionen-Aktivität)

Nährstoffauswaschung

(→ Blattdüngung - Nährstoffauswaschung aus dem Blatt)

Nährstoff- Bedarfsgruppen

(→ Düngung nach Bodenanalyse)

Nährstoffe

Pflanzennährstoffe sind chemische Substanzen, die für das Wachstum und die Stoffbildung der Pflanze entweder unbedingt notwendig oder nützlich sind *(Tab. 54)*. Außer C, O und H stammen die Nährstoffe aus dem Mineralbestand des Bodens, bzw. werden diesem in Form von Düngern zugeführt *(Abb. 71)*. Sie können als Moleküle oder Ionen vorliegen, letztere als Kationen (→) oder Anionen (→).

Abb. 71: Was braucht die Pflanze zum Leben?
Grafik: Kali + Salz GmbH

Nährstoff-immobilisierung

(→ Festlegung, Fixierung, Immobilisierung von Nährstoffen)

Nährstoffmangel und Nährstoffüberschuß

(→ Mangel- und Überschußsymptome von Nährstoffen; siehe auch bei den einzelnen Nährstoffen)

N_{an}-Methode

N_{an} steht für N-anorganisch, N_{min} für N-mineralisch. Anorganisch und mineralisch ist gleichbedeutend, ermittelt wird der gleiche Stickstoffanteil, aber bei N_{min} durch Messung (Bodenuntersuchung)

Tab. 54: Unterteilung der mineralischen Pflanzennährstoffe

A. Notwendige Nährelemente	**Elemente**
Aa. Kernnährstoffe	N, P, K
Ab. Sekundärnährstoffe	S, Ca, Mg
Ac. Spurennährstoffe	Fe, Mn, Zn, Cu, Cl, B, Mo
B. Nützliche Elemente	Na, Si, Co
C. Notwendige Elemente für Mensch und Tier	Co, Se u.a.

und bei N_{an} durch Berechnung. Die unterschiedliche Art der Ermittlung soll auch durch diese Bezeichnungen zum Ausdruck kommen. In den letzten Jahren mehren sich die Anstrengungen, die aufwendige Bodenuntersuchung durch Rechen- bzw. Simultationsmodelle zu ersetzen. Es ist das Ziel, die zum Düngungstermin im Boden enthaltene Menge an Mineralstickstoff zu errechnen. Dabei werden die Prozesse der N-Mineralisierung und der N-Verlagerung im Boden sowie der Entzug durch die Pflanzen über die Winterperiode simuliert. Grundlage für die Berechnung sind Witterungsdaten (Niederschlag, Temperatur), Bodendaten (Humusgehalt) und Bewirtschaftungsdaten (Vorfrucht, Erntetermin, Ertrag, Ernterückstände und mineralische N-Düngung). Die daraus abgeleitete Düngung folgt den Empfehlungen der N_{min}-Methode.

Natrium (Na)

Alkalimetall. Kation Na+.

Natrium im Boden

Am Aufbau der Erdrinde ist Na mengenmäßig mit 2,4 % beteiligt. Im Boden kommt Natrium infolge seiner großen Reaktionsfähigkeit niemals elementar vor. Hauptsächlich liegt es in der Erdrinde als unlösliches Silikat vor. Größere Mengen sind in den Mineralien der Feldspatgruppe (Natron-, Kali-, Kalkfeldspat), im Kali-Glimmer und in den Hornblenden enthalten. Von den Tonmineralen sind Montmorillonit und Illit natriumhaltig. Der Gesamtgehalt der Böden liegt im Bereich von 0,1 - 1 % der Kationen-Austauschkapazität (KAK).
(→ Ionen-Austausch)

Die Hauptmenge des Natriums befindet sich als Natriumchlorid (Kochsalz) im Meerwasser und in den weit verbreiteten Steinsalzlagern.

Natrium kommt in etwas höherer Menge als Kalium vor und selbst im Ionenbelag der Sorptionskomplexe ist der Na-Anteil etwas höher als der K-Anteil. Na-reiche Böden, die Alkaliböden, befinden sich besonders in ariden Klimazonen.

In der Bodenlösung befindet sich Natrium vielfach als freibewegliches Ion. In leichten Böden mit geringer Wasserhaltekraft kann das Natrium zwar schnell von den Pflanzen aufgenommen werden, unterliegt aber auch am stärksten von allen Kationen der Auswaschung. Natrium wirkt auf den Boden strukturverschlechternd (peptisierend). Hohe Natrium-Gehalte hemmen die Aufnahme anderer Kationen. In extremen Fällen können hohe Na-Gehalte an den Pflanzen zu toxischen Schäden führen. Diese entstehen durch eine sehr starke Natrium-Akkumulation (Natrium-Anhäufung) in der Wurzel. Diese hohen Na-Gehalte sollen die Wasseraufnahme und den Wassertransport behindern.

Natrium in der Pflanze

Na wird von den einzelnen Pflanzenarten sehr unterschiedlich aufgenommen und ist in der Pflanze sehr ungleich verteilt. Es wird angenommen, daß zwischen Na-Aufnahme und Na-Bedürftigkeit der Pflanzen gewisse Parallelen bestehen. Für manche Pflanzen ist Natrium notwendig, für viele nützlich.

Na-liebende Pflanzen weisen
Gehalte von 15 - 25 mg Na/g TS,

normale Pflanzen weisen
Gehalte von 2 - 5 mg Na/g TS und

Na-feindliche Pflanzen weisen
Gehalte von < 1 mg Na/g TS auf.

Natrium ist in der Pflanze schwer beweglich. Oft kommt es daher zu einer Anreicherung in der Wurzel.

Natrophile (Na-liebende) Pflanzen (wie Sellerie und Spinat) nehmen Na gegenüber Kali bevorzugt auf. Bei natrophilen Pflanzen wird ein positiver Einfluß des Na festgestellt. Wahrscheinlich wird dieser durch die Erhöhung des osmotíschen Druckes bewirkt. In dieser Funktion ist Natrium befähigt, Kali teilweise, nie aber ganz zu ersetzen. Es wirkt quellend und damit positiv auf den Wasserhaushalt der Pflanzen.

Nicht nur die Na-Aufnahme, sondern auch der Transport von den Wurzeln zum Sproß ist von Art zu Art sehr unterschiedlich. Die Na-Gehalte der Wurzeln sind fast immer höher als die der oberirdischen Pflanzenteile. Das liegt aber nicht nur daran, daß Na nicht von den Wurzeln in den Sproß verlagert wird, sondern auch an der leichten Rückverlagerung des Na vom Sproß in die Wurzel.

Antagonismus - Synergismus

Die Na-Aufnahme ist abhängig von dem Ionen-Verhältnis, insbesondere von dem Verhältnis der Kationen in der Bodenlösung. Wechselbeziehungen bestehen zwischen der Aufnahme von Na und Ca sowie Na und K. Mit zunehmendem Ca- und K-Angebot wird die Na-Aufnahme gehemmt und umgekehrt. Bei Na-Überangebot ist die Hemmung der Calcium-Aufnahme bedeutend stärker als die der K-Aufnahme. Auch Anionen beeinflussen die Na-Aufnahme. Es bestehen enge Beziehungen zwischen der Stickstoff-Versorgung und der Na-Aufnahme. Bei Anwesenheit von NO_3-Ionen verbessert sich die Na-Aufnahme.

Funktion des Natrium

Natrium greift in den Wasserhaushalt der Pflanze ein, indem es:

a) zusammen mit anderen Ionen den Quellungszustand der Kolloide beeinflußt und damit dazu beiträgt, die Voraussetzungen für einen geregelten Ablauf der Stoffwechselprozesse in der Pflanze zu schaffen;

b) die Wasseraufnahme und -abgabe steuert und dadurch eine ausgeglichene Wasserbilanz fördert.

Natrium ist als Aktivator am Ablauf enzymatischer Reaktionen beteiligt, die ohne Na-Anwesenheit nicht stattfinden könnten. So ist Na auch an der CO_2-Assimilation beteiligt. Bei einigen Pflanzen erhöht Na den Chlorophyllgehalt der Blätter.

Natrium-Mangel und Mangelsymptome

Natrium-Mangel kommt in der Praxis nicht vor. Mangelsymptome sind hier nicht bekannt, sondern wurden nur unter Laborbedingungen bei Na-liebenden Pflanzen erzeugt.

Natrium-Überschußsymptome

Auch Überschußsymptome sind in der Praxis nicht bekannt. Meist handelt es sich um NaCl-, also um Salzschäden. Häufig beruhen die Schäden zusätzlich auf Wassermangel. Indirekt schaden hohe Na-Gehalte im Boden durch ihre strukturzerstörende Wirkung. Böden mit hohen Na-Gehalten können am besten durch Gips-Gaben und ausreichende NPK-Düngung „melioriert" werden.

Gehalte und Grenzwerte

Für Böden und Substrate sind keine Richtwerte und Optimalbereiche angegeben, da sie nicht von praktischer Bedeutung sind. Im Gießwasser gelten durchschnittlich Gehalte über 120 mg/l als zu hoch. Je nach Salzempfindlichkeit vertragen die Pflanzen aber im einzelnen folgende Werte:

sehr salzempfindliche Pflanzen bis zu 50 mg Na/l H_2O

salzempfindliche Pflanzen
70 mg Na/l H_2O

weniger salzempfindliche Pflanzen
100 - 150 mg Na/l H_2O

salzverträgliche Pflanzen
150 - 200 mg Na/l H_2O

Natriumhaltige Dünger

Dies sind Kali-Dünger mit unterschiedlichen Gehalten an Natrium: Natriumnitrat bzw. Chilesalpeter (etwa 25 % Natrium), Rhenaniaphosphat (etwa 12 % Natrium), Mehrnährstoffdünger mit Natrium, Natriumchlorid (Kochsalz) mit 40 % Natrium.

Natriummolybdat ($Na_2MoO_4 \cdot 2\ H_2O$)

Molybdän-Dünger mit 40 % Mo-Gehalt zur Behebung von Molybdän-Mangel. Das wasserlösliche Salz enthält das Molybdän in direkt verwertbarer Form.

Möglich ist auch die Verwendung von Ammoniummolybdat mit 54 % Mo. Auch dieses ist ein wasserlösliches Salz mit direkt verwertbarer Mo-Form.

Calciummolybdat ist ein sehr langsam wirkender, wasserunlöslicher Mo-Dünger, der in der Praxis bisher keine Bedeutung hat. Er enthält 48 % Mo.
(→ Molybdän - Mo-Mangel und Mangelsymptome)

Nekrosen

Zelltod. Im Gegensatz zu Chlorosen, die durch Düngungsmaßnahmen reversibel sind, sind Nekrosen bräunliche, abgestorbene Gewebe. Diese Schäden sind irreversibel. Durch Düngung kann lediglich die Neubildung von Blättern gefördert werden. Nekrosen nach kurzem Übergangsstadium einer Chlorose sind typisch für Mangel an K, Mn, Cu.

Netzmittel

(→ Blattdüngung)

Neutronensonde

(→ Bodenfeuchtemessung)

NFT

(→ Nährlösungsfilmtechnik)

Nickel (Ni)

Metall. Kation Ni^{++}.

Nickel in der Pflanze

Ni gilt als nützliches Element. In sehr hohen Mengen findet man es bei *Alyssum*. Häufiger aber wird Ni als ein toxisch wirkendes Element beschrieben. Z.B. Zink soll erst bei der achtfachen Konzentrationen die gleichen toxischen Wirkungen auslösen wie Nickel. Die Aufnahme von

Abb. 72: Chlorosen der Interkostalfelder (induzierter Eisenmangel) durch Nickel bei Sinningien
Foto: Temming

Nickel durch die Pflanze wird sehr stark vom Ton- und Humusgehalt der Böden, vor allem aber durch deren pH-Wert beeinflußt. Hohe Ton- und Humusgehalte und pH-Werte über 6,0 mindern die Ni-Aufnahme. Ni kann in der Pflanze durch Komplexbildung andere Schwermetalle von Enzymen und physiologisch wirksamen Zentren verdrängen und damit erhebliche Stoffwechselstörungen auslösen; so z.B. bei der Chlorophyllsynthese und dem Fe-Stoffwechsel.

Nickel im Boden

Chemisch ist Ni dem Kobalt verwandt, es neigt dazu, Chelatverbindungen einzugehen und kann dann andere Schwermetalle verdrängen. Höhere Ni-Konzentrationen wirken toxisch auf Pflanzen. Ni-Toxizität äußert sich ähnlich wie Eisen-Mangel. Hohe Ni-Konzentrationen in der Bodenlösung behindern die Aufnahme der meisten Nährstoffe. Diese Behinderung ist auf Wurzelschäden zurückzuführen. Die meisten Böden haben sehr niedrige Ni-Gehalte, so daß toxische Schäden allgemein nicht vorkommen (Ausnahme: Serpentinhaltige Böden im Balkan, in Böhmen und im Süden der GUS sowie in außereuropäischen Ländern). Ni-Toxizität kann durch eine Aufkalkung verhindert werden. Phosphat begünstigt die Ni-Toxizität.

Nickel-Mangel und Mangelsymptome

Ni-Mangel kommt sehr selten vor. An der Pflanze macht sich Ni-Mangel wie Mn-Mangel (→) bemerkbar. Die Blätter werden bei starkem Mangel total gelb bis weiß, und es entwickeln sich vom Blattrand ausgehende Nekrosen.

Nickel-Überschußsymptome

Ni-Überschuß im Boden macht sich durch Eisen-Mangelsymptome (→) an

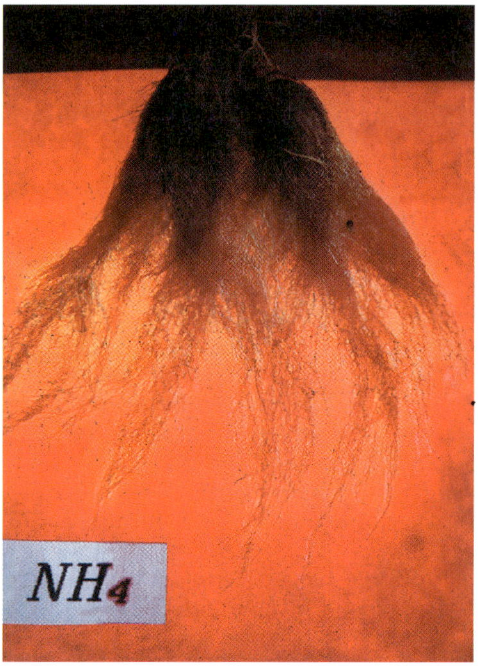

Abb. 73 a+b: NH_4-Ernährung senkt den pH-Wert im Substrat, NO_3-Ernährung läßt ihn ansteigen

Fotos (2): Bettin

der Pflanze bemerkbar *(Abb. 72)*. Er tritt nur auf sauren bis schwachsauren Böden auf und kann fast immer durch eine Kalkung beseitigt werden.

Gehalte und Grenzwerte

Auf normalen Standorten werden 0,1 - 5 ppm in der Trockensubstanz der Pflanzen gefunden.

Auf serpentinhaltigen Böden (ganz spezielle Vegetation) werden bis zu 1.000 ppm gefunden.

Über 100 ppm in der Trockensubstanz des Blattes führen bei den meisten gärtnerischen Kulturpflanzen zu toxischen Schäden. Im Boden führen Werte von 30 - 150 mg/kg zu Ertragsdepressionen. 50 mg/kg Boden gelten allgemein als tolerierbar.

Niederdruck - UV-Lampen

(→ Nährlösungs-Desinfektion)

Niederschläge

(→ Gießwassermengen in Gartenbaukulturen)

Nitrat (NO_3)

Stickstoffverbindung. Anion NO_3^-. Nitrat macht den Hauptanteil der Stickstoffernährung der Pflanzen aus. Die Stickstoffaufnahme über die Wurzel erfolgt in Form von NO_3 und NH_4 (Ammonium). Die Pflanze nimmt mehr NO_3 als NH_4 auf *(Abb. 73 a + b)*. Nitrate entstehen in jedem normalen Ackerboden durch die Tätigkeit bestimmter Mikroorganismen, die den in der organischen Substanz befindlichen Stickstoff von NH_4 zu NO_3 nitrifizieren.
(→ Nitrifikation und bakterieller Abbau)

Nitrat wird im Gegensatz zu Ammonium kaum an Austauscher gebunden, weshalb es eine schnell wirkende Stickstofform ist. Aus diesem Grund unterliegt es aber sehr stark der Auswaschung.

Nitrat wird von der Pflanze in beachtlichen Mengen aufgenommen und unter normalen Bedingungen schnell reduziert. Bei hoher Nitrat-Versorgung kommt es zu Anreicherungen in den Vakuolen. Diese Nitratakkumulation ist besonders groß, wenn die Pflanzen bei geringer Sonneneinstrahlung aufwachsen. Zur Nitrat-Anreicherung in der Pflanze kommt es auch durch Molybdän-Mangel. Verschiedene Pflanzenarten, besonders Bäume und Sträucher, reduzieren das Nitrat in der Wurzel, so daß normalerweise in ihren oberirdischen Pflanzenteilen kein Nitrat vorhanden ist.

Nitrat-Nitrit-Ammonium-Problem bei der Topfpflanzenbewässerung und -düngung

Entscheidend für Wurzelschäden bei der Ebbe-Flut-Bewässerung ist sehr häufig das Nitrit-Problem.

In den meisten unserer bisher gebräuchlichen Flüssigdünger und wasserlöslichen Nährsalze überwiegt bei der Stickstofform das Ammonium (NH_4). Ammonium kann zwar direkt von der Pflanze aufgenommen werden, wird aber in aller Regel mit Hilfe von Mikroorganismen, die sich in jedem Substrat befinden, über Nitrit (NO_2) zu Nitrat (NO_3) umgewandelt. Nitrit ist also ein Zwischenprodukt, das sich bei der Umwandlung von Ammonium zu Nitrat (→ Nitrifikation) bildet:

Ammonium (NH_4) + Sauerstoff →
Nitrit (NO_2) + Sauerstoff →
Nitrat (NO_3)

In Verbindung mit einem niedrigen pH-Wert in der Anstauzone von Topfpflanzen wirkt Nitrit als starkes „Gift" auf die Wurzeln. Dabei setzt die Schadwirkung von Nitrit schon bei mäßig sauren pH-Werten ein. Bei Sauerstoffmangel kommt es zu verstärkter Nitritbildung, die Umwandlung in das pflanzenverträgliche und pflanzenverfügbare Nitrat wird verhindert oder verzögert. Aber auch eine zu starke Belüftung von Ammonium-Düngerlösung kann zu Nitritbildung führen. Bei hohen pH-Werten von > 7 zeigen sich diese Schäden nicht.

Ammonium - Nitrat - pH-Wert

Zunächst sollte man sich in Erinnerung rufen, daß Ammonium-Stickstoff den pH-Wert absenkt und Nitrat-Stickstoff den pH-Wert im Substrat erhöht *(Tab. 55)*. Deutlich ist in der Tabelle zu erkennen: Je höher der Nitratanteil (NO_3), desto höher ist der pH-Wert und umgekehrt, und das nicht nur in der Anstauzone, sondern auch oberhalb dieser.

Maßnahmen zur Vermeidung von Wurzelschäden bei Ebbe-Flut-Bewässerung

Der Sauerstoffanreicherung der Düngerlösung kommt eine gewisse Bedeutung zu, die aber nicht überbewertet werden darf. Das rücklaufende Wasser in das Auffangbecken rieseln zu lassen, reicht in der Regel aus.

Bei reduzierten Ammoniumgaben kann eine ständige Belüftung der Düngerlösung als unterstützende Maßnahme eingesetzt werden, um die Nitritphase zu verkürzen. Hierbei ist allerdings in Kauf zu nehmen, daß in den ersten Kulturwochen vorübergehend mehr Nitrit gebildet werden kann und damit in dieser Zeitspanne das Risiko von Wurzelschäden größer ist. In Lösungen mit hohen Gehalten an Ammonium sollte keine ständige Belüftung vorgenommen werden, da hierdurch eine Verstärkung der Nitriteinwirkung über den gesamten Kulturzeitraum zu erwarten ist.

Eine größere Bedeutung kommt der Wahl der Stickstofform zu. Verwendet werden sollten Dünger, die den Stickstoff überwiegend in der Nitratform enthalten *(Tab. 56)*.

Die ausschließliche Verwendung von Nitrat-Stickstoff darf nur bei sehr weichem Gießwasser (Regenwasser) mit sehr geringer Karbonathärte erfolgen. Bei zunehmender Karbonathärte und alleiniger Nitratdüngung erhöht sich der pH-Wert des Substrates im Laufe der Kulturzeit zu stark, und es kann zur Festlegung von Spurenelementen kommen. Darum

Tab. 55: pH-Werte in den Topfballen von Elatior-Begonien bei Verwendung von Anstaulösungen mit unterschiedlichen Nitrat- und Ammoniumgehalten bei Düngeransatz und Ebbe-Flut-Bewässerung (insgesamt 120 mg N/l)

Ammonium mg NH_4/l	Nitrat mg NO_3/l	Topfballenschicht	pH-Wert
90	30		4,6
90	30	oberhalb der Anstauzone	5,8
60	60	Anstauzone5,1	
60	60	oberhalb der Anstauzone	6,7
0	120	Anstauzone	7,8
0	120	oberhalb der Anstauzone	7,3

Tab. 56: Neuere Dünger, die speziell für die Bewässerungsdüngung konzipiert wurden und den Stickstoff überwiegend in Form von Nitrat (NO_3) enthalten

Dünger	Nitrat in % von Gesamt-N	Ammonium in % von Gesamt-N
Albatros Hydro	100,0	-
Algospeed 5+23+36+3	100,0	-
Peters Hydro Sol	100,0	-
Algospeed 14+12+24+0+3	71,0	29,0
Algospeed 14+14+25	64,0	36,0
Flory 4 Mega-Qualität	70,0	30,0
Flory 2 „Spezial"	65,6	34,4
Hakaphos plus	52,0	48,0
Hakaphos elite	54,2	45,8
Hakaphos ultra	55,6	44,4
Hakaphos spezial	65,6	34,4
Kristalon Rot	84,2	15,8
Kristalon Weißmarke	75,3	24,7
Kristalon Orange	65,0	35,0
Plantaaktiv spezial	70,0	30,0

muß in der Regel immer ein Teil des Stickstoffs in der Ammonium-Form verabreicht werden. Diesem Anspruch kommen die in *Tab. 56* genannten Dünger entgegen.

N Nitrat und Umwelt

Nitratbelastungen des Grundwassers und der Nahrung (Gemüse) spielen in der Umweltdiskussion eine erhebliche Rolle. Hohe Nitratgehalte führen zur Nitritbildung, man könnte sagen, Nitrat ist potentielles Nitrit. Die Toxizität von Nitrat selbst ist gering, schädlich ist allerdings das Nitrit. Es kann unter besonderen Bedingungen aus Nitratüberschüssen gebildet werden. Die Gehalte sind in der Pflanze normalerweise völlig unbedeutend (→ Nitrit).

Im Grundwasser wurden Nitratgehalte bis über 300 mg NO_3/l gefunden (Höchster Gehalt in Ostwestfalen in gärtnerischen Brunnen bisher 131 mg NO_3/l Brunnenwasser!). Zwischen der N-Düngung und dem Nitrat-Gehalt des Grundwassers besteht eine sehr enge Verbindung.

Die Auswaschung von Nitrat in das Grundwasser ist abhängig von

- der Höhe der Stickstoff-Düngung,
- der Bodenart (Durchlässsigkeit und Sorptionsfähigkeit),
- dem Nitratanteil im Stickstoffdünger,
- der biotischen Aktivität,
- dem Zeitpunkt der Düngung (Herbst, Winter),
- der Höhe und der Verteilung der Niederschläge,
- dem Entzug durch die Pflanzen.

Maßnahmen zur Verringerung des Nitratgehaltes im Grundwasser

- Gezielter Stickstoff-Einsatz nach Analyse und N_{min}-Methode (→);
- Geringhalten des Nitratüberhanges im Herbst;
- In der niederschlagsreichen Zeit für Pflanzenbewuchs sorgen durch z.B. Gründüngung;

- Sorptionskapazität erhöhen durch Zugabe von Humus und Ton;
- Wasserspeicherkapazität erhöhen durch Zugabe von Torf und Humus;
- Düngen mit Dauerdüngern oder Düngern, die Nitrifikationshemmer enthalten.

Grenzwerte für Nitratgehalte im Trinkwasser

Die Güte des Trinkwassers hängt u.a. von dem Nitratgehalt ab. Die derzeitig gültige Trinkwasserverordnung des Bundes läßt einen Nitratgehalt von 50 mg NO_3/l im Trinkwasser zu. In einer „Richtlinie" über die Qualität von „Wasser für den menschlichen Gebrauch" begrenzte der Rat der EG am 15. Juli 1980 den zulässigen Gehalt auf 50 mg NO_3/l. Diese Richtlinie wurde zum 30. August 1982 in nationales Recht umgesetzt.

Grenzwerte für Nitrat in Kopfsalat und Spinat

Der ständige Lebensmittelausschuß der Europäischen Komission hat einheitliche europäische Höchstgehalte für Nitrat in Kopfsalat und Spinat beschlossen *(Tab. 57)*. Diese EU-Verordung gilt in allen Mitgliedsstaaten der EU und löst die bisherigen für Deutschland geltenden Höchstmengen ab. Sie ist bis zum 31. Dezember 1998 befristet.

Nitrifikation

Umwandlung von organisch gebundenem Stickstoff oder auch Ammonium-Stickstoff in Nitrat-Stickstoff. Diese Oxidation erfolgt durch nitrifizierende Bakterien. Nitrifizierende Bakterien brauchen keinen Humus, da sie Energie durch die Oxidation des Ammoniums selbst erzeugen und so befähigt sind, Kohlensäure zu assimilieren. Die Oxidation von NH_4 erfolgt durch *Nitrosomonas* (Nitritbildner) zu NO_2 (Nitrit) und weiter durch *Nitrobacter* (Nitratbildner) zu NO_3 (Nitrat).

Die Nitrifikation verläuft (vereinfacht) folgendermaßen:

$$NH_2 + O_2 \xrightarrow{\textit{Nitrosomonas}} NO_2^- + O_2 \xrightarrow{\textit{Nitrobacter}} NO_2$$

Für die Nitrifikation sind die folgenden drei Faktoren maßgebend:

1. Der pH-Wert des Bodens
Das Optimum für die Nitrifikation liegt bei pH-Werten über 7. In sauren Böden findet praktisch keine Nitrifizierung statt, weil hier keine nitrifizierenden Bakterien vorhanden bzw. aktiv sind.

2. Die Bodentemperatur
Das Temperaturoptimum für die Tätigkeit der nitrifizierenden Bakterien liegt

Tab. 57: Neue Grenzwerte für Nitrat in Kopfsalat und Spinat

Erntezeitpunkt	Höchstmenge mg Nitrat/kg
Spinat	
Ernte vom 1. Nov. bis 31. März	3.000 mg/kg
Ernte vom 1. April bis 31. Oktober	2.500 mg/kg
ab 1. Januar 1999 ganzjährig	2.500 mg/kg
Verarbeitungserzeugnisse aus Spinat (z.B. tiefgefrorener Spinat) ganzjährig	2.000 mg/kg
Kopfsalat	
Ernte vom 1. Oktober bis 31. März	4.500 mg/kg
Ernte vom 1. April bis 30. September	3.500 mg/kg
Für Freilandsalat vom 1. Mai bis 31. August	2.500 mg/kg

bei 25 - 35 °C. Unter 4 °C wird die Tätigkeit sehr stark eingeschränkt.

3. **Der Sauerstoffgehalt des Bodens** Die nitrifizierenden Bakterien benötigen für die Oxidation des Ammoniums Sauerstoff. Der Sauerstoffgehalt der Bodenporen und die Wassersättigung des Bodens stehen in einem engen Zusammenhang. Bei einer Wasserkapazität von 40 - 60 % der max. Kapazität liegt das Optimum für die Nitrifizierung. Bei einer Wasserkapazität über 80 % überwiegt die Denitrifikation (→).

(→ Bakterien, Stickstoffstabilisatoren - d1) DIDIN)

Nitrifikationshemmer

(→ Dicyandiamid, Dauerdünger - d) Stickstoffstabilisatoren)

Nitrit (NO_2)

Anion. NO_2^- der salpetrigen Säure (HNO_2). Nitrit kann in Böden, in der Pflanze, in der Nahrung durch unvollständige Nitrat-Reduktion entstehen. Um die Gefahr einer Nitritbildung zu verhindern, sollten Nitratgehalte im Blatt von mehr als 50 ppm in der Trockensubstanz vermieden werden. Die Nitritbildung im Boden wie in der Pflanze ist konzentrationsabhängig, d.h. bei hoher Nitratkonzentration wird mehr Nitrit gebildet (Nitritbildung ist z.B. schon bei Lagerung von Spinat unter Luftabschluß möglich).

Für die Reduktion von Nitrit werden Eisen und Kupfer benötigt.

Nitrit ist vor allem für Säuglinge akut gefährlich. Durch Oxidation des Hämoglobins wird Blausucht, Cyanase, hervorgerufen, die tödlich verlaufen kann. Nitrite wirken durch die Bildung von Nitrosaminen beim Menschen und beim Tier cancerogen (krebsfördernd). Nitrite im menschlichen Körper entstehen durch Aufnahme von zuviel Nitrat mit dem Trinkwasser oder anderer Nahrung (Gemüse). Nitrathaltig sind aber auch Fleischwaren und Getreideprodukte.

(→ Anstaubewässerung, Nitrat-Nitrit-Ammonium-Problem)

Nitroform/Nitrozol

(→ Dicyandiamid, Dauerdünger - c) Langsam fließende Stickstofform - c3) Harnstoff-Formaldehyd)

Nitrophoska permanent

(→ Isobutylidendiharnstoff)

N : K-Verhältnis

Das Verhältnis von Stickstoff zu Kali spielt in der Düngung eine große Rolle. Ging man früher überwiegend von einem optimalen Verhältnis von 1 : 1 aus, so geht der Trend heute mehr hin zu einer kalibetonteren Düngung. Viele alte und immer wieder fortgeschriebene Empfehlungen von 1 : 1 für viele Topfpflanzenarten gingen von ganz anderen Bewässerungsverhältnissen im Topfpflanzenbau aus. So wurde früher ausschließlich von oben gewässert, und es kam vor allem zur Auswaschung von Stickstoff aus dem Substrat, in geringeren Mengen von Kali. Bei den heutigen Anstauverfahren werden aber keine Nährstoffe mehr aus dem Substrat ausgewaschen. In der Folge erhöht sich das Nährstoffverhältnis zugunsten des Kaliums. Um die alten Verhältnisse wieder herzustellen, muß darum heute der Kali-Anteil steigen.

Tab. 58 gibt Hinweise auf N : K-Verhältnisse bei Topfpflanzen, die an aktuelle Bewässerungssysteme angepaßt sind.

Tab. 58: N : K-Verhältnisse bei Topfpflanzen

Kultur	N : K-Verhältnisse
Saintpaulien	1 : 1,5
Cyclamen	1 : 1,2
Pelargonium zonale	1 : 1,2
Poinsettien	1 : 1,0
Topf-Chrysanthemen	1 : 1,3
Primula obconica	1 : 1,5

ist nur der meist geringe Mineral-N-Anteil verfügbar, während der organisch gebundene Stickstoff im ersten Jahr nur zu 10 - 15 % frei wird.

Aus Gülle und Güllesubstanzen werden im ersten Jahr nur etwa 50 % des Stickstoffs in Form von Ammonium verfügbar.
(→ Mineralisation, Stickstoff)

N-Mineralisation

Für die N-$_{min}$-Methode ist es von großer Bedeutung, die N-Mineralisation und die N-Mobilisierung im Boden zu kennen. Dabei zeigen sich bei der N-Mineralisierung Unterschiede zwischen alter organischer Substanz (Humus), frisch zugeführter Pflanzenmasse aus Ernterückständen oder Gründünger und kompostierter Pflanzenmasse.

Aus Humus werden im Sommerhalbjahr in einem Boden mit 2 - 4 % Humus ca. 5 kg/N pro ha und Woche frei. Aus frischer Pflanzenmasse werden im Durchschnitt von 8 - 10 Wochen etwa 70 % des Stickstoffs der Grünmasse mineralisiert. Je 100 dt Grünmasse/ha (=1 kg/m^2) werden ungefähr 30 kg N/ha frei.

Der Stickstoff in kompostierter Pflanzenmasse liegt relativ fest. Bei Kompost

N_{min}-Methode

Die N_{min}-Methode (nach Scharpf und Wehrmann) erfaßt den mineralischen Stickstoff in kg/ha:

$NO_3 + NH_4\text{-}N = N_{min}$ -Vorrat.

Es wird der N_{min}-Vorrat in der gesamten, von der Wurzel nutzbaren Bodenschicht, also auch im Unterboden, gemessen (in tiefgründigen Böden und bei tiefwurzelnden Pflanzen bis 90 cm Bodentiefe, aufgeteilt in drei Schichten zu je 30 cm).

Da dieser Mineralstickstoff von den Pflanzen wie Düngerstickstoff genutzt wird, kann er bei der Düngung voll angerechnet werden. Das Prinzip dieser Methode und ihre Anwendung wird in *Übersicht 10* am Beispiel von Winterweizen erläutert.

Übersicht 10: Prinzip und Beispielsanwendung für die N_{min}-Methode

Prinzip der N_{min}-Methode	Beispiel: Düngung von Winterweizen zu Vegetationsbeginn auf tiefgründigem Lößboden
Sollwert im Frühjahr = für Höchstertrag notwendige N-Menge = Summe aus N_{min}-Vorrat + N-Düngung (in Düngungsversuchen ermittelt)	120 kg N/ha
abzüglich N_{min}-Vorrat (im Februar gemessen in 0 - 90 cm Bodentiefe)	- 70 kg N/ha
ergibt erforderliche Frühjahrs-N-Düngung	50 kg N/ha

Zusätzlich zur Düngung zum Vegetationsbeginn sind in Abhängigkeit von der Kultur noch N-Spätgaben erforderlich. Über den Zeitpunkt und die Höhe der erforderlichen „Spätgaben" gibt die zum Vegetationsbeginn durchgeführte N_{min}-Untersuchung keine Information.

N_{min}-Sollwerte für einige Gemüsearten nennt *Tab. 59*.

Nutricote

(→ Dauerdünger - a) Umhüllung der Dünger)

Tab. 59: N_{min}-Sollwerte für einige Gemüsearten bei normaler N-Nachlieferung (Analyse zu Beginn der Kultur)

Kultur	Marktertrag bei Sollwert	Sollwert kg N/ha	Probennahmetiefe in cm
Blumenkohl	3 bis 4 Stk. m^2 6er Steige	300, davon 80 - 100 in 0 - 30 cm	60
Brokkoli	200 dt/ha	300, davon 80 - 100 in 0 - 30 cm	60
Buschbohnen	120 dt/ha	140, davon 80 - 100 in 0 - 30 cm	60
Eissalat	500 dt/ha	140	30
Erbse	40 dt/ha	80	30
Kohlrabi	400 dt/ha	200	30
Kopfsalat	400 g/Kopf	140	30
Möhren (große Waschmöhren)	600 dt/ha	100	60
Porree (Sommer und Herbst)	400 dt/ha	220	60
Radies	250 dt/ha	100	30
Radicchio	300 dt/ha	140	60
Rettich (japanischer)	800 dt/ha	220	60
Rettich (deutscher)	600 dt/ha	180	60
Spinat (Frühjahr)	250 dt/ha	220	30
Spinat (Herbst)	250 dt/ha	170	30
Zwiebeln	600 dt/ha	160	60

ODIN
(→ EDV-Programme zur Düngung)

Optifer
(→ Eisen - Die Analyse der Eisengehalte)

Organische Dünger

Zunächst unterscheidet man in organische Wirtschaftsdünger (Stallmist, Gülle, Hühnerkot usw.) und organische Handelsdünger, die überwiegend aus Knochen-, Horn-, Blutmehl, Hühnerdung, Guano, Seealgenmehl und aus tierischen und pflanzlichen Rückständen bestehen.

Organische Handelsdünger haben in der Regel niedrigere Nährstoffgehalte als mineralische oder anorganische Dünger. Die Nährstoffe in den organischen Düngern sind nicht direkt durch die Pflanze aufnehmbar, sondern werden erst durch mikrobiellen Aufschluß pflanzenverfügbar. Das hat zur Folge, daß organische Dünger langsamer und milder als anorganische Mineraldünger wirken. Die Freisetzung durch Mikroorganismen ist von den Faktoren Bodenwärme, Bodenfeuchtigkeit und Bodenluft und indirekt auch vom pH-Wert abhängig.

Der Reinnährstoffgehalt ist in organischen Düngern in der Regel geringer als in anorganischen. Beim Vergleich ist der Reinnährstoff organischer Dünger auch teurer.
(→ Blutmehl, Dämpfung - Einfluß auf die Düngung, Knochenmehl, Gülle, Guano)

Organische Verbindungen in der Pflanze

Organische Verbindungen bestehen aus den Elementen Kohlenstoff, Sauerstoff, Wasserstoff, Stickstoff und Schwefel. Zu den organischen Verbindungen gehören:

a) Kohlenhydrate (Zucker, Zellulose und Stärke), über 50 % der organischen Trockensubstanz.

b) Lignin, etwa 10 - 40 % der organischen Trockensubstanz.

c) Stickstoffhaltige Verbindungen (einfache Proteine, zusammengesetzte Proteide, Eiweißbausteine und -bruchstücke, Nukleinsäuren u. a. als Zellinhaltsstoffe), weniger als 20 % der organischen Trockensubstanz.

d) Fette, Wachse, Harze, Gerb- und Farbstoffe in kleinen Mengen, zusammen weniger als 10 % der organischen Trockensubstanz.

Weitere organische Stoffe sind Auxine, Hormone, Aminosäuren, Alkaloide, Öle, organische Säuren u.a.

Osgar
(→ EDV-Programme zur Düngung)

Osmo Beendermeel
(→ Knochenmehl)

Osmocote
(→ Dauerdünger - a) Umhüllung der Dünger; Dünge- oder Nährstofftablette)

Osmose

Der Stoffaustausch (Diffussion) zwischen zwei verschieden konzentrierten Lösungen durch eine halbdurchlässige (semipermeable) Membran, die z.B. für Wasser voll durchlässig ist, dagegen nicht für den gelösten Stoff. Lösungen unterschiedlicher Konzentration haben immer das Bestreben, einen totalen Konzentrationsausgleich herzustellen. Dabei wandern immer mehr Wassermoleküle von der niedriger konzentrierten Lösung zur höher konzentrierten als umgekehrt. Osmose ist der grundlegende, physiologische Prozeß der Wasseraufnahme durch die Wurzelhaare. Mit der stärkeren Konzentration des Zellinhaltes der Wurzelhaare und besonders der Vakuolen in der Zellrinde saugen sie die schwächer konzentrierte Boden-Nährlösung an. Die Wasseraufnahme erfolgt also passiv durch Osmose. Die Nährstoffaufnahme hingegen erfolgt aktiv über Ionen-Austausch. Hierfür ist Atmungsenergie erforderlich. (→ Nährstoffaufnahme, Plasmolyse, Umkehrosmose).

Osmosol

(→ Wasserenthärtung - 3. Gebrauch von Spezialdüngern)

Osmotisches Wasser

(→ Bodenwasser - Adsorptionswasser)

Oxalsäure (COOH-COOH)

Kleesäure, stark giftig. Eine im Pflanzenreich sehr verbreitete, organische Säure. Technisch hergestellt wird sie durch Erhitzen von Natriumformiat auf 400 °C. Besonders in Algen, Pilzen und Flechten kommt Oxalsäure vor, aber auch in höheren Pflanzen, besonders im Sauerklee, Sauerampfer und Rhabarber. Die Oxalsäure kommt in der Pflanze sowohl als freie Säure wie auch als Calciumoxalat vor. Als zweibasische Säure kann sie neutrale und saure Salze (Oxalate) bilden.

Oxidation/Oxid

Oxidation ist die Aufnahme von Sauerstoff, durch die Oxide entstehen. Ursprünglich war es die chemische Verbindung von Elementen oder Verbindungen mit Sauerstoff. Das Produkt dieser Reaktion nennt man Oxid. Sind mehrere Atome Sauerstoff in einem Molekül des Oxids enthalten, so bezeichnet man das Oxid als Di-, Tri-, Tetra-, Pent-Oxid usw. Die wissenschaftliche Bezeichnung für Oxid benutzt Ziffern für die Wertigkeiten, z.B. Kupfer(II)-Oxid, Eisen(III)-Oxid usw. Im biologischen Sinn ist die Oxidation der Abbau von organischen Stoffen unter Freigabe eines Großteils der darin enthaltenen Energien, bei dem Sauerstoff an diesen Stoff angelagert wird (= Verbrennung).

Aber auch die Wegnahme von Wasserstoff aus Verbindungen ist Oxidation. Biologisch ist dieser Prozeß, bei dem Wasserstoff diesem Körper entnommen wird (= Dehydrierung, Atmung), häufiger und wichtiger. Die Verbindung von Elementen mit Sauerstoff kann als Verbrennung lebhaft und unter Selbsterhitzung oder langsamer bis fast unmerklich bei gewöhnlichen Temperaturen verlaufen.

Da viele Elemente bei der Oxidation ihre Ladungsstufen erhöhen, spricht man allgemeiner auch von Oxidation eines Stoffes, wenn ein darin befindliches Element einen positiven Zuwachs an seiner Wertigkeit, seiner Ladungsstufe erfährt, seine Oxidationsstufe, seinen Oxidationsgrad erhöht oder Elektronen abgibt. Die Oxidation der mineralischen und organischen Substanz des Bodens bewirken die Bakterien (Verwesung).

<u>Kurzform und Beispiele:</u>

Oxidation: Abgabe von Elektronen bzw. Abgabe von Wasserstoff und Aufnahme von Sauerstoff, wobei Wärmeenergie frei wird.

$$C + O_2 \rightarrow CO_2$$
$$S + O_2 \rightarrow SO_2$$
$$Zn + 1/2\,O_2 \rightarrow ZnO$$
$$Mg + 1/2\,O_2 \rightarrow MgO$$

Oxidationsmittel

Sauerstoff und solche Verbindungen, die ihre Sauerstoffmoleküle leicht abgeben, z.B. Ozon, Peroxide und Persäuren, Salpetersäure, Chlorsäure.

Ozon (O_3)

(griechisch = riechend). Eine Form des Sauerstoffs mit der chemischen Formel O_3. Ozon ist das stärkste Oxidationsmittel. Es bildet sich unter Einwirkung ultravioletter Strahlen aus NO_2, besonders in der oberen Atmosphäre (in 35 km Höhe) oder unter Einwirkung dunkler, elektrischer Entladungen (z.B. im Ozonisator) aus Sauerstoff. Es riecht kräftig und reizt die Atmungsorgane heftig.

Bei starker Sonneneinstrahlung steigt der Ozon-Gehalt im Tagesverlauf an. In der Sommerzeit wird das Maximum zwischen 16.°° - 18.°° Uhr erreicht. Gemessen wird der Ozongehalt in $\mu g/m^3$. Vor Sonnenuntergang beginnt eine rasche Abnahme der Ozonkonzentration auf etwa ein Drittel der Tageshöchstwerte. Bei geöffneter Lüftung sind die Ozongehalte im Gewächshaus mit der Außenluft vergleichbar.

Auch das entstandene Ozon wirkt wie Stickoxide schädigend auf die Pflanzen, indem es die Öffnung der Stomata (Spaltöffnungen) verhindert. Durch die Zerstörung der organischen Substanz werden die pflanzlichen Gewebe regelrecht zersetzt. Die Folgen sind sogenannte „Silberblätter": Das Licht wird von den leeren, luftgefüllten Zellen total reflektiert.

Durch die Reaktion von Ozon mit ungesättigten Kohlenwasserstoffen und NO_2 bildet sich häufig PAN (Peroxyacetylnitrat). Das PAN ist an der Bildung von Smog beteiligt. Es hemmt das Pflanzenwachstum durch die Schädigung des Photosyntheseapparates. Dieses ist jedoch nur bei Licht möglich, weil PAN durch das Licht in seine schädigenden Bestandteile NO_2 und Peroxyacetyl-Rest zerlegt wird.

Vom „Ozonloch" spricht man, wenn der normale Ozongehalt in der Stratosphäre (Höhe etwa 15 - 30 km) von etwa 500 Dobson Units (DU; 1 DU entspricht 0,01 mm Ozonschichtdicke, bezogen auf Standarddruck und -temperatur) auf die Hälfte abgesunken ist. In diesem Fall ist die über einem Atmosphärenbereich von 5 km verteilte Ozonschicht nur noch 2,5 mm stark (250 DU).
(→ Nährlösungs-Desinfektion - Ozonisierung, UV-Strahlung)

Ozonisierung

(→ Nährlösungs-Desinfektion)

PE-Controller

(→ Schnelltestmethoden zur Analyse von Lösungen und Substraten)

Pektine

(aus dem griech. pektos = geronnen) Pektine sind die natürlichen Gelierstoffe des Obstes. Sie stellen ein Gemisch hochmolekularer Kohlenhydrate dar. Pektinstoffe sind die Hauptbestandteile der Mittellamellen der pflanzlichen Zellwände. Es sind gallertartige, gelierende Stoffe, die vor allem in Früchten vorkommen. Sie sind stark quellbar und daher wichtig für den Wasserhaushalt der Pflanzen. Pektinsäure ist wasserlöslich und läßt sich mit Ca und Mg ausfällen. Die Salze der Pektinsäure sind Ca- und Mg-Pektinat. Sie kommen auch viel in den Wurzeln vor.

Peltier-Halbleiter-Element

(→ Bodenfeuchtemessung)

Perlite

(→ Zuschlagstoffe zu Substraten - Perlite)

Perlka

(→ Kalkstickstoff)

Personen, Persönlichkeiten in Verbindung mit der Pflanzenernährung

Helmont, J. B. van,

belgischer Arzt. Er führte um 1600 Versuche mit Pflanzen durch und kam zu dem Ergebnis, daß die Pflanze Wasser aufnimmt und daraus Substanz bildet. In einem Gefäß ließ er einen Weidenschößling zum Baum heranwachsen und stellte fest, daß dieser offenbar nur Wasser benötigte.

Woodward, J.

Er wies um 1620 auf die Bedeutung der Nährstoffe für das Pflanzenwachstum hin. Er stellte fest, daß erdige Substanzen wichtig sind, weil die Pflanze mit schmutzigem Gießwasser besser wuchs als mit reinem Wasser.

Hales, St.

entdeckte um 1730 die wichtige Funktion der Blätter als Organe für die Transpiration. Außerdem untersuchte er den Einfluß der Luft auf das Pflanzenwachstum.

Tull

faßte 1731 die bisherigen Erkenntnisse zusammen und stellte fest: Pflanzen benötigen mehrere Stoffe, von denen man aber nicht weiß, welcher der entscheidende Nährstoff ist: Wasser, Erde, Salpeter, Luft usw.

Ingen-Houz, J.

erkannte um 1750 die Notwendigkeit des Lichtes für den Prozeß der Sauerstoffausscheidung durch die Pflanzen.

Scheele, K. W.

stellte 1770 fest, daß Pflanzen Kohlensäure ausscheiden. Pflanzen machen die Luft „schlechter".

Priestly, J.

beobachtete um 1780, daß grüne Pflanzen Sauerstoff ausscheiden und die Luft „besser" machen.

Sennebier, J.,

ein Schweizer, entwickelte als erster eine durchdachte und begründete Vorstellung von der Photosynthese mit Hilfe des Lichtes.

Lavoisier, A. L.,
ein französischer Chemiker, begründete 1780 die moderne Chemie.

Saussure, Th. de,
ebenfalls ein Franzose, machte sich um 1800 dadurch verdient, daß er die chemischen Grundkenntnisse auf die Pflanzenernährung anwandte. Er untersuchte die Aufnahme der Elemente durch die Pflanze und machte erste Versuche mit Nährsalzlösungen.

Thaer, A.
stellte 1809 fest. „So wie der Humus eine Erzeugung des Lebens ist, so ist er auch eine Bedingung des Lebens. Daraus bildete sich die „Humustheorie". Humus allein gibt (außer Wasser) den Pflanzen die Nahrung. Salze sind bestenfalls Reizstoffe.

Boussingault, J. B.,
Franzose und Professor an der Sorbonne, legte um 1836/38 die eigentliche Grundlage für die Agrikulturchemie. Er stellte als erster Nährstoffbilanzen aus Bodenentzug und Düngung auf. Er bewies als erster die Bindung von atmosphärischem Stickstoff durch Leguminosen. Die Zusammenhänge erkannte er aber noch nicht.

Berzellius, J. J. Freiherr v.
stellte 1838 fest, daß der Kohlenstoff der Pflanzen aus dem Humus stammt und mit der Wurzel aufgenommen wird.

Sprengel, C. S.,
Dozent für Agrikulturchemie in Göttingen und Braunschweig, erkannte zwischen 1830 und 1845, daß die Elemente aus dem Boden aufgenommen wurden und begründete die „Mineralstofftheorie". Er kam zu der Überzeugung, daß ein Boden unproduktiv sein kann, wenn ein einziges Element fehlt. Hier tauchte das erstemal das „Gesetz vom Minimum" auf, das man später meistens J. v. Liebig zuschrieb. Sprengel beschrieb auch die „Lehre vom Dünger", nach der die Pflanzen aus dem Boden und aus der Atmosphäre anorganische Stoffe aufnehmen und mit Hilfe von Licht, Wärme, Elektrizität und Wasser ihren Körper bilden.

Wiegand, A. F.,
auch ein Deutscher, stellte zu den von Sprengel entwickelten Theorien zahlreiche Sandkultur-Versuche an.

Mayer, R.
machte um 1840 die Feststellung, daß durch die Photosynthese Energie in chemischer Form festgelegt wird.

Liebig, J. von,
Professor für Chemie in Gießen, wandte sich mit großer Kraft und geschliffener Sprache gegen die Theorien von Boussingault, die er „närrische Chemie" nannte. Er vertrat um 1850 noch hartnäckig die Meinung, daß die Pflanzen Stickstoff in Form von Ammoniak nur aus der Luft aufnehmen. Auch war er überzeugt davon, daß die Pflanzenwurzeln Kali, Phosphat usw. von der Oberfläche der Bodenteilchen und nicht aus der Bodenlösung aufnehmen. Kraft seiner Persönlichkeit erhob er die Erkenntnisse von Sprengel zum Liebigschen Gesetz vom Minimum.

Maercker, M.
(1842 - 1902) aus Halle setzte die 1860 eingeführte Kalidüngung durch.

Way
wies um 1850 die Sorption von Kationen an Bodenteilchen nach.

Hellriegel und Wilfarth
entdeckten um 1866 die Bedeutung der Bakterien in den Wurzelknöllchen der Leguminosen für die Stickstoffbindung.

Schloesnig und Müntz
waren 1877 die Begründer der Bodenbakteriologie (Nachweis der Nitrifikation).

Wagner, P.
(1843 - 1930) aus Darmstadt führte 1879 Thomasphosphat ein.

Mitscherlich, E.
(1874 - 1956) aus Königsberg förderte und vervollständigte die Düngungsversuche und machte auf Gesetzmäßigkeiten der Düngung aufmerksam.

Haber, F. und Bosch, C.
machten 1913 die revolutionäre Entdeckung der Ammoniaksynthese aus Stickstoff und Wasserstoff. Damit war es möglich, industriell riesige Mengen mineralischen Stickstoffdüngers aus dem Luftstickstoff herzustellen.

Frank, A. und Caro, N.
erfanden die Kalkstickstoffsynthese aus Stickstoff und Calciumcarbid.

Prof. Dr. Fruhstorfer
entwickelte ab 1945 in Deutschland die aus Weißtorf und Ton bestehende Einheitserde, die nach ihm Fruhstorfer Erde benannt wurde.

Prof. Dr. Tepe
erarbeitete die Aktivitätstheorie, nach der nicht die Menge der vorhandenen Nährstoffe, sondern deren Aktivität für die Pflanzenernährung von Bedeutung ist. Von ihm stammt die Austauschermethode für Bodenuntersuchungen.

Prof. Dr. Frenz
entwickelte den ersten Tensiometer für Bodenfeuchtemessung im Gartenbau.

PZ PET 2000 Kombi

(→ Schnelltestmethoden zur Analyse von Lösungen und Substraten)

PZ Peters Exel

(→ Wasserenthärtung - 3. Gebrauch von Spezialdüngern)

PZ Pflanzenanalyse auf Nährstoffgehalte

(→ Blattanalyse)

PZ Pflanzennährstoffe

(→ Nährstoffe)

PZ pflanzenschädigende Stoffe

(→ Kressetest, Testpflanzen)

PZ pH-Erhöhung

(→ Calcium)

PZ pH-Messung/ pH-Meßgeräte

(→ Schnelltest-Methoden)

PZ pH-Stabilisierung

(→ Calcium)

PZ pH-Wert

(aus dem lat. potentia hydrogenii = Potenz des Wasserstoffs). Negativer dekadischer Logarithmus der Wasserstoffionenkonzentration. Die Skala reicht von 1 - 14. Dabei ist ein Wert unter pH 3 extrem sauer (viele freie H^+-Ionen), pH 7 ist neutral, Werte über pH 9 sind extrem alkalisch (viele freie OH^--Ionen).

<u>Der pH-Wert nimmt Einfluß auf:</u>

a) Nährstoffverfügbarkeit
siehe bei den einzelnen Nährstoffen *(Abb. 74)*

b) Gefügebildung
Mit steigendem pH verbessert sich die

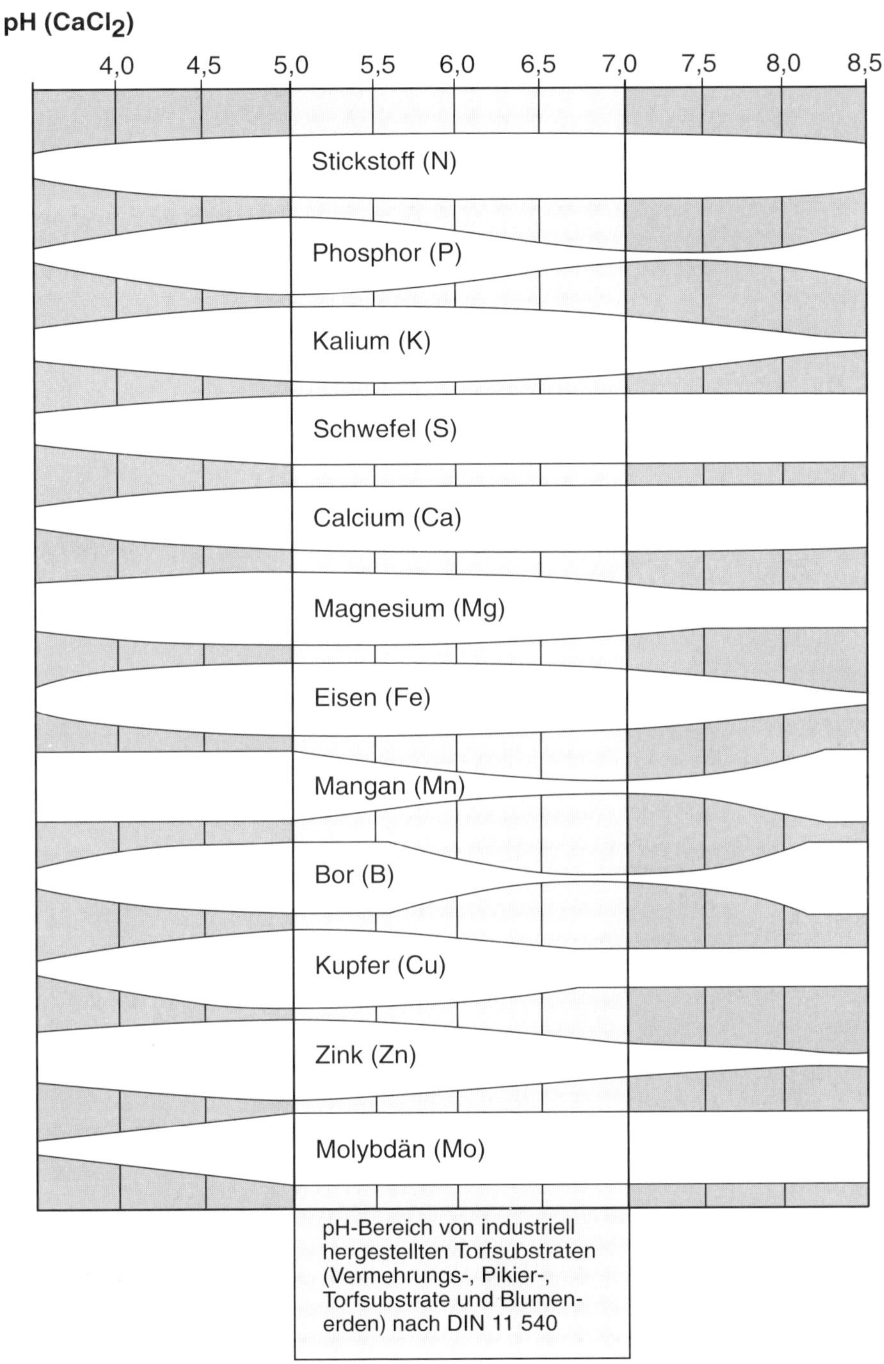

Abb. 74: Einfluß des pH-Wertes auf die Verfügbarkeit von Pflanzennährelementen (in Anlehnung an K. Handreck und N. Black) Grafik: ZIT

Gefügebildung des Bodens. Es entsteht Krümelstruktur.

c) Chemische Verwitterung
Sie ist bei niedrigem pH-Wert durch Säureeinfluß am größten und nimmt mit steigendem pH ab.

d) Mineralneubildung
Bei Verwitterung werden Minerale abgebaut. Abbaustufen können so stark verändert werden, daß neue sekundäre Minerale entstehen. Wichtigste Neubildungen: Tonminerale, Oxide und Hydroxide von Silicium, Aluminium, Eisen und Mangan. Die Mineralneubildung erreicht ihren Höhepunkt bei pH-Werten zwischen 5 und 7,5. Darunter und darüber nimmt die Mineralneubildung stark ab.

e) Verwesung
Die Verwesung nimmt bis zu einem pH-Wert von etwa 7,5 bis 8 zu, um dann langsam abzufallen.

f) Humifizierung
Die Humifizierung ist am stärksten im pH-Bereich von 5 - 7. Darunter und darüber nimmt sie relativ stark ab.

g) Tonverlagerung
Durch Tonverlagerung entstehen im oberen Teil der Profile Tonverarmungs-, im unteren Teil Tonanreicherungs-Horizonte. Tonverlagerung beginnt bei pH 3,5 und endet bei pH 8. Bei pH-Werten von 4,5 bis 6,5 ist die Tonverlagerung am stärksten.

h) Aluminium-Toxizität
(→ Aluminium) Die Al-Toxizität ist am stärksten bei sehr niedrigen pH-Werten (unter 3). Über pH 3 nimmt sie ab und ist bei pH 5 nicht mehr möglich.

Das Absinken des pH-Wertes im Boden wird im Normalfall immer durch die im folgenden aufgezählten Faktoren bzw. Vorgänge verursacht:

A) Verlust an basisch wirksamen Kationen

- Aa) Nährstoffentzug durch die Pflanzen und Ernteentzug
- Ab) Auswaschung durch Niederschläge

B) Produktion von H^+-Ionen

- Ba) CO_2-Produktion bei Atmung der Bodenorganismen und der Pflanzenwurzeln mit nachfolgender Reaktion von CO_2 mit Wasser. Hierbei entsteht Kohlensäure H_2CO_3 ($CO_2 + H_2O \rightarrow H_2CO_3 \rightarrow HCO_3^- + H^+$)
- Bb) Produktion von H^+-Ionen durch die Pflanzenwurzeln bei Aufnahme kationischer Nährstoffe. Bei der Aufnahme von $Kationen^+$ gibt die Pflanzenwurzel im Wege des Ionen-Austausches H^+-Ionen ab
- Bc) Humifizierung der organischen Ausgangssubstanzen mit Bildung von Fulvo- und Huminsäuren
- Bd) Bildung von H^+-Ionen durch Oxidation (→ Oxidation)

C) Säurezufuhr durch saure Niederschläge

D) Düngung mit physiologisch sauer wirkenden Düngemitteln

PZ Phacelia

(→ Gründüngung)

PZ Phosphat und Umwelt

Die mineralische Düngung wird häufig auch in Zusammenhang mit der Eutrophierung (Überernährung) von Oberflächengewässern gebracht. Bekanntlich ist der Phosphatgehalt in stehenden Gewässern der begrenzende Faktor im Nährstoffangebot für die Wasserpflanzen. Deshalb ist eine Anreicherung der Gewässer mit Phosphat gleichbedeutend mit einer Steigerung des Wachstums pflanzlicher Biomasse (Algen, andere Wasserpflanzen). Dieses verbessert zunächst die Lebensgrundlage vieler anderer Organismen, sie vermehren sich stärker.

Die Folge ist jedoch erhöhter Sauerstoffbedarf, der nicht gedeckt werden kann. Es kommt zu einer Verarmung, ja sogar zum völligen Fehlen des Sauerstoffs. Nach dem Absterben der Organismen tritt dann anaerobe Fäulnis der Biomasse ein. Das Sauerstoffdefizit kann unter Umständen zum gefürchteten „Kreislaufkollaps“ der Biozönose führen, dem sog. „Umkippen“ der Gewässer. Ein deutlicher Rückgang z.B. des Fischbestandes ist die Folge.

Die Eutrophierung der Oberflächengewässer ist an und für sich ein völlig natürlicher Vorgang. Ihm verdanken wir nämlich sowohl die Entstehung der Kohle als auch des Erdöls und Erdgases. Heute spielt sich dieser Vorgang aber stark beschleunigt ab, was vor allem auf der erhöhten Zufuhr von Phosphat beruht.

Auf den ersten Blick möchte man der konventionellen Düngerpraxis die Schuld geben, denn die Landwirtschaft verbraucht tatsächlich gut dreimal mehr Phosphat als Industrie, Gewerbe und Haushalte (Waschmittel) zusammen. Von den in der Landwirtschaft gedüngten Phosphatverbindungen gelangten 1978 aber nur rund 9 % in die Gewässer und zwar überwiegend durch Erosion (6,5 %), die - abhängig von Hangneigung, Regenintensität usw. - weitgehend unvermeidlich ist. Die Phosphatbelastung durch die Landwirtschaft ist unbedeutend. Rund 90 % der Phosphate in den Gewässern stammen von den übrigen Verbrauchern, wobei besonders der Phosphataustrag der kommunalen Kläranlagen bedeutend ist.

Durch die Reduzierung von Phosphaten in Waschmitteln, verbesserte Kläranlagen und andere Maßnahmen hat sich der Phosphateintrag aus Haushaltungen bis 1989 sehr verringert. Auch der industrielle Anteil ist zurückgegangen. Das aber hat prozentual den Anteil, der aus der Landwirtschaft kommt, steigen lassen. Von den insgesamt 80.000 t Phosphat, die 1989 in Oberflächengewässer eingetragen wurden, stammten aber 46.000 t aus kommunalen und Industrieanlagen und nur 34.000 t aus der Landwirtschaft und sonstigen Quellen.
(→ Auswaschung, Eutrophierung)

PZ Phosphor (P)

Nichtmetall. Anion P^-.

Phosphor im Boden

Die Hauptreserve des Phosphates liegt im Boden. Der Gesamtgehalt liegt bei Mineralböden bei 0,02 - 0,15 % P, für humusreiche Böden sind es 0,04 - 0,2 % Phosphor. Die absolut vorhandenen Mengen sind aber zum größten Teil nicht pflanzenverfügbar. Phosphor kommt im Boden in anorganischer und organischer Bindung vor. In beiden Fällen handelt es sich fast ausschließlich um Orthophosphate, in geringem Ausmaß auch um Pyrophosphate. Das in organischer Form vorliegende Phosphat macht auf humusreichen Böden mehr als 50 % des Gesamt-Phosphates aus. Aber auch in Mineralböden kann über 50 % organisch gebunden sein.

Wegen seiner großen Affinität zu Sauerstoff kommt Phosphor in der Natur stets gebunden vor. Am weitesten verbreitet ist das tertiäre Calcium-Phosphat $Ca_3(PO_4)_2$ als Apatit (deutlich kristallin) und Phosphorit (nur mikrokristallin). Seltener sind Phosphate des Eisens und des Aluminiums zu finden. Fe- und Al-Phosphate kommen nur auf sehr sauren Mineralböden vor. Sowohl die Apatite als auch die Fe- und Al-Phosphate sind schwerlöslich.

In der Bodenlösung sind nur geringe Mengen an Phosphat-Ionen vorhanden. Die Konzentration liegt maximal bei 1 ppm P und beträgt nur etwa 1/100 von der des Nitrat-Ions. Dieses ist durch die große Neigung des Phosphat-Ions zur Festlegung bedingt. Im sauren Bereich sind es neben einer verstärkten Phosphat-Sorption die Al- und Fe-Phosphate, die Phosphor für die Pflanze unzugänglich machen. Besonders beim Absinken des pH-Wertes unter 5,3 wiegt diese Art der Fixierung schwer. Hier zerfallen die Tonminerale, wodurch Al^{3+}- und Fe^{3+}-Ionen frei werden, die mit den Phosphat-Ionen zu schwerlöslichen Al- und Fe-Phosphaten reagieren. Um dieses zu vermeiden, muß durch Kalkung der pH-Wert bei 6 - 7 gehalten werden. Auf kalkreichen Böden wird dagegen die Phosphat-Versorgung der Pflanzen durch die Ausfällung schwerlöslicher Ca-Phosphate gefährdet. Hierzu gehören die Apatite (→). Das Minimum der Phosphatlöslichkeit liegt zwischen pH 7 und 8.

Auf organischen Böden braucht man infolge ihrer Armut an Al und Fe auch bei niedrigen pH-Werten eine Festlegung nicht zu befürchten. Hier sind pH-Werte von 4 - 5 für die Phosphatverfügbarkeit am günstigsten.

Die Umwandlung schwerlöslicher Phosphate in eine pflanzenaufnehmbare Form geht hauptsächlich auf den Angriff von H^+-Ionen zurück. Diese H^+-Ionen werden im Boden hauptsächlich von Mikroorganismen produziert. Die Mobilisierung, der Aufschluß anorganischer bzw. Abbau organischer Phosphat-Reserven erfolgt also vor allem durch biotische Aktivität. Dieses ist besonders auf feuchten Böden bei schwach saurer Reaktion und nach Humusdüngung der Fall. Ein reges Mikroorganismenleben wirkt sich sehr günstig auf die Phosphat-Versorgung der Pflanzen aus. Zufuhr von organischer Substanz fördert das Mikroorganismenleben und damit die Phosphataufnahme. Man bezeichnet dieses als Humateffekt. Aber auch die Ausscheidung von H^+-Ionen durch die Pflanzenwurzel hat großen Einfluß auf die Phosphat-Verfügbarkeit. Da Phosphor im Boden nicht beweglich ist, spielt die Durchwurzelung des Bodenkörpers eine sehr große Rolle. Auch die Durchfeuchtung des Bodens beeinflußt die Phosphat-Aufnahme. Bei Trockenheit wird weniger aufgenommen. Phosphat-Verluste des Bodens entstehen praktisch nur durch den Entzug der Pflanzen, geringfügig durch Erosion und praktisch nicht durch Auswaschung.

Phosphor in der Pflanze

Die Pflanze nimmt den Phosphor in Form des anorganischen Phosphates als $H_2PO_4^-$ und HPO_4^{2-}-Ionen auf. Sie kann mittels ihrer Enzyme aber auch die Phosphatgruppe von organischen Verbindungen abspalten und anschließend aufnehmen. Der Prozeß spielt sich an der Wurzeloberfläche ab. Das Bedarfsmaximum liegt im Jugendstadium für die Wurzelentwicklung und vor allem später für die generative Phase. Phosphor ist in der Pflanze gut beweglich.

Für die Aufnahme und für den Transport des Phosphates hat auch die Magnesium-Versorgung der Pflanze eine Bedeutung. Dabei wirkt das Mg als Phosphat-Träger der Pflanze. So weisen Magnesium-Mangel-Pflanzen fast immer auch einen niedrigen Phosphat-Gehalt auf. Unter normalen Bedingungen nehmen die Wurzeln das Phosphat-Ion der Bodenlösung schnell auf, wobei das anorganisch aufgenommene Phosphat schon in der Wurzel in organische Verbindungen eingebaut wird. So waren bei Gerstenwurzeln innerhalb von 10 Minuten etwa 80 % des aufgenommenen Phosphates in den Stoffwechsel eingebaut. In der Pflanze wird Phosphor vorwiegend in Form organischer Moleküle transportiert. Das trifft besonders für den basipetalen (abwärts gerichtet) Transport zu. Die gute Phosphat-Beweglichkeit führt dazu, daß ein Teil des aufgenommenen Phosphates wieder aus der Pflanze heraus in die Bodenlösung wandert. Die Nettoaufnahme resultiert also aus einer P-Aufnahme und P-Abgabe.

Im allgemeinen nimmt in der grünen Pflanze das anorganische Phosphat von der insgesamt vorhandenen P-Menge den größten Anteil ein. Dieser Anteil ist in alten Blättern am höchsten, junge Blätter enthalten relativ viel organisch gebundene Phosphate, vor allem Nukleoproteide. Zur Zeit der Stärkebildung nimmt der anorganische Phosphat-Anteil ab.

Funktion des Phosphor

Phosphor ist ein Baustein wichtiger Verbindungen und lebensnotwendiger Zellbestandteile. Es spielt sowohl beim Kohlenhydrataufbau als auch für den Eiweißstoffwechsel und die Synthese von Enzymen eine große Rolle. P ist ein Baustein der Nukleinsäuren DNS und RNS und steuert damit Lebensvorgänge und Erbinformationen der Pflanzen. Bei starkem Phosphor-Mangel ist die Zuckersynthese, die Keimfähigkeit der Samen und das Wachstum der Keimpflanzen gehemmt.

P ist durch kein anderes Element zu ersetzen. Die Bedeutung des Phosphors ist der des Stickstoffs ebenbürtig.

Antagonismus - Synergismus

Aluminium und Eisen hemmen im sauren pH-Bereich mineralischer Böden die Phosphat-Aufnahme. Auf kalkreichen Böden führt zu viel Ca zur Ausfällung schwerlöslicher Ca-Phosphate; Phosphor ist dann nicht mehr pflanzenverfügbar.

Magnesium fördert sowohl die Aufnahme als auch den Transport von Phosphor.

Arsenat- und Silikat-Ionen können die Phosphat-Aufnahme durch Ionen-Konkurrenz hemmen (dieses hat aber keine praktische Bedeutung). Biotische Aktivität fördert die Phosphat-Verfügbarkeit (Humateffekt).

Phosphor-Mangel und Mangelsymptome

P-Mangel der Pflanzen tritt nicht nur auf Böden mit absolutem Mangel auf, sondern wird auch beeinflußt von dem Boden-pH-Wert, dem Ton- und Humusgehalt, dem Gehalt an Al, Ca, Fe, Cr und Ni im Boden, von der Temperatur und der Bodenfeuchtigkeit. Auch das P-Aufnahmevermögen der Pflanzenarten und das genetisch bedingte Aneignungsvermögen spielen eine Rolle.

Böden mit niedrigen pH-Werten führen leicht zu P-Mangel; ebenso Trockenheit, Sauerstoffmangel und niedrige Temperaturen.

Je nach Intensität des Mangels kommt es zunächst nur zu einer Hemmung bzw. zu einem Stillstand des Wachstums *(Abb. 75)*. Die Pflanzen können relativ lange in diesem Zustand verharren, ohne daß es zu eigentlichen und typischen Mangelsymptomen kommt. Das liegt u.a. an der leichten Verlagerung von P und dessen Mobilisierung aus organischen Phosphatverbindungen. In einer Art Kreislaufprozeß wird P immer wieder mobilisiert und in den Stoffwechsel einbezogen.

P-Mangel ist wenig definitiv und kaum charakteristisch ausgeprägt. Mangelpflanzen können im Gegenteil, wenn man die Wachstumshemmung einmal unbeachtet läßt, nicht selten den Eindruck einer optimalen Nährstoff- und überreichen N-Versorgung erwecken.

Abb. 75: Phosphor-Mangel führt zu verzögerter Seitentriebbildung und Wachstumshemmung.
V. l. n. r.: steigende P-Gaben in der Nährlösung von Petunien Foto: Ueber

Wenn der Vergleich zu normal versorgten Pflanzen fehlt, läßt sich Mangel optisch kaum feststellen.

P-Mangelpflanzen sind klein, kümmerlich, mit aufrechtem Wuchs und starrer Haltung der Blätter. Man spricht deshalb beim Phosphor-Mangel auch von „Starrtracht" im Gegensatz zur „Welketracht" bei Kali-Mangel *(vergleiche Abb. 53 beim Stichwort Kalium-Mangel)*.

Die Pflanze ist dunkel- bis blaugrün, matt, ledrig (schmutziggrün), oft rot bis purpurfarben (besonders Stengel, Blattstiele und Adern, siehe *Abb. 76)*. Die unteren Blätter sind z.T. gelbbraunrot, vertrocknen mit grünbrauner, z.T. schwarz getönter Färbung. Teilweise bilden sich auch braune bis braunschwarze, halbmondförmige Flecken auf den Blättern. Der Mangel zeigt sich zuerst immer an den älteren Blättern. Die Blätter sterben von der Blattspitze her ab. Blattfall führt zur Verkahlung der Triebe von unten her. Der Wuchs ist schwach, unregelmäßig (sparrig), der Sproß ist dünn, wenig Seitentriebbildung, Knospenansatz und Blütenbildung sind stark beeinträchtigt, Blüten sind klein und schlecht gefärbt, manchmal kommt es zu vorzeitigem Blütenfall.

Die Wurzelentwicklung ist geschwächt, es gibt wenig Faserwurzeln, die Wurzeln sind rötlichbraun gefärbt.

Phosphor-Überschußsymptome

Direkter P-Überschuß kommt sehr selten vor. Er zeigt sich vorwiegend als Spurenelement-Mangelerscheinung, z.B. Eisen-Mangel durch Hemmung der Aufnahme von Eisen. Durch P-Überschuß können aber auch Ca-, B-, Cu- und Mn-Mangel gefördert bzw. induziert werden.

Gehalte und Grenzwerte

In Substraten gelten Werte von 200 - 400 mg/l als optimal. Diese Werte dürfen auf 800 mg/l steigen. Über 800 mg/l können zur Festlegung von Eisen führen.

Abb. 76: Bei Phosphor-Mangel färben sich Stengel, Blattstiele und Adern oft rot bis purpurfarben, wie hier in einem *Gerbera*-Bestand

Foto: Braunsmann

Im Gießwasser sind hohe Phosphatgehalte weder üblich noch schädlich, sie deuten lediglich auf eine Verunreinigung des Wassers hin.

In der Trockensubstanz der Pflanze führen Werte unter 2 % zu Mangelsymptomen, gelten Werte von 3 - 4 % als optimal und sind über 10 % toxisch.

Physiologie

Lehre von den normalen Lebensvorgängen (Naturlehre), die Wissenschaft von den Leistungen und der Arbeitsweise der Zellen, Gewebe, Organe der Lebewesen. Die Physiologie der Pflanzen ist gegliedert in P. des Stoffwechsels (Aufnahme und Verarbeitung, Energiestoffwechsel), P. des Formwechsels (Wachstum, Entwicklung, Fortpflanzung, Vererbung) und P. der Bewegungen (Ortsveränderungen).

physiologisch

Die Lebensvorgänge im Organismus betreffend.

phyto...

(aus dem griech., in Fremd- und Kunstwörtern mit der Bedeutung Pflanze). Phytogen = „von Pflanzen erzeugt", z.B. Sedimentgesteine pflanzlicher Abkunft, wie Kohle. Phytohormone = Pflanzenhormone.

Phytohormone

Wuchsstoffe der Pflanze: Abscisine, Auxine, Gibberelline, Cytokinine (Kinetine). Die Phytohormone wirken auf den Nukleinsäurestoffwechsel des Zellkerns ein. Sie sind an fast allen Stoffwechselvorgängen in der Pflanzenzelle beteiligt.

Abscisine sind im Gegensatz zu den Auxinen, den Cytokininen und den Gibberellinen, die wachstumsfördernde Wirkung haben, Phytohormone mit hemmender Wirkung. Sie leiten die für viele höhere Pflanzen absolut notwendigen Ruhephasen ein („Ruhehormon"). Sie bewirken das Abwerfen von Blättern und Früchten.

Abb. 77: Junger Mutterpflanzenbestand von *Chrysanthemen* in Plant-Plane-Hydroponik

Foto: Kadner

Auxine, zum Beisiel Indolylessigsäure, ein Abkömmling der Aminosäure, werden besonders als Streckungswuchsstoff in der Spitze der Pflanze gebildet. Außerdem haben sie Einfluß auf die Bewurzelung und die Apikaldominanz.

Gibberelline beeinflussen die Zellstreckung und besonders das Internodienwachstum, die Zellteilung und Blütenbildung. Außerdem brechen sie die Winterruhe nach erfolgter Vernalisation.

Cytokinine werden überwiegend in der Wurzel gebildet und, obwohl schlecht beweglich, zu den Blättern transportiert. Sie steuern die Zellteilung und die Aktivität von Samen und Knospen. Kinine haben Einfluß auf die Nährstoffaufnahme. Cytokinine stimulieren die Blütenentwicklung.

Auch der Mechanismus der Spaltöffnungen wird durch Hormone reguliert und zwar das Schließen durch die blattbürtige Abscisinsäure und das Öffnen durch Cytokinine. Dabei stehen Blätter, Blüten und Früchte bezüglich des Cytokinin-Bedarfs in Konkurrenz zueinander (so bringen teilentlaubte Tomaten mehr Früchte).

Auch Äthylen gehört zu den Phytohormonen. Es bewirkt das Reifen und Abstoßen älterer Pflanzenteile (hoher Äthylen-Gehalt ist verantwortlich für das schnelle Welken der Blüten und den vorzeitigen Knospenfall). Gegenspieler zum Äthylen sind die pflanzeneigenen Auxine. Befruchtete Blüten bilden während der Reife sehr viele Auxine.

Das hypothetische „Blühhormon" wurde noch nicht gefunden, aber es existiert und ist in seiner Wirkung wie alle Hormone stark von der Tageslänge und der Lichtintensität abhängig.

Wuchsstoffe können gleichzeitig Hemmstoffe sein. Eine strenge Trennung zwischen Wuchs- und Hemmstoffen ist nicht möglich. Allein die Konzentrationsunterschiede können Wuchs- oder Hemmwirkung auslösen. Die Zufuhr von Hormonen zur Pflanze erfolgt im Boden auf natürliche Weise, indem Pilze, Bakterien und Actinomyceten Indolylessigsäure produzieren - aber auch wieder abbauen. Auch durch den Abbau von Humussubstanzen entstehen im Boden organische Verbindungen (Huminstoffe), die Wuchs- und Hemmstoffcharakter haben.

(→ Abscisine, Äthylen, Auxine, Cytokinine, Gibberelline)

PZ Plantaaktiv

(→ Leitfähigkeit gebräuchlicher Dünger für die Flüssigdüngung, Nitrat-Nitrit-Ammonium-Problem)

PZ Plantacote

(→ Dauerdünger - a) Umhüllung der Dünger)

PZ Plantosan

(→ Dauerdünger - c3) Harnstoff-Formaldehyd, Dünge- oder Nährstofftablette)

PZ Plant-Plane-Hydroponik

Fließbewässerung für erdelose Kulturverfahren. Auf einem ebenen Beet oder einer Betonfläche mit einem seitlichen Gefälle von 1 - 2 % zu einer Sammelrinne wird eine Folie ausgelegt. Darüber liegt eine Vliesschicht (80 - 95 g/m^2), die wiederum mit einer Folie abgedeckt ist. Die Folien und das Vlies hängen an der einen Seite in der Sammelrinne. In die obere Folie sind Löcher oder Schlitze geschnitten, in die die Pflanzen je nach Art und Kultur mit Steinwollwürfeln, Miniballen oder als bewurzelte Stecklinge eingesetzt werden. Auf der erhöhten Seite liegt ein Tropfschlauch, durch den die Nährlösung dem System zugeführt wird. Durch die Kapillarität des Vlieses zwischen den Folienschichten wird die Nährlösung gleichmäßig über die Fläche verteilt. Die überschüssige Nährlösung wird in der Sammelrinne aufgefangen, einem Sammelbecken zugeführt und wiederverwendet *(Abb. 77)*.

Wichtig ist die ständige Kontrolle der Nährlösung auf die Leitfähigkeit (Salzgehalt) und den pH-Wert. Eine Entkeimung der Nährlösung kann erforderlich werden.
(→ Nährlösungs-Desinfektion)

Plasmolyse

In der Pflanzenernährung das Gegenteil von Osmose. Eine im Vergleich zur Wurzellösung höher konzentrierte Bodenlösung entzieht der Pflanzenwurzel das Wasser. Dadurch schrumpft der Protoplast und löst sich von der Zellwand. Die Plasmolyse schreitet so lange fort, bis sich wieder ein Gleichgewicht zwischen Boden- und Wurzellösung einstellt. Bei Wasserzufuhr und Verdünnung der Bodenlösung ist der Vorgang der Plasmolyse wieder rückgängig zu machen.

(→ Osmose, Versalzung)

Pocket-pH-Meter

(→ Schnelltestmethoden zur Analyse von Lösungen und Substraten)

Pokon

(→ Leitfähigkeit gebräuchlicher Dünger für die Flüssigdüngung)

Polystyrol

(→ Zuschlagstoffe zu Substraten - Styromull)

Porenvolumen

Durch nachfolgende Methode kann man das Porenvolumen und die Dichte gärtnerischer Substrate selbst bestimmen.

Vorgehensweise zur Bestimmung des Porenvolumens:

1. Ein Topf mit bekanntem Volumen wird gewogen und das Gewicht notiert.
2. Mit Klebeband, das anschließend wieder leicht zu entfernen sein sollte, werden die Bodenlöcher des Topfes verschlossen.
3. Den Topf bis zum Rand mit Substrat befüllen. Dieses nicht stark andrücken, sondern durch mehrmaliges Aufklopfen des Topfes auf den Tisch nur locker verdichten.
4. Bestimmen des Substratgewichtes durch Wiegen des gefüllten Topfes, Topfleergewicht abziehen.
5. Topf langsam bis zur Sättigung mit Wasser aus einem Litermaß füllen. 15 Minuten warten, gegebenenfalls auch Wasser bis zur Topfoberkante nachfüllen. Zugegebene Wassermenge bestimmen.
6. Durch Wiegen des wassergesättigten Topfes das Naßgewicht bestimmen.
7. Nach etwa einer Stunde wird das Klebeband am Topfboden entfernt. Das dann ausfließende Drainwasser wird aufgefangen und die Menge bestimmt.

Für die Berechnung werden folgende Angaben benötigt:

- Substratvolumen (Liter)
- Trockengewicht (Gramm)

- Naßgewicht (Gramm)
- Drainwasservolumen (Liter)

Berechnungen

Mit diesen Werten lassen sich folgende Parameter bestimmen:

$$\text{Gesamt-Porenvolumen (\%)} = \frac{\text{Menge des zugegebenen Wassers (Liter)}}{\text{Substratvolumen (Liter)}} \times 100$$

$$\text{Saugspannung (\%)} = \frac{\text{Naßgewicht (g) - Trockengewicht (g)}}{\text{Substratvolumen (Liter)}} \times 100$$

$$\text{Wassergehalt} = \frac{\text{Naßgewicht (g) - Trockengewicht (g)}}{\text{Naßgewicht (g)}} \times 100$$

$$\text{Luftkapazität} = \frac{\text{Drainwasser-Volumen (Liter)}}{\text{Substratvolumen (Liter)}} \times 100$$

$$\text{Substratdichte (g/cm}^3\text{)} = \frac{\text{Trockengewicht (g)}}{\text{Substratvolumen (cm}^3\text{)}} \times 100$$

Preisindizes für Düngemittel

(siehe *Tab. 60,* 1985 = 100).

Proteide

Zusammengesetzte Eiweißkörper aus Protein und anderen Stoffen. Von den zusammengesetzten Eiweißkörpern sind die Nukleoproteide die wichtigsten Verbindungen der lebenden Zelle. Sie kommen in allen Organismen vor und bilden die Hauptmasse der Zellkernsubstanz. Auch Virusproteide sind Nukleoproteide.

Proteine

Einfache Eiweißkörper, hauptsächlich aus basischen Aminosäuren (mit zwei Aminogruppen). Wichtige pflanzliche Proteine sind Reserveeiweiße in Speicherorganen. Besonders häufig sind sie aber im tierischen Organismus anzutreffen. Protein-Eiweiß enthält 16,5 % Stickstoff und etwa 2 % Schwefel. Auch manche Düngemittel bestehen aus Protein, z.B. Hornmehl, Blutmehl, Fleischmehl u. a.

Pufferung, Pufferungsvermögen

Maßstab für die Fähigkeit des Bodens, Reaktionsverschiebungen Widerstand zu

Tab. 60: Preisindizes für Düngemittel

Dünger	1989	1990	1991	1992	1993	1994	1995
Dünge- und Bodenverbesserungsmittel gesamt	81,7	82,0	84,9	81,0	77,4	77,8	87,0
Einnährstoffdünger gesamt	81,5	81,8	85,4	81,4	78,4	78,7	90,4
Kalkammonsalpeter	76,2	76,7	81,2	74,7	70,2	70,2	85,4
Harnstoff	83,3	80,1	82,5	78,8	75,0	76,8	93,0
Thomasphosphat	89,0	90,4	93,3	95,0	96,2	96,0	98,5
Kaliumchlorid	89,0	90,0	91,9	93,5	93,3	91,7	93,5
Kohlensaurer Kalk	103,4	102,8	104,1	105,3	107,0	111,1	115,0
Mehrnährstoffdünger gesamt	79,9	80,2	82,3	78,1	73,4	73,6	80,2
NPK	81,4	81,5	84,1	79,2	73,8	74,2	82,2
PK	74,5	75,4	76,5	74,9	72,1	72,0	73,6
NP	80,1	80,5	81,5	77,2	72,9	72,6	79,1

(Quelle: Statistisches Bundesamt Wiesbaden)

leisten. Man unterscheidet zwischen pH-Pufferung und Nährstoff-Pufferung.

Unter **pH-Pufferung** versteht man annäherndes Konstanthalten des pH-Wertes trotz Zufuhr von H^+- oder OH^--Ionen. Die Pufferung ist sehr bedeutungsvoll, da Pflanzen und Bodenorganismen empfindlich auf plötzliche und starke pH-Veränderungen reagieren. Das Pufferungsvermögen eines Bodens (Pufferkapazität) hängt vom Sorptionskomplex und vom Gehalt des Bodens an kolloiden Bestandteilen ab. Wichtigste Puffersubstanzen sind Humus, Ton, Kalk und Phosphate. Dabei sind Tonkolloide und Kalk beste Puffer gegen Versauerung, Humus-Kolloide gegen Alkalität. Phosphate puffern sehr gut nach beiden Seiten. Aus den genannten Gründen puffern Böden mit hohen Gehalten an Ton, Humus, Kalk und Phosphat und reicher Kohlensäurebildung durch rege Mikroorganismentätigkeit besonders gut.

Ein Sandboden z.B. (mit wenigen Austauschern) benötigt nur 10 dt CaO/ha, um den pH-Wert von 5 auf 6 zu erhöhen, während ein Lehmboden (mit vielen Austauschern) dagegen 50 dt CaO/ha dazu benötigt. Je nach pH-Bereich, in dem die Pufferung wirkt, werden verschiedene Puffersysteme unterschieden:

<u>Carbonatpufferbereich</u> bei pH 7,2 - 8,2. Hier bestimmt festes Carbonat den pH-Bereich. Carbonate bilden gegen die H^+-Ionen der Kohlensäure reversible, stabile Puffer. Stammen die H^+-Ionen aber von stärkeren Säuren, werden die Carbonate irreversibel aufgezehrt.

<u>Silikatpufferbereich</u> bei pH-Werten unter 7,0. Hier tritt Silikat an die Stelle von Carbonat. Die Primärsilikate (Feldspäte) verwittern dabei zu Tonmineralen, wobei basisch wirkende Kationen wie Calcium, Kali, Magnesium oder Natrium frei werden. Diese Reaktion verläuft sehr langsam und ist irreversibel.

<u>Austauscherpufferbereich</u> in pH-Bereichen von 5,0 bis 4,2. Durch die Zerstörung der Tonminerale werden Kationen aus der Gitterstruktur freigesetzt und in austauschbare Formen sowie in die Bodenlösung überführt. Böden in diesem Pufferbereich unterliegen verstärkt der Auswaschung. Unterhalb von pH 5,0 treten an die Stelle der Kohlensäure die starken Säuren wie Schwefel-, Salz- und Salpetersäure, die zum größten Teil aus Immissionen stammen.

<u>Aluminiumpufferbereich</u> bei pH-Werten zwischen 4,2 und 2,8. Zum vorgenannten Austauscherpufferbereich bestehen fließende Übergänge. Die Aluminium-Kationen beherrschen die Bodenlösung. Die Tonminerale werden irreversibel geschädigt und schließlich zerstört. In diesem Bereich stehen bei abnehmendem pH-Wert zunehmend auch Eisenoxid bzw. -hydroxide oder Mangan als Puffer zur Verfügung. Bei Verlagerung dieser Metalle wird die Versauerung als Podsolierung erkennbar.

Als **Nährstoff-Pufferung** bezeichnet man auch das Vermögen eines Bodens, in Lösung befindliche Nährstoffe zu sorbieren (→ Sorption) und auch wieder an die Lösung abzugeben (zu desorbieren). Diese Fähigkeit des Substrates, die Konzentration an gelösten Nährstoffen konstant zu halten, wird als Nährstoff-Pufferung bezeichnet (→ Ionen-Austausch). Dabei spielt der Kationen-Austausch (positiv geladene Ionen) eine größere Rolle als der Anionen-Austausch (negativ geladene Ionen).
(→ Austauschkapazität, Calcium, Humus, Kolloide, Phosphor, Tonminerale)

PZ Punktdüngung

In der Zukunft wird die „Punktdüngung" die Depotdüngung noch interessanter machen. Bei der Topfkultur wird während des Maschinentopfens mit speziellen Dosiergeräten in jeden Topf die gleiche Düngermenge an einer Stelle unterhalb des Ballens der zu topfenden Pflanze abgelegt *(Abb. 78 u. 79)*. Wichtig ist dabei, daß nur Pflanzen mit Ballen verwendet werden, also aus Einzelzellensystemen oder aus dem Zwischentopf. Pflanzen aus „normal" pikierten Beständen sind nach den bisherigen Erfahrungen ungeeignet.

Die Vorteile der Punktdüngung

1. Alle Pflanzen erhalten nahezu gleiche Nährstoffmengen. (Die Abweichungen je Topf liegen zwischen + 0,3 und - 0,2 g bei Gaben bis 7,3 g/Topf).

2. Durch einen Handgriff kann die Düngermenge für jede Pflanzenart, ja sogar für jede Sorte verändert werden.

3. Das Substrat kann als Null-Substrat (nur aufgekalkt) bezogen oder selbst hergestellt werden. Der Depotdünger wird erst beim Topfvorgang zugefügt. Dadurch kann das Lagern aufgedüngter Substrate vermieden werden.

Abb. 78: Gerät zur Pflanzlochdüngung während des maschinellen Topfens Werkfoto: Scotts

Abb. 79: Ablage von Osmocote Plus im Pflanzloch bei Töpfen und Containern Werkfoto: Scotts

4. Fehler durch schlechtes Mischen der Substrate entfallen.

5. Arbeitseinsparung, weil das Mischen der Erde entfällt.

Die Höhe der Dosierung bei der Punktdüngung (g/Topf bzw. je Pflanze) läßt sich leicht an Hand von Topfinhalt und der üblicherweise verwendeten Düngermenge ermitteln.

Beispiel:

Elatior-Begonien im 12-cm-Topf

Topfinhalt:	rund 0,8 l Substrat
Düngeraufwand:	4,0 kg/m^3 Substrat
Dosierung je Topf:	3,2 g/Topf

Diese Menge läßt sich leicht und mühelos mit einer entsprechenden Dosierscheibe am Dosiergerät einstellen. Dadurch erhält jede Pflanze beim Topfvorgang exakt die gleiche Düngermenge.

Praxiserfahrungen belegen, daß es keine Qualitätsunterschiede zwischen den Pflanzen gibt, die herkömmlich (Einmischung des Düngers ins Substrat) oder per Punktdüngung gedüngt wurden. Topfmaschinen-Hersteller (zum Beispiel Mayer, Javo) bieten auch Dosiergeräte an. Diese werden an der Topfmaschine angebracht und arbeiten im gleichen Takt wie diese. Sie kosten zwischen 2.000,- und 3.000,- DM.

Auch bei Freilandkulturen (z.B. Erdbeeren) wird mit Depotdüngern eine Punktdüngung vorgenommen *(Abb. 80)*. Es gibt spezielle Punktapplikatoren, die an Pflanzmaschinen angebaut werden können. Sie bestehen aus einem 12-Liter-Vorratsbehälter, von dem aus der Dünger zu einem Dosierschieber geführt wird. Dieser dosiert synchron zum Pflanzvorgang je nach Einstellung 2 - 40 g Dünger je Ablagestelle.

Abb. 80: Mit der Punkt- oder Banddüngung können Nährstoffe auch im Freiland auswaschungsgeschützt angeboten werden. Werkfoto: Compo

(→ Dauerdünger, Depotdünger; Cultan-Verfahren)

Quecksilber (Hg)

Metall. Kation Hg^{+}. Potentieller Schadstoff. Erst 1953/57 und 1964/65 stieß man in Japan durch zwei Unfälle auf die Belastung der Umwelt mit Quecksilber. In epidemieartigem Umfang traten in der Bevölkerung Nervenerkrankungen mit zum Teil tödlichem Ausgang infolge des Verzehrs von mit Hg kontaminierten Fischen auf.

In der Natur kommt Quecksilber vorwiegend als Zinnober (HgS) und elementar in Form kleiner Tröpfchen vor. In Europa findet man es in nennenswerten Mengen in Spanien und Italien. Quecksilber ist in allen Böden und Pflanzen nachweisbar, in Böden etwa 0,05 ppm, in Pflanzen 0,002 ppm. Pilze nehmen Hg in größeren Mengen auf.

Ansonsten ist die Hg-Aufnahme durch die Pflanzen gering, da Hg im Boden stark sorbiert wird. Die Gehalte in der Nahrung sollten unter 0,05 ppm liegen, da Hg toxisch für Mensch und Tier ist. In Böden gelten Werte von 0,1 - 1 ppm als Normalgehalte, bis zu 5 ppm sind tolerierbar.

Pflanzenschäden durch Hg kommen praktisch nicht vor und können nur durch Immissionen entstehen. Sie zeigen sich dann als allgemeine Wachstumshemmung, als Chlorosen und Nekrosen. In erster Linie werden die Wurzeln geschädigt. Dadurch wird die Wasser- und Nährstoffaufnahme behindert. Früher war Quecksilber Bestandteil vieler Pflanzenschutzmittel mit sehr guter fungizider Wirkung, besonders von Saatgutbeizmitteln. Heute ist Hg in Pflanzenbehandlungsmitteln nicht mehr enthalten.

Radicin
(→ Gründüngung)

Radigen
(→ Metallegierungsdünger, Spurenelemente)

Rasendüngung

Gute und speziell für die Rasendüngung hergestellte Dünger sind für die jahreszeitlich unterschiedlichen Bedürfnisse des Rasens, der unterschiedlichen Beanspruchung und des Alters des Rasens konzipiert. Darüber hinaus gibt es Dünger mit Moosvernichter (Eisen-II-Sulfat) und mit Unkrautvernichter (Chlorflurenol, Dicamba und MCPA).

Es gibt organische und anorganische Rasendünger und solche mit Langzeitwirkung. Rasendünger mit Startwirkung für auflaufenden Rasen enthalten immer höhere Gehalte an schnellverfügbarem Phosphat zur Verbesserung des Wurzelwachstums. Rasendünger zur Erhöhung der Widerstandskraft gegen Trockenheit, Auswinterung und Frost enthalten höhere Kaligehalte. Rasendünger für die Frühjahrsdüngung haben höhere N-, und für die Herbstdüngung höhere K-Gehalte. Langzeitdünger enthalten vor allem den Stickstoff in unterschiedlichen, langsamfließenden Formen *(Abb. 81 a + b und 82)*.

Rasendünger mit Eisen-II-Sulfat als Moosvernichter müssen nach Herstellervorschrift angewandt werden. Sie sollen nicht auf Beton- oder Steinplatten gelangen, weil sie dort nicht entfernbare Rostflecken hinterlassen. Auch Rasendünger mit Unkrautvernichter müssen nach den jeweiligen Herstellerempfehlungen angewendet werden.

Reaktivität von Kalken

Die Reaktivität ist ein Maß für die Umsetzungsgeschwindigkeit von Kalken, d. h. für die unmittelbare Reaktionsfähigkeit von Kalken, um saure Verhältnisse abzupuffern. Die Reaktivität, bewertet nach Umsetzung in verdünnter Salzsäure, beträgt mindestens 30 %, ab einem Gehalt von 25 % $MgCO_3$ mindestens 10 %. Die Reaktivität ist ein Maß für die zu erwartende Umsetzung der Kalkdünger im Boden. Dünger mit hohem reaktiven Anteil (über 80 %) dürfen als „leicht umsetzbar“ bezeichnet werden. Kohlensaure Kalke aus Kreide (Kreidekalke) zum Beispiel sind besonders weicherdig und haben wegen ihrer geringen Partikelgröße eine hohe Reaktivität.

Das Düngemittelgesetz unterscheidet heute nicht mehr nach hartem und feinem Kalkgestein, sondern schreibt die Mahlfeinheit und Reaktivität von Kalken vor. Die einheitliche Mindest-Mahlfeinheit für kohlensaure Kalke beträgt z.B. 97 % bei 3 mm Ø und 70 % bei 1 mm Ø.

Gemessen wird die Reaktivität, indem eine Kalkprobe ohne vorherige Aufteilung in ihre Korngrößenfraktionen in Wasser verrührt wird. Anschließend wird unter Zugabe von Salzsäure ein pH-Wert von 2,0 eingestellt und für die Dauer von 10 Minuten auf diesem sauren pH-Wert gehalten. Je mehr Salzsäure verbraucht wird, um den pH-Wert auf 2 zu halten, um so größer ist die Wirkungsgeschwindigkeit des Kalkes. Angegeben wird allerdings nicht der absolute Säureverbrauch, sondern der prozentuale Anteil der neutralisierten Kalkteilchen. Die Reaktivität - in % - kann als direktes Vergleichsmaß für die unmittelbare, sofortige Wirksamkeit verschiedener Kalke herangezogen werden.

Kalke mit hoher Reaktivität wirken schnell und sofort, Kalke mit geringer

Abb. 81a: Stärkung des Wurzelwachstums durch Langzeitdünger, hier z. B. Isodur

Abb. 81b: Vergleichsdüngung mit schwefelsaurem Ammoniak Fotos (2): Bettin

Reaktivität wirken langsamer und träger. (→ Branntkalk, Carbonat, kohlensaurer Kalk, pH-Wert)

Recyclingtöpfe

(→ Biotöpfe)

Reduktion

Gegenteil der Oxidation (→), reducere (lat.) = zurückführen. Aufnahme von Elektronen bzw. Anlagerung von Wasserstoff und Abgabe von Sauerstoff.

Bei der Reduktion wird einer Verbindung Sauerstoff entzogen. So ist eine Reduktion immer mit einem Oxidationsvorgang verbunden. Sauerstoffverbindungen, die ihren Sauerstoff leicht abgeben, werden als Oxidationsmittel und Verbindungen, die Sauerstoff an sich reißen, als Reduktionsmittel bezeichnet.

Reflectoquant-System

(→ Schnelltestmethoden zur Analyse von Lösungen und Substraten)

Regenwassersammelbecken

(→ Wassersammelbecken)

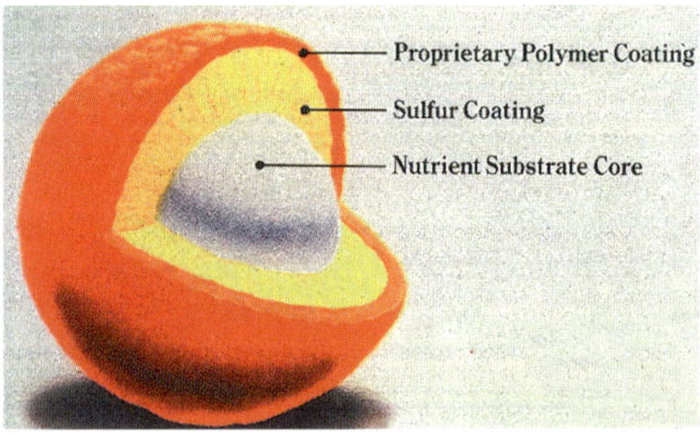

Abb. 82: Aufbau eines umhüllten Dauerdünger-Korns. Von innen nach außen: Nährsalz, Schwefel- und Harzschicht Werkfoto: Scotts

Reisspelzen
(→ Zuschlagstoffe zu Substraten)

Resistenzstoffe
(→ Wirkstoffe)

reversibel

(lat.-franz. = umkehrbar). Gegensatz von irreversibel (→). Chemische, physikalische oder biologische Vorgänge lassen sich umkehren, rückgängig machen.

Trocken gewordener Boden läßt sich z. B. wieder befeuchten. Sorbierte Nährstoffe werden wieder an die Bodenlösung abgegeben.

Rhenaniaphosphat
(→ Natriumhaltige Dünger)

Rhizobium

(→ Bacterium radicicola) N-bindende Bakterien. *Rhizobium leguminosarum* (→ *Bacterium radicicola*) = Knöllchenbakterien.

Rindenhumus
(→ Substratkomponenten und ihr Einfluß auf die Düngung - fermentierter Rindenhumus)

RindenKulturSubstrate (RKS)

Bei Rindenprodukten wird unterschieden in:

Rindenmulch
Zerkleinerte, fraktionierte Rinde ohne Zusätze in drei verschiedenen Typen.

Rindenhumus
Zerkleinerte, fraktionierte und fermentierte Rinde mit oder ohne Nährstoffzusätze in drei verschiedenen Typen.

RindenKulturSubstrate
Rindenhumus unter Beimischung anderer, substratfähiger Stoffe mit oder ohne Nährstoffzusätze in drei verschiedenen Typen.

Rinden-Erde
Mischung aus Rindenhumus mit 20 bis 50 % Zugabe aufbereiteter pflanzlicher Reststoffe mit oder ohne Nährstoffzusätze in zwei verschiedenen Typen.

Alle Rindenprodukte unterliegen den Gütebestimmungen nach der Gütesicherung RAL-GZ 250 (→ Gütezeichen).

Die vorgeschriebenen Nährstoffgehalte für RindenKulturSubstrate nennt *Tab. 61*. (→ Substratkomponenten und ihr Einfluß auf die Düngung - fermentierter Rindenhumus)

Tab. 61: Vorgeschriebene Nährstoffgehalte für RindenKulturSubstrate

Gütemerkmale	Rindenhumus	RKS 0	RKS 1	RKS 2
pH-Wert	> 5,5	5,5 - 7,0	5,5 - 7,0	5,5 - 7,0
Salzgehalt	< 1,5 g/l	< 1,0 g/l	< 2,0 g/l	< 3,0 g/l
Stickstoff	30 -400 mg/l	30 - 100 mg/l	100 - 250 mg/l	250 - 450 mg/l
Phosphor	< 400 mg/l	< 200 mg/l	150 - 300 mg/l	200 - 400 mg/l
Kalium	< 800 mg/l	< 300 mg/l	200 - 500 mg/l	300 - 600 mg/l
Magnesium	< 400 mg/l	< 200 mg/l	100 - 200 mg/l	150 - 300 mg/l

Rizinusschrot

Organischer Dünger aus Abfällen von der Ölfrucht *Ricinus communis*. Rizinusschrot ist entölt und linoxiert (d.h. dauerhaft staubfrei gemacht). Enthalten sind: 6 % Stickstoff, 2 - 2,5 % Phosphat und ca. 1,5 % Kali. Der Anteil organischer Substanz liegt bei 70 - 75 %. Dünger, die Rizinus enthalten, dürfen nur in geschlossenen Packungen auf den Markt gebracht werden und müssen mit dem Hinweis gekennzeichnet sein: „Vorsicht beim Ausstreuen, Reizwirkungen sind bei empfindlichen Personen möglich."

RQflex

(→ Schnelltestmethoden zur Analyse von Lösungen und Substraten)

Saattermine

(→ Gründüngung - Beispiele für die Bedeutung des Saattermins)

Salpeter

(→ Nitrat (NO_3))

Salze

(benannt nach ihrem bekanntesten Vertreter, dem Kochsalz) sind alle aus Ionen aufgebauten chemischen Verbindungen, die nicht Säuren, Basen oder Oxide sind. Salze können auf verschiedene Weise gebildet werden:

1. durch Einwirken von Säuren auf Metalle unter Wasserstoffentwicklung
   $Zn + 2\,HCl \rightarrow ZnCl_2 + H_2$

2. durch Umsetzen von Säuren und Basen unter Freiwerden von Wasser
   $H_2SO_4 + 2\,NaOH \rightarrow Na_2SO_4 + H_2O$

3. durch Umsetzen von Säureanhydrid mit einer Base unter Freiwerden von Wasser
   $CO_2 + 2\,NaOH \rightarrow Na_2CO_3 + H_2O$

4. aus Basenanhydrid und Säure unter Freiwerden von Wasser
   $CaO + 2\,HCl \rightarrow CaCl_2 + H_2O$

5. aus Säure und Ammoniak ohne Wasseraustritt
   $NH_3 + HCl \rightarrow NH_4Cl$

6. aus Metall und Schwefel
   $2\,Ag + S \rightarrow Ag_2S$

Die gebildeten Salze kann man durch Verdampfen des Lösungswassers erhalten. Die meisten Salze sind wasserlöslich.

Die Namen der Salze sauerstofffreier Säuren enden auf -id: Natriumchlorid (NaCl), Kaliumbromid (KBr). Die Namen der Salze von Sauerstoffsäuren enden auf -at: Natriumsulfat (Na_2SO_4), Kaliumnitrat (KNO_3), Calciumnitrat ($Ca(NO_3)_2$). Die Namen der Salze von Sauerstoffsäuren mit geringem Sauerstoffgehalt enden auf -it: Natriumsulfit ($NaSO_3$), Kaliumchlorit ($KClO_2$).

leichtlösliche Salze

Na-, K-, Mg-, Ca-Chloride und Sulfate sowie Na-Carbonate sind leicht lösliche Salze, also leicht zu verlagern und auswaschbar.

Salzgehalte

(→ EC-Wert)

Salzsäuretest

(→ Kalkbedürftigkeit - Prüfung der...)

Salzüberschüsse von Böden

Überschußschäden durch zu hohe Konzentration (vor allem in Unterglaskulturen) an Salzen beruhen auf zwei Ursachen:

1. Osmotische Wirkung: Hohe Salzgehalte im Boden und in der Bodenlösung erschweren die Wasseraufnahme durch die Pflanzen und macht sie in Extremfällen unmöglich. Es kommt zum umgekehrten Wasserstrom, d. h. Entzug von Wasser aus der Pflanze (→ Plasmolyse).

2. Spezifische Ionenwirkung: Schon vor Einsetzen der osmotischen Wirkung kann eine schädliche Wirkung der Ionen der Salze durch Überschreiten der Toxizitätsgrenze eintreten.

Gemische verschiedener Salze sind meist weniger toxisch als Einzelsalze

(Ausnahmen sind Soda und Borate). Die schlechte Wasserversorgung der Pflanzen auf Salzböden führt zu typischen Symptomen an den Pflanzen. Sie bleiben im Wachstum zurück, sind gedrungen und haben kleine, dunkelgrüne Blätter. Im Verhältnis zu der oberirdischen Pflanzenmasse ist die Wurzelmasse groß. Diese Symptome ähneln Trockenschäden. Interessanterweise treten jedoch trotz hoher Salzkonzentrationen in der Bodenlösung selten Welkeerscheinungen auf, da von der Pflanze immer noch etwas Wasser aufgenommen werden kann. Kulturen auf Salzböden müssen deshalb bewässert werden, lange bevor der Welkepunkt der Pflanzen erreicht ist. Die Salztoleranz der einzelnen Pflanzen ist sehr unterschiedlich.

- Salzempfindliche Pflanzen (*Adiantum*, Azaleen, *Erica gracilis, Primula obconica*, Saintpaulien) vertragen unter 1 g Salz/l Substrat.
- Weniger salzempfindliche Pflanzen (Farne, Gloxinien, Anthurien) vertragen bis 1,5 g Salz/l Substrat.
- Salzverträgliche Pflanzen (*Cyclamen*, Pelargonien, *Euphorbia pulcherrima*, *Begonia elatior*) vertragen vertragen bis 2,5 g Salz/l Substrat.
- Sehr salzverträgliche Pflanzen (Chrysanthemen, Hortensien) bis 3 g Salz/l Substrat.

Weil leichter zu messen, wird der Salzgehalt fast immer als Leitfähigkeit gemessen und dann umgerechnet.

In Substraten bewirken nicht nur die enthaltenen Salze, sondern auch die Huminsäuren eine elektrische Leitfähigkeit. Huminsäuren können in Substraten höhere Salzgehalte vortäuschen. Der Salzgehalt des Gießwassers (Leitfähigkeit) wird grundsätzlich in Milli-Siemens (mS) gemessen. Nach der Formel g Salz/l = mS x 0,7 kann der Salzgehalt errechnet werden. Beim Gießwasser gelten für den Salzgehalt nachfolgende Werte:

Stark salzempfindliche Pflanzen:	bis 100 mg/l
Salzempfindliche Pflanzen:	bis 200 mg/l
Weniger salzempfindliche Pflanzen:	bis 600 mg/l
Salzverträgliche Pflanzen:	bis 800 mg/l

(→ EC-Wert)

SZ Sand

(→ Substratkomponenten und ihr Einfluß auf die Düngung)

SZ Saprophyten, saprophil

Pflanzliche, meist blattgrünlose Fäulnisbewohner. Die Organismen entnehmen ihre Nahrung aus toten, organischen Substanzen (z.B. Humus, Moder). Da ihnen das Blattgrün fehlt, können sie ihre Nahrung nicht selbst aus anorganischen Stoffen aufbauen. Viele Pilze und Bakterien sind Saprophyten. Saprophil (griechisch) = von verwesenden, faulen Stoffen lebend. (→ Bakterien)

SZ Satelliten und Düngung

(→ Düngerstreuer, GPS - Global Positioning System)

SZ Saugspannung

Osmotischer Wert - Tugordruck = Saugkraft (Saugspannung). Die Saugspannung ist eine entscheidende Größe für die Wasser- und damit die Nährstoffaufnahme über die Pflanzenwurzeln. In der Bodenkunde wird sie auch als Wasserspannung bezeichnet.

Am besten läßt sich die Saugspannung mit einer Substratsäule darstellen, die nur mit dem Sockel in einer Wasserlache steht. Das Wasser steigt in den feinen Kapillaren wesentlich höher auf als in den Grobporen. Am oberen Ende einer wassergefüllten Kapillare halten sich die aufwärtsgerichtete Kapillarkraft und das abwärtsgerichtete Gewicht der Wassersäule in der Kapillare das Gleichgewicht. Die Höhe von der Wasserlache bis zum Meßpunkt (dieser kann beliebig hoch sein) ist die Wasserspannung in dieser Substratsäule in cm Wassersäule negativem Druck. 1 cm Wassersäule entspricht ungefähr 1 hPa (Hektopascal) oder veraltet 1 mbar (Millibar). Wegen der außerordentlich unterschiedlichen Körnungen und Verdichtungen der Böden und Substrate kann eine exakte Umrechnung von Gewichts-Prozenten Wassergehalt in hPa-Saugspannung nicht erfolgen.

Mit der Saugspannung wird eine Bindungsform bzw. die Intensität der Bindung von Wasser in Böden/Substraten bezeichnet und gemessen. Die Saugspannung, bei der ein Substrat die maximale Wassermenge gegen die Schwerkraft festhalten kann, liegt bei 10 hPa. Mit steigender Saugspannung müssen die Pflanzen mehr Energie aufwenden, um gleiche Mengen Wasser aufzunehmen. Da die Substrate/Böden aber nie ganz wassergesättigt sein dürfen, weil es sonst zu Sauerstoffmangel im Wurzelbereich kommt, liegen die Optimalwerte um 30 - 60 hPa. Sie sollen in Torfsubstraten niemals unter 10 hPa absinken.

Die für eine computergesteuerte Bewässerungsregelung empfohlenen Werte liegen im allgemeinen nicht höher als 100 oder max. 150 hPa. Bei Erreichen dieser Werte (Einschaltwert) soll sich die Bewässerung einschalten. Bei Topfkulturen liegt der Einschaltwert sehr häufig bei 90 hPa. Wird eine trockenere Kulturführung angestrebt, so erhöht man den Schaltwert auf 110 hPa, bei feuchterer Kulturführung senkt man ihn auf 70 hPa.

Typische Saugspannungswerte:

niedrige Saugspannung =
höhere Feuchtigkeit

hohe Saugspannung =
geringe Feuchtigkeit

10 - 20	hPa	gesättigt bis feucht
70 - 100	hPa	feucht bis mäßig feucht
150 - 200	hPa	trocken bis sehr trocken
> 200	hPa	Freilandboden, beginnende Abtrocknung

Torfsubstrate

5 - 10	hPa	gesättigt bis naß
20 - 40	hPa	sehr feucht bis feucht (Feuchte von Bewässerungsmatten)
50 - 120	hPa	feucht bis mäßig feucht (Feuchte im Topfsubstrat)
150 - 200	hPa	trockener bis sehr stark abgetrocknet (Feuchte im Topfsubstrat)

Abb. 83: Säurekranke Selleriepflanze
Werkfoto: Düngekalk

Freilandböden

< 50	hPa	gesättigt bis naß
100 - 200	hPa	naß bis ausreichende Feuchtigkeit
>200	hPa	beginnende Abtrocknung
250 - 500	hPa	Bewässerungsbereich
>500	hPa	trocken
>700	hPa	sehr trocken.

(→ Bodenfeuchtemessung, Tensiometer)

Säureschäden

Zahlreiche Vorgänge im Boden werden durch zu hohe H^+-Ionenkonzentration (= niedrige pH-Werte) nachhaltig beeinflußt. Das Mikroorganismenleben ist gehemmt, die Stabilität der Bodenkolloide und ihr Bindungsvermögen für Kationen sind erniedrigt. Schwermetalle gehen vermehrt in Lösung und können unter Umständen auf die Pflanze toxisch wirken. Andererseits werden die sorptiv gebundenen Kationen wie K^+, Na^+, Mg^{++} und Ca^{++} durch Austausch mobilisiert und vermehrt ausgewaschen. Phosphate gehen mit den Fe- und Al-Ionen schwerlösliche Verbindungen ein.

Die Pflanze selbst reagiert auf eine zu hohe H^+-Ionenkonzentration der Bodenlösung mit vermindertem Wachstum. Vielfach zeigen sich an den Spitzen und Rändern der Blätter nekrotische Flecke, die Säureschäden darstellen. An sich sind pH-Werte um 4,5 für höhere Pflanzen nicht schädlich. Der pH-Wert der Pflanzensäfte liegt bei 4 - 4,5. Hohe H^+-Ionenkonzentrationen in der Bodenlösung (pH-Werte um 3,5 - 4,5) bedingen jedoch auf anorganischen Böden eine erhöhte Al-Löslichkeit, so daß die Al^{3+}-Ionenkonzentration in der Bodenlösung erheblich ansteigt. Diese erhöhten Al-Konzentrationen können auf Pflanzen toxisch wirken. Es ist hier also weniger die H^+- als die Al^{3+}-Konzentration, die direkt schädigt. Niedrige pH-Werte behindern bzw. blockieren die Nitrifikation von NH_3. Auf natürlich sauren Standorten ernährt sich die Pflanze weitgehend von NH_4-Stickstoff, falls nicht mit Nitrat gedüngt wird. Einzelne Pflanzen reagieren sehr negativ auf eine einseitige NH_4-Ernährung. So behindert weniger die hohe H^+-Ionenkonzentration das Wachstum höherer Pflanzen als die NH_4-Ernährung auf sauren Böden *(Abb. 83)*.

Begleitschäden hoher H^+-Ionenkonzentration (pH unter 3) sind:

- Strukturzerfall des Bodens
- schlechte Durchlüftung
- weniger Nutzwasser
- geringere Nährstoffzugänglichkeit
- biotische Störungen.

Schadstoffe

Unter Schadstoffen versteht man ganz allgemein Umweltgifte mit schädlicher Wirkung auf Lebewesen und Sachgüter, z.B. Schwermetalle, anorganische Gase, chlorierte Kohlenwasserstoffe (CKW), polychlorierte Biphenyle (PCB, Klärschlämme), Phenole, Dioxine und viele andere.

In der Pflanzenernährung haben wir es überwiegend mit Schwermetallen und Schadgasen zu tun. Unter diesen spielen SO_2 („saurer Regen"), C_2H_4 (Äthylen), NH_3 (Ammoniak), O_3 (Ozon) u.a. eine große Rolle.

Schadstoffe werden dem Boden oft unbeabsichtigt durch Düngemittel zugeführt, die schädliche Begleitstoffe enthalten. So haben viele Dünger zu hohe Schwermetallgehalte. Diese zu entfernen ist möglich, aber teuer. Schadstoffe können aber auch durch falsche Ausbringung von Pflanzenbehandlungsmitteln (Pflanzenschutzmittel, Herbizide, Wuchshemmstoffe u.a.) oder bei Anwendung von Klärschlamm, Müll- oder Biokompost in den Boden gelangen. Überwiegend gelangen Schadstoffe aber durch Immissionen der Industrie, des Verkehrs und der Haushaltungen in die Böden.

Der Gesetzgeber hat zahlreiche Gesetze und Verordnungen zum Schutz der Luft und des Bodens erlassen.
(→ Emissionen, Immissionen, Phosphate, Schwefel, Schwermetalle)

Schnelltestmethoden zur Analyse von Lösungen und Substraten

Die gärtnerische Praxis steht vor der immer größer werdenden Notwendigkeit zur Produktion von Qualitätspflanzen. Dabei kommt es auf die Optimierung aller Wachstumsfaktoren an. Es geht nicht nur um den Einklang der Klimafaktoren wie Licht, Temperatur, Feuchte und CO_2, sondern auch darum, diese Faktoren mit der Düngung und Bewässerung in Einklang zu bringen. Während es alltägliche Praxis ist, die Klimawerte zu messen und zu kontrollieren, heute dazu schon Klimacomputer zur Verfügung stehen, verlassen sich viele Kultivateure bei der Bewässerung und Düngung ausschließlich auf ihre Erfahrung und den „Grünen Daumen". Aber auch in der Pflanzenernährung gibt es viele meßbare Daten mit dazugehörigen Optimalbereichen.

Aber nicht nur wirtschaftliche, sondern auch ökologische (umweltrelevante) Aspekte zwingen zu größerer Behutsamkeit bei der Düngung. Es geht einerseits um den resourcenschonenden Einsatz von Gießwasser und andererseits um den Schutz des Grundwassers vor Nährstoff- und Fremdstoffeintrag.

Aus den vorgenannten Gründen ist es zwingend notwendig, sich in der Zukunft bei Düngungsmaßnahmen nur noch auf meßbare und gemessene Daten und nicht auf das Gefühl zu verlassen. Dieses ist um so wichtiger, als Nährstoffmangel und Nährstoffüberschuß häufig erst lange nach dem latenten Mangel oder Überschuß sichtbar werden. Das Reagieren auf sichtbare Symptome ist oftmals viel zu spät, um die Schäden abzuwenden.

In aller Regel lassen erfolgreiche Kultivateure heute vorsorglich Bodenanalysen machen oder setzen diese auch kontrollierend während der Kultur ein. Auch zum Aufspüren von Schadursachen wird die Bodenanalyse genutzt. Immer häufiger aber besteht in der Praxis der Wunsch eigene, preiswerte und doch aussagekräftige Schnelltests im Betrieb durchführen zu können *(Abb. 84)*.

Gemessen werden:

- pH-Wert
- EC-Wert (Leitfähigkeitsmessung)
- Aktivität (siehe weiter unten)
- Bodenfeuchte (→ Tensiometer)

Messung mit Indikatoren

<u>Indikator-Streifen/Indikatorpapiere</u>

Das zweifelsfrei einfachste, schnellste und billigste Verfahren der Messung des pH-Wertes ist die Verwendung von sogenannten „Test- oder Indikator-Streifen" bzw. „Indikatorflüssigkeiten" *(Abb. 85 u. 86)*.

Abb. 84: Koffer mit Ausrüstung zur EC-, Aktivitäts- und pH-Wert-Messung Werkfoto: Stelzner

Die Genauigkeit dieser kolorimetrischen Meßergebnisse liegt für die gärtnerische Praxis im Toleranzbereich von Pflanzen und Boden. Für die kolorimetrische pH-Messung benutzt man sogenannte Indikatorfarbstoffe, die die Eigenschaft besitzen, bei bestimmten pH-Werten die Farbe zu ändern (umzuschlagen). Dieser Farbumschlag vollzieht sich jedoch nicht scharf an einem bestimmten Punkt der pH-Skala, sondern im Bereich von etwa 2 pH-Einheiten. Jenseits der Grenzen dieses Umschlagbereiches ändert sich der Indikator praktisch nicht mehr.

Die Handhabung ist sehr einfach. Bei der Messung von Flüssigkeiten (Wasser, Nährlösung) wird der Teststreifen einfach für etwa 2 Minuten in die Lösung gehalten. Während dieser Zeit tritt eine Verfärbung des Indikatorstreifens ein, die dann mit einer vorgegebenen Farbskala verglichen wird. Auf diese Weise erhält man eine zwar nur tendenzielle, aber dennoch hinreichend genaue Aussage über den pH-Wert bzw. die Leitfähigkeit. Man unterscheidet zwei Anwendungsmöglichkeiten:

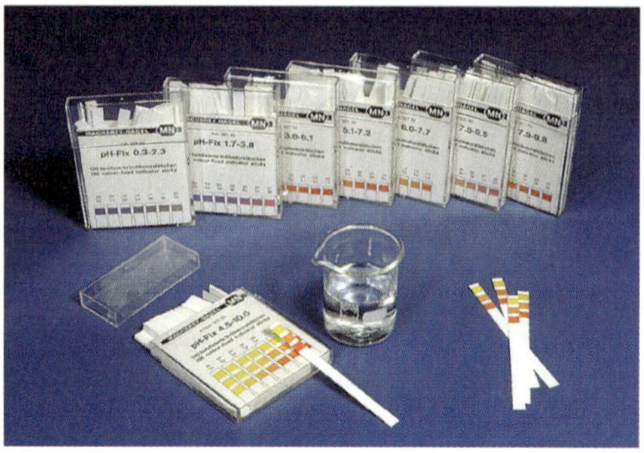

Abb. 85: pH-Fix-Packungen und Teststäbchen Werkfoto: Macherey-Nagel

a) Messung mit Indikatorpapieren

b) Messung mit Indikatorlösungen

Besonders einfach ist die pH-Messung mit Indikatorpapieren. Es handelt sich dabei um saugfähige Filtrierpapiere, die mit geeigneten Indikatoren imprägniert sind. Die ältesten Papiere dieser Art sind solche, die mit Pflanzenextrakten imprägniert sind (Lackmus-Papier). Obschon mit diesen Papieren keine eigentliche pH-Bestimmung, sondern nur eine grobe Einordnung in die pH-Skala vorgenommen werden kann, erfreuen sich diese Papiere großer Beliebtheit. In vielen Fällen ist die Aussage „sauer", „neutral" oder „alkalisch" bereits ausreichend. Es gibt aber auch hochauflösende Indikatorpapiere mit großer Aussagekraft. Sie enthalten eine Farbvergleichsskala und können in

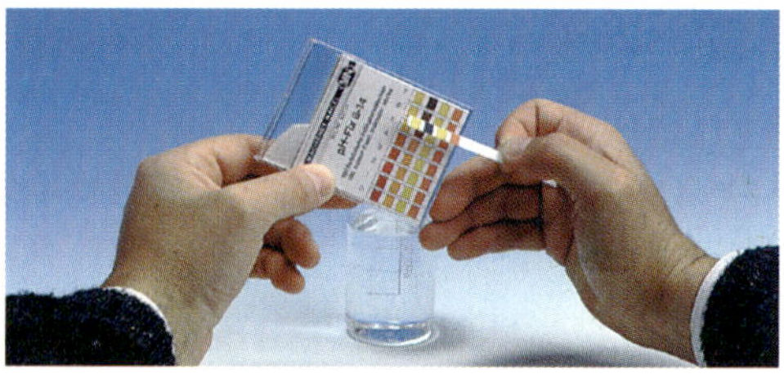

Abb. 86: Nach dem Eintauchen der Teststäbchen in die Lösung vergleicht man die Färbung der Reaktionszone mit der Farbskala auf der Packung Werkfoto: Macherey-Nagel

der Regel auf eine pH-Einheit exakt anzeigen. Zwischenwerte können geschätzt werden. Spezial-Indikatorpapiere erfassen auf 0,2 - 0,3 pH genau.

Zum Umgang mit Indikatorpapieren

Die Handhabung der Teststäbchen ist denkbar einfach. Die Reaktionszonen auf den Stäbchen werden durch kurzes Eintauchen mit der zu prüfenden Lösung benetzt. Die überschüssige Flüssigkeit wird danach abgeschüttelt. Nach der vorgegebenen Reaktionszeit, die max. zwei Minuten dauert, vergleicht man die Färbung der Reaktionszone mit der Farbskala auf der Packung, um die Konzentration zu ermitteln.

Bei der Nitrat-Bestimmung ist eine Probevorbereitung notwendig, um eine evtl. Nitrit-Störung zu vermeiden.

Kühle (10 - 25 °C) und trockene Lagerung vorausgesetzt, sind die Teststäbchen lange, mindestens bis zum Haltbarkeitsdatum, verwendbar. Um die Teststäbchen optimal zu schützen, sollte die Packung nach der Entnahme sofort wieder verschlossen werden.

Indikatorlösungen

Für Messungen in reinem Wasser, in Oberflächenwasser, in stark verdünnten Säuren oder Laugen - also in schwach gepufferten Lösungen - sind Indikator-Papiere nur bedingt einsetzbar. Für diese Anwendungen nutzt man Indikatorlösungen, die der zu prüfenden Lösung zugefügt werden. Die entstehende Färbung wird auch hier mit einer Farbskala verglichen.

Hellige Pehameter

Das Hellige-Pehameter ist wohl der älteste und bekannteste Schnelltester zur Bestimmung des Säuregrades (pH-Wert) von Boden oder Substrat und des jeweiligen Kalkbedarfs. Es beruht auf dem Prinzip der Indikatorlösung. Vorteil ist, daß man direkt in gärtnerischen Substraten messen kann, ohne eine Grundlösung herstellen zu müssen.

Ein handliche, kleine Kunststoffplatte enthält eine kleine Vertiefung zur Aufnahme des zu untersuchenden Substrates. Von dieser Vertiefung geht eine kleine Träufelrinne ab, die an einer Farbskala vorbeiführt. Auf das Substrat in der Vertiefung werden einige Tropfen einer Indikatorlösung aufgeträufelt und einige Zeit stehen gelassen. Diese Lösung verfärbt sich entsprechend dem vorhandenen Säuregrad. Durch leichtes Kippen der Kunststoffplatte läßt man dann die Lösung durch die Träufelrinne zur Farbskala laufen und kann den pH-Wert tendenziell ablesen.

Der gravierende Nachteil des Hellige-Pehameter liegt in der äußerst geringen Substratmenge, die zur Messung eingesetzt wird. Selbst bei homogenen Substratmischungen kann es noch zu erheblichen Abweichungen der gemessenen Ergebnisse kommen. Es sind vielfache Messungen erforderlich, um sich aus der Summe der Einzelergebnisse ein brauchbares Gesamtergebnis zu errechnen.

Fehlerquellen bei der pH-Bestimmung mittels Indikatoren

Die Indikatoren (Indikatorpapiere) sind chemisch selbst Säuren oder Basen. Wenn man in schwach gepufferten Lösungen (destilliertes Wasser, sehr schwache Lösungen) mißt, können die Indikatoren selbst eine pH-Wert-Änderung bewirken. Man nennt dies den „Säure-Basen-Fehler“. In ungünstigen Fällen (ungepufferten Lösungen) kann diese Abweichung 1 pH-Einheit betragen und so den gemessenen Wert verfälschen. Bei Indikatorlösungen beträgt der mögliche Fehler nur ca. ein Zehntel des entsprechenden Papieres.

Außer den Wasserstoffionen üben auch andere Ionen einen geringen Einfluß auf die Farbtönung der Indikatoren aus. In Salzlösungen kann es daher zu kleinen Abweichungen kommen. Man spricht hier vom „Salzfehler". Liegt die Salzkonzentration der zu untersuchenden Lösung unter 0,2 mol/l, so kann man diese Abweichung vernachlässigen.

Darüber hinaus gibt es auch noch den „Alkoholfehler", den „Eiweißfehler" und den „Alkaloidfehler", die aber in der gärtnerischen Praxis unberücksichtigt bleiben können.

Quantitative Meßergebnisse mit Teststäbchen und Reflectoquant-System

Ein ganz neues Verfahren ermöglicht es, mit Hilfe von Teststäbchen und einem RQflex-Gerät, dem Reflectoquant-System, innerhalb von Sekunden quantitative Meßergebnisse zu bekommen. Es ist die Kombination eines hochmodernen Ablesegerätes und modifizierten Teststäbchen.

Zu diesem System gehören das RQflex-Gerät (der Reflectoquant), die Analysestäbchen und der Barcode zur Steuerung des Systems.

Insgesamt können z. Zt. 25 verschiedene Parameter analysiert werden, für die aber im Gartenbau nur die unter Merckoquant beschriebenen pH, Ammonium, Nitrat, Nitrit, Chlorid, Kali und Gesamthärte in Betracht kommen.

Für das **RQflex** gibt es fünf speicherbare Methoden, die mittels Barcode schnell und einfach ausgetauscht werden können. Das RQflex wertet die Analysen-

Übersicht 11: pH-Wert-Meßgeräte

Name	Temperaturfühler integriert	Messung in Boden (Bo) Lösung (Lö)	Meßbereich	Genauigkeit	Zubehör	Preis ohne Zubehör in DM ca.	Preis mit Zubehör in DM ca.
Pocket-pH-Meter	nein	Bo, Lö		± 0,2	Puffer Batterie		89,-
pH-Meter 3000	entfällt	Bo		± 0,2 - 0,4	–		140,-
Standard-pH-Meter Consort	ja	Lö	0 - 14		Puffer Batterie		226,-
pH-Tester S7 Elektrode	10 - 45 °C	Lö	0 - 14	± 0,2	Puffer Batterie Elektrode	58,-	218,-
Stab-pH-Meter	ja	Lö	0 - 14	± 0,2 - 0,5	Puffer Batterie Elektrode	311,-	578,-
pH-Marker + Temperaturanzeige	ja	Lö und halbfest	1 - 13	± 0,1 pH ± 1 °C	Batterie	260,-	268,-
4-Parameter Wassertester ph + ORP + EC + Temperatur	ja	Lö	1 - 13 pH 0 - 1999 µs 0 - 60 °C	± 0,1 pH ± 2 % ± 1 °C	Puffer Batterie	280,-	333,-
Stabtester pH Scan 2	ja	Lö	1 - 15	± 0,1	Puffer Batterie	108,-	145,-
pH/mV-Meter Digi-Sense	ja	Lö	1 - 14	± 0,01	Puffer Batterie Elektrode Koffer Fühler	263,-	473,-
pH Agrar 2000	ja	Bo, Lö	0 - 14	± 0,02	Koffer Eichlösg. Einstechelektrode Vorstechdorn Spritzflasche Batterie		520,-

stäbchen sekundenschnell quantitativ aus. Die neuartige Doppeloptik ermöglicht dabei eine Simultan-Auswertung von zwei Reaktionszonen. Bei gleichen Parametern kann dabei aus den Meßergebnissen der Mittelwert gebildet werden. Das führt zu einer noch höheren Präzision im Ergebnis. Dieses Prinzip schafft auch die Möglichkeit, gleichzeitig zwei Parameter wie z.B. Chlor und pH in einem Arbeitsgang zu bestimmen. Das Gerät kann bis zu 50 Meßwerte speichern, auf Tastendruck anzeigen und zur Dokumentation an einen PC übertragen. Das RQflex mißt 19 x 8 x 2 cm und wiegt 275 g. Die Stromversorgung erfolgt über 4 Batterien, die für gut 1000 Messungen reichen.

Die **Reflectoquant Analysenstäbchen** machen das System mobil. Die biologisch abbaubare Polyesterfolie und die winzigen Mengen an Reagenzien auf der Papierzone erfordern dabei keine spezielle Entsorgung. Eine Dose mit Stäbchen für 50 Doppeltests kostet gut 40,- DM.

Über den **Barcode**, das zentrale Element des Reflectoquant-Analysensystems, werden alle notwendigen Infomationen für den jeweiligen, zu untersuchenden Parameter exakt eingelesen. Die chargenspezifischen Daten werden während der Produktion der Analysenstäbchen ermittelt und auf den Barcode gebracht.

Merckoquant-Nitracheck

Ein spezielles Meßgerät zur elektronischen Auswertung der Farbskala von Merckoquant-Nitrat-Meßstäbchen. Dieses System ist in vielen Ländern im Einsatz. Bei fachgerechter Anwendung des Reflectometers sind die Ergebnisse mit einem Streubereich von ca. 10 % richtig. Diese Größenordnung reicht für den Anwendungsbereich im Gartenbau aus. Der Reflectometer Nitracheck kostet incl. 9-Volt-Batterie und Eichlösung um die 550,- DM. 100 Nitratmeßstäbchen kosten ca. 25,- DM.

Handmeßgeräte : PE-Controller

Ein sehr preiswertes und einfach zu bedienendes Gerät zur Kontrolle der Pflanzenernährung. Ohne chemische

Übersicht 12: Leitfähigkeitsmeßgeräte

Name	Automat. Einstellung	Messung in Boden (Bo) Lösung (Lö)	Meßbereich	Genauigkeit	Zubehör	Preis ohne Zubehör in DM ca.	Preis mit Zubehör in DM ca.
Pocket-Leitfähigkeitsmeßgerät	25 °C	Lö	0 - 2,0 mS	± 2 %	Batterie		129,-
Stabtester	25 °C		1 - 200 mS	± 2 %	Batterie Elektrode Koffer		253,-
LF 200 Leitwertmesser	25 °C	Lö	0 - 2 mS 2 - 20 mS 20 - 200 mS	± 2 %	Batterie Meßbecher Koffer		398,-
PE-EC-Controller		Lö	0 - 300 mS	± 2 %	Batterie Etui		185,-
TDScan-Tester	25 °C	Lö	1 - 200 mS	± 2 %	Batterie Eichlösung	93,-	109,-
LF-Meßgerät stoßgeschützt	25 °C	Lö	0 - 200 mS	± 1 %	Batterie Eichlösung Schutz	599,-	656,-
LF-Meßgerät IP 65	25 °C	Lö	0 - 200 mS	± 1 %	Batterie Eichlösung Schutz	795,-	830,-
WTW Konduktometer	25 °C	Lö	0 - 200 mS	± 0,5 %	Koffer Eichlösung Batterien Meßbecher	459,-	558,-

Lösung macht der Kontroller eine farbige Tendenzanzeige für „Dünger zu viel", „Dünger reicht" oder „Dünger zu wenig".

In *Übersicht 11* sind die pH-Wert-Meßgeräte und in *Übersicht 12* die Leitfähigkeitsmeßgeräte mit ihren jeweiligen Eigenschaften zusammengestellt. *Abb. 87* zeigt ein digimeter pH 21.

Aktivitätsmesser

Man mißt direkt im Bestand (dem Aufnahmevermögen der Pflanzenwurzel nachempfunden) die Bedingungen für die Nährstoffaufnahme. Überdüngung, Kopfdüngungstermine, Staunässe und Trockenheit werden durch LCD-Anzeige angezeigt. Mit Hilfe der beigefügten Kulturwerttabellen wird eine brauchbare Aussage erreicht. Gemessen werden die Salze im Boden und in Lösungen und deren Aktivität direkt im Pflanzenbestand.

Der neu entwickelte **PET 2000 Kombi** ermöglicht Messungen in zwei Meßbereichen *(Abb. 88)*. Ohne von einem Meßwert zum anderen umzurechnen, werden durch Umschalten im

Meßbereich I
die Aktivität (Gramm Salz/l) und im

Meßbereich II
die EC- bzw. mS-Werte angezeigt.

Vorhanden ist eine automatische Temperaturkompensation auf 25 °C + Aktivität auf 18 - 20 °C.

Mit der Aktivitätsmeßsonde 25 cm kann direkt im Boden gemessen werden. Zur EC-Messung muß eine Bodenlösung angesetzt werden.

Die **Aktivitätsmesser AM 77 und AM 82** dienen dem Schnelltest auf NO_3 im Boden. Für die Stickstoffmessung werden diese Geräte mit einer Sondermeße-

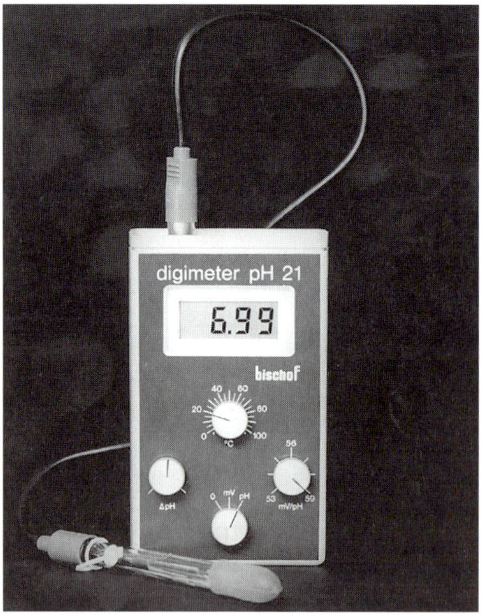

Abb. 87: Digimeter pH 21 zur Überprüfung des pH-Wertes Werkfoto: bahrs-Technik

Abb. 88: Aktivitätsmessung mit dem AM PET 2000 von Stelzner Werkfoto: Stelzner

lektrode ausgestattet, die mit elektrischem Strom die NO_3-Ionen ansaugt. Auch hier kann mittels NO_3-Teststreifen oder analytischer Lösungen der NO_3-Spiegel im Boden schnell ermittelt werden, gemessen in kg/ha oder mg/l. In diese Messungen gehen die NO_3-Ionenaktivitäten ein, was zu sicheren Aussagen für die N-Versorgung der Pflanzen führt. Zusätzlich gibt die NO_3-Aktivität Hinweise auf die Beweglichkeit des NO_3.

EC-Messung

Das EC-Meßgerät sollte mindestens drei Meßbereiche (0,00 - 2,00 EC, 0,0 - 20,00 EC und 0,00 - 200 EC) enthalten. Die Meßsonde soll klein genug sein, damit sie für den Meßbecher 5 + 1 paßt. Das bedeutet 5 Teile destilliertes Wasser, 1 Teil Substrat. Wichtig ist auch, daß die Meßsonde mit einem wasserdichten Kabelanschluß versehen ist. Die Batterieleistung sollte lange genug sein, um Verfälschungen der Meßergebnisse zu vermeiden.

Für die **Messung von Gießwasser** empfiehlt sich der Messbereich 0,00 - 2,00 EC. Bei der Messung von Gießwasser ist es wichtig, daß kein abgestandenes Wasser verwendet wird. Am besten erfolgt die Messung nach längerem Gießen, so daß Wasserfrische gewährleistet ist.

Eine **Gebrauchsdüngerlösung** mißt man im Bereich von 0,00 - 20,0 EC. Die Gebrauchsdüngerlösung fängt man am besten während des Düngens mit unter den Düsen aufgestellten Plastikbechern auf.

Für eine **Stammlösungskontrolle** wählt man den Meßbereich 0,00 - 200 EC. Stehen die Stammlösungen länger, dann zeigen sie andere Konzentrationen an. Vor dem Messen müssen länger ruhende Stammlösungen erst sorgfältig gerührt (umgewälzt) werden.

Nach dem Spülen muß die Sonde sofort und gründlich mit destilliertem Wasser gereinigt werden, damit sie bei der nächsten Messung richtige Werte anzeigt.

Den **EC-Wert von Substraten** mißt man im Meßbereich 0,00 - 2,00. Man benötigt für die Messung einen Meßbecher 5 + 1, eine Spritzflasche für destilliertes Wasser, einen Löffel, einen Eimer für die Mischprobe, einen Trichter, Tücher zum Abtrocknen und einen Topfprobennehmer. Für eine aussagefähige Messung wird eine Mischprobe aus mehreren Töpfen hergestellt. Die Probe wird mittels des Löffels über die gesamte Ballenhöhe aus dem Topf gekratzt. Keinesfalls sollten dazu die Finger benutzt werden, weil durch eventuell anhaftenden Schweiß der Gesamtsalzgehalt verändert werden kann. Wichtig ist ebenfalls, daß immer im gleichen Lösungsverhältnis (5 Teile destilliertes Wasser, 1 Teil Substrat) untersucht wird. Die beiden Teile werden im Meßbecher sorgfältig vermischt (geschüttelt), bevor die Sonde in den Becher gehalten und gemessen wird.

pH-Messung mit stabiler Einstichelektrode

Wichtig ist die regelmäßige Eichung der pH-Meßgeräte. Die meisten können auf pH 4,0 und pH 7,0 geeicht werden. Zu jedem Meßgerät werden Eichlösung oder -tabletten mitgeliefert. Sie können später auch nachbezogen werden. Eichlösung sollte nie älter als max. ein halbes Jahr sein. Bei der Meßelektrode ist unbedingt darauf zu achten, daß diese immer in einer KCl-Lösung aufbewahrt wird. Wenn sich an der Schutzkappe weiße Kristalle gebildet haben, ist das kein Grund zur Besorgnis. Dieses tritt bei allen pH-Elektroden auf. Man kann die Kristalle mit der Hand entfernen.

Bei der pH-Messung benötigt man folgende Hilfsmittel: Meßbecher 5 + 1,

500 ml Spritzflasche für destilliertes Wasser, Eimer für die Mischprobe, Trichter, Löffel und Tücher zum Abtrocknen. Die Probe wird wie bei der EC-Messung von Substraten beschrieben durchgeführt. Flüssigkeiten lassen sich mit Glaselektroden direkt in der Lösung messen.

pH-Messung mit Pocket-pH-Meter

Die preiswerten Geräte sind unter Praxisbedingungen recht gut geeignet, erlauben aber keinen direkten Einstich ins Substrat. Auch hier ist eine Substratprobe nur im 5 + 1-Verhältnis möglich. Lösungen lassen sich durch direktes Eintauchen messen. Für den erstmaligen Gebrauch gibt es Herstellerhinweise, die unbedingt beachtet werden sollten. Die Elektrode sollte nach jeder Messung in KCl-Lösung aufbewahrt werden. Dadurch erhöht sich die Haltbarkeit. Auch das Pocket-pH-Meter muß regelmäßig geeicht werden, in der Regel auf pH 7,0. Eichlösung wird mitgeliefert. Stark gealterte oder trocken gelagerte Elektroden und verbrauchte Batterien zeigen die pH-Werte nicht mehr genau an.

SZ Schwachzehrer

(→ Düngung nach Bodenanalyse - Nährstoffgruppe, Horndünger)

SZ Schwarztorf

(→ Substratkomponenten und ihr Einfluß auf die Düngung)

SZ Schwefel (S)

Nichtmetall. Anion S^{-}.

Schwefel im Boden

Schwefel ist mengenmäßig mit 0,1 % am Aufbau der Erdkruste beteiligt. Er kommt in der Natur frei und chemisch gebunden vor. Rein kommt er häufig in vulkanischen Gegenden als Folge der Vulkantätigkeit vor.

In größeren Mengen gebunden liegt er als Gips und Pyrit (Schwefel- und Eisenkies) vor. Sehr verbreitete, schwefelhaltige Erze sind außerdem: Kupferkies, Bleiglanz und Zinkblende. Erwähnenswert ist sein Vorkommen als Schwerspat und Kieserit.

In organischen Verbindungen ist Schwefel als ein wichtiger Bestandteil des Eiweißes mit 0,8 bis 2,5 % enthalten. Steinkohlen enthalten 1 - 1,5 % Schwefel und Braunkohlen 1 - 5 % Schwefel. Schwefel kommt im Boden und in der Pflanze 2-, 4- und 6-wertig vor. Gips ($CaSO_4 \cdot 2\ H_2O$) und Anhydrit ($CaSO_4$) sind die wichtigsten Sulfate, Pyrit (FeS_2) und Eisensulfat (FeS) die wesentlichen Sulfide des Bodens.

Die Menge des organisch gebundenen Schwefels im Boden ist nicht unbeträchtlich. Sie beträgt die Hälfte bis Dreiviertel des insgesamt vorhandenen Schwefelvorrates. Darum kommt der Mineralisation organischer Substanz und den Mikroorganismen im Boden eine erhebliche Bedeutung bei der Schwefel-Umsetzung zu (Schwefelbakterien *Beggiatoa, Thiothrix, Thiobacillus*). Durch die Tätigkeit der Bakterien entsteht Schwefelsäure, die stark bodenversauernd wirkt. Auf alkalischen Böden kann man durch eine Schwefel-Düngung den pH-Wert beachtlich senken.

Nicht unbeträchtlich ist in Industrieregionen, deren Atmosphäre mit SO_2 angereichert ist, die S-Zufuhr des Bodens durch Niederschläge. Sie beträgt normalerweise 10 - 30 kg S/ha und Jahr; kann aber in bestimmten Gegenden auf 260 kg S/ha und Jahr ansteigen. Der Entzug durch eine Ernte liegt bei 10 - 40 kg S/ha und Jahr. Die Auswaschungsverluste sind aber mit 10 - 50 kg S/ha und Jahr ebenfalls hoch.

Schwefel in der Pflanze

Die Schwefelversorgung der Pflanze erfolgt auf verschiedene Weise:

1. **Versorgung über den Boden:**
   1.1 Zufuhr durch Düngung,
   1.2 Zufuhr durch Niederschläge,
   1.3 Nachlieferung aus Reserve durch Mineralisation.

2. **Versorgung aus der Luft:**
   Die höheren Pflanzen sind in der Lage, einen sehr großen Teil des von ihnen benötigten Schwefels in Form von SO_2 aus der Luft aufzunehmen. 0,7 mg SO_2/m^3 Luft reichen aus, um den Schwefelbedarf der Pflanzen vollständig zu decken.

3. **Versorgung über das Blatt durch Pflanzenschutzmaßnahmen:**

   Bei Verwendung organischer Fungizide, die bis zu 50 % Schwefel enthalten, kommt bei häufiger Spritzung (Weinbau) auch dieser Form der Schwefelzufuhr eine Bedeutung zu.

Die Sulfataufnahme über die Wurzel wird durch andere Ionen kaum beeinflußt. Nur durch Selenat wird die Sulfataufnahme durch Ionenkonkurrenz gehemmt. Dieses hat infolge meist hoher Sulfatversorgung aber praktisch keine Bedeutung. Die Sulfataufnahme wird nur unwesentlich durch den pH-Wert beeinflußt. Die Aufnahme ist träge. Die Beweglichkeit in der Pflanze, das heißt die Verlagerung von der Wurzel vorwiegend in die jüngeren Blätter und Meristeme, ist gut. Die Rückwanderung von Schwefel ist nur gering.

In der Pflanze kommt der Schwefel in organischer und anorganischer Form vor. Zwischen beiden Formen besteht keine feste Relation, vielmehr ist die anorganische Komponente, das Sulfat, als Schwefel-Reserve zu betrachten. Die aufgenommenen Sulfat-Ionen sind zum Teil frei im Zellsaft, zum größeren Teil aber verestert, reduziert und eingebaut, z.T. auch wieder oxidiert.

Den größten Teil des Schwefels nimmt die Pflanze als Sulfat über die Wurzel auf. Daneben ist sie befähigt, das gasförmige SO_2 über das Blatt aufzunehmen.

Zwischen den S-Gehalten der Böden und den darauf wachsenden Pflanzen bestehen keine Beziehungen. Bodenuntersuchungen sind daher ungeeignet, den S-Bedarf zu ermitteln.

Funktion des Schwefels

Die wichtigste Funktion kommt dem Schwefel beim Aufbau von Aminosäuren und Proteinen zu. Zahlreiche Enzyme sind durch die SH-Gruppe (Schwefel-Wasserstoff-Gruppe) gekennzeichnet. Schwefel ist also Baustein wichtiger Verbindungen und verfügt über eine allgemeine Ionenwirkung. Beteiligt ist Schwefel über viele Verbindungen am Atmungsstoffwechsel, an der Nitratreduktion, an der N-Bindung von Knöllchenbakterien, am Chloroplasten- und Chlorophyllaufbau, am N-Stoffwechsel und am Plasmaaufbau.

Antagonismus - Synergismus

Schwefel ist durch kein anderes Element zu ersetzen, auch nicht durch das verwandte Selen, welches zwar an Stelle des S in organische Strukturen eingebaut werden, aber nicht dessen physiologische Funktion erfüllen kann. Eine allgemeine Ionen-Konkurrenz besteht nicht. Der pH-Wert hat für die Verfügbarkeit nur eine geringe Bedeutung.

Schwefel-Mangel und Schwefel-Mangelsymptome

Schwefel-Mangel tritt erst dann offen zu Tage, wenn in den Pflanzen nahezu der gesamte Restschwefel mobilisiert und in den jüngsten Blättern verbraucht wurde. Auf unseren Böden kommt S-Mangel so gut wie nie vor, weil es in industrialisierten Ländern eine hohe SO_2-Immission gibt. Auch wird mit sehr vielen Düngern Schwefel als Begleitstoff ausgebracht. Andererseits ist die S-Auswaschung auch sehr hoch.

Die Mangelerscheinungen ähneln dem N-Mangel. Mit nachlassender S-Versorgung werden die Blätter hellgrün und später gelb, teils nehmen sie auch rötliche Färbung an. Die Blattadern sind dabei heller als das übliche Blatt. Die Mangelpflanzen haben vielfach einen starren, spröden Habitus. Im Gegensatz zum N-Mangel, der an den älteren Blättern zuerst beginnt, äußert sich der Schwefel-Mangel meist zuerst an den jüngsten Blättern *(Abb. 89)*. Der Wuchs ist schwach und zart, es bilden sich viele, reichlich verzweigte, weiße Wurzeln. Besonders charakteristisch ist der S-Mangel bei den Kruziferen ausgeprägt. Die Pflanzen bleiben nicht nur klein und kümmerlich, auch die Blattlamina wird in ihrer seitlichen Ausbreitung gehemmt. Die S-Mangelblätter der Kruziferen sehen deshalb schmal und länglich aus. S-Mangel beeinträchtigt auch die innere Qualität, weil der Eiweißgehalt in Mangelpflanzen niedriger ist.

Abb. 89: Schwefel-Mangel bei Tabak. Links ausreichend ernährte Pflanze Foto: Witt

Schwefel-Überschußsymptome

Überschußsymptome können bisweilen nach starker Düngung mit Ammoniumsulfat oder schwefelsaurem Ammoniak beobachtet werden. Ältere Blätter reagieren mit blaßgrüner Verfärbung und rotvioletten Flecken (sogenannte Blauspitzigkeit). Schäden durch Schwefel entstehen eigentlich nur durch SO_2-Immisssionen aus der Luft. Sie verursachen die nicht streng spezifischen „Rauchgasschäden". Besonders Wälder, die längere Zeit SO_2-Gasen ausgesetzt sind, die durch Regen in den Boden gelangen („saurer Regen") sind stark gefährdet.
(→ Schwefel als Schadstoff)

Schwefelgehalte von Düngemitteln

Magnesium-Novaphos	29 %
Schwefelsaures Ammoniak	24 %
Hakaphos gelb	23 %
Kieserit	22 %
Kalimagnesia	18 %
Basammon	16 %
Ammonsulfatsalpeter	15 %
Bittersalz	13 %
Hakaphos rot	13 %
Superphosphat	12 %
Triabon	9 %

Gehalte und Grenzwerte

Für Böden und Substrate sind Optimalwerte und Grenzwerte nicht angegeben, weil nicht relevant. In der Trockensubstanz der Pflanzen führen Gehalte unter 1,5 ‰ zu Mangelsymptomen.

Bereiche von 2 bis 10 ‰ gelten als optimal. Im Gießwasser sollte der Sulfatgehalt nicht über 300 mg SO_4/l Wasser liegen, da es sonst zur Vergipsung der Böden und zu gestörter Calcium-Aufnahme kommt. Werte über 150 - 200 mg SO_4/l Wasser greifen Beton und Mörtel an.

Schwefel als Schadstoff

Jährlich werden rund 4 Millionen Tonnen Schwefeldioxid (SO_2) in der Bundesrepublik Deutschland an die Luft abgegeben (Angaben von 1983). Schwefeldioxid ist ein toxisches Gas, stechend riechend und am häufigsten an Luftverunreinigungen beteiligt. In der Atmosphäre setzt es sich mit Wasser zu Schwefelsäure um. Schwefeldioxid-Emissionen führen zu sogenannten „sauren Niederschlägen" (saurer Regen). In Skandinavien und Nordamerika sind sie seit längerem als Ursache für die Versauerung von Gewässern und Böden bekannt. Die im Regen enthaltene Schwefelsäure entstammt den fossilen Brennstoffen, die zu 85 % in Haushalten, Kraftfahrzeugen, Kraftwerken und zu 2 - 4 % in der Industrie verfeuert werden. So entstehen sehr hohe Werte - oft auch in Wohngebieten - durch Heizungsabgase. In der Kohle ist 1 - 2 %, in Heizölen bis 4 % Schwefel enthalten. Die SO_2-MAK-Werte liegen bei 13 mg SO_2/m^3 Luft. Schon bei 2,5 bis 5 mg SO_2/m^3 Luft zeigen Pflanzen bereits nach wenigen Stunden akute Schäden an den Blättern.

SO_2 ist ein Photosynthesegift und bewirkt fleckige Braunfärbung der Blätter (Rauchschäden). Mit vielen Einschränkungen sind für SO_2-Immissionen bei dikotylen Pflanzen folgende Schadbilder typisch: Auf den Blättern interkostale, scharf umgrenzte Nekrosen, die zunächst rot, dann gelblichbraun werden und schließlich eintrocknen. Die Blätter rollen sich oft ein und fallen je nach Schädigungsgrad ab. Für Blätter monokotyler Pflanzen ist eine Schädigung - vor allem der Blattspitze - kennzeichnend, ebenso für die Nadeln unserer Gymnospermen (Waldsterben der Fichten durch „Sauren Regen").

Die SO_2-Immissionen sind aber nicht nur pflanzenschädigend, sondern zerstören Baudenkmäler und versauern die Böden und Gewässer. Sogar Sicker-, Grund- und Quellwasser wird geschädigt. Dieses Problem trifft in erster Linie die nicht in landwirtschaftlicher Bodennutzung befindlichen Flächen: Forste, Naturschutzgebiete und Sozialbrachflächen. Landwirtschaftlich genutzte Flächen sind nicht gefährdet, weil sie eine bedarfsgerechte Kalkversorgung bekommen, welche die Säuren - darunter auch die aus dem Regen stammende Schwefelsäure - neutralisieren.

Für Forstflächen, die nicht gekalkt werden, sagen Forstwirtschaftler dagegen einen baldigen ökologischen Zusammenbruch voraus, da zur Lösung des Problems riesige Mengen an neutralisierendem Düngekalk erforderlich wären. Weitergehende Schäden können auftreten, wenn in saurer Bodenlösung Aluminium-Ionen in Lösung gehen und toxisch auf Pflanzen wirken. Eine schwere Schädigung von Waldgesellschaften wäre dann die Folge.

Die durch „Sauren Regen" gesenkten pH-Werte bewirken auch eine Zunahme gelöster Cadmium-Verbindungen in Böden und Pflanzen. Dieses führt zu einer Belastung der in der Nahrungskette höher stehenden Lebewesen.

Schwefelwasserstoff (H_2S) ist ebenfalls eine sehr toxische Schwefelverbindung, ein farbloses Gas, das wie faule Eier riecht. In geringen Mengen eingeatmet, erzeugt es Übelkeit, Kopfschmerzen und Halluzinationen. Größere Mengen bewirken Lähmung des Atemzentrums.

H_2S wird in Kokereien, Leuchtgasfabriken sowie in der Kunstseideindustrie frei. Es kommt in vulkanischen Gasen und in natürlichen Wässern (Schwefelbäder) vor. Ferner entsteht es in der Natur laufend durch Fäulnisprozesse.

Insgesamt sind die Schwefel-Immissionen in den letzten Jahren drastisch zurückgegangen. Betrug der S-Eintrag früher 40 - 50 kg/ha, so sind es heute durch entsprechende Umweltschutzmaßnahmen nur noch etwa 10 kg/ha. Bei Kohlarten zum Beispiel, die einen S-Entzug von 150 kg/ha haben, spricht man schon wieder von einer notwendig werdenden S-Düngung.
(→ Immissionen, MAK-Werte)

SZ Schwermetalle

Metalle mit einem spezifischen Gewicht über 3,5. Osmium ist mit einem spez. Gewicht von 22,48 das schwerste der Metalle. Die hervorragendste Eigenschaft der Schwermetalle ist ihre ausgesprochene Neigung, Metallchelatkomplexe zu bilden. Die Chelate spielen beim Transport und der Aufnahme durch die Pflanze eine erhebliche Rolle. Im Gegensatz zu den Alkali-Ionen werden die Schwermetalle sehr fest an die organische Substanz gebunden bzw. in diese eingebaut. Hierbei ist es jedoch immer noch möglich, daß ein stärker zur Chelatbildung neigendes Ion, z.B. Cu^{++} ein anderes Ion, z.B. Mn^{++}, aus seiner Komplexbindung zu verdrängen vermag. Von den Pflanzennährstoffen gehören Fe, Mn, Cu, Zn, Mo zu den Schwermetallen.

Schwermetalle, die zu einem Giftstoff werden können, wenn sie die tolerierbaren Grenzen übersteigen, sind: Cadmium, Cobalt, Chrom, Gallium, Quecksilber, Nickel, Blei, Zinn, Thallium, Uran, Vanadium, Zink. Vor allem sind es die Schwermetalle Blei, Cadmium und Quecksilber, die für Warmblüter nicht mehr tolerierbare Konzentrationen erreichen können. Schwermetalle sind in der Luft, im Wasser, im Boden und in der Pflanze seit jeher in niedrigen Mengen enthalten. Durch die Zivilisation und industrielle Entwicklung werden sie vor allem in Stadtnähe, aber auch in der Nähe von Verkehrswegen in Böden, Pflanzen und in der Luft angereichert. Als wesentliche Quellen kommen vor allem fossile Brennstoffe, Klär- und Flußschlämme in Frage. Düngemittel und Pflanzenbehandlungsmittel sind an der Zufuhr von Schwermetallen zum Boden und zur Pflanze nur unbedeutend beteiligt (Quecksilber in Beizmitteln, Cadmium in Rohphosphaten und deren Folgeprodukten).

Probleme mit Schwermetallen gibt es in einigen stadt- und industrienahen Bereichen bis zu einer Entfernung von 3 km von der Punkt- bzw. Flächenemissionsquelle und außerdem dort, wo in der Vergangenheit regelmäßig Fluß- und Klärschlämme und Müllkomposte mit

Tab. 62: Orientierungsdaten für tolerierbare Schwermetallgehalte in Kulturböden (nach KLOKE 1977). Gesamtgehalte im lufttrockenen Boden

Elemente	häufig in mg/kg	tolerierbar in mg/kg
Arsen	2 - 20	20
Blei	0,1 - 20	100
Bor	5 - 30	25
Brom	1 - 10	10
Cadmium	0,1 - 1	5
Chrom	10 - 50	100
Fluor	50 - 200	200
Kobalt	1 - 10	50
Kupfer	5 - 20	100
Molybdän	1 - 5	5
Nickel	10 - 50	50
Quecksilber	0,1 - 1	5
Selen	0,1 - 1	10
Vanadium	10 - 100	50
Zink	10 - 50	300
Zinn	1 - 20	50

hohen Gehalten an Schwermetallen unkontrolliert ausgebracht wurden *(Tab. 62)*. (→ Schadstoffe)

Sekundärnährstoffe

(→ Spurenelemente)

Selen (Se)

Vertreter der Schwefelgruppe. Anion Se^{-}. Selen weist im wesentlichen die gleichen chemischen Eigenschaften wie Schwefel auf. In der Natur kommt es in gediegenem Zustand eingeschlossen in natürlichem Schwefel vor. Häufig ersetzt es einen kleinen Teil des Schwefels in dessen Verbindungen, z.B. im Pyrit. Selen kann selbst in Eiweißkörpern an Stelle des Schwefels eingebaut werden. In geringen Konzentrationen hat es einen günstigen Einfluß auf Kruziferen, Leguminosen und Kompositen. Höhere Selenat-Mengen wirken dagegen ungünstig auf die Pflanzen. Es kommt zu Wachstumsstörungen und chlorotischen Erscheinungen. Der Wuchs der Pflanze ist gedrungen und ihr Selenat-Gehalt steigt an.

In Böden kommt Selen mit 0,1 - 5 ppm (bis 100 ppm) vor. Tolerierbar sind bis zu 10 ppm. In der Pflanze sind es etwa 0,1 ppm. Samen und Pflanzenspitzen können Se-Konzentrationen bis zu 1.500 ppm in der Trockensubstanz erreichen.

Hohe Se-Gehalte sind weniger für die Pflanzen schädlich als für den tierischen Organismus, der Selen mit der Nahrung aufnimmt. Mißbildungen an Hufen, Zahnerkrankungen, Ausfall von Federn und Haaren sind Folgen übermäßiger Selen-Aufnahme.

Seramis-Pflanzgranulat

Markenname, der, geht man dem semantischen Ursprung nach, von den „hängenden Gärten der Semiramis", den fruchtbaren, immergrünen Gärten abgeleitet wurde.

Porös gebrannter Ton aus dem Westerwald, wo jährlich etwa 3 Mio. Tonnen Ton im Tagebau aus dem Boden geholt werden. Zunächst wurde dieses viel beworbene Pflanzgranulat nur für den Endverbraucher hergestellt. Heute ist es auch ein Substrat für den gärtnerischen Anbau. Im Gegensatz zu Blähton ist Seramis offenporig (Schwammstruktur).

Bei der Herstellung wird der gegrabene Ton zunächst mit Wasser gemischt. Anschließend wird er porosiert, um später ein hohes Porenvolumen zu bekommen und eine hohe Wasseraufnahmefähigkeit zu erreichen. Nach dem Trocknen wird der Ton gebrochen, gesiebt und gebrannt. Dabei verwandeln sich die Tonbröckchen in das charakteristische, rotbraune Pflanzgranulat. Durch die hohe Brenntemperatur von 900 °C wird absolute Keimfreiheit erlangt. Biologisch und chemisch ist Seramis neutral, geruchsfrei und völlig strukturstabil. Ein absolut inertes (→), also völlig inaktives Substrat. Die enthaltenen Nährelemente sind fest gebunden und stehen nicht zur Verfügung. Der Gehalt löslicher Salze liegt unter 0,05 %.

Das fertige Granulat hat ein hohes Wasser- und Nährstoffspeichervermögen. Die maximale Wassersteighöhe beträgt 26 cm (13 cm nach drei Stunden). Wasser und Nährstoffe werden aber auch wieder bedarfsgerecht an die Pflanzen abgegeben. Seramis hat kein eigentliches Pufferungsvermögen. Die Sauerstoffversorgung der Wurzeln ist durch das hohe Porenvolumen auf Dauer und sogar bei Wassersättigung gewährleistet.

Der pH-Wert liegt bei 6,2 - 7,5. Mit 0,2 g/l ist der Gehalt an löslichen Salzen äußerst gering. Das Produkt ist sehr leicht und keimfrei und relativ froststabil.

Das Volumen des Endtopfes sollte für eine ausreichende Langzeitbewässerung zu zwei Dritteln mit Seramis und zu einem Drittel mit Erdballen gefüllt sein. Jede in Erde angezogene Pflanze kann in Seramis weiterkultiviert werden. Darum kommt Seramis gerade in der Objekt- und Raumbegrünung eine große Bedeutung zu. Wenn das Gießwasser eine Härte unter 10 °dH aufweist, sollten Kalkkugeln (vom Hersteller) zur Stabilisierung des pH-Wertes unter das Granulat gemischt werden. Der Hersteller bietet für Seramis auch einen speziell angepaßten Dünger mit 6 % N, 4 % P_2O_5, 7 % K_2O und chelatisierten Spurenelementen an.

Siapton

(→ Blattdüngung)

Sickerwasser

(→ Bodenwasser)

Silicium (Si)

Ist nach dem Sauerstoff das häufigste Element der Erde. Als Siliciumoxid (SiO_2) übertrifft es mit 27,6 % in der Erdkruste noch Aluminium. In der älteren Literatur überwiegen die Hinweise darauf, daß Silicium für das Pflanzenwachstum entbehrlich ist. Heute häufen sich aber die fundamentierten Hinweise, daß Silicium nicht nur ein nützliches, sondern ein essentielles (lebensnotwendiges) Element ist. Das trifft zumindest auf einige Pflanzen zu und ist für Reis nachgewiesen.

Silicium im Boden

In der Bodenlösung liegt Silicium als Monokieselsäure $(SiOH)_4$ vor.

Silicium in der Pflanze

Zwischen der Wasser- und der Siliciumaufnahme durch die Pflanze besteht eine sehr enge Korrelation. Sehr reich an Silicium sind Schachtelhalme, Farne und Brennesseln. 90 % der Asche von Schachtelhalmen bestehen aus Kieselsäure. Silikat akkumulierende Pflanzen sind auch Moose und Gräser. Gräser und Getreide enthalten bis zu 2 % Si. Die nichtakkumulierenden Pflanzen enthalten nur 0,25 % Si. Leguminosen und Tomaten nehmen dagegen sehr wenig Si auf. Der Si-Gehalt der Pflanzen ist sehr stark von der Bodenart abhängig. Er steigt in folgender Reihenfolge: Moorböden < Sandböden < Parabraunerden < Schwarzerden.

Silicium wird als Silikat-Ion aufgenommen und ist in der Pflanze nur schlecht beweglich. In der Pflanze liegt die Kieselsäure fast auschließlich in amorpher (formgestaltloser, nicht kristalliner Form) vor oder das Silkat-Ion ist als Ester gebunden. Bei Monokotylen (Einkeimblättrigen) ist die Kieselsäure vorwiegend in den Zellwänden der Epidermis eingelagert und fest in die Gerüstsubstanz eingebaut.

Funktion des Silicium

Silicium fördert die Verfügbarkeit von Nährstoffen im Boden und vermag die bereits festliegenden zum Teil wieder zu lösen und pflanzenverfügbar zu machen. Die Pflanzenverfügbarkeit hängt vom Verwitterungsgrad der Bodensilikate ab. Silicium verbessert die Phosphatverfügbarkeit und erhöht die Krankheitsresistenz vieler Pflanzen. Die Wirkung von Brennessel- und Schachtelhalmbrühe im biologischen Pflanzenschutz beruht auf dem hohen Siliciumgehalt.

Viele Funktionen des Silicium sind noch nicht voll geklärt. Silkathaltige Verbindungen sollen eine Rolle im Stoffwechsel der Pflanzen spielen. Galaktose-Silikat soll das Wachstum von Pflanzen hemmen, während K-Silikat die CO_2-Assimilation und damit die Photosynthese fördern soll.

Antagonismus - Synergismus

In der Hydrokultur hemmen Silikationen die Phosphataufnahme, während ihnen im Boden dafür eine fördernde Wirkung zugeschrieben wird. Auf phosphatarmen Böden ist die Silicium-Wirkung immer besonders groß. Die in der Literatur sehr häufig beschriebene positive Wirkung einer Hüttenkalk-Gabe ist im wesentlichen auf die Zuführung von Ca-Silikaten zurückzuführen. Silicium mindert die Mangan- und Eisen-Toxizität.

Silicium-Mangel und Mangelsymptome

Silicium-Mangel tritt nur sehr selten auf. Bei Gurken soll Si-Mangel zu einem verminderten Fruchtansatz führen. Bei Bohnen gibt es Wachstumshemmung und gelbe Blätter, verstärkte Transpiration und Welkeerscheinungen. Bei siliciumfrei kultivierten Tomaten traten Si-Mangelsymptome erst mit Erscheinen der Blüten auf. Sie waren abhängig von der Lichtintensität, der Tageslänge und der Temperatur.

Silicium-Überschußsymptome

Silicium-Überschuß kommt unter Praxisbedingungen nicht vor.

Solintegrator

(→ Tensiometer)

Sonnenblumen

(→ Gründüngung)

Sorption, Sorptionsvermögen, sorptiv

Zu den chemisch-physikalischen Eigenschaften eines Bodens gehört sein Sorptionsvermögen. Mineralische und organische Bodenpartikel mit großer spezifischer Oberfläche (vor allem Tonminerale und Huminstoffe) vermögen Moleküle (H_2O, N_2, O_2, CO_2, NH_2, SO_2) und einzelne Ionen an ihren Grenzflächen zu adsorbieren. Ihrer chemisch-physikalischen Beschaffenheit entsprechend wirken die Oberflächen auf Ionen und Moleküle abstoßend oder anziehend, d. h., die Oberfläche ist elektrisch aufgeladen. Sie zieht Ionen mit entgegengesetzten Vorzeichen an und stößt die mit gleicher Oberflächenladung ab.

Die Adsorption von H_2O-Molekülen spielt für den Wasserhaushalt des Bodens eine große Rolle. Die Adsorption von gasförmigen Molekülen im Boden ist dagegen unbedeutend. Eine Ausnahme bildet die Luftadsorption an stark zersetzten Torfböden (Schwarztorf), die dadurch schwer benetzbar und „puffig" werden. Die Adsorption von Ionen und Molekülen ist von allergrößter Bedeutung und zwar für die Bodenreaktion, den Nährstoffhaushalt, die Nährstoffverfügbarkeit, das Bodengefüge und für Prozesse der Bodenentwicklung.

Unter normalen Bedingungen sind die Bodenkolloide (Tonminerale und Huminsäuren) negativ aufgeladen. Negativ aufgeladene Oberflächen ziehen Kationen (positiv $^+$-geladene Ionen) an und stoßen Anionen (negativ$^-$-geladene Ionen) ab. Mit erhöhter Aufladung der Sorptionskomplexe werden mehrwertige Kationen gegenüber einwertigen bevorzugt. Bei großer Bodenfeuchtigkeit und einer damit verbundenen Verdünnung der Bodenlösung werden die zwei- und höherwertigen Ionen besonders stark gebunden und sind für die Pflanze unter Umständen weniger gut verfügbar. Eine Konzentrationserhöhung durch Verdunstung des Bodenwassers oder sonstiger Austrocknung wirkt sich in umgekehrter Richtung aus. D.h., die mehrwertigen Kationen werden weniger stark sorbiert und sind besser pflanzenverfügbar. Durch Sorption gebundene Nährstoffe

Tab. 63: Nährstoffaufnahme aus dem Boden in Abhängigkeit von der Spurenelementverfügbarkeit

	Salz g/l	Stickstoff mg/l	Phosphor mg/l	Kali mg/l
Analyse zum Kulturbeginn:	2,15	365	340	410
Analyse zum Kulturende:				
ohne Spurennährstoffe	1,85	305	164	384
mit Spurennährstoffen	0,35	7	83	49
ohne Bor	1,5	215	154	367
3 x mit Bor gedüngt	0,45	4	99	74

können nicht ausgewaschen werden. Da die Sorption aber locker ist, können sie durch gleich (positiv oder negativ) geladene Ionen verdrängt werden. Die Verdrängung nennt man Ionen-Austausch. Die Menge der ausgetauschten Ionen ist hierbei äquivalent (gleich).
(→ Adsorption, Anionen, Festlegung/ Fixierung, Humusstoffe, Ionen-Austausch, Kationen, Ton)

Spurenelemente/ Mikronährstoffe/ Sekundärnährstoffe

Höhere, grüne Pflanzen benötigen zum Wachstum neben Kohlen-, Sauer- und Wasserstoff weitere 13 mineralische Nährelemente. Sechs davon gehören in die Gruppe der Hauptnährstoffe, die anderen sieben zu den Spurenelementen. Die Pflanzen nehmen zwar wesentlich mehr Elemente auf, benötigen diese aber nicht unbedingt zum Wachstum. Darunter gibt es auch einige für das Pflanzenwachstum nützliche Elemente und andere, die zwar der Pflanze nichts nützen, die aber für die menschliche und tierische Ernährung wichtig sind.

Spurennährstoffe sind: Fe, Mn, Zn, Cu, Cl, B und Mo. Nützliche Elemente sind: Na, Si und Co.

Erst zwischen 1922 und 1939 entdeckte man die Bedeutung von Mn, B, Zn, Cu und Mo und noch viel später, erst 1954, die von Cl für das Pflanzenwachstum.

Zwar ist in der Praxis heute die Bedeutung der Spurenelemente bekannt, trotzdem wird sie manchmal noch unterschätzt. Dabei ist nicht nur die direkte Wirkung zu sehen, sondern auch die indirekte, die in Form von Antagonismus auch die Aufnahme der Hauptnährstoffe beeinflußt.

Die Bedeutung der Spurenelemente

Bei einem Versuch mit *Pachypodium* konnte eindeutig nachgewiesen werden, daß beim Fehlen von Spurenelementen die Aufnahme besonders von Stickstoff und Kali behindert wurde. Sogar wenn nur Bor fehlte, wurde die Aufnahme von Hauptnährstoffen behindert. Nach einer dreimaligen Bor-Düngung verlief die Aufnahme der Hauptnährstoffe dagegen optimal.

Bodenanalysen zu Beginn und zum Ende der Kultur ergaben, daß die Parzellen ohne Spurenelemente bis zum Ende der Kultur kaum Hauptnährstoffe aufnahmen, während dies in Gegenwart von Spurenelementen optimal verlief *(Tab. 63)*. Die Tabelle zeigt sehr deutlich, daß die *Pachypodium*-Pflanzen dort, wo die Spurenelemente bzw. auch nur das

Tab. 64: Einfluß von Bodenfaktoren auf die Verfügbarkeit von Spurennährstoffen (nach BAD Bundesarbeitskreis Düngung, Frankfurt)

Faktoren im Boden	**Mn**	**Zn**	**Cu**	**Fe**	**B**	**Mo**	**Mg**	**S**
Hoher pH-Wert	↓	↓	↓	↓	↓	↑	↓	
Niedriger pH-Wert	↑	→	↑	↑	↓	↓	→	
Hoher P-Gehalt	→	↓		↓		↑		
Sauerstoffmangel	→			↑			→	→
Organische Substanz Humin-, Fulvosäuren	↑	↑	↓	↑	↑	↓	→	←
Hohe Temperatur	↑			↑	↑			
Niedrige Temperatur	↓	↓		↓	↓		→	→
Virosen				↓				
Starker Lichteinfluß	↓			↑	↑	↑		
Trockenheit	↓	→		↓	↓	→	→	↓

↓ = sehr hoher Einfluß ← = mittlerer Einfluß → = geringerer Einfluß ↓ = wenig Einfluß

Übersicht 13: Funktionen der Spuren- und Sekundärnährstoffe und charakteristische Mangelsymptome

Elemente	**Ort**	**Funktion bei**	**Mangelsymptom**
B	Meristem Zellwand/Zellmembran Pollenschlauch	Auxin-Stoffwechsel Schutz vor Phenolverbindungen Zellwandwachstum	Absterben des Vegetationspunktes, deformierte Blätter Nekrose Reduzierter Fruchtansatz, Fruchtdeformation, Fruchtfall
Mn	Chloroplasten, junge Blätter	Fotosynthese	Chlorose
Fe	Chloroplasten	Chlorophyll-Bildung	Chlorose
Cu	Zellwand, Leitbündelgewebe Antheren Zellmembran	Lignifizierung Lignifizierung Entgiftung von Superoxidradikalen	Gewebezusammenbruch Reduzierte Befruchtung Gewebezusammenbruch
Zn	Meristem	Auxin-Stoffwechsel Entgiftung von Superoxidradikalen	Blattdeformationen, Verkürzung der Internodien
Mo	Phloem, Vaskulares Parenchym	N-Fixierung, Nitrat-Reduktase-Aktivität	Chlorose, Nekrose
Mg	jüngere Blätter, Chloroplasten, Ribosome, Zellkernmatrix	Zentralatom des Chlorophylls, Enzymaktivierung, stabilisierende Wirkung der Membranen	Chlorosen zwischen den Blattadern, Blattadern bleiben grün, bei Monokotylen „Perlschnureffekt".
S	jüngere Pflanzenteile, Chloroplasten, Bestandteil im Protein	Bildung S-haltiger Aminosäuren und Proteine für wichtige Redoxsysteme, Schwermetallentgiftung	ähnlich wie Mg-Mangel, jedoch zuerst an jüngeren Blättern, Vergilbung vom Blattrand, Blattadern bleiben meist grün
Na	Vakuole	Wasserhaushalt (Osmotikum)	im Freiland nicht beobachtet
Ca	Zellwand, Zellplasma	Quellungszustand, Phytinbildung, Zellwandstabilisierung, Zellstreckung (Wachstum), Chelatbildung	Vergilbungen und Chlorosen jüngerer Blätter, Stippigkeit bei Äpfeln, allgemeine Wachstumshemmung

Bor fehlten, auch die Hauptnährstoffe nicht aufnehmen konnten. Die Gehalte im Substrat lagen zum Kulturende fast genau so hoch wie zum Kulturbeginn. So wurden z.B. ohne Spurenelemente im Laufe der Kulturzeit nur 60 mg Stickstoff durch die Pflanze aufgenommen, mit Spurenelementen aber 358 mg N. Beim Kali waren es 26 mg K_2O ohne und 361 mg K_2O mit Spurenelementen.

Den Substraten sollten also unbedingt Spurenelemente in chelatisierter Form beigegeben werden, etwa durch Beimischung von z.B. 100 bis 150 g Radigen/m³ Substrat.

In welcher Weise Bodenfaktoren die Verfügbarkeit von Spurennährstoffen beeinflussen, zeigt *Tab. 64*. *Übersicht 13* beschreibt die Funktionen der Spuren- und Sekundärstoffe und die typischen Mangelsymptome, während *Übersicht 14* zu entnehmen ist, welche Obst- und Gemüsesorten besonders empfindlich auf Spurenelementmangel reagieren.

SZ Stallmist

(→ Dünger, organische Dünger)

SZ Stammlösung

Sollen Salzdünger in Düngerbeimischern verwendet werden, muß zunächst eine Stammlösung hergestellt werden. Als Stammlösung bezeichnet man die konzentrierte oder vorverdünnte Düngerlösung, die dem Gießwasser durch den Düngermischer in genau eingestellter Menge zudosiert wird. Wegen der unterschiedlichen Löslichkeit der Nährsalze im Wasser sollte die Konzentration der Stammlösung 10 %, maximal 20 % betragen, da die Salze sonst auskristallisieren können und zu Störungen am Düngermischer führen.

Übersicht 14: Kulturspezifische Neigung zu Streß- und Mangelsituationen

Kultur	Ca	Mg	S	Na	Zn	Fe	Mn	Cu	B	Mo
Äpfel	++				+	+	++	+	++	
Blumenkohl	++	+	+				+	+	++	++
Bohnen	++	+	+		++	+	++			+
Brokkoli	+		+					+	+	++
Erbsen	+	+	+					++		+
Erdbeeren	+	+				+	++	+		
Gurken	+						++	+		
Himbeeren	+						++			
Kohl	++	+	++				+	+	+	
Mohrrüben	++	+						++	+	+
Rettich							++	+	+	
Rosen	+	+				+			++	
Salat								++	+	++
Sellerie	+			+				+	++	
Spinat		+					++	++	+	++
Tomaten	++	+			+	++	+	+	+	+
Zwiebeln			+		++			++		++

\+ = anfällig ++ =sehr anfällig

Beispiel:

Zum Ansetzen von 10 Litern einer üblichen Stammlösung mit 10 % Konzentration wird 1 kg Dünger in 8 Liter Wasser eingerührt und nach Auflösung auf 10 l aufgefüllt. Bei der Verwendung von Flüssigdüngern kommt für eine 10 %ige Stammlösung 1 Liter Flüssigdünger auf 9 Liter Wasser.
(→ Löslichkeit von Düngern)

Starkzehrer

(→ Düngung nach Bodenanalyse - Nährstoffbedarfsgruppe, Horndünger)

Steinwolle

Das Ausgangsmaterial für Steinwolle ist ein Vulkangestein, Diabas. Die Erdkruste besteht zum größten Teil aus diesem Gestein.

Bei der Herstellung wird Diabas-Gestein unter Beigabe von Koks und Kalk in einem Kupol-Ofen bei 1.600 °C geschmolzen. Das flüssige Gestein wird über rotierende Spindeln gegossen und erstarrt in einem kühlen Luftstrom in Faserform. Anschließend wird die lockere Steinwolle zu Platten verdichtet *(Abb. 90)*. In einem speziellen Granulierungsverfahren werden die Platten dann wieder zu Flocken verschiedener Größe zerkleinert. Das Material ist sehr porös, Porengehalt 97 %. Die Poren können sich ganz mit Luft füllen und tragen zu einem sehr hohen Luftaustausch des Substrates bei. Messungen in frisch granulierter Steinwolle weisen einen relativ hohen pH-Wert von 7,5 - 8,5 auf. Da Steinwolle keine Pufferwirkung hat, genügen schon geringe Mengen eines physiologisch sauren Düngers, um den pH-Wert auf einen niedrigeren Stand zu bringen. Steinwolle nimmt den pH-Wert des umgebenden Milieus schnell an.

Abb. 90: Steinwolleplatten für gärnerische Kulturen Foto: Braunsmann

Abb. 91: Rosenkultur in Steinwolle
Foto: Braunsmann

Da im Gemüse- und Schnittblumenanbau *(Abb. 91)* schon riesige Mengen für geschlossene Kulturen gebraucht werden, kommt der Rückgabe und dem Re-

cycling eine große Bedeutung zu. Der Anbauer hat zum einen die Möglichkeit, die Steinwolle selbst zu entsorgen, indem er sie mit einem Häcksler zu Steinwollgranulat häckselt und dann im Freiland einarbeitet oder als Zuschlagstoff zu Substraten des extensiveren Garten- und Landschaftsbaues verwendet. Die zweite Möglichkeit ist das offizielle Recycling, was es in Holland seit längerem gibt. In Deutschland wurde es erst 1994 eingeführt. Das Recyclingwerk steht in Flechtingen, in der Nähe von Magdeburg. Dabei muß die Steinwolle ohne Folie zurückgegeben werden. Das macht vor allem bei den Kulturblöcken einige Mühe. Der Transport zum Recyclingwerk ist vom Gärtner zu organisieren. Die Annahme und Entsorgung erfolgt dann am Ort kostenlos.
(→ Zuschlagstoffe zu Substraten - Steinwolle - Grodanwolle)

SZ Stickstoff (N)

Nichtmetall.

Unter den Mineralstoffen nimmt der Stickstoff eine Sonderstellung ein, da er meist nicht aus Mineralien stammt, aber in mineralischer Form von den Pflanzen aufgenommen wird. 78,1 Vol.-% der Luft bestehen aus Stickstoff. Neben dem elementaren Luftstickstoff kommt dieses Element in der Natur auch gebunden vor. In anorganischer Form vor allem als Bestandteil von Nitraten und Ammoniumsalzen. Da diese Salze leicht wasserlöslich sind, ist ihr Vorkommen in Lagerstätten sehr selten. Nur in regenarmen Gegenden liegen abbauwürdige Vorkommen von Natrium- und Kaliumnitrat. Vermutlich sind diese Vorkommen Reste von Zersetzungsprodukten pflanzlicher und tierischer Stoffe, vor allem von Meeresplankton.

Guano, aus Exkrementen von Vögeln und aus Tierleichen entstanden, enthält ebenfalls Stickstoffverbindungen in nennenswerten Mengen. In der organischen Natur ist Stickstoff Bestandteil aller Eiweißstoffe, deren N-Gehalt liegt im Durchschnitt bei 15 %. Ein großer Teil der pflanzlichen Substanz enthält Stickstoff. Er ist für alle, selbst für niederste Pflanzen, ein unentbehrliches Bauelement.

Das eigentliche Stickstoffreservoir der Natur stellt der molekulare Stickstoff der Atmosphäre dar. Nur wenige Organismen sind aber in der Lage, diesen N-Vorrat direkt anzuzapfen. Höhere Pflanzen können den molekularen Stickstoff der Atmosphäre nicht assimilieren.

In der Natur sind lediglich einige Mikroorganismen befähigt, diesen Stickstoff aufzunehmen, umzuformen, in ihre Körpersubstanz einzubauen oder auch in Form organischer Verbindungen an andere Pflanzen abzugeben. Diese relativ wenigen Mikroorganismen stellen gewissermaßen die Schleuse dar, durch die der Stickstoff aus dem Reservoir der Atmosphäre zu den anderen Formen des Lebens, zur höheren Pflanze, zu Tier und Mensch gelangen kann.

(→ Azotobakter-Bakterien, *Bacterium radicicola*, Bakterien)

Auch durch atmosphärische Entladungen kann der molekulare Luftstickstoff in eine pflanzenverfügbare Form überführt werden. Die oxidierten Formen gelangen dann mit dem Regen in den Boden. Im Gesamt-Stickstoffhaushalt der Natur sind diese N-Mengen aber sehr gering (etwa 1 kg Rein-N/ha). Nach noch nicht exakt nachgewiesenen Hypothesen können alle grünen Pflanzen in den Blättern N_2 binden, und zwar mittels gewisser Zellbestandteile, die als Bakteriensymbionten anzusehen sind. Eine andere Hypothese besagt, daß auch der Boden ohne Mithilfe von Organismen N_2 zu binden vermag.

Stickstoff im Boden

N-Verbindungen des Bodens stammen fast ausschließlich aus dem N_2 der atmosphärischen Luft und nur sehr wenig aus Mineralen. Stickstoff wird aus Humus nach Abbau als Ammonium (→) frei, meist zu Nitrat (→) umgewandelt (→ Nitrifikation), ausgewaschen oder erneut von Mikroben fixiert. Ein geringer Anteil NH_4 (Ammonium-N) wird in Kulturböden sorbiert oder von Illiten und Humus fixiert.

N-Gehalte des Bodens werden auch durch das C : N-Verhältnis (→) gekennzeichnet. Stickstoffreicher Boden hat ein C : N-Verhältnis von unter 10 : 1, N-armer ein solches von mehr als 20 : 1.
(→ N-Mineralisierung)

Stickstoff in der Pflanze

Über die Wurzel wird Stickstoff fast ausschließlich in Ionen-Form als NO_3^- oder NH_4^+ ohne Bevorzugung einer dieser Formen aufgenommen. Da das NO_3-Angebot im Boden aber in den meisten Fällen weit überwiegt, wird fast immer mehr NO_3 als NH_4 aufgenommen. Lösliche N-Formen und NH_2 sind auch über das Blatt aufnehmbar. Assimiliert wird der von der Pflanze stets nur in gebundener Form aufgenommene Stickstoff in jedem Falle zum NH_2, d.h. wird einer Pflanze NO_3 geboten, so muß dieses Nitrat unter Energieaufwand zunächst von der Pflanze reduziert werden. Das ist bei NH_4-Aufnahme nicht erforderlich. Für die Nitratreduktion wird unbedingt Molybdän benötigt.

Die einzelnen N-Verbindungen sind in der Pflanze gut beweglich. So zeigt sich ein N-Mangel immer zuerst an den älteren Blättern. Die Aufnahme von NO_3^- und NH_4^+ hat unterschiedliche physiologische Auswirkungen auf die Pflanze. NO_3 bewirkt eine pH-Erhöhung, NH_4 eine pH-Erniedrigung durch seine Aufspaltung in $NH_3 + H^+$. Diese pH-Veränderung tritt in der Pflanzenzelle ein. Sie hat aber auch Einfluß auf das Nährmedium. Bei NO_3-Ernährung werden vermehrt OH- bzw. HCO_3-Ionen, bei NH_4-Ernährung vermehrt H-Ionen an das Nährmedium abgegeben. Nitrat-Ernährung bewirkt deshalb immer eine Erhöhung, Ammonium-Ernährung eine Erniedrigung des pH-Wertes in Boden, Substrat oder Nährlösung.

Da Stickstoff das Element ist, welches in größten Mengen von der Pflanze aufgenommen wird, beeinflußt die Form der N-Ernährung auch maßgeblich das Kationen-/Anionen-Verhältnis der Pflanze. Bei NH_4-Ernährung macht das NH_4^+ den größten Teil der aufgenommenen Kationen aus. Die anderen Kationen werden in ihrer Aufnahme zurückgedrängt, die Anionen, besonders Phosphat, begünstigt. Bei Nitrat-Ernährung ist es umgekehrt.

Funktion des Stickstoff

Stickstoff ist Strukturbaustein organischer Stickstoffverbindungen wie der Amino- und Nukleinsäuren, der Proteine, Proteide und Nukleotide des Chlorophylls und verschiedener sekundärer Pflanzeninhaltsstoffe. Damit ist er wesentlicher Bestandteil des Protoplasmas sowie der Zellbestandteile, die die Erbinformationen übertragen (Chromosomen, Gene und Ribosomen).

Roheiweiß enthält 16 % Stickstoff. Eiweiße (Proteine) sind aus den Elementen C, O, H, N und S aufgebaut. Stickstoff ist auch als Bestandteil in organischen Basen, Enzymen, Vitaminen, Chlorophyll usw. enthalten und damit an allen Enzymreaktionen beteiligt. Außerdem hat Stickstoff eine allgemeine Ionenwirkung. Stickstoff beeinflußt den Phytohormonhaushalt der Pflanzen. Cytokinine und Gibberelline werden durch Stickstoff gefördert.

Stickstoff ist in seiner Funktion durch kein anderes Element zu ersetzen.

Antagonismus - Synergismus

Die Verfügbarkeit und Aufnahme der Stickstoff-Form wird sehr stark vom pH-Wert beeinflußt. Dabei wird NH_4 in seiner Aufnahme wesentlich stärker vom pH-Wert des Nährmediums beeinflußt als NO_3. Zwischen pH 5 und 7 werden beide Formen etwa gleich gut aufgenommen. Unter pH 5 wird beachtlich mehr NO_3 aufgenommen als NH_4. Der optimale Bereich für die Nitrataufnahme liegt zwischen 4,5 und 7 und ist damit relativ breit. NH_4-Ernährung entfaltet die volle Wirkung nur dicht unterhalb des Neutralpunktes. Auf stärker alkalischen Böden (oberhalb 7,5) wirkt Ammonium meist schlechter, weil gasförmige Ammoniakverluste auftreten.

NO_3-Aufnahme fördert die Mg- und Ca-Aufnahme und hemmt die P-Aufnahme. NH_4-Aufnahme unterdrückt die Aufnahme von Mg und Ca und fördert die P-Aufnahme.

Nasse, luftarme Böden reduzieren die Stickstoff-Verfügbarkeit und -Aufnahme durch einsetzende Denitrifikation (→).

Abb. 92: Weiße Wurzeln sind typisch für N-Mangel, hier bei *Viola* Foto: Braunsmann

Abb. 93: N-Mangel führt zu Blattaufhellungen infolge Clorophyllabbaus und verminderter Wuchsleistung. Rechts ausreichend ernährte Pflanze Foto: LVG Ahlem

Die N-Gehalte in der Pflanze nehmen durch erhöhte Niederschläge und ansteigende Luftfeuchtigkeit zu. Durch hohe Sonneneinstrahlung und längere Sonnenscheindauer (verstärkte Photosyntheserate) nehmen sie ab. Aber auch Staunässe kann zu N-Mangel führen.

Stickstoff-Mangel und Mangelsymptome

Stickstoff-Mangel äußert sich zunächst in einer reduzierten Wachstumsrate und einem durch Phytohormone gesteuerten Chlorophyllabbau. Optimale N-Versorgung der Pflanzen ist visuell nicht erkennbar und kann nur durch eine Blattanalyse festgestellt werden. Sichtbare Mangelsymptome zeigen sich erst lange nach eingetretenem N-Mangel.

Stickstoff-Mangel äußert sich, indem vorwiegend ältere Blätter sich gelbgrün (bis hin zur Herbstfärbung) verfärben *(Abb. 93 u. 94)*. Die Fähigkeit der CO_2-Assimilation hört auf. Ältere Blätter vertrocknen und verfärben sich bräunlichgelb. Laubfall beginnt von unten her. Dieser Prozeß verläuft sehr langsam und kann sich über Wochen, bei nur geringem N-Mangel auch über Monate hinziehen. Die Pflanze ist starr, die Triebe hart mit vorzeitigem Triebabschluß. Die Blätter sind klein und straff nach oben gerichtet. Adern treten hervor (Starrtracht). Die Pflanze zeigt wenig Neigung zur Bestockung. Die Blüte ist klein, oft schlecht

Abb. 94: N-Mangel-Symptome bei der Kiefer, rechts ausreichend ernährte Pflanze Werkfoto: Jost

gefärbt, die Blütenbildung insgesamt unbefriedigend. Die Haltbarkeit ist gut. Die Wurzeln sind weiß, sehr lang und haben wenig Seitenwurzeln *(Abb. 92).*

Bei vielen Arten kommt es bei N-Mangel (Überschuß an Kohlenhydraten) sehr ausgeprägt zu einer erhöhten Anthozyanbildung, Das führt dann zur Ausbildung orangeroten, roten bis purpurroten Farbtönungen. Da diese auch bei P-Mangel auftreten, dient als Unterscheidungsmerkmal, daß bei N-Mangel die roten Farbtöne immer mit blaßgrünen bis gelben Färbungen der gesamten Pflanze verbunden sind.

Da Stickstoff in der Pflanze mobil ist und gut transportiert wird, treten Mangelsymptome immer zuerst an den älteren Blättern auf. Weil der bei N-Mangel verlagerte Stickstoff für eine Versorgung der jüngeren Blätter aber meistens nicht ausreicht, zeigen auch diese schon bald eine hellgrüne Farbe.

Stickstoff-Überschußsymptome

Stickstoffüberschuß ist nicht immer einfach festzustellen, weil ein allmählicher Übergang von einer optimalen zu einer hohen bis überhöhten N-Versorgung der Pflanzen besteht. Überschüsse führen immer zu einem verstärkten vegetativen Wachstum. Die Pflanze hat einen zu mastigen Wuchs, schießt ins Kraut. Die Blätter sind saftig dunkel- bis blaugrün *(Abb. 95).* Das mechanische Stützgewebe der Pflanzen zeigt infolge eines gestörten Gleichgewichtes zwischen Kohlenhydraten und Stickstoffverbindungen eine verminderte Festigkeit. Bei hohen N-Gaben sind die Pflanzenzellen groß, das Gewebe hat eine mehr schwammig weiche Struktur. Die Pflanze leidet unter mangelnder Stabilität, ist anfällig gegen Krankheiten und Schädlingsbefall. Die Blüte und der Triebabschluß werden verzögert. Die Haltbarkeit ist schlecht.

Sehr hohe Nitrat- oder Ammonium-Überschüsse und Anreicherungen in den Pflanzen führen zu mehr oder weniger ausgeprägten Blattrandchlorosen und -nekrosen. Ammonium-Überschuß führt dabei mehr zu weißbraunen Blattrandnekrosen, Nitrat-Überschuß mehr zu braunen mit anfänglichen Chlorosestreifen zwischen dem noch stark dunkelgrün gefärbten Blattgewebe und der nekrotischen Zone.

Gehalte und Grenzwerte

In Substraten liegt der Optimalbereich zwischen 100 und 200 mg/l, wobei in der Hauptvegetationszeit bei salzverträg-

Abb. 95: Mit N überversorgte *Impatiens* Neu-Guinea (rechts) tief dunkelgrüne Blattfarbe. Noch keine Symptome von Blattrandnekrosen oder -chlorosen Foto: Gröne

lichen Pflanzen auch Werte bis 400 mg/l auftreten dürfen. In gewachsenen Böden sind Werte von 10 - 20 mg/100 g Boden optimal.

In der Trockensubstanz der Pflanzen führen Werte unter 15 ‰ zu Mangelsymptomen, Werte von 25 - 50 ‰ gelten als optimal und über 60 ‰ sind toxisch.

Im Gießwasser gelten Gehalte über 40 mg Nitrat/l als zu hoch, wenn sie bei der Düngung nicht berücksichtigt werden.

Stickstoffmineralisierung

(→ N-Mineralisation)

Stickstoffverluste (gasförmige) in geschlossenen Bewässerungssystemen

Das Institut für Gemüse- und Zierpflanzenbau Großbeeren/Erfurt hat in einem wissenschaftlichen Exaktversuch 1995 nachgewiesen, daß in geschlossenen Systemen wie Dünnschichtkultur, Plant-Plane-Hydroponik, NFT-Technik usw. sehr viel Stickstoff gasförmig über die Luft entweicht. Gemessen wurde der Stickstoff-Input und der Stickstoff-Output. Erfaßt wurde der Stickstoffverlust durch Aufnahme, Undichtigkeit des Systems und der gasförmige Verlust.

Unterschiedliche Pflanztermine, z.B. Januar gegenüber Juli, mit sehr unterschiedlicher kumulativer Globalstrahlung (Januar = 81 kWh/m^2, Juli = 161 kWh/m^2) führten durch unterschiedliche Wasseraufnahme auch zu veränderter Nährstoffaufnahme. Die Nährlösungszufuhr erhöhte sich im Juli gegenüber Januar von 180 l/m^2 (Winter) auf 269 l/m^2 (Sommer).

Der gasförmige Verlust von Stickstoff (stickstoffhaltige Moleküle) aus geschlossenen Systemen wird als Resultat mikrobiotischer und physikalisch-chemischer Prozesse (→ Nitrifikation, Denitrifikation) gesehen.

Der Prozentanteil der N-Bilanzdefizite, die auf Gasverluste zurückzuführen sind, betrug bei Plant-Plane-Hydroponik 18 bis 35 % des N-Inputs, bei der Dünnschichtkultur sogar 42 % vom N-Input.

Streptomycin

(→ Wirkstoffe - Resistenzstoffe)

Strontium (Sr)

Leichtmetall. Kation Sr^{++}. Strontium verhält sich in der Pflanze in vielen Fällen ähnlich wie Ca^{++}. Besonders Aufnahme und Verteilung verlaufen bei beiden Elementen weitgehend parallel. Sie sind in der Zelle jedoch unterschiedlich verteilt. Sr^{++} wird stärker in den Zellwänden angereichert. Es kann keine physiologischen Funktionen des Ca^{++} übernehmen. Hohe Mengen von Strontium im pflanzlichen Organismus führen vielmehr zu toxischen Schäden, die sich durch bräunliche Farbe und ein Absterben, besonders der unteren Blätter, äußern. Durch Kalkung kann die Strontium-Aufnahme eingeschränkt werden.

Sr ist in der Pflanze mit 10 - 100 ppm in der Trockensubstanz enthalten. Kommt das radioaktive Isotop Sr 90 nach Atomexplosion in den Boden, wird es von der Pflanze wie Kalk aufgenommen. Es lagert sich wegen seiner Ähnlichkeit mit Calcium leicht in den Knochen ab, wenn Mensch und Tier solche strontiumhaltigen Pflanzen essen, und schädigt die blutbildenden Zellen der Warmblüter.

Styromull

(→ Zuschlagstoffe zu Substraten - Styromull)

Substrat

Substrat heißt wörtlich übersetzt „Das Daruntergelegte" (lat. *substratus* = daruntergelegt). Es wird aber auch mit „Grundlage" oder „Unterlage" übersetzt. Auf den Gartenbau bezogen liegt das Substrat unterhalb der Pflanzen und bildet die Grundlage.

Während man früher von Erde sprach, der man die jeweilige Kultur voranstellte (z.B. Azaleenerde Cyclamenerde usw.), spricht man seit Einführung der sogenannten Fruhstorfer- oder Einheitserde zunehmend von Substraten. Noch 1955 wurde genau zwischen Substrat und Erde unterschieden. Erden waren künstlich hergestellte Gemische aus humosen und mineralischen Bestandteilen zur Verwendung im Topfpflanzenbau. Stoffe, die in der Lage sind, Verbindungen zwischen Pflanzenwurzeln und Nährstoffen in der Hydrokultur und der Hydroponik herzustellen, nannte man Substrate. Viele heutige Substrate bestehen aus Torf/Ton/Rinde-Gemischen und enthalten keine „Erde" im herkömmlichen Sinne mehr. Obwohl es heute noch üblich ist, die Begriffe Erde und Substrate als Synonyme für das gleiche Produkt zu verwenden, setzt sich der Begriff „Substrat" international immer mehr durch.

Substratanalyse

(→ Boden-, Substratanalysen-Methoden)

Substrataufkalkung

(→ Kalkung)

Substratbedarf - in Abhängigkeit von der Topfgröße

Die Substratlagerung ist aufwendig und teuer. Falsche Lagerung verschlechtert die Substratqualität. Mit Dauerdüngern aufgedüngte Substrate dürfen überhaupt nicht gelagert werden. Darum kommt der richtigen Berechnung des jeweiligen Substratbedarfs ohne Restmengen eine große Bedeutung zu.

Tab. 65: Substratbedarf in Abhängigkeit von der Topf- und Zwischentopfgröße

Topfgröße in cm	Topfinhalt ca. in Liter	Substratbedarf in l/1000 Pfl.	Substratbedarf (l/1000 Pflanzen) unter Berücksichtigung der Größe des Zwischentopfballens					
			5 cm	6 cm	7 cm	8 cm	9 cm	10 cm
5	0,06	66	-	-	-	-	-	-
6	0,10	110	-	-	-	-	-	-
7	0,16	176	-	-	-	-	-	-
8	0,24	264	204	164	-	-	-	-
9	0,34	374	314	274	214	-	-	-
10	0,46	506	446	406	346	266	-	-
11	0,60	660	600	560	500	420	320	-
12	0,80	880	-	780	720	640	540	420
13	1,00	1.100	-	-	-	860	760	640
14	1,25	1.375	-	-	-	-	-	915

Tab. 65 nennt einige Gebrauchsmengen bei unterschiedlichen Topfgrößen und unterschiedlichen Zwischentopfgrößen. Eine 10prozentige Volumenverdichtung durch Andrücken beim Topfen ist dabei berücksichtigt.

In quadratischen Töpfen, in Spezialtöpfen (flach oder tief), bei Multicell- oder Zapfen-Systemen oder Pflanzen ohne feste Ballen ergeben sich entsprechend andere Substratbedarfsmengen.

SZ Substrate für Topfpflanzen

Substrate für Topfpflanzen bestehen fast immer aus dem Basismaterial Weißtorf, manchmal ersetzt durch Weiß-/Schwarztorfmischungen oder Schwarztorf. Der Torf vereinigt mehr positive Eigenschaften in sich als jedes andere Ausgangsmaterial zur Herstellung von Substraten. Guter Hochmoortorf braucht weder gedämpft noch anderweitig entseucht zu werden. Gute Torfe sind über Jahre hinweg in gleichbleibender Qualität zu beziehen. Der Torfanteil von Substraten kann 100 % (z.B. bei TKS) bis etwa 50 % betragen. Ergänzt wird der Torf durch Bestandteile wie Ton, Kompost, Landerde, Rindenhumus, Reisspelzen, Kokosfasern, Holzfasersubstrate, Flachsschäben oder Bentonit, Hygromull, Styromull, Vermiculite, Perlite u.a., die je nach Stoff die Struktur oder Pufferung der Substratmischung verbessern.

Hersteller von Fertigerden setzen in neuerer Zeit verstärkt wieder auf kulturspezifische Substrate. So gibt es heute fast für jede Kultur oder jede Anforderung ein spezielles Substrat. Null-Erden, Vermehrungserden, P-Erden- T-Erden, dauergedüngte Erden, Erden für Ebbe-Flut-Bewässerung, Erden für Dachgärten, Teichanlagen, Grabanlagen, Baumschulen usw. *(Abb. 96)*.

Anforderungen an ein gutes Topfpflanzensubstrat:

- Homogenität der Mischung
- Gleichmäßigkeit der Chargen (bei verschiedenen Lieferungen)
- Gute Luft- und Wasserführung (hohe Luftkapazität auch bei Wassersättigung)
- Hohes Pufferungsvermögen
- Hohes Sorptionsvermögen
- Enges C : N-Verhältnis
- Kultur- und substratspezifischer pH-Wert
- Gute und dauerhafte Strukturstabilität
- Gute Benetzbarkeit und Wiederbenetzbarkeit nach Austrocknung
- Vergießfestigkeit
- Ausgewogene Nährstoffversorgung
- Keine oder nur geringe Schwermetallgehalte
- Optimaler Gesamtsalzgehalt/Leitfähigkeit/EC-Wert
- Schadstofffreiheit und Freiheit von Schaderregern
- Unkrautfreiheit
- Richtige Substrattemperatur bei Verwendung.

Eigene Substratherstellung

Der Volumenbestimmung (richtige Erdmenge) kommt bei losen Substratbestandteilen (loser Torf, loser Rindenhu-

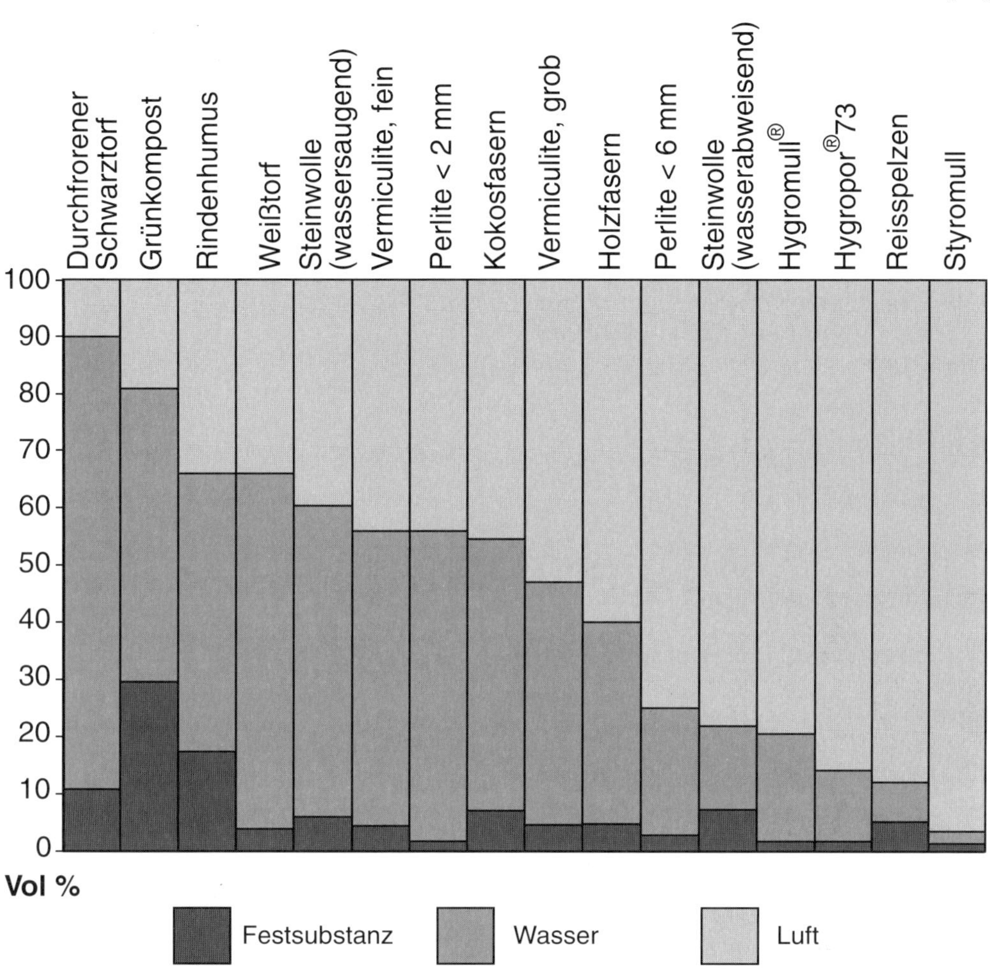

Abb. 96: Volumen-Verhältnisse von Festsubstanz, Wasser und Luft in Substratausgangsstoffen (Durchschnittswerte) Grafik: ZIT

mus, Kompost, Landerde usw.) eine große Bedeutung zu. Ein m^3 muß auch tatsächlich ein m^3 sein. Bei flüchtiger Abmessung loser Bestandteile entstehen häufig Düngungsfehler, wenn zwar die Düngermenge exakt abgewogen, die Substratmenge aber ungenau bemessen wurde.

Das Mischen der Substrate muß äußerst sorgfältig erfolgen. Das gilt besonders, wenn sehr geringe Mengen eines Düngers (z.B. 100 g Radigen/m^3 usw.) beigemischt werden.

Um eine unnötige Lagerung von Restsubstratmengen zu vermeiden, sollte der Substratbedarf ziemlich exakt berechnet werden.

Fertig gemischte Substrate müssen bei einer eventuell doch erforderlichen Lagerung vor Niederschlägen geschützt werden, weil es sonst zu einer „Entmischung" kommen kann. Leicht auswaschbare Nährstoffe (Nitrat) werden aus den oberen Substratschichten in die unteren ausgewaschen. Dadurch kommt es in der oberen Schicht zu N-Mangel und in der unteren zu N-Überschuß. Auch muß der Zuflug von Unkrautsamen vermieden werden.

Substrate, denen Depotdünger beigemischt wurden, dürfen nicht oder nur sehr kurze Zeit (max. 14 Tage) möglichst kühl und trocken gelagert werden.

Im Freien gemischte und kalt gelagerte Substrate (Winter) dürfen nicht ohne Erwärmung zum Pikieren und Topfen verwendet werden. Das trifft vor allem zu, wenn Pflanzen bei höheren Temperaturen kultiviert wurden. Eine Jungpflanze mit einem 20 °C warmen Wurzelballen verträgt kein Topfen in ein nur 10 °C warmes oder gar kälteres Substrat.

Jungpflanzensubstrate mit Klebern

Für die Anzucht in Einzeltopfsystemen werden von den Jungpflanzenfirmen immer häufiger Substrate mit Klebern eingesetzt. Dadurch soll der Zusammenhalt der Substratballen bei Umtopfarbeiten gefördert werden. Erste Kleber kamen aus den Niederlanden. Heute gibt es Kleber auf der Basis von Zellulose, Polyacryl und Stärkeverbindungen. Angeboten werden vorgefertigte Preßtöpfe (Pots) mit vorgefertigtem Steckloch für Stecklinge und Substrate mit Kleberzusätzen für Trays, um das Herausnehmen zu erleichtern.

Bei der Herstellung von Klebetöpfen wird das Vermehrungssubstrat mit einem Kleber in Granulatform gemischt. Nach Befeuchtung und Pressung bleibt der Topf in seiner Form und hält auch nach Wiederbefeuchtung zusammen. Der Vorteil ist, daß auf jegliche Umhüllung des Topfes verzichtet werden kann. Bei der Verwendung von Trays wird der Kleber direkt in das Substrat gemischt. Die Klebwirkung setzt dann nach der Befeuchtung ein. Vorteil ist das schnelle und unproblematische Herausnehmen der Jungpflanzen aus den Trays. Besonders beim Maschinentopfen ist dieses von großem Vorteil.

Nicht alle auf dem Markt befindlichen Kleber (sie werden zur Zeit nur von Substratherstellern eingesetzt) sind geeignet. So dürfen sie kein N in das Substrat bringen, müssen salz- und schadstofffrei sein, dürfen weder den Ballen noch mit den Trays verkleben usw.

Es gibt auch Vermehrungssubstrate, die Kunststoffasern enthalten. Nach Erwärmung des Substrates springen sie auf, vernetzen und halten so den Ballen zusammen.

SZ Substratkomponenten und ihr Einfluß auf die Düngung

Weißtorf

Basiskomponente für Substrate ist mit einem Anteil von 50 bis 70 % fast immer der Weißtorf. Darum kommt seiner Qualität eine große Bedeutung zu.

Torf hat immer einen niedrigen pH-Wert von 2,8 bis 3,2, was immer eine Aufkalkung (→ Calcium - Kalk und die Veränderung des pH-Wertes; Kalkung) erforderlich macht. Das Sorptionsvermögen (das Vermögen, Nährstoffe zu speichern und langsam wieder abzugeben) ist gering, auch das Pufferungsvermögen (Vermögen des Substrates, pH-Wertverschiebungen und Nährstoffstöße abzupuffern) ist gering. Darum sollte bei reiner Torfkultur die Düngermenge je Gabe nie zu hoch sein.

Für Topfpflanzen im Endtopf ist grobfaseriger Torf zu bevorzugen. Weißtorf hat ein hohes Porenvolumen. Besonders aber feiner Torf kann dennoch bei starker Bewässerung vernässen, wenn in den

Poren die Luft verdrängt wird. Um immer genügend Bodenluft für die Wurzelatmung zur Verfügung zu haben, sollten strukturstabilisierende und Dauer-Großporen schaffende Substanzen (Hygromull, Styromull, Perlite, Rindenhumus, Reisspelzen, Kokosfasern) zugesetzt werden. Nur eine atmende Wurzel kann Nährstoffe aufnehmen!!

Weißtorf hat einen sehr geringen Nährstoffgehalt - mit Ausnahme von Magnesium. Der Magnesium-Gehalt kann häufig schon über 100 mg/l im unaufgedüngten Torf liegen. Darum sind im Torf alle Nährstoffe außer Magnesium aufzudüngen.

Bei hohen Magnesium-Gehalten im Torf sollte kein magnesiumhaltiger, kohlensaurer Kalk verwendet werden.

Eine Nährstoffanalyse von Torf ist wichtig!!

Ein zwar sehr selten eintretendes, dann aber sehr schwerwiegendes Problem ist die **Selbsterhitzung** von Torf. In Ausnahmefällen kann es bei der Torflagerung zur Selbsterhitzung kommen, wenn frisches oder angewelktes Pflanzenmaterial in die Torfmiete gelangt. Diese organische Masse wird von den Mikroorganismen zersetzt, wobei sie sich gleichzeitig stark (teilweise auf über 70 °C) erwärmt. Dabei kommen überwiegend chemische Prozesse in Gang, die die Selbsterhitzung fortsetzen und zur Selbstentzündung führen können. Am auffälligsten ist bei selbsterhitztem Torf der typische „maggiähnliche Geruch“. Außerdem neigen selbsterhitzte Torfe zur Verpilzung. Der pH-Wert sinkt und die elektrische Leitfähigkeit (→ EC-Wert) ist höher als im Ausgangstorf. Für Substrate dürfen selbsterhitzte Torfe nicht mehr verwendet werden, weil die Mikroorganismen den Düngestickstoff verbrauchen. Da sich die Torfwerke dieser Problematik bewußt sind, kommt es äußerst selten zu Lieferungen von selbsterhitztem Torf.

Bei der Einfuhr von Torf kommt der richtigen Lagerung eine große Bedeutung zu.

Ein weiteres Problem einiger Torfherkünfte ist die nicht immer gleichmäßige Strukturierung der Torflieferungen und -herkünfte. So sind Frästorfe durchweg zu fein für Topfpflanzensubstrate. Aber auch gröbere Torfe, aus Torfsoden gewonnen, weisen oft zu hohe Feinanteile auf oder sind zu faserig für die Topfmaschine. Dieses Problem wurde jetzt technisch gelöst. Modernste Technik mit Sternsieben sind in der Lage, sehr exakt zu strukturieren. Die Sternsiebtechnik ermöglicht die Trennung in Korngröße fein (0 - 10 mm Ø), Korngröße mittel (10 - 30 mm Ø), Korngröße grob (30 - 45 mm Ø) und in saubere Weißtorffasern.

Schwarztorf

Schwarztorf ist älter und zersetzter als Weißtorf. Er ist fast immer fein und hat nur wenige lufthaltende Poren, darum sind luftporenbildende, strukturstabilisierende Zuschlagstoffe noch wichtiger als beim Weißtorf.

Die Verwendung von reinem Schwarztorf ist wegen des schlechten Lufthaushaltes in der Regel nicht anzuraten. Die Handelsprodukte aus reinem Schwarztorf enthalten häufig die Wortsilbe „Hum“ oder „hum“ in ihrem Namen.

Eine Beimischung von 25 % Schwarztorf zum Weißtorf ist sehr günstig und verbessert die Eigenschaften des reinen Weißtorfes, wenn gleichzeitg Zuschlagstoffe beigemischt werden, die das Porenvolumen vergrößern.

Schwarztorf hat einen sehr niedrigen Ausgangs-pH. Darum ist Aufkalkung immer erforderlich. Das Sorptions- und

Pufferungsvermögen ist höher als beim Weißtorf, weshalb nach Kalkgaben der pH-Wert nicht so stark und so schnell angehoben wird wie im Weißtorf. Außerdem müssen höhere Kalkgaben verabreicht werden.

Schwarztorf muß unbedingt durchgefroren sein, sonst kann es bei der Bewässerung und Wiederbefeuchtung nach Trockenheit zu sehr großen Problemen kommen, denn nicht durchfrorener Schwarztorf nimmt kein Wasser an. Das Durchfrieren erfolgt schon im Torfwerk, darauf hat der Gärtner keinen Einfluß. Nach frostarmen oder sogar frostfreien Wintern ist immer Vorsicht bei der Verwendung von Schwarztorf geboten. Als durchfroren gilt Schwarztorf, wenn die Temperatur durchgehend mindestens an fünf aufeinanderfolgenden Tagen unter - 5 °C gelegen hat.

Fermentierter Rindenhumus

Zuschläge von bis zu 30 % fermentiertem (heißkompostiertem) Rindenhumus verbessern vor allem die physikalische Struktur torfhaltiger Substrate. Durch den höheren Anteil an Grob- und Dauerporen verbessert sich die Luft- und Wasserführung weit über die Kulturzeit von Topfpflanzen im Betrieb hinaus *(Abb. 97)*.

Abb. 97: Die große Strukturstabilität des Rindenhumus kommt dem Substrat zugute Werkfoto: Archut

Abb. 98: Rindenhumus, hier ein Lager der Firma Archut, vebessert die Luft- und Wasserführung in Topfsubstraten Werkfoto: Archut

Auch das Pufferungsvermögen von Rindenhumus gegenüber pH-Verschiebungen ist sehr gut.

Schlecht und nicht ausreichend fermentierte Rinde mit einem weiten C : N-Verhältnis von 80 : 1 kann zu einer starken Stickstoffbindung im Substrat und damit zu Stickstoffmangel bei der Kulturpflanze führen. Richtig fermentierte Rindensubstrate haben ein enges C : N-Verhältnis von 20 : 1 und führen nicht zur N-Fixierung (Stickstoff-Festlegung). Ausreichend fermentierter Rindenhumus braucht daher keine zusätzliche Stickstoffdüngung. Die Fermentation führt außerdem zum Abbau pflanzenschädigender Stoffe wie Harze, Gerbsäuren und Phenole.

Es gibt Rindenhumus mit und ohne Nährstoffzusätze.

Rindenhumus sollte nur von Betrieben bezogen werden, die der Gütegemeinschaft Rinde angehören oder ausreichende Fermentierung garantieren *(Abb. 98)*!!

Rindenhumus hat sehr hohe Kali-Gehalte. Sie liegen häufig über 500 mg/l (bis 800 mg/l). Darum sollte für den Rindenanteil im Substrat keine Kali-Düngung erfolgen. Das Gleiche gilt in der

Regel für Magnesium, dessen Gehalte im Rindenhumus bis zu 400 mg/l betragen können.

Stickstoff ist im Rindenhumus so gut wie überhaupt nicht enthalten oder verfügbar. Gehalte unter 5 mg N/l sind nicht selten. Darum muß für den Rindenanteil die Stickstoffdüngung angepaßt werden. Das heißt, Stickstoff muß für die gesamte Substratmenge zugesetzt werden, während Kali und Magnesium nur für den Torfanteil beigemischt werden sollten.

Es gibt aber auch Rindenherkünfte, denen bei der Fermentierung schon Stickstoff zugesetzt wurde. In diesen Fällen stimmen die hier für die Stickstoff-Düngung gemachten Angaben nicht mehr. So ergaben Analysen von Rindenhumus Gehalte beim Stickstoff von 30 bis 400 mg/l.

Auch der Phosphatgehalt des Rindenhumus ist in der Regel ausreichend hoch. Bei Analysen findet man Gehalte bis zu 400 mg/l. In jedem Falle sollte von Rindensubstraten vor deren Verwendung eine Bodenanalyse gemacht werden!!

Rindenhumus enthält häufig sehr hohe Mangan-Mengen - bis zu 400 mg/l. Diese hohen Gehalte können zu induziertem Eisen-Mangel führen. Darum sollte bei der Verwendung von Rindensubstraten vorbeugend immer ein chelatisierter Eisendünger (Fetrilon, Sequestren) zugesetzt werden.

Aus vorgenannten Gründen sind normale Mehrnährstoffdünger in üblicher Zusammensetzung nicht für die Aufdüngung von Substraten mit Rindenanteilen geeignet. Ein spezieller Dünger für diese Substrate, der die natürlichen Gehalte der Rinde berücksichtigt, ist „Forestina-Rindensubstrat-Dünger" mit hohem Stickstoff-, niedrigem Kali- und hohem Eisengehalt bei fehlendem Magnesium. Er hat die Formulierung: 20+11+5+0 mit 0,7 % chelatisiertem Eisen.

Wichtig ist, bei dem Rindensubstrat zu bleiben, mit dem man Erfahrungen gesammelt hat. Rinden von anderen Lieferanten und Herkünften haben fast immer andere Eigenschaften aufgrund anderer Ausgangsbäume (Nadel- oder Laubholz) und unterschiedlicher Böden. Die daraus entstehenden Probleme sind unnötig und sollten vermieden werden. (→ RindenKulturSubstrate).

Kompost

Betriebseigene Komposte

sind ein guter Bestandteil für Topfpflanzensubstrate, wenn:

- der Kompost genügend verrottet ist und ein enges C : N-Verhältnis aufweist (gute Kompostpflege ist wichtig!!);
- durch Dämpfung oder Entseuchung Krankheits- und Unkrautfreiheit garantiert ist;
- die Nährstoffgehalte durch Bodenanalyse ermittelt wurden;
- Rückstandsfreiheit gesichert ist (z.B. keine Bonzi-behandelten Pflanzenrückstände enthalten sind).

Kompost hat beste Sorptions- und Pufferungseigenschaften. Ein Anteil von 30 bis 50 % zu einem jungen, groben Weißtorf führt in der Regel zu einem sehr guten Substrat. Sorbierte Nährstoffe werden langsam, pflanzengerecht und -schonend freigegeben.

Komposterden können sehr hohe Gehalte an Kali (bis 3.000 mg/l !!) und hohe Salzgehalte (bis 3 g/l) aufweisen. Die pH-Werte liegen allgemein hoch, über 7,0.

Fremdkomposte/Bio-Komposte

(Grünkompost, Biokompost, Klärschlammkompost) können auch noch wesentlich höhere Werte (bis 7.000 mg K_2O/l) enthalten. Sie sollten mit größter Vorsicht verwendet werden. Für gärtnerische Substrate kommen - wenn überhaupt - nur Grünkomposte in Frage. Zunächst nur etwa 20 % zusetzen und bei Erfahrung langsam bis auf 40 % steigern. Der hohe Kali- und Salzgehalt begrenzt oft die Zuschlagmenge. Sind z.B. 4.000 mg/l Kali enthalten, führt ein Anteil von 10 % Kompost im Substrat schon zu 400 mg/l Kali und damit zur Maximalversorgung. Bei 20 % Zumischung würde das Substrat 800 mg/l und damit viel zu viel Kali enthalten. Zu berücksichtigen ist allerdings, daß die enthaltenen und gemessenen Kaligehalte nicht voll pflanzenverfügbar sind. Bei Zuschlaganteilen von 30 - 40 % Grünkompost sind deshalb in der Mischung bis zu 800 mg K_2O/l zu tolerieren.

Als großer Nachteil sind ferner die viel zu hohen Schwermetallgehalte zu sehen. So schwankten diese bei Blei zwischen 238 und 384 mg/kg; bei Zink von 720 bis 1514 mg/kg und bei Kupfer von 143 bis 295 mg/kg. Für Topfpflanzensubstrate wirken sich diese Schwermetallgehalte nicht nachteilig aus.

Die pH-Werte liegen allgemein hoch, bei 7,0 - 8,0. Zu hohe pH-Werte können leicht zur Festlegung von Spurenelementen (Fe) führen.

Der Salzgehalt schwankt zwischen 2,3 und 2,8.

Die Phosphatgehalte liegen bei 600 bis 1.000 mg/l und müssen bei der Substrataufdüngung berücksichtigt werden.

Strukturell machen diese Komposte oft einen sehr guten Eindruck. Die physikalische Komponente (Porenvolumen, Luftführung, Kapillarität) wird zweifellos verbessert.

Landerde

Wenn die Herkunft bekannt ist, kann auch Landerde ein brauchbarer Substratbestandteil sein. Wichtig ist hier vor allem die Freiheit von Herbiziden, Unkrautsamen und Steinen.

Bodenanalyse und Dämpfung bzw. Entseuchung sind erforderlich.

Holzfasersubstrate

In der Regel handelt es sich um zerfasertes, speziell behandeltes Fichtenholz mit oder ohne Rindenanteil. Der pH-Wert ist mit 4 - 5 niedrig. Auch der Salz- und Nährstoffgehalt ist niedrig. Stickstoff wird leicht fixiert (festgelegt). Das C : N-Verhältnis ist ungünstig. Holzfasersubstrate aktivieren wie Rindensubstrate das Bodenleben.

Holzfasersubstrate sind unter den Markennamen „Cultifibre", „Hortifibre", „Hortiviro", „Torbella", „Torbo" und „Toresa" im Handel.

Zu unterscheiden ist zwischen Holzfaser- und Holzhäcksel-Produkten. Letztere haben eine bessere Strukturstabiltät und zersetzen sich langsamer, die Wassehaltekraft ist aber schlechter.

Beide Arten haben eine intensive Lockerungswirkung und sind bis zu zwei Jahre strukturstabil. Die Wasserkapazität ist mit 7 - 10 Vol.-% gering, weil das Wasser nur an die Holzfasern an- und nicht eingelagert wird. Holzfasersubstrate puffern gut gegen pH-senkende Einflüsse, aber schlecht gegen pH-hebende Faktoren. Darum keinen oder nur mäßig Kalk zugeben!

Die Stickstoff-Fixierung muß bei Bodentemperaturen über 10 °C mit Nbetonten Düngern ausgeglichen werden. Holzfaser- und -häcksel-Produkte können zwischen 10 und 35 % zugemischt werden.

Einigen Produkten, wie z.B. dem schweizerischen Produkt „Toresa", wird bei der Herstellung Stickstoff zugesetzt. Auch „Torbella" soll Stickstoff zugesetzt sein. „Cultifibre" ist nicht nur Dünger, sondern auch Kalk zugesetzt. Wegen der Unterschiedlichkeit von Holzfasersubstraten und der Notwendigkeit, darauf die Düngung abzustimmen, erfolgt in *Tab. 66* eine Aufstellung über die physikalischen und chemischen Eigenschaften verschiedener Holzfasersubstrate.

Eine Substratanalyse des Ausgangsmaterials ist unbedingt angebracht.

In Warmhauskulturen mit langer Kulturdauer kann der Volumenschwund von Holzfasersubstraten sehr ausgeprägt sein. Versuche über 12 Monate zeigten bei 8 verschiedenen Holzfasersubstraten ein sehr unterschiedliches Sackungsverhalten. Der Volumenschwund ist dabei überwiegend auf mikrobielle Zersetzungstätigkeit zurückzuführen. Durch die Zersetzung nehmen die Grobporen ab und die Feinporen zu, was zu einer Verringerung der Luftkapazität und Erhöhung der Wasserkapazität führt. Die Vergießfestigkeit nimmt ab. Mechanische Verdichtungen hingegen spielen keine große Rolle.

Die Produkte lassen sich nach drei unterschiedlichen Reaktionsweisen einteilen:

1. Über die gesamte Zeit findet eine mehr oder weniger gleichbleibende Sackung statt, sodaß die Füllhöhe fast linear abnimmt. Hierzu zählen: Toresa spezial, Torbo und Opti-fibra.

2. Die Intensität der Sackung ist zu Beginn sehr hoch und nimmt dann laufend ab. Die Füllhöhe nimmt zunächst schnell ab, verlangsamt sich dann und

Tab. 66: Physikalische und chemische Eigenschaften von Holzfasersubstraten

Eigenschaften	Cultifibre	Hortifibre	Torbella	TORESA
physikalische				
Volumengewicht trocken in g/l	90 - 130	60 - 100	90 - 120	90 - 120
Porenanteil in Vol.-%	92 - 95	94 - 96	93 - 95	93 - 95
Wasserkapazität in Vol.-%	25 - 35	20 - 30	30 - 40	30 - 40
Luftkapazität in Vol.-%	57 - 70	64 - 76	53 - 65	53 - 65
chemische				
pH-Wert ($CaCl_2$)	5,0 - 7,0	4,0 - 4,5	5,0 - 5,5	3,5 - 4,5
Salzgehalt in g/l	0,1	0,06 - 0,3	0,1 - 0,2	0,9 - 2,0
Stickstoff in mg/l	< 10	< 10	< 10	100 - 300
Phosphor in mg/l	< 10	10 - 20	10 - 20	60 - 150
Kali in mg/l	< 50	20 - 40	60 - 70	20 - 80
biologische				
N-Immobilisierung	stark	stark	mittel	stark

(nach Lehrer-Service Medienpaket, Kultursubstrate im Gartenbau der Zentralen Informationsstelle Torf und Humus).

ist nach einem Jahr noch nicht abgeschlossen. Hierzu gehören: Fibrosana extra, Torinova und Holzfaser Vogel.

3. Das Material sackt nur innerhalb der ersten 30 Wochen. Danach findet keine wesentliche Verringerung der Füllhöhe mehr statt. Hierzu gehören: Toresa nova und Holzfaser K.K.V.

Sand

Bei Sand ist auf Kalkfreiheit zu achten. Prüfbar entweder mittels einer Salzsäureprobe (→ Kalkbedürftigkeit) – bei höherem Kalkgehalt stellt sich ein starkes Zischen ein – oder man verwendet Quarzsand. Gebrochener, „scharfer" Sand soll etwas besser lockern als gesiebter Flußsand. Die Körnung sollte größer als 2 mm sein.

Als Substratbestandteil ist Sand eigentlich zu schwer. Er wiegt 1.400 - 1.700 g/l.

Organischen Substraten (Torf, Rindenhumus, Kompost usw.) sollte man keinen Sand als Zuschlag beigeben. Wegen des hohen Volumengewichtes verschlechtert er fast immer die physikalische Struktur. In lockeren Substraten verdichtet der Sand und senkt die Luftkapazität.

Die Lockerungswirkung wird oft überschätzt. Gut geeignet als Zuschlagstoff ist Sand nur für schwere, mineralische Erden wie Ton- und Lehmböden.

Ton

Besonders geeignet sind die hochwertigen Dreischichttonminerale wie Montmorillonit. Dieser Ton wird überwiegend auch von Einheitserdeherstellern verwendet.

Hervorragend sind die Puffereigenschaften von Ton gegenüber zu starken Verschiebungen beim pH-Wert, den Salzgehalten, der Nährstoffverfügbarkeit und des Wasserhaushaltes *(Abb. 99)*. Ton verbessert die Wiederbenetzbarkeit von Torfsubstraten.

Tonminerale erhöhen die Austauschkapazität besonders für Kali und Ammonium, die an Ton besser als an organischer Substanz sorbiert werden. Ton mindert die Gefahr der Überdüngung und die von Salzschäden.

Für gute Wirkung ist Feinstverteilung im Substrat erforderlich. Das ist mit gegrabenem, unaufbereitetem Ton in Praxisbetrieben sehr schwierig und gelingt nur bei guten Erdeherstellern mit Spezialeinrichtungen.

In gärtnerischen Praxisbetrieben empfiehlt es sich daher, aufbereitetes Tongranulat bzw. Tonmehl (→ Bentonit, Vermiculite) zu verwenden. Tongranulat (grob) kann bis zu einem Volumenanteil von 30 % beigemischt werden. Im allgemeinen reichen aber 10 % aus. Bei Tonmehl sollte man 8 - 10 kg/m³ zumischen. Höhere Beimischungen (bis zu 15 kg Bentonit werden empfohlen) können aber zu einer zu starken Festlegung von Stickstoff und Kali führen.

(→ Tonminerale)

Abb. 99: Die Schichtpakete des Tons – fein verteilt im Substrat sorgen sie für eine gute Pufferung
Werkfoto: Archut

Substratverpackung

Substrate werden gesackt, in Großbehältern (Big-Bales, Big Bags, wiederverwertbare Pfand- oder Mehrweg-Big Bags), lose und unverpackt geliefert. In der Regel wird in Foliensäcken verpackt. Dabei handelt es sich um eingefärbte PE-Folien in Gelb und neuerdings vermehrt auch in Weiß. Außerdem werden die Foliensäcke mit Farben beschriftet, die frei von toxischen Schwermetallen sind. Während früher mehr einschichtige Foliensäcke verwendet wurden, sind es heute verstärkt die mehrschichtigen Coextrusionsfolien. Durch ein spezielles Herstellungsverfahren lassen sich Folieneigenschaften gezielt verbessern. Die Schichten bestehen aus einer inneren, schwarzen und damit lichtundurchlässigen Schicht, einer weißen Mittelschicht und einer vierfarbig bedruckten Außenschicht. Die lichtundurchlässige Innenschicht verhindert ein Veralgen der Substrate im Sack. Außerdem schützen die Verpackungen vor Unkrautzuflug, Krankheitskeimen und Auswaschung bzw. Verlagerung von Nährstoffen.

Abbaubare Folien werden z. Zt. vorwiegend deshalb nicht verwendet, weil die Abbaumechanismen schon zur Zerstörung der Säcke während der Lagerung führen könnten.

Die Verpackungsgrößen sind abhängig vom Produkt und dem Distributionsweg. Für den Fachverbraucher haben sich vier Größen mit 80, 150, 250 und 300 l als optimal herausgestellt. Für Großabnehmer gibt es Lieferungen auch in Großkisten oder Stoffsäcken, die mit mechanischen Hilfsmitteln in die Topfmaschinen entleert werden können und die als Big-Bales oder Big Bags im Handel sind. Sie haben ein Fassungsvermögen von 2,25 bis 2,5 m^3. Vorteile der Big Bags sind der etwas niedrigere Substratpreis, bei richtiger Arbeitsorganisation und technischer Ausstattung des Betriebes eine Arbeitsersparnis bei der Befüllung der Topfmaschinen und im Umweltbereich eine Einsparung der Folienverpackung.

Lose Substratlieferungen erfolgen auf Spezialfahrzeugen mit Rollböden, die das Substrat vorsichtig nach hinten entleeren.

Gebrauchte Säcke müssen nach der Verpackungsverordnung, die am 21. Juni 1991 in Kraft trat, zurückgenommen werden. Dafür gibt es die Organisation Duales System Deutschland GmbH - Gesellschaft für Abfallvermeidung und Sekundärrohstoffgewinnung (DSD). Diese Gesellschaft vergibt gegen Lizenzgebühren den „Grünen Punkt". Abpacker von Torfprodukten können diesen durch Abschluß eines Zeichennutzungsvertrages mit der DSD erwerben.

Substratzuschlagstoffe

(→ Zuschlagstoffe zu Substraten)

Sulfat (SO_4)

(→ Schwefel)

Superphosphat

Granulierter Phosphordünger mit 18 % schnell wirkendem Phosphat. Calcium-Dihydrogenphosphat. Rohphosphate werden mit starker Schwefelsäure versetzt, wodurch sich zunächst freie Phosphorsäure bildet, die dann mit Rohphosphat zu Calcium-Dihydrogenphosphat reagiert. 90 % sind wasserlöslich und damit sofort wirksam, der Rest ist citratlöslich. Enthaltene Spurenelemente sind Cu, Mn, Mo und Zn. Als Begleitstoffe sind 52 % $CaSO_4$ und 12 - 14 % Schwefel enthalten.

Superphosphat wirkt auf den Boden schwach versauernd bis neutral, da der

Calciumanteil nicht basisch wirksam ist. Der Dünger ist auf 2 - 5 mm granuliert und sehr gut streubar. Wasserlösliche Phosphate werden im Boden zu bodeneigenen Phosphaten umgesetzt - in Böden im neutralen pH-Bereich zu Apatiten und in sauren Böden zu Eisen- und Aluminiumphosphaten. Diese Umwandlung bedeutet eine Abnahme der Mobilität (Verfügbarkeit). Soll die wasserlösliche Form lange erhalten bleiben, ist möglichst geringer Kontakt mit dem Boden angebracht. Die grobe Granulierung fördert dieses. Trotz dieser Immobilisierung bleibt immer ausreichend Phosphat pflanzenverfügbar.

Die Anwendung erfolgt im Gemüsebau bei Hülsenfrüchten, Möhren, Salat, Spinat mit 5 - 7 dt/ha; bei Sellerie und Zwiebeln mit 6 - 8 dt/ha; bei Gurken, Kohlrabi, Tomaten mit 7 - 9 dt/ha und bei Früh- und Spätkohl mit 8 - 10 dt/ha. In intensiv bewirtschafteten Erwerbsobstanlagen werden 7 - 9 dt/ha; im Beerenobst 5 - 7 dt/ha gegeben.

SZ Suppressivität von Substraten

Suppression lat. = Unterdrückung, Zurückdrängung; suppressiv = unterdrückend, zurückdrängend. Verschiedene Substrate haben aufgrund der mikrobiellen Belebung ein Potential mit dem sie bestimmte Krankheiten unterdrücken können. Diese Eigenschaft wird als Suppressivität bezeichnet. In Zukunft kann die Suppressivität zu einem wichtigen Faktor im Substratbereich werden, um Krankheiten zu verringern. So tragen z.B. Rindenkomposte und Rindensubstrate solche Eigenschaften in sich. Gurkenkulturen in Substraten mit Kompostzusätzen hatten durch die suppressiven Eigenschaften eindeutig weniger Befall durch *Pythium ultimum*, wie sich in einem schweizer Versuch zeigte. In Deutschland werden in Geisenheim Versuche mit suppressiven Substraten durchgeführt.

SZ Suspensionsdünger

Herkömmliche Flüssigdünger in Form echter Lösungen haben nur sehr begrenzte Möglichkeiten hinsichtlich ihrer Konzentration und der Variation bei den NPK-Gehalten. Besonders bei niedrigen Temperaturen kommt es bei ihnen immer wieder zum Ausfallen verschiedener Salzanteile. Ziel der Herstellung von Flüssigdüngern mußte also eine Erhöhung der NPK-Gehalte und eine freie Gestaltung der Nährstoffverhältnisse sein.

Diese sogenannten Suspensionsdünger erhält man, wenn in einer gesättigten Salzlösung noch zusätzliche Salzanteile in feinkristalliner, fester Form suspendiert werden. Sie enthalten hohe Düngeranteile sowohl in der gelösten als auch in der festen, suspendierten Phase. Zwischen dem gelösten und suspendierten Nährstoffanteil eines Suspensionsdüngers besteht ein ständiger Austausch, ein sogenanntes dynamisches Gleichgewicht. Durch bestimmte Stabilisierungsmaßnahmen - Zusätze von Tonmineralen - bleibt die Formulierung jahrelang stabil und lagerfähig.

Die Auflösung eines Suspensionsdüngers in Wasser geschieht in zwei Phasen. In der ersten vermischt sich der in Lösung befindliche Teil einer Suspension mit Wasser. In der zweiten Phase werden die festen, suspendierten Anteile in Lösung gebracht. Da alle Kristalle in einem höchst hydratisierten Zustand, d. h. in einer lösungsbereiten Form vorliegen, vollzieht sich die völlige Lösung eines Suspensionsdüngers ohne Schwierigkeiten bereits beim Ansetzen der Düngerlösung. Die Löslichkeit der Salze wird ferner durch die Verwendung von Polyphosphaten gefördert.

Suspensionsdünger können Gesamt-Nährstoffgehalte von bis zu 50 % erreichen. Bei Suspensionsdüngern ist es zweckmäßig, die Nährstoffgehalte in Volumen-% anzugeben. In Anbetracht des relativ hohen spezifischen Gewichts von etwa 1,5 ergeben die Gewichts-% mit 1,5 multipliziert die höheren Gehalte in Vol.-%.

Symbionten

(→ Mykorrhiza)

Synergismus

(→ Antagonismus)

TZ Tenside

Chemische, niedermolekulare Verbindungen, die grenzflächenaktiv sind. Sie lagern sich an feste oder flüssige Stoffe an und beeinflussen deren Oberflächeneigenschaften. So wird beispielsweise die Oberflächenspannung des Wassers herabgesetzt. Dadurch geben sie dem Wasser ein besseres Netzvermögen (sie entspannen das Wasser). Trockene Weißtorfsubstrate bereiten häufig Probleme bei der Befeuchtung, sie wollen kein Wasser annehmen. Die Torfindustrie versucht dieses Problem mit Hilfe des Zusatzes von Tensiden zu lösen. Die Tenside führen im Substrat zu einer Entspannung des Wassers (ähnlich „Pril") und beschleunigen die erste und die spätere Wiederbenetzung. TKS-Instant ist ein so behandeltes Substrat.

Trockene Torfe sind vorteilhaft bei der Substratherstellung und dem Transport. Sie lassen sich leichter mischen und absacken als feuchte. Hohe Wassergehalte dagegen erhöhen das Gewicht und verteuern die Fracht. Außerdem können sie zu Sauerstoffarmut bei der Lagerung führen. Torfe können das Vier- bis Sechsfache des Eigengewichtes an Wasser speichern.

Mit Tensiden versorgte Torfsubstrate können bis zu einer Wasserkapazität von 100 % schnell befeuchtet werden. Die Wirksamkeit der Tenside im Substrat läßt aber allmählich nach, weil sie biologisch abgebaut werden. Die Hersteller geben eine Wirkungsdauer von etwa zehn Wochen an. Um bei trockener Kulturführung trotzdem eine ausreichende Wiederbefeuchtung im Bestand zu erzielen, kann man Tenside auch dem Bewässerungswasser zusetzen.

Tenside sind z.B.: „Aqua Grow 2000 L", „Aquagro fertil", „Citowett" oder „Rewopol".

Negative Nebenwirkungen durch Tenside wurden in einem Versuch an der FH Osnabrück weder bei Impatiens Neu-Guinea-Hybriden, *Euphorbia pulcherrima* noch bei *Fuchsia*-Hybriden festgestellt.

Im Osnabrücker Versuch erhöhte sich das Wasseraufnahmevermögen eines trockenen Weißtorfes durch Zugabe von 2 ml Tensid pro Liter Gießwasser um ein Vielfaches. Die Wasseraufnahme war deutlich gleichmäßiger, die Heterogenität (Ungleichmäßigkeit) im Pflanzenbestand nahm ab.

Wegen ihres Einflusses auf die Umwelt (Tenside können Fette und Öle lösen) dürfen Tenside nur in geschlossenen Bewässerungssystemen angewendet werden. Tenside verursachen eine starke Schaumbildung in Gewässern und Kläranlagen. Der Tensid-Gebrauch unterliegt dem Wasserschutzgesetz und dem Chemikaliengesetz.

TZ Tensiometer/ Tensiostaten

Mit Tensiometern wird die Boden-/Substratfeuchte gemessen und damit die Bewässerung automatisiert. Tensiometer sind Feuchtefühler, die die Wasserzufuhr

Abb. 100: Tensiomat (Einheitserdewerk Balster) zur Bewässerungs- und Düngungssteuerung
Foto: Richter

regeln und den richtigen Bewässerungszeitpunkt finden sollen *(Abb. 100)*. Tensiometer mit angeschlossenem Schalter zum elektrischen Betätigen von Magnetventilen sind Tensiostaten. Es gibt Tensiometer mit fest eingestelltem Wert und solche mit variablem Schaltpunkt, der in der Praxis nachreguliert werden kann.

Das Ergebnis der Messung wird in hPa (Hektopascal) ausgedrückt. Dieses ersetzt die früher gebräuchliche Messung in mbar (Millibar). 1 mbar = 1 hPa. (h = hekto = 100).
(→ Saugspannung)

Grundsätzlich gibt es bei den Tensiometer-Fabrikaten zwei unterschiedliche Systeme:

Abb. 101: Das Installieren von Tensiometern in unterschiedlichen Tiefen in einer *Gerbera*-Kultur
Foto: Braunsmann

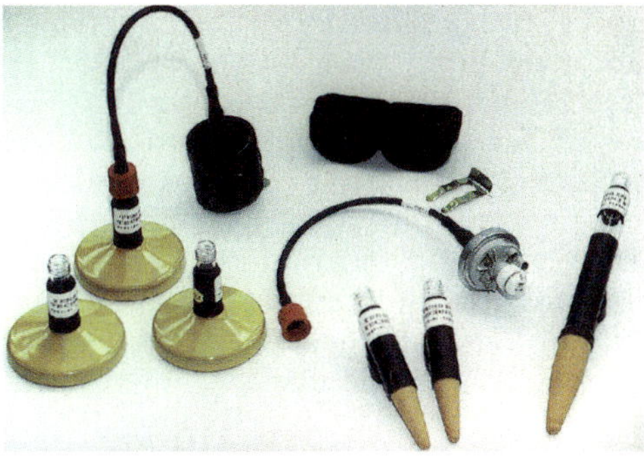

Abb. 102: Verschiedene Tensiometer
Werkfoto: Tensiotechnik

- Tensiostaten mit Unterdruckwächter. Sie bestehen lediglich aus dem Tensiometer (poröse Zelle, Sichtrohr, Stopfenverschluß) und einem Membran-Unterdruckwächter. Vorteile dieser Geräte sind der niedrige Preis, die einfache Handhabung und die Störungsunanfälligkeit.

- Analog-Tensiostaten mit elektronischen Wandlern. Sie sind technisch aufwendiger. An Stelle des Unterdruckwächters dient ein elektronischer Druckwandler der Erfassung des Unterdrucks. Dieser wird bei 4 bis 20 mA in ein elektrisches Signal umgeformt. Das mA-Signal kann größere Entfernungen überwinden. Mit diesem Gerät sind weitaus mehr Stell- und Regelungsmöglichkeiten gegeben.

Das Tensiometer mißt die Bodenfeuchtigkeit. Es besteht je nach Fabrikat aus einem porösen, wasserdurchlässigen Ton-/Keramik- /Porzellan- oder Metallkörper mit Rohr- und Unterdruck-Meßgerät. Die gesinterten Metalle haben Poren von etwa 1 Mikrometer Durchmesser. Das mit Wasser befüllte Rohr ist dicht verschlossen. Durch die poröse Tonzelle kann Wasser aus dem Rohr in die umgebenden Bodenschichten abgegeben werden. Dadurch sinkt die Wassersäule im Rohr. Je trockener der Boden ist, desto stärker wird die Wassersäule nach unten gezogen, weil sich der Unterdruck (die Saugspannung) erhöht.

Tensiometer arbeiten also nach dem Prinzip der Saugspannungsmessung. Der Salzgehalt und die Bodenart beeinflussen das Meßergebnis nicht. Die Saugspannungsmessung ist eine kontinuierliche Messung. Sie umfaßt einen Meßbereich von 0 - 800 hPa, der etwa einem Bereich von 50 - 100 % der maximalen Wasserkapazität entspricht. Höhere Trockenheitsgrade als 800 hPa lassen sich mit Tensiometern nicht erfassen, weil dann die Wasserbindung zwischen Tonkörper und Wasserteilchen im Boden abreißt und auch Luft durch die Poren des Tonkörpers in das Innere des Tensiometers eindringt. Es ist aber zu beachten, daß normales Wachstum nur in einem Bereich von 60 - 300 hPa erfolgt. 100 hPa stellen bei Pflanzen im Gewächshaus das Optimum dar.

Es gibt Flächen-Tensiometer für die Mattenbewässerung und Dünnschichtkultur (bis 4 cm Substratschicht), Steck-Tensiometer für die Topfpflanzenbewässerung und Stab-Tensiometer für Tiefenmessungen in Bodenkulturen *(Abb. 101 u. 102)*. Sie bestehen aus einem Sichtrohr mit porösem Tonkörper und einem Druckfühler. Eine Schalteinheit steuert das Magnetventil des Bewässerungssystems.

Die Abschaltung für die Bewässerung kann durch einen direkt schaltenden Regler erfolgen. Hier wird beim Erreichen des eingestellten Feuchtegrades die Wasserzufuhr abgeschaltet. Muß man durch besondere Umstände und falschen Standort des Tensiostaten davon ausgehen, daß dieser die ansteigende Substratfeuchte nicht schnell genug erfaßt, kann man auch mit einem Zeitgeber arbeiten. Hierbei wird der Bewässerungsvorgang nach Ablauf der vorgewählten Bewässerungsdauer beendet.

Das richtige Anbringen der Tensiometer ist von ausschlaggebender Bedeutung für eine befriedigende Bewässerung. So ist es beim Einsteck-Tensiometer wichtig, daß die gesamte Keramikspitze im Erdreich steckt. Die Spitze soll die Topfwand nicht berühren. Tensiometer sollten nicht zu weit von der Wasserquelle entfernt angebracht werden. Bei Topfpflanzen sollte man immer die größte Topfpflanze mit dem höchsten Wasserverbrauch als „Meßpflanze" auswählen. Langfristig ausgeglichener arbeitet der Tensioschalter, wenn er etwa alle 14 Tage eine neue „Meßpflanze" bekommt. Bei der Meßpflanze muß unbedingt vermieden werden, daß sich eine Tropfstelle darüber befindet. Das wichtigste an der Tensiometer-Messung ist die Auswahl der repräsentativen Stelle im Bestand und der repräsentativen Pflanze. Hiermit steht und fällt der Erfolg.

Bei Schnittblumen in Bodenkultur arbeitet man am besten mit drei Tensiometern, die in unterschiedlichen Tiefen plaziert werden.

Beim Matten-Tensiometer ist es wichtig, daß der Fuß mit der gesamten Fläche fest auf der Matte steht.

Der Schaltpunkt zur Bewässerung soll immer wieder neu eingestellt werden, da sich der Wasserverbrauch während der Kultur ändert. Als Grundeinstellung wählt man im Topf etwa 70 hPa (Hektopascal), im Beet etwa 90 hPa, auf Fasermatten 35 hPa, auf Glasfasermatte (35 bis 100 g) 30 hPa. Nach zweitägigem Probelauf wird die Einstellung im Bedarfsfall nach oben oder unten verändert.

Wichtig ist die regelmäßige Kontrolle der Wasserbefüllung des Tensiometerrohres. Der Kolben muß immer mit Wasser gefüllt sein. Beim Einsetzen des Tensiometers ist ein enger Kontakt zwischen Substrat und Keramikzelle herzustellen, denn jede Luftschicht verhindert eine genaue Messung. Der Tonkörper wird nach Beendigung jeder Kultur gereinigt.

Um das Problem des repräsentativen Standortes für das Tensiometer zu umgehen, kann man auch einen **Solintegrator** einsetzen. Dieser wird außerhalb des Gewächshauses angebracht. Bei heterogenen Beständen ist die Automatisierung der Bewässerung so leichter zu realisieren.

Automatisch wird zunächst die fotosynthetisch wirksame Strahlung im Wellenlängenbereich von 400 bis 700 nm und die Globalstrahlung und danach die Bewässerungszeit nach diesen Lichtsummen mathematisch zu einem Lichtsollwert berechnet. Die Geräteeinstellung muß dem Wachstum der Pflanzen aber immer wieder angepaßt werden.

1996 wurde ein ganz neues Meßgerät vorgestellt, das eine exakte Steuerung von Bewässerungsanlagen ermöglichen soll. Es handelt sich dabei vereinfacht ausgedrückt, um einen Mini-Computer, der unter der Bezeichnung **„Feuchte-Controller"** von der Firma J.F. Knauer GmbH, Frankfurt, vertrieben wird, ein neuartiges, intelligentes Mikroprozessor-„Wärme-Differenz"-Meßverfahren mit Eigenkontolle des Sensor-Elements. Der Substratfeuchte-Sensor ist wartungsfrei und kann direkt an ein Magnetventil einer Bewässerungsanlage angeschlossen werden.

Dieses Gerät mißt nicht direkt die Feuchte im Substrat, sondern die auftretende Temperaturdifferenz, die jeweils vom Prozessor auf den jeweiligen Feuchtezustand des Substrates umgerechnet wird. Der Feuchte-Meßbereich kann an die spezifischen Substrat-Werte angepaßt werden. Die Bedienung erfolgt über eine beleuchtete LED-Klartextanzeige zur Dialogeingabe. Auf dieser Anzeige werden auch evtl. Fehler des Feuchte-Controllers angezeigt. Die Stromversorgung erfolgt unfallsicher mit niedertransformiertem Strom.
(→ Bodenfeuchtemessung, Saugspannung)

Terraflor
(→ Eisen - Die Analyse der Eisengehalte, Leitfähigkeit gebräuchlicher Dünger für die Flüssigdüngung, Nitrat-Nitrit-Ammonium-Problem)

Terramycin
(→ Wirkstoffe - Resistenzstoffe)

Testpflanzen

Außer Kresse lassen sich auch andere Pflanzenarten hervorragend zur Testung von Böden und Substraten auf pflanzenschädigende Stoffe wie Pflanzenbehandlungsrückstände (z.B. Herbizide) oder Schwermetallgehalte einsetzen. Auch Mangel und Überschuß von Spurenelementen sowie zu hohe oder zu niedrige pH-Werte können durch Testpflanzen ermittelt werden *(Übersicht 15)*.

Man unterteilt Keimtestpflanzen in zwei Gruppen: In die erste gehören die Generalisten, die sehr empfindlich auf alle Belastungen reagieren. Zu ihnen gehören die Standard-Testpflanzen: Die Brassicaceen Chinakohl, Herbstrübe und Kresse. In der zweiten Gruppe sind die Spezialisten, die auf besondere Stoffe besonders stark reagieren. Um spezifische Schadursachen erkennen zu können, ist es sinnvoll, Spezialisten auszuwählen *(Übersicht 16)*.

Teststäbchen
(→ Schnelltest-Methoden)

Tewalin
(→ Ionen-Austauschdünger, Vitamine)

Übersicht 15: Keimpflanzentest zur Ermittlung falscher pH-Werte und von Mangel an bzw. Überschuß von Spurenelementen (x = Pflanze ist geeignet)

Testpflanze	**ph-Wert**		**Mangel**				**Überschuß**					
	niedrig	**hoch**	**Fe**	**Zn**	**B**	**alle Mikronährstoffe**	**Fe**	**Ma**	**Zn**	**Ca**	**B**	**Alle Mikronährstoffe**
Chinakohl	x		x		x	x	x	x	x	x		x
Petunie	x	x	x						x	x	x	x
Tomate	x				x	x		x	x		x	x
Blumenkohl	x				x	x		x	x			x
Ziertabak		x				x		x			x	x
Tagetes	x				x		x				x	x
Kresse	x				x	x						x
Salat	x						x				x	x
Impatiens		x				x					x	x
Gerste	x									x		x
Sinningia		x									x	x
Spinat	x											x
Rote Rübe					x	x						
Begonia tuberhybr.											*x*	*x*
Erdbeere	x	x										
Nelkenwurz											x	x

(Quelle: Deutscher Gartenbau 31/1995, Seite 1836, Wiebke Gossow, Winfried Temming, Erich Grantzau, Prof. Dr. Hans-Christoph Scharpf, Hannover)

Übersicht 16: Eignung von Testpflanzen zum Erkennen von Schwermetallen in Kultursubstraten (x = Pflanze ist geeignet)

Testpflanze	**Quecksilber**	**Chrom**	**Blei**	**Nickel**	**Cadmium**	**Allgemeine Schwermetallbelastung**
Chinakohl	x	x	x	x	x	x
Petunie	x	x	x	x	x	x
Herbstrübe			x	x	x	x
Ziertabak		x	x		x	x
Sinningia			x	x	x	x
Grünkohl						x

(Quelle: Deutscher Gartenbau 28/1995, Seite 1705, Wiebke Gossow, Winfried Temming, Erich Grantzau, Prof. Dr. Hans-Christoph Scharpf, Hannover)

Thomasphosphat

Pulverförmiger, hochbasischer Calciumphosphatdünger mit 15,3 % Phosphat, 2 - 3 % Magnesium und Spurenelementen. Der Phosphat-Gehalt kann je nach Werk zwischen 10 und 15,3 % P_2O_5 schwanken.

Die Nährstofform ist Calciumphosphat. Die Phosphorsäure wird bei der Eisenverhüttung in der Glut des Konverters bei 1.600 °C voll aufgeschlossen. Bewertet wird nur der in Zitronensäure lösliche P-Anteil.

Thomasphosphat ist in Wasser unlöslich, wird aber durch die Mobilisierungskräfte der Böden (Säureangriff und Komplexbildung der Bodenlebewesen und Ausscheidungen der Pflanzenwurzeln) in die wasserlösliche Form überführt. Thomasphosphat wirkt langsamer als wasserlösliche Phosphordünger (wie z.B. → Superphosphat), ist aber trotzdem als zügig zu bezeichnen. Schon 24 Stunden nach der Düngung findet man das Phosphat in der ganzen Pflanze verteilt. Der Vorteil der langsameren Umsetzung liegt in der langsameren Immobilisierung.

An Spurenelementen sind (in mg/kg = ppm) enthalten: 10 - 140 Zn, 5 - 40 Cu, 10 - 30 B, 8 - 10 Mo, 2 - 5 Co, außerdem 2 - 4 % Mn. Die Spurenelementgehalte schwanken stark. Der Bor-Gehalt kann je nach Werk von 12 bis 122 mg/kg schwanken. Als Begleitstoffe sind 45 % CaO, basisch wirksam, und 8 - 12 % Silicium (SiO_2) enthalten.

Der schwankende Bor-Gehalt muß bei Intensivkulturen unter Glas als Gefahr angesehen werden. Bei hohen Gehalten ist Bor-Überdüngung möglich. Der Dünger wirkt stark alkalisch und ist sehr gut für saure Böden geeignet. Er wird sehr fein vermahlen und kommt als grauschwarzes Pulver mit einer Feinheit von 75 % unter 0,16 mm Ø in den Handel. Er wird nicht granuliert, weil dies die Wirksamkeit beeinträchtigen würde.

Die Anwendung erfolgt vorwiegend auf leichten und sauren Böden. Die Ausbringung kann zu jeder Jahreszeit und in jedem Kulturstadium erfolgen, zur Erhaltungsdüngung in Hülsenfrüchten mit einer Aufwandmenge von 6 - 8 dt/ha, in Hackfrüchten und Sonderkulturen von 8 - 10 dt/ha und zur Gesundungsdüngung mit 15 - 20 dt/ha.

Time Domain Reflectometer

(→ Bodenfeuchtemessung)

Titan (Ti)

Metall. Für Mensch und Tier vermutlich nützlich. In der Natur in eisenhaltigen Erzen und als Dioxid in verschiedenen Mineralien vorkommend. In lufttrockenen Böden kommt Ti sehr häufig mit < 100 - 5000 ppm vor. Tolerierbar sind 5000 ppm. Stark kontaminierte Böden können bis 20.000 ppm aufweisen.

Tonminerale

Tonminerale sind Schichtsilikate mit Kolloiden in einer Größenordnung unter 0,002 mm Ø *(Abb. 103)*. Sie besitzen daher eine große spezifische Oberfläche und haben die Fähigkeit, H_2O-Moleküle reversibel anzulagern. Sie können quellen und schrumpfen, bedingen die Plastizität der Tone und haben die Eigenschaft, Ionen in austauschbarer Form zu adsorbieren. Sie bedingen damit - gemeinsam mit Humus - die Fähigkeit der Böden zur Wasserbindung, zur Gefügebildung und zur Nährstoffadsorption.

(→ Adsorption, Kationen-Austauschkapazität, Pufferung)

Die Tonminerale werden nach ihrem strukturellen Aufbau unterteilt in: Zwei-

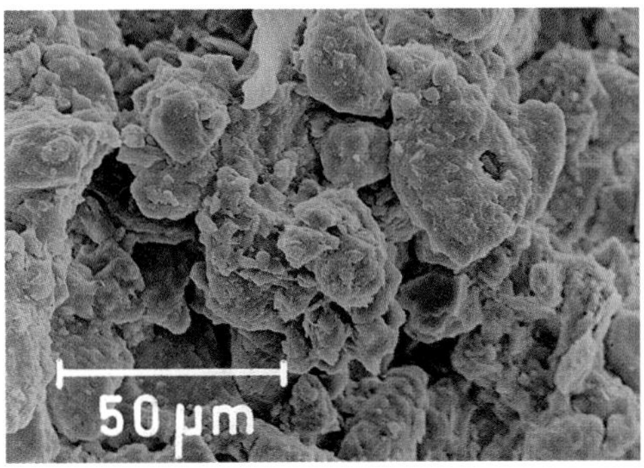

Abb. 103: Tonminerale im Rasterelektronenmikroskop Werkfoto: Archut

schicht-Tonminerale, Dreischicht-Tonminerale und Vierschicht-Tonminerale.

Zweischicht-Tonminerale (auch 1 : 1-Tonminerale genannt)

Ihre Grundstruktur besteht aus einer Silicium-Tetraeder- und einer Aluminium-Oktaeder-Schicht, die durch Sauerstoffbrücken miteinander verbunden sind. Der Abstand zwischen den Schichten ist klein und nicht variabel (nicht aufweitbar). Eine Ionen-Adsorption findet nur an Außen-, Spalt- und Bruchflächen statt. Wichtigstes Tonmineral dieser Gruppe ist Kaolinit $Al_2Si_2O_5 (OH)_4$. Kaolinit hat ein geringes Wasserhalte- und Adsorptionsvermögen und eine geringe Plastizität und Kohäsion.

Dreischicht-Tonminerale (auch 2 : 1-Tonminerale genannt)

Ihre Grundstruktur besteht aus 2 Silicium-Aluminium-Tetraeder-Schichten, die eine Oktaeder-Schicht umgeben. Diese Oktaeder-Schicht kann mit Al, Fe- oder Mg-Ionen besetzt sein. Dreischicht-Tonminerale haben einen negativen Ladungsüberschuß. Dieser entsteht, wenn höherwertige Ionen durch niederwertige ersetzt werden (z.B. Si^{++++} durch Al^{+++} oder Al^{+++} durch Mg^{++}). Dadurch entsteht ein Fehlbetrag an positiver, d.h. Überschuß an negativer Ladung. Zum Ladungsausgleich wird dann K^+ in das Gitter eingebaut (bei Tonmineralen anstelle von K^+-Ionen auch äquivalente Mengen anderer Kationen in austauschbarer Form).

Dreischicht-Tonminerale sind: Illit, Vermiculit, Montmorillonit und Übergangsminerale. Übergangsminerale sind aufgeweitete Illite oder Wechsellagerung von Illit-, aufgeweitetem Illit-, Vermiculit- oder Montmorillonit-Schichten. *Tab. 67* gibt eine Übersicht über die Eigenschaften von Dreischicht-Tonmineralen.

Vierschicht-Tonminerale (auch 2 : 1 : 1-Tonminerale genannt)

Vierschicht-Tonminerale enthalten zusätzlich zu den drei Schichten der Dreischicht-Tonminerale eine weitere Schicht von Al-OH-, Fe-OH- oder Mg-OH-Oktaedern.

Da der negative Ladungsüberschuß der Tetraeder-Schichten durch positiven Ladungsüberschuß der Oktaeder-Schichten kompensiert wird, haben Vierschicht-Tonminerale keinen negativen Ladungsüberschuß.

Ein Vierschicht-Tonmineral ist Chlorit. Chlorit hat etwa gleiche Eigenschaften wie Illit, d.h. keine Quellung, keine Aufweitbarkeit, keine zugängliche innere Oberfläche, geringes Wasserhaltevermögen, geringes Adsorptionsvermögen, geringe Plastizität und Kohäsion (Zusammenhaltekraft).

Handelsprodukte, bestehend aus Ton zur Verbesserung von Substraten, sind:

Tab. 67: Eigenschaften von Dreischicht-Tonmineralen

	Illit	**Übergangsminerale**	**Vermiculit**	**Montmorillonit**
Aufweitbarkeit	-	+	++	+++
Zugängliche innere Oberfläche	+	++	+++	+++
Wasserhaltevermögen	+	++	+++	++++
Adsorptionsvermögen	++	+++	++++	+++
Plastizität/Kohäsion	+	++	+++	+++

(- = keine, bis auf ++++ steigende Eigenschaften)

Bentonit-Tonmehl, Eco-Calcium-Bentonit, Edasil-Ionen-Austauscher.
(→ Ionen-Austausch)

Topfgrößen, Einfluß der T. auf den Nährstoffgehalt je Pflanze

Die Topfgröße beeinflußt erheblich die Höhe der Reinnährstoffmenge je Pflanze. Reichte bisher noch die Mengenangabe kg Dünger/m³ Substrat, so ist diese Angabe heute nicht mehr präzise genug. Vielmehr wird dazu übergegangen, die Angaben in **mg Reinnährstoffe je Pflanze** zu machen. Dabei wird die Menge immer in mg Stickstoff angegeben. *Tab. 68* nennt Bedarfszahlen für Stickstoff für einige ausgewählte Topfpflanzen.

Diese Bedarfsmengen gelten für die gesamte Kulturzeit im Endtopf. Es sollten aber nie mehr als 200 mg Stickstoff je l Substrat auf einmal verfügbar sein, weil sonst die Salzbelastung im Substrat zu hoch wird. Der Rest muß in flüssiger Form nachgedüngt werden.

Bei Zumischung von 1 kg eines Düngers 15+11+15+2 je m³ Substrat ergeben sich folgende Gehalte in mg Reinnährstoffe je l Substrat: 150 mg N, 110 mg P_2O_5, 150 mg K_2O und 20 mg MgO. Bei gleicher Düngermenge von 1 kg je m³ Substrat (15+11+15+2) erhält die Pflanze mit steigender Topfgröße immer mehr Nährstoffe *(Tab. 69)*.

Setzt man die Nährstoffmenge in einem 11-cm-Topf = 100 %, so erhält die Pflanze im 10-cm-Topf bei gleicher Substrataufdüngung nur 67,8 % und im 12-cm-Topf 133,3 %.

Tab. 68: Stickstoff-Bedarfszahlen für einige ausgewählte Topfpflanzen (in mg N/l)

Pflanzenart	Pflanzengröße	mg Stickstoff je Pflanze
Primula vulgaris		80 - 150
Saintpaulien	kleine Sorte große Sorte	50 - 80 100 - 200
Topf-Chrysanthemen	kleine Pflanze mittlere Pflanze große Pflanze	200 - 300 300 - 400 400 - 500
Cyclamen	Mini Normalpflanze Großpflanze	150 - 250 450 - 600 700 - 800
Elatior-Begonien	kleine Pflanze große Pflanze	200 - 300 400 - 600
Pelargonien	kleine Pflanze Sämling oder mittlere Pflanze große Pflanze	300 - 400 400 - 500 500 - 700
Poinsettien	kleiner Eintrieber kleiner Mehrtrieber großer Mehrtrieber sehr großer Mehrtrieber Stämmchen	200 400 - 500 600 - 700 800 - 1000 3000 - 5000

Tab. 69: Nährstoffgehalte je Topf in Abhängigkeit von der Topfgröße

Topfgröße	Substratmenge je Topf	Stickstoff je Pflanze	%
8-cm-Topf	0,22 l	33 mg	36,6
10-cm-Topf	0,41 l	61 mg	67,8
11-cm-Topf	0,60 l	90 mg	100,0
12-cm-Topf	0,80 l	120 mg	133,3
13-cm-Topf	1,00 l	150 mg	166,6

Torbella

(→ Substratkomponenten und ihr Einfluß auf die Düngung)

Torbo

(→ Substratkomponenten und ihr Einfluß auf die Düngung)

Toresa

(→ Substratkomponenten und ihr Einfluß auf die Düngung)

Torf

Das Ausgangsmaterial für die meisten heute verwendeten Kultursubstrate ist Hochmoortorf. Torf hat sich in den letzten 40 Jahren wegen mehrerer positiver Eigenschaften stark durchgesetzt. So ist guter Torf homogen, frei von Krankheiten, Schädlingen und Unkrautsamen und benötigt deshalb keine Dämpfung oder chemische Behandlung. Die chemischen und physikalischen Eigenschaften sind gut bis optimal. So gehört Torf zu einem der risikoärmsten Betriebsmittel.

Nach DIN 11540 wird Torf so definiert: „meist holozänes (nacheiszeitliches), organogenes Gestein (Biolith) mit einem Massenanteil von mindestens 30 Gew.-% organischer Substanz in der Trockenmasse. Die organische Komponente besteht aus pflanzlichen Resten und kolloidalen Humusstoffen in wechselnden Anteilen."

Das Moor ist Entstehungs- und Lagerstätte für Torf. Schon vor 400 Millionen Jahren gab es Moore. Die deutschen Moore sind aber alle nacheiszeitlich. Die erste Torfbildung setzte hier vor etwa 12.000 Jahren ein. Wasserüberschuß und Luftmangel bedingen den nicht vollständigen Abbau der angesammelten organischen Substanz, die fast ausschließlich aus abgestorbenen Pflanzen besteht. In Mooren nimmt der Sauerstoffgehalt der Torfe von oben nach unten ab. Stickstoff, Wasserstoff und Kohlenstoff reichern sich an. Der Zersetzungsgrad nimmt ebenfalls von oben nach unten zu.

Es gibt Torfe aus Niedermooren, Hochmooren und Übergangsmooren. Niedermoortorfe sind für den Gartenbau weniger geeignet. Niedermoortorf entsteht aus Seggen, Schilf, Binsen und Gehölzen. Sowohl Nährstoffgehalt als auch Zersetzungsgrad sind höher als beim Weißtorf, und der pH-Wert kann von 4 - 7 stark schwanken.

Hochmoortorfe stellen unsere bekannten Weißtorfe dar. Sie sind die für Kultursubstrate am besten geeigneten Torfe. Der Nährstoffgehalt ist niedrig, der Zersetzungsgrad niedrig bis mäßig, der pH-Wert ist recht konstant zwischen 2,5 und 3,5. Der überwiegend aus Torfmoosen (*Sphagnum*) bestehende Hochmoortorf ist sehr homogen und hat beste physikalische Eigenschaften *(Tab. 70)*.

Bei den heutigen Torfen unterscheidet man zwischen Weiß- und Schwarztorf. In der Nacheiszeit ab ca. 5.500 vor Chr. bildeten sich in Mitteleuropa die ersten Hochmoore. Zu dieser Zeit entstand der stark zersetzte Schwarztorf. Später, in der Nachwärmezeit ab ca. 600 vor Chr. wurden die Pflanzenreste nicht mehr so stark zersetzt. Dieser Torf liegt über dem stark zersetzten Schwarztorf und bildet den wenig bis mäßig zersetzten Weißtorf. Den Übergang zwischen diesen beiden Schichten nennt man Schwarz-Weiß-Kontakt.

Erst Ende der 50er, Anfang der 60er Jahre wurde die Weißtorfgewinnung mechanisiert. Bis dahin wurde Torf nur von Hand gestochen. Zum Abbau von Torf müssen die Moore zunächst entwässert werden. Zum Zeitpunkt des Abbaues hat der Torf aber immer noch einen Wassergehalt von ca. 90 Gew.-%, (900 l Wasser/m^3 Torf).

Weißtorf wird überwiegend mit der Stechmaschine als Stechtorf gewonnen. Die gewonnenen Torfsoden müssen mindestens ein Jahr trocknen. Dabei geht der Wassergehalt auf ca. 50 - 60 Gew.-% zurück. Umsetzen und mechanisches Rütteln der Soden beschleunigt die Abtrocknung. Stechtorfe haben den Vorteil, daß ihre Struktur nicht zerschlagen wird, sondern erhalten bleibt.

Einige Weißtorfe werden aber auch im Fräsverfahren gewonnen. Dazu gehören überwiegend russische und finnische Torfe, die bis weit ins Frühjahr gefroren sind und nur zentimeterweise auftauen. In Schichten von 1 - 2 cm wird die Oberschicht aufgerauht, mehrmals gewendet, getrocknet und entweder zu Mieten aufgeschüttet oder flächig aufgesaugt. Frästorfe sind in der Regel sehr feine Torfe und für Endtopfsubstrate meist weniger geeignet.

Beim Klumpentorfverfahren wird der Torf aus der gesamten Tiefe in einem Arbeitsgang mit Baggern entnommen. Die großen Klumpen werden in Reihen abgelegt, im Folgejahr nach dem Durchfrieren ein- bis zweimal gewendet und dann in Haufen zusammengelegt.

Tab. 70: Eigenschaften von Hochmoortorfen nach DIN 11540

Eigenschaften	wenig zersetzt	mäßig zersetzt	stark zersetzt (durchfroren)
Rohdichte (Volumengewicht trocken)	40 - 80 g/l	70 - 150 g/l	120 - 250 g/l
Porenanteil	95 - 98 Vol.-%	91 - 96 Vol.-%	85 - 93 Vol.-%
Wasserkapazität	40 - 82 Vol.-%	40 - 85 Vol.-%	60 - 87 Vol.-%
Luftkapazität	16 - 58 Vol.-%	11 - 56 Vol.-%	6 - 33 Vol.-%
Zersetzungsgrad (r-Wert)	< 40	42 - 62	> 62
Humositätsgrad (H) nach von Post	1 - 3	4 - 6	7 - 10
Organische Substanz (Gew.-% in der TM*)	94 - 99	94 - 99	94 - 99
Glührückstand (Gew.-% in der TM*)	1 - 6	1 - 6	1 - 6
pH-Wert ($CaCl_2$)	2,5 - 3,5	2,5 - 3,5	2,5 - 3,5
pH-Wert (H_2O)	3,0 - 4,0	3,0 - 4,0	3,0 - 4,0
Elektrische Leitfähigkeit (µS/cm) (Volumenverfahren)	< 175	< 175	< 175
Elektrische Leitfähigkeit (µS/cm) (Gewichtsverfahren)	< 370	< 370	< 370

* TM = Trockenmasse

(aus Lehrer-Service Medienpaket: Kultursubstrate im Gartenbau - Ausgangsstoffe, Eigenschaften, Verwendung, Zentrale Informationsstelle Torf und Humus (ZIT) 1992)

Schwarztorf wird mittels Eimerleiter-Baggern gewonnen. Im Spätherbst wird er auf dem Gewinnungsfeld in ca. 15 cm starken Schichten abgelegt. Der Frost dringt in die nassen Soden ein und das darin enthaltene Wasser gefriert. Weil sich dabei das Volumen des Wassers vergrößert, wird die kolloidale Torfmasse aufgesprengt und lockert sich. Die irreversible Schrumpfung, die bei der Industrietorfgewinnung erwünscht ist, wird hierbei verhindert. Die Wasserkapazität des Torfes erhöht sich. Im Frühjahr erfolgt eine mehrmalige Bearbeitung des durchfrorenen Schwarztorfes. Bei einem Feuchtigkeitsgehalt von etwa 65 Gew.-% wird er maschinell gesammelt. Durchfrorene Schwarztorfe haben in den letzten Jahren sehr an Bedeutung gewonnen. Ihr Pufferungs- und Sorptionsverhalten ist besser als das von Weißtorfen. Darum stellen Mischungen aus Anteilen von Weiß- und Schwarztorf sehr gute Substrate dar.

(→ Substratkomponenten und ihr Einfluß auf die Düngung, Zersetzungsgrade von Torf)

Torfkultursubstrate (TKS)

TKS ist ein reines Weißtorf-Fertigsubstrat mit großem Porenvolumen. Beim TKS-Instant sind Tenside zur Befeuchtung und Wiederbefeuchtung beigemischt. Das Substrat kann ohne Anfeuchtung verwendet werden. TKS gibt es in der Formulierung:

TKS 1 mit 100 - 200 mg N/l, 50 - 150 mg P_2O_5/l, 100 - 200 mg K_2O/l, 80 - 100 g MgO und einem Salzgehalt von ca. 0,7 - 1,2 g/l für Aussaat und Anzucht.

TKS 2 mit 250 - 400 mg N/l (z.T. langsamfließend), 150 - 250 mg P_2O_5/l, 300 - 500 mg K_2O/l, 100 - 150 mg MgO/l und einem Salzgehalt von ca. 1,5 - 2,3 g/l zum Topfen.

(→ Substratkomponenten und ihr Einfluß auf die Düngung, Tenside)

Toxikologie

Lehre von den Giften und den Vergiftungen.

Toxikose

Eine durch Gift erzeugte Krankheit.

Toxine

Giftstoffe, die von parasitischen Pilzen und Bakterien, aber auch von höheren Pflanzen (Giftpflanzen) und Tieren (z. B. Schlangengift) gebildet werden.

toxisch

giftig.

toxische Stoffe

Eine sichere Abgrenzung zwischen Elementen mit nützlicher und solchen mit schädlicher (toxischer) Wirkung ist nicht möglich. Nicht nur die chemische Beschaffenheit eines Elementes, sondern auch die auf die Pflanze einwirkende Konzentration ist mitbestimmend dafür, ob ein Element den pflanzlichen Organismus negativ oder positiv beeinflußt. Das gleiche gilt für den tierischen und menschlichen Organismus. Die verschiedensten, an und für sich für die Pflanzen notwendigen Elemente wie B, Cu, Mn oder Fe können toxisch wirken, falls sie der Pflanze in übergroßer Menge angeboten werden. Gleiches gilt für die Halogene Jod und Brom. In der Pflanzenernährung sind weiter hauptsächlich Arsenate, Fluoride, Selenate, Aluminium, Nickel und Zink als mögliche toxische Stoffe von Bedeutung. Grundsätzlich kann fast jeder Stoff bei Überkonzentration zum toxischen Stoff werden. Schon der Schweizer Philosoph und Arzt Paracelsus (1494 - 1541) sagte sinngemäß: „Nur die Menge macht es, ob ein Stoff schädlich (toxisch) ist oder nicht ".

Toxizitäts-Grenzwerte sind bei der Beschreibung der einzelnen Elemente und Moleküle aufgeführt.

(→ Immissionen, Schadstoffe, Schwermetalle)

Toxizitätstest für Substrate

Auch Substrate können pflanzenschädigende Stoffe enthalten. Der Kultivateur erwartet jedoch zu Recht, daß er Substrate bekommt, die frei von toxischen Stoffen sind. Die Erdenindustrie hat mit dem Leuchtbakterientest (besser noch Biolumineszenztest) bzw. mit dem Daphnientest zwei Verfahren übernommen und für Substrate weiterentwickelt, mit denen toxische Inhaltsstoffe festgestellt werden können.

Biolumineszenz-Test

Der Leuchtbakterientest erfaßt die Wirkung aller in Lösung befindlichen Schadstoffe und liefert damit ein ökotoxikologisches Summenparameter. Der Bakterienstamm *Photobacterium phosphoreum* besitzt die ungewöhnliche Fähigkeit, einen Teil seiner Stoffwechselenergie in Lichtenergie umzusetzen. Diese Lichtenergie ist ein Produkt der Atmung im Sauerstoffgleichgewicht, einem sehr störanfälligen Prozeß. Das Bakterium antwortet auf toxisches Material mit Abnahme der Leuchtenergie. Genau dieses ist die meßbare Größe in diesem Test. Als Meßgerät dient ein Photomultiplier, ein Biolumineszenz-Meßgerät.

Zur Bestimmung der Substratrohstoffproben muß ein wässriger Extrakt hergestellt werden. Eine genau definierte Menge des zu untersuchenden Rohstoffes wird mit einer wässrigen, chemischen Lösung gemischt und 24 Stunden lang auf einem Horizontalschüttler geschüttelt. In der anschließenden Ruhephase setzen sich die schweren Bestandteile ab. Die klare Extraktionslösung wird dann verdünnt und mit der Bakteriensuspension vermischt. Nach 30 Minuten wird das Leuchten der Bakterien bei 15 °C bestimmt. Diese Werte ergeben einen EC 50-Wert = **E**ffektive **C**oncentration (nicht mit dem EC-Wert für die elektrische Leitfähigkeit zu verwechseln). Er gibt an, bei welcher Konzentration eine 50 %ige Hemmung der Leuchtkraft vorliegt. Die Konzentration wird in g/l angegeben.

Daphnien-Test

Hierbei handelt es sich um einen Test mit sehr empfindlich reagierenden Wasserflöhen (Daphnien). Dieser Test hat aber noch Nachteile.

Triabon

(→ Crotodur, Dauerdünger - c) Langsam fließende Stickstofform - c 2) Crotonylidendiharnstoff)

Tröpfchenbewässerung und Fertigation

Die Tröpfchenbewässerung ist eine schon ältere Methode, einzelne Pflanzen, aber auch Bestände über Tröpfelschläuche zu bewässern. Von einer Hauptleitung gehen zahlreiche Tröpfelschläuche zu den einzelnen Pflanzen ab. Es ist eine sehr wassersparende Gieß- und Düngungsmethode. Wird mit dem Wasser auch Düngerlösung ausgebracht, dann spricht man von Fertigation (→) = düngende Tropfbewässerung.

Zierpflanzenbau

Angewendet wird sie bei Ampelpflanzen, Solitärpflanzen, aber auch in der großflächigen Substratkultur auf Steinwolle und bei der Torfsackkultur. Im Topfpflanzenanbau ist sie wegen geeigneterer anderer Verfahren und wegen des hohen Arbeitsaufwandes (Stecken des Tropfschlauches in jeden Topf) nicht mehr gebräuchlich *(Abb. 104)*.

Nach niederländischen Erfahrungen kommt es nach den Gieß- und Düngungsvorgängen in der im Schlauchsystem verbleibenden Nährlösung zu pH-Absenkungen. Gelangen organische Stoffe in die Schlauch- und Rohrsysteme (was nie auszuschließen ist), wandeln Mikroorganismen diese Nährstoffe um, was die pH-Absenkung bewirkt.

Dies kann durch Zugabe von Wasserstoffperoxid (H_2O_2), das die Mikroorganismen abtötet, verhindert werden. Zu viel H_2O_2 ist allerdings pflanzenschädlich. Bei der Zusetzung sind eine Reihe von Maßnahmen zu beachten. Bei sehr eisen- oder kalkhaltigem Wasser kommt es leicht zu Ausfällungen und damit zu Verstopfungen der Tropfer. Dann ist ein kompletter Austausch der Tropfleitungen erforderlich. Die Wasserqualität spielt bei Tropfsystemen also eine wichtige Rolle. Wasser, welches pflanzenbaulich in Kombination mit anderen Bewässerungssystemen durchaus geeignet ist, kann zu Verstopfungen und Defekten führen.

Abb. 104: Tröpfchenbewässerung bei einer Schnittrosenkultur in Grodan

Foto: Braunsmann

- Wasserhärte: Normalerweise ist eine Gesamthärte von 10 °dH (= 1,8 mmol/l) optimal. Bei Tropfsystemen können aber schon Härten über 7 °dH (= 1,26 mmol/l) zu Verstopfungen führen. Ideal ist ein sehr weiches Wasser mit ca. 0,25 mmol/l.

- Die Karbonathärte führt schon bei 1,26 mmol/l zu Verstopfungen.

- Calcium: Beim Calcium werden Werte von 70 mg/l Ca im Wasser als optimal angesehen; aber schon deutlich niedrigere Werte können zu Verstopfungen führen.

- Schwebstoffe: Bei den Schwebstoffen sind 50 mg/l für Tropfer tolerierbar. Bei über 100 mg/l muß man mit Verstopfungen rechnen.

- Eisen: Auch hier können hohe Gehalte des Wassers zu Verstopfungen führen.

- Bakterien: Problematisch kann auch eine zu hohe Bakteriendichte sein. Ab einer Konzentration von 50.000 Keimen pro cm^3 Wasser besteht ein hohes Verstopfungsrisiko.

In den 60er und 70er Jahren herrschten die Lamiartropfer, bekannt unter den Namen Volmatic und Agrodrip, vor. Bei ihnen findet der Druckabbau hauptsächlich durch die Reibung im Rohr in Abhängigkeit von dessen Innendurchmesser, Länge und Material statt.

Neu ist jetzt der Turbulenztropfer. Hier wird der Wasserdruck zusätzlich durch die im Mäander (rechtwinklige Umleitungen) erzeugten Turbulenzen reduziert.

Neu ist auch ein chemisches Produkt der Firma Kemira unter der Bezeichnung „Reciclean", das zur Reinhaltung und Reinigung der Tropfsysteme eingesetzt werden kann. Es handelt sich um ein Produkt, das aus zwei Komponenten besteht, die kurz vor der Verwendung miteinander vermischt werden. Durch kontinuierliche Zugabe der Mischung mit der Flüssigdüngung werden organische Verunreinigungen beseitigt und vorhandene Verkrustungen sowie Kalkablagerungen im System rasch aufgelöst. Reciclean ist biologisch vollständig abbaubar, da es in die Bestandteile CO_2 und H_2O zerfällt.

Freilandkulturen

Im Bereich der Freilandproduktion werden Tropfsysteme im Obstbau, in der Baumschule, im Gemüse- und Zierpflanzenbau immer bedeutungsvoller. Dafür gibt es sowohl ökologische als auch ökonomische Gründe. Das Wasser wird nicht mehr wie üblich flächig ausgebracht, sondern muß punktförmig von einem verhältnismäßig kleinen Bodenvolumen aufgenommen werden. Bewässerungsmengen von 30 bis 40 ml pro Tropfstelle und Gabe bei einem Einschaltpunkt von 90 hPa und einer Meßtiefe von 15 cm sind im Hinblick auf die Speicherfähigkeit des Bodens als obere Grenze anzusehen.

Bei großflächiger Tröpfchenbewässerung kann die Verteilgenauigkeit zu einem Problem werden, und zwar durch ungenau arbeitende Tropfer, durch Alterung und Verschmutzung der Tropfer, ungleiche Druckverhältnisse und durch Auslaufen des Tropfsystems nach Beendigung des Bewässerungsvorganges. Auch Verlegefehler können die Ursache von Ungenauigkeiten sein. So müssen bei starkem Gefälle und langen Tropfleitungen druckkompensierende Tropfsysteme eingesetzt werden. Bei sehr langen Tropfleitungen (40 bis 50 m) ist eine Wassereinspeisung von der Mitte her angebracht.

Der vom Hersteller empfohlene, optimale Betriebsdruck, besser noch die optimale Wasseraustrittsmenge pro Zeiteinheit, ist unbedingt einzuhalten. Letztere wird mit einer Wasseruhr kontrolliert. Es sollte durch selbstschließende Tropfer oder Auslaufventile sichergestellt werden, daß die Systeme nicht leerlaufen können und damit die tiefste Stelle vernässen. Alternativ könnte das System nach jedem Bewässerungsvorgang über Ablaufventile schnell entleert werden. Dabei wird dieses Restwasser aufgefangen und wiederverwertet.

Die regelmäßige Zufuhr von Wasser bzw. Nährlösung führt über eine Verbesserung der Kohlenhydratproduktion nicht nur zu höheren Ertragsleistungen, sondern auch zu einer Erhöhung der Frostresistenz und zu einer etwas geringeren Alternanzanfälligkeit (von Jahr zu Jahr schwankende Erträge durch unterschiedliche Intensität von Blütenanlagen). Letzteres wurde bei Äpfeln nachgewiesen.
(→ Gießwasserqualität)

Überschußsymptome von Nährstoffen

(→ Mangelsymptome, siehe auch Beschreibungen bei den einzelnen Nährstoffen)

Ultrafiltration

(→ Nährlösungs-Desinfektion)

Umkehrosmose

Die Umkehrosmose ist ein sehr altes und bekanntes Verfahren zur Wasserentsalzung. Dabei geht es vornehmlich um die Entsalzung von Natriumchlorid (NaCl). Das Wasser wird unter hohem Druck mit 20 - 60 bar durch eine Membrane gepreßt. Dabei läßt die Membrane Wassermoleküle passieren, hält aber die Salze fest. Auf den beiden Seiten der Membrane entsteht durch die semipermeable Durchlässigkeit unterschiedlicher osmotischer Druck. Auf einer Seite verbleibt gutes Gießwasser und auf der anderen Seite reichert sich das Wasser sehr mit Salzen an.

Normalerweise streben beide Seiten einen Ausgleich der Konzentrationen an. Zu vergleichen ist dieses mit einer Zelle in einer Pflanzenwurzel, die Wasser anzieht, solange der Salzgehalt in der Zelle höher ist als außerhalb. Um salziges Wasser zu reinigen, wird es in die entgegengesetzte Richtung und entgegen der natürlichen Neigung geleitet. Daher der Name Umkehrosmose. Um diese Richtungsumkehr zu erreichen, ist der hohe Gegendruck erforderlich. Je salzhaltiger das Grundwasser, desto höher muß er sein. Ohne diesen Gegendruck würde sich sehr schnell wieder ein Konzentrationsausgleich herstellen.

Von dem Grundwasser geht etwa die Hälfte als entsalztes Gießwasser über die Beregnungsanlage in den Pflanzenbestand, die andere, salzhaltige Hälfte des Wassers wird in den Untergrund zurückgeleitet. Dabei ist es wichtig, daß der „Retour-Brunnen" wesentlich tiefer als der „Entnahme-Brunnen" ist. Eine anderweitige Entsorgung ist über Abfuhr, Ausbringung auf Freilandflächen (nicht mehr als 75 mg Cl/m^2/Jahr) oder über die Kanalisation (fast immer verboten) möglich.

Der Salzgehalt des entsalzten Wassers liegt zwischen 0,01 und 0,2 EC.

Nach niederländischen Berechnungen (1993) kostet ein Kubikmeter entsalztes Wasser incl. Gebühren bei einer Menge von 2.000 m^3 9,81 Gulden und bei 10.000 m^3 2,42 Gulden/m^3.

Insgesamt ist die Umkehrosmose durch die hohen Installationskosten von 40.000,- bis 50.000,- DM und die laufenden Betriebskosten (die vom Chloridgehalt des Wassers und der entsalzten Wassermenge abhängen) sehr teuer. Die Nutzungsdauer beträgt maximal acht Jahre.

Tab. 71: Umrechnung von mmol und µmol in mg

mmol/l		= mg/l	µmol/l		= mg/l
Stickstoff (N)	1 mmol/l	14 mg N/l	Eisen	Fe	0,056 mg Fe/l
Phosphor (P)	1 mmol/l	31 mg P/l	Mangan	Mn	0,055 mg Mn/l
Kali (K)	1 mmol/l	39 mg K/l	Zink	Zn	0,065 mg Zn/l
Calcium (Ca)	1 mmol/l	40 mg Ca/l	Bor	B	0,011 mg B/l
Magnesium (Mg)	1 mmol/l	24 mg Mg/l	Kupfer	Cu	0,064 mg Cu/l
			Molybdän	Mo	0,096 mg Mo/l

Tab. 72: Umrechnungsfaktoren für Nährelemente

Gesucht	Gegeben	Faktor	Gesucht	Gegeben	Faktor
Ca	$CaCO_3$	0,4004	Mg	MgO	0,6032
Ca	CaO	0,7147	MgO	Mg	1,6580
CaO	Ca	1,3990	Mg	$MgCO_3$	0,2880
CaO	$CaCO_3$	0,5603	Mg	$MgSO_4$	0,2020
$CaCO_3$	Ca	2,4970	Mg	$MgSO_4 . H_2O$	0,1760
$CaCO_3$	CaO	1,7850	Mg	$MgSO_4 . 7\ H_2O$	0,0990
$Ca(OH)_2$	CaO	1,3210	N	NO_3	0,2259
Cl	NaCl	0,6066	N	NH_4	0,7765
K	K_2O	0,8302	NH_3	NH_4	0,9441
K_2O	K	1,2046	NH_4	NH_3	1,0590
P	P_2O_5	0,4364	Na	Cl	0,6485
P_2O_5	P	2,2914	Na	NaCl	0,3934
P	PO_4	0,3261	NaCl	Cl	1,6480
S	SO_4	0,3337			

Beispiel:					
	87 mg NO_3/l	x	0,2259	=	19,7 mg N/l
	130 mg K_2O/l	x	0,8302	=	108,2 mg K/l

Die Betreibung der Umkehrosmose-Anlage erfordert eine behördliche Erlaubnis. (→ Osmose, Wasserenthärtung)

Umrechnungen/ Umrechnungsfaktoren

National und international gibt es durch unterschiedliche Meßmethoden, aber auch durch unterschiedliche Berechnungsarten häufig noch unterschiedliche Bezeichnungen für gleiche Ergebnisse. So gibt es Angaben in mmol/l, µmol/l, EC-Werte, g/l usw. *(Tab. 71)*.

Aber auch verschiedene Nährstoffe müssen durch Faktoren von z.B. N auf NO_3 oder NH_4 umgerechnet werden *(Tab. 72)*. Das trifft auch zu, wenn man verschiedene Kalke auf CaO-Basis umrechnen will.

1 mmol/l = 1.000 µmol/l
1 µmol/l = 0,001 mmol/l

Kalkumrechnungsfaktoren

Bei der Bemessung der Kalkgaben ist stets zu berücksichtigen, daß der Calcium- und Magnesiumgehalt des Kohlensauren Kalkes grundsätzlich in der Carbonatform, also als $CaCO_3$ und $MgCO_3$, bei allen anderen Kalkdüngern aber in der Oxidform CaO und MgO angegeben wird. Ein Vergleich der Nährstoffmengen erfordert eine entsprechende Umrechnung mit bestimmten Umrechnungsfaktoren *(Tab. 73 u. 74)*.

Tab. 73: Kalkumrechnungsfaktoren

CaO	x	0,715	=	Ca
$CaCO_3$	x	0,400	=	Ca
$CaCO_3$	x	0,560	=	CaO
$MgCO_3$	x	0,478	=	MgO
Ca	x	1,399	=	CaO
Ca	x	2,497	=	$CaCO_3$
CaO	x	1,785	=	$CaCO_3$
MgO	x	2,092	=	$MgCO_3$

Tab. 74: Kalkumrechner für verschiedene Kalkarten

5	**10**	**15**	**20**	**25**	**30**	**40**	**50**	**100**	**dt Reinkalk CaO + MgO sind enthalten in:**
6	13	19	25	31	38	50	63	125	dt Branntkalk, 80 % CaO
6	11	17	22	28	33	44	56	111	dt Magnesium-Branntkalk 85 % CaO
9	19	28	38	46	56	75	94	188	dt kohlensaurem Kalk, 95 % $CaCO_3$
11	22	33	44	55	66	88	111	222	dt Thomaskalk 7, 45 % CaO+MgO
8	15	23	31	38	46	62	77	154	dt Löschkalk, 65 % CaO
8	16	24	32	40	48	64	80	160	dt Mischkalk, 60/65 % CaO
8	16	25	33	41	50	66	83	166	dt Rückstandskalk, 60 % CaO

Die auszubringende Mineraldüngermenge richtet sich nach der gewünschten Reinnährstoffmenge je Flächeneinheit und dem Reinnährstoffgehalt des Düngemittels *(Tab. 75)*. Umrechnungsfaktoren für Gießwasseranalysen nennt *Tab. 76*.

Tab. 75: Umrechnung von kg/ha Reinnährstoff in dt/ha bzw. kg/100 m^2 Mineraldünger

Düngemittel enthält % Reinnährstoffe	**Gewünschte Reinnährstoffmenge in kg/ha ergibt auszustreuende Mineraldüngermenge in dt/ha bzw. kg/100 m².**					
	20	**30**	**40**	**60**	**100**	**200**
4	5,0	7,5	10,0	15,0	25,0	50,0
5	4,0	6,0	8,0	12,0	20,0	40,0
6	3,3	5,0	6,7	10,0	16,7	33,3
7	2,9	4,3	5,7	8,6	14,3	28,6
8	2,5	3,7	5,0	7,5	12,5	25,0
9	2,2	3,3	4,4	6,7	11,1	22,2
10	2,0	3,0	4,0	6,0	10,0	20,0
12	1,7	2,5	3,3	5,0	8,3	16,7
14	1,4	2,1	2,9	4,3	7,1	14,2
15	1,3	2,0	2,7	4,0	6,7	13,3
16	1,2	1,9	2,5	3,8	6,3	12,5
17	1,2	1,8	2,4	3,5	5,9	11,8
18	1,1	1,7	2,2	3,3	5,6	11,1
20	1,0	1,5	2,0	3,0	5,0	10,0
22	0,9	1,4	1,8	2,7	4,5	9,1
26	0,8	1,2	1,5	2,3	3,8	7,7
28	0,7	1,1	1,4	2,1	3,6	7,1
30	0,7	1,0	1,3	2,0	3,3	6,7
34	0,6	0,9	1,2	1,8	2,9	5,9
40	0,5	0,8	1,0	1,5	2,5	5,0
50	0,4	0,6	0,8	1,2	2,0	4,0
60	0,3	0,5	0,7	1,0	1,7	3,3

Tab. 76: Umrechnungsfaktoren für Gießwasseranalysen

1 mmol/l	entspricht mg/l	1 µmol/l	entspricht mg/l	1 mmol/l	entspricht °dH
N	14,0	Fe	0,056	HCO_3	2,8 °dKH
P	31,0	Mn	0,055	Ca + Mg	5,6 °dGH
K	39,1	Zn	0,065		
Ca	40,1	B	0,010		
Mg	24,3	Cu	0,064		
Na	23,0				
Cl	35,5				

Werte zur Beurteilung der Gießwasserqualität

1 °dH = 10 mg CaO/l = 0,179 mmol CaO/l = 0,357 mmol/l Säurekapazität

1 mmol/l Säurekapazität bis pH 4,3 = 2,8 °dKH (Karbonathärte)

1 mmol/l Summe Erdalkalien = 5,6 °dGH (Gesamthärte)

µS/cm (Leitfähigkeit) multipliziert mit 0,62 = mg Salz/l (berechnet als KCl)

°dGH multipliziert mit 30 = Leitfähigkeit (µS/cm) bedingt durch Härte (→ Gießwasserqualität)

Umrechnung der Leitfähigkeit von Torf und Torfprodukten in Salzgehalt

Der Salzgehalt (Leitfähigkeit = LF) von Torf wird nach dem DIN 11 540 Gewichtsverfahren bestimmt. Dazu wird das Torfprodukt (Trockenmasse) mit entmineralisiertem Wasser im Verhältnis 1 : 25 extrahiert.

Der Salzgehalt wird nach folgender Gleichung errechnet und als KCl angegeben:

Der Wert 1,458 ist ein feststehender Faktor, der für Messungen der elektrischen Leitfähigkeit bezogen auf 20 °C ermittelt ist. Bei 25 °C liegt der Faktor bei 1,319.

Beispiel: Eine Torf-Ton-Mischung hat eine elektrische Leitfähigkeit von 400 µS/cm (bei 20 °C) und eine Rohdichte (Volumengewicht trocken) von 250 g/l.

$$\text{Salzgehalt} = \frac{400 \times 1{,}458 \times 250}{100}$$

$$= 1458 \text{ mg/l KCl}$$

$$= 1{,}458 \text{ g/l}$$

Wie sich Atomgewichte in Konzentrationen (ppm) umrechnen lassen, ist *Tab. 77* zu entnehmen.

Formeln:

$$\text{mval} = \frac{\text{ppm (oder mg/l)}}{\text{Äquivalentgewicht}}$$

ppm (oder mg/l) = mval x Äquivalentgewicht

$$\text{Salzgehalt mg/l} = \frac{\text{elektrische LF } (\mu\text{S/cm}) \times 1{,}458 \times \text{Rohdichte (Volumengewicht trocken) in g/l}}{100}$$

Tab. 77: Umrechnungsfaktoren von (Atomgewicht) mval nach mg/l (= ppm)

Ion	Symbol	Äquivalentgewicht
Natrium	Na^{++}	23
Calcium	Ca^{++}	20
Magnesium	Mg^{++}	12
Kalium	K^{+}	39
Chlorid	Cl^{-}	36
Sulfat	SO_4^{-}	48
Bicarbonat	HCO_3^{-}	61
Carbonat	CO_3^{2-}	61
Nitrat	NO_3^{-}	62
Ammonium	NH_4^{+}	18

Ureaform-N

(→ Dauerdünger - c3) Harnstoff-Formaldehyd)

Urgesteinsmehl

(→ Gesteinsmehl)

UV-Strahlung

Kosmische Strahlung wirkt in 60 bis 80 km Höhe auf den äußeren Rand der Erdatmosphäre ein. Diese Einstrahlung besteht zu 48 % aus langwelliger, zu 45 % aus infraroter Wärmestrahlung und zu 7 % aus kurzwelliger, ultravioletter Strahlung. Die ultraviolette Strahlung umfaßt den Wellenlängenbereich von 250 - 400 nm.

Der Name „ultraviolette Strahlung" rührt daher, daß das menschliche Auge sie als violett empfindet.

Die Erdatmosphäre schwächt die Solarstrahlung so stark ab, daß nur ein kleiner Teil die Erdoberfläche erreicht. Durch das in der Stratosphäre vorkommende Ozon wird die UV-Strahlung absorbiert.

Die UV-Strahlen werden in drei Bereiche eingeteilt.

<u>UV-C-Strahlung</u> ist für Lebewesen äußerst schädlich, wird aber in der Stratosphäre vollkommen absorbiert.

<u>UV-B-Strahlung</u> nimmt bei Bewölkung und in bestimmten geographischen Regionen (Äquatornähe) zu, ist aber nicht schädlich und hat eine sehr hohe biologische Wirksamkeit. Ihre Intensität sinkt mit der Luftverschmutzung, z.B. über Ballungs- und Industriegebieten.

<u>UV-A-Strahlung</u> passiert zu über zwei Drittel die Atmosphäre. Sie ist biologisch äußerst nützlich, z.B. für viele Stoffwechselprozesse (Bildung wichtiger Inhaltsstoffe, Wachstumsvorgänge usw.), kann gleichzeitig aber schädlich sein.

Eine zu hohe UV-Strahlung kann Schäden an Pflanzen verursachen. Da die Strahlung aber nicht tief in die Pflanze eindringt, kommt es nur zu Epidermis-Schäden. Pflanzen haben hierfür einen Reparaturmechanismus entwickelt, der als Photoreaktivierung bezeichnet wird. Sie bilden dabei spezielle „Reparaturenzyme", mit deren Hilfe UV-bedingte Schäden bis zu einem bestimmten Grad kurzfristig ausgeglichen werden können. Ein sehr wertvoller Schutz sind Wachs- und Haarschichten der Blätter. Je stärker die UV-Strahlung, umso stärker kann die Wachs- oder Haarbildung der in diesen Gebieten beheimateten Pflanzen sein. Das kann bei für den Verzehr gedachten Pflanzen (Blattgemüse, Früchte) negativ sein.

Primäre Schäden der UV-Strahlung an Pflanzen sind vermindertes Blattwachstum und Hemmung der Fotosynthese.

Pflanzen, die unter Glas herangezogen wurden, bekommen nach dem Auspflanzen ins Freiland manchmal einen „UV-Schock" *(Übersicht 17)*. Dieser zeigt sich im Ausbleichen der Blätter und Wachstumsverzögerungen. Besonders in Verbindung mit hohen Temperaturen können UV-Schäden verstärkt auftreten. Sie zeigen sich dann als Sonnenbrandschäden.

Übersicht 17: Typische, UV-bedingte Schäden an gärtnerischen Kulturen

Pflanzenart	Schädigung	Ort des Auftretens
Rose	Schwarzfärbung der Blütenkronblätter	Israel
Banane	Bronzefärbung der Früchte	Australien
Aubergine	Sonnenbrandschäden der Früchte	Japan
Erbse	Chlorophyllabbau in den Blättern	Australien
Tomate	Wachstumsdepressionen	Italien

(Nach RALF SYDOW, Dr. GEORG EBERT und Prof. Dr. PETER LÜDDERS, Berlin, aus TASPO-Gartenbaumagazin 12/1995, Seite 34)

Verdünnungseffekt

Bezeichnet wird hiermit das Absinken der Konzentration von Nährelementen in der Pflanze, obwohl die Menge der Nährstoffe in der Pflanze steigt. Bedingt ist dieses durch die relativ stärkere Produktion organischer Substanz. Vereinfacht ausgedrückt verteilen sich die aufgenommenen Nährstoffe in der wachsenden Pflanze auf immer mehr Pflanzenmasse, wodurch der Verdünnungseffekt bei der Konzentration entsteht. Eine große Rolle spielt dieses bei der Blattanalyse. (→ Blattanalyse/Pflanzenanalyse)

Vermiculit

(→ Zuschlagstoffe zu Substraten - Vermiculite, Tonminerale)

Abb. 105: Salzschäden (braune Blattspitzen) an Miltonie (Saffron Surprise 'Sunburst') infolge überhöhter Düngung Foto: Sommer

Versalzung

In der Pflanzenernährung ist immer eine Versalzung der Substrat- oder Bodenlösung gemeint. Eine zu hohe Salzkonzentration im Boden führt zur Plasmolyse (Wasserentzug aus der Wurzel und Abtrennung der Protoplasten von der Zellwand). Im Unterglasanbau kommt es häufiger zu Versalzungs- als zu Nährstoffmangelschäden *(Abb. 105)*.

In Gewächshäusern herrschen häufig aride Bedingungen (trockene Luft, nach oben gerichteter Wasserstrom) vor. Durch die Einstrahlung erwärmt sich die Luft und hat in der Regel ein hohes Sättigungsdefizit an Wasser. Dadurch findet eine starke Evapotranspiration von Boden und Pflanze statt. Durch den kapillaren Anstieg des Wassers und die Evaporation (Verdampfung) reichern sich Salze in den oberen Bodenschichten an. Diese können akute Schäden verursachen.

Bodensalze werden durch Düngung, können aber auch durch das Gießwasser zugeführt werden. Die zu hohen Salzgehalte in der Bodenlösung wirken sich zweifach auf das Pflanzenwachstum aus:

- allgemeine Salzwirkung (Osmose/Plasmolyse)

- spezielle Wirkung einzelner Ionen.

Als besonders stark schädigend in hohen Konzentrationen gelten Ammonium- und Phosphat-Ionen sowie Chlor- und Natrium-Ionen. Ca- und Mg-Salze haben dagegen eine positive, entgiftende Wirkung. Ist ein Ungleichgewicht unter den verschiedenen Ionen eingetreten, sollte man durch Zugabe von Einzelnährstoffdüngern das Gleichgewicht wieder herstellen, selbst auf die Gefahr hin, daß der Gesamtsalzgehalt weiter ansteigt.

Zur Vorbeugung vor Versalzungen sind folgende Maßnahmen zu ergreifen:

- Erhöhung der Luftfeuchte zur Vermeidung arider Verhältnisse,
- Bodenanalysen zur richtigen und ausgewogenen Düngung,
- geringe Bevorratungsdüngung und frühere Nachdüngung,
- dem Wachstumsrhythmus angepaßte Düngung,
- Verwendung salzarmen Gießwassers,
- Verwendung ballastarmer Dünger,
- Verwendung Bor-, Chlor- und Natrium-freier Dünger.

Eine eingetretene Versalzung kann man durch Auswaschung beheben. (→ Auswaschung, Osmose, Plasmolyse)

Versauerung

(→ Gare, pH-Wert, Pufferung, Säureschäden)

Versorgungsstufen

Ob ein Boden gut oder schlecht mit Nährstoffen versorgt ist, zeigt die Bodenanalyse. Anhand der dabei festgestellten Versorgungsstufe ist der Düngerbedarf zu ermitteln. Diese Versorgungsstufen werden in Zukunft im Rahmen der ordnungsgemäßen Landbewirtschaftung und des Bodenschutzgesetzes (→) eine immer größere Bedeutung erlangen. Darum werden sie nachfolgend beispielhaft für das Land Rheinland-Pfalz vorgestellt.

Das Ministerium für Landwirtschaft, Weinbau und Forsten Rheinland-Pfalz hat 1995 für die Versorgung mit Phosphor, Kali und Magnesium in der Landwirtschaft die in *Tab. 76* genannten Empfehlungen gegeben.

Für die in der *Tab. 78* aufgeführten, optimalen Werte bei Versorgungsstufe C (anzustreben) läßt das Ministerium die in *Tab. 79* genannten Zu- bzw. Abschläge gelten.

Für die verschiedenen Versorgungsstufen gelten ganz allgemein die in *Tab. 80* genannten Düngungsempfehlungen, um die Stufe C zu erreichen, zu erhalten oder wiederherzustellen.

Vitamine

(lat. vita = Leben und amin von Aminogruppe, weil der Name ursprünglich nur für N-haltige Vitamine gebraucht wurde). Vitamine sind eine wichtige Gruppe der Pflanzenwirkstoffe. Die Pflanzen syn-

Tab. 78: Versorgungsstufen mit entsprechenden Gehaltswerten (Sachgerechte Düngung in Rheinland-Pfalz, 1995)

Gehaltsklasse = Versorgungsstufe für mittlere Verhältnisse	**mg P_2O_5 (nach CAL) je 100 g Boden**	**mg K_2O (nach CAL) je 100 g Boden**	**mg Mg (nach CAL) je 100 g Boden**
A niedrig	0 - 7	0 - 7	0 - 3
B mittel	8 - 14	8 - 14	4 - 7
C anzustreben	15 - 25	15 - 25	8 - 12
D sehr hoch	26 - 38	26 - 38	13 - 18
E extrem hoch	> 38	> 38	> 18

Tab. 79: Erlaubte Zu- und Abschläge von den Optimalwerten bei Versorgungsstufe C durch das Ministerium für Landwirtschaft, Weinbau und Forsten Rheinland-Pfalz

Zu- oder Abschläge	mg P_2O_5 (nach CAL) je 100 g Boden	mg K_2O(nach CAL) je 100 g Boden	mg Mg (nach CAL) je 100 g Boden
leichte Böden	-	- 5	- 2
schwere Böden	-	+ 5	+ 2
Durchwurzelung < 60 cm	+ 1	+ 1	+ 1
Steinanteil > 30 %	+ 2	+ 2	+ 1
Humusgehalt > 2 %	- 1	- 1	-
Acker- bzw. Grünlandzahl < 40 > 60	+ 2 - 2	+ 2 - 2	+ 1 - 1
Niederschlag < 600 mm (Grünland < 800 mm)	+ 1 + 1	+ 2 + 2	+ 1 + 1
Jahrestemperatur < 8 °C	+ 2	-	-
Nährstoffgehalte im Unterboden > Versorgungsstufe A	- 2	- 2	- 1

Tabelle 80 Düngungsempfehlungen in Abhängigkeit von der Gehaltsklasse

Gehaltsklasse	Düngungsempfehlung
A	stark erhöhte Düngung
B	mäßig erhöhte Düngung
C	Erhaltungsdüngung (Entzug + Zuschlag)
D	1/2 Erhaltungsdüngung
E	z. Zt. keine Düngung

thetisieren Vitamine selbst, Tier und Mensch müssen sie mit der Nahrung aufnehmen. Es handelt sich um komplizierte, organische Wirkstoffe, die für Pflanze, Tier und Mensch unentbehrlich sind. Man unterteilt sie in wasserlösliche Vitamine (meist Bestandteile von Enzymen) und fettlösliche (spezifische andere Funktionen). Der Gehalt in Blättern liegt meist bei 1 - 100 ppm. Fehlen im Organismus von Mensch und Tier Vitamine, entstehen Krankheiten, die als Avitaminosen bezeichnet werden. Am häufigsten liegt jedoch nur ein Mangel an Vitaminen vor. Diese Mangelerscheinung wird als Hypovitaminose bezeichnet.

Stoffe, aus denen sich erst im menschlichen Körper Vitamine bilden, werden Provitamine genannt. So ist z.B. Vitamin A nicht in Pflanzen enthalten, dafür aber Provitamin A (Carotin), das im menschlichen Organismus zu Vitamin A umgebildet wird. In der Pflanzenernährung können Vitamine vor allem für keimende Pflanzen, die noch nicht über eine genügende Eigenproduktion verfügen, fördernd sein.

Einige Dünger enthalten Vitamine, der Flüssigdünger „Defisan", „Manalin F", „Wuxal Suspension Typ 1" z.B. Vitamin B_1, der Hydrodünger „Tewalin" enthält Vitamin D_1.

Die Düngung kann den Vitamingehalt der Pflanzen beeinflussen. Durch steigende N-Gaben nimmt der Vitamin-C-Gehalt in Gemüse ab, durch K-Gaben dagegen erhöht sich der Vitamin-C-Gehalt in der Frischsubstanz. Die P-Düngung hat keinen Einfluß. Eine Nitrat-Düngung bewirkt einen etwas höheren Vitamin-C-Gehalt als eine Ammonium-Düngung. Die Unterschiede im Vitamin C-Gehalt, hervorgerufen durch unterschiedliche Düngung, sind im allgemeinen aber nicht sehr hoch und haben daher keine praktische Bedeutung. Der Vitamin-C-Gehalt ist vielmehr ein genetisch bedingtes, familientypisches Pflanzenmerkmal.

Vitamin B_1 und B_2 werden durch die N-Düngung begünstigt, am stärksten jedoch Provitamin A (Carotin). Auch K steigert den Provitamin A-Gehalt etwas.

Wasserlösliche Vitamine sind:

Vit. B_1	Aneurin, Thiamin
Vit. B_2	Riboflavin, Lactoflavin
Vit. B_6	Pyridoxin, Adermin, Folsäure
Vit. B_{12}	Cobalamin
Vit. C	Ascorbinsäure

Fettlösliche Vitamine sind:

Vit. A	Axerophtol (Carotin)
Vit. D	Calcipherol
Vit. E	Tocopherol
Vit. K	Phyllochinon

Volmatic

(→ Düngeautomaten/Düngerbeimischer/Düngermischer - ungeregelte Düngerdosiergeräte)

Wachstumsregler

Von der Wirkungsweise her sind Wachstumsregler den Düngemitteln zuzuordnen, da sie Stoffe sind, die das Pflanzenwachstum beeinflussen. Seit 1969 werden sie aus juristischen Gründen aber den Pflanzenbehandlungsmitteln zugerechnet.

Wachstumsregler sind organische Wirkstoffe, die in biochemische Stoffwechselvorgänge der Pflanzen eingreifen und damit chemische und morphologische Veränderungen bewirken. Sie können sowohl pflanzeneigene Wirkstoffe sein als auch synthetische Wirkstoffe mit bestimmten gezielten Wirkungen.

<u>Wichtige Grundverbindungen zur Wachstumsregulierung sind:</u>

- Indolylessigsäure (IES) und -buttersäure (IBS)
- Naphtylessigsäure (NES, synthetischer Wuchsstoff)
- Gibberelline (längenwachstumsfördernd)
- Kinine (z.B. das alterungsfördernde Kinetin)
- Chlorcholinchlorid (CCC, Halmfestiger)

IES (→ Indolylessigsäure), IBS und NES sind Auxine (→). Kinine heißen heute auch Cytokinine. Von der Anwendung her kann man unterscheiden zwischen Wuchs- bzw. Hemmstoffen sowie Bewurzelungsmitteln, Fruchtbeeinflussungsmitteln usw.

<u>Als Anwendungszwecke kommen in Frage:</u>

- Förderung der Keimung
- Hemmung der Keimung
- Förderung der Stecklingsbewurzelung
- Steuerung des Blühbeginns
- Steuerung des Blatt- und Fruchtfalls
- Hemmung des Längenwachstums
- Verhinderung vorzeitiger Alterung von Pflanzenteilen
- Brechung der Apikaldominanz
- Verbesserung der Verlagerung von Photosyntheseprodukten aus den Blättern in die Reserveorgane der Pflanze
- Förderung der Seitentriebbildung
- Transpirationsbeeinflussung
- Herbizidanwendung usw.

(→ Abscisine, Äthylen, Auxine, Cytokinine, Gibberelline, Hemmstoffe, Phytohormone, Wirkstoffe)

Wasserbedarf

(→ Gießwassermengen in Gartenbaukulturen)

Wasserenthärtung

Gießwasser mit hoher Karbonathärte erhöht bei ständiger Anwendung den pH-Wert des Substrates. Dadurch kann es zur Festlegung von Spurennährstoffen kommen. In solchen Fällen muß man Maßnahmen zur Senkung der Karbonathärte und zur pH-Stabilisierung einleiten. Das gilt ganz besonders auch für die Hydrokultur. Dazu gibt es fünf verschiedene Möglichkeiten:

<u>**1. Das Mischen von hartem Brunnenwasser mit weichem Regenwasser**</u>

<u>Beispiel:</u>

Brunnenwasser hat eine Härte von 25 °dKH (deutsche Karbonathärte), das Regenwasser von 5 °dKH. Gewünscht wird eine Wasserhärte von 8 °dKH. Das Verhältnis wird folgendermaßen berechnet: 25 - 8 = 17 und 8 - 5 = 3.

Das Verhältnis beträgt also 17 Teile Regenwasser zu 3 Tei-len Brunnenwasser oder: Auf 1 l Brunnenwasser kommen 5,67 l Regenwasser.

2. Die Wahl der Dünger bzw. Säuren, die die Karbonathärte senken

Ein Teil der Düngung kann über Salpeter- und Phosphorsäure gegeben werden. Es ist darauf zu achten, daß der pH-Wert nicht unter 5,5 sinkt.

Beispiel für die Berechnung:

Das Gießwasser mit einer Karbonathärte von 25 °dKH soll auf 8 °dKH abgesenkt werden. Gewählt wird eine 65 %ige Salpetersäure mit einem Anteil von 14,5 % N. Drei Rechenschritte sind nötig:

1. Die Umrechnung von Karbonathärte in mmol/l. 10 °dKH entsprechen 3,57 mmol HCO_3/l.

2. Berechnung der Salpetersäure-Menge: 14.500 mmol/l entsprechen 1000 ml Salpetersäure und dementsprechend sind 3,57 mmol gleich 0,246 ml Salpetersäure.

3. Die Berechnung der Nitrat-N-Menge in 0,246 ml Salpetersäure: 100 l Salpetersäure enthalten 20,27 g N. Dementsprechend enthalten 0,246 ml = 49,8 mg NO_3-N.

In diesem Beispiel senken also 0,246 ml Salpetersäure pro l Wasser die Karbonathärte um 10 °dKH und liefern 49,8 mg N pro Liter. Diese N-Lieferung ist bei der Düngung unbedingt zu berücksichtigen.

Möglich ist auch der Einsatz von Oxalsäure und Schwefelsäure. Bei der Verwendung von Schwefelsäure rechnet man mit 10 ml konzentrierter Säure je m^3 Rohwasser zur Beseitigung von 1 °dH. Es ist dabei darauf zu achten, daß nur auf 5 °dH enthärtet wird, weil dieser Wert als optimal gilt. Wird eine Karbonathärte von 5 °dKH unterschritten, so können im Wasser freie Säuren auftreten, die zu Pflanzenschäden führen. Auf die hohe Unfallgefahr beim Umgang mit konzentrierter Schwefelsäure muß unbedingt hingewiesen werden. Beim Einsatz von Schwefelsäure erfolgt die Umwandlung der Karbonathärte in bleibende Härte. Eine Teilentsalzung erfolgt also nicht.

Bei der Verwendung von Oxalsäure sind zur Beseitigung von 1 °dH 22,5 g technische Oxalsäure je m^3 Rohwasser erforderlich. Hiert tritt mit der Senkung der Karbonathärte auch eine Teilentsalzung ein. Auch mit Oxalsäure muß man sehr vorsichtig umgehen.

Mit Ammoniumoxalat werden sowohl die Karbonat als auch die Gesamthärte beseitigt. Pro Härtegrad, um den das Wasser erniedrigt werden soll, werden 25,3 g Ammoniumoxalat/m^3 Wasser zugesetzt. Dadurch vermindert sich der Gesamtsalzgehalt. Ca-Oxalat fällt aus. Es bildet sich in Wasser gelöstes schwefelsaures Ammoniak.

Es ist zu beachten, daß enthärtete Gießwässer kein oder nur noch wenig Ca enthalten. Dadurch kann es u. U. zu Ca-Mangelschäden an den Pflanzen kommen. (→ Calcium)

3. Gebrauch von Spezialdüngern (Peters Exel und Osmosol) zur Enthärtung zu harten Wassers:

Diese Dünger für hartes Gießwasser enthalten Phosphorsalze, die die Karbonathärte und gleichzeitig die Bicarbonatkonzentration (HCO_3) verringern. Ein Beispiel zeigt *Tab. 81*.

4. Enthärtung durch Ionen-Austauscher

Heute umgeht man die Gefahr, die sich im Umgang mit Säuren zur Wasserenthärtung ergeben, durch die Enthärtung mittels Ionen-Austausch. Ionen-Austauscherharze sind in der Lage, bestimmte Ionen je nach Bedarf abzugeben und dafür andere aufzunehmen. Die

Tab. 81: Gießwasser-Enthärtung durch Spezialdünger

Ausgangshärte des Gießwassers in °dKH	0,5 g/l Peters Exel 18 + 10 + 19	1,0 g/l Peters Exel 18 + 10 + 19	1,5 g/l Peters Exel 18 + 10 + 19
°dKH	°dKH	°dKH	°dKH
9,18	7,28	5,52	3,67
11,48	9,63	7,81	5,97
13,77	11,92	10,11	8,26

aufgenommenen Ionen stammen aus den im Wasser gelösten Salzen. Kationen-Austauscher tauschen positiv geladene Ionen (Kationen) wie Ca, Mg, Na und K gegen H_3O^+ aus. Die Anionen-Austauscher tauschen negativ geladene Ionen (Anionen) wie Cl, SO_4, HCO_3 und CO_3 gegen OH^- aus. Anzustreben ist eine Karbonathärte von 5 °dKH = 1,79 mol/m³. Man unterscheidet zwischen einer Teilentsalzung und einer Vollentsalzung.

Die **Teilentsalzung** wird bei Wasser mit einer hohen Karbonathärte durchgeführt. Verwendet werden schwach saure Kationen-Austauscher, die alle zur Kohlensäure zugehörigen Härtebildner gegen Wasserstoffionen austauschen. Dieses sind vor allem Calcium und Magnesium. Dabei findet gleichzeitig eine Verringerung des Gesamtsalzgehaltes und eine pH-Wertabsenkung statt. Es entsteht etwa Regenwasserqualität.

Die **Vollentsalzung** kann sinnvoll sein bei Wasser mit hohen Salzgehalten. Verwendet werden stark saure Ionen-Austauscherharze, die Kationen aus dem Wasser aufnehmen und Wasserstoffionen (H_3O) an das Wasser abgeben. Anschließend werden dem Wasser mit stark basischen Ionen-Austauschharzen Anionen entzogen und dafür OH-Ionen abgegeben. Das Wasser wird auf diese Weise praktisch von Ionen befreit (deionisiert), weil sich H_3O-Ionen und OH-Ionen zu Wasser verbinden. Die beiden Ionen-Austauscher können auch gemischt in einem Filter verwendet werden. Die Harzaustauscher müssen regelmäßig regeneriert werden.

5. Wasserenthärtung mittels Magneten

Dieses stellt einen eher technischen (physikalischen) Weg der Wasserenthärtung ohne Chemie und Salzeinsatz dar. Eingesetzt werden ausschließlich mit Niederspannung betriebene Geräte für Gartenbaubetriebe. Sie arbeiten mit Magneten, deren Wirkung durch den Strom verstärkt wird. Dabei wird der im Wasser befindliche Kalk in seiner Struktur zerstört. Er bleibt so in gelöstem Zustand, kann nicht mehr verkrusten und die Rohrleitungen unbrauchbar machen. Weil der Kalk im Wasser verbleibt, ist dieses kein Verfahren, um Gießwasser zu enthärten, sondern nur, um „Kesselsteinbildung" in Rohren und Systemen zu verhindern.
(→ Basisdünger, Ionen-Austauscher)

Wasserentsalzung

(→ Umkehrosmose)

Wasserfilter

(→ Nährlösungs-Desinfektion)

Wasserhärte

(→ Calcium - Calcium und Gießwasser)

Wasserhaushalt

Die Wasserversorgung ist für den Gartenbau kein Mengen-, sondern ein

Qualitätsproblem. Im Verhältnis zum Erdöl scheint Wasser ein unbegrenzt vorhandener Stoff zu sein, doch 97 % unseres Wassers sind ungenießbares und weitestgehend unbrauchbares Meerwasser. Nur 3 % der insgesamt auf der Erde vorhandenen Wassermenge ist Süßwasser, und davon können wiederum nur 0,3 % genutzt werden.

2,2 % oder 7.798 km^2 der Grundfläche der Bundesrepublik Deutschland (356.970 km^2) sind Wasserflächen (Bäche, Flüsse, Ströme, Teiche, Seen). Zur Auffüllung der Grundwasserreserven stehen nur 35 Milliarden m^3 zur Verfügung, während der Verbrauch schon bei 41 Milliarden m^3 pro Jahr liegt. Allein aus Grundwasser kann der Bedarf heute nicht mehr gedeckt werden. Es muß zunehmend Uferfiltrat und gereinigtes Oberflächenwasser verwendet werden.

Die Bundesbürger hatten 1992 einen Pro-Kopf-Verbrauch an Trinkwasser von 138 l. Den höchsten Verbrauch in Europa hatten die Schweizer mit 260 l, den geringsten die Belgier mit 116 l/Kopf.

Wasserverbrauch je Einwohner in der BRD (private Haushalte und Kleinverbraucher):

Jahr	**1970**	**1980**	**1990**	**1992**
Verbrauch in l	114	137	146	138

Wasserkapazität

(→ Bodenwasser - Feldkapazität)

wasserlösliche Nährsalze

(→ Leitfähigkeit gebräuchlicher Dünger für die Flüssigdüngung)

Wasserqualität

(→ Gießwasserqualität)

Wassersammelbecken

Allgemeine Hinweise zum Beckenbau

Der Standort darf nicht die zukünftige Betriebsentwicklung behindern. Bei Freilandbecken ist an den Laubeintrag im Herbst zu denken. Berücksichtigt werden sollte auch die Sicherheit. Becken, von denen Unfallgefahren ausgehen können, erfordern zwingend eine Einzäunung (ca. 1,80 m hoch). Der Zaun sollte gleichzeitig kaninchen- und hasensicher sein. Für Menschen und Tiere müssen Rettungshilfen (Treppen, Leitern, Netze oder anderes) vorhanden sein. Bei Betonbecken sind feste Einstiegshilfen vorzusehen.

Auch an die Wasserreinhaltung sollte gedacht werden. Zur Reinigung sollen ausreichende Öffnungen angebracht sein. In offenen Becken sammeln sich in 3 - 4 Jahren ca. 20 bis 30 cm Bodenablagerungen. Darum ist regelmäßige Reinigung mit Schmutzwasserpumpen wichtig. Von Bedeutung ist auch, daß es eine restlose Entleerungsmöglichkeit gibt *(Abb. 106)*.

Beckengröße

Die Beckengröße richtet sich nach dem Wasserbedarf, der im Zierpflanzenbau mit 1,5 bis 2,0 m^3/m^2 Glasfläche/Jahr angegeben wird. Wassersparende Systeme benötigen bis zu 40 % weniger Volumen. Aber mehr noch richtet sich die Größe nach der Niederschlagsmenge und der zeitlichen Verteilung der Niederschläge. Ganz grob läßt sich sagen, daß der Verbrauch im Sommer bei 4 bis 5 l/m^2/Tag liegt. Wird ein Vorrat gewünscht, der für 6 Wochen reichen soll, müssen 200 mm Niederschlag gespeichert werden, das sind 200 m^3 pro 1.000 m^2 Glasfläche. Bei wassersparenden Bewässerungssystemen kommt man mit 120 m^3 auf 1.000 m^2 aus *(Abb. 107)*.

Abb. 106: Ein 3-Wege-Schieber (sensorgesteuert) leitet den ersten, verschmutzten Schwall Regenwasser in die Kanalisation und vermindert so die Verschmutzung von Wassersammelbecken.
Foto: Beutler

In die Berechnung der Beckengröße muß auch einfließen, wenn das Wasser z.B. mit Brunnenwasser oder Stadtwasser verschnitten werden soll.

Im Jahresdurchschnitt geht man von 2 Liter/m^2/Tag aus. Es ergibt sich dann folgende Beispielsrechnung:

1.000 m^2 Gewächshausfläche,
1.000 m^2 Anbaufläche
Wasserverbrauch 2 l/m^2/Tag
1.000 mm Jahresniederschlagsmenge

1. Speichergröße bei Jahresniederschlag in 4 Regenperioden à 7 Tage

   Trockenperioden dazwischen
   ca. 85 Tage
   Speichergröße mindestens 170 m^3
   (85 Tage x 2 l/m^2)

2. Speichergröße bei Jahresniederschlag in 40 Regenperioden à 1 Tag

   Trockenperiode dazwischen ca. 8 Tage
   Speichergröße mindestens 16 m^3
   (8 Tage x 2 l/m^2)

Beträgt die Jahresniederschlagsmenge aber nur 500 mm, könnte das Becken kleiner sein, weil die auffangbare Regenmenge geringer wäre. Das Speichervolumen könnte dann mit 125 m^3 angenommen werden. Die für die Bewässerung fehlenden 45 m^3 müßten dann aus anderen Quellen (Brunnen, öffentliches Wassernetz) kommen.

Weil die Niederschlagsmengen jährlich sehr stark variieren können (Trocken- oder Naßjahre, in denen 2-3 mm monatlich, aber auch 100 und mehr mm Niederschlag fallen kann), darüber hinaus

Abb. 107: Bau eines Wassersammelbeckens. Die Größe richtet sich nach der zu bewässernden Fläche und durchschnittlichen Niederschlagsmenge am jeweiligen Standort Werkfoto: Beutler

auch regional noch sehr unterschiedlich sind (je nach Höhenlage 300 bis 1.000 mm), muß man von Durchschnittswerten ausgehen. Man rechnet in Deutschland mit einer durchschnittlichen Jahresniederschlagsmenge von 600 mm.

Ausgehend von einem maximalen monatlichen Wasserbedarf von 60 bis 150 mm in den Sommermonaten und einer beabsichtigten zweimonatigen Bedarfsspeicherung ergibt sich eine notwendige Beckengröße von 120 - 300 m^3 je 1.000 m^2 Kulturfläche.

Mit dieser Beckengröße ist es möglich, den größten Teil des Risikos, der aus der ungleichmäßigen Niederschlagsverteilung entsteht, abzudecken und zudem einen hohen Anteil des Winterüberschusses zu nutzen. Unter 50 m^3 pro 1.000 m^2 Kulturfläche sollte die Beckengröße nie sein.

Eine sinngemäß gleiche, aber etwas andere Rechnung, macht Peter Ulsamer, Waldbrunn, auf. Er bedient sich bestimmter Verteilungsfaktoren für die Regenfälle. Er sagt aber selbst, daß für die Berechnung dieses Faktors viel Erfahrung notwendig ist.

Beispiel 1:

Eine Gärtnerei liegt im Regenschatten eines Mittelgebirges mit 2.300 m^2 Glasfläche. Dafür soll ein Regenwassersammelbehälter gebaut werden. Der durchschnittliche Jahresniederschlag beträgt 550 mm (= 0,55 m^3/m^2). Es sind häufige Sommergewitter zu beobachten und auch in „normalen Jahren" sind längere Trockenperioden möglich. Hier ergibt sich die Formel:

2.300 m^2 x 0,55 m^3/m^2 = 1.165 m^3

Faktor 1/6 => 194 m^3 Beckengröße

(Rechnung: 1.165 : 6 = 194)

Beispiel 2:

Bei der gleichen Gärtnerei auf der Luv-Seite des Mittelgebirges ohne Gewitterneigung und mit gleichmäßiger Regenverteilung muß der Verteilungsfaktor 1/9 eingesetzt werden.

2.300 x 0,55 m^3/m^2 = 1.165 m^3

Faktor 1/9 => 129 m^3 Beckengröße

(Rechnung: 1.165 : 9 = 129)

Beckenarten

Grundsätzlich ist zwischen Tiefbehältern in der Erde, die überbaut werden können, offenen Behältern, geschlossenen Hochbehältern und Folienteichen zu unterscheiden.

Bei den Behältern gibt es Plastiktanks für geringe Wasservolumen und Stahltanks für größere Wassermengen, die aber wegen der Korrosion ungeeignet sind, monolithisch gefertigte Betonfertigbehälter bis zu 12 m^3 Fassungsvermögen, Stahlbetonbehälter als Hoch- oder als Tiefbehälter. Die Tiefbehälter haben den Vorteil, daß sie unter Parkplätzen, Hofflächen und sogar unter Gewächshäusern errichtet werden können und somit keine zusätzlichen Flächen beanspruchen. Außerdem sind sie algen- und frostsicher.

Wassersammelbehälter mit Stahlmantel müssen über einen Nachweis der Standfestigkeit nach DIN 18 914 verfügen. Je nach Landesbauordnung ist in der Regel ab 50 m^3 Inhalt eine Baugenehmigung notwendig. Aus Gründen der Standsicherheit müssen die Behälter 40 cm tief ins Erdreich eingelassen werden. Bei Freilandaufstellung darf sich beim Gefrieren des Wassers keine geschlossene Eisdecke im Behälter bilden. Es sollen nur typengeprüfte Behälter aufgestellt werden.

Folienteiche sind heute gegenüber früher auch weniger platzbeanspruchend, da sie bis zu 6 m tief gebaut werden können. Früher wurden sie mit etwa 2 m Tiefe errichtet. Auch ist die Wallneigung heute steiler, bis 60 °, dadurch wird pro Fläche wesentlich mehr Wasser gespeichert. Der Aushub wird rund um den Teich zu einem Wall aufgeschüttet, wodurch Wasser auch über normalem Niveau gespeichert werden kann. Auch muß so der Bodenaushub nicht mehr abgefahren werden. Die Folie sollte aus umweltverträglichem Polyethylen (PE) sein, frei von Schwermetallen, chlorierten Kohlenwasserstoffen, Dioxinvorstufen und Weichmachern. Sie sollte thermisch stabil und UV-stabilisiert sein. Auch nach langem Gebrauch werden solche Folien nicht brüchig. Die hohe Reißfestigkeit ermöglicht es auch, große Folienflächen von bis zu 500 m^2 in einem Stück zu fertigen. Bei Folienteichen rechnet man mit einer mittleren Lebensdauer von 10 Jahren. (→ Algen in Wasserbecken)

Wasserschutz und Düngung

Dem Schutz des Grundwassers kommt eine immer größere Bedeutung zu. Auch durch übermäßige Düngung ist das Grundwasser (z.B. durch Nitrateintrag) gefährdet. Es gibt zahlreiche Möglichkeiten dieses zu verhindern, Wasser und Nährstoffe gezielter einzusetzen und ihren Verbrauch zu reduzieren *(Tab. 82)*.

(→ Auswaschung von Nährstoffen aus dem Boden, Nitrat)

Wasser und Umwelt

Der Wasserbedarf steigt noch immer stetig an. Die zunehmende Versiegelung der Landschaft durch Straßen, Plätze und Bauwerke läßt immer weniger Wasser direkt versickern, was zur Absenkung des Grundwasserstandes führt. Durch Begradigung von Flußläufen und Bächen, Drainierung usw. vergrößert sich die Fließgeschwindigkeit des Oberflächenwassers, in der Folge wird qualitativ gutes Regenwasser schneller in die Meere abgeführt. Die menschlichen Eingriffe in Wasserhaushalt und Natur sind Ursache nicht nur für Dürre und Trockenheit, sondern auch für Hochwasser und Überschwemmungen. Der Wasserkreislauf ist mit der Gestalt eines Baumes vergleichbar, bei dem der Stamm der Fluß, die Äste die kleineren Flüsse, die Zweige die Bachläufe darstellen. Das Laub stellt wasserauf-

Tab. 82: Maßnahmen zur Verringerung des Wasser- und Nährstoffbedarfs

Maßnahmen	Schnittblumenanbau		Topfpflanzenanbau		Eriken- u. Azaleenanbau	
	Glas	Freiland	Glas	Freiland	Glas	Freiland
Boden-, Substratproben	+	+	+	+	+	+
Dünnschichtkultur	+	-	-	-	-	-
Tröpfchenbewässerung	+	+	+	+	+	+
Tensiometereinsatz	+	+	+	+	+	+
Impulsgießwagen	-	-	+	+	+	+
Depotdünger-Einsatz	0	0	0	0	0	0
pH-Messung	+	+	+	+	+	+
EC-Messung	+	+	+	+	+	+
Düngeplan	+	+	+	+	+	+
Geschlossene Systeme	+	-	+	-	+	-
Daten-Logger	+	+	+	+	+	+

(nach Sabine Gerhard, LK Rheinland, Straelen) + = möglich, 0 = bedingt möglich, - = nicht möglich.

saugende Moore, Sümpfe, Feuchtbiotope und Feuchtwiesen dar. Durch Maßnahmen wie Trockenlegung, Versiegelung, Flußbegradigung, Uferbefestigung, Flußbettvertiefung, Beseitigung von Bächen und Rinnsalen und Drainierungen erhöhte sich die Fließgeschwindigkeit des Wassers dramatisch. In Bayern gefallener Regen brauchte, bevor der Mensch in den Kreislauf eingriff, Monate, bevor er in die Nordsee gelangte. Heute sind es nur noch wenige Tage.

Die Umwandlung von Laub- und Mischwäldern in reine Nadelwälder hat das Problem ebenfalls verschärft. Nadelbäume halten den Regen in ihren Kronen kaum fest wie es die Laubbäume tun, und durch die nadelbedeckte, „ölige" Oberfläche dringt kaum Wasser in den Boden ein. Auch natürliche Grundwasserstandsabsenkung durch Flußbettvertiefung und technische Grundwasserstandsabsenkung durch immer mehr und immer größere und tiefere Brunnen verschärfen das Problem und führen in Trockenzeiten zu Wassermangel für die Vegetation.

Grundwasserschutz

Der Anteil qualitativ guten Wassers sinkt durch die Einwaschung von Chemikalien aus Industrieerzeugung, Haushalten und Düngestoffen im Agrarbereich. Der Gartenbau ist Teil der Agrarwirtschaft und wegen seiner intensiven Kulturweise in die Kritik geraten.

Überschüssiges Wasser im Gartenbau ist immer mit Düngestoffen und Resten von Pflanzenhilfsstoffen belastet. Dieses trifft vor allem auf Nitrat zu.

Zum Schutz des Wassers wurde am 25. Juli 1986 das Gesetz zur Ordnung des Wasserhaushaltes (WHG) erlassen, das seit Beginn des Jahres 1987 in Kraft ist. In § 19, Abs. 1 Satz 3 heißt es: „Soweit es das Wohl der Allgemeinheit erfordert, das schädliche Abfließen von Niederschlagswasser sowie das Abschwemmen und den Eintrag von Bodenbestandteilen, Dünge- oder Pflanzenbehandlungsmitteln in Gewässer zu verhüten, können Wasserschutzgebiete festgesetzt werden. Wird dadurch die ordnungsgemäße land- oder forstwirtschaftliche Nutzung eines Grundstücks beschränkt, so ist für die dadurch verursachten wirtschaftlichen Nachteile ein angemessener Ausgleich nach Maßgabe des Landesrechts zu leisten."

In Nordrhein-Westfalen gilt hierfür eine „dezentrale Ausgleichsregelung" nach dem kooperativen Modell. Das heißt, betroffene Betriebe müssen sich mit ihrem Wasserversorgungsunternehmen über die Höhe der Ausgleichszahlung einigen. Die Gartenbaubetriebe müssen also in jedem Einzelfall die Höhe ihres Verlustes bzw. die Mehrkosten nachweisen. Zur Zeit gibt es aber wieder Bestrebungen, auch für die verschiedenen Sparten des Gartenbaues im Prinzip (nicht in der Höhe) ähnliche Pauschalpreise einzuführen, wie sie in der Landwirtschaft praktiziert werden. In Baden-Württemberg wurde zur Zahlung des Ausgleiches für alle Bewohner der sogenannte „Wasserpfennig" als Abgabe eingeführt. Aus diesem Topf werden die Gelder zur Entschädigung der landwirtschaftlichen Betriebe entnommen. Heilquellenschutzgebiete werden wie Wasserschutzgebiete behandelt.

Für Wasserschutzgebiete gibt es eine Schutzgebietseinteilung:

- Schutzzone I ist der Fassungsbereich und umfaßt die unmittelbare Umgebung der Brunnen.
- Schutzzone II basiert auf der 50-Tage-Linie und umfaßt in der Regel 50-100 m. Diese Strecke durchfließt das Grundwasser innerhalb von 50 Tagen und erreicht den Brunnen.

- Schutzzone III schließt sich außen an die Schutzzone II an und unterteilt sich nochmals in die Schutzzonen IIIa und IIIb.

In den einzelnen Schutzzonen gibt es unterschiedliche Auflagen, die sich von III nach I verschärfen. Solche Ge- und Verbote können sein: Verbot des Umbruchs von Dauergrünland; Verbot des Aufbringens von Gülle, Klärschlamm - ganzjährig oder vom 1. Oktober bis 15. Februar eines jeden Jahres -; Verbot des Aufbringens von Festmist auf Ackerland; ganzjähriges Verbot für das Aufbringen von Stickstoffdüngern usw., aber auch das Verbot der Neuanlage oder Erweiterung von Gartenbaubetrieben. Weiterhin müssen hier erwähnt werden die Neuanlage oder Erweiterung von Intensivkulturen, die Verwendung von Pflanzenschutzmitteln mit W-Auflage (Wasserschutzauflage), das Verbot der Düngung ohne Düngeplan usw.

Ungeachtet der Rechte der „ordnungsgemäßen Landbewirtschaftung" kann die oberste Wasserbehörde zentral für alle Wasserschutzgebiete (WSG) durch Rechtsverordnung die Anwendung von Pflanzenschutzmitteln zeitweilig oder ganz verbieten. Weiterhin kann sie den Pflanzenanbau ganz oder zeitweilig verbieten bzw. einschränken. Eine solche Machtfülle resultiert aus der politischen Entscheidung, daß Trinkwasser in genießbarer Qualität vorrangig zur Verfügung zu stellen ist, vor allen anderen Forderungen. Als Wasserschutzgebiete sind 10,4 % unserer Landesfläche ausgewiesen.

Grenzwerte

Im Zusammenhang mit Wasser sind zwei internationale Regelungen von Bedeutung. Es handelt sich dabei um die EG- „Grundwasser-Richtlinie" von 1979 und die „Trinkwasser-Richtlinie" von 1980. Hier ist festgelegt, daß bestimmte Stoffgruppen nicht ins Grundwasser gelangen dürfen. Dazu gehören: organische Halogen- und Phosphorverbindungen, im Wasser krebserregend, mutagen (erbgutverändernd) oder teratogen wirkende (Mißbildungen hervorrufende) Stoffe sowie Zyanide, also Stoffe, die teilweise heute noch als Pflanzenbehandlungsmittel angewendet werden.

Seit dem 23. März 1990 sind nach der „Allgemeinen Verwaltungsvorschrift über die nähere Bestimmung wassergefährdender Stoffe und ihre Einstufung entsprechend ihrer Gefährlichkeit" (VwVwS) rund 700 Stoffe und Stoffgruppen als wassergefährdend eingestuft. Gleichzeitig teilt die Vorschrift diese Stoffe und Stoffgruppen in Wassergefährdungsklassen (WGK) ein. Für das Lagern, Abfüllen oder Umfüllen solcher Stoffe muß eine wasserrechtliche Genehmigung auch außerhalb von Wasserschutzgebieten vorliegen.

Unter den 700 Stoffen befinden sich „einige Dutzend" Pflanzenschutz- und Düngemittel.

Es gibt dabei drei Gefährdungsklassen:
1. = schwach wassergefährdend
2. = wassergefährdend
3. = stark wassergefährdend

Aus einer Anfrage der SPD an die Bundesregierung vom Mai 1992 geht hervor, daß es zwischen zehn und vierzig Pfennig pro Kubikmeter kostet, Trinkwasser von Pflanzenschutzmittelrückständen zu befreien. Dieses allerdings nur unter der Voraussetzung, daß die Wasserwerke über die technischen Möglichkeiten dazu verfügen. Andernfalls können bei den Nachrüstungen erhebliche Kosten, bis zu 1,50 DM/m^3, entstehen. Wenn chemische Pflanzenschutzmittel weiter im bisherigen Umfang eingesetzt werden, müssen jährlich rund 260 Millionen DM für das Entfernen der Rückstände im Trinkwasser aufgewendet werden.

Nach der Trinkwasserverordnung von 1986 gilt seit 1989 für chemische Stoffe zur Pflanzenbehandlung und Schädlingsbekämpfung einschließlich toxischer Hauptabbauprodukte ein Grenzwert von je 0,1 μg Einzelsubstanz/l Grundwasser und von 0,5 μg/l für die Summe dieser Substanzen. Dieses gilt nicht nur in Wasserschutzgebieten, sondern flächendeckend.

Weerdt

(→ Leitfähigkeit gebräuchlicher Dünger für die Flüssigdüngung)

Weidelgräser

(→ Gründüngung)

Weißtorf

(→ Substratkomponenten und ihr Einfluß auf die Düngung)

Wertigkeiten von Ionen

Anzahl der positiven oder negativen Ladungen eines Ions (z.B. 1-wertig: K^+, Na^+; 2-wertig: Mg^{2+} (oder Mg^{++}), SO_4^{2-} (oder SO_4^{--}); 3-wertig: PO_4^{3-} (oder PO_4^{---}).

Wird ein Wasserstoffatom als einwertig bezeichnet, dann ist ein Natriumatom auch einwertig, denn ein Grammatom Natrium vermag ein Grammatom Wasserstoff zu ersetzen. Zink und Aluminium z.B. sind dagegen zwei- bzw. dreiwertig, denn ein Grammatom Zink vermag zwei Grammatome Wasserstoff aus der Salzsäure zu verdrängen.

Die Wertigkeit der Ionen spielt in der Pflanzenernährung eine Rolle bei der Nährstoffverfügbarkeit (→ Adsorption, Hydration). In *Tab. 83* werden für einige Nährelemente die Wertigkeiten aufgeführt. Die Hauptwertigkeiten sind unterstrichen.

Wirkstoffe

Höhere Pflanzen unterscheiden sich von den Tieren dadurch, daß sie alle lebensnotwendigen organischen Stoffe aus anorganischen Bausteinen selbst aufzubauen vermögen. Durch diesen, Assimilation genannten Stoffwechselvorgang ist die Pflanze im ernährungsphysiologischen Sinne autotroph. Auch Vitamine baut sich die Pflanze selbst auf.

Die Bezeichnung „Wirkstoffe" gilt als Sammelbegriff für Hormone bzw. Vitamine, Fermente bzw. Enzyme. Wirkstoffe

Tab. 83: Wertigkeiten von Nährelementen (Hauptwertigkeiten unterstrichen)

Element	Wertigkeit	Element	Wertigkeit
Aluminium	3	Magnesium	2
Arsen	$\underline{3}$, $\underline{5}$	Mangan	$\underline{2}$, 3, $\underline{4}$, 6, $\underline{7}$
Blei	$\underline{2}$, 4	Molybdän	2, 3, 4, 5, $\underline{6}$
Bor	3	Natrium	1
Brom	$\underline{1}$, 5	Nickel	$\underline{2}$, 3
Chlor	$\underline{1}$, 3, 5, 7	Phosphor	$\underline{3}$, 4, $\underline{5}$
Eisen	$\underline{2}$, $\underline{3}$, 6	Schwefel	$\underline{2}$, 4, $\underline{6}$
Fluor	1	Silicium	4
Kalium	1	Stickstoff	$\underline{3}$, $\underline{5}$
Calcium	2	Zink	2
Kupfer	1, $\underline{2}$, 3	Zinn	2, 4

sind im entwicklungsphysiologischen Sinne organische Verbindungen, die die normale, geordnet ablaufende Entwicklung der Organismen leiten. Sie stellen die Bindeglieder zwischen dem Gen und dem Merkmal dar. Wirkstoffe sind also einerseits Genprodukte, andererseits aber Bausteine für Fermente bzw. Enzyme. Wirkstoffe finden sich in der Pflanze in äußerst niedrigen Konzentrationen. Die ausgelöste Entwicklungsförderung ist abhängig von der Konzentration. Wird die optimale Konzentration überschritten, so schlägt die Förderung in eine Entwicklungshemmung um. Dem entwicklungsförderndem Wirkstoff steht sehr oft als Antagonist ein Hemmstoff gegenüber.

Jeder natürliche Wirkstoff ist nur in einer ganz bestimmten chemischen Konstitution aktiv. Wirkstoffe liegen in der Pflanze nicht allein in einer aktiven, sondern als Reservewuchsstoff auch in einer inaktiven Form vor. Diese können aktiviert werden. Die Synthese der Wirkstoffe bzw. ihrer wesentlichen Bausteine erfolgt offenbar vorwiegend in den grünen Blättern unter Lichteinfluß.

Zu den Wirkstoffen zählen:

Wuchsstoffe:
Auxine, Gibberelline, Cytokinine, Biowuchsstoffe (Vitamine). Im Boden kommen die Wuchsstoffe Indolylessigsäure und Gibberellinsäure, Vitamine und Humusstoffe vor.

Hemmstoffe:
Stoffe, die schon in geringsten Mengen das Pflanzenwachstum hemmen, wie z.B. Vanillinsäure. Sie werden teilweise auch im Boden von Mikroben gebildet.

Resistenzstoffe:
Antibiotika wie Streptomycin oder Terramycin, die von den Pflanzen aufgenommen werden und die Resistenz erhöhen. Antibiotika werden nicht von Pflanzen, sondern nur von Bodenpilzen (Mykorrhiza) erzeugt.
(→ Antibiotika, Auxine, Cytokinine, Gibberelline, Hemmstoffe, Hormone, Humusstoffe, Indolylessigsäure, Mykorrhiza, Vitamine, Wachstumsregler)

WZ Wuxal

(→ Blattdüngung, Vitamine)

Zeigerpflanzen

(→ Leitpflanzen/Indikatorpflanzen/Zeigerpflanzen)

Zellulose

Wichtigstes und hauptsächliches Baumaterial der Zellwand. Zellulose gehört zu den Kohlenhydraten (→) und baut sich aus langen Ketten (bis zu 100.000 Glieder) von Glukoseresten auf. Zellulose ist sehr schwer zersetzbar und bildet den Hauptbestandteil der Dauerhumusformen.

Zeolithe

In Ungarn in großen Mengen vorkommende, meist farblose, weiße oder graue Silikatminerale aus Aluminium, Silicium und Sauerstoff. Sie sind sehr wirksame Ionen-Austauscher. Rund 50 verschiedene Zeolithe kommen natürlich, meist als vulkanische Ablagerungen vor. Etwa weitere 100 werden künstlich hergestellt.

Die natürlichen Zeolithe sind dreidimensionale Netzwerke, die von Hohlräumen und Kanälen durchzogen sind. Im natürlichen Zustand sind sie mit Wassermolekülen gefüllt. Beim Erhitzen werden sie entwässert, wobei sie aufschäumen, sie sieden. Bereits 1756 entdeckte dieses der Chemiker Axel Cronstedt. Er nannte diese Minerale „Zeolithe", vom Griechischen zeo = ich koche. Im Volksmund heißen sie auch „Siedesteine".

Verwendet werden Zeolithe im Gartenbau u.a. als Substrate in der Hydrokultur und in der Dachbegrünung, aber auch bei der Wasseraufbereitung. Da Zeolithe preiswert sind, könnten sie in Trockengebieten auch großflächig im Freiland eingesetzt werden. Auf die Bodenoberfläche gestreut wirken sie wie ein Schwamm, saugen nachts den Tau auf und geben ihn an die Pflanzenwurzeln ab. Zeolithe enthärten darüber hinaus Wasser und speichern es, verbessern den Lufthaushalt der Böden und Substrate und filtern Schadstoffe.

Zeolithe verhalten sich im Gegensatz zu Blähton oder Steinwolle nicht neutral. Sie sind gute Ionen-Austauscher. In den Hohlräumen ihrer Kristallstruktur sind Kationen reversibel gebunden. Dadurch können Nährstoffmängel oder -überschüsse ausgeglichen und Schwankungen des pH-Wertes abgepuffert werden. Mit 180 - 200 mmol H^+/100 g haben Zeolithe eine extrem hohe Austauschkapazität. Die Ionen sind an die positiv oder negativ geladenen Oberflächen der Hohlräume angelagert. Negative Ladungen werden von positiv geladenen Elementarteilchen, z.B. Natrium-, Kalium- oder Calciumionen, ausgeglichen. Sie können von anderen, in Wasser gelösten Ionen mit stärkeren Bindungskräften verdrängt werden - sie werden ausgetauscht.

Zeolithe enthalten von Natur aus Spurenelemente. (→ Algen in Wassersammelbecken, Ionen-Austauschdünger)

Zersetzungsgrad von Torf

Torf kann schon bei Lieferung sehr unterschiedliche Zersetzungsgrade aufweisen. Je weniger zersetzt ein Torf ist, desto heller und voluminöser (lockerer) und desto besser ist er. Wenig zersetzter Torf (Weißtorf) hat viele lufthaltende Grobporen. Stark zersetzter Torf ist Schwarztorf. Der Zersetzungsgrad von Torf wird mit H bezeichnet und reicht von H1 (= wenig zersetzt) bis H10 (= stark zersetzt). Bestimmt wird der Zersetzungsgrad durch eine Quetschprobe per Hand. Man nimmt eine Handvoll feuchten Torf und preßt ihn zusammen. Dabei tritt unterschiedlich gefärbtes Wasser bis hin

Übersicht 18: Bestimmung des Zersetzungsgrades für Torf nach der von-Post-Skala

Zersetzungs-grad H	abgepreßtes Wasser	Anteil des zwischen den Fingern ausgepreßten Torfes	Beschaffenheit des Torfrestes
H1	klar, farblos	nichts	elastisch
H2	nahezu klar, gelb-braun	nichts	elastisch
H3	kaum trüb, braun	nichts	nicht breiig
H4	sehr trüb, braun	ein bißchen	ein bißchen breiig
H5	sehr trüb, schwärzlich	mäßig	mäßig breiig
H6	dunkel	1/3 der Torfmasse	stark breiig
H7	sehr dunkel, schlammig	1/2 der Torfmasse	nur Baumteile, Wurzeln usw.
H8	nur eine kleine Menge schlammiges Wasser	2/3 der Torfmasse	nur Baumteile, Wurzeln usw.
H9	kein freies Wasser	nahezu alles	kaum etwas
H10	kein freies Wasser	alles	nichts

zu Torfbrei zwischen den Fingern aus. Anhand dieser Färbung und Konsistenz wird der Zersetzungsgrad bestimmt *(Übersicht 18)*.

Nach der für Torf erstellten DIN 11 540 werden Torfe mit den Zersetzungsgraden H1 bis H3 als wenig zersetzte Torfe, H4 bis H6 als mäßig zersetzte, H7 bis H10 als stark zersetzte bezeichnet.
(→ Substratkomponenten...)

Z Zink (Zn)

Schwermetall. Kation Zn^{2+}.

Zink hat mit Kupfer viele Eigenschaften gemeinsam. Mit Kupfer und Molybdän gehört es zu den drei schwersten, lebensnotwendigen Elementen.

Zink im Boden

Im Boden kommt Zink ausschließlich in zweiwertiger Form vor. Es wird stark vom Bodensorptionskomplex gebunden, seine Konzentration in der Bodenlösung ist gering, seine Verfügbarkeit steigt mit der H-Ionenkonzentration (niedriger pH-Wert) und seine Neigung, mit organischen Molekülen Verbindungen einzugehen, ist fast so ausgeprägt wie beim Kupfer. Zink kommt im Gitter verschiedener Mineralien vor (Biotit, Augit und Hornblenden). Vielfach steht es hier anstelle des Magnesiums. Das so fixierte Zink ist den Pflanzen nur sehr schwer zugänglich. Am Sorptionskomplex kann das Zink als Zn^{2+} oder $ZnOH^{+}$ bzw. $ZnCl^{+}$ gebunden sein. Neben dem fixierten und besonders stark sorbierten Zink gibt es im Boden auch schwerlösliche Zn-Salze. Seine Verfügbarkeit ist umso geringer, je höher der pH-Wert ist. Im Boden ist Zink gering beweglich. Die Gesamtgehalte in Böden liegen häufig bei 10 - 300 ppm, überwiegend als anorganische Reserve. Hohe Gehalte kommen in Galmeiböden mit viel Zn-Carbonat vor.

Meist sind die Böden ausreichend mit Zink versorgt. Ein Mangel tritt vor allem in Gebieten mit hohem Bedarf der Pflanzen wegen starker Sonneneinstrahlung, bei gleichzeitig geringem Gehalt an mobilem Zink infolge hoher pH-Werte auf.

Zink in der Pflanze

Zink wird nur in geringen Mengen von der Pflanze aufgenommen. Wegen der geringen Beweglichkeit des Zn im Boden kommt es auf den unmittelbaren Kontakt zwischen Pflanzenwurzel und Bodenpartikeln an. Die Zn-Aufnahme der Pflanzen wird sehr stark vom pH-Wert und vom Phosphatgehalt des Bodens beeinflußt. Seine Beweglichkeit in der Pflanze ist nicht besonders groß, es kann jedoch sowohl in basipetaler wie auch in akropetaler Richtung transportiert werden. In jungen Blättern ist die Beweglichkeit im Vergleich zu älteren Blättern groß. Das aufgenommene Zink als Zn^{2+} oder Zn-Chelat ist nur zum kleinen Teil wasserlöslich oder sorbiert, der größte Teil ist an organische Substanz gebunden. Der Gesamt-Zinkgehalt in Pflanzenteilen liegt bei 2 - 100 ppm.

Funktion des Zink

Die Wirkungsweise von Zink weist gewisse Parallelen mit Mg^{++} und Mn^{++} auf, die sich bei der Aktivierung von Enzymen z.T. ersetzen können. Zwischen dem Zink- und dem Eiweißgehalt der Pflanzen bestehen enge Wechselbeziehungen: Zn-Mangel reduziert die Eiweißsyntheserate. Zn greift also unmittelbar in den Eiweißstoffwechsel ein. Über diese Funktion nimmt Zink auch direkten Einfluß auf die Chlorophyllbildung. Darüber hinaus spielt Zink bei der Wuchsstoffbildung (Auxinstoffwechsel) und bei der RNS-Synthese eine wesentliche Rolle. Bei Zinkmangel, so zeigten neuere Untersuchungen, ist die RNS-Synthese und der Proteinaufbau gehemmt.

Antagonismus - Synergismus

Der pH-Wert und der Phosphat-Gehalt des Bodens beeinflussen unter praktischen Verhältnissen die Zink-Aufnahme am empfindlichsten durch eine vermehrte Festlegung. Steigende pH-Werte und steigende Phosphat-Gehalte veringern die Verfügbarkeit von Zink. Die negative Wirkung einer Kalkung auf die Zn-Verfügbarkeit ist aber ausschließlich auf die pH-Wert-Erhöhung zurückzuführen. Die erhöhte Ca-Konzentration hingegen hat weder auf die Verfügbarkeit noch auf die Zink-Aufnahme Einfluß. Phosphor legt Zn nicht im Boden, sondern in der Wurzel fest. Außerdem hemmt Phosphor den Zink-Transport in der Pflanze in akropetaler Richtung (von der Wurzel zum Sproß). Dadurch sind die Zink-Gehalte der Blätter am niedrigsten.

Auch höhere Eisen- und Kupfer-Gehalte können die Zn-Aufnahme hemmen. Die Zn-Verfügbarkeit ist sehr abhängig vom Ton- und Humusgehalt und deren Sorptionsvermögen.

Zink-Mangel und Mangelsymptome

Zink-Mangel ist typisch für Gebiete mit sehr starker Sonneneinstrahlung. Hauptsächlich wird er durch eine Fixierung des Zinks und nicht durch einen echten Mangel hervorgerufen. Eine wirtschaftliche Bedeutung kommt dem Zink-Mangel fast nur bei Obstbäumen zu.

Die Symptome: Chlorotische, sich schnell vergrößernde Flecken mit kleinen oder größeren, abgestorbenen Zonen (Aufhellung bis zu weißer Farbe). Sie gehen von den älteren Blättern aus und breiten sich über die ganze Pflanze aus, allgemein sind die Flecken auf die Interkostalfelder begrenzt, z.T. aber auch auf sekundäre und primäre Blattnerven ausgedehnt. Jüngere Blätter sind meist dick, spröde und sehr klein („Kleinblättrigkeit"). Die Blätter haben häufig weite Stielbuchten, auffallend kurz sind die Internodien. Der Sproß ist gestaucht (Zwergwuchs) mit büschelartigem Blattwuchs („Rosettenbildung").

Bei Obstbäumen wird das Öffnen der Knospen behindert. Junge Schösslinge sterben ab, die Blätter werden häufig vorzeitig abgeworfen. Die Rinde ist rauh und brüchig. Die Befruchtung der Pflanzen und die Entwicklung der Keimlinge werden durch Zn-Mangel negativ beeinflußt.

Zink-Überschußsymptome

Zink fördert die Chlorophyllbildung. Zu hohe Zn-Gehalte führen allerdings wieder zu einer Minderung des Chlorophyllgehaltes, wahrscheinlich u. a. über eine Störung des Fe-Stoffwechsels. Bei Zn-Überschuß kommt es häufig zu Fe-Mangel (vergleiche hierzu *Abb. 43* beim Stichwort Eisen - Eisenmangel).

Zink-Überschuß verursacht allgemein unspezifische Schäden, die darüber hinaus sehr selten sind.

Niederländische Fachzeitschriften berichten von Zink-Schäden, die an Pflanzen auftreten, wenn Gießwasser über Pflanzen ausgebracht wird, das von verzinkten Gewächshäusern (Rinnen und Sprossen) und aus verzinkten Leitungsrohren stammt.

Gehalte und Grenzwerte

In Substraten liegt der Optimalbereich bei 0,5 bis 5 mg/l Substrat. Im Gießwasser gelten Werte über 1 mg Zn/l Wasser als zu hoch. 0,5 bis 1 mg Zn/l sind schon sehr hoch. Nitratwerte über 20 mg NO_3/l und pH-Werte unter 6,5 lösen Zink aus den Rohrwandungen, dadurch kann es zu Schäden an den Pflanzen kommen.

In der Trockensubstanz der Pflanze führen Werte unter 15 ppm zu Mangelsymptomen, gelten Werte von 30 - 100 ppm als optimal und sind über 200 (bis über 400) ppm toxisch.

Zink-Dünger

- Zinksulfat mit Gehalten von 23 % bis 55 % Zink,
- Zink-Chelat als Zn-EDTA,
- Zinkoxid (z.B. Mandeltra Zink) mit 70 % Zink,
- Exello (Cu-Dünger) mit 5 % Zink,
- Müll- und Klärschlammprodukte enthalten oft erhebliche Mengen Zink.

Beim Einsatz von Zinksulfat als Blattdünger ist Vorsicht geboten, da es als relativ sauer wirkendes Salz leicht Ätzschäden hervorruft. Basische Zinksulfate oder Zink-Chelat eignen sich daher zur Blattdüngung besser. Zinkoxid und Exello-Kupferdünger sind langsam wirkende Blattdünger.

Zuschlagstoffe zu Substraten

Bims und Lava

Bims und Lava sind Aluminiumsilikate und werden als Zuschlagstoffe zu gärtnerischen Substraten sowie zu Spezial-Substraten z.B. für die Dachbegrünung oder zur Baumsanierung verwendet. Die Rohstoffe kommen überwiegend aus der Eifel. Vor 11.000 Jahren wurde das gesamte Neuwieder Gebiet durch Vulkanausbrüche mit einer 6 - 7 m hohen Bimsschicht überdeckt. Die Lagerstätten sind einmalig in Mittelwest-Europa. Ähnliche Vorkommen gibt es erst wieder auf Island, in Griechenland, Italien, der Türkei sowie den Kanarischen Inseln.

Beide Lava-Gesteine bestehen zum größten Teil aus Silicium. Bims enthält außerdem 22 % Aluminium, etwa 8 % Natrium und 6 % Kali. Der Rest besteht aus 2 % Eisen, 2 % Kalk, 0,5 % Magnesium, 0,5 % Titan, 0,75 % Mangan und 0,5 % Phosphor.

Lava hat nur 43 % Silicium und 12 % Aluminium. Dafür sind 10 % Eisen, 11 % Kalk und 12,5 % Magnesium enthalten.

Die pH-Werte liegen bei Bims zwischen 7,0 und 7,8 und bei Lava zwischen 6,5 und 7,5. Die Gehalte an löslichem Salz liegen bei beiden unter 0,015 %.

Ihre ausgeprägte Fähigkeit, wie ein Schwamm Wasser zu speichern, macht sie so wertvoll. Die Steine haben ein sehr großes, luftgefülltes Hohlraumvolumen - vor allem der Bims. Er ist so leicht, daß er auf dem Wasser schwimmt. Auch bei Wassersättigung liegt der Luftgehalt über 15 %. Da das Material im Laufe der Kulturzeit relativ stark zerfällt, ist es nur begrenzt einsetzbar. Die Austauschkapazität für Kationen (→) und Phosphat (→) ist gering.

Flachsschäben

Flachsschäben sind der Holzteil, der die Faserbündel der Flachspflanze umschließt und nach der Ernte in aufwendigen Verfahren von der Pflanze getrennt werden muß. Sie fallen bei der Gewinnung von Leinfasern in großen Mengen an. Bisher wurden sie zu Briketts gepreßt und verbrannt.

Bei Verwendung in Substraten geht die Zersetzung sehr langsam vor sich. Wichtig ist die richtige Fraktionierung. Bei Zusatz von Flachsschäben wird der pH-Wert leicht gesenkt. Vorteile sind die Strukturstabilität, das geringe Gewicht und der niedrige Salzgehalt. Nachteilig ist, daß bei zunehmender Zersetzung immer mehr Stickstoff festgelegt wird. In den ersten zwei Wochen werden etwa 5 - 10% des Stickstoffs gebunden. Auch in der Folgezeit kommt es zu weiteren N-Festlegungen.

In einem Liter reine Schäben sind enthalten: 450 mg Nitrat, 70 mg Phosphat, 10 mg Kali und 80 mg Magnesium. Der hohe Stickstoffanteil kommt in der Kultur aber nicht voll zum Tragen, weil das C : N-Verhältnis sehr weit und Stickstoff gebunden ist. Der Substratanteil sollte 10 % nicht übersteigen.

Hygromull

Ein Harnstoff-Formaldehydharz. Im Gegensatz zu Styromull ist Hygromull ein offenzelliges Produkt, das sowohl Wasser als auch Nährstoffe aufnehmen und abgeben kann. Es verbessert die Durchlüftung und den Wasserhaushalt von Substraten. 50 - 70 Vol.-% Wasser können absorbiert werden *(Abb. 108 und 109)*.

Die Verbesserung des Lufthaushaltes entsteht dadurch, daß das in den Substratkapillaren befindliche Wasser wegen der Saugkraft des Hygromulls schnell gebunden wird. Die dadurch „wasserentleerten" Kapillaren können sich rascher wieder mit Luft füllen. Diese kapillare Luft steht für alle Stoffwechselvorgänge (Wurzelatmung) und alle physikalischen und chemischen Reaktionen zur Verfügung.

Hygromull besteht zu je 30 Gew.-% aus Stickstoff (N) und Kohlenstoff (C) (C : N-Verhältnis von 1 : 1). Das ist sehr günstig, wenn sich das Produkt langsam zersetzt. Die jährliche Abbaurate liegt bei 3 - 5 % und kann bei niedrigen pH-Werten auf 15 - 20 % ansteigen. Das Volumengewicht ist mit 20 g/l sehr niedrig.

Hygromull hat einen pH-Wert von 3,0. Bei pH-Werten des Substrates unter 4,5 erfolgt eine Freisetzung von Stickstoff. Bei normalen pH-Werten von 5,5 bis 7,0 ist dieses nicht von Bedeutung. Bei niedrigen pH-Werten muß die Stickstofffreisetzung aber berücksichtigt werden. Sie kann die Ursache von Schäden (Stickstoff-Überdüngung) sein. Substrate mit Hygromull dürfen nur dann gedämpft werden, wenn sie einen hohen pH-Wert haben.

Zu Torfsubstraten werden allgemein 20 - 30 Vol.-% Hygromull zugesetzt. Hygromull sollte immer einige Tage vor der Substratverwendung beigemischt werden, damit das anhaftende Formaldehyd entweichen kann. Sinnvoll ist es aus dem gleichen Grunde auch, die Säcke schon einige Tage vor dem Hygromull-Gebrauch zu öffnen. Der Restformaldehydgehalt soll unter 2,5 % liegen.

Abb. 108: Die Zuschlagstoffe Hygromull, Styromull und Hygropor Foto: ZIT

Abb. 109: Mischung eines Rasentragschichtsubstrates nach DIN 18035, Teil 4 mit einen Radlader. Zumischung von Hygromull zur Verbesserung der Wasserspeicherung Werkfoto: Compo

Abb. 110: Kokosfasern als Zuschlag zu Torfsubstraten verbessern die Wasserversorgung der Pflanzen Foto: Archut

Hygromull hat einen Salzgehalt von 100 - 300 mg/l (0,1 - 0,3 g/l). Zu hohe Hygromullbeimischung kann bei zu schneller Zersetzung auch den Salzgehalt des Substrates erhöhen.
(→ Hygromull)

Kokosfasern

Kokosfasern sind Abfallprodukte bei der Herstellung von Matten und Schnüren aus Kokosfaser. Es sind Reste der Außenschalen von Kokosnüssen. Die meisten kommen aus Sri Lanka. Millionen feinster Fasern mit Kapillarwirkung speichern bei Zugabe zu Substraten wie winzige Schwämme Feuchtigkeit (bis zum achtfachen des Eigenvolumens) und sorgen so für eine ausgeglichene und lang anhaltende Wasserversorgung der Pflanzen. Auch verrotten Kokosfasern wesentlich langsamer als z.B. Torf und bleiben immer locker. Dadurch werden die Wurzeln immer ausreichend mit Luft versorgt *(Abb. 110)*.

Unter Umständen können Kokosfasern sehr hohe Salzgehalte haben (bis 3,2 g/l). Das liegt vor allem am Aufbereitungsverfahren zur Fasergewinnung. Um die Fasern besser von Schale und Kern trennen zu können, werden die Nüsse in vielen Ländern mehrere Tage im Brackwasser der Lagunen eingeweicht (Mazeration). Nur in Süßwasser eingeweichte Kokosnüsse sind zur Produktion von Kokosfasersubstraten geeignet. Bei Einlagerung in Brackwasser gelangen im Wasser enthaltene Salze in die Fasern. Der Schwankungsbereich beim Kali reichte von 35 bis 2.100 mg/l. Der Stickstoffgehalt ist mit 1 bis zu 10 mg/l sehr niedrig. Auch der Phosphatgehalt ist mit 6 - 20 mg/l niedrig. Als Vorteil gilt die gute Drainagewirkung; als Nachteil die häufig zu hohen Natrium-, Chlorid- und Calcium-Gehalte.

Die Stickstoffbindung von Kokosprodukten kann ähnlich wie bei Rindensubstraten sehr hoch sein. Je nach Herkunft und Aufbereitung wurde eine Stickstoffbindung zwischen 47 und 274 mg/l festgestellt. Die stärkste Stickstoffbindung wurde bei geschnittenen Kokosfasern ermittelt.

Der pH-Wert liegt zwischen 5,0 und 6,5. Er sinkt während der Kulturzeit ab. Darum ist eine Aufkalkung mit 3 - 4 kg kohlensaurem Kalk/m^3 anzuraten. Späterer Kalkbedarf kann auch noch mit Kalksalpeter gedeckt werden. Kokosfasern haben eine hohe Kationen-Austauschkapazität.

Bei einigen Lieferungen sind exotische Unkräuter aufgelaufen, deren Beseitigung erhebliche Probleme machte. Probleme bereiteten anfangs beim Maschinentopfen auch die zu langen Fasern. Mit der Kurzfaser Cocopor ist dieses Problem heute auch gelöst. Coco Peat ist ein aus Kokosfasern gepreßtes Brikett. Es quillt unter Zusatz von 3 - 4 l Wasser zu rund 10 l feinem, weißtorfähnlichem Substrat auf. Es ist gemahlen und von Faseranteilen befreit. Obwohl Coco Peat sehr fein ist, soll das Porenvolumen und die Luftkapazität hoch sein. Auch dieses Produkt wird von einigen Erdenherstellern als Zuschlagstoff verwendet.

Einige Lieferungen können einen erhöhten Anteil von sehr feinem Kokosschalenabrieb enthalten. Dadurch erhöht sich das Volumengewicht, während der Porenanteil sinkt. Die Wasserkapazität steigt und die Luftkapazität nimmt ab.

Heute scheinen alle zu Beginn aufgetretenen Schwierigkeiten durch Abstellen der Problemursachen behoben zu sein. Der Kokosfaseranteil in Substraten sollte allgemein nicht über 20 % liegen.

Perlite

Perlite, ein Aluminiumsilikat, ist ein Produkt aus vulkanischem Gestein, das in

Abb. 111: Perlite als vulkanisches Mineral (im Vordergrund) und aufgschäumt durch Erhitzung auf 1000°C Werkfoto: Archut

Abb. 112: Im Garten- und Landschaftsbau verbessert Perlite das Substrat bei der Pflanzung von Hochstämmen Werkfoto: Deutsche Perlite

Abb. 113: Perlite ist im Zierpflanzenbau (hier bei Schnittrosen) auch als alleiniger Substratbestandteil einsetzbar und muß für die Düngung nicht berücksichtigt werden Werkfoto: Archut

Griechenland, auf der Insel Milos, sowie in Ungarn vorkommt. Es wird zerkleinert und bei 1000 °C schockerhitzt. Dabei dehnt es sich aus. Nach dem Abkühlen besitzt es ein Volumengewicht von 40 - 120 g/l und ist damit sehr leicht. Das aufbereitete Material hat einen hohen Anteil geschlossener Zellen. Das Markenprodukt „Agriperl" hat ein ausgewogenes Verhältnis zwischen geschlossenen Zellen und kapillar wirksamem Zellgefüge *(Abb. 111)*.

Bei Einmischung in Substrate erhöht es das Luftporenvolumen. Mit zunehmendem Anteil von Perlite im Substrat wird die Menge des pflanzenverfügbaren Wassers verringert. Die Sorptions- und Pufferungseigenschaft von Perlite ist sehr gering.

Der pH-Wert ist neutral, um 7,0. Substrate mit Perlite-Anteil sollen einen pH-Wert über 5,0 haben, weil sonst das frei werdende Aluminium pflanzenschädigend wirken kann.

Perlite ist rein mineralisch, frei von löslichen Salzen, pH-neutral, unverrottbar, dämpfbar, temperaturbeständig bis weit über 800 °C sowie von chemisch eindeutiger Zusammensetzung. Es besteht zu 65 - 80 % aus SiO_2, 12 - 16 % Al_2O_3, 1 - 10 % Na_2O, 1 - 5 % K_2O, 0 - 2 % CaO, 0 - 1 % MgO, 0 - 1 % Fe_2O_3 und 1 - 2 % gebundenem H_2O.

Schwermetallbelastungen und Pflanzenschutzmittelrückstände sind ausgeschlossen. Perlite wird in verschiedenen Körnungen, von 0/1 über 0/3 bis 0/6 mm, angeboten.

Perlite mindert das Substratgewicht, lockert und belüftet. Die Strukturstabilität ist dauerhaft. Das Wasserspeichervermögen wird bei gleichzeitig hohem Luftgehalt sichergestellt. Dem Vernässen von Substraten wird vorgebeugt. Bei Vermischung mit Torf oder mineralischen Substraten und Zuschlagstoffen verbessert Perlite die Wiederbenetzbarkeit *(Abb. 112)*. Bei Torfsubstraten erfolgt für Ebbe-Flut-Kultur eine Beimischung von 20 Vol.-% *(Abb. 113)*.

Reisspelzen

Es muß sich um (nach dem Parboiled-Verfahren mit 150 °C) dampfbehandelte Reisspelzen handeln, weil sonst Reiskeime und Unkrautsamen auflaufen *(Abb. 114)*. Auch nimmt die Verpilzung sehr stark zu. Die meisten der in Deutschland verwendeten Reisspelzen kommen aus der italienischen Po-Ebene.

Vorzüge sind hohes Porenvolumen, hohe Luftkapazität und gute Drainagewirkung. Nachteile sind die leichte N-Mobilisierung und der Gehalt an Hemmstoffen. Reisspelzen haben oft hohe Gehalte an löslichem, pflanzenverfügbarem Kali, was bei der Düngung berücksichtigt werden muß. Messungen ergaben Kali-Gehalte bis zu 610 mg/l. Der Salzgehalt von Reisspelzen ist mit 0,6 g/l relativ gering. Auffallend ist auch der hohe Silicium-Anteil. Er bewirkt die langsame Zersetzung der Reisspelzen im Substrat. Welchen Einfluß der Si-Gehalt auf das Pflanzenwachstum hat, ist nicht bekannt.

Der maximale Anteil von Reisspelzen sollte bei 20 Vol.-% liegen *(Abb. 115)*. Gesneriaceen, z.B. Saintpaulien, Gloxinien, dürfen keinesfalls in Substrate mit Reisspelzenanteil kommen, weil diese nicht identifizierte Stoffe enthalten, welche Schäden an Gesneriengewächsen verursachen.

Steinwolle

Grodanwolle BU 10 und BU 20

Wasserabweisendes Steinwollgranulat zur Beimischung von gärtnerischen Substraten. Das Produkt wird in verschiedenen Flockengrößen geliefert. BU 10 ist fein granuliert und für Topfgrößen bis 1 Liter bestimmt, BU 20 ist mittel granuliert, für Container von 1 - 3 Liter und größer. Inhaltsstoffe: 47 % SiO_2, 14 % Al_2O_3, 16 % CaO, 8 % Fe_2O_3, 10 % MgO, 2 % Na_2O_3, je 1 % Ti, K_2O und Mn. Die aufgeführten Nährstoffe im Grodan sind nicht pflanzenverfügbar.

Grodanwolle verbessert die Struktur und Drainageeigenschaften von Topfpflanzensubstraten und sichert den Wurzeln gute Luftzufuhr *(Abb. 116)*.

Das Material ist sehr porös, Porengehalt 97 %. Die Poren können sich ganz mit Luft füllen und tragen zu einem sehr hohen Luftaustausch des Substrates bei. Messungen in frisch granulierter Steinwolle ergaben einen relativ hohen pH-Wert von 7,5 - 8,5. Da Steinwolle keine Pufferwirkung hat, genügen schon geringe Mengen eines physiologisch sauren Düngers, um den pH-Wert auf einen niedrigeren Stand zu bringen. Grodan nimmt den pH-Wert des umgebenden Milieus schnell an. Eine eventuelle Kalkzugabe sollte deshalb nur auf die Menge der sonstigen Substratkomponenten ausgelegt werden. Während die Zugabe von Kalk also nur auf die anderen Substratkomponenten beschränkt bleibt, wird die Düngerzufuhr auf das gesamte Substratvolumen einschließlich des Grodans berechnet. Eine höhere Düngung als normal ist nicht erforderlich.

Der minimal empfohlene Zuschlag zu Substraten liegt bei 25 Vol.%. Anteile darunter bringen nicht genügend Luft in das Substrat. Um eine möglichst gleichmäßige Mischung zu erzielen, sollten die Grodan-Granulate leicht aufgelockert werden. Darum wird zunächst Grodan in die Mischtrommel gegeben, erst dann die anderen Substratkomponenten.

Beim Mischvorgang unterliegen Steinwollgranulate einer Verdichtung. Das führt zu einer Veränderung der physikalischen Eigenschaften. Sehr lockere Substrate mit hohem Porenanteil wie junger Weißtorf können durch die Zumischung von Grodan nicht verbessert werden. Nur Ausgangsstoffe mit höherem Feinporenanteil lassen sich in ihrer physikalischen Struktur verbessern.

Grodanwolle GU 10 und GU 20

Wassersaugendes Steinwollgranulat. In Abhängigkeit von der Flockengröße wird es für Vermehrungen (fein) und für Containerkulturen (mittel und grob) verwendet. Anwendung auch bei Mutterpflanzen- und speziellen Schnittblumenkulturen *(Abb. 117)*. Inhaltsstoffe: Wie Grodanwolle BU.

Das Granulat hat eine gute Strukturstabilität und eine hohe Wassersaugfähigkeit. Es kann bis zu 80 % pflanzenverfügbares Wasser halten. Dabei ist es vollkommen inaktiv und nimmt keinen Einfluß auf den pH-Wert.

Wassersaugendes Granulat wird mit 30 - 50 % wasserabweisendem Granulat gemischt, wenn ein lufthaltiges Substrat erwünscht ist. Das gewünschte Luft/Wasser-Verhältnis läßt sich problemlos über das Mischungsverhältnis steuern. Auch das wassersaugende Granulat wird den Substraten mit mindestens 25 Vol.-% beigemischt. Aussaaten können in 100 %, Stecklinge in 75 % Grodan-Granulat kultiviert werden.
(→ Steinwolle)

Styromull

Styromull (Polysterol) besteht zu 97 % aus Luft. Da es sich aber um ein geschlossenzelliges Produkt handelt, steht diese im Styromull eingeschlossene Luft für Stoffwechselvorgänge im Substrat nicht zur Verfügung. Mit Styromull bringt man zunächst keine wirksame Luft in das Substrat. Erst bei einem Substratanteil von

Abb. 114: Reisspelzen müssen vor der Verwendung in Substraten dampfbehandelt werden
Werkfoto: Archut

Abb. 115: Reisspelzen in Eriken-Substrat
Foto: Witt

über 30 % Styromull erhöht sich der pflanzenverfügbare Luftanteil des Substrates. Es handelt sich dabei um jene Luft, die sich bei flockigem Material zwischen mehreren, aneinanderliegenden Styromullflocken befindet. Auch weil sich das Substrat nicht eng an grobe Styromullflocken anschmiegen kann, entstehen in den Hohlräumen Luftreserven.

Styromull ist im Substrat absolut inert, das heißt, es zersetzt sich nicht, nimmt nicht an chemischen Prozessen teil, kann weder Wasser noch Nährstoffe speichern oder den pH-Wert beeinflussen, es verändert lediglich die physikalischen Eigenschaften des Substrates (Luft, Wasser, Wärme, Volumengewicht).

Styromull-Beimischungen mindern immer den Substratanteil im Topf. Damit wird das Sorptions- und Pufferungsvermögen des Substrates verringert. Bei 20 % Styromull-Beimischung paßt in einen 12-cm-Topf nur noch die Substratmenge (ohne Styromull) eines 10,5-cm-Topfes.

Soll die Nährstoffkonzentration in der Bodenlösung (Salzgehalt der Lösung) nicht ansteigen, so ist bei 20 % Styromull-Beimischung auch die Düngerbeimischung zum Substrat um 20 % zu reduzieren. Bei Styromull-Beimischung ist also frühere und häufigere Nachdüngung erforderlich. Aus diesem Grunde sollte man Endtopfsubstraten auch nie mehr als max. 20 Vol.-% Styromull beimischen.

Für den Zwischentopf und in der Anzucht sind Styromullzusätze durchaus zu vertreten.

Vermiculite

Während man unter Vermiculit das Ausgangs-Tonmineral bezeichnet, ist Vermiculit**e** das durch Schockerhitzung expandierte Al-Fe-Mg-Schichtsilikat. Der Name kommt aus dem Lateinischen: vermis bedeutet so viel wie Wurm, weil Vermiculit sich beim Erhitzen wurmartig aufrollt. Bei der Schockerhitzung (1 Minute auf 1000 °C) vergrößert sich das Volumen um das 10- bis 15-fache.

Das Volumengewicht liegt bei 80 - 130 g. Der pH-Wert des für gärtnerische Zwecke verwendeten Vermiculites liegt zwischen 6,0 und 6,8. Es ist ein inertes Material, das gebläht ein Vielfaches des Eigengewichtes an Wasser speichern kann. Es sind verschiedene Körnungen im Handel. Empfehlenswert ist die Körnung mit 2 - 4 mm Ø. Die Wasserkapazität beträgt 50 % und die Luftkapazität 45 %.

Abb. 116: Gutes Wurzelwachstum von *Gerbera*-Pflanzen in Grodanwolle
Foto: Braunsmann

Abb. 117: Grobes Grodan für geschlossene Kultursysteme, hier gesunde Wurzelbildung von frischgepflanzter *Gerbera* Foto: Braunsmann

Vermiculite mindert das Substratgewicht. Es lockert und lüftet gut, stabilisiert die Struktur aber nicht dauerhaft, weil die Kristallschichten sich gegeneinander verschieben und voneinander lösen können.

Vermiculite ist frei von Mikroorganismentätigkeit. Das Sorptionsvermögen für Anionen ist gering, lediglich Phosphat und unter Umständen NH_4-Ionen werden in größerem Umfang gebunden. Die Kationen-Austauschkapazität ist mit 100 - 150 mval/100 g relativ hoch. Der Kali-Gehalt beträgt 5 - 8 % und der Magnesium-Gehalt 9 - 12 %. Bei höheren Zuschlaganteilen sollte man dies bei der Düngung berücksichtigen, ansonsten ist dies nicht notwendig.

Zur Lockerung schwerer Substrate und Böden ist Vermiculite schlecht geeignet. Hierzu gibt es aber einen speziellen $MgCO_3$-haltigen Vermiculite. Geeignet ist Vermiculite als Vermehrungssubstrat oder besser noch nur zum Abdecken von Aussaaten zur Erhaltung gleichmäßiger Substratfeuchte.

Literatur

ALEXANDER, DR. A., u. a., Bundesarbeitskreis Düngung, Frankfurt a. Main, „Spuren- und Sekundärnährstoffe im Pflanzenbau", Verlag Schaab & Co GmbH, Düsseldorf.

ALT, PROF. DR. D., Zierpflanzenbau 5/1995, Seite 227-228, „Rationellere Untersuchung gärtnerischer Erden mit der $CaCl_2$/DTPA-Methode".

ALT, PROF. DR. D.; PETERS und GAUS, Agribiol. Res. 47,1,1994, „Die $CaCl_2$/DTPA-Methode zur Untersuchung gärtnerischer Erden auf Mengen und Spurenelemente", 1. Mitteilung: Phosphor, Kalium, Stickstoff, 2. Mitteilung: Kupfer und Mangan, 3. Mitteilung: Bor, 4. Mitteilung: pH-Bestimmung, 5. Mitteilung: Salz und Chlorid, 6. Mitteilung: Magnesium, 7. Mitteilung: Zink.

ALT, PROF. DR. D. und RIMMEK, J., Zierpflanzenbau 9/1996, Seite 412-414, „Software zur schnellen Kundenberatung in Düngungsfragen".

AMBERGER, A., „Pflanzenernährung", 2. Auflage 1983, Uni-Taschenbücher 846, Eugen Ulmer Verlag, Stuttgart.

ANDREAS, C., Deutscher Gartenbau 13/1996, Seite XIV-XX, „Düngung nach dem Cultan-Verfahren".

ANDREAS, C., TASPO-Gartenbaumagazin 1/1997, Seite 64-66, „N-Vorratsdüngung bei Gemüse ohne Auswaschungs- und Nitratprobleme".

Anonym, „Wichtige Zahlen 1996: Düngemittel", Industrieverband Agrar e.V., Frankfurt am Main.

Anonym, Vakblad voor de Bloemisterij 37a/1996, Sondernummer „Water". Mehrere Beiträge.

Anonym (ts), TASPO 19/1996, Seite 3, „Schäden durch Bor aus Bambus-Splitstäben".

Anonym (cha), TASPO 18/1996, Seite 8, „Richtig behandelter Kompost" und „Bakterien helfen beim Bewurzeln".

Anonym (K.F.), Deutscher Gartenbau 41/1995, Seite 2394-2395, „Zeolith als Kulturmedium".

Anonym, TASPO 3/1991, S. 7, „Manche Zuschlagstoffe bringen zusätzlich Salz ins Substrat".

Anonym (H.S.), Deutscher Gartenbau 45/1991, Seite 2839, „Solare Bodenentseuchung - ein umweltfreundliches Verfahren".

BAAB, G., Rheinische Monatsschrift 6/1996, Seite 392-394, „Fertigation und Tropfbewässerung".

BAAS, R. und WERTWIJN, R., Vakblad voor de Bloemisterij 24/1995, „Alleen hoge EC beinvloedt produktie negatief".

BACHER, W., Rheinische Monatsschrift 6/1996, Seite 412-413, „CULTAN - Neue Wege zur bewußten Stickstoffdüngung".

BACKHAUS, DR. G.F. und FELDMANN, DR. F., TASPO-Gartenbaumagazin 4/1996, Seite 12-14, „Mykorrhiza in gärtnerischen Substraten - endlich einsatzreif?"

BECK, M.; SCHLERETH, H. und FRENZ, F. W., Deutscher Gartenbau 39/1995, S. 2288-2290, „Umweltgerechte Düngung".

BECK, M.; SCHLERETH, H. und FRENZ, F. W., Deutscher Gartenbau 39/1995, S. 2291-2293, „Weiterentwicklung bei KliWaDu - Steuerung von Klima, Bewässerung und Düngung".

BEEL, IR. E., Deutscher Gartenbau 5/1991, S. 260-261, „Nährstoffauswaschung bei verschiedenen Düngungsmethoden".

BELKE, H., Zierpflanzenbau 22/1995, Seite 996, „Eignung und Einsatz von Mykorrhizapilzen im Erwerbsgartenbau".

BELKE, H., Zierpflanzenbau 6/1996, Seite 254-255, „Toxizitätstest für Substrate".

BELKE, H., Zierpflanzenbau 6/1997, Seite 266-269, „Substrataufwertung durch mineralische Zuschläge".

BELKER, N. und BRAUNSMANN, J., Fachinformation IPM 1989, „Bodenentseuchung durch Dämpfen".

BERGMANN, PROF. DR. AGR. HABIL. W. (Hrsg.), „Ernährungsstörungen bei Kulturpflanzen - Entstehung visuelle und analytische Diagnose", 3. Aufl., Gustav Fischer Verlag, Stuttgart 1993, 835 S.

BIRN, D., Gb + Gw 10/1993, Seite 652, „Calcium-Mangelschäden unterschätzt?"

BLOEMHARD, C., Vakblad voor de Bloemisterij 7/1996, Seite 42-43, „Microorganismen verlagen pH in druppelslangen".

BRINKJANS, DR. H. J., Deutscher Gartenbau 13/1996, Seite 795, „Düngeverordnung in Kraft".

BRUMM, DR. I. und SCHENK, PROF. M., Gb + Gw 14/1991, Seite 711 - 712, „Wie schädlich ist SO_4 im Gießwasser?"

BRUMM, DR. I. und SCHENK, PROF. M., Gb + Gw 8/1992, S. 403-404, „Ballastsalze: Einfluß auf Pflanzenqualität".

BUCHNER, A. und STURM, H., „Gezielter düngen", DLG-Verlags GmbH, Frankfurt/Main, 1979.

BULK, R. VAN DEN und MEIS, G., Vakblad voor de Bloemisterij 31/1992, Seite 46-47, „Omgekeerde osmose: een zekere onzekere toekomst?"

BUSCHMANN, DR.; MATYLAS; KEIPERT, DR.; PAPENHAGEN, DR.; STOCK; WEDEL; „Düngung im Gartenbau", Heft 14, Landwirtschaftskammer Rheinland, Rheinischer Landwirtschaftsverlag Bonn, 1979.

BUWALDA, F., Vakblad voor de Bloemisterij Plus 49a/1993, Seite 11-15, „Voedingselementen in de plant".

CORSTEN, H.-D., KTBL-Arbeitsblatt Nr. 0650/1992, „Gasheizung, Wärmerückgewinnung und CO_2-Düngung".

DECKERS, T., Rheinische Monatsschrift 6/1996, Seite 384-386, „Blattdüngung im Obstbau".

DELLE VEDOVE, F. und STEINBACHER, F., Deutscher Gartenbau 45/1994, Seite 2699-2701, „Ozon im Gewächshaus".

DICKOB, D., Deutscher Gartenbau 39/1991, Seite 2394-2396, „Feuchte-Messung in Topf-Substraten".

DICKOB, D., KTBL-Arbeitsblatt Nr. 0669/1992, „Übersicht und Begriffsdefinitionen über ‚Geschlossene Bewässerungssysteme'".

DITTRICH, DR. B., TASPO 2/1996, Seite 3, „Mit Schwermetallen belastete Komposte im Handel".

DOMKE, O., KTBL-Arbeitsblatt Nr. 0671/1993, „Bewässerungsdüngung EC-kontrolliert und -geregelt".

DOMKE, O.; RUNTE, P. und WEBER, H., Gb + Gw 28/1989, S. 1346-1357, „Bewässerungsdüngung im Zierpflanzenbau".

EERDEN, L. VAN DER und ALFEN, B. VAN, Vakblad voor de Bloemisterij Plus

30a/1993, Seite 35-37, „Luchtverontreiniging".

EMMERIK, P.C. VAN, Vakblad voor de Bloemisterij 12/1995, Seite 26-29, „Teeltoptimalisatie door waterregulatie".

EPPEL, J. und HOTZ, A., Deutscher Gartenbau 8/1996, Seite 496-509, „Algen im Gartenteich".

EVERS, G., „Düngemittel für den Gartenbau - Gehalte - Eigenschaften - Anwendung", Balster Einheitserdewerk GmbH, Fröndenberg, 1995.

EVERS, G., „Die Anwendung von Bioregulatoren im Zierpflanzenbau", Paul Parey Verlag, Berlin und Hamburg, 1987.

FABIAN, P., „Atmosphäre und Umwelt", 4. Auflage, 1992, Springer-Verlag, Berlin.

FELDMANN, F.; WERITZ, J.; BOYLE, C. und BACKHAUS, G.F., Deutscher Gartenbau 1/1996, Seite 10-13, „Symbiotische Mykorrhizapilze im Pflanzenbau".

FINK, A., „Dünger und Düngung", 2. Auflage, 1991, VCH, Weinheim.

FISCHER, PROF. DR. P., Deutscher Gartenbau 34/1992, S. 2004-2005, „Wie wirkt Gips auf Topfpflanzen?"

FISCHER, PROF. DR. P. und MEINKEN, DR. E., Deutscher Gartenbau 3/1993, Seite 157-159, „Blähton-Herkünfte geprüft".

FLÜTMANN, C., Gb + Gw 29/1993, Seite 1351-1353, „Pflanzgranulat jetzt auch für Profis".

FÖRSTER, D., Gb + Gw 28/1989, Seite 1343-1345, „Düngung von der Stange oder nach Maß?"

FRENZ, PROF. DR. F. W., KTBL-Arbeitsblatt Nr. 0624/1980, „Steuergeräte für die Bewässerung im Gartenbau".

GEBHARD, S., TASPO-Gartenbaumagazin 7/1995, Seite 36-37, „Wasserschutz durch gute Zusammenarbeit".

GEBHARD, S. und DOMKE, O., Gärtnerbörse 14/1994, Seite 733-737, „Schnelltest-Methoden in der Praxis".

GEBHARD, S.; DOMKE, O. und HACK, G., Fachinformation „Optimale Bewässerungssteuerung - Tensiometereinsatz in der Praxis".

GERLACH, A., Gärtnerbörse 39/1994, Seite 1983, „Recycling von Steinwolle".

GESSNER, DR. E. und RICHTER, M., TASPO-Gartenbaumagazin 7/1993, Seite 53-55, „Entkeimen von Nährlösung mittels Ultrafiltrationsanlage".

GOERTZ, M., Deutscher Gartenbau 2/1996, Seite 100-105, „Die neue FLL-Richtlinie für Dachsubstrate".

GÖTZ, W., Zierpflanzenbau 13/1994, Seite 586, „Halbleiter-Elemente übernehmen die Bewässerungssteuerung".

GOOR, B.J. VAN, Vakblad voor de Bloemisterij 42 + 43/1990, Seite 76-77 und 56-57, „Rol spoorenelementen in stofwisseling".

GOSSOW, W. und UEBER, E., Versuche im deutschen Gartenbau - Zierpflanzenbau 005/1995, „Substrate - Keimpflanzentests".

GOSSOW, W.; TEMMING, W.; GRANTZAU, E. und SCHARPF, PROF. DR. H.C., Deutscher Gartenbau 26/1995, Seite 1568-1571, und Deutscher Gartenbau 28/1995, Seite 1702-1705, „Keimpflanzentests zur Substratprüfung".

GRANTZAU, E., Deutscher Gartenbau 41/1996, Seite 2298-2300, „Verholzende Zierpflanzen und Gehölze - Wieviel Kalium ist nötig?".

GRANTZAU, E., „Für Substrate ist nur das Beste gut genug", Tagungsband - Komposttag 29. August 1996.

GROOT, L., TASPO-Gartenbaumagazin 4/1996, Seite 15-17, „Biotöpfe: Einsatzmöglichkeiten und Grenzen".

GUGENHAN, E., Zierpflanzenbau 6/1996, Seite 262-263, „Plantosan Compact - Neuer Dünger in Tablettenform". und Seite 266-268, „Viele Ursachen kommen für Pflanzenschäden in gärtnerischen Betrieben in Betracht".

GUGENHAN, E., Zierpflanzenbau 15/ 1996, Seite 661, „Feuchte-Controller zur exakten Steuerung der Bewässerung".

GUGENHAN, E., Rheinische Monatsschrift 1/1997, Seite 52-53, „Ein Gießwagen mit Radarsteuerung".

HARM, U., Deutscher Gartenbau 1/1996, Seite 36-41, „Wasserhärte und pH-Wert".

HARM, U., Vortrag beim Neustadter Pelargonien-Seminar, Mai 1996.

HARMS, A., Gärtnerbörse 47/1994, Seite 2304-2305, „Das Plant-Plane-Hydroponik-System".

HEMPLER, DR. K., BAD Frankfurt, Bundesarbeitskreis Düngung, Schaab & Co GmbH, Düsseldorf.

HERTEL, F., „Kalk schafft Leben", Lehrmeister-Bücherei Nr. 636, Albrecht Philler Verlag, Minden.

HESS, D., „Pflanzenphysiologie", 7. Auflage 1981, Uni-Taschenbücher 15, Eugen Ulmer Verlag, Stuttgart.

HOCKWIEN, J., Gb + Gw 28/1991, Seite 1361-1363, „Borschäden durch Glasfasermatten verursacht".

HOLLIGHAUS, F., TASPO 11/1994, Seite 9, „Organische Zuschlagstoffe zum Substrat unter der Lupe".

HORN, PROF. DR. W., „Zierpflanzenbau", Blackwell-Wissenschafts-Verlag, Berlin und Wien, 1. Auflage, 1996.

HOTZ, A. und KOLB, DR. W., TASPO-Gartenbaumagazin 10/1993, Seite 30-32, „Düngungsprogramm für Sportrasen".

HOYER, L. und ADRIANSEN, E., Deutscher Gartenbau 32/1994, Seite 1852-1853, „Empfindlichkeit gegen Ethylen".

JAUCH, M. und FISCHER, PROF. DR. P., Deutscher Gartenbau 10/1991, Seite 634-639, „Schwermetallgehalte von Grünkomposten".

JENSEN, E., Gartner Tidende 29/1991, S. 640, „Problemen bij recirculatie" in Vakblad voor de Bloemisterij 3/1992, S. 41.

JOST, W., „Metallegierungsdünger sichern Ernährung und Gesundheit", 1965, Eigenverlag.

Kali und Salz AG, Ratgeber für die Landwirtschaft 5, „Grundlagen der Düngung", 1986.

Kali und Salz AG, Ratgeber für die Landwirtschaft 6, „Düngung aktuell", 1986.

Kali und Salz AG, Ratgeber für die Landwirtschaft 7, „Auf den Standort kommt es an", 1989

Kali und Salz AG, Ratgeber für die Landwirtschaft 8, „Magnesium", 1988.

KERSTJENS, K.-H., Gb + Gw 48/1988, Seite 2112-2118, „Pflanzlochdüngung".

KLAPWIJK, D., Vakblad voor de Bloemisterij 2/1990, S. 54-55, „Gebrekkig calciumtransport in plant veroorzaakt afwijkingen".

KLUG, E., Deutscher Gartenbau 13/1996, „Programm für optimale Düngung".

KRUSCHE, S.; RANGE, H. und SENNEKAMP, W., Reihe: Fachinformationen und Arbeitsunterlagen der Gruppe Gartenbau, „Nährlösungs- und Gießwasserentkeimung für gärtnerische Kulturen unter Glas".

KTBL-Arbeitsblätter Nr. 0621/1990 (Viehweg), 0624/1980, 0642/1991 (Lecker), 0649/1987 und 1993 (Mackroth), 0650/1992 (Corsten) 0659/1989 (Labowsky), 0669/1992 (Dickob) 0671/1993 (Domke), 0672/1993 (Molitor, Wohanka), 0673/1994 (Wilhelm, Mayer), 0674/1994 (Molitor, Wohanka), 0679/1995 (Molitor, Wohanka), Kuratorium für Technik und Bauwesen in der Landwirtschaft e. V., Darmstadt, Verlag Bernhard Thalacker, Braunschweig.

KÜHN, A. und DAPPER, H., Zierpflanzenbau 6/1992, Seite 273, „Zink und seine Bedeutung für die Pflanze".

KUNTZE, NIEMANN, ROESCHMANN, SCHWERDTFEGER, „Bodenkunde", 3. Auflage, 1983, Uni-Taschenbücher 1106, Verlag Eugen Ulmer, Stuttgart.

LABOWSKY, DR. H.-J., KTBL-Arbeitsblatt Nr. 0659/1989, „Moderne Düngetechniken im Freilandgartenbau".

LAUTER, S., Deutscher Gartenbau 12/94, Seite 754 und 14/1994, Seite 881-882, „Düngerbeimischer".

LECKER, F., KTBL-Arbeitsblatt Nr. 0642/1991, „Düngerbeimischer".

LECKER, F., KTBL-Arbeitsblatt Nr. 0646/1986, „CO_2-Anreicherung und Heizen im Gewächshaus".

LIESECKE, PROF. DR. H.-J., Deutscher Gartenbau 19/1996, Seite 1112-1119, „Vegetationssubstrate für Dachbegrünungen".

LIMBERS, H., Deutscher Gartenbau 41/1996, Seite 2301-2302, „Weißtorf mit definierten Korngrößen - Struktur von Kultursubstraten".

LUBCZYK, Deutscher Gartenbau 39/1995, Seite 2294-2295, „Richtige CO_2-Düngung spart Geld", Übersetzung aus Vakblad voor de Bloemisterij 33/1995.

LUCK, H.-J., Deutscher Gartenbau 44/1994, Seite 2616-2617, „Substrate mit Klebern".

LUCK, H.-J. und SCHARPF, PROF. DR. H.C., Deutscher Gartenbau 50/1991, S. 3102-3105, „Komposte bei der Herstellung von Substraten".

MACKROTH, PROF. DR. K., KTBL-Arbeitsblatt Nr. 0649/1987, „Regel- und Steuergeräte für Topfpflanzen-Bewässerungsanlagen".

MACKROTH, PROF. DR. K., Deutscher Gartenbau 1/1996, Seite 24-35, „Anlagen zur Topfpflanzenbewässerung".

MACKROTH, PROF. DR. K. und STRUCK, W., Deutscher Gartenbau 41/1996, Seite 2280-2283, „Bewässerung bei Gewächshauskulturen - Automatisierung noch schwierig".

MATSCHKE, PROF. DR. J. und AMENDA, R., Versuche im deutschen Gartenbau - Zierpflanzenbau 004/1995, „Substrat: Biotest Wachstumsstörungen".

MEER, M. VAN DER, Vakblad voor de Bloemisterij 12/1995, Seite 24-25, „Duitsers gaan steeds beter om met tensiometers".

MEINKEN, DR. E. und FISCHER, PROF. DR. P, Gb + Gw 37/1989, S. 1784-1788, „Nitrat-stickstoff verhindert Wurzelschäden auf Anstautischen".

MEINKEN, DR. E. und FISCHER, PROF. DR. P., Deutscher Gartenbau 23/1994, Seite 1348-1350, „Weiter Optimalbereich bei der Ernährung".

MENGEL, PROF. DR. K., „Ernährung und Stoffwechsel der Pflanze", 5. Auflage 1978, Gustav Fischer Verlag, Stuttgart - New York.

MERKEL, DR. D., Gärtnerbörse 26/1995, Seite 1150-1151, „LUFA Hameln führt komprimierten Substrattest ein".

MOLITOR, DR. H.-D., Deutscher Gartenbau 33/1991, Seite 2020-2024, „Erdelose Kulturverfahren".

MOLITOR, DR. H.-D., Deutscher Gartenbau 30/1994, Seite 1752-1755, „Je weniger Salz, desto besser".

MOLITOR, DR. H.-D., Deutscher Gartenbau 49/1995, Seite 2826-2830, „Regulierung des pH-Wertes in Substraten".

MOLITOR, DR. H.-D., Deutscher Gartenbau 50/1995, Seite 2880-2881, „Regulierung des pH-Wertes in Substraten".

MOLITOR, DR. H.-D. und FISCHER, M., TASPO-Magazin 9/1989, S. 17-19, „Wie verändern sich Nährlösungen bei Recycling-Verfahren?"

MOLITOR, DR. H.-D. und WOHANKA, DR. W., KTBL-Arbeitsblatt Nr. 0672/1993, „Erfahrungen mit geschlossenen Bewässerungssystemen im Zierpflanzenbau, I. Rosen in Steinwolle".

MOLITOR, DR. H.-D.; WOHANKA, DR. W.; WIENHAUS, H. und ROHLFING, H., KTBL-Arbeitsblatt Nr. 0674/1994, „Erfahrungen mit geschlossenen Bewässerungssystemen im Zierpflanzenbau, II. Eriken in Fließrinnen".

MOLITOR, DR. H.-D. und WOHANKA, DR. W., KTBL-Arbeitsblatt Nr. 0679/1995, „Erfahrungen mit geschlossenen Bewässerungssystemen im Zierpflanzenbau, III. Mutterpflanzen in Steinwollwürfeln mit Fließrinnenbewässerung".

MONREAL, M., Deutscher Gartenbau 23/1995, Seite 1348-1350, „Hydrogele in der Schalenbepflanzung".

NIENHUIS, J.K., Vakblad voor de Bloemisterij 8/1993, Seite 34-35, „Kosten watervoorziening glastuinbouw op een rij".

OPREL, L. und LATASTER, J., Vakblad voor de Bloemisterij Plus 30a/1993, Seite 8-9, „Gebrek- en overmaaverschijnselen".

PEIKERT, K., Zierpflanzenbau 6/1997, Seite 274-275, „Tone im Substrat".

RAL Deutsches Institut f. Gütesicherung u. Kennzeichnung e.V., „Rinde für Pflanzenbau", Beuth Verlag, Berlin, 1991.

REHRMANN, DR. P., Gärtnerbörse 30/1996, Seite 1422-1423, „Mehr Wasser durch Tenside".

REXILIUS, R., Deutscher Gartenbau 13/1990, S. 856-857, „Kokosfasern für Kultursubstrate".

RICHTER, M. und DREISILKER, W., Gb + Gw 29/1993, Seite 1348-1350, „Eigenschaften des Gießwassers".

RÖBER, SCHALLER, „Pflanzenernährung im Gartenbau", Handbuch des Erwerbsgärtners, 3. Auflage, 1985, Verlag Eugen Ulmer, Stuttgart.

RUISINGER, A., Deutscher Gartenbau 41/1993, Seite 2620-2621, „Kulturpflanzen im Kompost brauchen mehr Wasser".

SCHARPF, PROF. DR. H.-C., Deutscher Gartenbau 43/1991, S. 2686-2687, „Methoden zur Substratuntersuchung".

SCHARPF, PROF. DR. H.C., „Stickstoffdüngung im Gemüsebau", AID-Heft 1223/ 1991, Bonn.

SCHARPF, PROF. DR. H.C., Rheinische Monatsschrift 5/1996, Seite 332-334, „N-Versorgung von Gemüse - Alte und neue Erkenntnisse".

SCHARPF, PROF. DR. H.C., Deutscher Gartenbau 13/1996, Seite XXII, „Pro und Contra beim Cultan-Verfahren".

SCHARPF, PROF. DR. H.C., „Kompost im Gartenbau - ja aber ..." und „Schwermetalle in Komposten für Kultursubstrate offenbar wenig kritisch", Tagungsband Komposttag 29. August 1996.

SCHARPF, PROF. DR. H.C. und WEHRMANN, PROF. EM. DR. J., „Fachgerechte Stickstoffdüngung", AID-Heft 1017/1991.

SCHEUMANN, K., Gärtnerbörse 3/1995, Seite 130-131, „Impulsgießwagen - Stand der Technik".

SCHMEIL, DR. ING. H., Deutscher Gartenbau 33/1991, Seite 2025-2029, „Steuerung des Nährlösungsfilms bei der Plant Plane Hydroponik".

SCHMITZ, H.-J. und FISCHER, PROF. DR. P., Deutscher Gartenbau 7/1994, Seite 406-408, „Verschiedene Horndünger in Mineralböden".

SCHMITZ, M. und SOMMER, PROF. DR. C., Deutscher Gartenbau 13/1996, Seite XI-XIII, „Kulturtechnik Spezial Beregnung - Düngung, „ Bodenfeuchtemessung".

Schriften zur Förderung des Gartenbaues, „Düngung und Substrate", Georgi Verlag, Aachen, 1993.

SCHRÖDER, DR. F.-G., Gartenbaumagazin 10/1993, Seite 20-21, „Hydroponische Kulturverfahren verlangen intensive Kontrolle".

SCHRÖDER, PROF. DR. F.-G., Gärtnerbörse 47/1994, Seite 2300-2303, „Gute Wasserqualität - eine wichtige Voraussetzung".

SCHWEMMER, E., Deutscher Gartenbau 3/1986, S. 107-108, „Wissen für junge Gärtner 2 und 3, Das Wasser im Boden und Wasserbewegung im Boden".

SCHWEMMER, E., Deutscher Gartenbau 49/1986, S. 2285-2286, 51-52/1986, S. 2401-2402, 1/1987, S. 49-50, 3/1987, S. 155-156, „Wissen für junge Gärtner 20-23, Edaphon I bis III.

SCHWEMMER, E., Deutscher Gartenbau 43 + 45/1989, Seite 2611-2612 und 2737-2738, „Düngemittel für die Flüssigdüngung".

SCHWEMMER, E., Deutscher Gartenbau 49/1989, Seite 2969-2970, „Blattdüngung".

SCHWEMMER, E., Gb + Gw 47/1990, S. 2257-2259, „Bewässerung und Nährstoffverteilung".

SEITZ, H. U.; SEITZ, U. und ALFERMANN, W., „Pflanzliche Gewebekultur", Gustav Fischer Verlag, Stuttgart - New York, 1985.

SENNEKAMP, W., Gb + Gw 28/1991, Seite 1352-1354, „Micro-Filtration bei geschlossenen Systemen".

SPRINGER, P. und FLUBACHER, K., Deutscher Gartenbau 27/1995, Seite 1624-1627, „Vulkanische Gesteine als Substratbestandteil".

SOMMER, PROF. DR. K., TASPO 24/1989, Seite 9, „Ammonium-Depotdüngung zur Pflanzenanzucht".

STAPEL, L. und BLACQUIERE, TJ., Vakblad voor de Bloemisterij 3/1997, S. 36-37, „CO_2-dosering is zinvol" - Resultaten literatuurstudie bij sierteeltgewasser.

STEINBACHER, F. und DINKEL, R., Deutscher Gartenbau 16/1994, Seite 966-967, „Schalttensiometer oder Solintegrator?".

STEFFEN, K., Gb + Gw 17/1990, S. 810-812, „Blattanalyse als Instrument der Pflanzenernährung".

STEFFEN, K., Gb + Gw 6/1993, Seite 276-278, „Praktikabel: Nährlösungs-Desinfektion".

STOFFERT, PROF. DR. G., Gärtnerbörse 5/1994, Seite 251, „Substrat - was ist das?".

SYDOW, R.; EBERT, DR. G. und LÜDDERS, PROF. DR. P., TASPO-Gartenbaumagazin 12/1995, Seite 34-36, „Schadwirkungen des UV-Lichtes im Freilandanbau nicht auszuschließen".

TASPO-praxis 16, „Düngen im Zierpflanzenbau", LVG Hannover-Ahlem, Verlag Bernhard Thalacker, Braunschweig, 1989.

TASPO-praxis 18, „Geschlossene Kulturverfahren - Zierpflanzenbau", FA Geisenheim, Verlag Bernhard Thalacker, Braunschweig, 1990.

TEPE, PROF. DR. W., Gartenbaumagazin 11/1992, Seite 50-53, „Aktivität der Ionen im Boden beeinflußt Nährstoffaufnahme".

UEBER, E.; GRANTZAU, E.; SCHARPF, PROF. DR. H.C., TASPO-Gartenbaumagazin 4/1996, Seite 38-41, „Chinakohl-Keimpflanzen signalisieren Schadfaktoren".

ULSAMER, P., Gärtnerbörse 40/1996, Seite 1922-1924, „Der richtige Wasserspeicher".

VIEHAUSEN, DR. E., „Erfolgreiche Grunddüngung und Kalkung", 5. Auflage 1990, Landwirtschaftliche Beratungsstelle Thomasdünger, Düsseldorf.

VIEHWEG, F.-J., KTBL-Arbeitsblatt Nr. 0621/1990, „Regenwassersammelbecken".

VORSATZ, C., Rheinische Monatsschrift 5/1995, Seite 310-311, „Technik zum Cultan Düngungsverfahren".

VREUGDENHIL, W., Vakblad voor de Bloemisterij 21/1992, Seite 30-33, „Omgekeerde osmose: antwoord op brandende vraag".

WAWRA, A., Deutscher Gartenbau 40/1996, Seite 2226-2229, „Osnabrücker Baumpflegetage 1996".

WAWRA, A., Deutscher Gartenbau 43/1996, Seite 2396-2398, „Mykorrhiza-Einsatz in der Baumpflege".

WAWRA, A., Deutscher Gartenbau 46/1996, S. 2708-2711, „Was bringt die neue Düngeverordnung?".

WEBER, W., Deutscher Gartenbau 1/1996, Seite 45, „Anmerkungen zum Einsatz von Tensiometern".

WEIER, U., Deutscher Gartenbau 46/1996, S. 2684, „Wieder Schwefel düngen?".

WEIER, U., „Kompost als Dünger im Gemüsebau" , Tagungsband Komposttag 29. August 1996.

WEIER, U., Gärtnerbörse 11/1996, Düngung Spezial, „Verarbeitete Gülle als N-Dünger".

WEINHOLD, F., „Den Pflanzen nicht das Leben versalzen - Natrium-, Chlorid- und Salzgrenzen für Topfpflanzen". Tagungsband Komposttag 29. August 1996.

WEINHOLD, SCHARPF, HAUKE, BIEKER, PEITMEIER, STÖPPLER-ZIMMER, GOTTSCHALL, BUCHER UND SCHENK, „Substratentwicklung auf Kompostbasis", Abschlußbericht August 1996.

WEINERT, M., Deutscher Gartenbau 28/94, Seite 1629-1633 „Fertigsubstrate für Stauden".

WELKER, E., Gärtnerbörse 33/1995, S. 1430-1431, „Kalk ist nicht gleich Kalk".

WELSCH, J. und RÖBER, PROF. DR. R., TASPO-Gartenbaumagazin 8/1995, Seite 19-23, „Anzucht in Erdsubstrat, Weiterkultur in Blähton".

WEVER, G. und KIPP, J., Vakblad voor de Bloemisterij 46/1992, S. 31-39, „Substraten in alle soorten en maten".

WEWER, G., KREIJ, C. DE und SCHIE, W. VAN, Vakblad voor de Bloemisterij, 23/1994, Seite 42-45, „Kokos maakt als nieuw substraat stormachtige entree".

WILHELM, E. und MAYER, N., KTBL-Arbeitsblatt Nr. 0673/1994, „Tropfbewässerungssysteme für den Gartenbau".

WOHANKA, DR. W., Gb + Gw Gärtnerbörse 8/1992, Seite 407-409, „Krankheitserreger in geschlossenen Systemen".

WOHANKA, DR. W.; HELLE, M. und LÜBKE, M., TASPO-Gartenbaumagazin 12/1995, Seite 8-9, „Langsamfiltration mit Steinwolle-Granulat statt Sand".

WOLF, R., Deutscher Gartenbau 51/52-1990, S. 3254-3255, „Stickstoffeinsparung durch ammoniumbetonte Düngung".

Zentrale Informationsstelle Torf und Humus (ZIT), Lehrer-Service Medienpaket, „Kultursubstrate im Gartenbau", Hannover, 1992.

ZERCHE, DR. S., TASPO-Gartenbaumagazin 7/1996, Seite 43-45, „Im geschlossenen Anbau entweicht viel Stickstoff über die Luft".

Bezugsquellen

Wer liefert was? Anzeigen- und Bezugsquellenverzeichnis

Basisdünger

Gabi - Biochemie,
32108 Bad Salzuflen
Tel.: 0 52 22/2 10 05
Rufen Sie uns an!

Asperg gärtnerei bedarf eG
Alleenstraße 70
71679 Asperg
Tel. 07141 / 6625-0
Fax 07141 / 6625-27

Baumdüngung

Gabi - Biochemie,
32108 Bad Salzuflen
Tel.: 0 52 22/2 10 05
Rufen Sie uns an!

Bewässerungsdüngung

Asperg gärtnerei bedarf eG
Alleenstraße 70
71679 Asperg
Tel. 07141 / 6625-0
Fax 07141 / 6625-27

bahrs technik
41379 Brüggen
Tel. 0 21 57/87 69 60

Gabi - Biochemie,
32108 Bad Salzuflen
Tel.: 0 52 22/2 10 05
Rufen Sie uns an!

Terraflor Gesellschaft mbH
Adresse s. „*RADIGEN*®“

MANNA® Dünger für den Profi
Wilhelm Haug GmbH & Co. KG
Pfäffingen, 72119 Ammerbusch
Tel.: 0 70 73/30 2-0
Fax: 0 70 73/60 20

Blattdüngung

Asperg gärtnerei bedarf eG
Alleenstraße 70
71679 Asperg
Tel. 07141 / 6625-0
Fax 07141 / 6625-27

Blattdüngung

Gabi - Biochemie,
32108 Bad Salzuflen
Tel.: 0 52 22/2 10 05
Rufen Sie uns an!

MANNA® Dünger für den Profi
Wilhelm Haug GmbH & Co. KG
Pfäffingen, 72119 Ammerbusch
Tel.: 0 70 73/30 2-0
Fax: 0 70 73/60 20

Terraflor Gesellschaft mbH
Adresse s. „*RADIGEN*®“

Boden- und Pflanzenhilfsstoffe

ALGOMIN plus
(100% naturreine Rotalgen)
ALGOMIN forte
(naturreine Rot- und Braunalgen)
CUXIN MYKO aktiv (org. Universald. m. lebener Mykorrhiza) **CUXIN-Naturdüngerwerk,**
21758 Otterndorf
Tel.: 0 47 51/9 22 22
Fax 92 22 44

Asperg gärtnerei bedarf eG
Alleenstraße 70
71679 Asperg
Tel. 07141 / 6625-0
Fax 07141 / 6625-27

MANNA® Dünger für den Profi
Wilhelm Haug GmbH & Co. KG
Pfäffingen, 72119 Ammerbusch
Tel.: 0 70 73/30 2-0
Fax: 0 70 73/60 20

Bodenmeßgeräte-Bodenuntersuchungen

Boden – Wasser – Labor
LASA AGRO 20 Mobil
LASA AGRO 20 Workstation
Bodenmeßgeräte:
Aktivitätsmesser PET 2000
Aktivitätsmesser PET 2000 Komb mit mS/EC Messung
Leitwert-Meßgeräte
0–3 mS/EC, 0–20 mS/EC, 0–200 mS/EC
pH AGRAR 2000
zur Direktmessung, im Boden vor Ort + Lösungen
Beratungskoffer
für den mobilen Einsatz vor Ort
Stickstoff-Schnell-Meßtechnik
Probennehmer
von 30 cm bis 2 m Probennahme
Spezialschlaghämmer
Kompost-Thermometer:
Bi-Metall-Thermometer, Digital-Sekunden-Thermometer
100 cm/150 cm/200 cm/300 cm
Indikatoren
Meßstäbchen-Programm
– Katalog anfordern! –

STELZNER GmbH
Grolandstr. 51a, 90408 Nürnberg
Tel. 09 11/35 95 95, Fax 35 26 20

Dauerdüngung, Depotdünger, Langzeitdünger

Asperg gärtnerei bedarf eG
Alleenstraße 70
71679 Asperg
Tel. 07141 / 6625-0
Fax 07141 / 6625-27

MANNA® Dünger für den Profi
Wilhelm Haug GmbH & Co. KG
Pfäffingen, 72119 Ammerbusch
Tel.: 0 70 73/30 2-0
Fax: 0 70 73/60 20

Düngerautomaten/ Düngermischer

asperg gärtnerei bedarf eG
Alleenstraße 70
71679 Asperg
Tel. 07141 / 6625-0
Fax 07141 / 6625-27

bahrs technik
41379 Brüggen
Tel. 0 21 57/87 69 60

Depotdünger, Langzeitdünger

Terraflor Gesellschaft mbH
Adresse s. „*RADIGEN*®"

Dünger

asperg gärtnerei bedarf eG
Alleenstraße 70
71679 Asperg
Tel. 07141 / 6625-0
Fax 07141 / 6625-27

Gabi - Biochemie,
32108 Bad Salzuflen
Tel.: 0 52 22/2 10 05
Rufen Sie uns an!

MANNA Dünger für den Profi
Wilhelm Haug GmbH & Co. KG
Pfäffingen, 72119 Ammerbusch
Tel.: 0 70 73/30 2-0
Fax: 0 70 73/60 20

Ebbe-Flut-Bewässerung

bahrs technik
41379 Brüggen
Tel. 0 21 57/87 69 60

Eisendünger/Eisenchelate

asperg gärtnerei bedarf eG
Alleenstraße 70
71679 Asperg
Tel. 07141 / 6625-0
Fax 07141 / 6625-27

Gabi - Biochemie,
32108 Bad Salzuflen
Tel.: 0 52 22/2 10 05
Rufen Sie uns an!

Terraflor Gesellschaft mbH
Adresse s. „*RADIGEN*®"

Erden

asperg gärtnerei bedarf eG
Alleenstraße 70
71679 Asperg
Tel. 07141 / 6625-0
Fax 07141 / 6625-27

Gabi - Biochemie,
32108 Bad Salzuflen
Tel.: 0 52 22/2 10 05
Rufen Sie uns an!

Flüssigdünger

asperg gärtnerei bedarf eG
Alleenstraße 70
71679 Asperg
Tel. 07141 / 6625-0
Fax 07141 / 6625-27

Gabi - Biochemie,
32108 Bad Salzuflen
Tel.: 0 52 22/2 10 05
Rufen Sie uns an!

MANNA Dünger für den Profi
Wilhelm Haug GmbH & Co. KG
Pfäffingen, 72119 Ammerbusch
Tel.: 0 70 73/30 2-0
Fax: 0 70 73/60 20

Grodan-Substrat

bahrs technik
41379 Brüggen
Tel. 0 21 57/87 69 60

Kalkung

ALGOMIN plus
(100% naturreine Rotalgen)
CUXIN
CUXIN-Naturdüngerwerk,
21758 Otterndorf
Tel.: 0 47 51/9 22 22
Fax 92 22 44

Mehrnährstoffdüngung

asperg gärtnerei bedarf eG
Alleenstraße 70
71679 Asperg
Tel. 07141 / 6625-0
Fax 07141 / 6625-27

Gabi - Biochemie,
32108 Bad Salzuflen
Tel.: 0 52 22/2 10 05
Rufen Sie uns an!

MANNA Dünger für den Profi
Wilhelm Haug GmbH & Co. KG
Pfäffingen, 72119 Ammerbusch
Tel.: 0 70 73/30 2-0
Fax: 0 70 73/60 20

Organische Dünger

asperg gärtnerei bedarf eG
Alleenstraße 70
71679 Asperg
Tel. 07141 / 6625-0
Fax 07141 / 6625-27

CUXIN Universaldünger - org. Universaldünger mit Spurenelementen **CUXIN MYKO aktiv** - org. Universaldünger m. leb. Mykorrizha **CUXIN HORN** - org. N-Dünger

CUXIN
CUXIN Naturdüngerwerk
(Anschrift siehe „Kalkung")

RADIGEN®

Mikronährstoff-Depotdünger
Terraflor® Eisenchelate
Terraflor®-**AZ** Spurennährstoff-mischdünger auf Chelatbasis
DeWeerdt Flüssigdünger
***FOLICIN®*-Amin** Aminosäuren

Terraflor Gesellschaft mbH
Postfach 24 39
58594 Iserlohn
Tel. (0 23 71) 94 85 24
Fax (0 23 71) 94 85 35

Rasendüngung

CUXIN Rasendünger spezial -
org.-min. mit Eisensulfat
ALGOMIN plus
(100% naturreine Rotalgen)

CUXIN
Naturdüngerwerk

(Anschrift siehe „Kalkung")

Gabi - Biochemie,

32108 Bad Salzuflen
Tel.: 0 52 22/2 10 05
Rufen Sie uns an!

MANNA Dünger für den Profi

Wilhelm Haug GmbH & Co. KG
Pfäffingen, 72119 Ammerbusch
Tel.: 0 70 73/30 2-0
Fax: 0 70 73/60 20

Regenwassersammel-becken

asperg gärtnerei bedarf eG
Alleenstraße 70
71679 Asperg
Tel. 07141 / 6625-0
Fax 07141 / 6625-27

bahrs technik
41379 Brüggen
Tel. 0 21 57/87 69 60

Rindenkultursubstrate

asperg gärtnerei bedarf eG
Alleenstraße 70
71679 Asperg
Tel. 07141 / 6625-0
Fax 07141 / 6625-27

Substrate

asperg gärtnerei bedarf eG
Alleenstraße 70
71679 Asperg
Tel. 07141 / 6625-0
Fax 07141 / 6625-27

Substrate für Torfpflanzen

asperg gärtnerei bedarf eG
Alleenstraße 70
71679 Asperg
Tel. 07141 / 6625-0
Fax 07141 / 6625-27

Gabi - Biochemie,

32108 Bad Salzuflen
Tel.: 0 52 22/2 10 05
Rufen Sie uns an!

MANNA Dünger für den Profi

Wilhelm Haug GmbH & Co. KG
Pfäffingen, 72119 Ammerbusch
Tel.: 0 70 73/30 2-0
Fax: 0 70 73/60 20

Tensiometer

asperg gärtnerei bedarf eG
Alleenstraße 70
71679 Asperg
Tel. 07141 / 6625-0
Fax 07141 / 6625-27

bahrs technik
41379 Brüggen
Tel. 0 21 57/87 69 60

Torf

asperg gärtnerei bedarf eG
Alleenstraße 70
71679 Asperg
Tel. 07141 / 6625-0
Fax 07141 / 6625-27

Torfkultursubstrate

asperg gärtnerei bedarf eG
Alleenstraße 70
71679 Asperg
Tel. 07141 / 6625-0
Fax 07141 / 6625-27

Tröpfchenbewässerung

asperg gärtnerei bedarf eG
Alleenstraße 70
71679 Asperg
Tel. 07141 / 6625-0
Fax 07141 / 6625-27

bahrs technik
41379 Brüggen
Tel. 0 21 57/87 69 60

vollwasserlösliche Einzelnährstoffdünger

MANNA Dünger für den Profi

Wilhelm Haug GmbH & Co. KG
Pfäffingen, 72119 Ammerbusch
Tel.: 0 70 73/30 2-0
Fax: 0 70 73/60 20

vollwasserlösliche Nährsalze

MANNA Dünger für den Profi

Wilhelm Haug GmbH & Co. KG
Pfäffingen, 72119 Ammerbusch
Tel.: 0 70 73/30 2-0
Fax: 0 70 73/60 20

Register

Register